农业软科学（2014）优秀成果选粹

农业部软科学委员会办公室

中国农业出版社

图书在版编目（CIP）数据

农业软科学优秀成果选粹．2014／农业部软科学委员会办公室编．—北京：中国农业出版社，2015.12
ISBN 978-7-109-21344-9

Ⅰ.①农…　Ⅱ.①农…　Ⅲ.①农业科学－软科学－研究成果－中国－2014　Ⅳ.①S-05

中国版本图书馆 CIP 数据核字（2015）第 310122 号

中国农业出版社出版
（北京市朝阳区麦子店街 18 号楼）
（邮政编码 100125）
责任编辑　闫保荣　姚　佳　潘洪洋

北京中兴印刷有限公司印刷　　新华书店北京发行所发行
2015 年 12 月第 1 版　　2015 年 12 月北京第 1 次印刷

开本：720mm×960mm　1/16　　印张：41.5
字数：640 千字
定价：68.00 元

《农业软科学优秀成果选粹（2014）》
编 辑 委 员 会

序

呈现在读者面前的这本《农业软科学优秀成果选粹（2014）》，是2014年度农业部软科学研究优秀成果的汇编。多年来，农业部软科学委员会在部党组的领导下，坚持为决策服务的宗旨，不断加强农业农村经济发展智库支撑体系建设，深化“三农”重大政策理论研究，为推动科学民主依法决策、促进农业农村经济持续健康发展发挥了重要作用。

当前，我国农村改革步入深水区，农业发展步入传统农业向现代农业转型的关键时期，许多理论和实践问题亟待研究解决，给农业软科学研究提出了更高要求。为此，农业部软科学委员会在近年的研究工作中更加强调政策性定位，坚持改革创新思维，注重政策措施的针对性和可操作性，着力推动解决“三农”发展面临的突出矛盾和问题，形成了一批质量较高的研究成果。这些成果不仅有效地服务了决策，而且具有相当的理论水平和学术价值，体现了近年来农业软科学研究新的进展和水平。为使研究成果在更大范围内转化应用，农业部软科学委员会办公室组织专家，对2014年度的研究成果逐项开展鉴定、评审，评选出15项优秀成果，并以汇编形式公开出版。这也是为了调动软科学研究队伍的积极性，推动农业部软科学研究多出优秀成果，更好地为部党组做好决策咨询服务。

加强中国特色新型智库建设是中央作出的重要战略部署，农业部党组《关于加强农业农村经济发展新型智库建设的意见》也对加强农业软科学研究工作提出了明确要求，在农业农村发展转型、深化改革的重要历史时期，农业软科学研究的任务更加艰巨而繁重。农业部软科学委员会要抓住有利时机，紧紧围绕中心，服务大局，不断优化研究课题设置，加强研究队伍建设，着力强化重大决策的战略性、前瞻性研究和具体政策的分析研判，提出有针对性和可操作性的政策建议，努力把农业部软科学委员会打造成农业农村经济发展的高端智库，为繁荣新时期“三农”政策理论研究、推动农村改革发展作出新的更大贡献。

2015年12月

目　　录

序

粮食安全与重要农产品供给

中国新型粮食安全战略研究 …… 3
马铃薯与我国粮食安全关系研究 …… 79

农业支持保护与可持续发展

农产品目标价格制度研究 …… 127
日本农业政策跟踪研究 …… 182
农业补贴制度框架问题研究 …… 246
加速丘陵山区农业机械化途径选择与推进措施
——以湖南省为例 …… 276
化肥施用现状与利用问题国际比较研究 …… 289

农村改革与制度创新

粮食生产型家庭农场的临界经营规模及扶持政策研究 …… 361
农村土地流转与粮食安全关系问题研究 …… 399
家庭农场扶持政策研究
——基于宁波、松江、武汉、郎溪四地的实证分析 …… 435
新型农业经营体系的构建与发展 …… 468

城乡发展一体化与农民增收

城乡新“剪刀差”问题研究 …… 495
农村集体经营性建设用地法律制度研究 …… 549
农民财产性收入长效增长机制研究 …… 629

粮食安全与重要农产品供给

农业软科学优秀成果选粹（2014）

中国新型粮食安全战略研究*

粮食①是关系国计民生的重要商品，保障国家粮食安全始终是治国安邦的头等大事，是促进经济发展、保障社会稳定、实现国家自立的重大发展战略。立足我国国情，必须坚持立足国内粮食基本自给的方针，着力提高粮食生产能力，完善宏观调控机制，加快构建供给稳定、储备充足、调控有力、运转高效的粮食保障体系，确保国家粮食安全。目前我国农业和农村经济发展正处于一个新的历史阶段，特别是加入世贸组织后，经济全球化进程不断加快，我国已成为世界上农业开放度最高的国家之一，我国粮食市场的开放程度进一步加大，中国与世界粮食市场之间的互动影响越来越明显，同时我国农业和农村经济结构的战略性调整正在更深的层次上进行。因此，本课题通过对改革开放以来国内资源环境条件、粮食供求格局和国际贸易环境变化等进行分析整理，分产品、分区域系统分析国内外粮食供求形势和地区差异特征，从生产、流通、加工、消费、贸易以及政策等角度，定性和定量分析国内外粮食供求影响因素，测算其影响程度及作用机理，预测未来中国粮食总供给量、贸易量和需求量等；研究入世以来中国粮食贸易与国际竞争力的变化、原因及趋势，分析国内外粮食政策运行机制及实施效果，探索开放条件下中国粮食贸易的战略选择和调控措施。为细化和落实中央提出的20字粮食安全新战略方针，在以上研究基础上，进一步确定中国粮食

---

* 本报告获2014年度农业部软科学研究优秀成果三等奖。课题承担单位：中国农业大学；主持人：韩一军；主要成员：姜楠、蔡海龙、李雪、吕向东、徐锐钊、马建蕾、张姝、杭静、柳苏芸、刘乃郗、郝晓燕、代瑞熙、刘泽莹。

① 在中国，粮食产品主要包括水稻、小麦、玉米、大豆以及薯类等杂粮，而国际上通常用谷物，谷物主要包括水稻、小麦、玉米以及杂粮，谷物中并不包含大豆产品。

发展的优先序，探索并提出新时期新形势下保障国家粮食安全的具体思路和政策措施。

一、中国粮食产业发展现状及趋势

（一）中国粮食供求形势

1. 粮食生产快速发展

粮食生产方面，改革开放三十多年来，中国粮食生产实现了历史性跨越，取得了举世瞩目的伟大成就。粮食播种面积由 1978 年的 12 058.7万公顷减少到 2003 年的 9 941 万公顷，之后逐年增加，2013 年恢复至 11 195.6 万公顷，而粮食单产水平迅速提高，总产量由30 000 万吨相继登上了 35 000 万吨、40 000 万吨、45 000 万吨、50 000 万吨和 60 000 万吨的台阶，并跃居世界第一位，2013 年中国粮食总产量已达到 60 194 万吨，人均粮食占有量 398 千克，达到世界平均水平，成功地解决了占世界 1/5 人口的吃饭问题，为世界粮食安全做出了巨大贡献（图 1、表 1）。

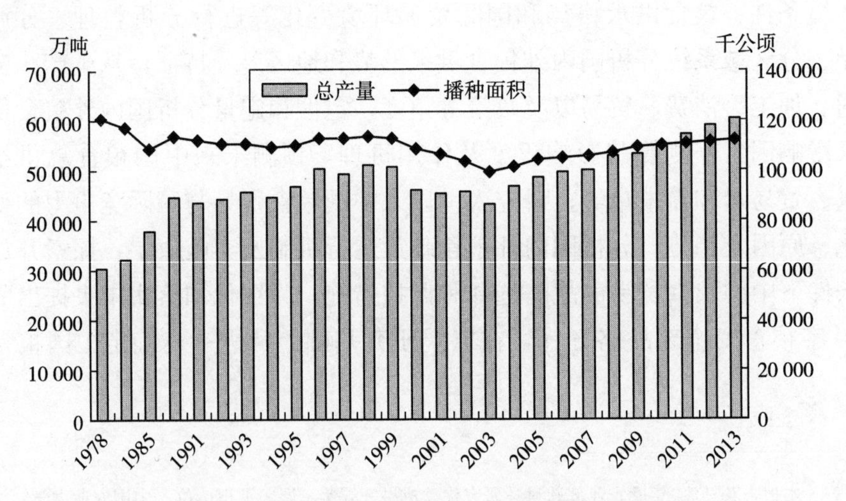

图 1　1978—2013 年中国粮食播种面积和总产量

资料来源：《中国统计年鉴 2013》（十三农业部分），中国统计出版社，2013 年 10 月出版。

表1　中国粮食及其产品总产量（万吨）

年份	粮食	谷物	稻谷	小麦	玉米	豆类
1978	30 476.5		13 693.0	5 384.0	5 594.5	
1980	32 055.5		13 990.5	5 520.5	6 260.0	
1985	37 910.8		16 856.9	8 580.5	6 382.6	
1990	44 624.3		18 933.1	9 822.9	9 681.9	
1991	43 529.3	39 566.3	18 381.3	9 595.3	9 877.3	1 247.1
1992	44 265.8	40 169.6	18 622.2	10 158.7	9 538.3	1 252.0
1993	45 648.8	40 517.4	17 751.4	10 639.0	10 270.4	1 950.4
1994	44 510.1	39 389.1	17 593.3	9 929.7	9 927.5	2 095.6
1995	46 661.8	41 611.6	18 522.6	10 220.7	11 198.6	1 787.5
1996	50 453.5	45 127.1	19 510.3	11 056.9	12 747.1	1 790.3
1997	49 417.1	44 349.3	20 073.5	12 328.9	10 430.9	1 875.5
1998	51 229.5	45 624.7	19 871.3	10 972.6	13 295.4	2 000.6
1999	50 838.6	45 304.1	19 848.7	11 388.0	12 808.6	1 894.0
2000	46 217.5	40 522.4	18 790.8	9 963.6	10 600.0	2 010.0
2001	45 263.7	39 648.2	17 758.0	9 387.3	11 408.8	2 052.8
2002	45 705.8	39 798.7	17 453.9	9 029.0	12 130.8	2 241.2
2003	43 069.5	37 428.7	16 065.6	8 648.8	11 583.0	2 127.5
2004	46 946.9	41 157.2	17 908.8	9 195.2	13 028.7	2 232.1
2005	48 402.2	42 776.0	18 058.8	9 744.5	13 936.5	2 157.7
2006	49 804.2	45 099.2	18 171.8	10 846.6	15 160.3	2 003.7
2007	50 160.3	45 632.4	18 603.4	10 929.8	15 230.0	1 720.1
2008	52 870.9	47 847.4	19 189.6	11 246.4	16 591.4	2 043.3
2009	53 082.1	48 156.3	19 510.3	11 511.5	16 397.4	1 930.3
2010	54 647.7	49 637.1	19 576.1	11 518.1	17 724.5	1 896.5
2011	57 120.8	51 939.4	20 100.1	11 740.1	19 278.1	1 908.4
2012	58 958.0	53 934.7	20 423.6	12 102.3	20 561.4	1 730.5
2013	60 194.0	55 269.0	20 361.0	12 193.0	21 849.0	1 595.0

资料来源：《中国统计年鉴 2013》（十三农业部分），中国统计出版社，2013 年 10 月出版。

中国粮食产量波动具有一定的周期性并且粮食产量的增长与波动总是相对应地交替形成和出现。从新中国成立以来的粮食波动看，每当粮食生产连续增长几年后，总是由于外界因素的影响，粮食增长率降到一个相对较低水平，并在这个水平上持续几年的徘徊。这种周期性，体现了粮食生产波动形成的规律性特征。另外，连续性是中国粮食产量波动的另外一个特点，表现在粮食产量一旦下降就需要很长时间才能恢复过来的特点。近二十年来尤为明显，1998 年粮食产量达到一个高峰 51 229.5万吨后，就出现四年减产周期，而且从 2004 年到 2008 年连续五年增产后才恢复到原来的水平。而近年来中国粮食生产持续稳定发展，实现了连续十年增产，为保障国家粮食安全奠定了坚实基础，也为处理国内外复杂的局面、促进国民经济平稳较快发展提供了有力支撑。

第一阶段：快速增长阶段（1978—1984 年）

这一阶段，中国粮食播种面积由 12 058.7 万公顷下降到 10 884.5 万公顷，减少了 1 174.2 万公顷，减幅 9.7%；单产首次突破 200 千克，达到 240.5 千克，提高了 42.8%；总产由 30 476.5 万吨增加到 37 910.8万吨，增加了 7 434 万吨，增幅 24.4%，总产量迈上 35 000 万吨台阶，是新中国成立以来粮食增长最快的时期。在此期间，单产和总产增长最快的均是小麦，其年均增长率分别为 8.3%和 8.5%。但由于基数最大，稻谷仍是支撑这一阶段粮食增产的第一大品种。稻谷、小麦、玉米的增产量分别约占粮食增产总量的 40.3%、33.1%和 17.0%。由于稻谷和小麦主要用作为口粮，这种粮食增产的品种结构，适应了当时主要解决温饱问题的阶段目标。

1978 年中国农村实行改革和提高粮食价格，极大地调动了农民的积极性。1978 年中国粮食产量首次突破 30 000 万吨，达到 30 476.5 万吨，比上年增长 7.8%。1979 年粮食产量继续增长 8.9%，主要是由于国家大幅度提高粮食收购价格，粮食统购价提高 20%，超购部分加价 50%，促进粮食产量快速增长。1978 年和 1979 年粮食产量年均增长率达到 8.4%。而 1980 年和 1981 年则出现了改革开放后的第一次粮食减产，年均粮食增长率为－1.1%。

第二阶段：徘徊增长阶段（1985—1994 年）

1985 年粮食播种面积减少了 3.6%，加之遭受严重自然灾害，当年粮食总产减少 2 819.7 万吨，减幅 6.9%。1986—1989 年粮食播种面积有所恢复，总产在 40 000 万吨左右。1990 年粮食播种面积恢复到 11 346.6万公顷，亩产首次超过 250 千克，达到 262 千克，总产达到 44 624.3万吨，创历史最高水平。随后几年，粮食生产出现徘徊，播种面积下降，总产在 45 000 万吨左右波动。这一阶段，单产和总产增长最快的均是玉米，其年均增长率分别为 3.0%和 5.0%，玉米播种面积继续增加，水稻和小麦面积减少，玉米对粮食增产的作用迅速凸显，占到粮食增产总量的 53.7%，玉米增产量超过粮食增产总量的半壁江山。小麦对粮食增产的作用略超过稻谷，二者对粮食增产的作用分别在 20.4%和 11.2%。大豆和薯类对粮食增产的作用分别达到 5.4%和 6.4%。

1985 年，国家取消了部分鼓励粮食生产的优惠政策，粮食收购实行“倒三七”比例价，实际降价幅度接近 10%，资金和物质投入也减少，农资价格涨幅为 4.8%，挫伤了农民种粮积极性。1985—1988 年出现了第二次粮食大幅度减产，1985 年粮食产量回落到 37 910.8 万吨水平，比上年减产 6.9%。1985—1988 年四年粮食产量的年均增长率为−0.3%。到 1989 年和 1990 年粮食生产迅速恢复，连续两年粮食产量增长，年均增长率为 6.5%。1991—1994 年这四年粮食产量在 43 000 万～44 525万吨之间徘徊，年均粮食增长率为 0.04%。

第三阶段：稳定增长阶段（1995—1999 年）

1998 年粮食播种面积达到 11 378.7 万公顷，比 1994 年增加了 3.9%；亩产突破 300 千克，总产达到 51 229.5 万吨，再创历史最好水平。1996—1999 年中国人均粮食占有量连续 4 年超过 400 千克，是历史上最高的一次。1995 年和 1996 年粮食生产快速发展。1996 年总产达 50 453.5 万吨，增长率为 8.1%，首次跨上 50 000 万吨的大台阶。1997 年粮食产量比上年减少了 1 036.4 万吨，减幅为 2.05%。1998 年粮食增长率为 3.7%。1999 年虽然粮食增长率为−0.76%，但仍保持 50 000 万吨水平。此次粮食产量的上升导致粮价下跌，严重挫伤农民种粮的积极性。这一阶段，在玉米播种面积继续增加、稻谷面积有所恢复、小麦面积基本稳定的情况下，单产增长最快的是小麦（2.7%），其次是稻谷（1.3%），玉米对粮食增产的作用有所下降，为 38.5%，稻谷和小麦对粮食增产的作用有所增加，分别为31.8%和27.9%。而大豆和薯类对粮食增产的作用分别达到0.7%和9.1%。

1998年，中央提出在粮食流通体制改革上实行“四分开一完善”，即实行政企分开，储备与经营分开，中央与地方责任分开，新老粮食财务挂账分开，完善粮食价格形成机制的政策。在同年中央又提出了“三项政策一项改革”的政策措施，即“按保护价敞开收购农民的余粮，粮食收购企业实行顺价销售，粮食收购资金封闭运行，加快国有粮食企业自身改革，确立自主经营、自负盈亏的新机制”。这些政策的实施，为粮食生产较大幅度增长打下了一个好的基础，5年中有3年的产量超过5亿吨（1996年、1998年和1999年）。

第四阶段：连续减产阶段（2000—2003年）

粮食播种面积由1999年的11 316.1万公顷下降到2003年的9 941万公顷，单产由每亩300千克下降到289千克，总产由50 838.6万吨减少到43 069.5万吨，出现粮食播种面积、单产、总产同时下降的局面，是改革以来中国粮食生产滑坡最严重的时期。这一阶段，粮食面积和产量都在减少，其中只有玉米的播种面积和产量在增加，玉米产量的年均增长率为3.0%，其他粮食作物，包括稻谷、小麦、大豆和薯类的产量都在减少。

从2000年到2003年粮食出现了改革开放以来最为严重的一次大减产。粮食产量从1998年的最高位51 229.5万吨降到了最低时的43 069.5万吨，退回到十年前水平。主要原因除了干旱造成减产的因素外，更重要的是粮食种植面积的急速减少。许多地区提高了经济作物和优质农产品的种植。城市发展大量占用耕地，还有一些地区盲目推行“退耕还林、退耕还草”政策，在退耕还林过程中，一些地方不适当地退掉了一些不该退的耕地；一些地方片面理解农业结构调整政策，把减少粮食面积作为农业结构调整的标准，在耕地上挖鱼塘、栽果树，占用良田。更为严重的是，新一轮的经济开发区建设如同脱缰野马，造成了对耕地的严重侵占。上述种种原因，导致全国粮食播种面积锐减。

第五阶段：恢复发展阶段（2004年至今）

2004年以来，在国家连续出台一系列强农惠农富农政策、经济社会带动力明显增强、气候总体有利、科技水平快速提高、生产手段快速改进的背景下，粮食生产进入了一个新的发展阶段，实现新中国成立以来首次“十连增”。粮食播种面积由2003年的9 941万公顷恢复到2013年的11 195.6万公顷，亩产由289千克提高到358千克，总产由43 069.5万吨增加到60 194万吨，亩产、总产双双超历史最好水平。10年里，粮食产量累计增加17 125万吨，单产提高69.7千克，是新中国成立以来粮食总产增加最多、单产提高最快的时期。这一阶段，玉米产量增长最快，为67.7%，其次是小麦（32.6%）和稻谷（13.7%）。玉米对粮食增产的贡献达67%。

2004年，党中央对农业农村经济政策作出重大调整，明确了“统筹城乡”的基本方略，作出了“以工促农、以城带乡”的基本判断，制定了“多予、少取、放活”和“工业反哺农业、城市支持农村”的基本方针，采取有力的政策措施，促进粮食生产发展。中央惠农政策密集出台且力度不断加大，有效地调动了农民和地方政府发展粮食生产、增加粮食投入和加强农业基础设施建设的积极性，是导致这一阶段粮食增产的主要原因。

2. 粮食生产结构发生重要变化

中国实行家庭承包经营制度以后，随着粮食供求关系改善，中国很快改变了“以粮为纲”的农业发展格局，走上市场化发展道路。粮食播种面积从1978年的12 058.7万公顷左右减少至2013年的11 195.6万公顷，占农作物播种面积的比重相应从80.34%下降至68.01%。在粮食生产内部，以增强区域竞争力、提升市场价值的结构性变化也体现得越来越明显。

(1) 区域性结构特征越来越明显。由于自然资源占有水平具有明显的区域差异，各地工业化、城镇化水平差异较大，科技水平、投入水平快速变化，20世纪80年代以来中国粮食生产空间格局发生了重要变化。1980年，粮食主产区、产销平衡区、主销区产量占粮食总产的比重分别为69.3%、16.5%、14.2%，而近年来，粮食主产区的这一比重已经多年超过75%，产销平衡区为18%左右，主销区下降到6%左右。产销平衡区和主销区的人均粮食占有量分别低于全国平均水平

10%和70%左右。如果按照全国人均粮食消费水平与全国人均粮食占有量全国平均水平相当来估计，主销区粮食缺口7 000万吨以上，人均需要调入280千克。自20世纪80年代以来，由于珠三角地区、长三角地区经济快速发展，吸纳人口迅速增加，耕地数量明显减少，而东北地区、华北地区、黄淮地区的粮食生产水平快速提高，粮食生产重心向北方转移。1980年，南方地区、北方地区粮食产量所占比重为55.35%、44.65%，近年这一比重连续多年稳定在40%、60%左右。这就是说，南方地区粮食缺口在7 000万吨以上，人均需要从北方调运100千克。

(2) 品种结构发生重要变化。这一方面体现最为明显的是玉米的地位明显提升。由于近年能源价格的大幅提升，使得利用产量较高的玉米生产生物乙醇变得有利可图。近年来，中国玉米的生产得到迅速发展，播种面积、产量分别从2003年的2 406.8万公顷、11 583万吨增加到2012年的3 503万公顷、20 561.4万吨，增加了45.54%、77.51%，占粮食播种面积、产量的比重分别从24.22%、26.90%提高到31.50%、34.88%。

(3) 品质得到提升。尽管粮食主要由分散农户进行生产，但由于各地有各地的特色，如果能够将特色凸显出来，并不断提升质量，就能形成市场竞争力，对带动农民增收产生明显的带动作用。作为第一粮食生产大省，黑龙江近年来突出绿色、有机、无公害产品优势，实施优质粮食品牌战略。作为最大的水稻生产大省，湖南省已经开始在50个县建设150万亩高档优质稻标准化生产基地。作为最大的小麦生产大省，河南的优质粮比重从2000年的13.8%提高到2012年的75%以上。近年来，各地的粮食品牌建设取得显著成效，尤其是大米，已经涌现出一批市场竞争力强、具有明显地方特色的优质品牌。例如，黑龙江的“北大荒”、“响水”、“古龙”、“查哈阳”、“五常”，吉林的“米字牌”、“金榜稻禾”、“御圣一品”，湖南的“金健”、“天龙”、“金霞”、“盛湘”、“聚宝”，江苏的“楚雪”、“景山”、“星鹰”、“盱宝”，江西的“金佳”、“玉珠”、“十八滩”、“仙湖绿月”、“三湾”，湖北的“国宝”等。小麦、玉米品牌建设也取得明显成效，例如河南的“优谷源”面粉，吉林的“陆路雪”糯玉米等。

3. 粮食生产方式加快转变

尽管不同历史时期的农地制度有所不同，但小规模家庭精耕细作已在中国延绵了数千年。这种生产方式的内敛性很强，劳动力、种子、肥料等生产要素由家庭配置，生产结构尽可能满足家庭多种需要，物质和能量循环也基本上处于封闭状态。传统的生产方式是在长期探索中形成的，具有极强的稳定性，也是构成自然经济、村庄社会的基础。工业革命以后，生产手段越来越发达，市场的发育水平越来越高，农业的装备条件发生革命性变化。新中国成立后不久，为加快建设工业和城镇，中国在极短的时间内就建立起了人民公社体制，农业生产规模也确实迅速扩大，农业生产条件大为改善，生产手段明显改进。但由于劳动者的积极性受到抑制，生产方式的现代化转换受到阻碍。改革开放以后，农业经营体制与农业本身的特性实现了吻合，农业劳动者的积极性得到充分调动，在工业化水平不断提高、农业要素供给能力大大增强、农产品流通体制改革不断深入、工农城乡关系明显改善的背景下，以提高劳动生产率和收益水平为基本取向，家庭承包经营、小规模直接组织生产的粮食生产方式发生了重要变化，近十年来专业化、规模化和社会化水平加快提高。

（1）专业化。中国地域辽阔，由于地理条件和气候类型多样，农作物品种丰富。但具体到区域来看，品种专业化特征一直比较明显。例如在黑龙江，玉米和水稻的种植面积都非常大，该省将这两个品种都作为主要品种，而多数粮食主产省在每个生产季节仅选择一个最主要的作物品种，总体上每年都集中在1～2个品种，主产省的专业化程度均明显提高。就播种面积而言，吉林（玉米）、黑龙江（玉米、水稻）、河南（小麦、玉米）、江苏（稻谷、小麦）的专业化水平提高幅度比较大，分别从33.69%、31.13%、60.65%、64.55%提高到71.25%、67.5%、84.52%、82.2%，分别提高了37.56个、36.37个、23.87、17.65个百分点。

（2）规模化。据农业部2012年底的摸底调查，中国南方经营耕地面积50亩以上、北方100亩以上的种粮大户68.2万户，占全国农户总数的0.28%；经营耕地面积1.34亿亩，占全国耕地面积的7.3%；生产粮食7 460万吨，占全国粮食总产量的12.7%；有粮食生产合作社5.59万个，入社社员513万人；经营耕地7 218万亩，占全国耕地总量的4.0%；生产粮食4 855万吨、占全国粮食总产量的8.2%。种粮大户粮食平均亩产486千克，粮食生产合作社平均亩产545千克，分别高出全国平均水平133千克和192千克。

(3) 社会化。与规模化相应发展起来的，是生产性服务的社会化程度明显提高，服务内容主要涉及农资、农机、植保等方面。例如在农机服务中，截至2012年年底，全国拥有各类农机化作业服务组织16.7万个、农机户4 192.3万个、农机化专业服务组织0.7万个，拥有固定资产原值50万元以上的主体达到7.8万个。农机专业户、农机合作社数量分别为519.6万个、3.44万个，完成专业化服务面积40亿亩（其中跨区作业面积5.14亿亩），占机械化作业面积的2/3左右。农业机械化作业经营收入4 779亿元，利润1 858亿元。

4. 粮食消费平稳增加

粮食消费方面，改革开放以来，随着中国人口不断增长，中国粮食消费呈现出不断增长的态势，先后经历了快速增长和平稳增加两个发展阶段。

第一阶段：1979—1993年。这一阶段是中国传统计划经济向市场经济转轨的时期，粮食供给能力大幅提高，居民口粮消费迅速增长。农村居民人均口粮消费量[①]（原粮）从1978年的247.8千克增加至1993年的251.8千克。1985年以后，随着城镇居民收入增长，副食品供应日益丰富，城镇居民的食物消费呈现多元化趋势，人均口粮消费开始下降。城镇居民人均粮食购买量由1985年的134.8千克下降至1993年的97.8千克，年均递减3.9%。由于人口急剧上升，粮食总消费保持快速增长。1993年，中国粮食总消费量[②]（不包括出口）达到44 327万吨。

① 数据来源于国家统计局中“农村居民家庭平均每人主要消费品消费量”和“城镇居民家庭平均每人全年购买的主要商品数量”，不包括居民外出就餐消费的粮食，具体见《中国统计年鉴2013》（十一人民生活部分），中国统计出版社，2013年10月出版。

② 粮食国内总消费量包括：口粮消费、饲料粮消费、工业消费、种用粮、损耗及其他（以原粮计算）。其中，口粮消费指城乡居民主食和副食消费的原粮，副食消费包括方便面、饼干、面包等其他焙烤食品；工业用粮指食品加工、酿酒、味精生产、淀粉加工、燃料乙醇、大豆压榨等消耗的原粮，不包括制作食品糕点用粮；饲料用粮指用于畜牧业、水产业的饲料耗粮，不包括麸皮、青贮饲料和用作饲料的工业废料。

其中，口粮 27 189 万吨，占粮食消费总量的 61.3%；饲料粮 12 050 万吨，占 27.1%；工业用粮 2 099 万吨，占 4.7%；种子、损耗及其他用粮2 989万吨，占 6.7%。中国粮食人均占有量已经达到 387 千克。

第二阶段：1994 年至今。这一阶段伴随着中国粮食购销体制市场化改革，粮食消费量平稳增加，人均口粮消费逐年下降，但饲料用粮和加工用粮迅速增长。从 1992 年开始，中国逐步放开粮食购销经营，1993 年年底全国绝大多数县市放开了粮食价格，1994 年开始实施粮食省长负责制，1998 年实施粮食流通体制改革，2000 年开始，国家对部分粮食品种逐步退出保护价收购。这一阶段虽然粮食生产波动幅度较大，但粮食总消费持续增加。1994 年中国粮食总消费量（不包括出口）为 45 664 万吨，而 2012 年中国粮食消费总量估计已达到 58 200 万吨，年均递增 1.36%[①]。1995—2012 年间，中国口粮消费有所减少，从 2.80 亿吨减少到 2.43 亿吨，而饲料用粮、工业用粮逐年增加，分别从 1.17 亿吨、0.38 亿吨增加到 2.33 亿吨、0.86 亿吨[②]。

5. 口粮供求形势稳定，油料产品变动较大

（1）稻谷。水稻生产方面，改革开放以来，中国水稻生产取得了举世瞩目的成就。1978—2013 年中国稻谷产量由 13 693 万吨提高到 20 361万吨，增加了 6 668 万吨，总增幅 48.7%，年均递增 1.1%。20 世纪 90 年代以来，中国稻谷产量逐年增长，1997 年达到 20 073.5 万吨（当时最高产量），总产量较 1949 年增长了 3 倍，之后水稻生产出现连续 6 年减产，2003 年跌至 16 065.6 万吨（仅相当于 1983 年以前的产量），此后在粮食生产扶持政策的推动下，稻谷产量实现缓慢恢复性增长，2011 年开始突破 20 000 万吨，2012 年达到 20 428.5 万吨的历史最高产量（表 2）。

大米[③]消费方面，中国大米消费总体上表现为稳中略降的趋势，波动幅度在 1%以内徘徊，年消费量在 1 亿吨至 1.2 亿吨之间。中国大米

---

① 依据国家统计局农村社会经济调查总队的数据调查。

② 引自：聂凤英．粮食安全与食品安全研究［M］．北京：中国农业科技出版社，2006.

③ 水稻包括水稻的整个植株，水稻长出的果实为稻谷，将稻谷加工后去掉外壳为大米，大米的重量一般为稻谷重量的 70%。

消费量主要经历了四个阶段：第一阶段，大米消费量由1980年的0.97亿吨增至1984年的1.25亿吨；第二阶段，由1988年的1.18亿吨增至1990年的1.33亿吨；1994—1997年，消费量增长速度放缓，由1.22亿吨增至1.40亿吨。第三阶段，1997年之后，中国大米消费量略有下降，2007年中国大米消费量下降为1.05亿吨。第四阶段，2008—2013年，中国大米消费量实现恢复性增长，2013年已达到1.21亿吨。

表2　2000—2013年中国稻谷平衡表

单位：万吨

	2000	2001	2002	2003	2004	2005	2006
生产量	18 791.1	17 758.5	17 454	16 065.5	17 908	18 059.2	18 171.8
进口量	38.7	26.4	47.5	83.8	78.6	102.6	72.8
年度新增供给量	18 829.8	17 785	17 501.5	16 149.3	17 986.5	18 161.8	18 244.7
食用消费	15 682	15 584	15 476	15 359	15 238	15 203	15 175
其中大米	10 820.6	10 753	10 678.4	10 597.7	10 514.2	10 490.1	10 470.8
其中糠麸	4 861.4	4 831	4 797.6	4 761.3	4 723.8	4 712.9	4 704.3
饲料消费	1 461	1 554	1 647	1 986	1 728	1 645	1 680
工业消费	905	914	919	888	791	790	1 000
种用量	175	160	148	139	118	116	118
年度国内消费	18 223	18 212	18 190	18 372	17 875	17 754	17 973
出口量	255.7	237.8	346.7	254.5	123.5	141.9	174.9
年度总消费量	18 478.7	18 449.8	18 536.7	18 626.5	17 998.5	17 895.9	18 147.9
年度节余量	351.1	−664.8	−1 035.2	−2 477.2	−11.9	265.9	96.7

	2007	2008	2009	2010	2011	2012	2013
生产量	18 603.4	19 189.7	19 510.4	19 576.1	20 100.1	20 428.5	20 361
进口量	53.3	36.3	55.3	88.9	284.7	200	450
年度新增供给量	18 656.7	19 226	19 565.7	19 664.9	20 384.8	20 628.5	20 750
食用消费	15 200	15 650	16 150	16 550	16 900	17 200	17 500
其中大米	10 488	10 798.5	11 143.5	11 419.5	11 661	11 868	12 075
其中糠麸	4 712	4 851.5	5 006.5	5 130.5	5 239	5 332	5 425
饲料消费	1 660	1 500	1 550	1 630	1 618	1 526	1 322
工业消费	1 100	1 050	1 050	1 100	1 200	1 300	1 250
种用量	119	118	119	120	122	124	125

（续）

	2007	2008	2009	2010	2011	2012	2013
年度国内消费	18 079	18 318	18 869	19 400	19 840	20 150	20 197
出口量	183.4	99	93.1	65.2	63.6	50	50
年度总消费量	18 262.4	18 417	18 962.1	19 465.2	19 903.6	20 200	20 247
年度节余量	144.3	809	1 002.6	197.1	400.1	527.8	503

注：此表中，产量数据与表1中稻谷产量数据略有不同，主要是由于近年来中国统计对之前的数据有调整，而本表中的数据依据之前没有调整的数据。

资料来源：《中国统计年鉴2013》（十三农业部分），中国统计出版社，2013年10月出版；国家粮油信息中心，《食用谷物市场供需状况月报》（2011—2014），每月1期。

（2）小麦。小麦生产方面，改革开放以来，中国小麦产量快速增长，单产大幅提高。1978年中国小麦产量仅为5 384万吨，2013年达到12 193万吨，比1978年增长1.26倍，年均增长2.36%，增量是新中国成立以来最多的时期。特别是近年来，在极端天气频发、外部环境复杂等多重考验下，中国小麦生产在国家加强政策扶持以及农业科技进步等因素的综合作用下实现历史罕见的连续十年增产，累计增产达3 409万吨，对于保供给稳物价、实现经济平稳较快增长，做出了重要贡献。

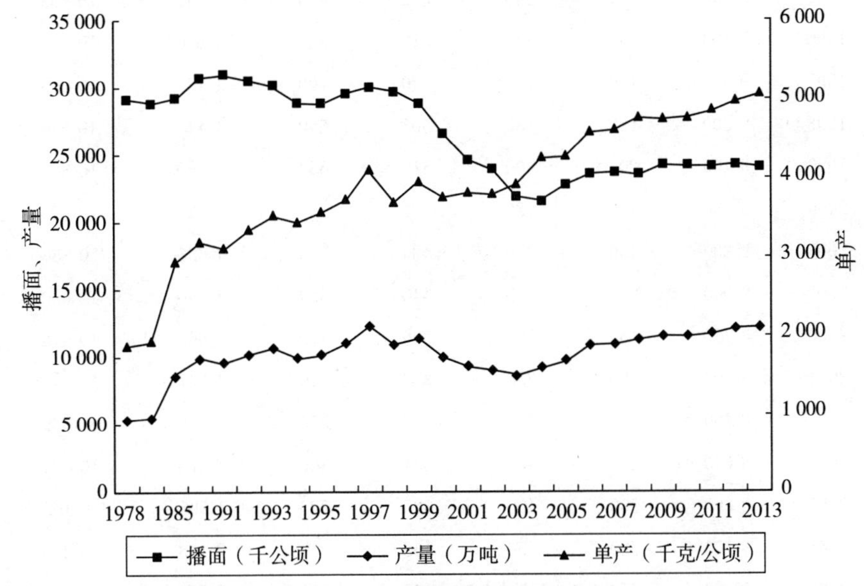

图2　1978—2013年中国小麦播种面积、单产和总产量

资料来源：《中国统计年鉴2013》（十三农业部分），中国统计出版社，2013年10月出版。

小麦消费方面，中国小麦消费包括直接消费与间接消费。直接消费主要指口粮消费（或制粉消费），即根据居民的饮食习惯，将小麦磨制成面粉而进行的消费；间接消费主要包括饲料消费、工业消费、种子消费以及损耗等。近年来，随着人口持续增长、居民收入水平不断提高以及工业化、城镇化进程加快，中国小麦总消费量持续增长，2013 年达到 12 200万吨，比 1992 年增长 18.11%。其中食用消费、饲用消费、工业消费、种用量和损耗分别为 8 750 万吨、1 500 万吨、1 230 万吨、420 万吨和 300 万吨，分别比 1992 年增长－2.78%、49 倍、9.25 倍、－8.50%和－58.33%（表 3）。

表 3　1992—2013 年中国小麦消费量

单位：万吨

年份	直接消费	饲用消费	工业消费	种用量	损耗量	间接消费总量	小麦消费总量
1992	9 000	30	120	459	720	1 329	10 329
1993	9 200	40	130	510	660	1 340	10 540
1994	9 300	50	135	490	610	1 285	10 585
1995	9 400	70	140	512	630	1 352	10 752
1996	9 400	80	140	510	640	1 370	10 770
1997	9 500	100	145	520	700	1 465	10 965
1998	9 500	120	180	505	640	1 445	10 945
1999	9 400	200	200	510	550	1 460	10 860
2000	9 300	400	220	500	500	1 620	10 920
2001	9 200	550	250	480	350	1 630	10 830
2002	9 000	650	250	440	350	1 690	10 690
2003	8 750	480	320	396	470	1 666	10 416
2004	8 700	300	280	357	410	1 347	10 047
2005	8 700	200	260	342	350	1 152	9 852
2006	8 650	400	350	324	300	1 374	10 024
2007	8 600	500	400	325	280	1 505	10 105
2008	8 100	720	650	468	300	2 138	10 238
2009	8 050	750	1 040	469	300	2 559	10 609
2010	8 150	1 350	1 080	469	300	3 199	11 349

（续）

年份	直接消费	饲用消费	工业消费	种用量	损耗量	间接消费总量	小麦消费总量
2011	8 300	2 600	1 150	469	300	4 519	12 819
2012	8 400	2 300	1 200	470	300	4 270	12 670
2013	8 750	1 500	1 230	420	300	3 450	12 200

资料来源：《中国统计年鉴 2013》（十三农业部分），中国统计出版社，2013 年 10 月出版；国家粮油信息中心，《食用谷物市场供需状况月报》（2011—2014），每月 1 期。

（3）玉米。玉米生产方面，中国玉米产量总体呈增加趋势，从 1978 年的 5 594.5 万吨增加至 2013 年的 21 848.9 万吨，增长了 2.9 倍，年均增长率达 4%。分阶段看，1978—1993 年，产量呈现增加趋势，年均增长率为 4.1%；1993—2003 年，产量波动较大，其中 1997 年和 2000 年出现较大幅度减产，年均增长率仅为 0.6%；2003 年至今，产量大幅提高，累计增长 88.6%，年均增长 6.6%，为改革开放以来增长最快的阶段。2012 年，玉米产量首次突破 2 亿吨，达到 2.056 亿吨，超过稻谷成为中国第一大粮食作物（图 3、表 3）。

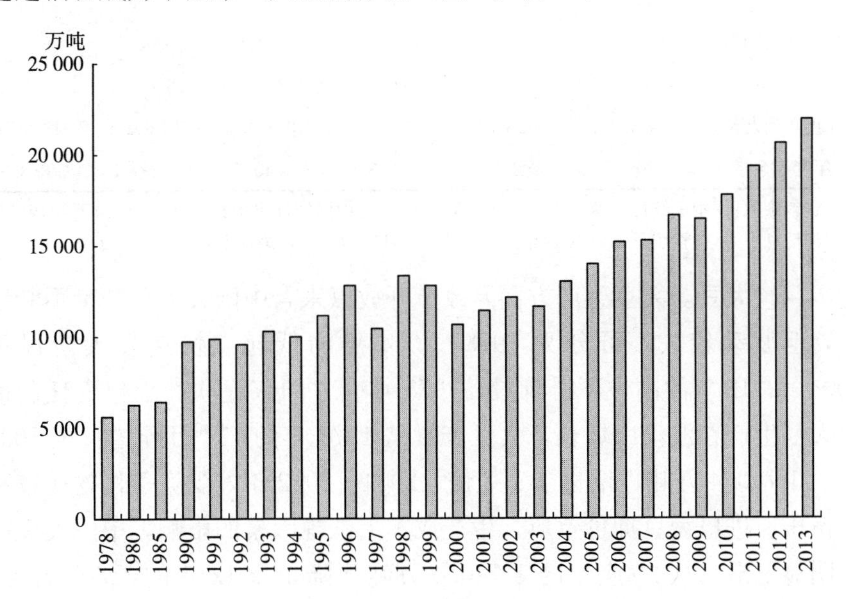

图 3　1978—2013 年中国玉米产量变化

资料来源：《中国统计年鉴 2013》（十三农业部分），中国统计出版社，2013 年 10 月出版。

玉米消费方面，中国玉米消费包括食用消费、饲料及损耗、工业消费和种用消费。其中，以饲料及损耗为主，占消费总量的60%以上；其次为工业消费，约占消费总量的30%；食用消费约占消费总量的9%；种用占消费总量的比重不足1%。2013年，中国玉米消费总量约为1.92亿吨，其中食用消费为1 800万吨，饲料及损耗为12 000万吨，工业消费为5 200万吨，种用消费为150万吨。

表4 中国玉米供求平衡分析

单位：万吨

	2008	2009	2010	2011	2012	2013
生产量	16 591.7	16 397.4	17 724.5	19 278.1	20 560	21 848.9
进口量	5	129.6	97.9	523	270.2	400
年度供给量	16 596.7	16 527	17 822.4	19 801.1	20 830.2	22 248.9
食用消费	1 385	1 440	1 395	1 400	1 750	1 800
饲料及损耗	9 000	10 000	12 000	11 200	11 500	12 000
工业消费	3 830	4 700	5 800	5 300	5 200	5 200
种用	128	130	130	131	145	150
年度国内消费	14 343	16 270	19 325	18 031	18 595	19 150
出口量	50	15.1	11	29.4	7.9	15
年度总消费量	14 393	16 285.1	19 336	18 060.4	18 602.9	19 165
年度节余量	2 203.7	241.9	−1 513.6	1 740.7	2 227.3	3 083.9

资料来源：《中国统计年鉴2013》（十三农业部分），中国统计出版社，2013年10月出版；国家粮油信息中心，《食用谷物市场供需状况月报》（2011—2014），每月1期。

（4）大豆。大豆生产方面，改革开放以来，中国大豆总产量不断增长，但波动较大，可分为1978—2004年的低起点快速发展阶段和2004—2012年的高位下滑阶段。1978年确立的家庭联产承包责任制使得大豆生产在波动中增长，大豆产量从1978年的757万吨增长至2004年的1 740.4万吨，增长了1.3倍。2004—2012年，受竞争作物比较利益挤压、进口大豆抑价效应、生产成本上涨等因素的影响，中国大豆产量明显下滑，从2004年的1 740.4万吨下降至2012年的1 305万吨，下降了25%，特别是近年来连续下降（表5）。

大豆消费方面，20世纪90年代中期以来，中国大豆消费迅速增长，从1996年的1 414.4万吨持续增长到2012年的7 111万吨，年均增长率达11.4%。但中国大豆供求缺口越来越大，迅速增长的需求只能依靠进口，大豆消费总量中，进口大豆所占比重从1997年的16.2%迅速提高到2012年的82.1%。中国大豆消费主要包括食用消费、加工消费、饲料消费、种用消费、损耗和其他等。加工消费和食用消费是中国大豆消费的主要形式，两项消费合计占大豆总消费的85%以上。

表5　1998—2012年度中国大豆供求平衡表

单位：万吨

年份	总供给	期初库存量	产量	进口量	总需求	出口量	期末库存量
1998	2 522.2	687.8	1 515.2	319.3	1 858.6	17.0	646.6
1999	2 503.5	646.6	1 425.1	431.9	1 825.8	20.4	657.3
2000	3 240.3	657.3	1 541.1	1 041.9	2 649.7	21.1	569.6
2001	3 504.3	569.6	1 540.7	1 394.0	3 236.0	24.8	243.4
2002	3 025.5	243.4	1 650.7	1 131.4	2 554.5	27.6	443.5
2003	4 057.0	443.5	1 539.4	2 074.1	3 797.7	26.8	232.6
2004	3 996.0	232.6	1 740.4	2 023.0	3 581.7	33.5	380.8
2005	4 674.8	380.8	1 635.0	2 659.0	4 314.6	39.7	320.6
2006	4 741.0	320.6	1 596.7	2 823.7	4 317.2	37.9	385.9
2007	4 867.6	385.9	1 400.0	3 081.7	4 175.1	45.7	646.9
2008	5 945.5	646.9	1 555.0	3 743.6	4 727.1	46.5	1 171.9
2009	6 917.0	1 171.9	1 490.0	4 255.1	5 205.5	34.7	1 676.9
2010	8 666.7	1 676.9	1 510.0	5 479.8	6 748.4	16.4	1 901.9
2011	8 601.5	1 901.9	1 450.0	5 249.6	6 623.7	20.8	1 956.9
2012	9 099.9	1 956.9	1 305.0	5 838.0	7 206.2	31.8	1 861.9

资料来源：《中国统计年鉴2013》（十三农业部分），中国统计出版社，2013年10月出版；期初库存量和期末库存量数据来自中华粮网，http://www.cngrain.com/，《国内粮油市场分析报告》，每月1期。

（二）中国粮食贸易变化

加入世界贸易组织以来，中国已成为世界上农业开放度最高的国家之一，农产品贸易快速发展，国际国内两个市场相互作用不断增强。当前中国农产品贸易正在进入一个新的阶段，进出口规模迈向新台阶，净进口产品不断增加，农产品贸易对中国产业的影响更加直接、更加全面、更加深刻。与此同时，中国粮食贸易快速发展，贸易规模不断扩大，贸易格局发生显著变化，粮食贸易也在进入一个新的发展阶段。

1. 中国粮食贸易总体变化

入世以来，中国粮食贸易规模不断扩大，总体以进口为主。2002年，中国粮食贸易总量为2 931万吨，2003年突破4 000万吨，达到4 514万吨，2004—2008年贸易量在3 500万～4 500万吨之间波动，2009年增至4 742万吨，2010年猛增至6 191万吨，2011年略降至5 951万吨，2012年猛增至7 371万吨，2013年达到7 917万吨。贸易总量在波动中不断上升，2013年贸易总量较2002年增长了1.7倍，年均增长9.45%。

出口方面，中国粮食出口量呈现先增后减的特点。2002年，粮食出口量为1 514万吨，2003年达到2 231万吨，之后波动减少，2005年和2007年出口量较大，均超过了1 000万吨，2008年之后出口量明显减少，2012年和2013年仅为133.7万吨和120.9万吨。粮食出口量占粮食产量的比重很小，2003年最高时仅为5.18%，一般年份均在1%～4%之间，2008年之后基本保持在0.5%以下。

进口方面，中国粮食进口量呈现先减后增的特点。2002年，粮食进口量为1 417万吨，2003年达到2 283万吨，2005年增至3 289万吨，2009年增至4 560万吨，2010年进一步增至6 050万吨，2011年略降至5 808万吨，2012年增至7 237万吨，2013年再增长为7 796万吨。2013年粮食进口量较2002年增长了4.5倍，年均增长16.77%。尽管粮食进口量不断增长，但占粮食总产量的比重不大，除大豆外的谷物进口量占粮食产量的比重最大为4.4%，目前在2%左右。由于入世后大豆进口增长较快，粮食进口量占产量的比重有所增加，由2002年的3.10%增至2013年的12.95%。

中国粮食贸易多数年份呈现净进口，净进口量先减后增，且规模呈扩大趋势。2002年中国粮食呈现净出口，净出口量为97.5万吨，2003年开始净进口，净进口量为52.1万吨，2004年之后净进口量不断增加，2008 年达到 3 663 万吨，2009 年增至 4 397 万吨，2011 年为 5 665 万吨，2012 年猛增至 7 103 万吨，2013 年再增长为 7 675 万吨。总体来看，中国粮食出口竞争力较弱，处于比较劣势；而粮食进口在中国市场需求推动下不断增加（图 4）[①]。

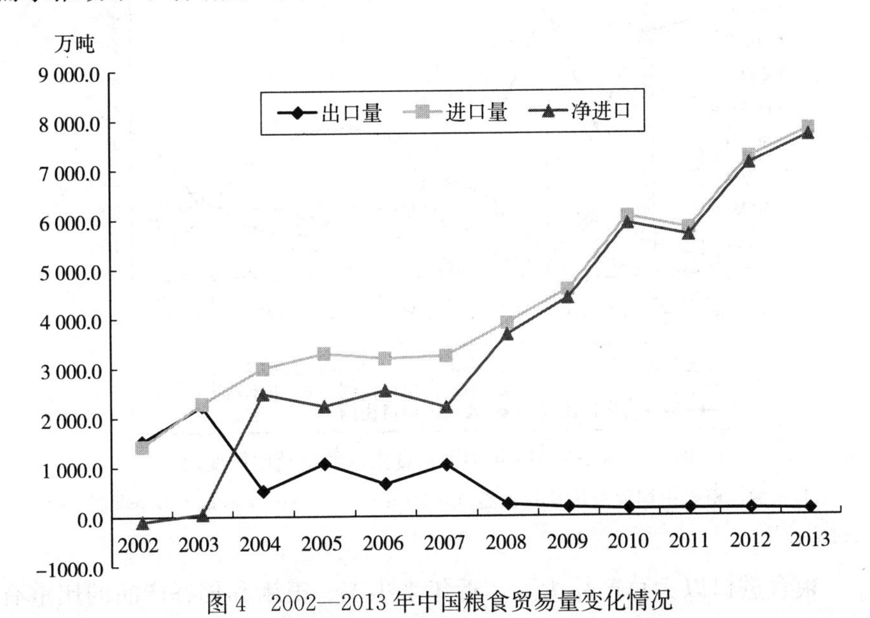

图 4　2002—2013 年中国粮食贸易量变化情况

资料来源：根据中国海关统计数据整理，http：//www.customs.gov.cn/publish/portal0/（农业部账号）。

2. 中国粮食贸易产品结构变化

入世以来，中国粮食贸易品种结构不平衡，且波动性较大。出口方面，粮食出口以小麦、玉米、稻谷和大豆产品为主，合计占粮食出口量的比重呈现先上升后下降的趋势。四种产品出口量所占比重 2002 年为 98.71%，此后均保持在 90%以上，2008 年之后有所下降，2011 年为 83.56%，2012 年增至 85.53%，2013 年为 86.26%。谷物出口以小麦、稻谷和玉米为主，三者出口量占谷物出口总量的八成以上。入世以来，中国大部分年份谷物出口大于进口，出口量年度间波动较大。谷物出口

① 引自：姜楠．中国粮食贸易发展特点及政策选择［J］．中国粮食经济，2013（12）：20－23.

品种以小麦、稻谷和玉米为主，占谷物出口总量的比重多数年份保持在90％以上，近年来略有下降，但仍占八成以上（图 5）。

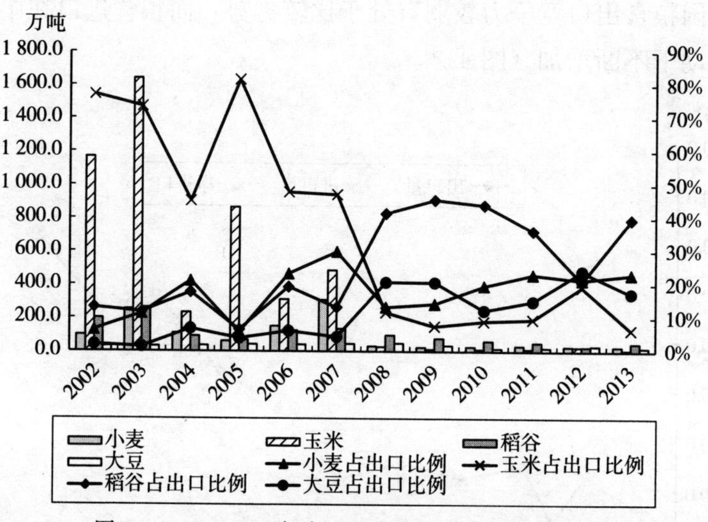

图 5　2002—2013 年中国粮食出口数量及比例变化

资料来源：根据中国海关统计数据整理，http：//www. customs. gov. cn/publish/portal0/（农业部账号）。

粮食进口以大豆产品为主，近年来小麦、玉米和稻谷产品的比重有所上升。2002 年以来大豆是主要进口品种，所占比重从 2002 年的 79. 9％上升到 2003 年的 90. 86％，2004—2006 年比重有所下降，在 67％～89％之间，2007 年之后回升至 90％以上，2011 年为 90. 62％。由于稻谷、小麦和玉米的进口量快速增长，2012 年大豆占粮食进口的比重降至 80. 68％，2013 年为 81. 29％。虽然小麦、玉米和稻谷产品所占比重较低，但近几年有所上升，分别从 2008 年的 0. 11％、0. 13％和 0. 85％上升至 2013 年的 7. 10％、4. 19％和 2. 91％（图 6）。

3. 中国粮食贸易国别结构变化

中国粮食进口来源地比较集中，主要来自发达国家。粮食是土地密集型产品，世界粮食生产主要集中在土地资源丰富的发达国家。2013 年，小麦进口主要来自美国、加拿大和澳大利亚，占小麦进口总量的 96％；玉米进口主要来自美国，占玉米进口总量的 91％；大豆进口主要来自巴西、美国和阿根廷，占大豆进口总量的 95％；大米进口主要

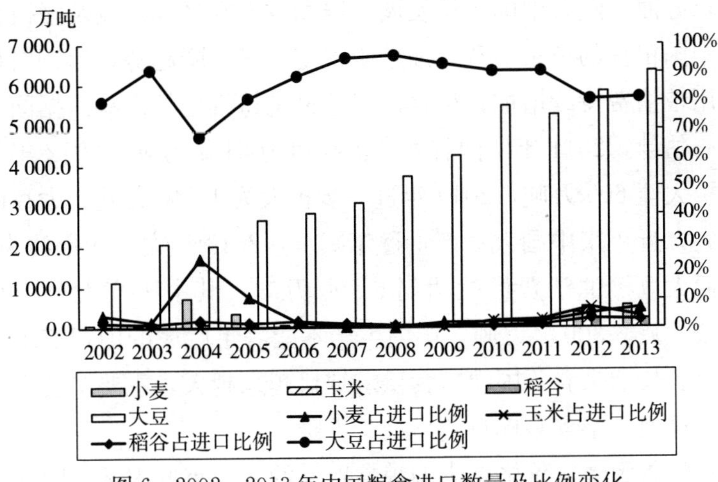

图 6　2002—2013 年中国粮食进口数量及比例变化

资料来源：根据中国海关统计数据整理，http：//www. customs. gov. cn/publish/portal0/（农业部账号）。

来自越南、巴基斯坦和泰国，占大米进口总量的 98%。

粮食出口市场相对分散，主要是周边亚洲国家和地区。韩国、朝鲜、日本和中国香港是中国粮食最主要的出口市场，2013 年中国向这四个市场的谷物出口量占中国谷物出口总量的 86%。小麦出口市场主要是朝鲜和中国香港，占小麦出口总量的 90%以上；玉米出口市场主要是朝鲜，占玉米出口总量的 90%以上；大豆出口市场主要是韩国、美国、日本和朝鲜，占大豆出口总量的 85%以上；大米出口市场主要是朝鲜、韩国、日本和中国香港，占大米出口总量的 80%以上，近几年向南非等国家出口有所增加。

4. 粮食贸易主要影响因素

近年来中国粮食贸易变化受多种因素制约，既有国内需求增长强劲、农业基础竞争力薄弱、农业支持和保护不足等长期性、根本性因素的作用，也有国内外价差不断扩大、国内产业政策与贸易政策不协调等特殊因素的影响。

(1) 缺口因素。近年来，中国粮食供求一直处于紧平衡状态。供给方面，尽管中国粮食连续十年增产，但受土地和水资源的约束不断增强，粮食增产幅度日益缩小，立足国内生产保障粮食安全的难度越来越大。需求方面，随着中国经济发展、居民收入水平提高以及城镇化进程加快，中国粮食的口粮消费逐渐趋于稳定或呈下降趋势，但饲料粮消费和工业用粮消费持续增加，粮食消费总量呈持续增长态势。据国家粮油信息中心估计，2011 年中国谷物产需缺口为 51.7 万吨，2012 年谷物产需缺口扩大至 605 万吨，2013 年进一步扩大为 1 140 万吨。大豆的产需缺口更大，近年来中国大豆产量逐年减少，2013 年大豆产量约为 1 200 万吨，而大豆榨油消费量就达到 6 700 万吨，其中国产大豆 300 多万吨，进口大豆 6 300 多万吨，国内生产不能满足巨大的消费需求，主要依靠进口。长期来看，国内粮食供求缺口越来越大，主要粮食产品均呈现净进口局面，粮食整体自给率趋于下降。

（2）价差因素。价格是影响粮食贸易的一个重要因素，国内外粮食市场价格的波动以及价差的变化直接影响中国粮食贸易。2004 年以来，国家出台了一系列强农惠农政策，不断提高中国粮食生产能力，但受需求拉动、价格政策及成本推动等因素影响，国内粮食价格稳步提升。2013 年小麦、大米、玉米和大豆价格平均分别为 2 162 元/吨、4 313 元/吨、2 295 元/吨和 4 336 元/吨，较 2006 年分别增长 49.3%、83.5%、86.5%和 73.9%。多数年份，国际市场小麦、玉米等农产品加上运费、关税和保险等费用运到国内后仍低于国内价格，在国际粮食价格优势的作用下，近年来粮食进口量快速增加。2013 年，在全球谷物增产以及供求紧张形势有所好转的情况下，国际谷物价格高位回落，进口谷物具有明显的价格优势。大米进口以越南为主，低端越南大米到岸税后价仍比国产大米（晚籼米，标一）批发价低 900～1 100 元/吨；小麦进口以美国和加拿大为主，3 月以来墨西哥湾硬红冬麦（蛋白质含量 12%）到岸税后价持续低于国内优质小麦销区价，价差从 52 元/吨扩大至 409 元/吨。

（3）政策因素。入世以后，中国对小麦、玉米、大米等谷物进口实行关税配额管理，对大豆进口实行单一关税管理，这一政策直接影响中国粮食进口。如 2004 年 3 月由于国内小麦价格上涨过快，国家对委托中粮公司代理进口的小麦免收 13%的增值税，小麦进口成本降低，大大激励了进口商的积极性，2004 年中国小麦进口 726 万吨，同比增长

15.2倍。出口方面，从2002年4月开始，中国对玉米、小麦和大米实行出口零税率政策，这一政策带动了中国谷物出口，2002年和2003年中国谷物出口量分别达到1 483.8万吨和2 201.5万吨。2007年以来随着国际粮价上涨，为保证国内供应和市场稳定，中国采取了限制出口的政策，自2007年12月20日起取消了小麦等原粮及其制粉的出口退税(此前为13%)。2008年1月1日起对小麦等粮食和制粉征收出口暂定关税，其中小麦等麦类关税加征幅度为20%，小麦制粉税率为25%，并对小麦粉等粮食制粉实行出口配额许可证管理。在政策限制下，2008年谷物出口量为186万吨，同比减少81%。随着2008年下半年以来全球小麦价格大跌以及国内供给平衡有余，国家自2008年12月1日起下调了小麦等粮食产品的出口暂定关税，2009年7月1日起又取消了出口关税。

(4) 其他因素。随着贸易环境的变化，汇率变化、国际市场价格变化、进口机会增加等因素也逐渐影响中国粮食贸易格局。从汇率变化来看，自2005年7月21日19点起，中国开始实行浮动汇率制度，人民币对美元即日升值2%。至2012年12月，银行间外汇市场美元等交易货币对人民币汇率的中间价为：1美元对人民币6.291元，突破6.3关口，创汇改以来新高，增幅达到23.6%。汇率升值对进口非常有利，但对于出口来说，由于人民币的升值直接影响出口产品的价格，大大影响中国粮食在国际市场上的竞争力。从国际粮食价格来看，进入21世纪以来，世界粮食价格波动明显加剧，个别品种上涨幅度非常大，粮食自身的供求关系变化是粮价波动的主要影响因素，但近年来极端气候、原油价格变化、生物质能源政策、美元走势、金融资本等因素也起到了推波助澜的作用，世界粮食价格波动日益频繁，影响因素日趋复杂，这对国内粮食价格也产生了一定影响，特别是对大豆价格影响显著，国际大豆价格波动通过进口直接传导至国内市场，从而加大进口对国内市场的冲击。

(三) 中国粮食市场与价格变化

1. 粮食价格形成发展变化

粮食价格是由市场形成还是由政府制定，与经济体制密切相关并随着经济体制的变化而变化。改革开放以来，我国粮食价格历经计划和市场两种经济形态，其形成机制的演变大致经历了以下四个阶段。

第一阶段：政府统一定价时期（1984年之前）

1984年之前，我国对粮食实行的是统购统销政策，并不断提高定购价格，全国范围内对粮食实行计划收购和计划销售。政府对粮食价格实行统一管理，主要是由政府统一定价。这期间，政府不断调整粮食价格。1979年，政府大幅度提高粮食收购价格，当年中央掌握的6种粮食（小麦、稻谷、大豆、玉米、高粱、谷子）每50千克加权平均统购价格由10.64元提高到12.68元，提价幅度为20.9%。1980—1984年，粮食收购价格一直呈上升趋势，期间粮食收购价格指数累计上升51.8%。另外，由于统购价格较低，政府还实行超购加价政策。1979—1984年，政府收购粮食中超购加价收购所占比重从39%增加到71%。从1983年开始，又从单一的统购统销引入价格“双轨制”，即在不触动计划经济体制前提下，引入部分市场因素，主要是缩小统一派购品种范围和提高农副产品价格，只是市场定价那部分对粮食的购销调整和价格形成不起作用。这一时期，无论是生产者价格还是消费者价格均由政府决定，粮食价格呈现出政府主导型特征。

第二阶段：取消统购，改革统销价格（1985—1992年）

1985年1月，中共中央《关于进一步活跃农村经济的十项政策》宣布取消粮食统购，实行合同定购。合同定购内粮食按“倒三七”比例价收购，定购以外的粮食实行议购，价格随行就市，如果议购价格低于原统购价，政府按原统购价敞开收购，由此粮食收购价格呈现定购价和议购价“双轨”并存格局。但这一时期，由于取消统购，却未取消统销，改革不配套，以至于虽然粮食收购价格有所提高，但销售价格基本不变，从而出现了价格“倒挂”现象。定购价格高于统销价格20%，而超购价格高于统销价格80%。价格倒挂造成巨额财政补贴。1985年补贴202亿元，1989年为408亿元，1990年为440亿元。为此，1991年国家提高了长期未动的粮食统销价格，当年城市统销粮食价格提高50%。1992年在定购价格提高20%的同时将城市销售价格再提高50%，基本上实现了购销同价。与此同时，部分地区进行了“一步到位，全面放开粮价”的改革试点。这个时期，在定购范围内，粮食价格呈政府主导型，在议购范围内则是由市场主导粮食价格。因而这个时期的粮食价格呈现出政府和市场主导的混合型特征。

第三阶段：收购保护价与市场价并存时期（1993—2003年）

1993年2月，国务院《关于加快粮食流通体制改革的通知》指出“粮食价格改革是粮食流通体制改革的核心”，并于当年放开了粮食收购价格，建立了粮食收购保护价格制度。同时，各地陆续放开粮食销售价格试点。至1993年底，全国95%以上的县市放开了粮食销售价格。由此粮食收购价格由合同定购价格向保护价格转变，粮食销售价格由政府定价向市场价格转变，粮食价格进入收购保护价和销售市场价并存时期。1993年末，在全国粮食供求平衡矛盾并不突出的情况下，出现了全国性粮食价格大幅度上涨。为此，1994年，国务院两次发出通知再次对粮食收购进行管制。1997年，粮食流通体制改革确定要进一步完善粮食价格机制。1998年推进按保护价敞开收购农民余粮、粮食收储企业实行顺价销售。2001年7月31日，国务院下发《关于进一步深化粮食流通体制改革的意见》，粮食价格逐步全面放开。到2003年6月，全国31个省、自治区、直辖市粮食价格完全放开的有16个。粮食销售价格市场化，使粮食统购统销制度彻底结束，粮食价格市场化已成为不可逆转的趋势。

第四阶段：最低收购价与市场价并存时期（2004年至今）

2004年1月，中共中央、国务院《关于促进农民增加收入若干政策的意见》明确提出“从2004年开始，国家将全面放开粮食收购和销售市场，实行购销多渠道经营”。3月，国家发改委、财政部、国家粮食局、中国农业发展银行等先后发出通知，宣布2004年早籼稻、中籼稻、粳稻和晚籼稻的最低收购价分别为每千克1.40元、1.44元、1.5元和1.44元，这是我国首次实施粮食收购的最低收购价政策。由此，我国粮食价格开始了最低收购价与市场价并存的新阶段。一般情况下粮食收购价格由市场供求决定，政府在充分发挥市场机制的基础上实行宏观调控，必要时由国务院决定对短缺的重点粮食品种，在粮食主产区实行最低收购价格。最低收购价格与市场形成价格并存逐渐成为政府调控粮价的一个重要手段：当市场粮价低迷时，政府以最低收购价收购粮食，一旦市场价格高于最低收购价就停止政府收购。最低收购价的实施，对防止粮价下跌、稳定农民收入、促进粮食生产，保障粮食安全具有重要意义。

2. 粮食价格波动及发展趋势

改革开放以来，中国粮食价格曾出现过三次上涨。第一次是1988—1989年粮价上涨。这轮上涨的原因是价格“闯关”引发的商品价格全面上涨对粮价的拉力，再加之粮食购销体制改革的推力，形成了价格上涨局面。

第二次是1993年末至1995年的粮价暴涨。当时，粮食产量并未出现异常波动，但粮食流通体制发生了重大变革。粮食销售已由原来的国家控制，逐渐转变为众多粮食企业的个体行为。过去的粮价上涨完全取决于国家的意志，而市场经济形势下的粮价上涨则直接决定于农民和粮食企业的行为。在当时全国粮食统一市场没有形成，自然灾害频繁发生的情况下，大部分企业和农民都预期粮食生产必然会出现减产的局面，因而刺激了粮价的持续上升。而农用生产资料价格的有增无减更是从根本上推动了粮价的上涨。

2004年的价格上涨则主要是因为通胀和减产。2003年初的玉米价格同比突然增长了4%，到4、5月上涨了8%，随着2003年7月，“非典”疫情结束，价格管制松动，粮食价格迅速上涨。另外，2003年的旱灾和水灾都重于常年。淮河发生了特大洪水，加上其他灾害。2003年总受灾面积占播种面积35.7%，成灾面积占21.3%，在近20年灾害严重程度里排第二位。再加上之前的粮价低迷，农民种粮积极性不高，种粮相对收益较低，使得2003年的粮食产量为1989年以来15年中的最低。而且，当时南方粮食销购市场已经放开，国有企业失去垄断地位，私人粮商进入收购粮食。政府也因为考虑到粮价已经低位运行多年，为提高农民的种粮积极性，保障粮食安全，因而也并未调用大量库存平抑粮价。

自2009年以来，我国粮价又进一步稳定上涨，我国粮价持续上涨已成常态。这一阶段粮食价格上涨主要是由于国家不断提高粮食收购价。2014 年白小麦、红小麦、混合麦每千克最低收购价分别提高到 2.36 元，较 2006 年每千克分别提高 0.92 元、0.98 元和 0.98 元；稻谷每千克最低收购价格水平也有较大幅度提高，早籼稻 2.70 元，中晚籼稻 2.76 元，粳稻 3.10 元，较 2005 年分别提高了 1.30 元、1.32 元和 1.60 元。此外，农资价格变化、城市化发展等，也影响粮价变化（图 7）。

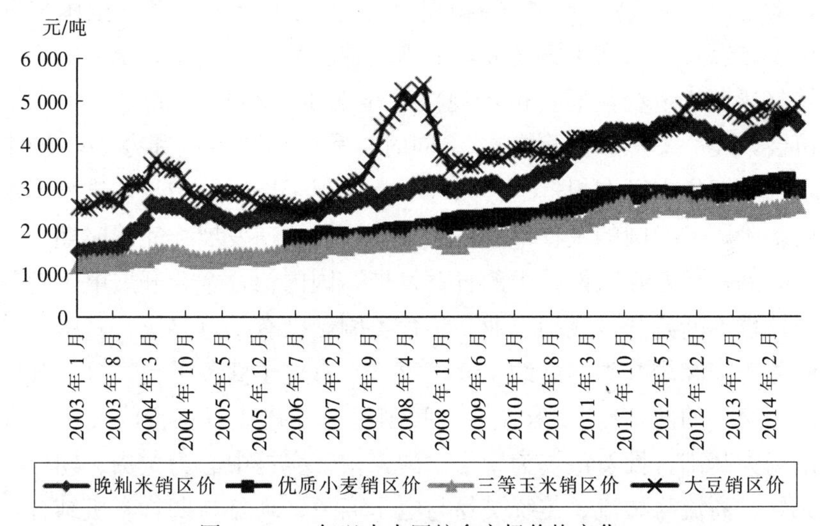

图 7　2003 年以来中国粮食市场价格变化

资料来源：国家粮油信息中心，《食用谷物市场供需状况月报》（2011—2014），每月出版 1 期；中华粮网：http：//www.cngrain.com/，《国内粮油市场分析报告》，每月 1 期。

3. 粮食市场体系

我国粮食市场体系发展走过了一条曲折的道路。1979 年之后，随着十一届三中全会党的一系列农村政策的贯彻落实，我国城乡粮食集贸市场开始得到恢复和发展。农民完成统购任务后的部分余粮开始在集市上出售，为调剂粮食品种和余缺，满足城乡人民生活需要起到了积极作用。到 20 世纪 80 年代中期，随着粮食流通双轨制的实行，国有粮食企业议购议销部分的粮食开始进入市场交易，市场流通的粮食日益增多，1984 年，市场交易的粮食已占了粮食流通总量的 12.7%。

1990 年 10 月，郑州等粮食批发市场的成立标志着我国粮食市场体系建设进入了一个新阶段。大宗粮食开始进入市场交易，现代粮食市场的一些主要功能开始得到发挥，粮食市场体系框架呈现雏形。此后的几年里，一些区域性的粮食批发市场也相继成立，粮食批发市场开始发展。

1993年5月，郑州商品交易所建立，正式推出小麦、大豆、玉米等期货交易品种，这标志着中国粮食期货市场的建立。1993年6月，上海粮油交易所也开始小麦、大豆、大米、豆油等粮食期货交易。此外，大连商品交易所推出了谷物期货交易。到了1994年，全国粮食期货市场已经发展到几十家之多，上市的粮食品种也达十几个。随后国家开始整顿期货市场，期货市场规模逐年缩小。2000年成立了中国期货业协会，建立“三级监管模式”。同时，完善相关条例和办法。2001年起，粮食期货市场在规范运作条件下，实现了恢复性增长，进入了规范发展新阶段。我国的粮食市场体系开始步入快速发展与完善时期。

另外，随着互联网技术的日益发展，国内粮食企业开展电子商务的积极性也不断高涨。我国农业、粮食类网站已有1万多家，其中粮食信息服务咨询和研究类网站约150多家，具有电子商务平台，真正开展粮食网上交易的网站有10家左右。我国已基本建成以粮食收购市场和零售市场为基础、批发市场为骨干、国家粮食交易中心为龙头、期货市场为先导，商流与物流、传统交易与电子商务、现货与期货有机结合，布局更合理、功能更完善、制度更健全、运行更规范，统一开放、竞争有序的粮食市场体系。

二、中国粮食产业政策

2003年以来中国粮食实现连续十年增产，最重要的原因就是中国政府不断出台强农惠农富农政策、构建新型农业农村政策框架、加大粮食生产支持保护力度①

（一）粮食安全政策框架

中国根据粮食产业的特殊性质，结合本国国情，适应市场经济体制

① 引自：宋洪远．“十一五”时期农业与农村政策回顾与评价［M］．北京：中国农业出版社，2010.

和对外开放日益扩大的要求，初步探索建立起了新时期粮食安全支持政策框架体系。

1. 坚持立足国内生产满足需求的方针

中国既是粮食生产大国，也是粮食消费大国，每年的粮食产量和消费量都占世界的25%左右。目前世界每年的粮食贸易总量约2亿吨，仅相当于中国粮食消费总量的40%。中国国内粮食生产每减产1个百分点，就相当于要从国际市场进口约500万吨，占世界粮食贸易总量的2.5%[①]。而且从长期看，由于国际粮食市场供需呈偏紧趋势，大量进口可能会造成国际市场粮价大幅度上涨。因此，中国坚持把立足国内生产满足粮食需求作为确保粮食安全的基本方针。近10年来，中国粮食自给率基本保持在95%以上。这不仅对解决国内粮食安全，而且为世界粮食安全做出了重大贡献。

2. 实行粮食省长负责制

从20世纪90年代开始，中国为了强化地方政府的粮食安全责任，开始实施“米袋子”省长负责制，即由省级政府与行政首长负责本省的粮食供应，要求保证粮食种植面积，提高单产水平，增加粮食储备，调剂供求平衡，稳定粮食价格。围绕贯彻粮食省长负责制，部分省区制定实施了粮食生产目标责任制并明确了相关考核办法。以省内的市、县人民政府作为考核对象，对市县人民政府在重视粮食生产、加大农业投入、强化粮食生产能力建设、开展粮食高产创建活动、健全粮食生产社会化服务体系等方面的行为进行考核，并相应建立了奖惩机制，以确保中央和省级政府有关粮食安全的政策措施有效地贯彻执行。

3. 以主产区和种粮农民作为扶持重点

实行粮食大县奖励政策，通过以奖代补的形式，对产粮大县为国家粮食安全做出的贡献进行奖励，国家的农业投资、国有土地出让金和新增农业综合开发资金也向粮食主产区倾斜，调动地方政府重农抓粮的积极性。实行取消农业税等涉农税收，实施对种粮农民直补等补贴以及主

---

① 程国强．世界贸易体系中的中国农业［EB/OL］．中国农业信息网（http：//www.agri.gov.cn），2005-03-20.

要粮食品种的最低收购价政策，提高了粮食生产比较效益，调动农民种粮积极性。支持主产区进行粮食转化和加工。扶持主产区发展以粮食为主要原料的农产品加工业，重点是发展精深加工。国家通过技改贷款贴息、投资参股、税收政策等措施，支持主产区建立和改造一批大型农产品加工、种子营销和农业科技型企业。

4. 以科技进步作为提高单产的基本途径

中国把依靠科技提高单产作为保障国家粮食安全的重要途径，大力加强农业科技创新和推广应用。农业基础研究和高新技术研究取得新进展，超级稻研究育成了一批新品种和新材料，居世界领先地位。农业科技成果转化应用效果明显，从 20 世纪 90 年代中期开始实施“种子工程”，共推广新品种 1 200 多个，其中优质高产多抗品种 411 个，主要农作物良种覆盖率达到 95%①。保护性耕作、测土配方施肥、节水灌溉和旱作农业等一大批先进实用技术大面积推广。从 2005 年开始，又启动了农业科技入户工程，推广应用了一大批先进适用技术。2006 年中央 1 号文件明确，继续实施粮食丰产科技工程，立足东北、华北和长江中下游三大平原，以水稻、小麦、玉米三大粮食作物为主攻方向，涵盖全国 13 个粮食主产区，力求通过一系列关键技术重大突破，为全面提升中国粮食综合生产能力提供科技支撑。1996—2012 年，农业科技进步贡献率提高 20 个百分点，良种覆盖率达到 95%以上。粮食单产水平显著提高，粮食品质结构不断优化，2008 年粮食综合优质率达到 80%。

5. 提高粮食生产的物质装备水平

组织实施优质粮食产业工程。在全国 13 个粮食主产省区选择 484 个县（场），重点实施优质专用良种繁育、病虫害防控、标准粮田、现代农机装备推进和粮食加工转化项目，重点建设一批国家优质专用粮食基地。提高农业投入品利用效率。中央财政安排专项补助，推广测土配方施肥先进技术，为农民提供免费测土、配方和施肥指导服务。加快农业机械化发展。从 2004 年开始，各级财政拿出一部分资金，对农民个人、农场职工、农机专业户和直接从事农业生产的农机服务组织购置和

① 数据来源：中国农业信息网（http：//www.agri.gov.cn/zxbb/t20051021_478908.htm）。

更新大型农机具给予一定补贴，推进农业机械化发展。

6. 提升低收入人口的食物安全保障水平

除了质量安全，中国还一贯高度重视食物的分配安全，通过多种措施来保障低收入人口的食物安全。一是推进农村改革发展，保持经济长期持续发展，实施大规模持续减贫战略，通过经济增长来解决大部分农村人口的食物安全保障问题。1978年以来，中国经济保持了接近两位数的增速，农民人均收入年均增长超过7%，数以亿计的农村人口解决了温饱问题。二是逐步构筑农村社会安全网，保障农村特定贫困群体的食物安全。目前中国已经初步形成了一套农村社会安全网体系。社会救助政策主要包括农村“五保”供养制度、贫困户定期定量救济政策、临时救济措施、灾害救助制度、最低生活保障制度，医疗救助政策主要包括合作医疗、贫困人口医疗救助制度等；教育救助政策主要是“两免一补”政策等。农村社会安全网络的构建，初步解决了特定贫困群体的食物安全保障问题。三是实施针对大学生和城镇贫困人口和低收入阶层的粮食供应保证制度，在物价上涨时通过发放临时补贴、建立与物价变动相适应的低保制度等措施，使其生活水平不因物价上涨而降低，食物安全得到保障。

（二）粮食生产扶持政策

1. 补贴政策

为促进农民增收，提高农民种粮积极性，从2002年开始，中国开始在三个县进行对农民直接补贴的试点。经过两年的试点工作，2004年粮食直补政策在全国29个省份铺开。这一政策实施以来，补贴规模逐年增加，截至2006年累计发放补贴资金390亿元（2004年116亿元、2005年132亿元、2006年142亿元）。2007年按照中央1号文件要求，各地粮食直接补贴资金要达到粮食风险基金的50%，全国补贴总额达151亿元。2006年在石油综合配套调价改革启动后，为稳定农民种粮收益，中央财政又新增补贴资金120亿元，对种粮农民柴油、化肥等农业生产资料增加实施综合直补。2007年，中央财政大幅提高农资综合直补力度，新增补贴资金156亿元，补贴总额达到276亿元。2008年中央财政在276亿元补贴规模的基础上，新增206亿元农资综合直补资金，进一步加大对种粮农民的补贴力度。新增补贴资金后，2008年农资综合补贴资金达到482亿元，比上年增长75%，加上从粮食风险基金中预计列支的151亿元粮食直补资金，2008年对种粮农民的两项直接补贴资金规模达到633亿元。

2012年，中央财政安排的粮食直补、良种补贴、农资综合直补、农机具购置补贴分别达到151亿元、224亿元、1 078亿元和200亿元，四项补贴合计达到1653亿元，较2006年增长了4倍。2013年，中央安排的“四补贴”达到1700.6亿元。同时开展技术服务补贴政策，要包括面向农业生产服务的农民培训补助、小麦“一喷三防”、玉米地膜覆盖、南方水稻集中育秧、东北水稻大棚育秧、东北秋粮及南方水稻增施肥促早熟、有机质提升、深松整地作业等防灾减灾稳产增产关键技术良法补助政策。2013年，中央财政安排2.1亿元，在21个县区采取以奖代补等方式支持开展国家现代农业示范区改革与建设试点。尽管这方面的资金总量目前并不大，但增长很快，成为国家支持粮食生产的重要切入点。

2. 科技扶持政策

中国之所以能够用仅占世界7%的耕地养活占世界1/5的人口，科技支撑所起的作用非常关键。经过长期努力，中国建立了包括教育、科研、科技推广在内的农业科技体系，适应市场经济的能力总体上越来越强，这在发展中国家并不多见。总体来看，农业科技体制机制不断完善，农业发展的科技贡献率不断提高，2013年达到55.2%。

农业教育体系主要包括高等教育、中等职业教育、广播电视教育，目前共有独立设置的农林本科院校38所，473所高等学校举办涉农专业，涉农本科专业达到1493个。中等农业职业教育体系比较完整，基本上每个地级市都设立了农业学校或者相关专业、每个县设立了中等农业职业教育学校或相关专业。农业科研体系包括以中国科学院、涉农高校为主体的农业重大基础理论研究体系，以国家级农业科研机构、涉农高等院校、涉农重点企业参与形成的重大关键技术研究体系，以区域省级农业科研机构、农业高等院校为主体的区域创新体系。据农业部门概算，中国共有农业科研人才 27 万人，其中农业科研机构 6.6 万人、涉农高校 3.4 万人、省级以上农业龙头企业 17.0 万人。从中央到乡镇，中国都设立了农业科技推广机构。

近年来，国家密集出台专门针对或涉及农村科技工作的政策文件，2012 年的中央 1 号文件以农业科技为主题，明确界定了农业科技“具有显著的公共性、基础性、社会性”，强调强科技保发展。支持农业教育、科研和科技推广体系的政策主要包括：实施卓越农林教育培养计划，进一步提高涉农学科（专业）生均拨款标准，加大国家励志奖学金和助学金对高等学校涉农专业学生倾斜力度，在农林水等专业实行定向招生，对到农村和边远地区工作的高校毕业生实行学费补偿和国家助学贷款代偿政策，对中等职业教育免费，实施职业技能培训补贴，加快培养农业科技领军人才和创新团队，调整科技成果评价导向，完善基层农技推广人员职称评定标准，普遍健全乡镇或区域性农业技术推广公共服务机构，完善管理体制，全面实行人员聘用制度，推行县主管部门、乡镇政府、农民三方考评办法，实施农业技术推广服务特岗计划，改善基层农技推广机构办公用房和仪器等工作条件，实施基层农业技术推广体系改革与建设示范县项目，提高农技推广人员待遇水平，支持高等学校和科研院所承担农技推广项目，推行推广教授和推广型研究员制度，实施科技特派员农村科技创业行动等。这些政策的出台，使得农业科技经费保障机制更加健全、管理体制更为完善、运行机制更具活力，对粮食生产的支撑作用明显增强。

3. 基本生产条件加快改善

新中国成立以来，中国以水利为重点的基础设施条件大为改善，生产手段大为改进。尤其是近几年来，中国水利建设进入了一个新的发展阶段、机械化水平快速提高，对粮食生产发展起到了基本支撑作用。

（1）基础设施建设大为加强。近年来，国家对农村基础设施建设的投入继续加大，中央预算内投资用于农业和农村建设的投资比重为一半左右。在中央投入带动下，社会的投入也快速增加，粮食生产基础设施条件正在加快改善。

水利是农业基础设施建设的重点。从 2000 多年的历史来看，中国降水区域之间、年际分布不均，每年要发生一次旱灾或者水灾。新中国成立以后，中国采取了最广泛动员的方式，围绕防洪、供水、灌溉等水利工程，开展了气壮山河的水利建设，初步形成了大中小微结合的水利工程体系。改革开放以后，农业水利建设继续得到发展。“十一五”期间，全国水利建设投资总规模超过 7 000 亿元（其中中央 2 934 亿元），比“十五”时期增加近 1 倍。目前，中国已经建成 9.7 万座水库，农田有效灌溉面积达到 6 200 万公顷。“十一五”期间，中国净增灌溉面积 380 多万公顷，改善灌溉面积 1 270 万公顷，新增节水能力 189 亿立方米，新增粮食综合生产能力 2 000 万吨。中国农业用水效率明显提高，2000—2011 年，节水灌溉工程面积由 1640 万公顷增加到 2870 万公顷，其中喷灌、微灌、低压管道输水等高效节水灌溉面积由 590 万公顷增加到 1250 万公顷。

2011 年，中共中央、国务院专门发出以水利为主题的中央 1 号文件，要求 10 年全社会水利年平均投入比 2010 年高出一倍，投入总量达到 4 万亿元。2013 年，中央用于江河治理、水库建设及除险加固等项目的资金达到 512.9 亿元。

（2）农业机械化水平迅速提高。机械化水平是农业现代化水平的直接标志。2004 年，中国颁布了第一部《农业机械化促进法》，标志着农业机械化进入了一个全新的发展阶段。2010 年，国务院发出《关于促进农业机械化和农机工业又好又快发展的意见》（国发〔2010〕22 号），对促进农业机械化发展进行了部署。从 2004 年开始，中国出台了农机具购置补贴，当年中央财政的补贴为 0.7 亿元，此后逐年大量增长，2012 年增加到 215 亿元，补贴购置各类农机具 2272.6 万台（套）。2005—2012 年，全国农机总动力从 6.85 亿千瓦增加到 10.26 亿千瓦。2012 年，全国农作物耕种收综合机械化水平达到 57.1%，较“十五”末提高 21 个百分点。这说明中国粮食生产实现了由以人畜力为主向以机械作业为主的重大转变。

（3）基本农田保护和建设不断加强。中国实施了最为严格的耕地保护制度，这是粮食生产发展的底线。1998 年，国务院颁发了《基本农田保护条例》，要求划定的基本农田面积应当达到耕地总量的 80%以上。目前，全社会的基本农田保护意识逐步确立，基本农田保护法规制度框架基本形成。新一轮土地利用总体规划（2006—2020年）提出全国耕地保有量到2010年和2020年分别保持在12 120万公顷和12 033.33万公顷。在规划期内确保10 400万公顷基本农田数量不减少、耕地质量有提高。2010年耕地总面积保持在12 801万公顷以上，基本农田面积10 856万公顷以上，占现有耕地总面积的83.5%以上。

三、中国粮食供求变化影响因素

（一）粮食供给主要影响因素

粮食生产是社会再生产和自然再生产的有机结合，其生产能力自然受到社会、经济和气候等多种因素的影响。所利用的资源包括光照、降水和土地资源；所投入的劳动资源包括机械、畜力等固定资产，也包括种子、肥料、饲料、农药、农膜、电力等流动资产，还有劳动力和技术等社会投入，同时受到社会大环境等许多方面的影响①。

1. 资源要素

直接作用于粮食生产的资源要素主要包括可耕地面积、水资源、农业生态环境等要素。资源要素是粮食生产最基本的决定性条件。耕地的效用不仅仅在于生产了多少粮食，更重要的是所有耕地作为一个整体所能提供给一个国家的食物安全保障。提高土地利用率和土地生产率是增强粮食综合生产能力的前提。用水供给是提高粮食综合生产能力的基本条件。水资源要素对粮食生产的保障体现在确保必要的人均水资源拥有量、不断治理并提高水资源质量和水资源利用率。农业生态环境要素则主要是指维护现有农业自然资源的生态能力，以及对丧失和部分丧失生态功能的农业资源如何重新恢复其生态能力，保持甚至增加农业自然资源的生态容量，保证农业自然资源能够永续利用的能力。

（1）耕地资源。根据《基本农田保护条例》规定：经国务院批准占用基本农田的，应划补数量和质量相当的基本农田。但受片面追求经济

① 引自：韩一军．中国小麦产业发展与政策选择［M］．北京：中国农业出版社，2012.

发展的影响，一些地方在大量占用优质农田后，补充的是质量较低、灌溉条件较差的耕地，且不少为坡耕地。一是数量减少。1978—1995 年中国耕地减少 440 万公顷，年均减少 24.5 万公顷；1996—2012 年耕地减少 833 万公顷，年均减少 76 万公顷。二是质量下降。据农业部调查分析，目前中国有 67%左右的耕地为中低产田。据环境保护部调查，目前全国受污染的耕地约 1 000 万公顷，污水灌溉污染耕地 217 万公顷，固体废弃物堆存占地和毁田 13 万公顷，合计约占耕地面积的 1/10 以上。酸雨发生面积占国土面积的 40%以上，比 20 世纪 80 年代增加 1 倍多。三是占优补劣问题突出。据国土资源部资料，2001—2009 年，全国占补耕地 209 万公顷。专家分析，新开垦耕地与占用的熟耕地相比，一般相差 2～3 个地力等级（1 个等级为每公顷 1 500 千克粮食产量），影响粮食生产能力 600 万吨以上。

（2）水资源。中国是全球 13 个水资源最贫乏的国家之一，水资源总量为 28 400 亿立方米，人均淡水占有量不足世界平均水平的 1/4。耕地每公顷水资源 2.25 万立方米左右，仅为世界平均水平的一半。水资源地域和季节分布非常不均，北方地区人口、耕地所占比重为 46%和 60%，而水资源总量仅为 7%。一是总量短缺。全国水资源总量由 1997 年的 28 124 亿立方米下降到 2011 年的 23 257 亿立方米，减少 4 867 亿立方米。同期，全国总用水量由 5 566 亿立方米上升到 6 080 亿立方米，增加 514 亿立方米。在正常情况下全国农业年缺水总量 300 亿～400 亿立方米。而且水资源时空分布不均，进一步加剧了部分地区水资源短缺状况。二是与其他行业用水矛盾加剧。工业用水量由 1997 年的 1 121 亿立方米增加到 2011 年的 1 460 亿立方米，增加 339 亿立方米，占总用水量的比重由 20.1%上升到 24.0%；生活用水量由 525 亿立方米增加到 785 亿立方米，增加 260 亿立方米，占总用水量的比重由 9.4%上升到 12.9%。同期，农业用水量由 3 920 亿立方米下降到 3 720 亿立方米，减少 200 亿立方米，占全国总用水量的比例由 70.4%下降到 61.2%。三是实际灌溉面积比重下降。全国农田有效灌溉面积由 2000 年的 5 500 万公顷增加到 2011 年的 6 040 万公顷，增加 540 万公顷。因水源紧缺等原因，实际灌溉面积由 4 793 万公顷增加到 4 993 万公顷，仅增加200万公顷，占有效灌溉面积的比重由87.2%下降到82.7%。旱涝保收面积由2 680万公顷增加到2 780万公顷，仅增加100万公顷，占有效灌溉面积的比重由48.7%下降到46.0%。

(3) 自然灾害。受全球气候变暖影响，近年来中国气候变化起伏大、差异大，不仅导致突发性极端天气多发频发，而且增加了灾害发生的不确定性，加大了农业防灾减灾、灾后恢复生产的难度和压力。2004年因自然灾害损失粮食3 050万吨，2005年3 450万吨，2006年4 470万吨，2007年5 395万吨，2008年4 925万吨，2009年和2010年都达到5 000万吨以上，粮食因灾损失总体呈逐年加重趋势。同时，病虫害发生也呈加重趋势。一方面，气候变暖有利于农业病虫害的安全越冬，越冬虫源、菌源基数增加，起始发育时间提前，发育速度加快，发育期缩短，繁殖力增强，虫害越冬界限北移、迁飞危害范围扩大；同时解除了低温对某些病虫害分布范围的限制，扩大了害虫的适生区和严重发生区，使中国主要粮食作物病虫害发生面积扩大，频率增加，危害加重。如小麦条锈病越冬菌源区范围扩大等。另一方面，栽培和耕作方式的变化，有利于本地病虫害的发生；跨区联合收割加速病虫跨区域传播蔓延；品种的单一化种植导致自然控害能力减弱，常发性病虫害发生面积扩大，次生性病虫害发生逐年加重。

2. 科技要素

科技要素是稳定和扩大粮食生产能力的支撑力量。这主要包括农业科技研究要素、农业科技成果转化要素、农业科技推广要素三方面。其中，农业科技研究能力对粮食综合生产能力起决定性作用。农业科技成果转化要素主要影响科技成果转化率。农业科技推广要素则是指农业科学技术能否在粮食生产中有效推广及其被粮食生产者迅速掌握。农业科学技术的应用领域十分广阔。生物、化学技术的应用都有利于提高产量。有的生物化学技术能直接提高单产，有的能增强抗旱、抗涝、抗虫害、抗倒伏，从而间接提高单产。机械、物理技术的推广应用有助于提高粮食生产单位时间的效率，减轻劳动强度，降低生产成本。

(1) 育种技术。总的来说，中国粮食育种技术已经达到世界先进水平，特别是水稻和小麦。例如在小麦育种技术领域，据统计，新中国成立以来小麦品种已更新了若干次，每次更新都使小麦产量增加10%以上（娄源功，2002）。在不计成本的小面积产量创纪录试验中，英国冬小麦品种1982年单产达到15 705千克/公顷，中国自主研发的春小麦品种1978年单产达到15 300千克/公顷，冬小麦品种1999年单产达到11 595千克/公顷。在黄淮海平原大面积推广的多数品种单产一般可超过7 500千克/公顷，不少品种具有单产9 000千克以上的产量潜力，大面积单产已达到6 000千克/公顷左右。近年来育成推广的兰考18、泰山23等超高产品种都具有单产11 250千克/公顷左右的产量潜力（肖世和，2007）。

（2）栽培技术。从栽培技术来看，近年来一些栽培技术的应用和推广对促进粮食单产和效益的提高发挥了重要作用。例如，机械化秸秆还田技术把作物秸秆直接或间接地转化为肥料，可改善土壤理化性状，增加土壤有机质含量，培肥地力。经测定：连续2～3年实施秸秆还田技术的地块，土壤有机质含量能增加0.06%～0.10%，速效钾含量可提高25%～30%，含氮量能增加1.06%～1.15%，土壤抗御干旱的能力明显提高，小麦增产幅度为5%～12%。

（3）测土配方施肥。从2005年开始，中国全面推广应用测土配方施肥技术，通过测土了解和掌握土壤供肥性能、土壤肥力的变化状况，合理配置肥料资源，提高肥料利用率，促进农民节本增效。中央和地方财政给予补贴，免费为农民提供测土配方施肥的技术服务。测土配方施肥实施7年来，中央财政累计投入资金57亿元，项目县（场、单位）达到2 498个，基本覆盖所有农业县（场），实现了从无到有、由小到大、由试点到“全覆盖”的历史性跨越。2012年，中央财政投入资金7亿元，测土配方施肥技术推广面积达8 000万公顷以上，惠及全国2/3的农户。据对农户抽样调查，应用测土配方施肥技术的田块，小麦、水稻、玉米每公顷增收450元以上；蔬菜、果树等作物每公顷增收达1 500元以上。截至2011年，通过实施测土配方施肥，全国累计减少不合理施肥700多万吨，据专家推算，相当于节约燃煤1 820万吨，减少二氧化碳排放4 730万吨。

3. 资本要素

资本要素是粮食生产的物质基础。资本要素包括劳动力要素、可移动物质要素和不可移动物质要素等。农业劳动力是实现粮食综合生产能力最重要的能动因素。农业劳动力素质在产前、产中、产后各个环节中影响粮食综合生产能力。可移动物质要素包括农业机械、化肥、农药、种子等的使用。不可移动物质要素主要指各种农业基础设施水平，直接决定了粮食生产抵御自然灾害的能力。如果资金欠缺、投入不足，就会直接制约种子、化肥、农药、机械等可移动物质要素数量的增加和质量的提高，进而制约粮食综合生产能力的提高。在其他条件不变的情况下，如果资本要素供给充足，则其他要素的数量就多、质量就好；反之，则相反。

(1) 劳动力投入。劳动力是粮食生产中最活跃、最积极的因素。随着非种植业和非农业部门中就业机会的增加，农业劳动力逐年向非农产业转移，对粮食生产发展会产生一定的负面影响。据农业部调查分析，1993—2003年，农村劳动力外出由6 200万增加到9 820万，年均增加360多万；2003—2008年，农村劳动力外出由9 820万增加到1.26亿，年均增加近700万。目前全国约有2.26亿农民外出务工经商，其中大多为青壮年劳动力。留乡务农劳动力中，从事农业为主的劳动力越来越多的是中老年和妇女，平均年龄达到45周岁，农业劳动力素质呈现结构性下降。同时三种粮食平均的劳动力投入逐年递减，由1978年每公顷499.5工日减少到2012年91.7工日，下降了81.7%，而劳动工日的逐年降低带来了劳动生产率的逐年提高。

(2) 物质投入。物质投入主要指种子、化肥、农机、排灌等方面的投入费用，改革开放以来，中国粮食生产中化肥投入最高，而且增长幅度最大，机械作业投入增长幅度次之，排灌投入和种子投入都是稳中略升，这些物质投入的增长，极大地促进了粮食单产水平的提高。

化肥是中国粮食生产中的重要投入要素，化肥具有增加作物产量、培肥土壤、改进品质、发挥良种增产潜力的积极作用。平衡施肥技术既能提高作物产量，又能提高农产品品质。从总体趋势来看，除1990—1992年间有明显波动外，粮食化肥用量年际变化不大，在波动中呈缓慢上升趋势，从1978年的228千克/公顷上升到2012年的348.3千克/公顷，这表明粮食生产的化肥投入量日趋稳定。

农业机械投入主要包括机耕、机种、机割及机械灌溉，能够提高粮食生产效率，提高各环节的操作质量。1980年以来，粮食生产机械化水平迅速提高，从1981年的12.6%上升到2013年的59%，这表明随着农业劳动力的不断转移，农业用工成本逐年加大。为了保证粮食种植收益最大化，农民在种植粮食时选择用资本购买或雇佣机械替代劳动用工，特别是有助于提高劳动生产率的农业机械。1978—2012年，粮食生产机械作业费增长了135倍，年均增长15.6%。机械作业费用的快速增长体现了粮食生产机械化水平的提高，对粮食单产的提高具有重要的促进作用。

4. 政策要素

政策要素是粮食生产的保障条件，制度对其他要素起制约和导向作用。政策要素包括财政政策、生产政策、农业社会化服务和组织管理制度等。财政政策的作用表现为政府通过具体的制度安排，使资本更多、更快地进入粮食生产领域，保证粮食生产的持续投入和粮食生产正常运行。财政制度直接决定着粮食产能建设的投入水平。农业社会化服务包括各类农业社会服务机构有效提供粮食市场需求信息、农业生产资料信息、生产技术信息以及气象信息等方面的制度，包括产前、产中和产后服务三个方面。组织管理制度是指政府各部门有效配合、相互协调，为粮食生产服务的工作制度。

（二）粮食需求主要影响因素

粮食消费主要包括口粮消费、饲用消费、工业消费、种子消费及损耗等，其中口粮消费是主体。口粮消费主要受人口总量、城乡人口结构和人均收入变化等因素的影响。一般而言，人口总量的增加会引起口粮消费的增加，如果人口的城乡和收入结构同时发生变化，则情况较为复杂。由于城镇居民的口粮消费量远小于农村居民，因此如果城镇人口增加的幅度大于农村，口粮消费总量就会减少；这种由于人口结构变化引起的口粮消费减少，可以抵消人口总量增加对口粮消费的影响。随着收入增加，居民的口粮消费可能减少。近年来，中国粮食饲用消费增长幅度较大，在粮食总消费中的份额不断提升。随着收入和城镇人口的增加，对畜产品的需求逐渐增加，从而对饲料粮的需求不断加大，其增加幅度取决于饲料报酬率的提高程度。在平均饲料报酬率提高的情况下，对饲料需求的增加幅度要小于对畜产品需求的增加幅度。在饲料报酬率较高的畜产品（如禽蛋奶和水产品）所占比例提高的情况下，全部畜产品的平均饲料报酬率也相应提高。工业消费近年来增长也比较明显，特别是酿酒消费随着酒类消费的增加而明显增加，种子消费和损耗相对稳定，短期内不会发生显著变化①。

1. 经济发展

研究表明，经济增长对一国粮食消费的影响在不同经济发展阶段有明显不同的特征：居民人均收入处于低水平时，温饱问题的解决会推动人均粮食消费量的增加，主要表现在粮食消费量的增长；人均收入处于中等水平时，居民饮食结构中动物性食品比重提高，人均粮食消费量将经历一个先升后降、波动变化并趋于稳定的过程，主要表现为人均粮食消费量不断减少，人均工业和饲用粮食消费量成为粮食消费的主要增长点；人均收入处于高水平时，居民饮食结构已相对稳定，粮食消费量增长主要取决于人口增长。迹象表明，中国正处于第二个阶段，经济增长带来了人均粮食消费量的下降和消费结构的调整。

经济发展促进了居民收入水平的提高和城镇化建设进程的加快。随着居民收入水平的提高，城乡居民对粮食口粮的需求减少，但是对高品质粮食的消费持续增加，对粮食制品在数量和质量上的要求更高，这使得居民的粮食消费结构和消费水平不断升级。城镇化进程加快，农村人口不断向城镇转移，使得城镇人口不断增加，农村人口相对减少，城镇居民粮食消费量的比重将有所增加。由于农村居民粮食消费能力高于城镇居民，因此城镇化有利于粮食消费总量的降低。此外，随着城市化水平的提高，农村居民受到城市居民饮食文化的影响，在外消费所占比重将有所增加。因此城镇化不仅影响粮食消费水平，而且影响粮食消费结构。

---

① 引自：韩一军．中国小麦产业发展与政策选择［M］．北京：中国农业出版社，2012.

2. 人口增长

1992—1998年，人口增长导致中国粮食消费呈刚性增长。1992—1998年，中国人口从11.72亿增加到12.48亿，增长了6.5%，年均增长1.1%；而同期粮食消费总量从10 329万吨增加到10 945万吨，增长了6.0%，年均增长1.0%；同期粮食直接消费量从9 000万吨增加到9 500万吨，增长了5.6%，年均增长0.9%。可见这一阶段，中国粮食消费与人口增长呈显著正相关关系。但是1998年以后，中国人口自然增长率已低于1%，且呈逐年下降趋势，特别是随着城镇人口增加，中国粮食消费量开始逐渐减少。2012年中国人口继续增长为13.47亿，预计中国人口还将持续增长，人口的刚性增长将直接推动粮食消费量的长期增长。

3. 收入水平

收入水平提高使粮食直接消费呈下降趋势，使人均粮食直接消费呈先升后降趋势。粮食直接消费是口粮消费，随着居民收入水平增加，食品消费结构发生改变，主食消费不断减少，肉禽蛋奶等副食消费迅速增加。中国粮食人均直接消费从1997年以后开始下降，2012年农村和城市人均口粮消费量下降到164千克和79千克左右，分别较1997年下降36.7%和18.6%。人均粮食直接消费量减少使得粮食直接消费总量减少的幅度大于人口增长所带来的增加的幅度，从而使得粮食直接消费的数量与比重均呈下降趋势。

收入水平较低时，粮食消费的收入弹性为正值，即收入增长使粮食消费量增加。据测算，城市居民粮食消费的收入弹性为0.1，即收入增长1%会使粮食消费增加0.1%，而农村居民粮食消费的收入弹性为0.19（黄季焜，1995）。但这种影响会随着城乡居民收入的增长而变化，粮食消费的收入弹性会逐渐下降，并且最终会变为负值，目前亚洲一些发展较快的国家已经出现了这种情况（黄季焜，1998）。

4. 加工业发展

近年来，中国粮食加工业迅速发展，加工产品结构不断调整，质量不断提高，品种不断增加。各类粮食加工产品在质量、档次、品种、功能以及包装等方面基本适应了城乡居民生活水平提高和不同消费层次的需要。此外，粮食加工技术水平有了质的提升，一系列高新技术在粮食加工业中推广应用，企业技术水平有了较大提高。这些技术的推广应用进一步推动粮食加工业发展，对粮食的数量和品质提出了更高的要求，从而带动居民粮食消费量和消费结构的变化。

5. 城市化进程

城市化发展对粮食消费具有很大影响，原因是城乡居民膳食结构存在明显差异。2012 年，中国农村居民人均粮食消费量平均为 164 千克，约为城镇居民的 2.1 倍。副食品消费方面，农村居民人均消费明显低于城镇居民。如果一个农村居民变为城镇居民，将使粮食直接消费每年减少 20～40 千克，尽管增加副食消费量会使粮食间接消费有所增加，但粮食直接消费减少量大于间接消费增加量，因此中国农村居民转变为城镇居民会使粮食消费总量减少。改革开放以来中国城市化进程明显加快，城市化率由 1978 年的 17.9%增加到 2012 年的 52.6%，年均增长 3.3%，成为中国粮食直接消费量减少的主要原因之一。随着中国城镇化建设的发展，城市化率会进一步提高，粮食消费将呈继续减少的趋势。但是这种趋势不会无限发展，因为随着收入水平提高，城乡膳食结构的差别会逐渐变小直至完全消失，粮食消费量会逐渐趋于稳定。

6. 农村市场发育

农村市场发育日益完善使粮食消费呈下降趋势。在收入和价格水平一定的条件下，初级食品（如肉、新鲜水果等）的消费量与市场发育水平显著相关，市场发育程度每提高 10%，农民自产粮食和蔬菜消费将分别下降 1%和 2.1%，而以市场购买为主的肉类产品、水果和其他食品消费则分别提高 3%、2.1%和 1.9%（黄季焜，1996）。目前中国农村消费品市场发育很不完善，许多地区的农民购买肉类、新鲜水果等商品很不方便，使他们获得该类食品的交易成本增加，消费决策受到限制，即使收入有所增长，也不能完全按自己所希望的商品品种和数量进行消费。据统计，中国农民收入的货币化程度已经达到 84%，但是主食消费中外购的仅占 13%，自给自足份额高达 87%。随着农村市场发育的日趋完善，将促进农村居民消费方式的转变，增加肉、禽、蛋、奶、水产品以及新鲜水果等食物的消费，减少包括粮食等粮食产品的消费量。因此，农村市场发育日趋完善，将使粮食消费量进一步降低。

四、中国粮食供求与国际粮食市场的互动影响

（一）世界粮食供求变化特点

1. 世界粮食产量不断提高，近十年增速明显加快

21世纪以来，在科技进步的带动下，世界粮食产量增速明显加快。2013年世界粮食产量达到创纪录的24.98亿吨，较上年增长8%，较2004年增长20.6%。近十年世界粮食产量增速明显加快，2004—2013年间的年均增速为2.1%，在上一个十年0.7%的水平上增长了1.4个百分点。分品种来看，玉米是增长最快的粮食品种，年均增长率为3.5%，大米为2.2%，小麦为1.3%。玉米产量增加使其占谷物的比重显著提高，2004年以来玉米占谷物[①]总产量的比重从35.2%增加到39.8%，增长了4.6个百分点；而同一时期大米从19.6%略增至19.8%，仅增长了0.2个百分点，小麦和其他谷物所占比例分别下降了1.9和2.9个百分点。2013年中国谷物总产量达到4.85亿吨，比2012年增长1.7%，占世界谷物总产量的19.4%。

2. 世界粮食消费量平稳增长，工业用粮成为新的增长点

世界粮食消费量平稳增长，2013年粮食消费量达24.18亿吨，较2004年增长20.2%，年均增长2.1%，较上一个十年快0.9个百分点。口粮消费仍是粮食最主要的消费途径，2013年为10.99亿吨，占消费总量的45.5%；饲料消费为8.48亿吨，占35.1%；其他用途4.72亿吨，占19.5%。2004—2013年，以工业用粮为主的其他用途增速明显加快，占粮食消费量的比重快速提高，从16.1%增加至19.5%，增长了3.4个百分点；同一时期食用和饲料消费所占比重均呈下降态势，分别减少1.0和2.4个百分点。分品种来看，玉米同样是增长最快的品种，2004—2013年间年均增长3.4%，大米年均增长2.1%，小麦年均

① 世界谷物主要包括稻谷、小麦、玉米以及杂粮等，不包括大豆。

增长1.3%。玉米消费量占消费总量的比重显著提高，从34.4%增至38.7%，提高了4.4个百分点；大米所占比例维持在20%左右；小麦所占比例从30.8%降至28.8%，下降了2.0个百分点；其他谷物从14.7%降至12.3%，下降了2.4个百分点。2013年中国谷物消费量达到4.96亿吨，比2012年增长3.7%，占世界谷物总消费量的20.5%。

3. 世界粮食供求形势有所好转，库存水平有所提升

2004—2013年的10年间，有4年世界粮食消费量大于产量，其中包括2006—2007年连续两年产不足需导致供求缺口达到5 880万吨，引发全球粮价高涨；2010年旱灾造成小麦减产，且玉米需求旺盛导致产不足需，产需缺口为1 770万吨；2012年旱灾再次影响世界粮食产量，产需缺口达2 460万吨。除此之外的多数年份产量能够满足消费需求。由于产量再创新高，2013年世界粮食供求形势好转，库存水平有所回升，库存量达到5.64亿吨，为20年来的最高水平，库存消费比为23%，大大高于2007年18.4%的历史最低水平（图8）。

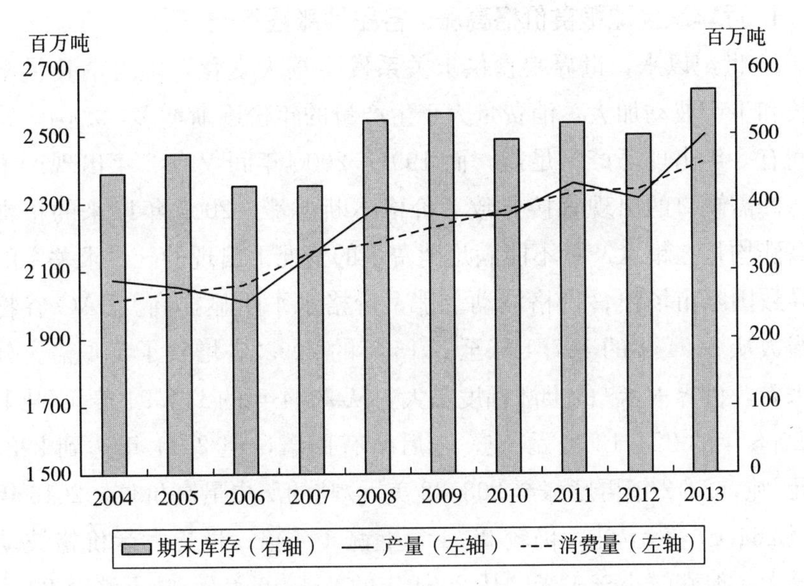

图8　2004—2013年世界粮食产量和消费量变化

资料来源：联合国粮农组织统计数据。

分品种来看，近十年来世界大米供求形势较为宽松，除2004年有

160万吨的供求缺口外，其他年份的产量均足以满足消费需求，且期末库存量连续6年增加，2013年达到1.8亿吨，创20年来的新高；库存消费比36%，处于历史较高水平。世界小麦供求形势由略紧转为相对宽松，十年间有4年存在产需缺口，其他年份略有剩余；2013年小麦产量再创新高，消费平稳增长，产大于需1 240万吨，库存量1.67亿吨，增长6.7%，库存消费比23.6%，增长了1.1个百分点。世界玉米近十年消费量增长迅速，年均增速达3.4%，较上个十年增加2.3个百分点；产量增长仍略高于消费增长，年均增长3.5%；供求形势由紧平衡转为较宽松，十年间有2年产不足需，其他年份略有盈余；2013年玉米产量创历史新高，达到9.94亿吨，增长13.4%，玉米库存量从1.29亿吨回升至1.77亿吨，增幅高达37%；库存消费比从2012年的14.7%升至17.8%。

（二）世界粮食价格变化特点

1. 近年来全球粮食价格高涨，各品种涨幅不一

21世纪以来，世界粮食供求关系发生很大变化，随着消费量不断增长和生产波动加大，消费量大于生产量的年份逐渐增多，2001—2013年间有6年出现了产不足需，而1991—2000年间仅有2年出现产不足需。产需缺口的出现直接导致了价格不断上涨，2007年以来的粮食价格高涨均是在粮食产量不能满足消费量的情况下出现的。供求关系的变化导致国际市场粮食价格波动上涨，价格水平明显提高。FAO谷物价格指数从2004年的107.1涨至2013年的219.2，增长了1.1倍。分品种来看，世界玉米[①]的上涨幅度最大，从2004年的111.94美元/吨上涨至2008年的223.13美元/吨，之后略有回落，但2011年达到292.33美元/吨，2012年再度涨至298.32美元/吨的历史最高价位，2013年回落至264.07美元/吨，仍较2004年上涨1.4倍。世界大米价格波动幅度最大，但涨幅小于玉米，从2004年的244.49美元/吨上涨至2008年

① 世界玉米价格以年度平均价格计算，数据来自联合国粮农组织，大米和小麦价格计算方法相同。

的697.48美元/吨，之后价格虽有回落，但仍保持500美元/吨以上的价格水平，2013年为532.67美元/吨，较2004年上涨1.2倍。世界小麦价格上涨幅度小于玉米和大米，从2004年的161.31美元/吨上涨至2008年历史最高的344.58美元/吨，之后开始回落，2011年再次上涨为330.08美元/吨的高位，2012年和2013年仍保持在320美元/吨以上的水平，较2004年上涨了1倍①（图9）。

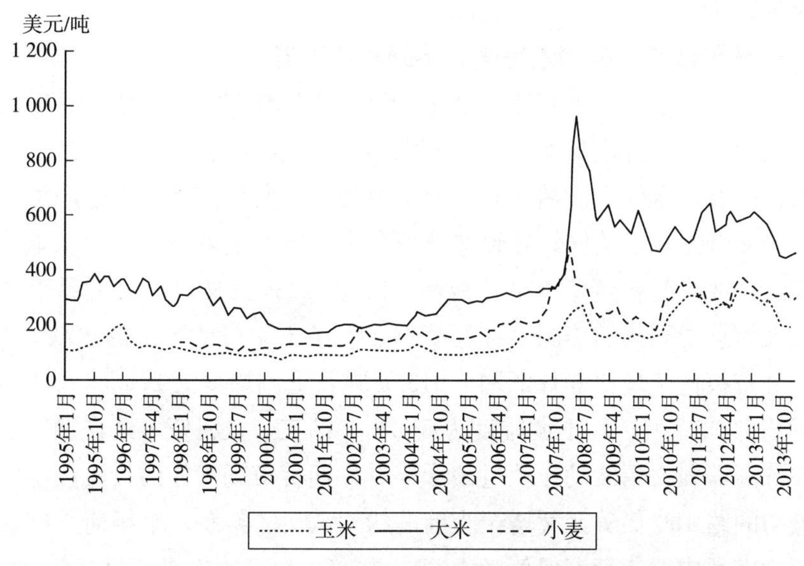

图9　1995年以来国际粮食价格走势

注：玉米为美国墨西哥湾2号黄玉米平均离岸价，大米为泰国曼谷100%B级白米平均离岸价，小麦为美国墨西哥湾2号硬红冬麦平均离岸价。

资料来源：FAO数据库。

2. 全球粮食价格波动加剧，短期内大涨大落频繁出现

进入21世纪，世界粮食价格波动更加剧烈，波动频率明显加快。尤其是2008年以来，世界粮食价格在四年中出现三次高峰，前两次分别在2008年和2011年，其中2008年3月FAO谷物价格指数达到历史最高的267.5，比2007年3月增长122.3点，涨幅达84.3%；而2011年4月谷物价格指数也达到261.3的较高水平，仅较2008年

① 引自：韩一军．世界粮食产业变化特点及对我影响［J］．中国粮食经济，2014（8）．

的最高水平低6.2点，比2010年4月增长109.6点，涨幅为72.2%。2012年7月全球粮食价格迎来新一轮暴涨，一个月内FAO粮食价格指数由217涨至253，上涨16.6%，已接近2011年粮价上涨期间的峰值。受2013年全球粮食产量再创新高、供求形势好转的影响，2013年以来世界粮食价格呈较快回落态势，谷物价格指数从年初的244下降至2014年1月的189，降幅为22.6%；2月略涨至195.8，同比下降18.8%。

3. 粮价波动影响因素增多，不确定性增强

与十年前相比，近年来世界粮食价格频繁剧烈波动的原因更加复杂。最近的一次价格高涨发生在2012年6—7月，造成本轮价格上涨的原因除供求因素外，极端气候、经济形势、游资炒作等因素也产生了重要影响。首先，极端气候导致部分粮食出口国严重减产，美国玉米减产14.7%，俄罗斯和乌克兰小麦减产29%和21%。其次，对世界市场具有强大信息主导权的美国某种程度上夸大了干旱可能带来的短缺。7月美国公布粮食产量比6月下调5 613万吨，下调幅度为2.4%；8月比6月下调12 271万吨，下调幅度为5.2%。第三，投机资本炒作加剧了世界粮价高涨和大幅波动。从过去十年看，期货市场炒作的投机资本已经从最初的约150亿美元猛增至当前的约4 500亿美元，十年前美国农产品期货市场中期货套期保值者占80%左右，真正的投机商只有约20%，而目前从事规避风险的套期保值者下降至约15%，投机商却上升至85%。世界粮价的频繁波动已不仅仅来自供求关系的变动，而越来越受到多种因素的共同作用。

（三）世界粮食贸易变化特点

1. 世界粮食贸易增速快于产量，出口集中度提高

近十年世界粮食贸易量增长较快，从2004年的2.45亿吨增加到2013年的3.14亿吨，年均增长2.8%，明显高于1994—2003年均1.8%的增长水平，也较产量2.1%的年均增长率高0.7个百分点。近十年世界主要粮食出口国中，阿根廷、加拿大、欧盟、俄罗斯、乌克兰、澳大利亚、巴西和印度等国出口量均保持增长，其中乌克兰、俄罗

斯、巴西和印度增长速度明显快于其他国家。美国出口量呈明显下降趋势，较十年前下降约三成，但仍为世界最大的粮食出口国；泰国的出口量基本稳定，年度间变化不大。这十个国家的粮食出口量合计占世界粮食出口量的比重从83%提高至85%，世界粮食的出口集中度提高。此外，中国粮食出口量也出现明显下降，出口量由十年前的1 000万吨左右降至目前的100多万吨。

2. 世界粮食进口集中度降低，新兴经济体成为需求增长的重要组成部分

近十年世界前十大主要粮食进口国（地区）的进口量占贸易量的比重略有下降，从十年前的49.6%降至目前的48.9%。由于日本、墨西哥、韩国等传统进口国的进口需求基本稳定，世界谷物进口需求呈平稳增长态势，新兴经济体的谷物进口量随人口增长、收入增加呈明显上升趋势。沙特阿拉伯、印度尼西亚和阿尔及利亚进口量增加，分别较2003年增长57.4%、53.0%和43.4%；巴西粮食进口量增长32.1%；埃及谷物进口量达到1 540万吨，较2004年增长21.3%；中国也成为粮食进口国，2013年进口2 800万吨，较2004年增长75%。随着新兴国家人口持续增长以及经济形势的发展，粮食进口量会继续增加。此外，欧盟等发达地区粮食进口也呈现出增长趋势，2013年欧盟进口量为1 480万吨，较十年前增长35.8%。

3. 小麦是粮食贸易的主体，也是增长最快的品种

在粮食贸易结构中，小麦是粮食贸易的主体，占世界谷物年贸易总量的45%左右，其次是玉米，约占33%，大米约占12%。小麦贸易量2011年达到顶峰，为1.48亿吨，之后贸易量减少，2013年为1.42亿吨。科技进步促进玉米深加工产业的发展，导致玉米贸易量明显增加。2013年世界玉米贸易量达到1.03亿吨，较上年增长2.9%，再创历史新高。大米贸易量相对较少，2013年贸易量为3 740万吨，比2004年增长25.5%。从增长速度来看，小麦是贸易量增长最快的品种，2004—2013年均增长率为2.8%，较上个十年快1.5个百分点；大米年均增长率略低于小麦，近十年为2.6%，与上个十年基本持平；玉米贸易量的年均增长率为2.1%，明显慢于上个十年3.7%的平均增速。

（四）中国粮食供求与国际市场之间的互动影响

1. 国际市场变化对中国供求的影响

（1）总体看，近年来中国粮食进口增长较快，但对粮食供求安全的影响不大。2001—2008年，中国小麦、大麦在多数年份呈净进口，玉米和大米基本呈净出口，粮食产品总体保持净出口，但净出口量不断减少，由2003年的近2 000万吨下降到2008年的32.1万吨。从2009年开始粮食总体转为净进口；2010年玉米转为净进口，改变了保持13年之久的净出口格局；2011年在时隔十五年之后玉米、大米、小麦三大产品再次全部呈现净进口。2012年，进口增势更加迅猛，净进口1 248万吨，小麦、玉米、大米净进口量分别达到341.5万吨、495.1万吨和208.9万吨。2013年，粮食进口继续增加，进口量为1 458.5万吨，但增速有所放缓，由上年的1.6倍降至4.3%。其中，小麦产品进口553.5万吨，同比增长49.6%；玉米产品进口326.6万吨，同比下降37.3%；稻谷产品进口227.1万吨，同比下降4.1%。尽管中国粮食产品全部呈现净进口且数量不断增加，但由于占消费量的比重不大，粮食整体仍保持很高的自给水平。2012年中国粮食总消费量为55 182.7万吨，净进口量占总消费量的比重仅为2.3%，进口对国内供需总量平衡格局和价格的影响有限。

（2）短期看，2013年国际市场价格走低对国内造成压力，2014年仍将下行。尽管2013年国际粮食市场价格下行增加了中国粮食进口，对国内产业发展造成一定的压力，但对国内供需总量平衡格局和价格的影响有限。在2013年全球粮食产量再创新高的背景下，2014年国际粮食价格依然面临较大的下行压力。据联合国粮农组织预测，世界玉米市场供应量充足将导致2014年价格下行，国际大米价格在进口需求疲软的影响下将对2014年市场再次形成压力，世界小麦库存量得到补充，价格仍有下降空间。在目前国内外粮食市场已经形成较大价差的形势下，2014年国际粮食价格的下行走势将对中国粮食市场及贸易带来一定影响，需要密切关注。

（3）长期看，粮食国内外价差呈持续扩大趋势，粮食安全将面临越

来越大的挑战。2004年以来，中国粮食价格受需求拉动、成本推动以及价格政策等因素影响稳中趋升，2004年以来，中国大米、玉米和小麦价格分别累计上涨1.16倍、1倍和80.9%。与国际市场相比，国内粮食价格不断上涨使得中国粮食竞争力持续下降，除粮食危机外的多数时间国际粮食价格均低于国内。尤其是近两年，国际粮食在离岸价的基础上加上运费、保险、关税、进口增值税以及港杂费后的到岸税后价已经显著低于国内销区价格。2013年受全球粮食增产以及供求紧张形势有所好转的影响，国际市场粮食价格高位回落，国内外粮食价差不断扩大。2013年泰国大米到岸税后价与国内晚籼米销区价的价差由126元/吨增至721元/吨，美国小麦到岸税后价与国内优质麦销区价的价差由52元/吨增至409元/吨，美国玉米到岸税后价与国内三等玉米销区价的价差由41元/吨增至537元/吨。

2. 中国供求变化对国际市场的影响

(1) 大豆。随着中国大豆进口的持续增长，中国大豆供求变化对国际市场的影响在四大粮食品种中是最大的。1996年以前中国还是大豆净出口国，且大豆出口的年际间变化也很稳定，1991年大豆出口111万吨，占世界大豆出口量的比重仅为2.76%。但是中国大豆进出口在1996年发生了质的改变，当年大豆进口110万吨，出口19万吨，净进口量91万吨。之后，大豆进口量一直飙升，到2006年已达1996年进口量的26倍，为2 826万吨。2013年达到6 337.5万吨，占国际市场份额的61%，中国也成为世界大豆进口量最多的国家。同时中国也使世界大豆市场更加活跃，交易量2012年比1997年增加了6 260万吨，整整翻了两番。目前中国大豆种植面积大幅减少，中国大豆产量不足消费量的20%，而其余80%主要依靠进口。

尽管中国大豆进口量巨大，占国际市场份额的一半以上，但中国对大豆价格却没有话语权，是大豆价格的被动接受者。2003年中国大豆进口较上年增加83%，达到2 074.1万吨，而国际大豆价格也从2003年7月的229美元/吨上涨至2004年4月的377美元/吨。国际市场时刻关注着中国的大豆需求，每当国家为了补充大豆储备，国家粮食局和发改委决定购买进口大豆，向国际大豆市场询价的时候，国际大豆价格立即暴涨。资料显示，国储在2011年10月11日向国际市场询价的当天，芝加哥商品交易所大豆期货暴涨，其中交投最活跃的CBOT 11月大豆期货收盘攀升58美分，涨幅4.9%。中国大豆每年缺口已达6 000万吨以上，这样庞大的缺口，在国际市场上所占据的巨大份额，使中国已无法不被动接受国际上不合理的大豆定价方式。

（2）玉米。改革开放后，中国玉米出口开始逐步增加，1992年玉米出口超过1 000万吨。1995—1996年受国家政策调控出口大幅缩减到251万吨和197万吨。1997年开始又有所恢复，出口量上升到900万吨。2003年由于政府对玉米出口每吨高达44美元的出口退税和减免大宗谷物铁路建设基金的政策效应，玉米出口达到1 547万吨的历史最高水平，在国际贸易市场占有20%的份额。以后年份玉米出口呈下降趋势，而且年际之间波动也比较大。2004年玉米出口232万吨，2005年又增长到861万吨，2006年再下降到307万吨。由于国际形势和国内宏观政策的影响，2007年玉米出口量降到了近十年来的历史最低点56万吨。整体来看，2007年以前中国在国际玉米市场上还是一个净出口国。2008年以后，中国已转变为玉米净进口国，当年进口158万吨，占总供给量的0.95%，占国际贸易量的3.1%。2011年中国玉米进口量达到175.36万吨，占总供给量的0.90%，占国际贸易量的4.2%；2012年中国玉米进口量更是达到520.8万吨，同比增长近2倍，占国际贸易量的6.2%。中国玉米供求形势变化直接引起国际玉米市场的波动。2008年中国开始由玉米净出口国转变为净进口国，国际玉米价格就达到1 032元/吨，较上年上涨31%。

（3）大米。在近些年的大米贸易中，中国基本是保持平衡且略倾向于出口的。中国大米出口的地区和国家由于经济和政治的原因而极不稳定，且年际间出口变化也较大。中国大米进口量的市场份额比较低，且年际间变化也很大。中国的大米贸易主要是进行品种结构的调节，也包含政治和经济因素。整体看中国大米贸易在国际市场上影响不大。

（4）小麦。2007年以前，中国在小麦贸易中是净进口国，出口量非常小，有的年份基本没有小麦出口，即使在出口量最大的2003年也只有 224 万吨。中国小麦出口量在国际小麦市场所占的份额也非常低，2003 年也仅是 2%。中国小麦进口量在 2001 年以后开始逐年下降，2008 年不足 50 万吨，在国际贸易量中所占的份额也不足 1%，远低于 20 世纪 90 年代中期 10%的水平。近年来中国小麦进口量基本占国际小麦贸易量的 2%左右，对国际市场的影响不明显。

五、中国粮食安全与贸易面临的形势与挑战

近年来，中国粮食有助于填补国内粮食品种的供应缺口，缓解了国内农业资源压力，同时对品种结构进行调节，这对促进国内粮食产业持续稳定发展发挥了十分重要的作用。但是，中国农业规模小、组织化程度低，与发达国家和主要出口国农业基础竞争力存在很大差距，在缺乏有效调控和支持保护手段的情况下，粮食产品的进口对国内产业发展造成了不利影响和潜在风险。

（一）需求不断增长与国内资源约束的矛盾加剧

随着中国经济发展、居民收入水平提高以及城镇化进程加快，中国粮食消费量将呈持续增长态势。据《国家粮食安全中长期规划纲要(2008—2020 年)》预测，到 2020 年人均粮食消费量为 395 千克，需求总量 5 725 亿千克。其中，口粮消费总量 2 475 亿千克，占粮食消费需求总量的 43%；饲料用粮需求增加，到 2020 年将达到 2 355 亿千克，占粮食消费需求总量的 41%。食用植物油消费继续增加，2020 年人均消费量 20 千克，消费需求总量将达到 2 900 万吨。但资源紧张对粮食生产的约束日益加大，中国的粮食生产条件不容乐观。中国人均耕地面积仅为 1.4 亩，不足世界平均水平的一半；人均水资源占有量约 1 800 立方米，仅为世界平均水平的 1/4，是世界人均水资源极少的 13 个贫水国之一；耕地平均拥有的水资源量日益紧张，华北地区近年来地下水位明显下降，农业生产已经处于水资源短缺的窘境。同时，气候变化将带来前所未有的挑战，全球变暖影响加剧，极端天气不断增多，自然灾害多发频发，对粮食生产的影响增大。在中国耕地面积持续减少、农田

水利条件恶化以及极端灾害天气影响频繁的形势下，粮食增产的难度将越来越大。据农业部测算，2020年中国粮食产需缺口将达到0.28亿～0.29亿吨，2030年中国粮食产需将存在0.12亿～3.69亿吨的缺口，国内粮食产需缺口长期存在将加大中国粮食的进口需求。

（二）粮食安全新目标与竞争力下降的矛盾加剧

2014年中央提出要构建新形势下的国家粮食安全战略，即综合考虑国内资源环境条件、粮食供求格局和国际贸易环境变化，实施以我为主、立足国内、确保产能、适度进口、科技支撑的国家粮食安全战略，确保谷物基本自给、口粮绝对安全。这就需要更加积极地利用国际农产品市场和农业资源，有效调剂和补充国内粮食供给。在重视粮食数量的同时，更加注重品质和质量安全；在保障当期供给的同时，更加注重农业可持续发展。但近年来，国内外粮食价差呈持续扩大趋势，中国粮食国际竞争力趋于减弱。2004年以来，中国粮食价格受需求拉动、成本推动以及价格政策等因素影响稳中趋升，与国际市场相比，国内粮食价格不断上涨使得中国粮食竞争力持续下降，除粮食危机外的多数时间国际粮食价格均低于国内。尤其是近两年，国际粮食在离岸价的基础上加上运费、保险、关税、进口增值税以及港杂费后的到岸税后价已经显著低于国内销区价格，国内外粮食价差不断扩大。2013年泰国大米到岸税后价与国内晚籼米销区价的价差由126元/吨增至721元/吨，美国小麦到岸税后价与国内优质麦销区价的价差由52元/吨增至409元/吨，美国玉米到岸税后价与国内三等玉米销区价的价差由41元/吨增至537元/吨。综合来看，中国粮食在价格、成本及品质等方面都不具有优势，这就会导致中国从国际粮食市场大量进口低价粮食品种，从而在一定程度上冲击国内粮食种植，影响到未来国内粮食生产供给的稳定性。

（三）技术集成要求与小规模生产方式的矛盾加剧

中国是典型的人多地少国家，人均耕地面积仅为1.4亩，居世界第67位，不足世界平均水平的一半。在此基础上实施的家庭联产承包责任制，促使农业经营方式转变为“集体所有、分户经营”，农户对土地单家独户分散的经营模式，极大地调动了农民生产积极性，推动了农业生产的快速发展，适应了改革开放之初中国较低的生产力水平，因而具有积极的历史意义。但在中国农业发展的新阶段，随着工业化和城镇化的快速推进，过去一家一户的小农经济生产模式受到巨大挑战，土地经营规模较小的弊端逐渐显现出来。农民过小的土地经营规模，不仅大大限制了劳动生产率的提高，而且制约了先进生产技术的应用和推广，阻碍了农业机械化的大范围推进，不利于传统农业向现代农业转型。追求利润最大化是农民应用先进科学技术的主要目的，由于较小的土地经营规模使得种植效益偏低，农民缺乏应用新技术、新成果的内在动力。同时，农民的土地大多零星分散，一户多块，大型农业机械和栽培及病虫害防治技术难以发挥应有的作用，即使能够采用，也因生产规模小而效益不高。在江苏射阳县四明镇调查发现，规模经营的小麦耕种机械作业成本为 130 元/亩，比分散经营减少 35 元/亩，种子成本减少 47 元/亩，两项合计减少 82 元/亩；应用于规模经营的大型机械装备小麦播种 7 道工序仅需要 100 元/亩，较农户分散经营又降低了 30 元/亩。在未来一段时期内，过小的土地经营规模仍将制约尖端的、集成的农业技术在生产中的应用和推广，制约农业科技成果转化为现实生产力，进而制约粮食单产水平的提高和粮食持续增产。

（四）全面对外开放与政府现有调控能力的矛盾加剧

未来随着多双边谈判的推进，中国农产品市场将越来越开放，但中国对农业的支持保护水平非常有限，不足以弥补与出口强国的竞争力差距。由于入世承诺巨大，中国现有农产品平均关税水平为 15.2%，不足世界平均水平的 1/4，84%的农产品税目的关税低于 29%，其中 25%的农产品税目税率低于 10%；关税形式单一，从价税比例达 99%，关税制度极其透明，实施税率和约束税率一致。粮棉油糖等大宗产品虽然实行关税配额制，但配额内关税低，除食糖配额内关税为 15%外，其他产品多数只有 1%；配额外关税最高也只有 65%；关税配额量相当大，均占到该产品世界总配额量的 2/3 甚至 90%以上。实行贸易保护的空间非常有限，这使得中国粮食的国际竞争力与主要出口国的差距越来越大，在制定价格政策和补贴政策时与贸易政策协调难度也越来越大。在这种环境下，为确保产业安全和粮食安全，将对宏观调控提出更高要求，对政策协调和体制机制提出更高要求。

六、中国粮食中长期供求趋势

通过以上对中国粮食及其产品生产和消费发展现状的分析，以下将研究确定中国粮食供给和需求的主要影响因素，包括收入、粮食价格、人口、要素投入、受灾率、净进口量、库存等，然后运用 CGE 一般均衡模型对未来 10 年的中国粮食供求形势进行预测，全面把握未来中国粮食生产、消费和贸易的发展趋势。

（一）模型介绍

CGE 模型是多部门的一般宏观经济模型，可以加入政府干预，具有很强的政策变量耦合能力，CGE 模型的研制和应用日渐广泛，成为研究市场行为、政府政策作用和经济发展的有效工具。世界银行与 20 多个国家合作，研制了各国的 CGE 模型，为这些国家制订经济计划和经济政策，调整经济结构起到了十分重要的作用。目前 CGE 模型已被广泛应用于研究长期经济增长与结构变化、投资评价、发展战略选择、收入分配、贸易政策以及外部冲击下的结构调整甚至经济改革等经济管理问题。CHINAGEM 模型是基于澳大利亚 ORANI-G 基础上建立的中国的动态 CGE 模型，其中包含 57 个部门，企业、居民、政府、投资部门、贸易部门等 6 大主体，劳动、土地、资本等 5 大生产要素。

模型分为生产、消费、贸易、价格等几大模块。其中生产模块具有以下特点：①要素之间不完全替代；②产品市场与要素市场完全竞争；③生产的规模报酬不变。消费模块具有以下特点：①效用皆采用 STONE_ GEARY 效用函数表示，且追求效用最大化；②边际储蓄倾向不变；③界定了复合商品的概念，在需求、生产、贸易中都表现为复合商品。贸易模块具有以下特点：①进口采用小国假设；②不同国家之间的资本可以流动；③进口供给采取了 Amington 假设；④世界价格外生；⑤出口需求采取小国假设。价格模块具有以下特点：①市场价格在完全竞争市场下生成；②生产者价格与生产部门一一对应；③生产者价格加上运输费用和税收后为消费者价格。

（二）未来中国粮食产业发展趋势判断

从需求来看，未来中国人口增速将明显放缓，城乡居民的食物消费结构日趋合理，对粮食的口粮消费偏好将继续下降，但在饲用消费和工业消费的拉动下，粮食需求仍将刚性增长。口粮需求方面，中国已经经历了口粮的快速下降期，近年来中国口粮消费开始呈现下降趋势，未来随着人口增长、收入水平提高和农村剩余劳动力转移，中国口粮消费虽然会继续下降，但下降的速度将会逐渐趋缓。饲料需求方面，随着动物食品消费需求的刚性增长和养殖业结构调整，预计未来 10 年中国能量饲料需求将保持 3%～4%的增速，饲料粮供求缺口将进一步扩大。工业需求方面，保障口粮安全是中国粮食安全战略的首要任务，考虑到未来相当长时期内，中国主要粮食品种的供求关系仍将处于紧平衡状态，预计粮食工业消费的增长速度将难以保持高速增长。种子需求方面，从增长潜力看，中国粮食单产还有一定的提升空间，而播种面积增长的可能性不大，预计未来种子用粮数量将稳定在现有水平。

从生产来看，受水土资源约束，中国粮食种植面积增长潜力有限。当前中国正处于工业化、城镇化、现代化快速推进阶段，农业资源竞争不断加剧，虽然中国已经实行了世界上最严格的耕地保护制度，且退耕还林、退耕还草项目已接近完成，耕地减少速度趋缓，但未来耕地面积仍会随城镇化、工业化进程的推进而有所下降。此外，中国人均水资源严重匮乏，水污染问题日趋突出，农业生产发展面临的缺水问题日益突出。上述两个特点加剧了耕地和水资源对粮食生产发展的制约。但未来中国粮食单产提高仍有较大空间，单产提高主要取决于农业基础设施建设及技术进步的潜力。目前中国粮食单产水平虽高于世界平均水平，但与前 10 位国家相比仍有一定差距。以小麦为例，根据 FAO 数据测算，中国小麦平均单产为前 10 位国家平均单产水平的 55%。中国各地小麦生产不均衡，在小麦主产省中，河南省、山东省、河北省、安徽省、江苏省的单产明显高于四川省、湖北省，省区之间差异很大，仍有较大增产潜力。未来中国小麦单产提高一方面依赖生产条件的改善，另一方面要依靠科技进步。近年来，中国小麦在高产、优质、高效技术研究方面取得很大进步，一批实用技术得到推广，科技进步在小麦增产中贡献份额占50%以上。未来随着旱地地膜覆盖、规范化播种、节水栽培、强筋与弱筋小麦优质栽培等技术的推广，中国小麦生产将能实现增产增效。

（三）模拟结果

本研究利用CHINAGEM模型对未来10年中国粮食产业发展进行趋势预测。结果显示，按照目前现有趋势，由于中国城市化进程的加快以及国家扩大内需政策的实施，2014—2023年中国粮食消费量将持续增长，预计2023年将达到84 082万吨，而产量将达到69 295万吨，出口量将达到171万吨，进口量将达到14 956万吨（表9至表13）。

表9　2014—2023年中国粮食供求预测

单位：万吨

年份	产量	进口	出口	总消费
2014	61 046	8 685	128	69 523
2015	62 584	8 921	137	71 299
2016	63 533	9 586	138	72 976
2017	64 565	10 248	143	74 677
2018	65 336	11 006	145	76 199
2019	66 190	11 716	152	77 756
2020	67 064	12 380	161	79 285
2021	67 844	13 195	168	80 873
2022	68 480	14 161	170	82 474
2023	69 295	14 956	171	84 082

表 10　2014—2023 年中国稻谷供求预测

单位：万吨

	2014	2015	2016	2017	2018	2019	2020	2021	2022	2023
生产量	20 306	20 161	20 023	19 983	19 936	20 071	20 209	20 276	20 343	20 414
进口量	319	319	323	324	326	327	329	330	333	334
期初库存	8 882	10 160	11 110	11 819	12 369	12 751	13 133	13 516	13 900	14 282
总供给	29 506	30 640	31 456	32 126	32 631	33 150	33 670	34 121	34 576	35 031
总需求	29 506	30 641	31 456	32 126	32 631	33 150	33 670	34 121	34 576	35 031
消费量	19 690	19 876	19 980	20 096	20 220	20 356	20 491	20 559	20 627	20 697
口粮消费	17 023	17 166	17 230	17 300	17 380	17 461	17 550	17 577	17 610	17 647
饲料消费	1 369	1 424	1 476	1 526	1 576	1 624	1 666	1 701	1 733	1 761
工业消费	1 121	1 096	1 073	1 056	1 039	1 031	1 026	1 019	1 013	1 007
其他消费	177	190	201	214	226	239	250	261	271	281
出口量	56	56	57	59	60	61	63	63	64	66
期末库存	9 760	10 710	11 419	11 971	12 351	12 733	13 116	13 500	13 884	14 269
库存变化	878	550	309	153	−18	−19	−17	−16	−16	−14

表 11　2014—2023 年中国小麦供求预测

单位：万吨

	2014	2015	2016	2017	2018	2019	2020	2021	2022	2023
生产量	12 228	12 288	12 349	12 410	12 469	12 520	12 572	12 610	12 647	12 685
进口量	350	310	268	252	238	260	275	286	298	310
期初库存	9 661	10 073	10 407	10 683	10 929	11 136	11 331	11 513	11 699	11 893
总供给	22 239	22 672	23 023	23 345	23 636	23 916	24 178	24 409	24 644	24 889
总需求	22 239	22 672	23 023	23 345	23 636	23 916	24 178	24 409	24 644	24 889
消费量	12 136	12 234	12 310	12 386	12 470	12 555	12 635	12 680	12 721	12 757
口粮消费	8 325	8 357	8 371	8 388	8 412	8 440	8 467	8 464	8 461	8 457
饲料消费	1 405	1 438	1 485	1 527	1 585	1 636	1 665	1 700	1 728	1 749
工业消费	1 350	1 383	1 400	1 421	1 425	1 435	1 461	1 475	1 490	1 510
种子用量	569	571	571	568	568	566	565	565	565	565
损耗	487	485	483	481	480	478	477	476	476	477

（续）

	2014	2015	2016	2017	2018	2019	2020	2021	2022	2023
出口量	30	30	30	30	30	30	30	30	30	30
期末库存	10 073	10 407	10 683	10 929	11 136	11 331	11 513	11 699	11 893	12 101
库存变化	412	334	276	246	207	194	182	186	195	208

表 12　2014—2023 年中国玉米供求预测

单位：万吨

	2014	2015	2016	2017	2018	2019	2020	2021	2022	2023
生产量	21 774	22 007	22 655	22 994	23 308	23 588	23 863	24 146	24 422	24 692
进口量	450	280	283	401	311	733	1 002	1 037	1 036	1 200
期初库存	5 852	7 645	8 414	9 164	9 696	9 634	9 462	9 121	8 572	7 851
总供给	28 076	29 932	31 352	32 560	33 315	33 955	34 328	34 304	34 029	33 742
总需求	28 076	29 932	31 352	32 560	33 315	33 955	34 328	34 304	34 029	33 742
消费量	20 421	21 508	22 178	22 855	23 674	24 487	25 202	25 728	26 174	26 533
口粮消费	714	714	712	710	708	707	706	702	699	696
饲料消费	12 580	13 056	13 334	13 630	14 078	14 532	14 947	15 255	15 537	15 767
工业消费	6 150	6 785	7 173	7 551	7 918	8 274	8 570	8 785	8 948	9 074
其他消费	977	953	959	965	970	975	979	985	990	996
出口量	10	10	10	8	8	5	5	5	5	5
期末库存	7 645	8 414	9 164	9 696	9 634	9 462	9 121	8 572	7 851	7 204
库存变化	1 793	769	750	532	−63	−171	−341	−550	−721	−647

表 13　2014—2023 年中国大豆供求预测

单位：万吨

	2014	2015	2016	2017	2018	2019	2020	2021	2022	2023
生产量	1 543	1 575	1 607	1 640	1 679	1 717	1 752	1 788	1 822	1 860
进口量	6 757	6 844	6 993	7 068	7 221	7 343	7 490	7 647	7 804	7 983
期初库存	514	567	590	584	560	557	556	553	551	546
总供给	8 814	8 986	9 190	9 292	9 460	9 616	9 798	9 988	10 177	10 389

（续）

	2014	2015	2016	2017	2018	2019	2020	2021	2022	2023
总需求	8 814	8 986	9 190	9 292	9 460	9 616	9 798	9 988	10 177	10 389
消费量	8 218	8 366	8 575	8 700	8 872	9 029	9 213	9 406	9 600	9 814
出口量	30	31	31	31	31	31	31	31	31	31
期末库存	566	589	584	561	557	556	554	551	546	544

注：由于在模型测算中产品分类为油料，即得出的结果是油料产品的供求预测，此表根据大豆在油料产品中所占的比重进行折算后所得结果，主要指标为产量按照 1/3 比重，进口量按照 95%比重进行折算。

（四）测算结果的对比分析

影响中国粮食供求的因素较多、机制复杂，如果对粮食中长期供求形势进行详尽的评估，简单依赖经验判断难度很大，市场分析模型的开发在一定程度上解决了这一问题。目前关于中国粮食中长期供求的预测主要有以下几种方法：

1. 全球农产品中长期供求预测模型

目前，全球涉及多国、多产品的农产品中长期供求预测模型主要包括经济合作组织（OECD）与联合国粮农组织（FAO）联合开发的 AGLINK-COSIMO 模型，食物与农业政策研究所（FAPRI）开发的 FAPRI 模型以及美国普度大学开发的动态 GTAP 模型等。

AGLINK-COSIMO 模型是由 OECD 和 FAO 联合开发的多国、多产品动态局部均衡模型（Multimarket and Region Partial Equilibrium Model），涉及 55 个国家、18 个品种，2007 年以后考虑到生物质能源对农产品市场的影响日益加剧，又将生物乙醇及生物柴油纳入到数据库中。该模型主要用来分析重点农产品生产国、消费国和贸易国的生产、需求和贸易情况，并对重点农产品价格进行预测。模型中整合了 OECD 的农业政策数据库，设计生产者转移和消费者转移政策对农产品生产、消费和贸易的影响机制，根据不同的假设条件进行相应的政策模拟。FAO-OECD 政策设定中主要以成员国、非成员国专家的问卷调查结果为依据。预测结果见表 14。

表 14　OECD-FAO 中国粮食供需预测

单位：千吨，千克

品种	年份	产量	进口	出口	消费	食用	人均消费量	缺口
小麦	2010—2012	117 720	2 100	303	118 758	82 833	61.5	1 038
	2 022	127 106	2 784	239	129 391	82 156	59	2 285
大米	2010—2012	137 990	1 656	365	130 595	—	77.8	−7 395
	2 022	136 574	1 494	304	140 127	—	76.6	3 553
粗粮	2010—2012	200 681	5 370	141	200 711	122 372	11.2	30
	2 022	256 811	13 238	110	270 120	176 413	13.9	13 309

资料来源：《OECD-FAO Agricultural Outlook 2013—2022》。

FAPRI 模型是由密苏里州立大学和依阿华州立大学共同开发的多国别、多产品动态局部均衡模型，包括谷物、油籽、畜产品、乳制品、糖料及生物质能源几个子模块，并将不同农产品价格和政策进行了连接。该模型对美国国内农业产业的分析有所侧重，主要用于评估政策变化对农产品产量、价格和贸易的影响（表 15、表 16）。食物与农业政策研究所每年发布 10 年的基线预测，并对宏观经济、农业政策进行模拟，模拟方案最后由政府和产业专家进行审查（预测结果中没有大米产品的预测结果）。

表 15　FAPRI 中国小麦供需预测

单位：万吨

年份	产量	食用和其他	饲料	总消费	缺口	净进口量
2014	12 326.2	10 442.4	1 867.2	12 309.6	−16.6	92.6
2015	12 377.6	10 483.4	1 922.8	12 406.2	28.6	105.5
2016	12 476.6	10 545.9	1 974.1	12 520	43.4	119.5
2017	12 526.5	10 576.5	2 027.3	12 603.8	77.3	133.4
2018	12 561.5	10 588.6	2 076.1	12 664.7	103.2	147.5
2019	12 649.3	10 632.7	2 125.5	12 758.2	108.9	163.1
2020	12 704.9	10 670.9	2 174.3	12 845.2	140.3	178.4
2021	12 748.6	10 691	2 225.6	12 916.6	168	193.6

资料来源：FAPRI，http：//www. fapri. iastate. edu/models/cropinsurance. aspx。

表 16　FAPRI 中国玉米供需预测

年份	播种面积（千公顷）	单产（吨/公顷）	产量（千吨）	期初库存（千吨）	国内供给（千吨）	饲用消费（千吨）	食用和其他（千吨）	期末库存（千吨）	国内消费（千吨）
2014	34 496	5.82	200 900	46 468	247 368	139 262	60 070	50 372	249 704
2015	34 621	5.93	205 395	50 372	255 768	144 677	61 195	52 370	258 242
2016	35 107	6.02	211 449	52 370	263 819	150 634	60 867	54 957	266 457
2017	35 357	6.11	216 005	54 957	270 962	155 572	61 839	56 332	273 743
2018	35 763	6.20	221 725	56 332	278 057	160 684	62 385	57 927	280 996
2019	36 164	6.29	227 331	57 927	285 258	165 740	63 141	59 478	288 358
2020	36 573	6.36	232 604	59 478	292 082	170 717	63 818	60 809	295 344
2021	36 895	6.43	237 097	60 809	297 906	175 167	64 701	61 446	301 314

资料来源：FAPRI，http：//www.fapri.iastate.edu/models/cropinsurance.aspx。

动态 GTAP 模型是根据新古典经济理论设计的多国、多部门一般均衡模型。在 GTAP 模型框架中，首先建立可详细描述每个国家（或地区）生产、消费、政府支出等行为的子模型，然后通过国际间商品贸易的关系，将各子模型连接成一个多国多部门的一般均衡模型。在此模型框架下进行政策模拟时，可以同时探讨该政策对各国各部门生产、贸易、商品价格、要素供需、要素报酬、国内生产总值以及社会福利水平变化等方面的影响。但 GTAP 模型对于农产品的分类比较粗，无法预测具体粮食品种的中长期供求形势。

2. 国内粮食供求预测方法比较

对国内农产品进行长期供求预测主要包括两种方法，一是趋势法，根据历史数据，结合未来宏观经济、要素禀赋、政策等因素的变化预测中长期农产品供需形势。此方法对分析者的现实把握能力要求较高，如姜长云结合未来人口变化、收入变化、偏好变化以及生产技术变化等对未来中国主要农产品供需形势进行了预测。另一种方法是经济模型法，该方法首先利用农产品供需、价格、政策等的历史数据，结合市场均衡理论，建立与现实相结合的农产品市场模型，再根据未来一系列假设进行中长期预测。近年来，国内学者开发了适用于中国农产品市场特征的长期预测模型，根据模型特点，主要分为局部均衡模型和一般均衡模型。

中科院黄季焜等人①基于中国农业生产历史数据开发了中国农业政策预测模型CAPSiM。该模型是中国学者构建中国农业局部均衡模型的首次尝试，其主要目标是对中国主要农产品供给、需求和贸易进行分析预测，并分析各种政策和外界冲击对中国各种农产品生产、消费、价格、市场和贸易的影响。CAPSiM模型主要以中国为研究对象，并未考虑世界主要农产品生产国、消费国及贸易国的农业形势变化，也未考虑中国国内的区域差异。

其基准方案模拟结果为：中国粮食需求增长在未来10年将显著高于供给增加，粮食自给率不断降低。在现有农业生产资源、政策、技术增长和需求变化条件下，中国粮食产量在2020年产量将达到5.75亿吨，年均增长幅度约0.52%。然而粮食需求在2020年产量将达到6.63亿吨，年均增长幅度约为1.1%。由于需求增长速度显著高于生产，中国粮食自给率将不断下降，中国粮食总体自给率将从2009年的92.5%下降到2020年的87%，每年下降接近0.5个百分点。然而，不同粮食作物的供需状况和自给率变化存在显著差异。未来10年中国大米不仅保持完全自给，而且还略有出口。模拟结果显示，2020年中国大米净出口量将达到315万吨，中国大米自给率将保持在102%左右。小麦自给率虽然将有所下降，但依然保持较高水平的自给率，2020年中国小麦净进口量预计为275万吨，小麦自给率将保持在98%左右。但中国玉米自给率将显著下降，玉米产量在2020年将达到2.1亿吨，虽然产量增长显著高于水稻和小麦，但玉米总需求在2020年将达到2.3亿吨，预计2020年中国玉米供需缺口在2 000万吨左右，自给率将下降到91%。大豆供需缺口将进一步加大，预计在2020年中国大豆进口量将达到7 200万吨，自给率降到18%。

其高经济增长方案模拟结果为：在高经济增长方案下，由于粮食需求进一步提高，中国粮食的自给率将进一步下降。根据预测，在高经济增长方案下，2020年中国粮食自给率将下降到86%；但大米自给率将

① 引自：黄季焜，杨军，仇焕广．新时期国家粮食安全战略和政策的思考［J］．农业经济问题，2012（3）：4-8.

保持101%，小麦自给率也将保持96%，而玉米自给率将下降到89%，大豆自给率将下降为17%。

其高技术进步方案模拟结果：在该模拟方案下，由于技术进步加快，中国粮食单产和总产量将高于基准方案，国内粮食自给率明显提高。根据预测，2020年，中国粮食自给率将为89%；大米、小麦、玉米和大豆的自给率将分别为103%、99%、93%和19%。

此外，陈艳红等①采用ARMA模型对中国粮食总体供求趋势进行了预测，ARMA模型是由AR（P）和MA（Q）的有效组合和搭配的结果，其基本思想是将预测对象随时间推移而形成的时间序列数据视为一个随机序列，用一定的数学模型来近似描述这个序列，该模型一旦被识别后就可以从时间序列数据的过去值及现在值来预测未来值。其预测结果如表17所示。

表17　ARMA模型预测结果

年份	粮食供给量（亿千克）	粮食需求量（亿千克）	人口（亿人）	粮食生产与需求比例（%）
2012	5 757.92	5 768.88	13.53	99.81
2013	5 799.97	5 811.59	13.60	99.80
2014	5 749.40	5 755.30	13.63	99.90
2015	6 058.30	6 051.04	13.67	100.12
2016	5 793.51	5 773.88	13.68	100.34
2017	5 861.85	5 800.94	13.69	101.05

资料来源：陈艳红，胡胜德，申倩．基于ARIMA模型的中国粮食供求平衡及预测［J］．中国农业科学，2013（5）：24-26.

七、中国现阶段粮食安全的总体评价

在过去的30年来，中国大力增加粮食生产，改善了粮食安全状况，但粮食安全仍然是中国面临的一个艰巨挑战。无论从粮食产量波动指数

① 引自：陈艳红，胡胜德，申倩．基于ARIMA模型的中国粮食供求平衡及预测［J］．中国农业科学，2013（5）：24-26.

还是从自给率、储备率水平看，我国粮食安全水平都是比较高的，粮食安全状况的改善为我国经济的持续高速增长和社会稳定创造了有利条件，我国在粮食安全方面所取得的成就得到了包括FAO世界银行等在内的国际组织的普遍赞誉。但是综合考虑我国的耕地情况、人口情况、农业基础设施状况、粮食综合生产能力状况、气候变化、粮食单产等因素，我国的粮食安全仍存在很大隐患，潜伏着一些不安全因素。此外，我国粮食供求的主要矛盾已经开始由总量矛盾转向结构矛盾，粮食的区域平衡和品种调剂问题越来越需要引起高度重视。从不同学者对中长期粮食供求关系的预测结果表明：在农业技术进步没有大的突破的情况下，中国粮食产量的增长幅度将趋缓，而需求受人口增长和消费结构变化的影响将呈刚性增长趋势，未来粮食自给率下降、外贸依存度提高以及人均占有量增长缓慢预示着中国粮食安全水平的下降。

从总体看入世以来中国粮食供求是安全的。中国历来都强调保障粮食基本自给，1996年就提出保持基本粮食自给率不低于95%，进入新世纪以后中国政府高度重视粮食生产，陆续出台了一系列支持粮食生产发展的政策措施，粮食综合生产能力已经迈入了6亿吨的新台阶，粮食生产也取得“十连丰”的巨大成绩。在大豆快速进口的影响下，尽管2012年中国粮食整体自给率已低于90%，但谷物自给率为97%左右。可以看出，无论是从生产供给能力还是贸易依存度来看，应该说入世以来中国的粮食供求总体是安全的。

从未来看中国粮食安全将面临越来越大的挑战。未来中国粮食安全面临的形势将越来越复杂，挑战越来越多。主要包括：随着人口增加以及居民生活水平不断提高，粮食需求刚性增长，供求缺口不断加大；国内水、耕地、劳动力等农业资源约束越来越强，农业生产环境成本不断提高；世界主要粮食生产国和出口国的粮食支持政策和贸易政策加快调整；受极端气候、生物质能源、投机资本等非传统因素影响，国际粮食市场仍将大起大落，国内外粮食价格差距不断扩大，贸易对粮食产业安全的影响不断加深等。可以说，伴随着国内“四化同步”深入推进和对外全面提高开放水平，未来中国粮食安全将面临着前所未有的挑战，需要采取多种措施综合应对。

（一）从注重保供给向保可持续发展转变

我国的人口数量众多，资源和生态环境承受的压力一直较大。但长期以来，受发展阶段制约、科技不够先进、产业组织体系发育水平不高、政绩考核机制不完善等的影响，我国经济发展方式长期比较粗放，进一步加大了资源环境的压力。在传统农业社会，农民生活所需基本由农民自给自足，所产生的垃圾多数通过水域和土壤的自我净化、发展养殖业、作为粪肥等方式重新进入生态链，对生态环境的影响不大。但近二三十年来，农村的生产生活方式发生了重大变化。生产方式不合理造成的耕地质量下降、水资源进一步短缺、水土污染等问题，已经对农业的长远发展产生了不可忽视的影响。

农业是国民经济的基础，广大农村区域占国土的绝大部分面积，自然资源要素主要分布在农村地区。农业能否实现可持续发展，农村区域的生态文明建设能否切实推进，对我国生态文明建设、实现中华民族永续发展具有决定性的意义。必须树立尊重自然、顺应自然、保护自然的生态理念，把生态文明建设放在突出位置，合理利用水土资源、科学投入各种化学投入品、发展环境友好型农业，将农业发展成为既能提供农产品、也能提供良好环境的产业。切实转变农业发展方式，努力建设美丽乡村，是走出有中国特色农业现代化道路过程中的重要任务。

（二）从追求全面保障向保重点转变

新中国成立以来，我国走的是一条依靠国内生产基本满足国内需求的道路。对我国这样一个人口大国来说，这是必要的，也是必然的。但在目前已经利用8亿亩以上国外影子土地面积、国内土地产出能力满足不了农产品自我供需平衡、包括大豆在内的粮食自给率已经低于90%的现实背景下，我国对哪些产品必须立足国内生产、哪些产品要利用国外资源、利用到什么程度解决，确实需要进行战略抉择。重点要从四个层面考虑：

一是确保口粮绝对安全。口粮自给自足，是确保粮食安全的基本要求。2012年，我国口粮消费为24 275万吨，其中稻谷、小麦、玉米、大豆、其他品种分别为16 656万吨、5 705万吨、1 145万吨、620万吨、1 240万吨。不仅要在总量上确保安全，而且要考虑不同城乡、区域、不同群体的消费特点，确保各个品种都能自给。加上考虑特殊时期、特殊情景的因素，口粮保障目标还要比实际消费应高一些。随着口粮消费总体水平和消费结构的变化，保障目标再根据情况进行调整。考虑到提高城乡居民生活质量、丰富口粮品种的需要，也要考虑一定比例的口粮进口。

二是确保谷物基本自给。在世界农产品供求紧张的情况下，谷物产品是最容易被列入各国政府实施贸易管制甚至禁止贸易的产品。从产品可替代性来看，现有的口粮消费和绝大多数饲料粮很难找到能量和营养相当、又为消费者欢迎的替代品种。因此，对人口大国而言，确保谷物基本自给是实现国家安全的要求。对于不同谷物，由于用途不同，自给水平应当有所区别。对饲料粮、工业用粮，可以适当放宽限制，而主要作为口粮的品种，限制则要相对严格。

三是确保高价值品种具有较强竞争力。从目前的情况来看，肉、禽、蛋、奶、水产品、蔬菜等品种的竞争力较强，是农民的重要增收渠道。尽管我国城镇化率已经过半，而且将继续提高，但我国将长期有4亿以上的人口在农村生产生活，因此要确保农村劳动力有就业机会和增收渠道，有选择性地加强支持。

四是确保生产潜力得到充分释放。尽管我国粮食自给率不断下降，但仍有很大的生产潜力：①饲料种植。近十几年来，我国的畜产品、水产品的消费需求在快速增加，饲料粮的消费也相应快速增长。1995—2012年，我国饲料用粮从1.29亿吨增加到2.33亿吨，增加幅度为80.24%，年均增速达到8.78%，与口粮消费减少形成明显对照。目前，我国的种植结构仍然具有“以粮为纲”的色彩，生产饲料对谷物依赖程度过高。但从营养当量来看，苜蓿、青贮玉米等饲料作物可以整体利用，生产效率明显比谷物要高。而且，饲料作物对水土的适应性比谷物更高，发展难度不大。建立粮、饲并重的种植制度，应当成为我国实现重要农产品供给的重要切入点。②油料。我国有种植大豆的传统，但单产大大低于美国、巴西、阿根廷等国家，大豆产量明显下滑。要加快改良大豆品种，改善大豆产业的基础设施条件，力争大豆单产水平有较大提高。我国适合种植油菜的土地面积非常大，在油菜品种改良取得明显进展、产量和效益水平可以得到明显提高的情况下，要制订专门的扶持计划。山地油料市场前景看好，价值也很高。要合理利用山区资源，大力发展油茶、油橄榄、核桃、板栗等木本粮油产业，建设一批名、特、优、新木本粮油生产基地。③杂粮。我国的干旱、半干旱及半湿润的偏旱地区（主要分布于昆仑山、秦岭、淮河以北的 15 个省区）占国土面积的 52.5%，其中旱作耕地占总耕地面积的 34.0%。这些地区发展杂粮杂豆的潜力很大，在国际市场上也颇受欢迎。要针对华北、东北、西北地区干旱连年加重、地下水过量开采等情况，因地制宜地压缩水稻等高耗水作物，发展谷子、黍稷、龙爪稷、食用豆类等杂粮杂豆作物。

（三）从小规模家庭分散经营向构建新型农业经营体系转变

2013 年，我国人均 GDP 超过 6 500 美元，总体已经到了工业化中期向后期过渡的阶段，部分发达地区已经进入高度工业化阶段，创新农业经营体系的内在动力已经较强。经营体系是农业发展的核心和基础，构建与新的发展阶段相适应的农业经营体系，对激发发展活力、增强发展能力、提高发展效益具有根本性影响，对走出有中国特色的农业现代化道路具有决定性意义。党在农村的基本经营制度的长期稳定实行，农户家庭作为基本经营主体地位的确立，是我国改革开放以来粮食生产不断跃上新台阶、农业得到稳定发展、农民收入得到稳步提高、农村社会保持稳定和谐、城镇化水平快速提高的基础。但伴随工业化、信息化、城镇化、市场化和国际化的深入发展，我国农业发展面临的环境条件正在发生显著变化。

第一，农业经营主体绝对收益水平亟待提高。在市场经济条件下，经营主体选择就业领域固然有多种多样的选择，但只有在成本利润率达到社会平均水平、绝对收益达到当地平均水平，这个行业才具有足够的吸引力。目前的种粮成本利润率与其他行业相比并不低，但由于经营规模较小，户均种粮利润仅相当于1个劳动力外出2个月的工资收入。提高单个经营主体的绝对收益水平，客观要求改变小规模分散经营的现状。

第二，农业生力军亟待培养。城镇有大量的就业机会、更完善的公共服务和更高的生活质量，农村人口（尤其是青年人群）向城镇迁移，是世界性的普遍现象。我国城乡经济社会发展差距较大，青年人群先行迁移的倾向更为明显。2012年，全国农民工总量达到26 261万人，外出农民工达到16 336万人。外出农民工中，40岁以下的占80%以上，而农业劳动力年龄水平则显著提高，农业高龄化的特征明显体现。只有创新农业经营体系，才能留住和造就有文化、懂技术、会经营的新型农民，才能为现代农业建设注入新生力量。

第三，农户适应市场的能力迫切需要增强。我国农户经营规模小、面临的问题多、适应市场的能力低，创新统一经营方式、完善经营体制和优化产业组织体系、加快发展社会化服务，已经成为转变农业发展方式、建设现代农业迫切需要解决的问题。要适应经济持续健康发展、社会结构深刻变革、新型工农城乡关系加快形成的新形势，按照党的十八大和2013年中央1号文件关于“构建集约化、专业化、组织化、社会化相结合的新型农业经营体系”的要求，不断提升农业经营体系的经营能力、增强农业服务体系的服务能力。构建新型农业经营体系，是一项非常艰巨而又充满制度风险的历史任务，我国农业曾经走过了一条艰难曲折的道路，有着深刻的历史教训。在我国农业发展仍然处于变数较多、不确定性很大的转轨期，必须通过大力发展组织化、社会化的生产经营服务体系，为家庭经营走向现代化架起新的桥梁，丰富和完善农村基本经营制度，确保新型农业经营体系健康推进。

（四）从立足国内资源自给自足向合理利用境外资源和市场转变

经过长期的努力建设，我国经济社会发展水平和面临的国际环境已经发生了重大变化。第一，我国出口大量增加，2012年底的外汇储备达到3.31万亿美元，依靠粮食出口换取外汇的时代已经过去。第二，我国的国际政治经济地位大为提高，对我国实行粮食禁运的代价较大，一般国家在正常情况下不大可能使用这种手段。第三，世界粮食生产发展已经进入了一个新的发展阶段，2002年以来世界粮食总产增加了1/4，而且收获面积还大有增加余地，粮食供应处于稳步增加的状态。第三，我国的购买和投资能力大为提高，有可能与国外粮食生产供应者建立比较稳定的贸易关系，也具备在构建国际粮食贸易新秩序方面有所作为的基础。第四，适度进口农产品，对于增加国内农产品供应、丰富农产品市场、优化农业结构、提高城乡居民生活水平，具有重要帮助。第五，近年我国粮食生产成本快速增加，不仅农民难以承受，国家财政承担的压力也在不断加大，适度进口部分粮食，对于降低生产成本和国家财政压力，对于平抑国内粮食价格和物价，是有利的。总的来说，我国已经基本具备了主动利用国际资源和市场调剂国内余缺的能力，这是一个历史性的变化。在国际有较大利用空间的状态下，适度降低粮食自给水平，不仅必要，而且有利。应将利用国外资源市场作为重大长期战略，作为我国农业、经济发展、国际贸易战略的重要组成部分，纳入顶层设计之中。

目前，我国谷物能够基本满足国内需求，大豆等油料主要靠进口解决，利用国际资源和市场客观上已经成为弥补国内大量缺口的重要途径。而随着对粮食和其他农产品需求的增加，基本依靠国内生产完全平衡供需的道路已经走不通。而另一方面，世界农业生产发展的潜力还非常大，合理利用境外资源和市场不仅能够缓解国内资源和市场供给压力，而且能够利用我国经济快速发展的机遇带动世界粮食生产登上新的台阶，为构建新的国际经济秩序做出重要贡献。

而另一方面，美国、巴西、阿根廷等国家正在主动积极利用中国的需求，不断扩大国际农产品市场。这说明，如果能够实现不同国家的战略衔接，可以实现农产品、水土资源互利互惠的跨国配置。从世界耕地资源和粮食生产状况来看，至20世纪80年代末，随着“绿色革命”和农业科技成果的推广应用，世界粮食面积和总产量都有很大增长。目前，大洋洲、美洲、欧洲的人均耕地占有水平分别为1.29公顷、0.40公顷、0.37公顷，除了满足自己需求外，有大量的耕地可以用来生产农产品供出口。此外，非洲、俄罗斯等地区也有大量的可耕地资源。特别是一些发达国家，由于采用集约化农作方式，农业技术水平及机械化程度普遍较高，单位农业劳动力的粮食产量比发展中国家高得多，由于粮食供给能力强，美国、法国、澳大利亚等产粮大国采取休耕，粮食增产的潜力很大。如果能够制定合理的战略，利用国际资源和市场满足国内需求的前景广阔。

但也必须坚持基本原则：第一，坚持以持续稳定提高国内农业综合生产能力为前提。在构建国际政治经济新秩序的过程中，既充满机遇，也充满风险，出现世纪粮食生产大滑坡和粮食禁运的可能性是存在的。不断提高自身的生产能力，是主动参与和利用国际资源和市场、提高谈判能力的基础。一旦出现不确定因素，就可以采取紧急措施启动国内粮食生产扩大计划，以应对不利局面。第二，确定开放市场的优先序。按照农产品转化品—非基本需求农产品—非口粮谷物—口粮的开放顺序，在现阶段可以适度扩大粮食转化品，如肉类、饲料、食用油、粮食深加工产品等的进口，以控制国内粮食加工转化需求；适度增加开放属于非基本需求、占用土地面积较大的农产品的进口，如大豆、棉麻等；如果有必要继续增加进口，可以考虑放开深加工粮、饲料粮的部分市场。但对于口粮，在任何情况下，必须实现总量供求平衡，并尽可能减少结构性缺口。第三，坚持逐步放开的原则。为避免世界粮食市场波动，我国放开粮食进口限制的进度要与世界粮食生产能力和市场供应水平提高步伐基本相一致，这不仅利于将进口成本限制在一定水平，也有助于避免缺粮的发展中国家因价格大涨面临困境。

八、政策建议

中国的国情和发展阶段决定了保障国家粮食安全必须统筹兼顾立足国内和适当进口两个原则。未来中国粮食进口将处于一个较快增长的阶段，必须切实提高统筹国内外两个市场两种资源的能力，加强对粮食贸易的有效调控，促进粮食贸易与国内农业产业协调发展，在确保国内粮食综合生产能力和基本供给保障能力的同时，充分发挥进口贸易在增加供给方面的辅助作用。与此同时，要以科学发展为主题，按照促进工业化、信息化、城镇化、农业现代化同步发展的要求，走出一条保障供应全面、生产结构协调、生产方式可持续的发展之路，需要对确保粮食安全和重要农产品供求平衡的战略取向、战略重点、战略方式均做出战略性调整。

（一）在坚持立足国内保障基本供给、有效利用国际市场的原则下，切实加强对发展国内生产和利用国际市场的统筹

要根据不同粮食产品的需求结构、特点和趋势，以及在粮食安全中的地位，确定切实可行的阶段性自给率目标和合理的粮食产业结构。要结合利用国际市场的可能和发展国内生产的潜力，优化生产力布局，加强优势区域规划，加快优势产业带建设，确保粮食产品基本播种面积和基本供给能力。要研究建立必要的体制机制，有效统筹国内生产和进口需求，确保国内产业政策与贸易政策相衔接，国内生产力布局与充分利用国际市场相匹配，国内供需趋势与进出口调控相协调，逐步形成统一、开放的大农业、大市场、大流通格局，不断增强我国农业产业和粮食国际竞争力，更好地应对与国际市场逐步融合所带来的机遇与挑战。

（二）针对我国小规模农业和国外大农场在竞争力上存在难以克服的差距，必须加强和完善对粮食产业的支持和保护

在面临国外大规模生产且获得高额补贴的大农场竞争下，必须加强对我国农业的支持和保护。要充分利用世贸组织赋予的“绿箱”和“黄箱”政策空间，进一步加大财政支农力度、强化生产性支持，努力实现财政支持总量增加、比例提高、结构优化。要着力解决当前农村金融信贷服务发展滞后的问题，可借鉴法定储备金制度研究制定制度性措施，强化金融信贷机构的社会责任，如规定各类信贷机构用于农业的贷款比例等，确保金融和信贷资金流向农业，切实加强对农业的金融信贷支持。

（三）根据国际粮食市场波动性、风险性和不确定性加剧的特点，强化对国际粮食市场的监测、研判和预警

要积极参与国际粮农事务，发挥我国在国际粮农事务中的作用，了解国际农产品市场动向。进一步强化对大宗农产品国际市场的监测、研判和预警等基础性工作，对重点国家、重点市场、重点品种的农产品供需和贸易情况进行监测，强化对国际市场价格、供需动态、贸易形势以及贸易政策等信息的收集分析、研究和预警，综合运用关税、关税配额、技术性措施、国营贸易等手段，对大宗农产品贸易进行因时因势的有效调控，确保国内生产和市场的稳定。要进一步加强公益性公共服务，切实提高国内农业企业应对国际市场波动和风险的能力。

（四）着眼粮食进口和外资进入对我国农业产业的影响，加强贸易救济、贸易补偿和外资监管

强化农业产业损害监测预警，在产业受到损害时，一是要及时有效启动“两反一保”贸易救济措施，二是要加强对国内产业的贸易补偿，切实维护我国农业产业安全。农业一头连接千家万户生产者、一头连接千家万户消费者，控制了流通仓储加工环节就控制了产业制高点。对此必须尽快建立和实施外资进入农业产业的安全审定制度，加强对外资进入农业产业的监管，制定适合农业产业特点的反垄断实施细则，维护农业产业安全。要研究建立强制性企业贸易与经营信息报告制度，提高市场运行的可预测性和透明度，强化企业社会责任。

（五）加大农业科技投入，切实提高粮食综合生产能力

加大农业科技投入，着力推进农业科技创新体系、农技推广体系建设，加大新型农民培训和农村实用人才培养力度。积极推进政府主导的多元化、多渠道农业科研投入机制建设，重点突破制约粮食生产的育种、病虫害防控等瓶颈技术难题。加强农业科研基地、区域性科研中心的创新能力建设，深入实施现代农业产业技术体系专项。整合科研资源，加快实施转基因重大专项，尽快培育一批增产潜力大、具有突破性

的高产优质品种。加快农业技术推广体系机制创新和能力建设，构建以国家农技推广机构为主体、科研单位和大专院校广泛参与的农业科技成果推广体系。增加对粮油高产创建的补贴资金规模，促进技术集成推广，提高技术到位率。

（六）加快构建新型经营体系，提升农业经营主体的经营能力

要适应经济持续健康发展、社会结构深刻变革、新型工农城乡关系加快形成的新形势，加快构建集约化、专业化、组织化、社会化相结合的新型农业经营体系，不断提升农业经营主体的经营能力。第一，加快农民种粮合作社发展。要加大支持力度、完善支持方式、加强示范带动，继续促进种粮合作社健康快速发展。发挥小型和地缘性合作经济组织在提高内部凝聚力方面的优势与大型、跨地域合作组织在形成市场优势方面的优势，鼓励支持合作社以产品和产业为纽带发展联合社。支持合作社办加工企业，延长产业链，提高农产品附加值，提升引领能力。第二，大力培育社区性家庭农场。可以考虑将具备达到一定经营规模、经营者为农村集体经济组织成员、非农忙季节一般不雇工、经过统一注册登记四个特征的经营主体明确为家庭农场，对具备一定条件的地区，给予必要的资金、技术和政策支持，积极探索规模适度的家庭农场发展模式。第三，发展跨社区粮食生产大户。加强土地承包经营权流转管理和服务，鼓励有条件的地方建立为农民土地承包经营权流转的各种服务平台，发展土地流转中介服务组织，促进土地流转，发展种粮大户。

（七）完善粮食最低收购价政策，创新粮食市场调控机制

继续完善粮食最低收购价政策，并将实施范围覆盖到所有粮食主产区。完善最低收购价定价机制，在补偿生产成本基础上，适当提高最低收购价水平，保障种粮农民的合理收益。探索建立粮食目标价格补贴制度，将价格支持政策与收入补贴政策相结合，探索实施主要粮食品种的目标价格补贴，保障种粮农民收益。完善临时收储政策，调控市场价格，防止生产大起大落。加强对粮食生产、消费、进出口、储运等监

测，建立预警监测体系和市场信息会商机制，密切跟踪市场变化，适时启动应急预案。加强对外资进入粮食流通、加工领域的监管，修改完善《外商投资产业目录》和《关于外国投资者并购境内企业的规定》，健全外资并购的审查和监管机制，建立外资进入我国农业领域的预警和跟踪监督机制。

（八）有效减少粮食浪费和损耗，引导科学节约用粮

按照建设资源节约型社会的要求，加强宣传教育，提高全民粮食安全意识，形成全社会爱惜粮食、反对浪费的良好风尚。改进粮食收购、储运方式，加快推广农户科学储粮技术，减少粮食产后损耗。积极倡导科学用粮，控制粮油不合理的加工转化，提高粮食综合利用效率和饲料转化水平。引导科学饮食、健康消费，抑制粮油不合理消费，促进形成科学合理的膳食结构，提高居民生活和营养水平。建立食堂、饭店等餐饮场所“绿色餐饮、节约粮食”的文明规范，积极提倡分餐制。抓紧研究制定鼓励节约用粮、减少浪费的相关政策措施。

马铃薯与我国粮食安全关系研究*

当前世界人口不断增加、生物能源快速发展、新兴国家城市化快速推进，全球粮食消费刚性增长。然而，受极端气候、资源约束、投资不足等因素的影响，世界粮食生产的稳定性受到严峻挑战。世界粮食市场价格表现出波动性、不确定性和风险性加剧的态势，严重威胁着世界粮食安全，特别是低收入国家的粮食安全。提到粮食安全，人们往往想到的是小米、玉米和大米，而马铃薯作为第四大粮食作物很少受到关注。事实上，马铃薯与其他粮食作物相比具有高产、耐旱、耐寒和耐贫瘠的优良品质，可以缓解资源压力；同时，马铃薯营养价值高，可以作为三大主粮的有效补充，是保证粮食安全的一个重要筹码，对发展中国家的粮食安全至关重要。

一、世界马铃薯产业发展情况

马铃薯是世界上仅次于小麦、水稻、玉米之后的第四大粮食作物，原产于南美的安第斯山脉，目前已广泛种植于世界各地。据联合国粮农组织（FAO）统计，2012 年世界马铃薯种植面积为 1 932.12 万公顷，总产达到 3.68 亿吨，种植马铃薯国家和地区超过 150 个。随着世界各国和地区经济的不断发展，世界马铃薯生产和消费也在不断的发生变化。

---

* 本报告获 2014 年度农业部软科学研究优秀成果二等奖。课题承担单位：中国农业大学经济管理学院；主持人：蔡海龙；主要成员：封岩、王军、赵学尽、甘雪勤、李雪、肖亦天。

（一）世界马铃薯生产

1. 世界马铃薯产量和种植面积

1961 年以来，世界马铃薯的面积呈下降趋势，尽管近几年有所回升，仍低于 60 年代水平。1961 年，世界马铃薯的面积为 2 214.8 万公顷，之后呈下降态势，1990 年降至 1 765.64 万公顷的历史低位，随后有所回升，2000 年增至 2008.8 万公顷，近几年保持在 1 850 万公顷上下，2011 年略增至 1 924.86 万公顷，2012 年增加至 1 932.12 万公顷（图 1）。

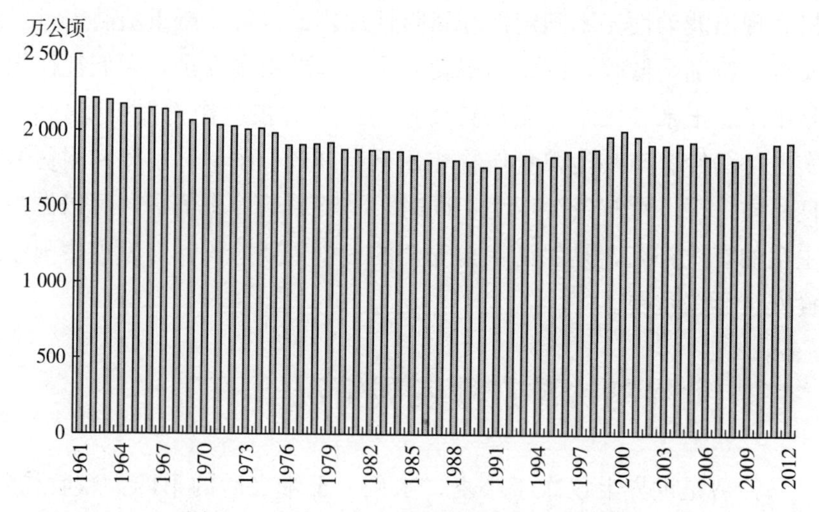

图 1　1961 年以来世界马铃薯种植面积变化

资料来源：FAOSTAT。

世界马铃薯的产量在波动中逐步上升，近些年增长较为明显。1961—1991 年的 30 年间，世界马铃薯产量基本在 2.5 亿～3 亿吨间波动，平均产量为 2.78 亿吨。1992 年后产量明显增加，1996 年产量达到 3.12 亿吨，2000 年达到 3.28 亿吨，2004 年达到 3.36 亿吨，2011 年突破 3.5 亿吨，达到 3.74 亿吨的历史最高水平，2012 年略有下降，为 3.68 亿吨。1992—2001 年平均产量为 3 亿吨，较前 30 年产量增长 7.91%；2002—2012 年平均产量为 3.33 亿吨，较上一个十年增长 11.19%（图 2）。

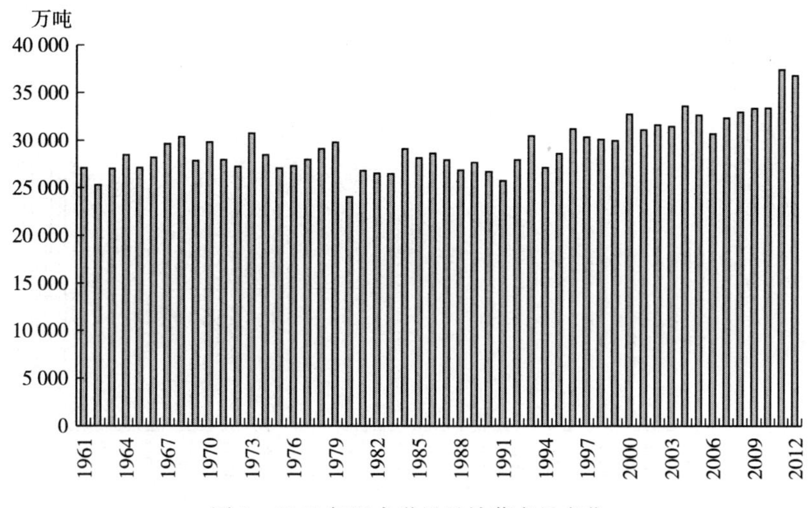

图 2　1961 年以来世界马铃薯产量变化

资料来源：FAOSTAT。

世界马铃薯的单产水平呈缓慢增长态势，近些年提高较快。马铃薯单产从 1961 年的 12 215.66 千克/公顷增加至 2011 年的 19 449.86 千克/公顷，达到历史最高水平，较 1961 年增长了 59.22%，年均增长 1.17%，2012 年单产水平略有下降，为 19 065.8 千克/公顷。分阶段来看，1961—1971 年，马铃薯单产年均增长率为 1.16%；1971—1981 年，单产年均增长率下降到 0.38%；1981—1991 年，单产年均增长率再降至 0.23%；1991—2001 年，单产水平有所恢复，年均增长率为 0.81%；2001—2011 年，单产水平提升较快，年均增长率达到 2.09%，成为单产增长最快的阶段（图 3）。

世界马铃薯生产分布的最大特点是以欧、亚两洲为主，种植面积和产量合计占世界的 80%左右，其次为非洲和美洲，大洋洲所占比例非常小。从播种面积来看，2012 年欧洲马铃薯面积为 598.21 万公顷，占世界总播种面积的 31%；亚洲为 975.31 万公顷，占世界总播种面积的 50%；非洲为 193.22 万公顷，占世界总播种面积的 10%；美洲为 161.81 万公顷，占世界总播种面积的 8%；大洋洲播种面积仅为 4.57 万公顷，占世界总播种面积不足 1%。从产量来看，2012 年欧洲马铃薯产量为 1.17 亿吨，占世界总产量的 32%；亚洲马铃薯产量为 1.78 亿

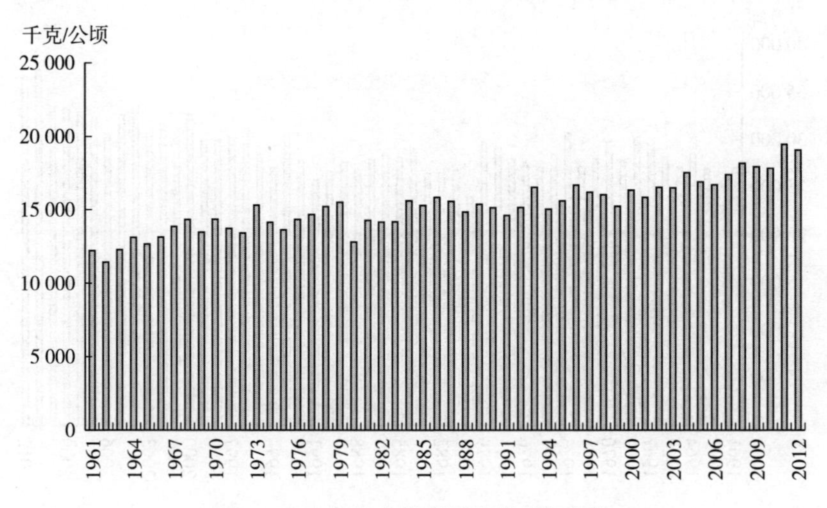

图3　1961年以来世界马铃薯单产变化

资料来源：FAOSTAT。

吨，占世界总产量的48%；非洲马铃薯产量为0.31亿吨，占世界总产量的8.5%；美洲马铃薯产量为0.41亿吨，占世界总产量的11%；大洋洲马铃薯产量为184.16万吨，仅占世界总产量的0.5%（图4）。

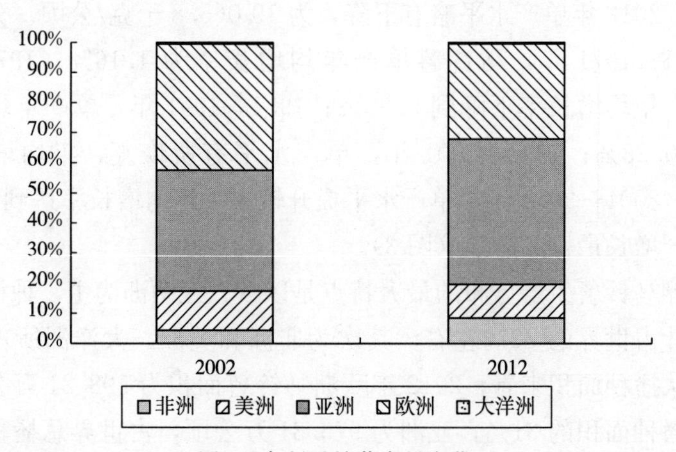

图4　各州马铃薯产量变化

资料来源：FAOSTAT。

近年来，世界马铃薯的总面积没有出现剧烈波动，但各大洲种植面积却有较大变化，除美洲保持相对稳定外，欧洲的种植面积在持续减少，而亚洲、非洲的种植面积在不断增加。2002—2012 年，欧洲马铃薯种植面积由 832.71 万公顷下降到了目前的 598.21 万公顷，降幅达 39.2%。其中，主要种植国俄罗斯、德国、白俄罗斯、芬兰均有下降，面积分别减少 100 万公顷、4.58 万公顷、21.78 万公顷和 0.91 万公顷，减幅分别为 31%、16%、40%和 31%。亚洲种植面积由 2002 年的 784.28 万公顷增加到 975.31 万公顷，增长 24.4%。其中，中国的种植面积由 466.75 万公顷增加到 542.9 万公顷，增加 16%：印度、孟加拉国的种植面积分别增加了 64.05 万公顷和 29.64 万公顷，增幅达到 51%和 125%；朝鲜的面积则由 19.8 万公顷减少到 14 万公顷，减少了 29%。非洲的面积由 21 世纪初的 125.27 万公顷增加到目前的 193.22 万公顷，增长 54.2%。其中，尼日利亚由 21 世纪初的 22.4 万公顷增加到目前的 26.2 万公顷，增幅为 17%，成为非洲第一大马铃薯种植国；马拉维、卢旺达和肯尼亚的面积也分别增加至 18.18 万公顷、16.48 万公顷和 14.33 万公顷，增长幅度也分别达到 64%、32%和 28%（图 5）。

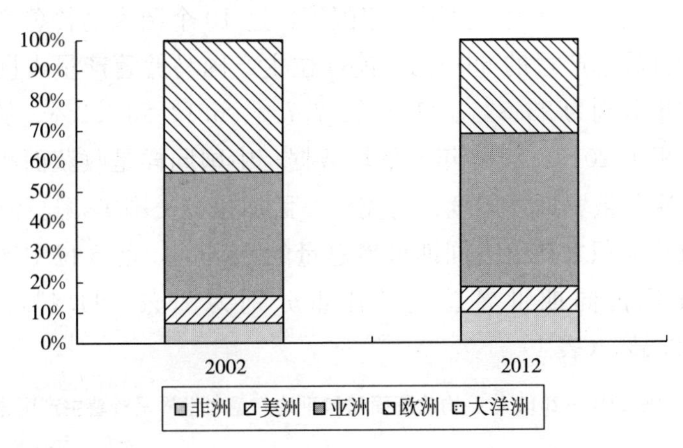

图 5　各州马铃薯种植面积变化

资料来源：FAOSTAT。

受地域、气候、栽培水平的影响，产量稳定，不同地区马铃薯单产水平差异很大。大洋洲单产最高，2012 年为 40 313 千克/公顷，是世界平均水平的 2.1 倍；其次为美洲的 25 719.7 千克/公顷，是世界平均水平的 1.4 倍。然后为欧洲的 19 488 千克/公顷，略高于世界平均水平

2%；亚洲的单产水平为18 210.8千克/公顷，较世界平均水平略低；非洲则为16 034千克/公顷，为世界平均水平的84%。从国家来看，世界单产最高的国家是新西兰，2012年单产达到47 503千克/公顷，为世界平均水平的1.49倍；其次是比利时，单产达到45 423千克/公顷。排在其后的分别是：荷兰、德国、丹麦、美国、法国、瑞士，单产均超过41 000千克/公顷，远高于世界平均水平。而产量最低的国家主要分布在非洲，如斯威士兰、布隆迪、中非等国，单产低于3 000千克/公顷，与高水平国家相差10倍以上，与世界平均单产水平相差5倍以上。中国的单产水平为15 818千克/公顷，与世界平均水平还存在较大差距。

2. 世界马铃薯主要生产国

世界马铃薯生产相对集中，中国、印度、俄罗斯、乌克兰四大生产国占世界种植面积的一半以上，产量占世界的50%。从产量来看，2010—2012年，中国仍然是世界上产量最大的马铃薯生产国，其次是印度、俄罗斯、乌克兰、美国、德国等，这10个国家马铃薯产量之和已占同期世界总产量的66.3%，前5位主产国马铃薯产量占同期世界总量的比重分别为23.8%、11.5%、7.7%、6.1%和5.3%。从收获面积来看，根据2010—2012年的平均数据，中国同样是收获面积最大的国家，其次是俄罗斯、印度、乌克兰、孟加拉、美国等，这10个国家马铃薯收获面积之和已占同期世界总量的68.3%，前5位主产国马铃薯收获面积占同期世界总量的比重分别为28%、11.4%、9.8%、7.5%和2.5%（表1）。

表1　按2010—2012年平均收获面积和平均产量对世界马铃薯主产国排名

单位：万公顷，万吨

序号	国家	平均收获面积	序号	国家	平均产量
1	中国	535.53	1	中国	8 528.81
2	俄罗斯	216.96	2	印度	4 130.56
3	印度	186.62	3	俄罗斯	2 778.48
4	乌克兰	143.16	4	乌克兰	2 206.77

（续）

序号	国家	平均收获面积	序号	国家	平均产量
5	孟加拉国	47.64	5	美国	1 899.73
6	美国	43.31	6	德国	1 088.92
7	波兰	42.15	7	孟加拉	866.55
8	白俄罗斯	34.67	8	波兰	868.49
9	秘鲁	29.95	9	白俄罗斯	729.67
10	尼日利亚	26.07	10	荷兰	698.09

资料来源：FAOSTAT 数据计算。

中国是世界上最大的马铃薯生产国，马铃薯产量约占世界马铃薯总产量的 1/4。2012 年种植面积达到 543.2 万公顷，占世界马铃薯面积的 28%，亚洲的 56%。中国的马铃薯生产在 20 世纪 90 年代以后发展迅速，马铃薯种植面积由 300 多万公顷扩大到 500 多万公顷，产量则由 3 000万吨提高到 7 000 万吨，是中国的第四大重要粮食作物。中国马铃薯生产按照南北气候和生活条件的差异，其种植区域可划分为北方一季作区、中原二季作区、南方冬作区和西南一二季作垂直分布区 4 大区域。马铃薯在中国用途较为广泛，不仅是贵州、四川、云南、内蒙古、甘肃等西部贫困地区正常年的主要食物，更是歉年的救荒作物；既是西北、华北和东北冬季最主要的蔬菜，又是淀粉加工的原料，同时也是牲畜的饲料；同时作为城镇绿色蔬菜，也成为东南沿海经济发达地区重要的经济作物。

印度是世界第二大马铃薯生产国，马铃薯产量约占世界马铃薯总产量的 12%左右。2012 年印度马铃薯种植面积为 190 万公顷，仅次于中国和俄罗斯，排在第三位；产量为 4 500 万吨，仅次于中国。从近两年发展趋势看，马铃薯的种植面积逐年增加，单产水平有所提高，产量增长较为迅速。2012 年印度的单产水平达到 23 684 千克/公顷，较世界平均水平高 24%。印度马铃薯育种相对发达，1935 年就已经建立了周密的育种计划。目前，品种改良在全国 8 个马铃薯气候生态区域建立的 11 个试验站进行，统一由中央马铃薯研究所负责。

排在世界第三位的是俄罗斯，马铃薯产量约占世界的 8%。2012 年种植面积为219.7万公顷，占世界的11%，仅次于中国。但由于单产水平不高，马铃薯产量为2 953.25万吨，居于中国和印度之后。2012年俄罗斯马铃薯单产水平为13 440千克/公顷，仅为世界平均水平的70%。马铃薯生产是俄罗斯农业生产中最具前景的产业之一。近年来对马铃薯及其加工产品需求的增加促进了行业的发展。马铃薯是私人副业中种植面积最多的作物，超过私人副业全部种植面积的83%，农业组织、农场等马铃薯种植面积仅占16%，每年用于种植马铃薯的耕地平均扩大2%。

美国长期保持世界马铃薯主产国地位，马铃薯生产基本保持稳定发展，马铃薯种植面积稳定在40万公顷左右，产量基本维持在2 000万吨左右，占世界马铃薯总产量的5%左右。美国马铃薯的生产可分为春、夏、秋、冬4季，以秋季为主。美国秋季马铃薯的种植面积和产量分别占当年美国马铃薯总种植面积和总产量的90%和85%左右。美国50个州都种植马铃薯，但主产区有科罗拉多、爱达荷、华盛顿、威斯康星等中西部的10个州。因为这些地区有理想的栽种温度、肥沃的土壤、完善的科研体系、现代化的机械设备以及代代相承的专业经验，令美国马铃薯产品出类拔萃，马铃薯的生产从种植到收获、储存都是机械化操作。同时，美国马铃薯育种非常发达，科研和技术成为美国马铃薯产业发展的坚实后盾。

欧盟也是重要的马铃薯生产地区，产量大约为世界总产量的20%。欧盟的马铃薯主要生产国为波兰、德国、荷兰、法国和英国。其中，波兰的马铃薯收获面积最大，约为42万公顷。荷兰单产最高，达到45 173千克/公顷，约为世界平均水平的2.37倍。同时，荷兰的马铃薯生产最具特色，是世界上最大的马铃薯出口国，其良种输出占国际良种市场的60%以上，种用和商品马铃薯销往世界80多个国家。

（二）世界马铃薯的消费

马铃薯的用途非常广泛，主要包括食用、饲用、种用、加工等。据FAO统计，全世界生产的马铃薯可能有不到50%用于鲜食，其余部分则被加工成马铃薯食品和食品配料，用来饲养牛、猪和鸡，加工成淀粉用于工业以及作为种薯用来种植下季马铃薯作物。直接利用和加工利用均以食品用途为主，不同国家人均消费量差异大。曾是世界马铃薯利用量支柱的鲜薯消费量在许多国家，特别是在发达国家区域出现下降趋势。目前，为了满足快餐和便利食品行业不断扩大的需求，马铃薯的加工量越来越大。这一发展趋势背后的主要驱动因素包括城市人口的增长、收入的提高、膳食的多样化以及消费用新鲜产品制作所需的时间等。

1. 世界马铃薯消费量变化

马铃薯是世界上仅次于小麦、水稻、玉米之后的第四大粮食作物，同时也是一种得到大力推荐的粮食安全作物，为世界粮食安全尤其是发展中国家的粮食供给发挥重要作用。从总体上看，世界马铃薯的消费量波动增长。1961 年全球消费量约为 2.61 亿吨，1973 年为 2.93 亿吨，之后呈现波动下降态势，1993 年增加至 3.01 亿吨，2000 年为 3.24 亿吨，2004 年为 3.35 亿吨，随后略有下降，2009 年为 3.32 亿吨，50 年间增长了 27%。分阶段来看，从 60 年代到 70 年代初，世界马铃薯消费量缓慢增长，年均增长率为 0.81%；从 70 年代初到 90 年代初，消费量增长整体呈下降态势；90 年代以后，消费量增长速度加快，1991—2001 年年均增长率达到 2.1%；进入 21 世纪，消费增长放缓，年均增长率为 0.53%（图 6）。

图 6　世界马铃薯消费量变化

资料来源：FAOSTAT。

从世界范围来看，马铃薯消费主要集中在亚洲，约占世界总消费量的44%，其次是欧洲37%，亚洲和欧洲的消费量合计占世界总消费量的81%。其他洲的马铃薯消费量相对较小，其中美洲为12%，非洲为6%，大洋洲不足1%（图7）。

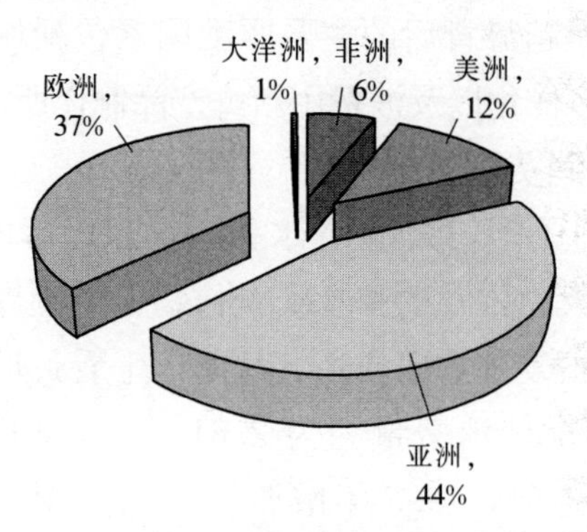

图7　2009年世界各大洲马铃薯消费比例

资料来源：FAOSTAT。

世界各大洲的“生产—消费”的比较如表2所示，亚洲和欧洲既是生产大洲，也是消费大洲，亚洲当年产大于需，而欧洲产不足需，需要大量进口弥补需求；非洲生产量高于消费量，略有盈余；美洲生产和消费基本持平，产需缺口不大；大洋洲产量和消费量都比较少，且基本平衡。

表2　2009年世界各大洲生产—消费情况

洲别	生产量（百万吨）	消费量（百万吨）	生产量—消费量（百万吨）
非洲	25.65	20.25	5.40
美洲	39.48	40.57	−1.09
亚洲	159.06	147.96	11.09
欧洲	107.68	121.69	−14.00
大洋洲	1.87	1.84	0.03

资料来源：根据FAOSTAT数据整理。

从马铃薯的人均消费情况看，1961年全世界每人平均食用消费量为35.7千克，之后呈现下降趋势，1991年世界人均食用消费量降至26

千克，比 1961 年减少 9.7 千克，年均下降 1.05%。1991 年之后，人均食用消费量出现上升趋势，到 2004 年为 34.6 千克，比 1991 年增加 8.6 千克，年均增长 2.22%，但仍低于 1961 年水平。2005 年之后，人均食用消费量略有下降，保持在 31～34 千克，2009 年为 32.6 千克（图 8）。若以洲际而言，欧洲的人均马铃薯消费最多，在 85 千克左右，远远超出世界平均水平；大洋洲也远高于世界平均水平，约 50 千克；美洲基本与世界水平持平，约为 34 千克；亚洲由于人口众多，同期人均马铃薯消费量低于世界平均水平，为 26 千克左右；非洲人均马铃薯消费量约为 16 千克，低于世界平均水平近 20 千克。

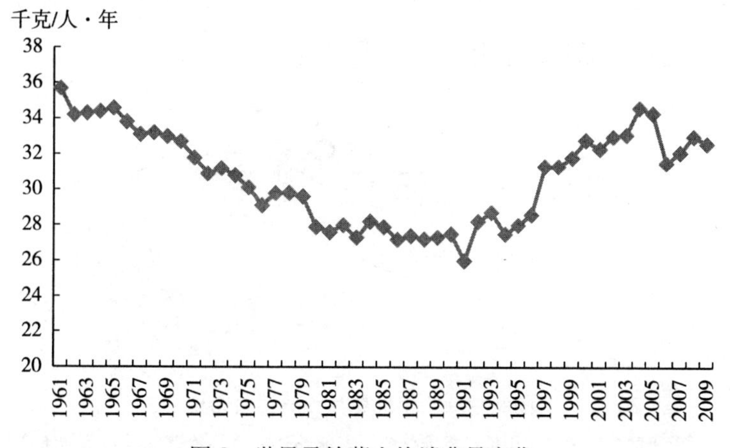

图 8　世界马铃薯人均消费量变化

资料来源：FAOSTAT。

2. 世界马铃薯消费结构及变化

马铃薯的消费量主要包括食用量、饲用量、加工用量、其他非食用量、种用量和损耗。马铃薯消费以食用为主，约占消费总量的 2/3，其次是饲用量占 11%左右，种用量约占消费总量的 10%，损耗约占 8%，加工量约占 3%，其他非食用消费占 3%左右。在利用途径方面，发达国家马铃薯的食品消费比例约为 54%，而发展中国家为 70%，较发展国家高 16%；饲料比例发达国家为 18%，发展中国家为 9%，发达国家高出 1 倍；贮藏、马铃薯运输、马铃薯加工等环节的损耗发达国家为 6%，而发展中国家为 9%，损耗较大；但在种薯使用上，发达国家用去了产量的15%，而发展中国家只是7%。但是发达国家高达15%的用种比例是否包括出口的种薯在内，统计未予说明。在加工统计中，加工比例仅包含不能还原成马铃薯的加工产品，不是实际加工比例，这样的统计结果使发达国家与发展中国家加工用途比例均为4%。尽管如此，荷兰的加工统计比例仍高达50%，遥居世界首位。美国是马铃薯加工消费大国，尽管相关统计加工比例没有显示，但根据美国农业部的数据，美国在1994—1996年加工比例已达60%，这一比例中应包括所有能还原为马铃薯的加工产品在内。新西兰的加工比例为16%，也是比较高的。中国的加工比例为8%，高出世界平均水平4%。从相关资料的综合反映来看，发达国家的总体加工利用水平是要高于发展中国家，特别是在食品加工利用方面更是如此。

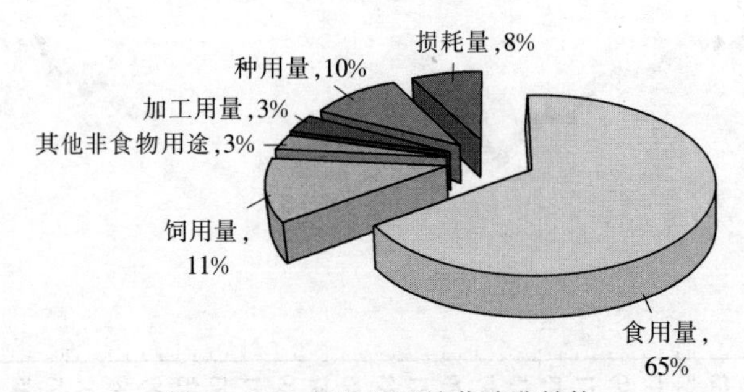

图9　2009年世界马铃薯消费结构

注：由于联合国粮农组织推行标准化统计，能够还原成马铃薯的马铃薯加工产品（如薯条、马铃薯泥等）又折回马铃薯计入食品利用统计项，不能还原成马铃薯的加工产品才计入加工统计。

资料来源：FAOSTAT。

(1) 食用消费和加工消费。马铃薯是一种多用途、富含碳水化合物的食物，受到全世界的高度欢迎，而且其制作和食用方法多种多样。由于联合国粮农组织推行标准化统计，能够还原成马铃薯的加工产品（如薯条、马铃薯泥等）又折回马铃薯计入食品利用统计项，不能还原成马铃薯的加工产品才计入加工统计。所以食用消费既包括鲜薯的消费，又包括能够还原成马铃薯的加工产品，而加工消费仅包括不能还原成马铃薯的加工产品。

20世纪60年代以来，食用消费量呈平稳增长趋势，占消费总量的比重显著上升。食用消费量从 1961 年的 1.09 亿吨增长至 2009 年的 2.17 亿吨，增加了 1 倍，年均增速为 1.45%。分阶段来看，1961—1991 年，增长速度较为缓慢，年均增速仅为 0.78%；1992 年之后，增长速度显著加快，年均增速达到 2.43%。食用消费量所占比重也呈增加趋势，从 1961 年的 42%左右增加至 2009 年的 65%，增长了 23 个百分点。加工消费量波动增加，所占比重略有上升。从 1961 年的 747.52 万吨增至 2009 年的 1 167.75 万吨，增长了 56.2%，年均增速为 0.93%。分阶段看，1961—1984 年，加工消费量变化较为平缓，波动不大，年均增速为 2.53%；1985 年之后波动明显加剧，1993 年达到 1 637.62万吨的历史高点后逐步降至 2000 年的 907.81 万吨，之后有所回升，2008 年增至 1 342.71 万吨，2009 年略将至 1 167.75 万吨。加工消费量所占比重呈现先增加后下降的趋势，1961 年为 2.9%，之后有所上升，到 1993 年达到 5.43%，随后有所下降，目前为 3.5%左右，较 1961 年略增 0.6 个百分点。

目前来看，全球食用马铃薯的消费正在从鲜薯转向增值的加工食品，包括冷冻马铃薯、薯片、脱水马铃薯粉片、马铃薯粉等。这一发展趋势背后的主要驱动因素包括城市人口的增长、收入提高、膳食的多样化以及消费用新鲜产品制作所需的时间等。冷冻马铃薯，包括餐馆和全世界快餐连锁店供应的大部分炸薯条。每年全世界炸薯条的需求量超过 1 100万吨。薯片在许多发达国家的快餐食品领域长期处于统治地位。这种油炸或烤制的马铃薯薄片有各种不同的味道，从简单的咸味到烤牛肉和泰国辣味等“美食”品种。有些薯片是利用脱水马铃薯粉面团制作的。脱水马铃薯粉片和颗粒是采用将熟薯浆的水分含量干燥至 5%～8%的方式制成的。马铃薯粉片被用在零售马铃薯泥产品中，作为小吃食品的配料，甚至被用作粮食援助，作为美国国际粮食援助的组成部分发放给 60 余万贫困人口。另外一种脱水产品是用煮熟并碾碎的整马铃薯制作的马铃薯粉，它保留了马铃薯独特的味道。由于马铃薯粉无麸质并富含淀粉，也被食品业用于搅拌肉馅以及使汤增稠。利用现代淀粉加工技术，生马铃薯的淀粉提取量高达 96%。马铃薯淀粉是一种无味、口感极好的优质粉末，具有比小麦和玉米淀粉更高的黏性，而且制作的产品味道更好，被广泛用作调味汁和炖制菜肴的增稠剂，并作为一种黏合剂用在蛋糕粉、生面团、饼干和冰淇淋等产品中。在个别地区，如东欧和斯堪的纳维亚地区，将捣碎的马铃薯加热，使其淀粉转化为可发酵糖，用于伏特加和白兰地等酒精饮料的蒸馏。

（2）饲用消费。马铃薯早先在欧洲最广泛的用途之一是作为家畜饲料，在俄罗斯和其他东欧国家，马铃薯收获量中的一半仍被用于此目的。牛每天可以食用20千克生马铃薯，每天用6千克煮熟的马铃薯喂猪可使其快速上膘，也可将马铃薯捣碎并与青贮饲料混合使其在发酵过程中被加热焖熟。但随着马铃薯食用方法的多样及加工技术的发展，饲用消费量呈现先增加后下降的趋势。1961年，马铃薯饲用消费量为7 092.22万吨，占消费总量的比重达到27.1%；之后不断增长，到1968年达到9 349.69万吨的历史高点，占消费总量的比例也随之提高到32%；随后饲用消费量波动下降，目前保持在3 000多万吨左右，占消费总量的比例也基本维持在10%左右。

（3）其他非食物消费。马铃薯淀粉作为胶黏剂、黏合剂、纹理剂和填充物，也被广泛用于制药、纺织、木材加工和造纸行业，而且石油钻探公司也用它清洗钻孔。马铃薯淀粉是替代聚苯乙烯和其他塑料的100%可生物降解产品，例如可被用来制作一次性餐盘和刀叉等。马铃薯的皮和加工过程中产生的其他“零价值”废料富含淀粉，可以通过溶解和发酵来生产燃料级乙醇。据在加拿大的马铃薯生产省份新不伦瑞克开展的一项研究估计，用44 000吨加工废料可以生产400万～500万升乙醇。

从世界范围来看，马铃薯的其他非食物消费量呈增长态势，占消费总量的比重也有所增加。1961年，其他非食物消费量为432.81万吨，占消费总量的比重为1.66%；之后呈增加趋势，2009年增至955.37万吨，达到历史最高值，较1961年增长1.2倍，年均递增1.66%，占消费总量的比重增至2.87%，提高了1.21个百分点。

（4）种用消费。与其他主要大田作物不同，马铃薯是通过其他马铃薯进行无性繁殖的。因此，每年作物的一部分（为5%～15%，取决于收成的质量）被留作下一季作物的播种材料。发展中国家的大多数农民自己对其种薯进行选择和保存；而在发达国家，农民更倾向从专门的供应商那里购买无病的“认证种”。法国马铃薯种植面积的13%以上用于种薯生产，而荷兰每年出口大约70万吨通过认证的种薯。

1961年以来，马铃薯的种用消费量呈平稳下降趋势，占总消费量的比重也有所降低。1961—2009年，马铃薯种用消费量从4 504.74万吨稳步降至3 176.76万吨，减少约30%，年均递减0.73%。马铃薯种用消费量占总消费量的比重也呈稳定下降的态势，从1961年的17.27%下降到2009年的9.53%，降低了7.74个百分点（图10）。

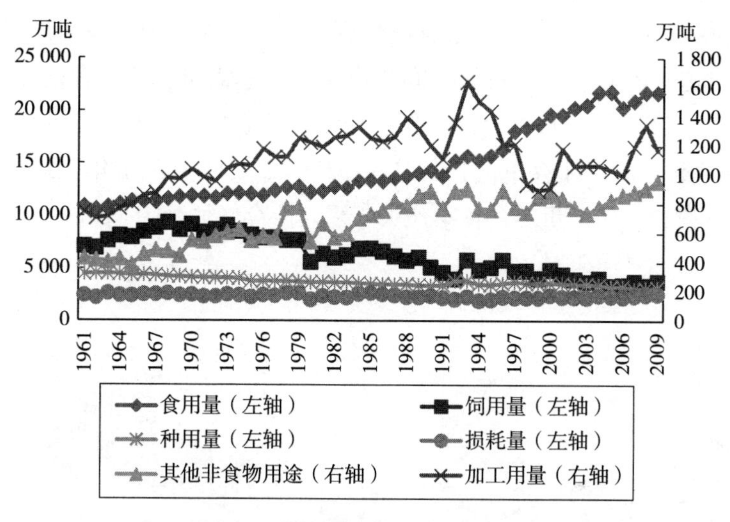

图10 世界马铃薯消费结构变化

资料来源：FAOSTAT。

（三）世界马铃薯的供求关系及价格走势

1. 全球马铃薯供求状况

随着单产水平的提高，世界马铃薯总产有了较大幅度的增长。据FAO的统计数据，世界马铃薯总产从1961年的2.71亿吨增加到2012年的3.68亿吨，平均每年递增0.61%，其中2011年达到3.74亿吨的历史高位。从马铃薯产量的增长速度来看，近几年马铃薯生产发展较为迅速，1991—2001年的十年间马铃薯产量年均增速达到了1.91%，较平均增速快2.13倍；2001—2011年的十年间增速略有下降，但仍为1.86%，较平均增速快2.05倍。

随着世界人口及马铃薯消费用途的拓展，世界马铃薯消费量也呈现刚性增长。1961—2009 年，全球马铃薯消费量从 2.61 亿吨增加到 3.32 亿吨，50 年间增长了 27%，年均递增 0.51%。分阶段来看，1961—1971 年的十年间世界马铃薯消费量缓慢增长，年均增长率为 0.81%；从 70 年代初到 90 年代初，消费量增长整体呈下降态势；90 年代以后，消费量增长速度加快，1991—2001 年年均增长率达到 2.1%；进入 21 世纪，消费增长放缓，年均增长率降为 0.53%。

世界马铃薯的总产量和总消费量均呈上升趋势，其中 50%的时间总需求大于总供给，50%左右的时间总供给大于总需求。从库存变化可以看出，1961—1970 年、1978—1987 年、1992—1996 年、2007—2008 年，世界马铃薯产不足需、库存下降；1971—1977 年、1988—1991 年、1997—2006 年、2008—2009 年，世界马铃薯产大于需，库存增加（图 11）。

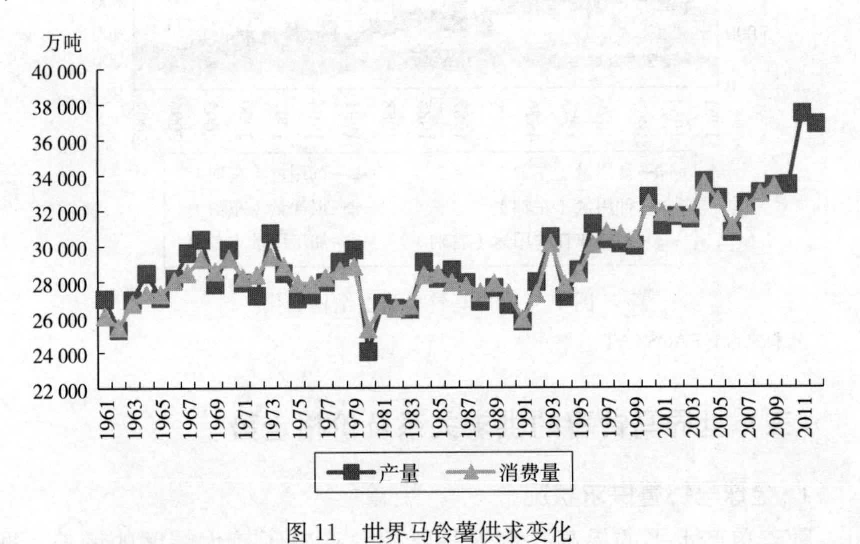

图 11　世界马铃薯供求变化

资料来源：FAOSTAT。

2. 世界马铃薯价格

由于马铃薯的国际市场较小，其价格主要受地方需求影响。中国、印度、俄罗斯、白俄罗斯均为世界马铃薯生产大国，马铃薯的价格变化呈现出不同的特点，俄罗斯的价格水平最高，其次是中国，再次是印度，白俄罗斯的价格水平较低。

中国是世界上最大的马铃薯生产国，马铃薯产量约占世界总产量的1/4，同时又是马铃薯消费大国，马铃薯的市场价格主要受国内供求状况影响。2009 年以来，中国马铃薯价格呈现出阶段性的波动，整体呈走高趋势。2009 年 8 月至 2010 年 5 月，价格呈上涨趋势，从 398.8 美元/吨增加到 753.2 美元/吨，6—7 月连续大幅下降至 566 美元/吨，8 月之后再度持续上涨至 733.5 美元/吨，2011 年 3 月开始持续走低，11 月降至 466 美元/吨，12 月之后再度上涨，至 2013 年 5 月涨至 761 美元/吨，之后再次呈下降态势，10 月之后呈现回升趋势，11 月 663 美元/吨，较 2009 年 8 月价格上涨了 66.2%（图 12）。

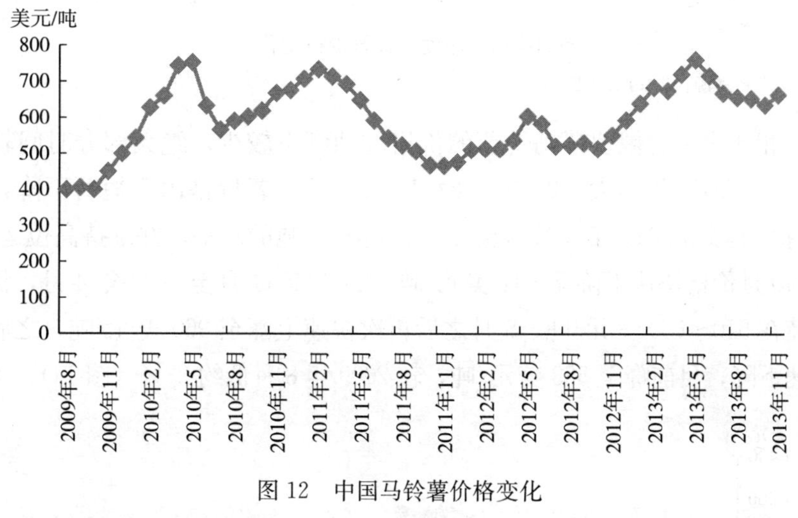

图 12　中国马铃薯价格变化

资料来源：FAOSTAT。

与中国的价格波动相比，印度马铃薯的价格波动范围较小，近期出现了较大幅的上涨。2009 年 8 月至 2010 年 1 月，马铃薯价格出现明显上涨并维持在 350 美元/吨的较高水平，之后快速下滑至 213 美元/吨，并维持这一水平，2010 年 11 月至 2011 年 2 月价格再度经历上涨和下跌，之后价格保持在 180～220 美元/吨，2012 年 5 月之后再度上涨至 339 美元/吨，11 月之后略有下跌，2013 年 3—10 月价格维持震荡格局，11 月大幅上涨至 488 美元/吨，环比涨幅达到 53%，较 2009 年 8 月上涨 92%（图 13）。

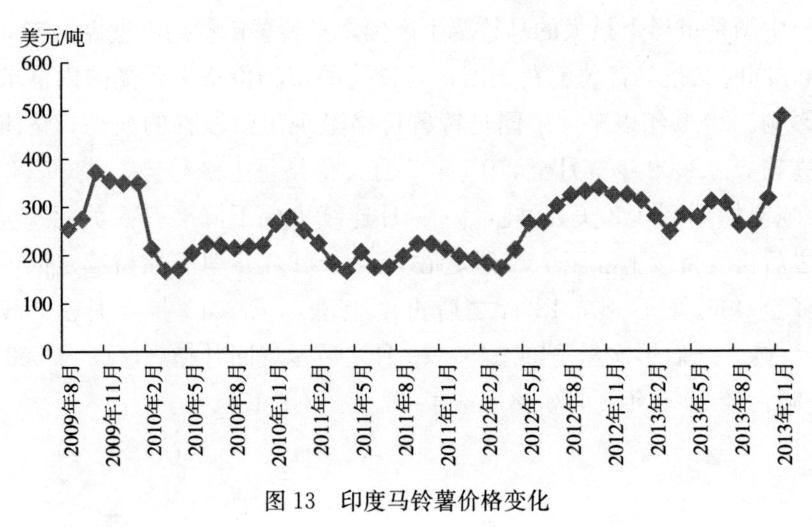

图 13　印度马铃薯价格变化

资料来源：FAOSTAT。

相比之下，俄罗斯马铃薯的价格波动频率较少，绝大部分时间较为平稳，整体变化不大。2009 年 8—10 月，马铃薯价格出现短暂下降，之后持续上涨，2011 年 3 月涨至 1 155.5 美元/吨的水平，并维持高位运行，6—10 月价格快速下降至 541 美元/吨；2011 年 11 月至 2013 年 4 月，价格保持在 510～650 美元/吨，5 月之后再次快速上涨至 960 美元/吨，之后又快速下降，目前降至 583 美元/吨，较 2009 年 8 月低约 23%（图 14)。

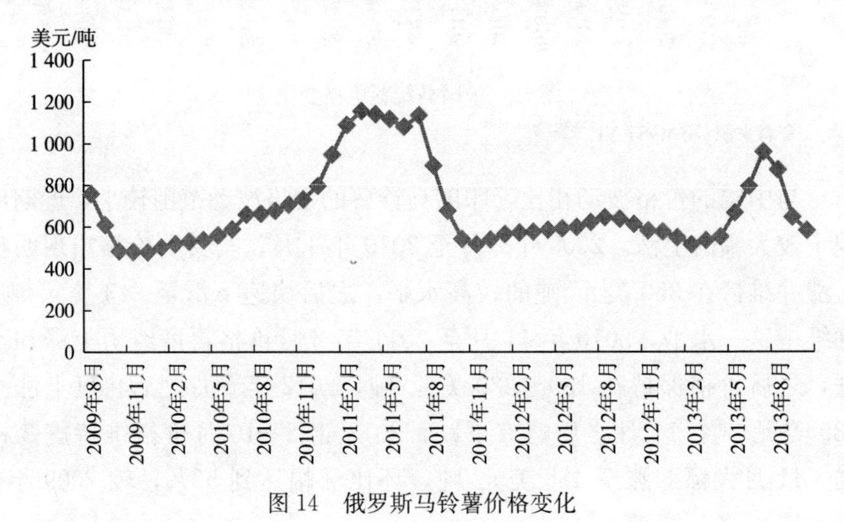

图 14　俄罗斯马铃薯价格变化

资料来源：FAOSTAT。

白俄罗斯的马铃薯价格整体呈现波动走高趋势，除个别时间外波动幅度较小。2009 年 1 月，白俄罗斯马铃薯价格为 112 美元/吨，逐步上涨至 2011 年 6 月的 443.5 美元/吨的高位，随后快速回落并保持在 200 美元/吨左右的水平，2012 年 6 月再度出现波动，12 月涨至 333 美元/吨，2013 年 6 月暴涨至 1 210 美元/吨，环比涨幅达到 2.2 倍，之后快速回落，但仍高于上涨前的价格水平，目前为 482 美元/吨，较 2009 年初上涨 3.3 倍（图 15）。

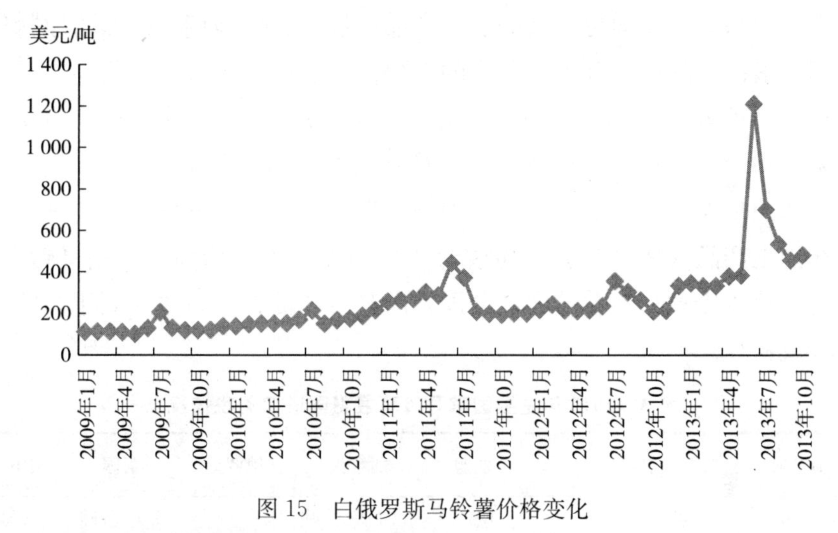

图 15　白俄罗斯马铃薯价格变化

资料来源：FAOSTAT。

（四）世界马铃薯贸易状况

1. 马铃薯贸易的一般政策

为了保护国内企业的生产免受进口商品的冲击，多数国家都对在国际市场上没有竞争力的本国产品或行业进行保护，不让外国商品无限制的进入本国。这些措施主要有两类：一是征收关税，包括从价税和从量税；二是采取各种非关税措施，具体可以分为两类，第一类是直接以限制进口为目的的措施，如欧盟原来实行的变动性差价关税、一些国家实行的指令性进口配额、禁止进口等，第二类是以其他目标为目的的措施，比如卫生检疫措施、技术标准措施等。就马铃薯贸易而言，一般采取的是关税形式是进口关税，用来保护国内马铃薯市场；而限制市场准入的其他政策包括卫生和植物检疫（SPS）措施和贸易技术壁垒。

大多数国家均对马铃薯及马铃薯产品征收进口关税，世贸组织商定的约束税率差异很大。马铃薯是典型的符合关税升级的农产品，即关税税率随马铃薯产品加工程度逐渐深化而不断提高，制成品的关税税率高于中间产品，中间产品的关税税率高于初级产品，进口国通过对加工产品征收高于原料的关税的办法来保护加工业。关税升级阻止了出口国将其出口的基本产品向更高值的加工产品扩展，并使他们继续作为原料供应国。根据国际海关理事会制定的编码协调制度，马铃薯的贸易主要涉及种用马铃薯，鲜或冷藏的马铃薯（种用除外），马铃薯细粉、粗粉及粉末，马铃薯粉片、颗粒及团粒，马铃薯淀粉等。从表3中可以看出，欧盟、加拿大、俄罗斯、美国和中国等世界主要马铃薯贸易国的马铃薯初级加工产品（如马铃薯细粉或粉片）的关税税率均高于种用马铃薯、鲜马铃薯或冷藏马铃薯，大部分国家的马铃薯淀粉进口关税高于马铃薯细粉或粉片。

表3　2012年主要国家马铃薯最惠国进口关税情况

税则号列	名称	欧盟	加拿大	俄罗斯	美国	中国
070110	种用马铃薯	4.5%	4.94美元/吨	0	5美元/吨	13%
070190	鲜或冷藏的马铃薯	10.1%	4.94美元/吨	0	5美元/吨	13%
110510	马铃薯细粉、粗粉及粉末	12.2%	10.5%	10%	17美元/吨	15%
110520	马铃薯粉片、颗粒及团粒	12.2%	8.5%	10%	13美元/吨	15%
110813	马铃薯淀粉	19.2%	10.5%	10%	5.6美元/吨	15%

注：俄罗斯统计的是2011年的关税税率。

资料来源：根据WTO关税统计数据整理。

此外，马铃薯出口国家还面临着发达国家的食品健康标准和技术规定带来的巨大障碍。日本、澳大利亚等国家都曾经采取过SPS措施。2009年1—8月，日本对中国多种蔬菜包括马铃薯及其加工品（限于简易加工）等食品实施监控或命令检查，马铃薯及其加工品检查项目为涕灭威亚砜。2008年6月25日，澳大利亚生物安全局发布SPS通报，由于在进口马铃薯种子中确定有引入马铃薯类病毒（PSTVd）的风险，将立即对澳大利亚进口的马铃薯种子实施紧急植物卫生措施。此外，欧盟地区对马铃薯、面包、饼干、可可食品和部分糖产品在征收正常进口关税时，不仅是以从价税作为主要征收进口关税的标准，还针对产品不同的成分含量（如淀粉、乳蛋白、蔗糖、无水乳脂肪）征收进口附加税，具体征税方法每年公布一次，这种征税方法对出口企业而言具有较大的风险。

2. 世界马铃薯贸易数量与结构

相对于产量而言，马铃薯的国际贸易量依然疲软，交易量仅为产量的3%左右。与小麦不同，马铃薯不是一种全球大宗商品，因此没有引起国际投机商的兴趣，另一方面也保证了低收入消费者仍然买得起马铃薯。但由于马铃薯的分量大、运输中易腐烂，进入全球贸易的步伐缓慢；易受病菌感染是妨碍马铃薯全球流通的又一劣势，如果农民使用清洁无病菌的种苗，马铃薯有望增产30%，无病菌的马铃薯更适合出口。

从理论上来讲，世界马铃薯的进口量应该等于出口量，但由于存在转口贸易以及统计上的误差，这两者往往存在一定差距。从统计的角度来看，进口国的进口统计数据要相对准确些，更加接近世界马铃薯的贸易真实情况，且考虑到数据的一致性，仍使用联合国粮农组织共用数据库关于贸易的统计数据。从贸易量来看，世界马铃薯贸易呈增加趋势，近几年增长幅度尤其明显。马铃薯贸易量从1961年的263.49万吨增加到2011年的1 224.34万吨，增长了3.65倍，年均递增3.12%，均快于同一时期世界马铃薯产量和消费量的年均增长速度。从贸易额来看，马铃薯贸易额也呈现增加趋势，且近期增长速度明显快于20世纪六七十年代。贸易额从1961年的1.63亿美元增长到2011年的49.36亿美元，增长了29倍之多。但马铃薯贸易量占世界总产量的比重依然很低，从1961年的0.97%上升到2011年的3.27%，50年间增长了2.3个百分点（图16）。

马铃薯的贸易集中度较高，西欧与北美发达国家占较大份额。纵观世界马铃薯贸易，一个重要特点是其贸易在重点区域的重点国家展开，再具体一点就是在西欧和北美的发达国家之间展开。从出口国来看，2011年西欧的5个主要贸易国家（法国、荷兰、德国、比利时、英国）

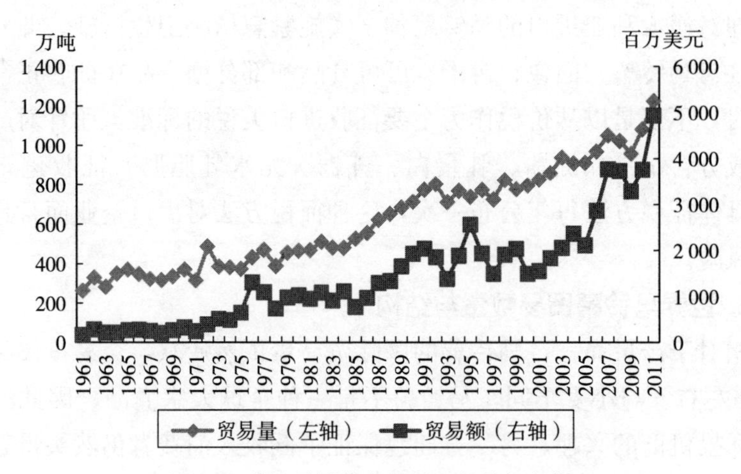

图 16　世界马铃薯贸易量和贸易额变化

资料来源：FAOSTAT。

北美的两个发达国家（美国和加拿大）连同亚洲的巴基斯坦、中国和非洲的埃及，前 10 个主要出口国的贸易量与贸易值分别占到世界马铃薯贸易的 76％和 70％，其中仅法国一国的贸易量就占到世界的 16％。主要出口国中，荷兰马铃薯的出口单价最高，达到 518.69 美元/吨，其次为英国，单价为 498.86 美元/吨，美国和中国出口价格也都在 450 美元/吨以上，埃及、加拿大和法国出口单价在 300 美元/吨以上，德国、巴基斯坦和比利时均为 200 多美元/吨，其中比利时的出口单价最低，仅为 204.04 美元/吨（表 4）。

表 4　2011 年前十个出口国马铃薯出口量、出口额及单价

国家	出口量（万吨）	出口额（亿美元）	出口单价（美元/吨）
法国	198.75	6.85	344.59
荷兰	194.24	10.07	518.69
德国	159.63	4.03	252.23
比利时	89.72	1.83	204.04
埃及	63.74	2.51	393.22
加拿大	61.41	2.29	373.68
美国	45.49	2.22	486.98

（续）

国家	出口量（万吨）	出口额（亿美元）	出口单价（美元/吨）
巴基斯坦	44.34	1.02	230.46
英国	38.46	1.92	498.86
中国	37.70	1.72	456.75

资料来源：FAOSTAT。

从进口国来看，主要贸易国家也都分布在西欧和北美地区。2011年，前十个进口国为俄罗斯、荷兰、比利时、西班牙、德国、意大利、美国、法国、葡萄牙和英国，进口量合计占世界马铃薯贸易量的比例达到62.96%，进口额占世界贸易额的56.45%。其中，俄罗斯为第一大进口国，马铃薯进口量占世界的比例达到12%，进口额的比例为15%。主要进口国中，英国的进口单价最高，为549美元/吨，其次为俄罗斯的497.12美元/吨，德国、葡萄牙和意大利的进口单价在410～430美元/吨，美国和西班牙的进口价格在390美元/吨以上，法国、比利时和荷兰的进口价格均在220美元/吨以上，其中荷兰的进口单价最低，仅为226.14美元/吨（表5）。

表5　2011年前十个进口国马铃薯进口量、进口额及单价

国家	进口量（万吨）	进口额（亿美元）	进口单价（美元/吨）
俄罗斯	146.62	7.29	497.12
荷兰	146.04	3.30	226.14
比利时	140.35	3.65	259.94
西班牙	66.25	2.61	394.33
德国	66.20	2.83	427.37
意大利	60.64	2.49	411.43
美国	49.15	1.95	396.15
法国	40.72	1.08	264.71
葡萄牙	28.11	1.20	426.35
英国	26.71	1.47	549.00

资料来源：FAOSTAT。

二、马铃薯在保障粮食安全中的作用

世界粮食市场价格表现出波动性、不确定性和风险性加剧的态势，严重威胁着世界粮食安全，特别是低收入国家的粮食安全。提到粮食安全，人们往往想到的是小米、玉米和大米，而马铃薯作为第四大粮食作物很少受到关注。事实上，马铃薯与其他粮食作物相比具有高产、耐旱、耐寒和耐贫瘠的优良品质，可以缓解资源压力；同时，马铃薯营养价值高，可以作为三大主粮的有效补充，是保证粮食安全的一个重要筹码，其重要作用体现在以下几个方面。

（一）对于低收入贫困人口而言，马铃薯是重要的食物来源和收入来源

粮食安全问题，说到底是低收入国家面临的问题，是低收入人群能不能买得到和能不能买得起粮食的问题。在许多发展中国家，最贫穷和最缺乏食物的农户将马铃薯作为食物和营养的主要或次要来源。中国西部一些贫困地区，曾经长期靠土豆渡过生活难关，“洋芋丰收半年粮，洋芋歉收心发慌”。孟加拉国倡导人民多吃土豆，用土豆代替稻米，以解决粮食不足。这些地区的家庭重视马铃薯，因为它能够产生大量的膳食热能并在其他作物可能歉收的情况下保证相对稳定的产量。马铃薯种植还是许多小规模生产者的一个重要收入来源，这也是确保粮食安全的基本条件（保证能够买得起粮食）。在许多发展中国家，城市人口和收入的增长以及膳食的多样化导致快餐、小吃和方便食品等各行业对马铃薯的需求不断增加。以农业为基础的经济体在结构上不断向城市化社会的转变为马铃薯生产者及其在价值链中的贸易和加工伙伴开辟了新的市场机会。

（二）在开放条件下，马铃薯能够有效缓解贸易不确定性给粮食安全带来的影响

对已减少的国际谷物和其他农产品供应的激烈竞争造成了全世界粮

食价格的暴涨，它可给低收入国家带来粮食短缺和社会动荡的风险。有助于降低风险的一项战略就是粮食生产多样化，生产不易受变幻无常的国际市场影响、营养丰富和用途多样的主粮作物。这种作物之一就是马铃薯。与大米、小麦和玉米不同，马铃薯不是一种全球交易的商品，其价格通常取决于当地的供求情况。粮农组织最近对70余个世界最脆弱国家开展的调查发现，马铃薯价格的涨幅远远低于谷物的涨幅。因此，马铃薯是一种应当大力推荐的粮食安全作物，它有助于保护低收入国家免受国际粮食价格上涨带来的危险。

（三）与其他粮食作物相比，马铃薯种植能够节约农业资源

根据马铃薯的种植条件，它非常适合那些土地有限而劳动力充裕的地方，而这种条件是大多数发展中国家的特点。与其他主要作物相比，马铃薯可以在土地更少、气候更恶劣、更干旱的条件下生产出更多富有营养的食物。马铃薯高度适应各种耕作制度。由于其生长周期较短，它非常适合与稻米进行双作，也适合与玉米和大豆进行间作。从贫瘠的安第斯高原到非洲和亚洲的热带低地，马铃薯可以在高达4300米的高度和不同的气候条件下生长。水资源匮乏是农业生产面临的重要瓶颈，面对城市和工业用户的激烈竞争，农业对水的需求从长远来看是不可持续的。因此，必须大幅提高农业单位用水量的产量。与任何其他主要作物相比，马铃薯在有效用水方面优势明显，每单位用水量生产的马铃薯比其他粮食更多。增加马铃薯在膳食中的比例将会减轻对水资源的压力。

（四）马铃薯营养丰富，在许多国家的膳食多样化方面发挥着作用

马铃薯是一种多用途、富含碳水化合物的食物，受到全世界的高度欢迎，而且其制作和食用方法多种多样。新鲜马铃薯含有大约80％的水分和20％的干物质。干物质的60％～80％为淀粉。按干重计算，马铃薯的蛋白含量与谷物的蛋白含量相同，但是比其他块根和块茎的蛋白含量要高得多。此外，马铃薯的脂肪含量较低，并且富含多种微量营养

素，特别是维生素 C。如果带皮食用，一个 150 克中等大小的马铃薯可提供一个成人每日需要量的近一半（100 毫克）。马铃薯是铁的来源，而其维生素 C 的高含量促进铁的吸收。它是维生素 B_1、维生素 B_3 和维生素 B_6 以及钾、磷和镁等矿物质的良好来源，而且含有叶酸、泛酸和核黄素。马铃薯还含有能够帮助预防老年疾病的膳食抗氧化剂以及有利于健康的膳食纤维。在许多发展中国家和特别是城市地区，收入的提高正在推动食品消费向热能含量更高的食品过渡。作为这种过渡的一部分，对马铃薯的需求日益增长。在南非，马铃薯的消费量在城市地区不断上升。在中国，收入的提高和城市化的推进导致对加工马铃薯的需求增加。因此，马铃薯已经在许多国家的膳食多样化方面发挥着作用。

三、中国马铃薯产业发展现状

（一）马铃薯生产总量特征分析

2007 年后马铃薯产量持续迅速增长。在 2000—2012 年的 13 年间，全国马铃薯总产量呈上升趋势，从 2000 年的 1 325.5 万吨增长至 2012 年的 1 855.25 万吨（已按 1：5 的比例折算为粮食），产量增幅约为 39.9%，平均每年增长 40.75 万吨。图 17 所示，全国马铃薯总产量的增长过程表现出明显的阶段性特征，这 13 年大致可以分为两个阶段：第一个阶段是 2000—2006 年，在这一期间，总产量是在小幅波动中缓慢上升的，从 2000 年的 1 325.5 万吨增至 2006 年的 1 487.1 万吨；第二个阶段是 2007—2012 年，这一阶段马铃薯总产量持续上升且增长较快，由 2007 年的 1 295.81 万吨增长至 2012 年的 1 855.25 万吨，增长了 43%。

产业政策刺激种植面积快速增长。全国马铃薯种植面积从 2000 年的 472.3 万公顷增加到 2012 年的 553.2 万公顷，是 2000 年的 1.17 倍，平均每年增加 6.2 万公顷。从总体上来看（图 18），马铃薯种植面积的波动与马铃薯总产量的波动具有一致性。2000—2006 年马铃薯种植面积在 450 万公顷至 500 万公顷波动徘徊，2007 年以后马铃薯种植面积持续快速上升。2007 年后马铃薯种植面积的快速增长与国家的产业政

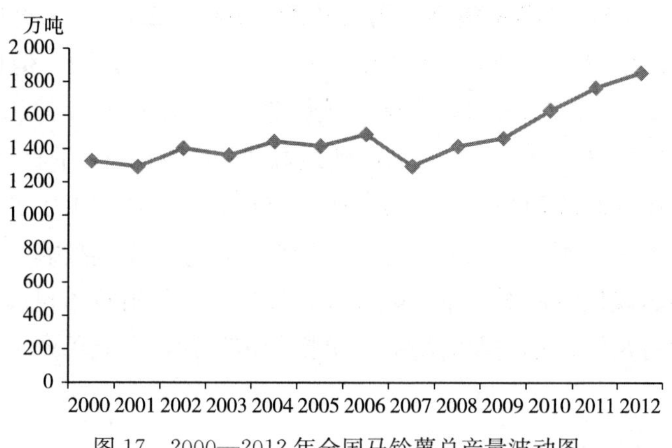

图 17　2000—2012 年全国马铃薯总产量波动图

策密切相关。2006 年出台了《农业部关于加快马铃薯产业发展意见》，2008 年将马铃薯纳入农产品优势区域布局规划，积极推进马铃薯生产逐步向优势产区集中，2009 年开始对马铃薯生产实施良种补贴。在这些马铃薯产业政策的扶持下，马铃薯种植面积不断扩大。

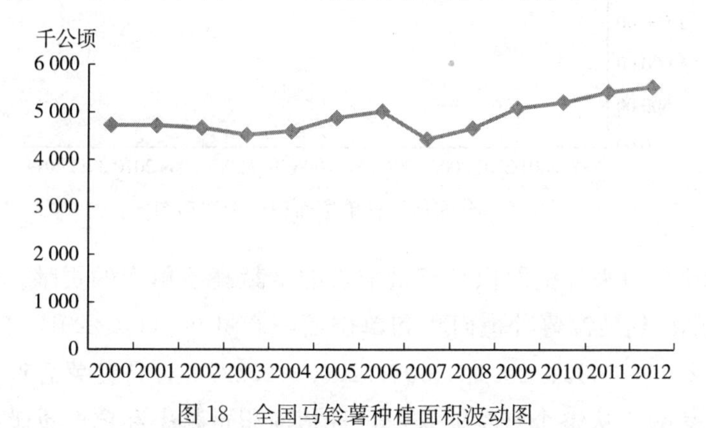

图 18　全国马铃薯种植面积波动图

马铃薯单产总体上不断提高但波动较大。2000—2012 年，全国马铃薯单位面积产量在总体上呈现出上升趋势，由 2000 年的 2 806.38 千克/公顷增长至 2012 年的 3 353.69 千克/公顷，增幅约为 19.5%。虽然马铃薯单产在总体上呈上升趋势，但单产水平很不稳定，大致可以分为三个阶段（图 19），第一阶段在 2000—2004 年，由 2000 年的 2 806.38 千克/公顷增至 2004 年的 3 141.71 千克/公顷，增幅为 11.9%，虽然在

2001 略有下降，但影响很小。第二阶段：2005—2009 年，可以看作单产持续下降阶段，在 2008 年回升至 3 035.51 千克/公顷，但单产水平依然低于 2004 年 3 141.71 千克/公顷。第三阶段：2009—2012 年，单产水平持续回升，并在 2011 年达到最高水平 3 475.46 千克/公顷。马铃薯单产年际间波动频繁与马铃薯生产特点关系密切。由于目前我国马铃薯脱毒种薯使用比例依旧较低，马铃薯生产容易受到疫病的影响，特别是马铃薯晚期疫病对产量影响较大，加之农户种植技术粗放，绝大部分农户没有足够的意识及时防病，更换种植品种，造成单产水平容易发生波动。

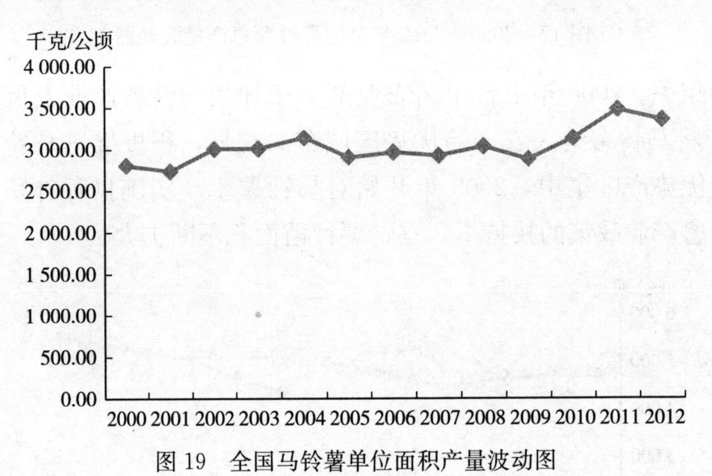

图 19 全国马铃薯单位面积产量波动图

2007 年以来种植面积对产量增长的贡献高于单产的贡献。经过测算，分别得到马铃薯种植面积和单位面积产量在 2000—2012 年以及 3 个时段 2000—2003、2004—2007、2008—2012 年对马铃薯总产量的贡献率（表 6）。从整个观察期来看，种植面积贡献率和单产贡献率相差不大，单产贡献率略高于种植面积贡献率。但分时段来看，二者之间还是有很大差别，在 2000—2003 年、2004—2007 年单产贡献率远远高于种植面积贡献率，这一时期，总产量的变化受单位面积产量变动的影响较大。2008—2012 年，种植面积变动对产量变动的影响要大于单产的变动，此时种植面积贡献率为 60%，单产贡献率为 40%，主要原因是这一时期种植面积快速增加，而单产的增速相对低于种植面积增速，并且单产逐年波动。但总体来看，近几年马铃薯单产对总产量的增长作用显著，这与这些年我国马铃薯育种业快速发展有着密切关系。

表6　不同时段单产和种植面积对马铃薯产量的贡献率

	2000—2012	2000—2003	2004—2007	2008—2012
种植面积（%）	42.8	－154.9	35.2	60.0
单产（%）	57.2	254.9	64.8	40.0

（二）马铃薯生产的区域特征

西北、西南和东北是马铃薯主要生产区域。马铃薯生产在长期的演变过程中逐步形成了一定的区域格局，基于各省份的马铃薯种植品种及条件，将马铃薯生产格局划分为四个不同的区域，即北方一作区（吉林、黑龙江、辽宁、内蒙古、甘肃、青海、宁夏、新疆、河北、山西、陕西）、西南混作区（重庆、四川、云南、贵州、西藏、湖北、湖南）、中原二作区（山东、浙江、河南、安徽、江西、江苏、北京、天津、上海）和南方冬作区（广东、广西、福建、海南）。其中，北方一作区和西南混作区产量占全国总产量的90%以上，是我国最主要的马铃薯生产区。中原二作区和南方冬作区所占比重很小。

西南地区产量和种植面积增长迅速。马铃薯生产呈现出不同的区域变化特征，北方一作区马铃薯种植面积和产量虽然在绝度量上保持绝对优势，但所占比重却有下降趋势。近年来，西南混作区马铃薯生产呈现出良好的发展势头，不仅种植面积和产量迅速增长并且在全国中的比重也不断上升。南方冬作区自2006年以来，马铃薯种植面积和产量也有小幅上升。中原二作区无论是种植面积还是产量所占比重都很小。从产量看，我国马铃薯总产量最高的区域是北方一作区，该区马铃薯产量占全国马铃薯总产量的46%～55%，产量由2000年的667.97万吨增加至2012年的891.07万吨，虽然该区生产总量在全国保持第一，但是该区产量占全国总产量的比重却呈现出下降的趋势；西南混作区马铃薯产量占全国马铃薯总产量的38%～48%，其该区增长较快，由2000年的507.17万吨增加至2012年的853.13万吨，产量增加了40.55%，并且该区产量占全国总产量的比重呈现上升态势；南方冬作区保持基本稳定，略有上升；中原二作区在2000—2005年间产量大幅下降，随后略有上升，但占全国总产量的比重很小，基本稳定在1.6%左右（表7）。从种植面积看，北方一作区在马铃薯种植面积上是四大区域之首，占全国马铃薯总播种面积的48%～57%，但该区播种面积增长缓慢，由2000年的2 656.65千公顷增加至2012年的2 671.73千公顷，并且播种面积占全国总播种面积的比重在近年来呈现出下降的趋势；西南混作区马铃薯播种面积增长很快，由2000年的1 735.83千公顷增加至2012年的2 602.75千公顷，增加49.94%；南方冬作区及中原二作区种植面积较小，并保持基本稳定，南方冬作区略有上升（表8）。

表7　四大区域马铃薯产量及所占比重

单位：万吨，%

年份	北方一作区		西南混作区		南方冬作区		中原二作区	
	产量	比重	产量	比重	产量	比重	产量	比重
2000	667.97	50.39	507.17	38.26	50.80	3.83	99.66	7.52
2001	611.00	47.32	532.42	41.23	48.35	3.74	99.54	7.71
2002	738.29	52.59	530.12	37.76	45.40	3.23	89.94	6.41
2003	754.20	55.38	557.92	40.97	45.41	3.33	4.36	0.32
2004	761.07	52.70	629.97	43.62	46.77	3.24	6.33	0.44
2005	703.30	49.62	660.11	46.57	48.74	3.44	5.24	0.37
2006	730.90	49.15	701.40	47.17	49.00	3.30	21.52	1.45
2007	658.49	50.82	592.44	45.72	37.62	2.90	23.43	1.81
2008	742.57	52.46	628.11	44.37	39.34	2.78	21.15	1.49
2009	686.18	46.85	705.10	48.14	49.52	3.38	23.80	1.63
2010	808.51	49.58	740.31	45.40	57.60	3.53	24.25	1.49
2011	889.69	50.38	785.57	44.49	66.81	3.78	23.75	1.34
2012	891.07	48.03	853.13	45.98	72.72	3.92	38.33	2.07

表 8 四大区域马铃薯种植面积及所占比重

单位：千公顷，%

年份	北方一作区		西南混作区		南方冬作区		中原一作区	
	种植面积	比重	种植面积	比重	种植面积	比重	种植面积	比重
2000	2 656.65	56.25	1 735.83	36.75	141.60	3.00	189.29	4.01
2001	2 560.06	54.25	1 821.99	38.61	133.63	2.83	203.11	4.30
2002	2 584.19	55.37	1 808.45	38.75	129.33	2.77	204.78	4.39
2003	2 524.77	55.83	1 860.24	41.14	128.03	2.83	215.42	4.76
2004	2 460.25	53.52	1 994.26	43.38	129.55	2.82	201.76	4.39
2005	2 469.61	50.61	2 263.73	46.39	135.13	2.77	186.03	3.81
2006	2 701.69	53.86	2 123.74	42.34	130.20	2.60	183.17	3.65
2007	2 498.05	56.39	1 823.23	41.15	97.07	2.19	185.06	4.18
2008	2 681.87	57.51	1 859.51	39.87	99.43	2.13	173.99	3.73
2009	2 624.81	51.66	2 264.82	44.58	125.05	2.46	66.13	1.30
2010	2 649.52	50.90	2 338.94	44.94	149.58	2.87	67.01	1.29
2011	2 758.96	50.87	2 422.55	44.66	170.04	3.13	72.46	1.34
2012	2 671.73	48.30	2 602.75	47.05	171.37	3.10	86.10	1.56

马铃薯生产区域集中度逐步提高。全国马铃薯生产区域集中趋势明显，主要集中在北方一作区和西南混作区，主要马铃薯生产省份内蒙古、贵州、甘肃、黑龙江、山西、云南、重庆、陕西、四川、湖北、宁夏、吉林种植面积和产量可占全国总种植面积的 80%左右，并有不断上升的趋势。从种植面积看，2000 年马铃薯种植面积前十大省份的总种植面积为 3 717.64 千公顷，占全国总种植面积的 78.17%。到 2007 年这一比例达到 85.17%，2012 年略有下降，但仍然保持在 83.25%的水平（表 9）。从总产量看，亦表现出同样的趋势。2000 年马铃薯产量前十大省份的总产量为 994.89 万吨，占全国总产量的 75.06%。到 2012 年，这一比例变为 81.14%（表 10）。

表 9　不同年份主要省份马铃薯种植面积

单位：千公顷

2000		2003		2007		2012	
省份	种植面积	省份	种植面积	省份	种植面积	省份	种植面积
内蒙古	646.4	内蒙古	530.56	甘肃	657.83	四川	746.67
贵州	477.5	贵州	519.4	内蒙古	613.25	甘肃	684.93
甘肃	417.12	甘肃	496.55	贵州	604.9	内蒙古	681.35
黑龙江	389.6	黑龙江	433	云南	443.37	贵州	676.27
山西	321.89	云南	419.8	重庆	306.85	云南	516.73
云南	316.9	山西	312.71	四川	278.81	重庆	350.17
重庆	308.8	四川	294.34	陕西	257.84	陕西	267
陕西	304.6	重庆	289.92	黑龙江	212.27	黑龙江	245.45
四川	303.57	陕西	240	宁夏	200.67	湖北	221.03
湖北	231.26	湖北	227.07	山西	197.69	宁夏	215.7
总计	3 717.64		3 763.35		3 773.48		4 605.3
占全国百分比（%）	78.17		83.21		85.17		83.25

表 10　不同年份主要省份马铃薯总产量

单位：万吨

2000		2003		2007		2012	
省份	产量	省份	产量	省份	产量	省份	产量
内蒙古	183.4	内蒙古	173.07	甘肃	206.64	四川	275
贵州	124.6	甘肃	150.06	贵州	152.73	甘肃	239.5
云南	107.3	云南	139.39	内蒙古	149.11	内蒙古	184.73
甘肃	104.99	贵州	135.5	四川	146.7	贵州	179.74
四川	92.2	四川	105.09	云南	136.99	云南	175
重庆	83.1	黑龙江	103.6	重庆	90	黑龙江	134.03
黑龙江	80.9	山西	79.26	陕西	56.84	重庆	118.27
山东	75.89	重庆	74.04	黑龙江	48.11	湖北	68.49
陕西	72.1	湖北	68.89	宁夏	41.4	陕西	66.7
山西	70.41	陕西	56.3	山西	39.33	吉林	63.89

（续）

2000		2003		2007		2012	
省份	产量	省份	产量	省份	产量	省份	产量
总计	994.89		1 085.2		1067.85		1 505.35
占全国百分比（%）	75.06		79.68		82.41		81.14

北方一作区单产增速最快但仍低于全国平均水平。由图 20 可以看见，除中原二作区外，各个区域的单位面积产量都有小幅上升，各区域的单产水平都不是很稳定，波动较大。中原二作区、南方冬作区单产水平一直以来都高于全国平均水平，北方一作区单产水平则在大部分时间都低于全国平均水平。但我们可以看到北方一作区单产水平增幅还是很大，2000—2012 年增长了 30%，西南混作区增长了 12%，南方冬作区增长 18%。

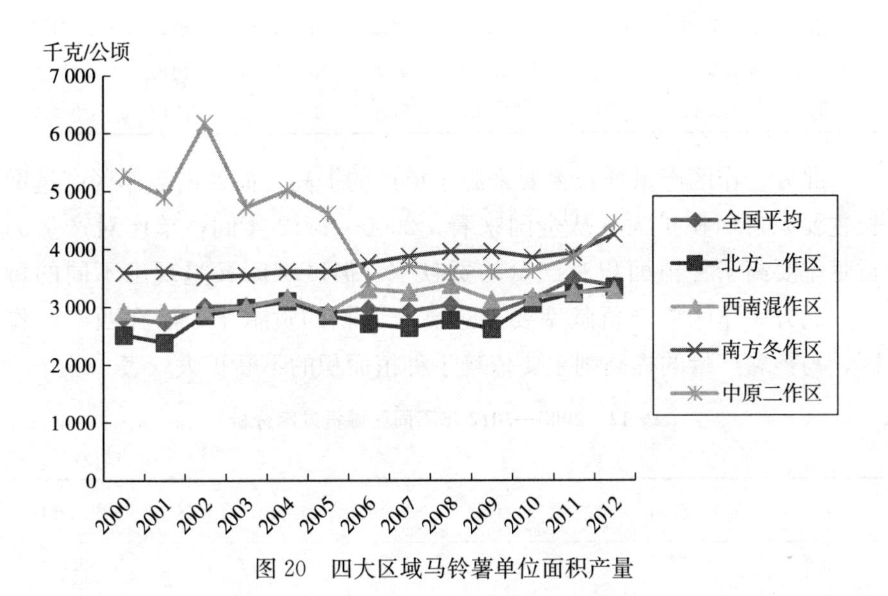

图 20　四大区域马铃薯单位面积产量

马铃薯单位面积产量波动频繁且区域间差异较大。马铃薯主产区单产水平不高，甚至低于全国平均水平，非主产区单产水平却远远高于全国平均水平。分省份来看，马铃薯种植面积和产量省份分布的相对一致，但单产排序出现很大的变动。单位面积产量较高的省份并不是传统意义上的生产大省，如内蒙古、甘肃、黑龙江这些种植面积和总产量都很高的省份，其单位面积产量并不高。而新疆、西藏、广东这些种植面积和产量并不高的省份单位面积产量却很高（表11）。

表11　不同时间主要省份马铃薯单位面积产量

单位：千克/公顷

2000		2003		2007		2012	
省份	单产	省份	单产	省份	单产	省份	单产
山东	6 601.60	西藏	7 200.00	西藏	8 064.52	吉林	8 361.48
新疆	5 062.17	新疆	6 378.62	安徽	6 281.11	西藏	5 753.42
西藏	5 000	吉林	5 779.93	新疆	6 114.63	江西	5 564.52
广东	4 113.21	安徽	4 728.73	辽宁	5 980.59	黑龙江	5 460.48
安徽	4 054.05	青海	4 292.24	江西	5 780.36	广东	5 024.34
吉林	3 897.57	辽宁	4 276.46	四川	5 261.65	辽宁	4 993.17
辽宁	3 821.29	广东	4 005.00	广东	4 351.10	安徽	4 764.33
云南	3 385.93	四川	3 570.30	青海	4 041.65	新疆	4 574.75
福建	3 273.14	云南	3 320.39	湖南	3 959.54	海南	4 411.90
青海	3 225.11	福建	3 318.51	福建	3 591.21	广西	4 093.75

北方一作区产量增长主要来源于单产的提高，而西南混作区产量增长主要源自面积扩大。从全国来看，2000—2012年间，单产对产量的贡献率要高于种植面积对产量的贡献率，但区域间又呈现出不同的特点，北方一作区单产贡献率要远远高于面积的贡献率。而在西南混作区，马铃薯产量的提高则主要依赖于种植面积的不断扩大（表12）。

表12　2000—2012年不同区域贡献率分析

单位：%

	全国	北方一作区	西南混作区	南方冬作区	中原二作区
面积	42.8	1.7	73.2	48.7	88.6
单产	57.2	98.3	26.8	51.3	11.4

（三）马铃薯生产存在的问题

目前，中国马铃薯生产存在四个方面的主要问题。

第一，生产条件恶劣，种植方式粗放。目前中国马铃薯主产区超过六成为山区坡地，土壤贫瘠，农田基础设施差，生产条件恶劣，不利于生产规模的扩大和新技术的使用。同时，由于农民知识文化水平和生产方式的制约，马铃薯栽培管理粗放，影响产出水平。过度利用水资源以及过度施用化肥农药，引起土壤问题和生态环境问题。

第二，种植技术落后，新技术推广受限。目前中国大范围的马铃薯生产中，新品种推广应用速度慢，尤其是脱毒种薯的供应和普及程度不足。生产上缺乏适用的优质高产生产技术，种植者缺乏有效的技术培训，新技术也难以得到推广。近年来自然灾害和病虫害频繁发生，农民的防控能力较差。

第三，机械化水平低，生产效率差。目前中国马铃薯生产中机械化程度总体水平不超过10%。根据2011年的数据，全国机种机收水平分别是19.6%和17.7%，而国际先进水平已经达到70%。由于产区60%以上是山区坡地，机械作业困难。不同地区的种植模式多样，农机农艺融合难度较大。相关的机械装备研发滞后，耐用且适用生产实际的中小型机械缺乏，而大型机械也主要依赖进口，价格高企。

第四，产后处理粗糙，贮藏损失大。鲜薯产后清选、分级、预贮等技术几乎空白，收获后处理技术粗糙，导致鲜薯的商品性差、附加值低。总体贮藏能力不足，贮藏设施简陋，管理技术水平低，在西南马铃薯主产区尤其严重。

（四）马铃薯消费特征分析

1. 消费形式

国内马铃薯按消费形式大致可分三种：一是马铃薯的鲜薯消费，主要是通过市场，包括超级市场和蔬菜店等渠道出售，以“活薯”的形式作为蔬菜食用。二是加工品消费，主要在加工厂大量烹调加工，以“制品”的形式作为加工产品出现，主要用于制作薯片、油炸马铃薯及沙拉等快餐点心；另外也通过在工厂进行块茎处理生产出马铃薯淀粉，以“袋装粉”形式的淀粉原料作为食品工业和其他工业原料。三是马铃薯的非食用消费，主要为种薯消费。北方一作区是中国马铃薯的主产区，北方一作区仅有10%～20%的地区适宜留种，而大部分地区均需每3～5年更换一次种薯以解决马铃薯退化问题。中原二作区是中国重要的马铃薯产区，但该区域马铃薯易感染病毒，退化较快。据统计，该区域每年种薯消费量为5万～10万吨。而中国南方地区由于处于低纬度低海拔地区，马铃薯病毒毒源多、病害严重，不适合留种，每年需从北方购买种薯10万吨以上。

2. 消费特点

一是种薯市场缺口大。中国马铃薯单产水平一直低于世界平均水平，其中一个主要的原因是种薯质量问题。提高种薯质量的关键是脱除引起品种退化的马铃薯病毒，而中国现有脱毒种薯推广面积不到20%，国家规划2015年脱毒种薯应用面积占种植面积的50%以上，缺口超过800万吨。种薯产业成为提高单产、增加种植业效益的瓶颈，具有巨大的市场需求。

二是加工产品需求量大。虽然中国目前马铃薯的主要加工产品是淀粉，但仍然用作中间产品，用途最为广泛的工业用产品如变性淀粉仍主要靠进口。因为马铃薯淀粉具有其他淀粉不能代替的独特品质和功能，如颗粒比其他的淀粉大，具有高黏性；支链淀粉的分子量高，具有优良成膜能力；含有天然磷酸基团，稳定性好；蛋白含量低，口味温和，无刺激，是食品添加剂的最佳选择。所以，马铃薯淀粉及其衍生产品被广泛用于食品、医药、纺织、造纸、铸造、石油钻井、建筑涂料等行业，这些终端产品的年需求量在100万吨左右。马铃薯一些品种具有丰富的花青素含量，天然花青素具有优良的抗氧化和保健功能，是食品色素、保健产品、日用化工的高端原料，以马铃薯为原料的花青素化工产业近年也开始兴起，国内外均具有较大的市场空间。中国具有独特的饮食文化，符合国内消费的马铃薯食品加工产品市场需求巨大，如粉丝、粉条、方便面、地方风味食品等，这些产品的研制与开发，将有效提升中国马铃薯加工比例。

三是专用薯供不应求。专用薯指专门种植的用于鲜食以外用途的马铃薯，包括各类加工用的原料薯，如淀粉加工、薯条加工、薯片加工、全粉加工、色素提取等。中国现有马铃薯淀粉加工能力超过100

万吨，实际产量30万吨；现有薯条、薯片等油炸制品的加工能力近10万吨，实际产量4万吨；现有全粉加工产能6万吨，实际产量2万吨。加工产业一直面临市场供不应求而却不能实现产能的问题，一个直接原因是原料供应缺乏。随着加工产业的发展，专用薯的需求还会进一步扩大。

3. 主要消费市场

根据马铃薯优势区域布局规划（2008—2015年），中国马铃薯市场分布按区域划分主要有五大优势市场：东北市场、华北市场、西北市场、西南市场及南方市场。

作为优势市场之一的东北市场由于与蒙古、俄罗斯和朝鲜等需求量较大的国家相接壤。由于该区域是鲜食用薯、淀粉加工薯和马铃薯种薯的生产优势区域，市场区位优势比较明显，东北市场包括内蒙古东部、黑龙江省和吉林省以及辽宁的西北部，马铃薯除用作蔬菜消费、食品和淀粉加工以外，部分马铃薯产品也是华东、中原、华南等地的主要调运产品，马铃薯产品是东北市场出口至朝鲜、蒙古等周边国家和地区的主要农产品。

华北市场也是中国鲜食用薯生产、加工用薯和种薯的优势产区，主要包括山东西南部、河北北部、内蒙古中西部和山西中北部，此区域马铃薯作为加工原料薯、薯片薯条、鲜薯和种薯被大量调运和出口至华南、华中、中原、西南及东南亚地区。

西北市场包括甘肃、宁夏、陕西西北部和青海东部。该区域是鲜食用薯、淀粉加工用薯和种薯的优势生产区域。马铃薯在西北地区的产业比较优势突出，属于当地的主要农作物，该区域的马铃薯主要被作为蔬菜、粮食、种薯和淀粉加工消费外，也作为鲜薯被大量调运至华东、华南和中原地区市场。

西南市场是鲜食、加工用和种用马铃薯的优势区域，目前已形成周年生产、周年供应的产销格局，主要包括湖南、湖北的西部山区和重庆、四川、贵州、云南及陕西安康。

南方市场由湖南、湖北中东部和福建、广西及广东地区构成，该区的马铃薯主要是菜用消费及鲜薯出口，鲜薯出口比例高，是中国马铃薯出口东盟的主要市场。

（五）马铃薯贸易特征分析

中国马铃薯进出口产品主要有八个大类，分别是：种用马铃薯，鲜或冷藏的马铃薯，冷冻马铃薯，马铃薯细粉及粗粉、粉末，马铃薯粉片、颗粒及团粒，马铃薯淀粉，非醋方法制作或保藏的冷冻马铃薯，非醋方法制作或保藏的未冷冻马铃薯。其中，鲜或冷藏的马铃薯自2005年以后基本不再进口，仅在2011年有少量进口。

1. 马铃薯进口

2012年，中国马铃薯及制品进口总额为19 082万美元，出口总额为18 678万美元，逆差404万美元。出口以鲜或冷藏的马铃薯为主，进口以非醋方法制作或保藏的冷冻马铃薯为主。进口量前十的国家分别是美国、荷兰、德国、比利时、加拿大、埃及、丹麦、法国、朝鲜和波兰，进口额分别是12 541.9万美元、1 794.2万美元、1 701.1万美元、992.5万美元、706.5万美元、423.4万美元、291.4万美元、249.1万美元、81.5万美元和64.6万美元。

从进口结构来看，非醋方法制作或保藏的冷冻马铃薯进口额最大，为14 810.61万美元，占总进口额的77.6%；马铃薯淀粉进口额居次，为2 889.41万美元，占总进口额的15.1%；第三是马铃薯细粉及粗粉、粉末，进口额820.40万美元，占总进口额的4.3%。前三大进口品种占当年马铃薯及制品进口总额的97.1%。与2011年相比，前三大进口品种未发生变化。

非醋方法制作或保藏的冷冻马铃薯进口额中，美国为11 822.57万美元，占比79.8%；比利时为823.06万美元，占比5.6%；加拿大为705.98万美元，占比4.8%。马铃薯淀粉进口额中，德国为1520.40万美元，占比52.6%；荷兰为874.32万美元，占比30.3%；丹麦为176.03万美元，占比6.1%。马铃薯细粉及粗粉、粉末的进口额中，美国为610.64万美元，占比74.4%；荷兰为119.52万美元，占比14.6%；丹麦为78.40万美元，占比9.6%（表13）。

表 13　2012 年中国马铃薯进口情况

单位：万美元

产品级别	非醋冷冻马铃薯		马铃薯淀粉		马铃薯细粉等	
	国别	金额	国别	金额	国别	金额
一	美国	11 822.57	德国	1 520.40	美国	610.64
二	比利时	823.06	荷兰	874.32	荷兰	119.52
三	加拿大	705.98	丹麦	176.03	丹麦	78.40

此外，冷冻马铃薯的进口主要来源于美国，马铃薯粉片、颗粒及团粒的进口主要源自荷兰，非醋方法制作或保藏的未冷冻马铃薯的进口主要源自马来西亚、德国和美国，鲜或冷藏的马铃薯以及种用马铃薯基本没有进口。

2. 马铃薯出口

2012 年，中国马铃薯及其制品出口量和出口额双双出现下滑。2012 年全年中国共出口马铃薯及其制品共 394 352.1 吨，出口额 18 678.0万美元（表 14）。

表 14　2012 年中国马铃薯出口情况

	2012	较上年减	环比减
出口量（吨）	394 352.1	19 258.5	4.7%
出口额（万美元）	18 678.0	3 781.4	16.8%

从出口国别看，出口额前十位的国家和地区分别是马来西亚、越南、日本、俄罗斯、泰国、阿联酋、新加坡、中国香港、印度尼西亚和斯里兰卡，出口额分别是 4 104.1 万美元、3 728.8 万美元、3 719.1 万美元、1 981.4 万美元、1045.3 万美元、727.1 万美元、640.8 万美元、425.1 万美元、356.6 万美元。

从出口结构来看，2012 年中国马铃薯及制品出口额排在前三位的产品是鲜或冷藏马铃薯、非醋方法制作或保藏的冷冻马铃薯、非醋方法制作或保藏的未冷冻马铃薯。鲜或冷藏马铃薯出口额最大，为 13 122.69万美元，占出口额的 70.3%；其次是非醋方法制作或保藏的冷冻马铃薯，出口额为 2 191.27 万美元，占出口额的 11.7%；第三是非醋方法制作或保藏的未冷冻马铃薯，出口额为1135.51万美元，占出口额的6.1%。前三大出口品种占当年马铃薯及制品出口总额的88.1%。与2011年相比，由于非醋方法制作或保藏的未冷冻马铃薯出口量激增，其最终取代了马铃薯淀粉成为第三大出口产品。

3. 马铃薯贸易发展趋势

总体而言，中国马铃薯的贸易正处于快速发展阶段，马铃薯产业呈现较强劲的发展势头，产业不断发展壮大。然而，由于国内缺乏较好的加工薯种，马铃薯贸易仍主要以初级加工品为主，产业附加值较低，马铃薯产品国际竞争力较弱，马铃薯产品的出口结构亟须升级。从马铃薯贸易现状和特征来看，中国马铃薯贸易将呈以下发展趋势：

第一，马铃薯产品出口继续增长，但马铃薯加工品仍比较有限。中国是马铃薯生产大国，伴随着中国马铃薯单产水平的提高，国内生产将满足马铃薯初级产品消费需求，更多初级产品将用于出口。中国马铃薯初级产品出口以主产区和从事对外贸易地理位置较优越的省份为主，如云南、山东、黑龙江、广东、天津、浙江、江苏、海南等省份。马铃薯加工品出口主要省份以马铃薯的主产区为主，如内蒙古、甘肃、新疆、辽宁、上海、山东、浙江、黑龙江、安徽等省份。充足的国内供给是马铃薯出口的主要推动力量。马铃薯主产区的产业集聚使得中国马铃薯生产已开始具备规模效应，马铃薯成本不断下降，有利于发挥中国马铃薯的价格优势。

第二，马铃薯加工品进口将进一步加大。随着国内对马铃薯产业的支持，马铃薯食品企业发展较快。中国是马铃薯淀粉潜在消费大国，但从国内马铃薯食品生产情况而言，需求仍难以满足，企业产能进一步加大的可能性较大，这将进一步促进马铃薯淀粉、马铃薯全粉的需求，依靠国外市场弥补国内需求的趋势仍将持续。

第三，马铃薯加工产品的进口对象仍主要集中在北美及欧盟地区，初级产品将扩散到亚太地区。欧盟及北美地区马铃薯产业相当成熟，马铃薯产品已标准化、规范化生产，其产品具有价格比较优势。因此，从其进口贸易格局看，国内对马铃薯加工品的进口需求将仍集中在北美及欧盟地区，但自2006年马铃薯淀粉反倾销案后，马铃薯淀粉进口有减慢趋势。从国内对马铃薯的需求来看，初级产品有进一步增加的可能，而亚太地区是世界马铃薯主要生产区域，因此，从区位环境来看，中国马铃薯初级产品的进口来源地仍将以东盟国家为主，但伴随着马铃薯产业的发展，其进口对象将扩散至亚太地区。

第四，马铃薯产品出口对象仍以周边国家为主，初级产品将逐步流向欧美国家。随着东盟自由贸易区的形成，中国将进一步加强与东盟国家的合作。随着国内马铃薯加工业的发展及国内对马铃薯产业的支持，马铃薯加工品品质将进一步提高，产品竞争力将得到增强，其出口也将逐步流向欧美等发达国家。

四、马铃薯在解决我国粮食安全问题上的潜力

我国是马铃薯生产大国，在目前粮食安全面对新挑战的情况下，进一步挖掘马铃薯在解决粮食安全危机方面的潜能，充分发挥马铃薯在产能、资源利用效率、经济效益、对谷物粮食的替代等方面的潜力，促进我国马铃薯产业全方位进一步提升，将对保障我国粮食安全做出更大的贡献。

（一）增加产能潜力

1. 单产水平提升空间大

提高单产水平和种植面积是增加作物产能的直接手段，目前我国水稻、小麦和玉米三大主粮靠这两个手段来实现增收的潜力十分有限，而马铃薯在这两个方面还有较大的发挥空间。从单产来看，我国三大主粮的平均单产已远远超过世界平均水平，相比之下，2012 年马铃薯的单产水平为 15.8 吨/公顷，世界排名为 94 位，为世界平均水平的 83.2%，和欧美马铃薯发达国家的差距就更大。全国 8 000 多万亩马铃薯种植面积中，有 7 000 万亩长期处于低产状态，潜在产能没能释放。马铃薯生产在种薯选育和生产方式上都有较大的改进空间。据中国农科院专家测算，如果大面积采用优新品种和先进栽培技术，我国马铃薯的单产水平可以提高一倍以上。目前我国东北、西北等地区马铃薯高产示范田平均亩产 2.5 吨到 3 吨比较普遍，最高产量则超过 5 吨。这说明在采用优良

品种和高产栽培技术的条件下，我国马铃薯单产提高有很大潜力。如我国目前马铃薯单产增加10%，全年即可增加马铃薯产量800万吨，按目前5∶1的折粮比，相当于400万人一天的粮食消耗量（按年人均消耗400千克粮食估算）。

表15　2012年三大主粮与马铃薯单产及世界排名

单位：吨/公顷

	中国	世界	中国/世界	排名
稻米	6.74	4.41	1.53倍	11
小麦	5.00	3.11	1.60倍	22
玉米	5.96	4.92	1.21倍	40
马铃薯	15.82	19.00	0.83倍	94

资料来源：FAO。

2. 种植面积增长空间大

我国南方耕地面积2066万公顷，晚稻收获后有大量冬闲田。原来冬闲田只有少部分种植了冬季蔬菜、油菜和绿肥，大部分闲置。21世纪初期我国南方广东、广西、福建等省开始发展冬闲田种植马铃薯，取得良好经济效益，冬种马铃薯发展很快。以广西为例，2000年马铃薯种植面积只有20万亩，自开发马铃薯冬种技术后，面积迅速增长，2010年马铃薯种植面积达100万亩，均亩产1 500千克。仅广西全区有1 000万亩冬闲田，发展的潜力依然很大。据统计，全国南方目前仍有冬闲田700万公顷左右，如其中一半用来发展冬种植马铃薯，则年产量约可增加7 000多万吨（1 500千克/亩），约相当于2亿人一天的粮食消耗量。

（二）资源利用潜力

1. 土地利用效率高

我国马铃薯是西北、东北、西南等土地贫瘠、干旱地区的主要作物。在这些地方往往不能生产其他作物。在干旱恶劣条件下，其他作物往往绝收，而马铃薯仍然可以有收成，因此也成为重要的温饱作物。马铃薯高土地利用率还体现在高度适应各种耕作制度。由于生长周期较短（在100天内便可获得高产量）、适应性广，它非常适合与稻米进行双作，也适合与玉米和大豆进行间作，可以在不与谷物粮食争地的情况下，提高土地的使用效率。

2. 水资源利用效率高

与小麦、水稻和玉米相比，马铃薯生产对水的利用更有效率。我国现有的耕地面积中有60%以上为旱地，后备耕地资源也多分布在干旱少雨的地区。马铃薯可以较其他作物生产出更多富有营养的食物。据统计，耕作使用1立方米的水，马铃薯可生产5 600卡路里膳食能量，而玉米为3 860卡路里，小麦为2 300卡路里，大米仅为2 000卡路里。使用同样数量的水，马铃薯可产出蛋白质150克，是小麦和玉米的两倍；产出钙540毫克，是小麦的两倍，大米的四倍。如果遇到干旱年份（以丰水年产量为100%），谷子和小麦的产量约为55%，而马铃薯可以达到70%以上。发展马铃薯生产将有利于在保证膳食营养的前提下减轻对水资源的压力。

（三）经济效益潜力

1. 种植比较收益高

从种植的成本收益来看，2008—2012五年间，三大主粮的亩均纯收益从186.39元降到了168.4元，下降了10%，亩均纯收益率从24.9%降到了15.2%。同期，马铃薯的亩均纯收益从787.48元上升到了987.05元，增长了25.3%，除2011年外，亩均纯收益率均超过40%（表16）。

表16　三大主粮与马铃薯每亩成本收益变化情况

单位：元

	2008		2009		2010		2011		2012	
	三大主粮	马铃薯	三大主粮	马铃薯	三大主粮	马铃薯	三大主粮	马铃薯	三大主粮	马铃薯
产值合计	748.81	1 798.26	792.76	1 542.43	899.84	1 581.31	1 041.92	1 338.3	1 104.82	2 403.53
总成本	562.42	1 010.78	600.41	847.97	672.67	935.64	791.16	1 085.11	936.42	1 416.48
收益	186.39	787.48	192.35	694.46	227.17	645.67	250.76	252.89	168.4	987.05
收益率（%）	24.3	43.8	24.3	45.0	25.2	40.8	19.7	18.9	15.2	41.1

资料来源：《全国农产品收益资料汇编》。

2. 加工产品附加值高

马铃薯加工产品及衍生品众多，既有淀粉、粉条、变性淀粉、全粉，也包括薯片、薯条、薯粉、薯干等方便食品，加工产品附加值很高。初步估算，若把马铃薯加工成普通淀粉可增值2倍，加工成冷冻薯、薯泥、薯片、薯类膨化食品等可升值10倍以上。此外，马铃薯是一种浪费率较低的作物，除块茎外，茎叶也可作青贮饲料，而且加工后产生的粉渣、粉液内含有较多的蛋白质，可以提取作饲料或肥料。马铃薯加工蕴藏巨大开发空间，可以吸收更多的主体参与并创造更多的收益。但比起世界上其他马铃薯大国，我国的马铃薯加工有很大的增长空间。世界上荷兰、比利时、美国、加拿大等马铃薯加工比例均在50%以上，而我国目前加工比例为8%左右，略高于世界平均水平的4%，进一步提高加工品比率，从而提高马铃薯行业产品附加值有很大潜力。

表17　马铃薯与小麦、水稻和玉米主要营养成分比较（100克）

成分	马铃薯（鲜块茎）	小麦	稻谷	玉米（鲜）
能量（千卡）	76	317	346	106
可食用部分	94	100	100	75
碳水化合物	17.2	75.2	77.9	22.8
蛋白质	2	11.9	7.4	4
脂肪	0.2	1.3	0.8	1.2
膳食纤维	0.7	10.8	0.7	2.9
维生素A（毫克）	5	0	0	0
维生素C（毫克）	27	0	0	16
维生素E（毫克）	0.34	1.82	0.46	0.46

（四）谷物替代潜力

马铃薯在我国粮菜兼用，在欧美许多地区则是餐桌上的主食，素有第二面包之称。相对于小麦、水稻和玉米，马铃薯营养成分更全面。马铃薯富含淀粉、蛋白质、维生素C、维生素A、维生素B和磷、钾、铁等矿物元素，含有18种氨基酸，其中包括人体自身不能合成的8种氨基酸。根据其营养成分，148克马铃薯（一个中等大小的马铃薯）就能满足一般人体每天对维生素、矿物质等营养需求。每天只食用马铃薯和牛奶即能满足人体对营养和能量的全部需求（表17）。

（五）出口增长潜力

1. 马铃薯国际贸易相对平稳

马铃薯的国际贸易量不大，全球交易量仅为产量的3%左右。与小麦和玉米等谷物不同，马铃薯不是一种全球大宗商品，因此没有引起国际投机商的兴趣。2008年全球爆发粮食危机，粮价飞涨，发展中国家首当其冲，价格的暴涨带来了粮食短缺和社会动荡。与水稻、小麦和玉米相比，马铃薯等块茎作物的价格涨幅远低于谷物。因此可以选择马铃薯贸易作为降低国际市场风险的一个重要手段，尤其对膳食结构多样化程度低和高度依赖谷物进口的国家有重要意义。马铃薯价格的相对稳定也保证了低收入消费者仍然能够消费马铃薯。

2. 出口提升空间大

作为世界上最大的马铃薯生产国，我国可以通过发展马铃薯贸易为世界粮食安全贡献应有的大国力量。目前国际马铃薯贸易主要集中在北美和西欧。荷兰、美国等每年马铃薯出口额达10亿美元以上，产品主要是冷冻马铃薯和鲜薯。我国虽为世界第一马铃薯生产国，但出口比例很低。2010年我国马铃薯出口额仅1.4亿美元。我国周边国家和地区，如俄罗斯、日本和东盟均为马铃薯主要市场。由于存在地缘优势，我国马铃薯无论鲜薯还是加工产品在出口成本方面均有很大优势。近年来的数据也表明我国马铃薯出口呈现增长趋势。在2008年农产品出口总体下降的背景下，鲜、冷非种用马铃薯仍然保持了出口增长。由于在国际贸易中加工产品是发展的主流，特别是对冷冻马铃薯产品和脱水马铃薯的需求增长迅速，因此我国马铃薯产业要充分考虑国际需求，在贸易品种和区域上进一步拓展，全球马铃薯贸易方面发挥更大的作用，对保障全球粮食安全做出更大的贡献。

五、我国马铃薯产业发展建议

综合上述分析，要充分发挥马铃薯对粮食安全的重要作用，建议从以下几个方面制定产业政策，促进马铃薯产业健康发展。

首先是政府发挥政策支持优势，着力推进优势马铃薯布局区域化。结合自然禀赋、种植规模、产业基础及区位优势等因素，进一步优化马铃薯生产布局，建立东北、华北、西北、西南及南方五大马铃薯优势产区，明确产业定位，充分发挥比较优势，大力推进马铃薯产业发展和升级。同时，建立健全中国种薯生产和质量控制体系，积极推进马铃薯产业发展的规范化。

其次是科研单位和推广部门着力推进良种化，实现马铃薯产业的科技化。通过加强马铃薯品种改良、种薯繁育及质量控制等关键环节的技术创新与管理，根据不同生态区域特点，加强优质专用马铃薯品种选育，加快脱毒种薯繁育和推广步伐，使优质专用种薯在适宜的优势区域大范围得到推广和应用。在种植环节，在各个优势产区坚持因地制宜、分类指导，大力推广马铃薯标准化种植技术，全面提高马铃薯生产水平。在加工环节，通过建立健全符合市场需要的马铃薯加工产品标准，提高加工产品质量和市场竞争力。

第三是着力提高产业组织化程度，完善市场信息体系。充分发挥龙头企业带动作用，鼓励企业建立马铃薯专用生产基地，以订单生产的方式，促进企业和薯农紧密结合，形成利益共享、风险共担的合作机制。鼓励加工企业培育知名品牌，促进马铃薯精深加工，延长产业链和增值空间。建设信息交流平台，完善信息发布与信息指导，引导理性种植，降低种植风险，防止薯贱伤农。

第四是采取综合措施，提升病害防控能力。健全自然灾害、病虫害预测预警机制和防控预案，定期发布信息和技术指导，减少薯农经济损失。引导和鼓励农业保险的发展，增强薯农抵御风险能力，构建马铃薯生产风险保障体系。

农业支持保护与可持续发展

农业软科学优秀成果选粹（2014）

农产品目标价格制度研究*

一、研究背景

21世纪初以来，国家出台了一系列支持“三农”和稳定农产品市场的政策。在这些政策中，农产品市场干预政策占据着极为重要的地位。2004年和2006年国家先后启动水稻和小麦最低收购价政策，以保护农民利益、促进粮食生产和保障粮食安全。在2008年国家又启动玉米、大豆和油菜籽的临时收储政策，临时收储政策又于2011年和2012年先后扩展到棉花和食糖。

然而，近年来出台的一些政策特别是最低收购价和临时收储政策在保护农民利益的同时也面临巨大挑战。最低收购价和临时收储无疑对保护农民利益和市场稳定起到重要的作用（贺伟，2010；王士海、李先德，2012），但这些政策所产生的负面影响也引起广泛关注。一些人认为，最低收购价和临时收储干扰了农产品市场价格的形成机制，使国内外主要农产品市场价格出现严重的倒挂，削弱了农产品的市场竞争力（徐志刚等，2010；贺伟，2010）。还有的研究表明，抬高的农产品价格使下游的加工业生产成本提高，不少加工企业开工不足，部分企业甚至倒闭，工人失业（徐志刚等，2010；贺伟，2010）。近两年，实施最低收购价和临时收储的粮棉油糖大宗农产品都出现了国内外显著的差价（或“堰塞湖”），进口压力剧增，并使中国成为世界粮棉油糖的“库存地”，两项“托市”政策已经到了难以为继的局面（黄季焜，2014）。

在以上背景下，完善农产品价格形成机制已是当务之急。为此，

---

* 本报告获2014年度农业部软科学研究优秀成果一等奖。课题承担单位：中国科学院农业政策研究中心；主持人：黄季焜；主要成员：胡继亮、王丹、布玉兰、王术坤。

2014 年中央 1 号文件明确提出，要“逐步建立农产品目标价格制度，在市场价格过高时补贴低收入消费者，在市场价格低于市场价格时按差价补贴生产者，切实保证农民利益”。建立农产品目标价格制度成为当前完善农产品价格形成机制的改革重点，为完善农产品价格形成机制，政府于 2014 年启动了东北和内蒙古大豆以及新疆棉花的目标价格改革试点。

2014 年新疆启动棉花目标价格改革试点，同时取消了实施三年的棉花临时收储政策。作为改革试点，新疆维吾尔自治区和新疆生产建设兵团于 2014 年 9 月 17 日颁布和实施《新疆棉花目标价格改革试点工作实施方案》、《兵团棉花目标价格改革试点工作实施方案》（以下简称《方案》）。《方案》除了保证新疆棉农收入和稳定当地棉花生产外，还肩负着如下目的：①为国家完善农产品价格形成机制摸索经验；②进一步摸清新疆棉花生产底数，严格控制水资源过度开发，遏制非法开荒，保护生态环境；③进一步凸现新疆棉花的产地优势，加快发展新疆纺织业和创造更多的就业机会；④完善财政补贴机制，提高补贴的精准性和针对性，提高财政资金使用效率。

那么，目标价格政策在实践中是如何执行的？能否达到国家和改革试点预定的目标？到目前为止产生了什么影响？在实施过程中存在什么困难？为了回答以上问题，并为国家完善目标价格政策提供实证依据，我们从 2014 年 11 月 19 日到 26 日到在新疆开展实地调研。[①]

本研究的目标是，通过理论和实证研究，探索建立中国农产品目标价格制度的政策目的和实施方案，为未来实施农产品目标价格政策提供政策建议。

为达到上述研究目标，本研究的具体内容包括：①目标价格政策出台的背景分析；②新疆棉花目标价格政策改革试点的效果评估；③目标价格政策的国际经验研究。

---

① 我们最初的调研计划还包括内蒙古和东北的大豆目标价格试点，但由于大豆收获期较晚，截至 2014 年 11 月 15 日，地方上的工作实施方案还未公布，基层政府的试点工作才开始启动，大豆目标价格试点研究工作还在进行中，预期于 2015 年 3 月政策试点工作基本结束后完成本项研究。基于此，本调研报告集中讨论新疆的棉花目标价格政策试点的工作并总结经验和教训。

本报告结构如下：第二章介绍近年来棉花收购政策和2014年启动的新疆棉花目标价格政策改革试点；第三章介绍本项研究所采用的数据和描述统计；第四章根据调研数据讨论目标价格政策的执行效果、政策的具体执行情况和实施经验与存在问题；第五章以美国和韩国为例，介绍农产品目标价格政策在其他国家的执行情况和经验；最后是结论和政策建议。

二、政策背景

（一）棉花补贴政策回顾

自1949年新中国成立直到1978年改革开放的30年间，中国政府对棉花实行的是严格的统购统销和定价收购政策。国家制定棉花的收购和销售价格，各级供销总社代表国家统一经营棉花，私营企业和个人不得经营棉花业务，整个棉花生产、经营和消费的计划经济特征十分突出。此时期，国家出台了若干棉花生产、收购、销售和定价等方面的政策。例如，1950年政务院财政经济委员会发布了《关于保证棉、麻与粮食合理比价的通告》；1954年政务院通过《关于实行棉布计划收购和计划供应的命令》、《关于棉花计划收购的命令》，开始实施严格的棉花统购统销政策，城乡居民凭票购买棉布。

1978—1984年，国家仍然实行统购统销和定价收购政策。随着家庭联产承包责任制在全国推开，农户获取农业生产经营的自主权，在棉花和粮食的比价较高，收益较好的背景下，农户种植棉花的积极性高涨，使得棉花生产迅速增长，首次出现供过于求的状况，棉花库存迅速增加，迫使政府启动新的棉花收购政策。

1985—1998年，国家实施棉花的合同订购政策。1984年11月26日，国务院发布了《关于加强棉花产购销综合平衡的通知》（以下简称《通知》），通知明确规定："对棉花实行计划收购，国家收购计划确定为八千五百万担。分省、自治区、直辖市的指标，由国家计委下达，各地要层层落实"；"北方棉区的超购加价比例由'倒二八'改为'倒三七'，即30％按统购价，70％按超购加价。南方棉区继续实行'正四六'比例，即60%按统购价，40%按超购加价”。1985年初中共中央、国务院颁布《关于进一步活跃农村经济的十项政策》（以下简称《政策》），《政策》明确规定：“粮食、棉花取消统购，改为合同定购”；“定购的棉花，北方按‘倒三七’，南方按‘正四六’比例计价，定购以外的棉花也允许农民上市自销”。由此国家废除了棉花的统购统销政策，启动了棉花的合同定购政策，定购内的棉花实行定购价格，定购外的棉花实行市场价格，棉花收购政策向市场化进程迈出了一小步。

1999年，国家建立政府指导下的棉花市场化收购政策。1998年11月，国务院颁布《关于深化棉花流通体制改革的决定》，决定从1999年开始进一步改革棉花流通体制，改革目标是，“逐步建立起在国家宏观调控下，主要依靠市场机制实现棉花资源合理配置的新体制。国家在管好棉花储备、进出口和强化棉花质量监督的前提下，完善棉花价格形成机制，拓宽棉花经营渠道，转换棉花企业经营机制，降低流通费用，建立新型的产销关系”。在新机制下，“供销社及其棉花企业、农业部门所属的良种棉加工厂和国营农场、经资格认定的纺织企业均可以直接收购、加工和经营棉花。个体棉贩及其他任何未经资格认定的单位，一律不得收购、加工棉花”。这意味着国家开始积极推进棉花收购的市场化改革，棉花收购政策向市场化进程迈出了一大步。

2001—2010年，国家实施棉花的市场化收购政策。2001年7月，国务院颁布《关于进一步深化棉花流通体制改革的意见》，要求“放开棉花收购，鼓励公平有序竞争”，“从2001棉花年度起，凡符合《棉花收购加工与市场管理暂行办法》规定、经省级人民政府资格认定的国内各类企业，均可从事棉花收购。鼓励获得收购资格的纺织企业及其他各类企业，到新疆等主产棉区跨区直接收购或委托代理收购棉花。严禁任何地区或单位利用划片、设卡等方式限制棉花购销活动”。这意味着国家的棉花收购政策已完全实现市场化，国内外棉花市场价格在2010年前已基本趋于整合和并轨，国内棉花价格同进口棉花到岸价的差价保持在20%左右（图1），这也意味着进口棉花完税后的价格同国内棉花价格相当，国内外市场基本整合。

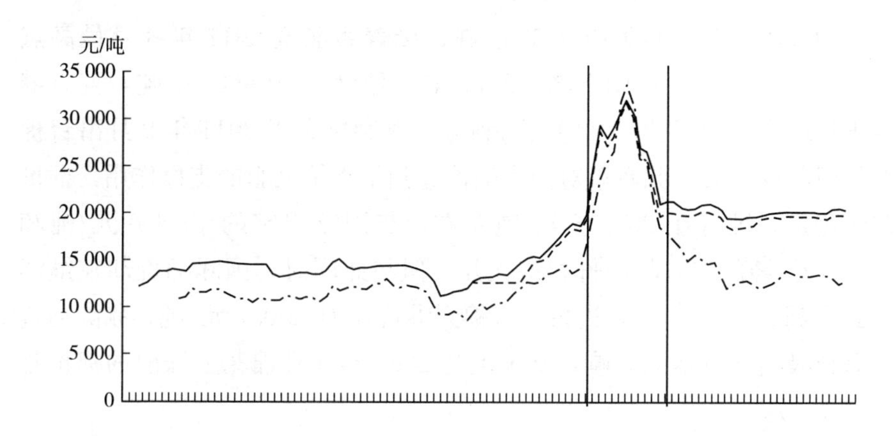

图1　中国棉花市场整合状况（2005年1月至2013年12月）

注：中国等级为229的棉花为二级棉，进口等级为S级的棉花为二级棉，与中国二级棉具有可比性。

资料来源：全国棉花交易市场、农业部、武汉棉花网。

但受国内外棉花价格在2010—2011年间的一次急剧飙升和下跌的影响，国家出台了棉花临时收储政策。2007年全球棉花产量处于顶峰，达7 250.4万吨，[①] 随后由于自然灾害等原因的影响，全球棉花开始减产，2008年为6 598.5万吨，2009年为6089.2万吨，[②] 但消费却一直在增长，到2010年初，全球棉花库存处于较低水平，供应量有限，但需求依然十分强劲，这导致全球棉花价格出现显著上升。2009年9月中国进口二级棉到港价为10 639元/吨，2010年9月为16 449元/吨，随后进入了急剧上升通道，2011年3月达到顶峰为33 536元/吨。但随着2010年全球棉花产量恢复到6 829.9万吨，供需逐渐平衡，在市场对2011年棉花产量的乐观预期下，国际棉价开始下跌，从2011年3月的最高点降至2011年8月的18 400元/吨。与此同时，国内棉价也经历了同样的涨跌幅度，二级棉从2009年9月的13 389元/吨的地位逐渐

① 本段中棉花产量为籽棉，棉花价格为皮棉。

② 数据来源：国家统计局．国际统计年鉴（历年）[M]．北京：中国统计出版社．

上涨到2010年9月的19 830元/吨，接着飙涨至2011年3月最高点31 906元/吨，随后急剧下降，2011年8月仅为20 962元/吨，且有继续下行压力。为保护广大棉农的利益，政府决定于2011年9月出台棉花临时收储政策，此政策对国内棉价起到了立竿见影的支撑作用，棉价趋于稳定，维持在20 000元/吨左右，与国家规定的19 800元/吨和20 400元/吨的临时收储价相差无几。但与此同时，国际棉价却在继续下跌，到2012年6月，进口二级棉到港价仅为12 037元/吨，剔除通货膨胀以及生产成本的影响，基本上与2009年9月棉花上涨前的棉价趋同（图1）。

但棉花的临时收储政策在保护种棉积极性的同时也出现了一系列问题，政策的可持续面临巨大挑战。随着国际市场棉花价格回落到正常价位，国内外棉花价格倒挂现象日益突出（图1）。2012—2013年间，国内棉花价格比进口到岸完税后的每吨价格高3 000元到6 000元，这种价差直接导致了棉花进口从2010年的313万吨迅速增加到2012年的541万吨。与此同时，因为在贸易政策上棉纱（进口采取单一关税）不同于棉花（进口采用配额管理和滑准税政策），受价差的影响，棉纱进口更从2011年的90万吨提高到2012年的153万吨和2013年的210万吨。2011—2013年棉花和棉纱进口的增加和价格差价使国内棉花库存快速增长，2013年中国棉花库存超过全球库存的一半，国内库存消费比达到130％以上。中国已成棉花的世界库存地，面临巨大的财政支出；高企不下的国内外价差，形成了“堰塞湖”，进口压力大；棉纺织业和服装业生产成本剧增，许多工厂倒闭，工人下岗。为此，2014年国家取消了棉花临时收储政策，同时开展了棉花目标价格政策试点。

（二）新疆棉花目标价格改革试点

为贯彻落实目标价格政策，由国家发改委牵头，联合农业、财政等部门联合制定了《新疆棉花目标价格改革试点工作实施方案》（以下简称《方案》）。方案明确了政府目标价格方案的关键步骤，包括确定目标价格，确定市场价格，明确补贴对象和具体补贴方式，核实和监管植棉面积与交售量，和兑付补贴资金。本章我们讨论这些关键的步骤，并在

第四章用调研数据对于这些步骤的执行情况和实际效果进行评估。

1. 确定目标价格

目标价格原则上采取“生产成本＋基本收益”的方法确定，每年在播种前公布。2014 年 4 月 5 日，经国务院批准，国家发改委、财政部、农业部联合发布 2014 年新疆棉花皮棉目标价格为 19 800 元/吨。该价格折算成农民出售的籽棉的价格，在 2014 年大概为 8.8～8.9 元/千克。[①]

2. 确定市场价格

基于事先确定的有代表性的监测点在 9 月至 11 月[②]棉花收购期间采集的价格等数据[③]，计算一个全疆棉花的市场平均价格。价格补贴额按照目标价格与这个市场价格的差额计算，它同个体农户实际销售价格无关。价格等信息采集由地方农业部门负责，每日上报，农业部监管。

3. 确定补贴方式

补贴对象为新疆棉花实际种植者[④]，总的原则是多种多补，少种少补，不种不补。补贴的执行方式有三种：①只按棉花交售量补贴，采用此方法的地区有：新疆生产建设兵团和阿克苏的新和县；②只按棉花种植面积补贴，采用此方法的县为阿克苏的柯坪县；③60％按棉花种植面积补贴，40％按实际籽棉交售量补贴，除以上地区外，新疆其他地区均采用此方法。

4. 确定种植面积

棉花种植面积的确定采取种植者申报，政府核查制，具体工作分四个步骤：①村级核实（6 月 1—30 日），首先由村委会登记造册，面积只能登记一次，之后由村委会组织实地丈量，之后张榜公布一周，对村民提出异议的重新核实，而后再次张榜公布一周。②乡镇复核（7 月

---

① 具体折算方法为：设定衣分率为 0.4，棉籽 2.0～2.2 元/千克，具体公式如下：皮棉折籽棉价格 ＝〔皮棉价格＋籽棉价格－加工费〕×衣分率－棉籽价格。

② 我们的调研数据中，在 2013 和 2014 年，9、10 和 11 月三个月的收购量占到全年交售量的 85％～90％（农户调研数据和轧花厂调研数据）。

③ 采集数据包括籽棉价格、衣分、等级、长度、籽棉交售数量、折皮棉价格等信息。

④ 《方案》中规定棉花实际种植者包括基本农户（含村集体机动土地承包户）和地方国有农场，司法农场，部队农场，非农公司，种植大户等各种所有制形式的棉花生产经营单位。

1—20日），由乡镇人民政府组织农经、财政、国土、纪检等部门，与村干部农民代表参加的工作组一起，对农户总数的30%进行复核，重点复核新增面积的农户，对新增面积全部进行实地测量。③县市自查（7月21日至8月4日），由县人民政府组织财政、农业、统计、国土、司法等部门，抽查30%的乡镇中10%的行政村，每个行政村随机抽查农户实地复测。其他农业从生产经营单位（如建设兵团等）的面积申报核查工作同步进行，首先由单位申报，对于不按期如实上报的，取消当年补贴资格，之后县市人民政府组织县干部采取实地丈量、卫星测绘等形式核实种植面积，核实后公示一周。④自治区地州联合抽检（8月5—14日），重点抽查县乡村三级棉花种植面积核实档案是否齐全一致，并随机走访农户，测量种植面积。

《方案》规定对于基本农户出现的虚报面积（上报面积超过实际面积5%），村委会发现后批评教育及时矫正；乡镇抽查发现后，取消该农户补贴；县人民政府以上抽查发现的，按核实面积的比例扣减该村、乡、县补贴面积。

5. 确定棉花交售量

农户将籽棉交到经自治区资格认定的棉花加工企业并取得发票。次年1月底前，农户凭籽棉交售发票和种植证明到所在村委会进行登记，而后由县或乡农业部门建立补贴信息。异地交售的棉花种植者到其棉花种植所在地的村委会和县农业部门进行登记。

《方案》规定由质检部门定期核对加工企业皮棉产量，并与折算后的籽棉进行对账，会同相关部门不定期对棉花加工企业进行检查，并对存在问题的企业严肃处理。为了防止“转圈棉”，新疆维吾尔自治区要求棉花加工企业将加工好的皮棉及时发送到经资格认定的棉花专业监管仓库，接受监管并在库进行重量检验、取样及后续仪器化公证检验。

6. 兑付补贴资金

采价期结束后，如果新疆市场价低于当期公布的棉花目标价格，中央财政按照两者差价和国家统计局统计的新疆棉花产量，核定补贴总额，并将补贴额一次性拨付到自治区财政；而后，逐级拨付到地方各级财政，以一卡通或者其他形式将面积补贴资金兑付给基本农户和农业生产经营单位；次年1月底前，县乡财政部门凭种植证明向棉花种植者兑付面积补贴；次年2月底前，凭籽棉收购发票和种植证明兑付产量补贴。由于2014年棉花市场价格很低，自治区在11月中旬已经将国家预拨的35亿元资金拨付地方财政发给棉农用于偿还贷款和购买农资。

三、数据

（一）抽样

我们在2014年11月16—21日对新疆棉花目标价格政策试点工作情况进行了实地调查（表1）。调查对象包括四类人员：①县政府相关部门的领导，②轧花厂的管理人员，③棉花种植农户，④建设兵团相关部门的领导。相应地，我们共收集到四套数据和资料：县政府座谈记录和县基本统计信息，轧花厂的收购和交售数据加上与厂长的访谈记录，农户入户问卷调查，以及建设兵团座谈记录。另外，农户访谈除了面对面的入户调查，在12月初第一次补贴款发放之后，我们还组织了一轮电话访谈以追踪资金兑付等情况。

表1　调查农户2014年基本情况

	平均数
总人口（人）	4
劳动力数量（人）	3
户主年龄（年）	45
户主受教育程度（年）	8
户主是村干部的比例（%）	9
户主是党员比例（%）	18
从事非农劳动力比例（%）	20
非农工作地点：在本村的比例（%）	65
非农工作地点在：本乡（%）	20
非农工作地点在：本县（%）	10
非农工作地点在：外县（%）	5
家庭非农工作总收入（元）	13 348
平均每月电费（元）	242

资料来源：CCAP调查数据。

样本抽样遵循按步骤的分层抽样原则。首先，从新疆的63个棉花主产县内，我们抽取了5个样本县，抽样原则如下：把所有的产棉县按照棉花播种总面积降序排列，等分为高、中、低三组；其次，考虑到某些县可能棉花种植面积大，但棉花种植面积占总耕地面积反而较小的情况，于是我们将“棉花面积占当地总农作物播种比例”作为抽样的第二参考指标，以区分棉花主产区和非主产区。之后，我们从棉花播种面积高的县抽了2个县：阿瓦提县和玛纳斯县，棉花占比分别为78%和56%；从棉花播种面积中等的县抽取了2个县：呼图壁县和尉犁县，棉花占比分别为38%和98%；从播种面积低的县抽取博湖县，棉花占比24%。每个样本县，我们随机抽取了2个乡，之后在每个乡随机抽取2个村。最后，在每个样本村，我们根据棉花播种面积的大小，分层抽取了12个农户。最终的样本包括5个县，10个乡，20个村的240个农户。

在每个县内我们还随机抽取了2个轧花厂进行调查。对每个轧花厂的厂长、会计或者其他管理人员进行平均2个小时的问卷调查，在5个样本县总共访问了10个轧花厂。另外在每个县，我们除了收集县级的基本数据，还组织了与县领导约3个小时的座谈，主要参加部门有：发改委、农业局、统计局、财政局、国有土地管理局等。建设兵团作为重要的产棉单位也包括在调查对象内，但由于时间和研究经费的限制，我们不得不就近选择与样本县较近的3个师市进行调研，分别是：八师（石河子市）、一师（阿拉尔市）、二师（库尔勒市）。建设兵团的调研方式与县领导调研方式类似，主要以座谈的形式，参与部门包括：发改委、农业局、统计局、财政局、国有土地管理局、棉麻公司等部门的领导与办事人员。

（二）样本描述

新疆2014年的户均耕地面积约为56亩，其中棉花种植面积为25亩。我们选取的五个样本县的户均经营耕地34亩，棉花种植面积27亩，代表了新疆棉花主产县的生产水平。抽样选定的20个样本村来自这五个县中的棉花主产乡，所以户均种植面积高于县平均水平。如

表2所示，2014年每户平均经营耕地为132亩，其中棉花面积为110亩。

样本中的农户有以下五个显著特征（表2至表6）。第一，农户以种植棉花为主，其他作物面积较小。2014年除棉花外的其他作物经营面积仅为24亩，占耕地面积的18%。第二，每户拥有的地块较少，每块地的平均面积较大。2014年，户均有4.3块耕地，棉花地占到2.9块，平均每块棉花地的面积可达38亩，远高于内地平均水平。第三，农户的租地行为非常普遍，租入耕地的面积大。2014年有59%的农户租入耕地，平均租入面积为80亩，占到经营耕地面积的72%。第四，2014年棉农平均每亩亏损51元，亏损主要来自于收入的减少而不是成本的提高。籽棉的平均市场价格为每千克6.14元，比2013年下降了30%，同时棉花亩产为213千克，比2013年降低了20%，因此总收入下降了44%。从人工成本来看，尽管拾花工的工钱比2013年略有上涨，但由于亩产降低很大，每亩的拾花费用反而下降了。和2013年相比，每亩的物质成本（包括化肥、种子、农药和塑料薄膜等）上升了16%，机械费用和地租相差不大。实际的亏损应该比表4中反映的更大，因为我们还未算入每亩的自家劳动力投入的成本。第五，棉农普遍有贷款，且数额很高。有85%的农户从农业发展银行或者信用社贷款种棉，平均数额约为14万元，平均利率为8.47%。

表2 调查农户耕地情况

	2013年	2014年
平均经营的耕地面积（亩）	125	132
平均地块数量（块）	4	4
其中，平均棉花地块数（块）	3	3
平均租入耕地（亩）	70	80
平均租出耕地（亩）	2	2
租入耕地的农户比例（%）	58	59
租出耕地的农户比例（%）	3	3

资料来源：CCAP调查数据。

表3 调查农户农作物生产情况

	2013年	2014年
农作物种植面积（亩）	126	134
棉花（亩）	106	110
玉米（亩）	15	10
小麦（亩）	2	2
其他作物面积（亩）	3	12

注：其他作物包括油葵、西红柿、辣椒、甜瓜、红枣、水稻、甜菜、核桃、高粱和葫芦。

资料来源：CCAP调查数据。

表4 调查农户棉花种植的成本与收益

	2013年	2014年
籽棉价格（元/千克）	8.80	6.14
棉花亩产（千克/亩）	266	213
总收入（元/亩）	2 343	1 308
人工费用（拾花工）（元/亩）	469	392
机械费用（元/亩）	275	279
物质成本（元/亩）	360	419
地租（元/亩）	264	269
总成本（元/亩）	1 368	1 359
收益（＝总收入－总成本）（元/亩）	976	－51

注："物质成本"包括化肥、种子、农药、塑料薄膜等的成本总和。

资料来源：CCAP调查数据。

表5 2014年调查农户棉花贷款情况

	平均数
贷款种棉的农户比例（%）	85
贷款数额（元）	137 718
年利率（%）	8.47
感觉还贷压力大的农户比例（%）	95
2014年将推迟农资购买的农户比例（%）	89

资料来源：CCAP调查数据。

五个样本县都有轧花厂，以私营企业为主（56%），大部分仅生产皮棉（67%）（见表 6a）。这些轧花厂有以下几方面的特征（表 6a，表 6b，表 7，表 8a，表 8b）。第一，2014 年的籽棉收购开始的较晚（比 2013 年晚了 10～15 天），但这主要是因为天气原因，而不是轧花厂有意推迟收购时间，其中有部分农户因为 2014 年棉价较低而产生惜售和观望心理，但影响不大。2014 年春季寒冷，播种后不少农户由于种子无法发芽而不得不重新播种，有的农户甚至重新播种了几次；而秋季收获时天气也不够暖和，导致有些地区的棉花迟迟不开花而影响了采摘，因此 2014 年的棉花收获比往年晚。如果剔除天气因素，2014 年的籽棉收购进度与 2013 年比没有明显差异。第二，轧花厂的籽棉收购量主要是由当地棉花产量决定的，还有轧花厂反映，部分原因是由于目标价格政策实施之后市场行情不明，不敢敞开收购。第三，轧花厂主要收购当地棉花，异地收购的比例不高。第四，有 56%的轧花厂认为目标价格政策对轧花厂没有好处，并且所有的轧花厂都认为目标价格政策的公检制度很繁琐。第五，皮棉公检的现金支出等显性成本不高，但是时间等隐形成本较高。每吨皮棉的公检成本为 214 元，仅占总成本的 1%，但是等待时间平均为 11 天，这可能会延误轧花厂的销售进度，影响其资金回笼速度，也提高了贷款利息等财务费用。第六，有 33%的轧花厂提到实行目标价格政策之后，对于收购籽棉的质量要求提高了。

表 6a　2014 年被调查轧花厂的基本特征

	平均数
轧花厂是国有的比例（其余为私营）（%）	44
该企业的主营业务只生产皮棉（%）	67
员工人数（人）	74
籽棉收购量（吨）	15 186
何时开始收购籽棉（月/日/年）	9/25/2014

资料来源：CCAP 调查数据。

表 6b　被调查轧花厂实际皮棉产量与设计产能

单位：吨

年份	实际生产皮棉	设计生产能力
2013	8 511	13 556
2014	7 267	13 000

资料来源：CCAP 调查数据。

表 7　2014 年目标价格政策对被调查轧花厂的影响

	平均数
认为目标价格政策对轧花厂有好处的比例（%）	44
收购工作与上年相比没差异的比例（%）	22
对籽棉质量要求比上年高的比例（%）	33
不敢敞开收购的比例（%）	20
皮棉公检成本（元/吨）	214
公检等待时间（包含预约时间）（天）	11
收购了外县籽棉的比例（%）	67

资料来源：CCAP 调查数据。

表 8a　被调查轧花厂的平均收购进度

	2013 年	2014 年
收购量（千克）	14 084	16 335
9 月上半月收购比例（%）	2.3	0
9 月下半月收购比例（%）	17.3	5.5
10 月上半月收购比例（%）	29.9	18.1
10 月下半月收购比例（%）	20.8	28.5
11 月上半月收购比例（%）	13.9	22.7
11 月下半月收购比例（%）	1.9	16.1
12 月之后（%）	13.8	9.1

资料来源：CCAP 调查数据。

表 8b 被调查轧花厂的平均收购价格

	2013 年	2014 年
平均价格（元/千克）	8.6	5.9
9 月上半月（元/千克）	8.4	—
9 月下半月（元/千克）	8.6	5.7
10 月上半月（元/千克）	8.7	6.2
10 月下半月（元/千克）	8.7	6.4
11 月上半月（元/千克）	8.6	5.7
11 月下半月（元/千克）	9.5	5.2
12 月之后（元/千克）	9.1	5

资料来源：CCAP 调查数据。

四、分析结果

数据分析的结果显示，目标价格试点政策完善了棉花价格形成机制，提高了农民抗击市场风险的能力，起到了保障农民利益，稳定棉花生产的作用。但值得注意的是，2014 年新疆目标价格试点政策在执行过程中也出现了许多问题，主要包括：①巨大的财政成本和财政风险；②高昂的行政成本（核查种植面积）；③容易滋生腐败（“转圈棉”）；④可能造成干群矛盾，引发社会稳定问题。因此，整体而言，该政策虽然基本上能够达到预定目标，但其代价极为高昂。本部分我们首先分析目标价格政策是否达到既定目标；然后阐述目标价格政策中最关键的步骤，包括核实种植面积和核实交售量；而后分析目标价格政策执行中存在的其他问题，最后对目标价格政策的行政成本和财政成本做出估算。

（一）目标价格政策的效果

1. 目标价格政策对棉花市场价格形成机制的影响

2014 年棉花目标价格政策的实施，在短短的一年时间内，使得中国棉花价格逐渐回归市场，完善了棉花的价格形成机制（表 9 和图 2）。中国的棉花补贴政策由于国内外棉花价格和需求的变化，经历了几次重大调整，从主要依赖市场调节到国家收储，最后过渡到现在的目标价格政策。在2011年以前，棉花收购价格、销售价格主要由市场形成，国家主要通过储备调节和进出口调节等经济手段调控棉花市场，但存在流通秩序混乱、价格波动较大等问题。如图2所示，从2005年到2011年，棉花的国内市场价格是与国际接轨的，价格走势趋同，但从2011年3月开始国际棉价开始急剧下降，进口二级棉到港价从3月的33 536元/吨迅速降至8月的18 400元/吨，并呈持续快速下滑态势，棉花的国内市场价格保持了同样的趋势。为了保护棉农利益，国家在2011年9月紧急启动了棉花临时收储政策，用保护价敞开收购棉花，并在之后的两年持续实施，该政策对于调动农民种棉积极性、保障农民收入方面起到积极作用，但同时也导致国家储备增加，出现了显著的价格倒挂现象。一方面，国内外巨大的差价导致棉花进口剧增，同时国库中棉花库存快速增长，90%以上的棉花产量都进入了国储仓库，国家财政负担沉重。另一方面，国库中的棉花实施顺价销售，结合棉花进口配额制度，使得国内纺织行业用棉价格高昂，削弱了中国纺织行业的国际竞争力。鉴于此，国家最终决定取消棉花收储政策，实施对市场价格干预小，但又能保护棉农利益的目标价格政策。从表9中可以看出，目标价格政策执行后效果显著：2014年年底中国二级棉价与进口二级棉到港价之差为33%，新疆棉花价格与进口棉到港价之差仅为26%，如果除去将近20%的税率，再除去运费，那么国内棉价与国际价格基本接轨，棉花价格已由市场决定。因此，目标价格政策基本上实现了完善棉花的市场价格形成机制的重任。

表9　中国二级棉价与进口二级棉价之间的差异

时　期	中国棉花价格与进口棉到港价之差		新疆棉花价格与进口棉到港价之差	
	元/吨	%	元/吨	%
2005/1—2010/8	2 768	24	2 356	20
2010/9—2011/8	1 915	9	1 135	6
2011/9—2014/8	6 345	48	5 640	43
2014/9—2014/12	4 711	43	4 013	37
2014/12/1—2014/12/24	3 893	37	3 209	31
12/24/2014	3537	33	3 953	26

资料来源：全国棉花交易市场、农业部、武汉棉花网。

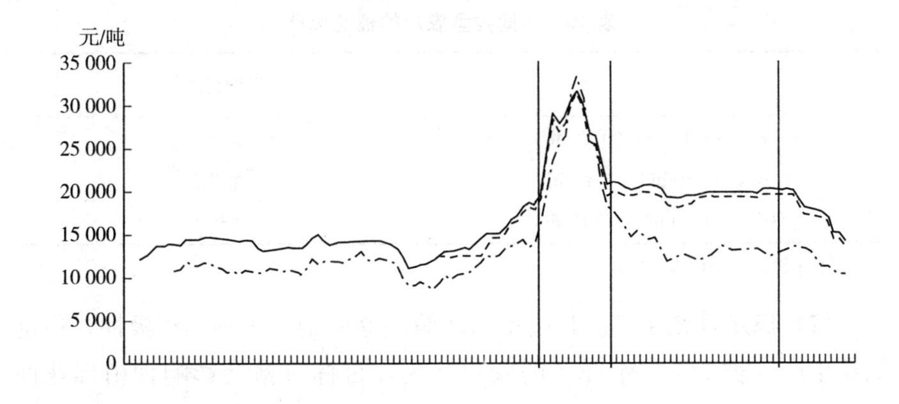

图 2　中国棉花市场整合状况（2005 年 1 月—2014 年 12 月）

资料来源：全国棉花交易市场、农业部、武汉棉花网。

2. 目标价格政策对农民收入和棉花生产的影响

棉花目标价格政策保障了农民收入，维护了农民种棉积极性，稳定了棉花生产。

(1) 保障了农民收入，提高农户抗击市场风险的能力，但是不平等。目标价格政策保障了农民收入，对于提高农户抗击市场风险的能力有积极作用。由于 2014 年棉农普遍亏损，平均亏损 51 元/亩（表 4）。在 85%的棉农平均借贷 14 万元用来种植棉花的背景下，如果 2014 年国家在取消棉花临时收储政策的同时，不启动目标价格政策试点，则棉农不仅还贷压力巨大，甚至需要推迟农资购买，影响农业生产计划。调查显示，2014 年高达 95%的农户感觉还贷压力大，89%的农户将推迟农资购买（表 5）。由此可见，目标价格政策的补贴对保障农民收入起到了关键作用。如果没有补贴，农民偿还贷款将更加困难。

但同时我们也要看到，目标价格政策在对农户收入的保障上是不平等的，亩产高的农户拿的补贴就高。调查数据显示，中小农户（小于 10 亩）的亩产为 150 千克，小于中等农户（10～50 亩）的 267 千克，也小于大规模农户（大于 50 亩）的 252 千克（表 10），因此在 2014 年的目标政策下，最需要帮助的小户由于面积小亩产低，获得的补贴反而最少。

表 10　不同类型农户的棉花单产

	平均亩产
小户（小于10亩）（千克/亩）	150
中户（10～50亩）（千克/亩）	267
大户（大于50亩）（千克/亩）	252

资料来源：CCAP调查数据。

（2）稳定棉花生产。目标价格政策能够调动农民种棉积极性，稳定棉花生产（表11）。有93%的农户认为，目标价格会影响种植棉花面积。如果明年的目标价格上升，67%的农户会增大种棉面积，另外33%的农户种植面积不会改变（绝大部分是因为没有多余的地可种了）；如果目标价格下降，68%会减少种棉面积，另外32%农户不会改变种植面积（大部分是由于缺乏替代作物，当地土壤只适合种棉花；还有小部分农户由于年纪大或受教育程度低无法容易地找到其他工作，所以只种棉花）。但是我们也要看到，在现有的耕地面积上，棉花种植面积即使能够扩大也将是很有限的，农户家里平均82%的土地已经种了棉花，可以继续扩大的幅度事实上很小。如果将种棉花的补贴标准提得很高，可能会造成农户非法开荒。

表 11　2014年目标价格政策对调查农户种棉面积的影响

	平均数
对种棉面积有影响的农户比例（%）	93
目标价格上升会扩大种棉面积的农户比例（%）	67
目标价格下降会减小种棉面积的农户比例（%）	68
如果只按面积补会多种棉花的农户比例（%）	50
如果明年目标价格政策取消，会少种棉花的农户比例（%）	53
如果明年目标价格政策取消，棉花种植面积不变的农户比例（%）	43

资料来源：CCAP调查数据。

（3）农户对目标价格政策的看法。大部分农户对目标价格政策评价较低（表12）。有86%的农户认为目标价格政策不如临时收储政策，有52%的农户认为目标价格政策手续太繁琐，其中最繁琐的是开具和保存发票，其次是测量土地。有73%的农户担心政府不会足额发放补贴，这恐怕与地方上对政策宣传讲解不到位分不开。

表12　2014年调查农户对目标价格政策的看法

	平均数
认为目标价格政策不如收储政策的农户比例（%）	86
希望补贴款提前兑付的农户比例（%）	34
认为目标价格政策手续太繁琐的农户比例（%）	52
其中：怕把发票弄丢的农户比例（%）	35
住的偏远，运到轧花厂不方便的农户比例（%）	6
担心政府不会足额发放补贴的农户比例（%）	73

资料来源：CCAP调查数据。

在谈到希望补贴方式如何改进时，有47%的农户建议只按面积补，有27%建议只按产量，只有13%的农户认为2014年政府的“60%按面积补，40%按产量补”是可取的（表13）。

表13　2014年调查农户希望目标价格政策的补贴方式

	平均数
建议按面积的农户比例（%）	47
建议按产量的农户比例（%）	27
建议既按面积，也按产量的农户比例（%）	13
回答随便的农户比例（%）	14

资料来源：CCAP调查数据。

3. 目标价格政策对市场交易的影响

目标价格政策对于农户的籽棉交售方式有显著的影响，渠道更加单一。和原来相比，2014年几乎所有的农户都将棉花卖给了轧花厂并取得了发票，相比之下，2013年有14%的农户卖给小贩，其余的卖给轧花厂，其中有94%的农户开了发票。我们在调研中只听说2014年有个别棉农由于产量特别低或者年纪大而将棉花卖给小贩的。因此2014年的棉花出售渠道更加单一（表14）。但是调研结果也显示农户对这个改变并不欢迎，52%的农户认为2014年的目标价格补贴政策太麻烦（表12），其中最主要的麻烦就是开发票和保存发票，35%的农户提到怕把发票弄丢，开发票等待时间长；另有6%的农户住的比较偏远，认为卖棉花给轧花厂不方便。

表14　调查农户籽棉出售方式

出售方式	2013年	2014年
在家门口收走（%）	17	3
卖给小贩（%）	14	0
有发票（%）	94	100

资料来源：CCAP调查数据。

2014年籽棉的销售和收购进度并没有明显受到目标价格政策的影响。剔除天气原因，农户籽棉交售进度与2013年相比没有显著区别。2014年春季低温，有不少农户在春季播种后，由于寒冷种子未发芽而不得不重新播种，有的农户甚至重新播种了几次；秋季收获时天气也很寒冷，导致有些地区的棉花迟迟不开花而影响了采摘，因此棉花整体收获比往年晚10～15天，销售相应的也推迟了10～15天，北疆受极端天气影响更大，所以推迟的时间比南疆更长一些。从轧花厂的数据看，收购进度没有显著差别（表8a）。同样的，从农户数据看，除去收获晚的影响，也没有发现农户有明显的惜售现象（见表15a）。但是，截至11月15日还有41%的农户有未售出的籽棉，占总产量的16%。未卖出的主要原因是由于政策不明，不敢卖，其次是因为价格太低，不想卖（表15b）。

2014年农户的销售量紧随市场价格，在市场价低的时候卖得很少，价格高的时候卖得多。2014年9月的棉价很低，农户的总销售量也只占全年产量的6.7%，农户超过50%的交售量集中在10月份棉价最高的时候，之后在11月棉价下降，农户的交售量随即下跌。最终国家财政会按照市场价格的简单平均值和目标价格的差价补贴农民，由于农户在市场价高的时候明显多卖，所以国家的财政负担会比销售量平缓时高（表15c）。

表15a 调查农户的籽棉出售进度

	2013年	2014年
产量（千克）	31 746	22 048
9月前出售比例（%）	0.5	0
9月上旬出售比例（%）	1.1	0.1
9月中旬出售比例（%）	5.5	2.1
9月下旬出售比例（%）	16.9	4.5
10月上旬出售比例（%）	16	11.7
10月中旬出售比例（%）	21	17.4
10月下旬出售比例（%）	11.4	22.1
11月上旬出售比例（%）	10.8	16.4
11月中旬出售比例（%）	8.5	10.2
11月20日未出售比例（%）	8.4	15.5

资料来源：CCAP调查数据。

表15b 截至2014年11月15日调查农户籽棉未售完的比例和原因

	比例
籽棉未售完的农户比例	41
未售完的原因	
价格太低	24
没有小贩收购，运费高不想自己拉到轧花厂	5
政策不明朗，不敢卖	47
还在地里没有收	7

资料来源：CCAP调查数据。

表 15c 调查农户的籽棉出售价格

	2013 年	2014 年
平均价格（元/千克）	8.69	5.92
9 月前（元/千克）	8.45	—
9 月（元/千克）	8.96	5.67
10 月（元/千克）	8.86	6.48
11 月（元/千克）	8.48	5.60

资料来源：CCAP 调查数据。

目标价格政策尽管对于轧花厂的收购进度没有影响，但是有 33%的轧花厂提到 2014 年收购籽棉时对籽棉质量的要求提高了，只收购达到一定质量标准的籽棉（表 6）。在国家收储政策下不用担心质量差的皮棉卖不出去，但是 2014 年的目标价格政策促使他们考虑市场需求了。我们还发现，2014 年有 77%的农户认为轧花厂在故意“压衣分”（压低籽棉等级以压低价格）（表 15d），往年尽管也有压衣分的现象，但是不像 2014 年这么严重，2014 年农户的籽棉出售平均级别为 2.3 级，而 2013 年的平均级别为 1.8 级（表 15e）。由于符合国家收购资质的轧花厂数量有限，有的县里只有一两个轧花厂，这样给了轧花厂很大的定价权。

表 15d 2014 年调查农户被压衣分情况

	平均数
轧花厂故意压衣分	77
2014 年压衣分比上年更严重	50

资料来源：CCAP 调查数据。

表 15e 调查农户的籽棉出售级别

	2013 年	2014 年
平均级别（级）	1.8	2.3
9 月前（级）	—	—
9 月（级）	1.40	2.20
10 月（级）	1.64	2.15
11 月（级）	2.27	2.45

注：数字越高，籽棉的质量越低。

资料来源：CCAP 调查数据。

建设兵团仅按产量补贴，只有少量的轧花厂符合收购兵团籽棉的资质，这些轧花厂中有的只能收购兵团棉花，有的可以同时收购兵团的棉花和地方的棉花。我们发现一个奇怪的现象，有的轧花厂其实只有收购兵团籽棉的资质，但是他们却在同时收购地方棉花，并且收购价格比地方市场价高出 0.5～1 元/千克。有的县领导透露，为了多拿产量补贴，团场（兵团）很可能会虚报面积或者单产，然后吸纳地方上的棉花来补充虚报的产量。农户愿意将棉花卖给兵团轧花厂可能会有两个原因：①地方上有非法开荒的地无法获取面积补贴，兵团轧花厂给出的价格如果略高于地方，则农户当然愿意出卖；②对于没有非法开荒的农户，如果兵团出价高于产量补贴金额，农户也可能愿意把棉花卖给兵团。因此，兵团出价高出地方市场价 0.5～1.5 元，相当于向农户直接支付了部分棉花补贴金额。

（二）关于核查棉花种植面积

1. 核查面积的程序

和县领导的访谈记录显示，基层领导积极配合面积核查工作，所有的县都在规定的时间内完成了核查任务，但是在上报面积的准确性、面积核查程序执行的严格性等方面与《方案》中的设计有一定差距。

（1）种植面积上报：农户向村委会上报面积。首先，按照《方案》要求，核查棉花种植面积的第一步是全部农户需将实际种植面积上报村委会，但是如表 16 所示，只有 74%的农户将面积上报了村委会，其余 26%的农户没有上报过，村委会直接用土地证面积作为这些农户的上报面积。在自己上报了面积的农户中，只有 60%的农户报上的是自己实地测量的面积，其余 40%农户上报的就是土地证面积（村委会要求的）。土地证上记录的要么是第二轮土地承包的面积（如果是自己家的地），要么是年初或者上年登记的租地面积，和实际的种植面积可能有较大差异。对于上报了土地证面积的农户，村委会仅核实农户的申报面积是否与土地证上的面积相符，如果有出入，则进行实地测量，如果没有出入，则不再实地丈量，直接将申报面积在村里张榜公示，然后等待乡、县和自治区的领导复核。

表 16 2014 年调查农户上报棉花种植面积的程序

	平均数
第一步将面积上报村委会的农户比例（%）	74
农户上报村委会的面积是自己量的比例（%）	60

资料来源：CCAP 调查数据。

（2）第一轮核查：村干部和县乡工作组共同完成。按规定，在村民将面积上报到村委会之后，应该首先由“村委会”组织实地丈量，而后由乡、县和自治区按照一定比例抽查再次进行实地丈量，但是由于各村的棉花种植面积差异很大，土地分散程度不同，而且村里只有皮尺，没有配备 GPS 等高科技测量工具，村委会想要按时完成任务极其困难。为了加快测量速度，在第一轮核查中，村干部自己组织的村级核查只测量了 19%的农户，而且这些农户通常棉花种植面积较小，用皮尺测量相对容易；另外 57%的农户由于户均棉花种植面积大，所以由村干部和县乡领导组成的工作组用 GPS 和皮尺同时测量（表 17）。

表 17 2014 年三轮面积核查的基本情况

面积核查	核查人员	核查农户比例（%）	户均种棉面积（亩/户）	使用干部人数（人/村）	《方案》规定核查天数（天）
第一轮	仅村干部	19	45	4.1	30
	县乡工作组	57	284	5.2	
第二轮	仅村干部	5	55	5.3	34
	县乡工作组	19	486	5.2	
第三轮	地州工作组	3	155	5.0	10

资料来源：CCAP 调查数据。

（3）三轮面积核查农户比例。第一轮面积核查按规定应该“每户都查”，表 17 显示，样本中只有 76%的农户的棉花地被村干部或上级领导核查过，其余的 24%的农户没有被测量过。这些没有被测量过面积的种植户大都是小户，平均种棉面积 70 亩，这部分农户是有可能多报种植面积的。

第二轮核查面积时，抽查的农户比例为 24%，略小于《方案》中要求的30%的比例，对象偏向于大户，参加测量的干部数量也增多了。虽然按规定应该全部由县乡领导对农户进行抽查，但我们发现有5%的农户仍然是由村委会核查的（表17）。

第三轮核查完全由工作组（包括村乡县州的干部）来完成，抽查农户比例占到所有农户的3%，略小于官方规定的5%的比例（表17）。

（4）种植证明上的面积：种植面积确定方式。种植证明最终确定的棉花种植面积，有53%是按照土地证确定的，其他的有7%按照农户上报给村委会的初始面积确定，还有12%的上报面积被村委会改动过，28%的上报面积被工作组改动过。我们发现，对于最初向村委会上报了自己实际测量面积的农户，仍然有18%是按照土地证上的面积确定的。

2. 核查面积的准确性

（1）面积核查结果：改动方向。第一轮面积核查改小了9%的上报面积，第二轮核查改小了7%，第三轮没有改动。三轮核查没有将农户最初的上报面积改大的情况。总的来说，有至少16%的农户的最初上报面积是大于实际种植面积的（表18）。

表18　2014年调查农户种植面积核查结果

面积核查	核查棉农比例（%）	被核查后，更改过种植面积的农户比例		
		改小（%）	不变（%）	改大（%）
第一轮	76	9	67	0
第二轮	24	7	17	0
第三轮	3	0	3	0

资料来源：CCAP调查数据。

在三轮面积核查之后，有1%的农户说本村有许多人的最终上报面积是大于实际面积的，7%的农户听说有个别人超报面积；有2%的农户听说其他村有个别人多报的情况。样本中有个别农户反映，听说过有和村干部关系较好而多报面积的情况。可以肯定的是，除了我们数据中反映出来的16%的超报面积的农户，还有其他超报面积的农户没有被检查出来（表19）。比较2014年和2013年的种棉面积，2014年的农户平均棉花种植面积比2013年大了6%（表3）。这增加的面积，可能因为按照面积补贴激励农户增大了播种面积，也有可能是把田间地垄等面积也算在内，或者是有间作的棉田没有按比例折算，也有可能是充分利用政策，在5%的误差范围内故意报高了面积。

表19　认为存在虚报面积现象的农户比例

	认为本村存在虚报面积现象的农户比例（%）	认为外村存在虚报面积现象的农户比例（%）
多人	1	0
个别人	7	2
没有人	69	13
不知道	23	86
合计	100	100

资料来源：CCAP调查数据。

（2）博湖县的证据：虚报面积。博湖县的县级数据能够为土地面积虚报提供一定的证据。我们的实地调查并未能够获取全部农户申报面积和最终核实面积的对比情况，而仅仅获得了博湖县两个样本村的数据，这些数据可以在一定程度上说明农户申报面积与真实面积的偏差情况。值得说明的是，不同于其他样本村，这两个村是村委会和县农业局逐户、逐地块全面核实面积的。如表20所示，博湖县博湖乡两个样本村的平均报高面积为1 967亩，农户初次申报时，报高的农户占总申报户的29%，远高于我们农户调查数据中报高种植面积的农户比例16%。

表20　2014年博湖县两个样本村的棉花上报面积和实际面积

特征	闹音村	库代村	平均
申报户数（户）	90	117	104
申报总面积（亩）	36 951	36 407	36 679
核实总面积（亩）	35 777	33 646	34 712
报高面积（亩）	1 174	2 761	1 967
报高面积比例（%）	3	8	6
报高户数（户）	10	56	33
报高户数比例（%）	11	48	29

资料来源：博湖县博湖乡闹音村和库代村的公示数据整理。

（3）核实之后：农户的态度。有16%的农户对测量结果有意见，认为量小了。还有14%的农户听说村里有其他人对量地结果也有意见。有97%的农户说村里在实地测量结束后有公示，9%的农户说听说有人对公示结果不满意。但是即使不满意，公示后也没有农户的面积再被改动过（表21）。

表21 2014年调查农户对棉花实地测量结果的看法

	平均数
本人对量地结果有异议的农户比例	16
村里有其他农户对量地结果有异议的农户比例	14
村里在实地测量结束后公示的农户比例	97
公示后不满结果的农户比例	9

资料来源：CCAP调查数据。

(4) 虚报面积的惩罚：未见惩罚。有44%的农户认为如果多报面积，会被惩罚，有25%的农户认为不会受到惩罚，还有32%的农户不知道（表22a）。有12%的农户说如果发现虚报，会全村受罚，按照一定比例削减全村的补贴；有21%的农户说会取消本人补贴资格，但是村里其他人不会受到处罚；有3%的农户说会罚款；还有64%的农户不知道会有什么处罚（表22b）。

表22a 2014年调查农户对虚报面积是否会取消补贴的认知

	平均数
认为会取消补贴的农户比例（%）	44
认为不会取消补贴的农户比例（%）	25
回答不知道的农户比例（%）	32
合计（%）	100

资料来源：CCAP调查数据。

如果发现农户有虚报面积的行为，县领导强调会有严格的处罚措施，比如让村民相互监督，如果有任何一户多报，该农户的补贴取消，全村的补贴都会按比例缩减。但是多位县领导在访谈中提到，为了维护社会稳定，避免农户因此上访，即便是发现了农户虚报面积的行为，也只是把上报面积改成正确的面积。在我们调查的五个县中，均未发现有因为虚报面积而受到惩罚的例子。农户虚报面积的成本是很低的。

表 22b 2014 年调查农户对虚报面积的惩罚措施的认知

	平均数
认为全村受罚的农户比例（%）	12
认为只取消本人补贴的农户比例（%）	21
认为会被罚款的农户比例（%）	3
回答不知道的农户比例（%）	64
合计（%）	100

资料来源：CCAP 调查数据。

（三）关于核实交售量

目标价格补贴中的 40%是按照农户的实际交售量确定的，依据是有资质的轧花厂出具的籽棉收购发票。我们的调查结果表明，对于交售量的核查和监管基本上是缺失的。尽管县领导都强调防止虚开发票是目标价格补贴中最关键问题之一，我们没有发现任何有效的措施来防止虚开发票。此外，为了防止转圈棉的问题而专门实施的公检制度也不能有效地控制转圈棉，因为没有任何机构监控轧花厂收购的籽棉与出产皮棉之间的匹配情况，也没有机构能够有效监控公检仓库入库和出库的匹配情况，或者是出库皮棉与轧花厂收购籽棉之间的匹配情况。我们将在本章节详细讨论在交售各个环节的监管情况。

1. 发票开具的即时监管

2014 年的籽棉销售中，几乎所有农户都从轧花厂开具了销售发票。当场拿到发票的农户比例有 82%，当场没有拿到发票的之后一周之内全部补上了发票。那些现场没有拿到发票的农户主要是因为不愿意排队等待，一般会交售几次之后从轧花厂会计处一并领取，而不是每次都排队。有 2%的农户说发票是可以多开的，1%的农户承认自己多开过，另有 2%农户听说本村或者外村有发票可以多开的情况（表 23）。

县领导和轧花厂领导的访谈中指出，到目前为止杜绝虚开发票最重要的措施是对轧花厂开票展开即时监管，这个工作主要由税务局和农发行完成。税务局通过联网系统，可以实时监控轧花厂每张籽棉收购发票和过磅的籽棉重量，因此对于正在秤上过磅的籽棉，它的重量和轧花厂开出来的收购发票一定是对应的。但是对于没有用该秤称重的籽棉，或者是重复称重的籽棉，税务局是无法监控的，因为税务局并无专人驻扎在轧花厂监督发票开具。仅凭发票信息是无法推断籽棉收购行为是否是真实存在的。由于无法确立发票和收购籽棉的一一对应关系，税务局实际上只能核实过磅的籽棉重量和这部分籽棉开具的发票是否对应，而无法杜绝虚开发票行为。

如果轧花厂有从农发行的贷款，农发行的监管要比税务局有效一些。我们调查的10家轧花厂都从农发行贷款收购籽棉，农发行事实上可以掌握发票和收购籽棉的一一对应关系。为保证资金安全，农发行通过联网以及委派专人的方式来监督其每笔贷款是否有真实的籽棉收购行为产生，避免出现轧花厂挪用贷款资金。但是如果有一部分籽棉是用轧花厂的自有资金收购的，没有用到农发行贷款，对于这部分收购是没有办法监管的。

表23　2014年调查农户的开发票情况

	平均数
开了发票的农户比例（%）	100
当场拿到发票的农户比例（%）	82
当场拿到白条但之后补上发票的农户比例（%）	18
认为发票可以多开的农户比例（%）	2
本人发票多开过的农户比例（%）	1
听说本村发票有多开的农户比例（%）	2
听说外村发票可以多开的农户比例（%）	2

资料来源：CCAP调查数据。

2. 发票开具的事后检查

发票开具的事后检查的主要是为了确定轧花厂收购的籽棉量和出产的皮棉量是否对应，二者之间的折算关系是否在合理范围内，监管工作主要由纤检局进行。纤检局会不定期到轧花厂进行检查，样本中的每个轧花厂都被检查过3～5次，每次的检查人员有3个左右，主要检查的内容有：发票的真实性，籽棉的收购总量，皮棉的加工量，皮棉的出售量，收购的皮棉和籽棉之间的折算关系是否在合理的区间等。发票的检查形式为抽查，抽查数量和比例不定。但是这种形式的检查是无法形成有效监管的，轧花厂仍然可以虚开发票，而后通过收购外地籽棉来匹配皮棉的加工量和籽棉的收购量。

另外，县农业局、发改委和财政局等部门也会对所有轧花厂开展2次左右的发票抽查，但是他们主要检查发票的真实性，以及发票填写是否和种植证明中相符，并不检查收购籽棉和生产出库皮棉之间的对应关系。他们都会警告轧花厂虚开发票一旦被查出的严重性，比如取消营业资格，但是迄今为止没有轧花厂收到过惩罚。有的县政府会派两个干部住在轧花厂监管收籽棉的工作。我们的农户调查中，有2%农户明确地说发票可以多开（大户），有一户承认发票多开过，另有2.2%的农户听说过本村或者外村的发票可以多开。县领导普遍认为多开发票的情况在2014年估计不多，因为棉农和轧花厂对政策都不太熟悉，但是明年超开发票的情况可能会很多。

有的县领导提到，2015年2月底会给棉农发产量补贴，到时候会用农户本人过去三年的平均单产作为参考（种植证明上除了记录棉花的种植面积，还会记录过去三年的平均单产），如果农户上报交售量折算的单产超过过去单产的5%会被查（但是地方没有明文规定相关政策，兵团有明文规定超过5%的部分不给补贴[①]）。我们从县领导访谈中得知，有些农户有非法开荒的土地，他们把非法开荒地上的棉花产量都摊到自己家合法上报的棉花种植面积里以获得更多的产量补贴。但是调查结果显示，事实上种植证明上过去三年的单产记录数据并不完全（表24）：首先，只有20%农户说村里要求上报单产，其他的农户都没有听说，有24%的种植证明上没有记录过去的单产；其次上报的数字并不完全反映实际情况，61%的农户的单产不是自己填写的，而是由村或者乡领导统一填写的，用的是全村或者全乡的平均值。对于上报了过去三

① 二师的关于印发《第二师铁门关市2014年棉花目标价格补贴及产品管理办法（试行）》的通知中规定“确保测产数据与最终实际产量相差不超过5%”，但是对于超过5%的部分怎么处理也并没有规定。

年单产的农户，只有13%被核查，而且核查方式极为粗糙，仅仅是村干部或者乡干部对农户询问核实。因此，尽管在理论上的确可以参考前三年棉花单产对农民的交售量进行监管，但是由于存在相当部分没有上报单产的农户，而且上报数量没有任何机构核实，实际中无法对农户的交售量进行核查。

表24　种植证明填写"过去三年的单产"的情况

	平均数
种植证明上记录了过去三年单产的农户比例（%）	76
村要求要上报过去三年的单产的农户比例（%）	20
如果记录了过去三年的单产，单产量为（千克/亩）	270
核查农户过去三年单产的农户比例（%）	13
通过询问方式确定过去三年单产的农户比例（%）	100
上报的单产是自己算的农户比例（%）	39

资料来源：CCAP调查数据。

3. 公检制度

公检仓库是最重要的防止"转圈棉"的手段。税务局会监察公检仓库，保证进出仓库的皮棉总量一样。县领导强调，每个皮棉棉花包上有不同的编码，不会出现重复入库现象。但是事实上如果出库后拆包重装再入库，转圈棉仍然是有可能发生的，事实上无法监管。

入库公检统一了检测标准，对于公平竞争有好处，但是另一方面公检程序手续繁琐，提高了销售成本，给轧花厂销售皮棉带来很大不便。皮棉生产出来以后，从网上预约到实际进入公检仓库大约需要7天，而后的公检需要4天（表7），运输成本加上检测费用一共约200元/吨[①]。尽管金钱成本不高（只把总成本提高了约1%），但是等待时间较长，而且后期卖给用棉单位也比较繁琐，因为用棉单位需要到公检仓库提货，会产生新的运输费用。还有一个问题是，同一个轧花厂同一批入库的皮棉会被堆在同一个仓库房间中，即使品级不同。假设某个轧花厂同

① 样本中的10个轧花厂中，只有一个没有把生产出来的皮棉送入公检库进行公检，而是将其直接出售给了纺织企业，这事实上是违反规定的。

一批入库的皮棉中检测出既有二级棉，又有三级棉，而用棉单位只需要二级棉，则用棉单位需要等待公检仓库重新分包，将符合品级要求的皮棉重新打包在一起。这个工作原先可以由轧花厂亲自进行，效率较高，而现在只能等公检机构重新打包，由于监管仓库数量和工作人员有限，在皮棉销售旺季用棉单位等待的时间很长[①]。

另外，为了防止内地棉花进入新疆公检仓库骗取补贴，新疆地方上各县内增设多个卡点，对于每个运棉车辆卸包检查。县领导提到，轧花厂原来的出疆运输成本为 800 元/吨，现在由于排队等待检查时间显著增长，运输成本提高到 1 000 元/吨，增设的卡点将总成本又提高了 1 个百分点。

（四）目标价格政策存在的其他问题

目标价格政策存在的最主要问题集中在面积和交售量的核实上，除此之外，该政策在政策宣传和资金兑付方面也存在一些问题，影响了政策效果。首先，政策宣传不到位导致农户对于目标价格理解有偏差，其次资金兑付不及时，使得农户在收获季节积蓄资金周转的时候得不到帮助。本章详述这两个问题。

1. 政策宣传

县乡级政府对于目标价格政策的宣传需要加强。农户一般在 2014 年 5 月前后听说目标价格政策，有个别大户在 2013 年的 12 月就听到了宣传，但最晚的有农户直到 2014 年 10 月才听说。最晚听说的都是小农户，有的甚至是在卖棉花的时候，轧花厂告诉他们目标价格政策并解释这个政策是如何运作的。总的来说，有 95%的农户听说过目标价格政策，但是能准确说出目标价格数额（皮棉 19 800 元/吨，或者籽棉 8.8 元/千克）的只占一半。80%的农户知道目标价格是怎么补贴的（同时按照面积和产量），其中有 93%能够说出正确的比例。知道“市场平均价格”这个说法的农户很少，只有 37%，而其中知道补贴数额是根据目标价格与市场平均价格的差价发放的更少，只有 30%，大多数人认

① 我们听说有的轧花厂和用棉单位在公检仓库等待超过 10 天以上才等到皮棉重新分包出库。

为补贴是目标价格和自家棉花售价的差价。在知道市场平均价格农户中，大约有一半能说出市场平均价格按照哪段时间算出（9月、10月和11月），有61%的人知道市场平均价格是按照全新疆的平均价而不是地方平均价（表25）。

表25　2014年调查农户对目标价格政策的认知情况

	平均数
最早几月听说过目标价格政策（月）	6
听说过目标价格政策的农户比例（%）	95
知道目标价格是多少的农户比例（%）	52
知道目标价格是如何补贴的农户比例（%）	80
能正确说出面积补贴补多少的农户比例（%）	93
能正确说出产量补贴补多少的农户比例（%）	94
知道补贴是目标价格与市场平均价格的差价的农户比例（%）	30
知道“市场平均价格”这个说法的农户比例（%）	37
能正确说出市场平均价格按照哪段时间算出的农户比例（%）	49
能正确说出市场平均价格按照哪个地区算出的农户比例（%）	61

资料来源：CCAP调查数据。

地方上对政策宣传解读的不够到位，导致许多农户对于目标价格是否真的要执行，要怎么执行认识模糊。许多农户谈到2014年的目标价格补贴时态度沮丧，有73%的农户担心拿不到或者无法足额拿到补贴，几乎没有人说得出补贴究竟会在几月份下发，尽管《方案》中都有了明确的说明。而这些问题都可以通过事先清晰透明的宣传避免，为了保护农民的生产积极性，2015年的宣传工作应该提前进行并通过多种方式向农户解释清楚。

2. 资金兑付

目标价格政策的实行中，资金兑付是农户关心的焦点。由于补贴资金不是一次性发放，程序复杂，县里和棉农都反映补贴时间拖得太长。11月中旬第一批补贴款到达县财政，数额为面积补贴的70%，数额为191元/亩，在11月的最后一周有50%的农户拿到补贴款，12月的第一周剩下的49%的农户也全额拿到了补贴，还有1%的农户由于土地纠纷等原因没有拿到补贴。补贴主要以现金形式发放，只有43%的农户有一卡通（表26）。

表26　第一批补贴的发放情况（面积补贴的70%）

	平均数
拿到第一批补贴的农户比例（%）	100
补贴在11月最后一周拿到的农户比例（%）	50
补贴在12月第一周拿到的农户比例（%）	49
补贴数额（元/亩）	191
补贴款以现金发放的农户比例（%）	57

资料来源：CCAP调查数据。

第二批和第三批补贴估计在2015年1月底和2月底到账，预计最晚三月底发到农民手中。因为大多数棉农需要11月底或12月初还贷款，给拾花工付工钱，并开始准备农资，农户普遍希望补贴提前发放，或者至少在核实了种植面积之后就立刻发放面积补贴。在问到希望目标价格政策如何改进时，有34%的农户提到希望补贴款提前兑付，最好在一确定种植面积之后就立刻发放面积补贴。

资金兑付的一个问题和异地交售有关。我们发现只有33%的农户愿意将棉花卖给外县的轧花厂。对于不愿意卖给外县的农户，主要原因是担心外地发票领不到目标价格补贴，其次是觉得远、运输成本高不合算，还有的农户觉得资金兑付的时候会有麻烦，还有些人认为政府是禁止这样做的。国家出台的《方案》中事实上是有异地交棉的结算方式的，异地交售完全有资格在种植证明发放地领到补贴。有的农户理解有偏差可能是因为县里印发的宣传材料中有误导性语言[①]。（表27）

资金兑付的另一个问题与补贴对象有关。《方案》要求将补贴发放给实际种植者，但是开具种植证明时需要有土地证，而土地证在出租者

① 如尉犁县的宣传材料中所述："2014年，棉花收购即将开始，根据国家、自治区目标价格改革有关政策，棉农必须向自治区认证的棉花加工企业出售籽棉。我县第一批经自治区发改委认可的定点加工企业见附表，以下企业将悬挂'尉犁县籽棉定点加工企业'的铜牌，为避免棉花直补资金发放出现问题，给棉农补助资金的领取带来不便，望棉农出售籽棉时前往悬挂有'尉犁县籽棉定点加工企业'铜牌的棉花加工企业。"

手里，不在租地者手里。有将近60%的农户租种别人家的地（表2），他们都需要与出租者协商好如何分配补贴，否则出租者不拿出土地证农户也办不了种植证明。尽管国家要求补贴归实际种植者，但是有不少人在当初签订租地合同时已经和出租者说好土地上一切补贴归出租者，合同具有法律效力，无法因为《方案》的要求而改变，所以有一部分租地者完全拿不到或者拿不到全额补贴。我们的样本中只有1%的农户有这样的情况，但县领导访谈记录表明，地方上这样的事情并不少见，已经有不少上访的农户。领导们担心在2015年年初兑付补贴时，可能会有更多农户由于拿不到补贴款而上访。

表27　2014年调查农户对棉花异地销售的认知情况

	平均数
愿意卖给外县轧花厂的农户比例（%）	33
对于不愿意卖给外县轧花厂的农户，原因是	
认为政府不允许卖给外县的农户比例（%）	3
担心外地发票领不到目标价格补贴的农户比例（%）	81
认为“远，运输成本高”的农户比例（%）	14
认为结算麻烦的农户比例（%）	2

资料来源：CCAP调查数据。

（五）目标价格政策的成本

1. 行政成本

目标价格政策的行政成本包括了村干部、县乡工作组、地州工作组的实地测量成本，农户等待的成本，各级干部的交通住宿费用，物资购买（GPS等），再加上宣传等费用，总成本很高。

首先，村、乡、县动用了大量人力、物力，从6月到8月中旬，各级基层领导的工作重心都在棉花种植面积的核查上。在2014年，新疆主要产棉县有63个，棉农共有110万户[①]。方案中要求村、乡、县面积核

① 《新疆统计年鉴》中记录了76个产棉县，其中有13个是建设兵团。2014年种棉农户总数尚未发布，数据来自于新疆农业厅种植处的估计。

查分别用时30、20和14天（其中村里的30天核查还包括了登记农户上报面积的时间和至少一周的公示），各县都在规定时间内完成了任务。

三轮面积核查的农户比例分别为：第一轮76%，第二轮24%，第三轮3%。查一户会动用4～5个干部，根据种植面积和使用测量方式的不同，平均每户耗时1～2个小时。一般来说，在上级检查时，农户也会在地头等待，每户至少派一人。领导一般坐车去地里测量，而农户走路或者自己开车去地里，从农户家到棉花地的距离平均为1～3公里，平均每个农户也要为面积核查投入约2.7小时的时间。村里的平均种植面积越大，地块数越多，每亩的操作成本就越高（表28a、表28b、表28c、表28d）。

表28a　新疆各级政府核查棉花种植面积所产生的交通住宿费用

面积核查轮次	核查干部人次（人次）	每日交通时间（小时/人·天）	每个州派车（台）	汽车油费（元/辆·天）	住宿费（元/人·天）	交通住宿总费用（亿元）
第一轮	56 242	4	120	650	50	1.10
第二轮	7 375	4	150	650	50	0.31
第三轮	1 621	4	5	17 500	100	0.022
费用总计						1.43

注：①实地测量使用干部人次＝实地测量总耗小时/8小时/方案规定核查天数；

②每日交通时间按照我们在新疆实地调研每日在路上花费的平均时间估算；

③新疆一共5个州，假定每个州的派车水平和昌吉州一样（给县乡领导派车150辆，给地州领导派车5辆）；

④总住宿费＝住宿费（元/人·天）×实地测量使用干部人次×方案规定核查天数。

表28b　村委会、工作组和棉农的实地测量成本

干部实地测量成本			农户实地测量成本			
测量每户耗时（小时）	实地测量总耗时（小时）	干部实地测量成本（亿元）	从农户家到棉地耗时（小时）	农户家跟去多少人（人/户）	农户总耗时（小时/户）	农户总成本（亿元）
1.1	951 159	0.24	0.51	1.3	2.0	0.31
2.1	6 749 028	1.72	0.93	0.9	2.8	0.44
1.5	473 933	0.12	0.45	1.0	2.0	0.10
0.9	1 003 018	0.26	2.14	0.8	2.9	0.14
1.1	181 500	0.05	0.23	1.0	1.3	0.01
费用总计		2.39				1.00

注：实地测量成本＝实地测量总耗小时数×当地工资（元/天）/8小时。

按照每轮核查的农户比例，我们推算三轮面积核查的总成本高达5.4亿。其中，干部的实地测量成本最高，为2.4亿，交通住宿达到1.4亿，农户成本1亿，其他费用（包括种植证明印刷费等）为0.6亿（表28e）。如果按照最初的设想，每年查一次农户种棉面积，将给基层带来沉重的负担，使其将过多的精力花在核实棉花种植面积的工作上而忽视其他同样重要的农村工作。

表28c 其他费用

GPS购置费（元/亩）	宣传等费用（元/农户）	其他费用（亿元）
1.33	16.7	0.56

注：①计算GPS购置费：按照昌吉州的标准。昌吉州棉花共177万亩，GPS购置费用235万元，平均每亩的GPS费用为1.33元，而后乘以新疆棉花总亩数（2 800万亩）得到GPS总购置费用。

②计算宣传等费用：按照昌吉回族自治州的标准。昌吉棉农一共15万户，宣传等其他费用共253万元，平均每户的宣传等费用为16.7元，而后乘以新疆棉农总数（110万户）得到宣传等总费用。

③宣传等费用包括：电视/报刊/广播宣传费用、培训费、种植证明印刷费、档案资料费、信息化管理费和其他不可预见费用。

资料来源：CCAP调查数据。

表28d 2014年新疆棉花种植与劳动工资情况

项　　目	平均数
新疆棉花种植面积（万亩）	2 800
新疆棉农总数（万户）	110
新疆当地农户工资（元/天）	150
干部总补贴（元/天）	204
当地干部工资（元/天）	174
当地干部差旅费（元/人·天）	30

注：拾花工劳动强度大，其工资约为每天每人200元，高于当地其他农业劳动力。

资料来源：CCAP调查数据。

表 28e　2014 年新疆测量面积总成本

项　目	金额
干部实地测量成本（亿元）	2.4
农户成本（亿元）	1.0
交通、住宿总费用（亿元）	1.4
其他费用（亿元）	0.6
合计（亿元）	5.4

资料来源：CCAP 调查数据。

2. 财政成本

由于棉花价格波动频繁，目标价格政策还可能会有很高的财政风险。农户数据显示，新疆籽棉在 9、10、11 月三个月的平均市场价格在 5.60～6.48 元/千克，处于历史低位。我们在表 29 中，用农户的籽棉出售价和轧花厂的籽棉收购价两套数据估算财政补贴金额。据新疆农业厅种植处的估计，2014 年新疆棉花种植面积为 2 800 万亩，棉花总产量 352 万吨（皮棉）。按照简单平均值计算，补贴总金额在 253 亿～262 亿元，如果按照加权平均值计算，则补贴总额在 234 亿～252 亿元。据我们了解，市场平均价格的计算将会采用 9、10 和 11 月三个月市场价格的简单平均值，这样会使得总补贴金额比用加权值时提高 4%～8%①。因此，国家需要考虑到农户交售行为随市场价格的调整（在价格高位多卖，价格低位少卖），为了减轻财政负担，在计算补贴总额时应该对市场价格进行加权②。

① 因为官方目标价格 19 800 元/吨的计算用的是 0.4 的衣分率，所以这里我们也假设衣分率是 0.4，但是实际中我们调研的农户衣分率平均只有 0.37～0.38。

② 另外一个相关问题是，在计算财政成本时，究竟应该使用哪个衣分率。国家定目标价格时（19 800 元/吨），使用的衣分率为 0.4，即 1 千克籽棉折合 0.4 千克皮棉，而 2014 年调研农户出售的籽棉，平均衣分率为 0.37。衣分率降低一方面是极端气候影响的结果，另外有可能是轧花厂在故意压衣分。但是不管原因是什么，同样数量的皮棉，用衣分率 0.37 折算出来的籽棉数量比用 0.4 要高，因此在目标价格定价使用的是皮棉价而非籽棉价的情况下，如果衣分率降低，国家的财政补贴总额也会升高。但是我们并不清楚国家计算实际补贴额时用的是哪一个衣分率。

表 29　2014 年棉花目标价格补贴的财政成本

	9 月均价（元/千克）	10 月均价（元/千克）	11 月均价（元/千克）	平均价格（元/千克）	同目标价格差价（元/千克）	估计补贴金额（亿元）
轧花厂收购价	5.71	6.32	5.42	—	—	—
简单平均值	—	—	—	5.82	2.98	262
加权平均值	—	—	—	5.93	2.87	252
农户出售价	5.67	6.48	5.60	—	—	—
简单平均值	—	—	—	5.92	2.88	253
加权平均值				6.14	2.66	234

注：目标价格为皮棉价格 19 800 元/吨，折合为籽棉价格为 8.8 元/千克。估计补贴金额是按照 2014 年籽棉产量 880 万吨，棉花种植面积 2 800 万亩，衣分率 0.4 计算得出的。政府采价期是 9、10 和 11 月，尽管目前采价期已经结束，但是具体数字尚未公布。

资料来源：CCAP 调查数据。

五、国际经验

在美国、欧洲和日本等发达国家，农业补贴政策都经历了长时间的演变，其中美国的农业补贴历史最为悠久，从 1933 年的第一个农业法案到现在已经有 80 多年的历史，其他国家的农业补贴开始的较晚。农业补贴政策中应用最广泛的工具包括制定保护价、国家收储、目标价格、农业保险等，总的趋势是国家干预在逐渐减小，农业市场化程度不断提高。当农产品价格降低或者波动巨大时，国家自然的反应是通过保护价或者国家收储直接干预市场价格和农产品供给。这个方法的优点是执行简单，效果迅速，至今仍被许多国家采用，但缺点是财政成本巨大，并且由于人为提高市场价格而导致过量生产，给国家仓储系统造成巨大压力。当意识到国家收储是一种不可持续的做法后，一些国家转向目标价格补贴制度，让农产品价格回归市场，如果市场价格低于设定的目标价格，由国家补差价。目标价格政策的主要好处是价格市场化，对于农业生产影响较小，但是缺点是执行程序复杂，如果农户数量很多的话执政成本会比较高。现在的发达国家，如美国，逐步将农业补贴的重心转移到农业保险上，进一步提高市场化程度，降低国家干预。

我们在本章重点讨论美国和韩国的目标价格政策的实践经验，并与中国进行对比，选取这两个国家是因为它们的政策设计和中国最为相似。其他的国家和地区，如日本和欧盟尽管也有类似于目标价格政策的工具，但是实际执行方法与中国有较大不同。其中，美国和韩国的目标价格政策和中国的制度设计最为相似，而日本和欧盟的有较大不同。美国的目标价格政策涵盖十几种农作物，从 1985 年开始至今经历了多次演变，而韩国从 2005 年才开始对大米实行试点。本章通过讨论美国和韩国的目标价格政策，希望能为中国的目标价格政策提供参考。

（一）美国

美国的农业补贴政策有三种涉及目标价格：营销贷款差额补贴（Loan Deficiency Payment），价格损失保障补贴（Price Loss Coverage，简称 PLC）和农业风险保障（Agriculture Risk Coverage，简称 ARC）。这三种目标价格政策涵盖了十几种农作物，从 1985 年开始实施，至今经历了多次修订。我们首先介绍这三种政策的执行方式和影响，而后与中国的目标价格政策进行对比。

1. 营销贷款差额补贴

营销贷款差额补贴（Loan Deficiency Payment，简称 LDP）[①] 从 1985 年开始实施，到现在经历了多次修订。LDP 补贴与当年生产的农作物类型、面积、产量和市场价格直接相关。该补贴中与“目标价格”相对应的概念叫做“贷款率”，即每一单位农产品做抵押可以从国家获得的贷款额，但这个贷款率不是固定不变的值，而是随着地点改变的（以县或者地区为单位）。LDP 补贴的具体执行方式是，国家规定贷款率，当市场价格低于贷款率时，补贴启动。在 1984 年以前的 LDP 政策中，农民以当年的农作物为抵押，依据政府规定的优惠贷款率获得贷款从事农业生产；收获时，如果市场价格高于贷款率，农民通过销售来还

① 贷款差额支付从 1985 年起实行，最初叫做生产者选择支付（Producer Option Payment，POP）。

贷，如果市场价格低于贷款率，贷款到期不偿还贷款，而是将抵押的农作物直接交给商品信贷公司。这种方式的缺点是政府农产品库存量不断增加，财政负担加重。从 1985 年起政府对政策进行调整：如果市场价格低于贷款率，农民自己在市场上卖出农产品，而后从政府那里获得差价补贴，LDP 补贴的金额为：

LDP 补贴＝（贷款率－市场价格）×当年的产量

尽管能有效的保障农民收入，但 LDP 补贴被批评有过度补偿的问题。只要农户有能力将农产品库存一段时间，就可以在市场价低于贷款率时申请并领取补贴，等到市价回升时再将农产品卖出。还有的农民用期货合同（Forward Contract）金融工具在市场价格下跌之前将大部分谷物已经锁定合约，但因为并未交货，同样一批货还可以在市价低于贷款率的时候领到补贴（Morgan，Cohen，& Gaul，2006）。2014 年的农业法案修改了得到补贴的资格，规定农场总收入超过 90 万美元的没有资格申请 LDP，并且所获得农业补贴上限为 12.5 万美元，一定程度上解决了过度补偿的问题。

LDP 补贴的具体执行机构为商品信贷公司，补贴款在收获季节支付，因为收获季节的产品供给高，通常会压低价格，贷款差额补贴在收获季节的及时发放可以给生产者提供收获季节所需的现金流，以方便其更有序的安排一年的销售。以 2002 年的棉花 LDP 补贴为例。补贴款分三次支付：第一次在收获后的 10 月份，可得到上限为 35％的计划支付，第二次支付在第二年的 2 月份，用 70％减去第一次支付的比例，到一个作物年度结束后全部结清。凡是享受此项补贴政策的农场，都必须将收获的棉花经政府指定的轧花厂加工成皮棉，经公检后存放在指定的仓库，并以此为抵押获得政府补贴。补贴由农业部商品信贷公司直接发放给棉农（商品信贷公司同时也负责发放种棉贷款）。经过公检后的每个棉花包都有一个身份证条码，棉花的相关产品数据和农场主信息同时在农业部备案（黄玉杰，2006）。

2. 价格损失保障补贴

价格损失保障补贴（Price Loss Coverage，简称 PLC）主要针对小麦、饲用谷物、水稻、油籽、花生以及豆类，补贴率是目标价格与年度全国平均市场价格之间的差额[①]，支付依据是历史面积与历史单产，计算公式为：

PLC 补贴=（目标价格－全国平均市场价格）×历史单产×（85%×基础面积）

其中，补贴的单产按照 2008 年到 2012 年作物收益的 90%作为标准，基础面积可以在以下两种方式中选一种：①可以使用以往在农场服务局（FSA）登记的面积，②可以进行一次性调整，调整的标准是每种作物 2009—2012 作物年度的种植面积平均值。PLC 与当期种植面积和产量不挂钩，但是与当期市场价格挂钩。PLC 补贴的结算方式与贷款差额补贴完全相同。分三次结清：第一次在收获后的 10 月份，可得到上限为 35%的计划支付，第二次支付在第二年的 2 月份，用 70%减去第一次支付的比例，到一个作物年度结束后全部结清。

PLC 补贴受到的一个主要批评是没有考虑单产水平的变化，使得 PLC 补贴常常出现“失不得偿”的情况。比如，由于气候变化等自然原因导致单产下降、产量减少价格上涨，从而使生产者不能从 PLC 补贴中得到应有的补偿，相反却比平时得到更少的补贴，使这些农户的收入受到很大损失；而在单产水平提高、产量增加时，尽管价格下跌，但因价格下跌幅度小于产量增加幅度，总收益增加而不需要太多补贴，但是 PLC 补贴却不能根据这一市场变化而变化，仍然按照既定的公式给予补贴，导致过度补贴。因此，美国的棉花生产者常常抱怨：PLC 补贴在需要它提供更多支持时却没有给予补贴，在不需要补贴时却给予了过多的补贴（谭砚文，2009）。

3. 农业风险保障

农业风险保障（Agriculture Risk Coverage，简称 ARC）[②] 针对具体的农作物进行支付，有两种形式可供农户选择：县农业风险保障和个

---

① 价格损失保障补贴（Price Loss Coverage）在 2014 年之前叫作反周期补贴（Counter-Cyclical Payment）。二者的区别是，价格损失保障补贴提高了目标价格水平，取消了棉花的补贴资格并简化了补贴款的计算和支付方式。反周期补贴的计算公式是：反周期补贴＝（目标价格－max｛平均市场价格，贷款率｝－直接支付补贴率）×历史单产。由于 2014 年的新农业法案取消了直接支付补贴和营销贷款差额补贴，所以公式中不再出现直接支付补贴率和贷款率。

② 农业风险保障在 2014 年之前叫做平均作物选择补贴（Average Crop Revenue Election）。

人农业风险保障，二者只能选一。ARC 补贴主要有以下五个特征：第一，如果想拿到补贴，农户的收入就一定要有损失，相比之下，其他两种目标价格政策就没有这个限制；第二，ACR 补贴中类似于目标价格的参数叫做“保障收入”，当实际收入低于保障收入时，补贴启动。和前两个目标价格政策不同的是，这里的“目标价格”（即保障收入），并不是一个固定值，每个县（农场）都不同，计算时使用县（农场）的历史面积、历史单产和历史市场价格（具体计算见下一段）；第三，补贴差额的计算是当前收入和保障收入的差额，取决于当前的产量、种植面积和市场价格，但是补贴差额的上限是保障收入的 10%；第四，ARC 补贴和保险项目部分有互动，因为保障收入的计算包括了当年该作物的保险费，这样的设计可以激励农民购买保险；第五，保障收入每年的增减幅度不能超过上一年的 10%，所以 ARC 补贴不能对持续性的低价状态进行保护，而是对大幅度的价格波动有保护作用。

生产者可以在县农业风险保障和个人农业风险保障之间做出选择，两种农业风险保障的具体计算如下（农业部农村经济研究中心，2014)：

(1) 县农业风险保障补贴。选择县农业风险保障的生产者可以在如下情况下获得补贴：在作物年度中，某种作物真实的县水平收入低于县农业风险保障收入基准的 86%。

某县县农业风险保障补贴计算过程如下：

①计算近 5 年县单产的奥林匹克平均值。统计近 5 年县的历史单产水平，去掉其中的最高值和最低值，再求平均，因该方法类似奥林匹克运动会上裁判打分的方法，因此也叫做奥林匹克平均值；计算采用移动平均方法，如果其中一年的单产平均值低于作物保险中的常规单产水平（T-单产）的 70%，那么该年度单产就由 T-单产的 70%代替。

②计算全国市场年度平均价格的奥林匹克平均值。该方法采用移动平均方法，如果其中一年的全国市场年度平均价格低于该作物的参考价格，那么该年度全国市场年度平均价格就由参考价格代替。

③计算基准收入。将近 5 年县单产的奥林匹克平均值乘以近 5 年价格的奥林匹克平均值，也就是①和②中计算出来的两个数字相乘，得到基准收入。

④计算县农业风险保障收入。基准收入乘以86%得到县农业风险保障收入。

⑤计算县实际收入。县实际平均单产乘以作物年度中市场年度平均价格和营销援助贷款利率较高的那一个。

⑥计算县农业风险保障补贴率。如果实际收入低于县农业风险保障收入，那么就启动补贴，补贴率为二者之间的差。补贴率以基准收入的10%为上限，即保障基准收入的76%～86%。

⑦计算农民应得的补贴。用补贴率乘以作物基础面积的85%，即得到农民应获得的补贴金额。

（2）个人农业风险保障补贴。个人农业风险保障补贴与县农业风险保障相似之处是，真实的个人收入低于个人农业风险保障收入的时候，补贴就会启动；与县农业风险保障不同的是，个人农业风险保障无法以单个产品来获得补贴，只能将全部农场作物纳入项目中。

①统计近5年个人农场每种作物单产。如果其中一年的单产低于作物保险中的常规单产水平（T-单产）的70%，那么该年度单产就由T-单产的70%代替。

②统计近5年个人农场上每种作物的全国市场年度平均价格。如果其中一年的全国市场年度平均价格低于该作物的参考价格，那么该年度全国市场年度平均价格就由参考价格代替。

③求每种作物收入的奥林匹克平均值。将①和②中计算出来的两个数字相乘，得到农场上播种的每一种作物的收入，然后对近5年的作物收入求奥林匹克平均。

④计算基准收入。对每种作物的平均ARC收入求加权平均。加权平均过程中，所用的权重基于每种作物的种植面积。

⑤计算县农业风险保障收入。基准收入乘以86%得到县农业风险保障收入。

⑥计算个人实际收入。实际平均单产乘以作物年度中市场年度平均价格和营销援助贷款利率较高的那一个。

⑦计算个人农业风险保障基础面积补贴率。如果实际收入低于个人农业风险保障收入，那么就启动补贴，补贴率为二者之间的差。补贴率

以基准收入的10%为上限，即保障基准收入的76%～86%。

⑧计算个人应当获得补贴。农场基础面积乘以65%之后，再乘以基础面积补贴率，即得到个人应当获得多少补贴。

4. 美国经验对中国的借鉴意义

新疆棉花的目标价格补贴政策学习了美国LDP补贴的运行方式，但是在政策目标和行政成本上有重大差异，具体而言，美国目标价格政策制定和执行中的主要经验有以下几点：

美国目标价格政策的重要特征是反周期，主要目的是帮助农民抵御市场风险，农产品的目标价格是根据其长期趋势确定的。美国的目标价格政策的重要特征是反周期，主要目的是帮助农民抵御市场风险。探索农产品价格形成机制，保证农民收入，稳定农产品生产等并非美国目标价格政策的主要目的。美国农业支持政策的总体趋势是减少市场干预，保证农民收入则主要通过收入转移等政策；稳定农产品生产主要通过加强科技投入、增强基础设施建设、保护资源环境、农业保险等政策来实现。目标价格政策在美国整个农业支持政策体系中的地位较低，所起的作用有限，主要起政策补充作用。另外，美国农产品的目标价格是根据其长期趋势确定的，具有鲜明的反周期特征，由于该政策并未承担保障农民收入的重任，因此目标价格定得比较低，且可以根据市场价格进行波动；但假若目标价格政策还肩负保障农民收入的重任，则目标价格必须远远高于农产品价格变动的长期趋势，这样会提高政策的财政支出，存在较高的财政风险。

美国补贴的行政成本低，而中国的目标价格政策运行的行政成本很高。主要是出于以下几点原因：第一，美国的农户信息记录准确完善，监管到位，而中国农户的信息记录与监管十分困难。2002年美国领取LDP补贴的棉花农场一共只有1 200个，平均面积超过1 000亩，监管容易，而新疆的主要产棉县有63个，棉农共有110万户，其中大部分是中小户，平均面积低于100亩，因此在中国建立一个准确的农户数据库是重大挑战，需要耗费大量人力物力；第二，美国棉花的公检制度比中国的运行成本低。美国棉花总产量与新疆的年产量相当，但新疆的公检仓库数量只有不到100个，而美国的公检仓库数量是480个，因此美国农场主在公检仓库排队等待和运输到公检仓库的平均成本比新疆低；第三，美国棉农领取补贴的手续简单，资金发放及时。美国棉农首先向农业部申请备案农场信息，如果补贴资格获得批准，在市场价低于贷款率时就可以直接从商品信贷公司领取补贴。相比之下，新疆的目标价格补贴手续复杂，资金兑付拖得时间长，补贴款首先由中央发放给自治区，而后经过州、县、乡三级政府才可发放到农户手中。在农户最需要用现金的收获季节，补贴款还没有到位，给农户资金周转带来困难。有一些地区由于没有银行或信用社，村委会甚至还需要从乡里领取现金发放给农户，资金发放就又耽误了至少一周的时间；第四，最后一点也是很关键的一点，美国农业部的商品信贷公司既是棉花种植贷款单位，又是补贴款的直接发放单位，通过直接监管对农户贷款的使用，并与农业部备案的公检仓库储存信息和销售信息进行比对，可以对棉花生产和销售进行监管，有效防止了“转圈棉”的问题。而新疆的农业发展银行尽管同时对农户和对轧花厂发放贷款，从理论上讲可以对农户的生产、轧花厂的籽棉收购和皮棉生产进行对比和监管，但是中国的目标价格政策并未赋予农业发展银行相应的监管权力，所以并没有机构对“转圈棉”实施真正有效的监督。

中国的目标价格政策在补贴方式上更接近于 PLC 政策，但是财政成本更高。因为中国的目标价格水平 19 800 元/吨是在国际棉价处在历史高位时制定的，而国际棉价的历史平均价格仅为 14 000 元/吨左右。现在中国的棉价正在逐渐与国际接轨（图 1），长期来讲价格会有回归到历史平均水平的趋势，中国政府如果不对目标价格水平做出修正，财政负担会随着国际棉价的下跌而加重。相比之下，美国在 1996—2013 年运行 PLC 补贴的 17 年中，有五年时间该补贴没有启动过（1996、1997、2011、2002、2013 年）。在启动的年份中，PLC 补贴占直接支付的比例也极低，平均只占农业总补贴的不到 10%。同时，尽管 PLC 补贴覆盖了 15 种农作物[①]，启动过 PLC 补贴的作物只有 5 种。因此对美

① 2014 年农业法案中价格损失保障补贴涵盖的农作物包括：小麦、玉米、高粱、大麦、燕麦、中长粒大米、温带粳米、大豆、其他油料作物、花生、干豆、扁豆、小鹰嘴豆、大鹰嘴豆。2014 年之前的反周期补贴还包括高地棉。

国来讲，PLC 补贴的财政负担是很低的。

农业风险保障补贴避免了由于地区差异而导致的补贴不公平，财政负担较低。县农业保障政策的行政成本和财政成本都较低，因为是以县为单位进行统计和补贴发放的，只要县里当期的收入水平达到补贴的要求，该县参加农业风险保障补贴项目的农户就可以得到补贴。这个方法可能对中国的目标价格有借鉴意义，因为中国以分散的小农家庭经营为主，如果以单个农户为基础进行补贴，则统计过程会极其繁琐。对美国来说，由于农业经营以大农场为主，信用系统发达，登记和监督工作的成本较低，而中国的相关成本非常高，以农户为基本单位进行补贴计算和监督是非常昂贵的。

（二）韩国

1. 大米收入差额补贴

2005 年韩国制定《大米收入补偿法案》，对大米开始实行目标价格制度，即大米收入差额补贴（Rice Income Deficiency Payment，简称 RIDP）。补贴包含固定支付（Fixed Payment）和可变支付（Variable Payment）两部分。该政策的运行机制是：首先政府设定一个目标价格，如果市场价格小于目标价格，政府兑付固定支付；如果固定支付达不到市场价格和目标价格差值的 85%，政府再兑付可变支付；但如果固定支付超过了 85%的差值，则不再兑付可变支付。

韩国大米补贴中的固定支付相当于中国目标价格政策中的面积补贴，不同点是，韩国使用的是历史面积和基年全国平均单产进行支付，即使当年农民没有种大米，也可以得到固定支付，而中国用的是现在种植的实际面积。获得固定支付的条件是农户 1998—2000 年期间在政府登记的耕地里种植水稻，土壤维护良好且没有杂草。固定补贴金额的计算公式是：

$$固定支付金额 = 固定支付标准 \times 基年面积$$

其中，基年面积是 1998—2000 三年中大米种植面积大于 0.1 公顷的土地面积。固定补贴支付标准是根据基年农户种植面积和基年全国平均单产算出的单位补贴值。[①]

可变支付取得补贴的条件是必须当前在政府登记的耕地里种植水稻，杀虫剂残余量控制在国家要求的范围内，并且要使用推荐的化肥，支付标准根据市场价与政府目标价之间的差额再乘以耕种面积来计算。计算目标价格用的是过去三年收获后 10 月 1 日到 1 月 31 日的平均价格。可变支付金额的计算公式是：

可变支付金额＝{（目标价格－市场平均价）×0.85－固定支付标准}×当前产量

因此，固定支付与当前的市场价格、产量或种植面积无关，因此对大米生产影响不大；而可变支付与当前的市场价格、产量和市场价格相关，因此对于大米生产具有较大影响（OECD，2008）。

2. 韩国经验对中国的借鉴意义

韩国的目标价格补贴在农业补贴中的占比很小并呈连年下降的趋势，在农户收入组成中的占比也非常小，因此给国家造成的财政负担较轻。但是该政策有如下问题受到批评：①因为固定补贴额是根据历史面积算的，只要超过 0.1 公顷的都会得到补贴，阻碍了土地向大地主的转移；与其他法案（比如鼓励农民早退休）想要推动大规模农业的目的相冲突。②管理和监督复杂且分散，管理机构分为中央和地方，土地是否符合领取补贴的标准由多家不同的机构管理（农村和农业联合会关水稻田的形状维护，农业技术中心检查土壤，国家农产品质量管理中心检查化肥，地方政府负责发放，中央政府负责计划下达和资金支持），有学者建议应该提高中央化程度，建立类似英国的农业支付委员会的机构（Lim，2007）。③农户层面数据库不完善：稻农的种植历史、农田管理需要准确登记，防止重复性补贴。④缺乏事后管理和评估系统。

韩国的经验对于中国的目标价格政策有一定的借鉴意义，因为两国面临许多类似的问题，比如大量中小农户的存在导致收集农户数据的任务变得非常困难，种植历史的准确记录更加困难，而且两国的补贴发放

① 根据基年面积和基年全国平均单产算出的单位补贴值是一致的，比如在 2005 年，固定补贴支付标准为 60 万韩元/公顷，或者每 80 千克大米 9 836 韩元。

管理都是通过中央和地方的协作共同进行。韩国通过将固定支付与可变支付捆绑使用，降低了补贴发放的成本，因为固定支付与历史面积相关，不用每年量一次土地面积；而可变支付尽管和当前的市场价格与产量挂钩，但是可变支付标准是在减去固定支付标准的基础上进行的，使得补贴标准大大降低了，因此对于农作物生产的影响也会相对较小。

六、结论与政策建议

（一）总体结论

本研究认为目标价格政策主要有以下几个积极作用：

首先，目标价格政策完善了棉花市场价格的形成机制。随着2014年棉花目标价格政策的实施，短短一年时间内，中国棉花价格逐渐回归市场并与国际棉价接轨，棉花的“政策市”已消失，市场重新主导棉花价格。在过去的临时收储制度下，高昂的用棉成本伤害了棉纺织厂等下游用棉单位的国际竞争力。棉花市场价格机制的形成与完善，将使中国棉花下游产业能够更好地按照市场供需调整自己的发展。

其次，目标价格政策保护了农民利益。在2014年取消临时收储政策之后，如果新疆未启动棉花目标价格试点政策，则将近1/3的棉农面临严重亏损局面，平均每亩亏损额高达580元，将会导致农户无法按时还贷款。目标价格政策试点的实施对于新疆棉农来说无异于雪中送炭，保护了其利益。

第三，目标价格政策稳定了棉花生产。目标价格政策调动了农民的种棉积极性，使得棉花的种植面积稳中有升，稳定了棉花生产。如果没有目标价格政策，有超过一半的农户将减少棉花种植面积。

第四，目标价格政策有利于提高棉花的单产和质量。对产量进行补贴可以吸引农户增大对种植的投入，调动种地能手的种地积极性。另外，农户将会更关注棉花质量，因为高质量的棉花价格高，如果启动目标价格政策，农户预期获得的补贴额也会更高，这有助于棉花质量的提升。

第五，目标价格政策有助于摸清中国的农业家底。在政策执行过程中，地方对农作物种植面积进行了系统性的核查，可以为农产品生产提供质量更高的数据，有助于政府制定更有针对性的农业政策。

本研究认为目标价格政策达到了预设目的，但同时也存在很多问题：

第一，目前政策试点确定的目标价格高，财政成本与风险很高。目标价格水平的确定根据的是“成本加基本收益”的方法，随着农产品生产成本的不断上升，农产品成本“地板”不断上升，目标价格水平也必定会水涨船高。但同时棉花的国际价格却在从高位回落，有向历史平均水平回归的趋势。根据目前的目标价格定价水平，2014年在新疆的补贴额就会达到260亿元左右。国际市场价格波动较大，如果2015年棉价进一步下跌，政府可能面临较大的财政风险，政府的财政支出有可能比临时收储的补贴还高。中国许多农产品的生产成本都已高于国际市场价格，如果将目标价格政策推广到其他农作物，政府的财政负担将会极为沉重，并面临着较高的财政风险。

第二，目标价格的行政成本很高。目标价格政策在落实测量棉花种植面积过程中，需要动员各级政府的大量工作人员参与，基层干部的面积核查时间耗时长达两个半月，实地测量成本、交通费用和农户的时间成本等的总和至少有5.4亿元。地方农业部门自己人手不够，还需要另外雇人。如果每年测量一次种植面积，将会给地方政府带来沉重的工作压力和财政负担，而且会导致他们将过多的精力转向测量棉花种植面积上来。新疆地广人稀尚且如此，如果将政策推广到其他人多地少的省份，则行政成本将更加高昂。

第三，目标价格政策的制度设计存在难以修补的漏洞，会滋生“转圈粮”、“转圈棉”等腐败问题。核实农户的实际交售量很困难，因为没有有效措施防止轧花厂虚开发票。公检仓库的监管不到位，无法真正防止“转圈粮”、“转圈棉”的问题。

第四，试点目标价格补贴对于其他粮食作物的种植有负面影响，甚至会鼓励开荒。由于新疆大部分的土地已经种上了棉花，想要扩大棉花种植面积，就必须要进一步减少其他作物的种植，或者是继续开荒，把棉花种植扩大到不宜耕土地上，造成生态环境恶化。如果将目标价格推广至粮棉油糖等重要农作物，使这些农作物平等地享受补贴政策，由于粮棉油糖的播种面积占总播种面积的 80%，且耕地面积是有限的，则种植面积将很难继续增加，目标价格政策鼓励生产的作用将失效，只会继续推升农作物的生产成本。

第五，目标价格政策可能会激发干群矛盾，影响社会稳定。在面积核查中，我们发现有将近 1/5 的农户对于面积测量结果不满意，还有个别土地租户由于和出租者的土地纠纷而无法按时足额领取到补贴。因此，目标价格政策有可能激化干群矛盾，引发社会稳定问题。

（二）政策建议

鉴于目标价格政策试点改革在推行中存在着较为严重的问题，我们认为推行目标价格政策应慎之又慎，具体建议如下：

第一，实行目标价格政策要慎重。从国际经验来看，当前世界上仅有美国和韩国的目标价格政策和中国的制度设计类似，并且仍然在大范围实施，欧盟和日本等国的目标价格政策规模很小而且补贴方式有很大不同。但是即使对美韩两国来说，目标价格补贴的规模越来越小，地位在逐渐降低，同时农业保险的地位在逐步提高。尤其在美国，农业保险的重要性已经远远超过了目标价格政策。从财政成本来看，由于国际粮食价格波动巨大，长期来讲有回归到历史平均水平的趋势，因此我国农产品价格面临着固化的“天花板”，同时近年来中国的农产品成本上升很快，农产品价格的“地板”却不断地上升。随着“天花板”和“地板”之间的距离逐渐缩小，要想通过目标价格政策来保障农民收入，会产生极高的财政成本和风险。

第二，解决粮食安全问题可能有比目标价格政策更好的办法。农业生产力的提高归根结底是科技水平的提高，而中国每年的科技投入只有 250 多亿元，只相当于新疆执行一年目标价格的财政成本。另外，中国的农业基础设施投入也不足。只有通过提高科技生产力，改善农业基础设施，才能降低农产品每千克的生产成本，从根本上解决农产品成本（“地板”）上升的问题。

第三，要保障农民收入增长，应该有更广阔的思路。首先，可以通过加速城镇化，积极增加非农就业来转移农村劳动力；其次，通过提高农村人的教育水平来加强人力资本的建设；第三，对于留在农村务农的人，可以通过促进土地流转来扩大农户的经营规模来提高他们的收入；此外，对于那些很难分享城市化利益，又难以扩大生产规模的农户（主要是贫困农户），可以通过收入转移等办法扶贫，从而直接提高财政扶贫的效果。以上几个措施的搭配使用在提高农民收入的同时兼顾效率和公平，不失为目标价格政策的有效替代。

如果未来国家要继续推进目标价格政策的实施，必须要在政策制定上加强研究工作。我们有如下建议：

第一，建立目标价格补贴专项基金。由于目标价格政策一旦启动就会造成高昂的财政成本，而国家只有到了年末采价期结束后才会知道具体的财政成本是多高，因此国家在年初时应做好财政预算，建立目标价格补贴的专项基金。

第二，建立充足且稳定的政策执行队伍。由于目标价格政策在执行过程中需要投入大量的人力，因此需要建立一支充足、稳定的专业队伍，但地方上现在没有专门的人员配备，只能从各个部门抽调人手，不仅消耗了大量人力物力，而且影响了地方上的其他工作。如果未来地方上出现自然灾害，社会动乱等问题，地方的工作重心转移，则面积核实工作将不可能进行。但是我们也要看到建立一支专门的干部队伍会产生其他的问题。比如，面积的核查工作只需要两个半月，此外的大半年里这些干部需要安排其他的工作。再者，建立专业队伍还面临国家限制政府规模扩大的制约，国家很难增加人员编制。一个解决方式是可以采用社会化的服务方式，外包给金融机构或者咨询公司等社会团体来做目标价格的面积核查工作。但这种方法需要建立有公信力的机构，在当前中国市场上缺乏能够承担此项任务的组织或机构，现实和理想还存在一段不小的距离。

第三，健全农业保险制度。就对抗波动、稳定农产品生产而言，农业保险是最佳手段。美国新农业法案在农业风险管理方面加大了投入，尤其是，农业保险制度的调整对我国相关政策有一定的启示。首先，农业部门要制定针对各个农业产业的农业保险条例，同时明确界定政府和作物保险公司的作用。其次，基于农业生产经营风险、成本、价格、农民合理收入等指标，制定保险条款、赔付标准等，研发不同种类的作物保险产品，满足不同农民的风险管理需求。第三，继续扩大农业保险补贴规模，增加品种，提高标准，健全管理制度，建立再保险和巨灾风险保险制度。

第四，对于制度漏洞加强监管，解决“转圈棉”的问题。由于金融机构可以对农户贷款和轧花厂贷款进行直接监管，政府可以赋予金融机构更大的监管权力，建立有效的机制防止腐败。

第五，积极搞好干群关系。地方政府需要进一步加强对目标价格政策的宣传解释工作，避免误解，避免增加农民负担，促进政策的顺利实施。

第六，积极使用 GPS 等高新科技手段降低成本。除了以上提到的种种问题，试点的目标价格政策也有一些值得推广的经验。首先，在面积核查中，各村对核查结果进行公示，对于弄虚作假起到震慑作用，利用村民的互相监督来提高面积测量的准确性。其次，领导重视和各部门通力合作对于政策顺利实施起到了积极作用。

（三）研究展望

虽然研究取得了一系列重要结论，相应地给出了政策建议。但还有如下一系列重大问题需要进一步的研究：

第一，确定财政补贴的数额。如果未来要全面推行目标价格政策，一般情况下需要多大数额？如果市场有剧烈波动，最好和最差的情形下又分别需要多少财政支出？财政成本准确科学的评估对于目标价格政策的成功有决定性的作用。

第二，确定补贴原则。目标价格补贴，是应该按照面积、产量，还是面积和产量按照某种比例的混合？如果仅仅用面积补贴，国际经验表明用历史种植面积作为补贴基础可行性较强，因为这样做可以减少市场干预，同时降低测量面积的工作量，但是用历史面积补贴的不利之处是会阻碍土地流转，对于提高农业生产力影响不大。另一方面，如果只用产量补贴，对于棉花等非粮食作物的操作相对容易，但是对于粮食作物的监管将会很困难。比如对于自给自足的人，是应该按照实际产量还是按照交售量来补贴？如果按照新疆试点的做法按交售量补贴，则会变相鼓励农户把所有的粮食都卖掉，然后再回购作为家用。

第三，确定定价原则。目标价格的确定是应该根据“成本＋基本收益”来进行吗？因为随着农产品成本的“地板”不断上升，目标价格的水平也会不断上升，长此以往会对财政形成较大压力。国际经验表明，目标价格的定价原则应该着重于反市场周期从而降低市场风险，而非保障农民收入。我们可以借鉴美国的经验，将目标价格定低一些，基本只起到反周期的作用，并且在大多数年份都不启动。

第四，确定享受补贴的农产品。我们需要确定哪些农产品是有必要采用目标价格的，哪些产品应该采取其他的补贴方式。国家已经决定取消粮棉油糖的最低保护价政策或者国家收储政策，在取消之后是否都要实施目标政策需要仔细斟酌。

第五，确定监管方式。如何加强监管以避免腐败，在制度设计中如何避免农户和厂商的寻租问题将是工作的难点。为了使得目标价格政策的实施更加公平有效，我们需要充分讨论是应该在地方上建立相关的干部队伍，还是利用社会上的其他组织——比如银行等金融机构——对补贴进行监管。

【参考文献】

Lim，S. S. 2007. Decoupled Payments and Agricultural Policy Reform in Korea Decoupled Payments and Agricultural Policy Reform in Korea［C］. In American Agricultural Economics Association Annual Meeting.

Morgan，D.，Cohen，S.，Gaul，G. 2006. Growers Reap Benefits Even in Good Years［N］. Washington Post，July 3.

OECD. 2008. Evaluation of Agricultural Policy Reforms in Korea［R］.

黄季焜. 2014. 推进农业发展与改革：未来面临挑战、当前政策效应和未来改革取向［C］. 清华三农论坛 2015，2014 年 12 月 28 日. 北京：清华大学.

张爽. 2013. 粮食最低收购价政策对主产区农户供给行为影响的实证研究［J］. 经济评论（1）：130－136.

谭砚文 . 2009. 美国 2008 新农业法案中的棉花补贴政策及其启示 [J] . 农业经济问题 (4) .

黄玉杰 . 2006. 美国的棉花补贴政策 [J] . 农业发展与金融 (8): 74 - 76.

徐志刚，刁银生，张世煌 . 2010. 2008/2009 年度国家玉米临时收储政策实施状况分析 [J] . 农业经济问题，2010 (3): 16 - 23+110.

贺伟 . 2010. 我国粮食最低收购价政策的现状、问题及完善对策 [J] . 宏观经济研究，2010 (10): 32 - 36+43.

张爽 . 2013. 粮食最低收购价政策对主产区农户供给行为影响的实证研究 [J] . 经济评论，2013 (1): 130 - 136.

施勇杰 . 2007. 新形势下我国粮食最低收购价政策探析 [J] . 农业经济问题，2007 (6): 76 - 79.

王士海，李先德 . 2012. 粮食最低收购价政策托市效应研究 [J] . 农业技术经济，2012 (4): 105 - 111.

农业部农村经济研究中心 . 2014. 美国 2014 年农业法案的市场化改革趋势及对我国的启示 [R] .

日本农业政策跟踪研究*

世界各国农业及其发展模式受资源禀赋影响具有明显的区域性特征，因经济发展阶段不同，差异性显著。日本是亚洲少数发达国家之一，其农业也没有能够有效突破小农经营的束缚，面临着农业产业比重下降，农业劳动力老龄化，农业土地撂荒以及农村村落衰败等突出问题。为打破这些束缚，日本开展了新一轮农业政策改革，尤其是安倍政权农政改革力度加大，已取得了一定的进展。户均农业经营规模已达2.12公顷，2012年户均农业收入止跌回升，新农业就业人员人数基本维持在年均5万人以上，其中44岁以下新农业就业人数达到30%以上。

中国与日本同处东亚，受人口和自然资源禀赋的制约，在农业经营模式和发展上存在一定的共性，但由于经济发展阶段不同，中日农业之间差异性显著。但在中国经济持续发展背景下，中日之间经济差距在不断缩小，中国的小规模经营农业正在艰辛地转型，中国同样面临着农业劳动力数量不断下降，农业劳动力老龄化加剧和新生代农民工返乡意愿低等突出问题，中国农业面临着未来“谁来种地”和农村社会日益疲惫中的衰败与可否持续等存续问题。

日本农业政策的特征是以国内支持政策为基石，自2000年开始，在农业法律框架下，每5年进行一次总体评估和调整，具有长期连续性和动态适应性的特点。在此背景下，本研究基于日本农业及其发展阶段和特征，在对安倍农业政策改革的背景、内容和成效进行总体分析的基础上，进一步对日本农业政策的重心——农业补贴政策进行了梳理和分

* 本报告获2014年度农业部软科学研究优秀成果三等奖。课题承担单位：中国农业大学经济管理学院；主持人：陈永福；主要成员：蔡鑫、李国景、韩昕儒、麻吉亮。

析。他山之石，可以攻玉。本研究基于对日本农业政策进行跟踪分析和梳理基础上，提炼出其政策改革的要点和本质，以期对中国农业政策改革和发展方向提供借鉴和支撑。

一、日本农业现状和国内支持水平分析

（一）日本农业现状分析

1. 农业发展历程及目标

第二次世界大战（以下简称二战）以后，在农地改革背景下，日本建立了以自耕农为主体的农业经营主体结构；在高度经济增长和工业化时期，如何均衡农业和农业外收入的不均衡成为其农业政策的重要目标；进入 20 世纪 90 年代以后，提高食物的自给率、农业国际竞争力以及确保农业农村可持续发展成为日本食物、农业、农村发展政策的新方向。在上述过程中，一方面，日本农业逐步实现了农业现代化，但也呈现出高成本、高补贴、高价格的“三高”局面；另一方面，随着大米供求出现过剩，农业贸易自由化不断深化。日本食物自给率不断下降，农业在整体经济中的地位也逐步下降，但其对日本政治和社会发展的作用却不容忽视。日本农业发展历程可以分为以下三个阶段：

（1）农业社会阶段（二战之后至 20 世纪 50 年代）。二战前，在日本的 550 万公顷农地中，有 46%是佃作（租赁）土地，550 万农户中有 2/3 是佃农。同时，拥有 5 公顷以上的 10 万户大地主占有佃作土地的 43%，在这 10 万户大地主中有 3/4 为不耕作地主，1/4 为不在村地主。为了实施经济社会的民主化、消灭寄生地主制度以及防止社会主义势力的渗透，在美国为首的占领军的命令和指导下，日本进行了农地改革（1945 年至 1950 年）。改革的内容主要包括：规定每户拥有的佃作土地最多为 1 公顷（北海道 4 公顷），不允许不在村地主拥有佃作土地；规定每户自耕土地最多为 3 公顷（北海道 12 公顷）；把超过上述标准的土地由政府强制收购并卖给佃农。同时，为保障农地改革的实施，把各市町村农业委员会进行民主化，委员任命从知事（地方首长）任命制改为选举制。由于1945年至1950年间通货膨胀严重，收购土地价格固定，而卖给佃农价格非常低，所以土地几乎相当于无偿赠与。农地改革的结果是政府共收购土地174万公顷，被收购土地的地主户数达176万户，得到土地的农户达475万户，使得佃作土地比例下降到10%以下，日本农村成为了自作农的天下。为了避免再次出现佃作制度，把农地改革成果永久化，把农地改革关联法案（农地调整法、创立自作农特别措施法以及相关政令）整合为一体，日本于1952年制定了农地法，建立了严格的土地管理制度，对农地买卖、权力流转、土地非农转用做出了严格的限制，形成了分散的小农经营格局。

总体而言，日本农地改革对于日本农业的变革意义重大，极大地推动了农户的农业生产积极性。日本农地法的制定以中央集权型统一管理制度形式维护了自作农的利益，这对于确保当时日本粮食供给做出了重大贡献。

（2）工业化时代（20世纪60年代至80年代）。20世纪60年代，日本进入以重工业为先导的经济起飞阶段，农业劳动力快速、大规模地向城市和二、三产业转移，农业经营由专业经营为主逐渐转变为兼业经营为主，农民收入则演变为以兼业收入为主。这期间日本政府对农业贸易自由化进行了一系列的让步，1960年121个产品实现贸易自由化，并于1964年加入OECD，农产品开始大量从海外进口。但这期间日本对本国的农业支持政策开始抬头并日趋严重，农业逐步呈现出高成本、高补贴和高价格的特征。

（3）全球化时代（20世纪90年代至今）。20世纪90年代以后，日本政府持续采取了一系列农业支持政策（国内支持、高关税等），以保护本国农业的发展。但伴随日本食物消费结构的变化，农业自身出现了“三高”特征，农产品市场面临来自国际市场的不断冲击，日本日益演变成为农业净进口国。进入21世纪以后，农产品进口不断增加，农户数量急剧减少，荒地废耕现象大量出现，粮食自给率不断下降，到2010年自给率（以热量大卡计算）下降为39%（日本农林水产省，2011）。

在新的历史背景下，针对农业后继无人，耕地撂荒严重的局面，

2011年日本政府提出了重构日本农业的行动计划。该计划内容主要包括：提高粮食自给率；实现农业可持续发展，增加新务农人员和扩大经营规模；实现农业的六次产业化、成长产业化和流通效率化；促进农山渔村对能源生产的运用；重建林业、水产业；构建耐震的农业基础设施；推进应对原子能灾害措施等。通过该行动计划的实施，如果日本实现了该计划的预期目标，即80%以上经营体经营规模在10或20公顷以上，那么日本农业在整个亚洲农业中的国际竞争力将不容忽视。

2. 农业生产情况

农业在经济中的地位。日本农业总产值占国内总产值比重和农业劳动力占劳动力市场的比重均持续下降。1995年前者比重为1.73%，后者比重为5.7%，到2012年，前者比重已下降到1.18%，后者比重仅为3.7%（图1）。

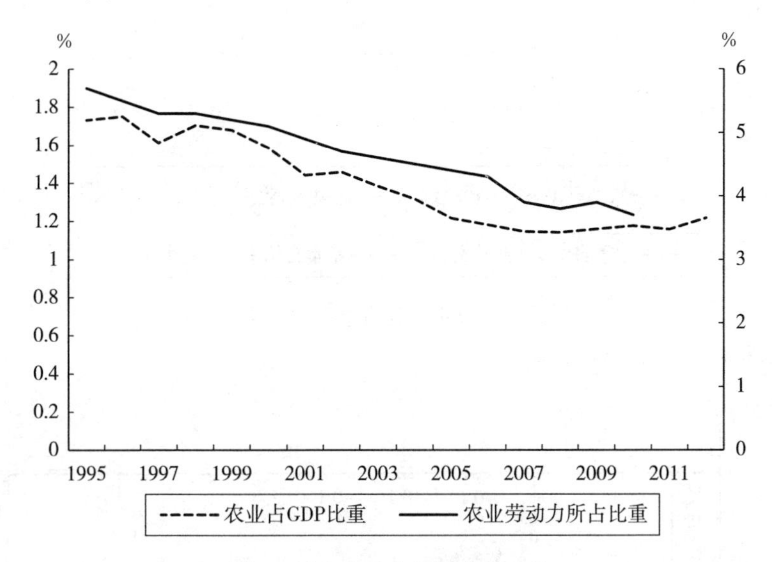

图1　日本农业在经济中的地位

资料来源：世界银行（The World Bank）。

食物自给率。20世纪90年代，日本食物自给率（按热量卡路里计算）已经低于50%，成为发达国家经济体中，自给率较低的国家之一；到2010年，其自给率更是下降到39%（图2）。作为在日本农业中占重要地位的大米，也从自给有余降至自给率不足（2010 年自给率为 98%）。尤其是鉴于其在乌拉圭回合的承诺，如果日本不实施大米转作其他作物的计划，导致大米仍为过剩，那么日本 2000 年以后每年必须以零关税最低进口 76.7 万吨的大米，这也是导致其自给率低于 100% 的原因。从图 3 各农产品自给率的变化可以发现，除大米和油脂外，其他农产品的自给率均呈下降趋势。导致自给率下降的重要原因是种植面积与产量的下降，如表 1 所示，2008—2011 年，除小麦、荞麦、饲料用米、油菜、面粉用米的播种面积略有增加，其他农作物的播种面积都有不同程度的减少，但大米的播种面积仍占主导地位。

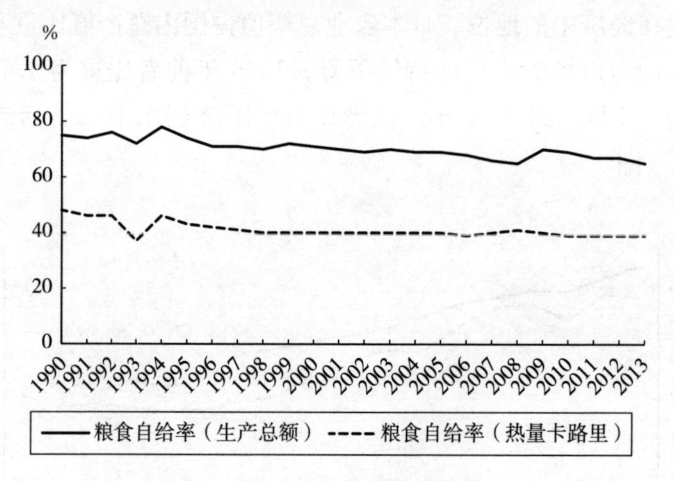

图 2　日本食物自给率的变化

资料来源：日本农林水产省。

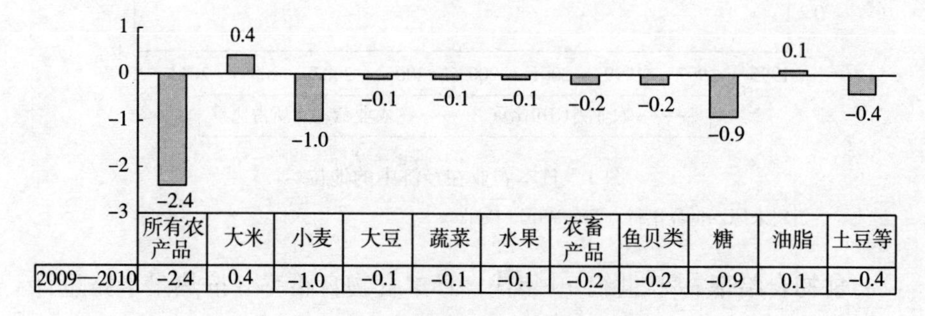

	所有农产品	大米	小麦	大豆	蔬菜	水果	农畜产品	鱼贝类	糖	油脂	土豆等
2009—2010	-2.4	0.4	-1.0	-0.1	-0.1	-0.1	-0.2	-0.2	-0.9	0.1	-0.4

图 3　日本各种农产品食物自给率

资料来源：《日本农业白皮书》（2011 年）。

表1　日本农产品播种面积及占耕地面积的比重

单位：万公顷，%

种类	2008年		2009年		2010年		2011年	
水稻（除面粉、饲料用米）	162.5	35.11%	161.7	35.08%	162.3	35.34%	156.9	34.41%
蔬菜	43.8	9.46%	43.6	9.46%	43.2	9.41%	—	—
水果	25.5	5.51%	25.1	5.45%	24.7	5.38%	—	—
小麦	20.9	4.52%	20.8	4.51%	20.7	4.51%	21.2	4.65%
大豆	14.7	3.18%	14.5	3.15%	13.8	3.00%	13.7	3.00%
马铃薯	8.5	1.84%	8.3	1.80%	8.3	1.81%	7.8	1.71%
甜菜	6.6	1.43%	6.5	1.41%	6.3	1.37%	6.1	1.34%
荞麦	4.7	1.02%	4.5	0.98%	4.8	1.05%	5.6	1.23%
甘薯	4.1	0.89%	4.1	0.89%	4	0.87%	3.9	0.86%
甘蔗	2.2	0.48%	2.3	0.50%	2.3	0.50%	—	—
饲料用米	0.1	0.02%	0.4	0.09%	1.5	0.33%	3.4	0.75%
油菜	0.1	0.02%	—	—	0.2	0.04%	0.2	0.04%
面粉用米	0	0	0.2	0.04%	0.5	0.11%	0.7	0.15%

资料来源：农林水产物输出入概况，2011年（平成23年）确定值。

分品种农产品。自1960年以来，大米生产占农产品总产值的比重呈下降趋势，由1960年的47%降为2010年的19%；蔬菜产值所占比重增幅较大，由1960年的9%增加到2010年的28%；水果产值所占比重经历80年代的下降后，近十年来也呈增长态势，2010年所占比重为28%；畜产品所占比重由1960年的18%增加到2010年的31%（图4）。总体来说，农作物产值所占比重呈下降趋势，但蔬菜、水果及畜产品所占比重呈增加趋势。

3. 农产品消费情况

家庭食品消费支出。自2000年以来，日本两人以上家庭的食品消费结构发生了较大的变化。与2000年相比，2013年大米消费减少31%，鱼贝类减少29%，水果减少15.6%，蔬菜减少9%，蛋奶减少

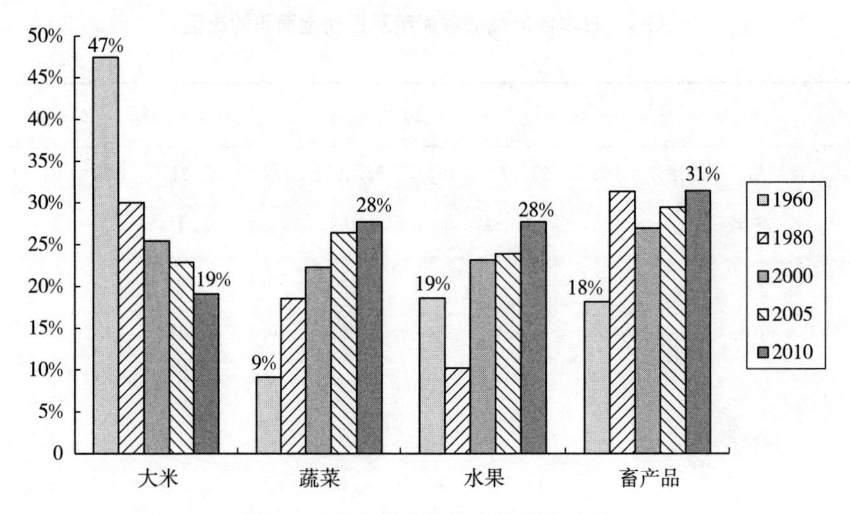

图 4　日本各类农产品产值所占比重

资料来源：日本农林水产省。

10%左右，酒精饮料减少 13.4%，在外消费减少 4.6%；烹调食物消费增加 5.4%，饮料消费增加 13.1%，调味品消费增加 0.5%（图 5）。

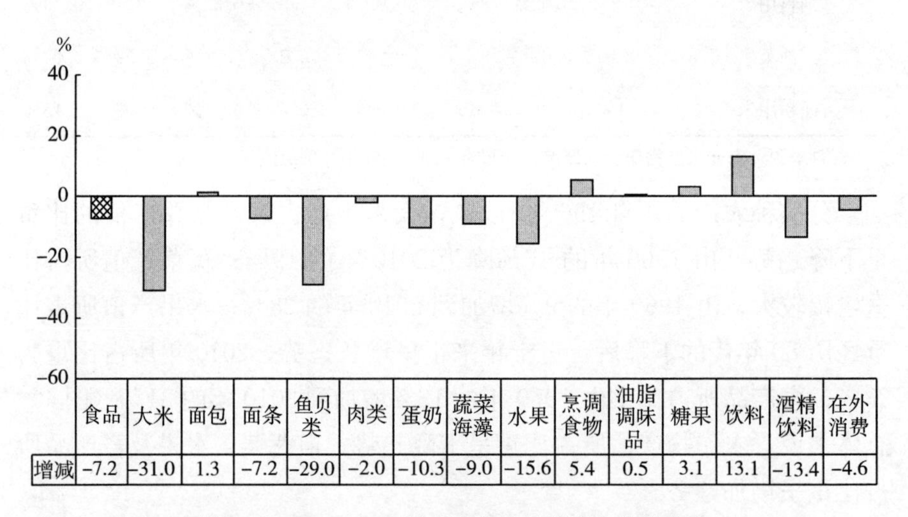

	食品	大米	面包	面条	鱼贝类	肉类	蛋奶	蔬菜海藻	水果	烹调食物	油脂调味品	糖果	饮料	酒精饮料	在外消费
增减	−7.2	−31.0	1.3	−7.2	−29.0	−2.0	−10.3	−9.0	−15.6	5.4	0.5	3.1	13.1	−13.4	−4.6

图 5　2000—2013 年日本家庭食品消费支出的变动

注：调查对象为两人或两人以上的家庭。1995 年农林渔业家庭除外。

资料来源：总务省部《家庭收支调查报告》。

家庭消费支出类别。对 2013 年日本两人以上家庭的食品消费结构进行细分可以发现，大米消费占食品消费比重很低仅为 3.3%；加工食品和生鲜食品所占比重较大，分别为 49.1%和 25.1%；其次是在外消费，占 17.2%；烹调食物占 12.3%，饮料、酒精饮料占 10.4%（图 6）。

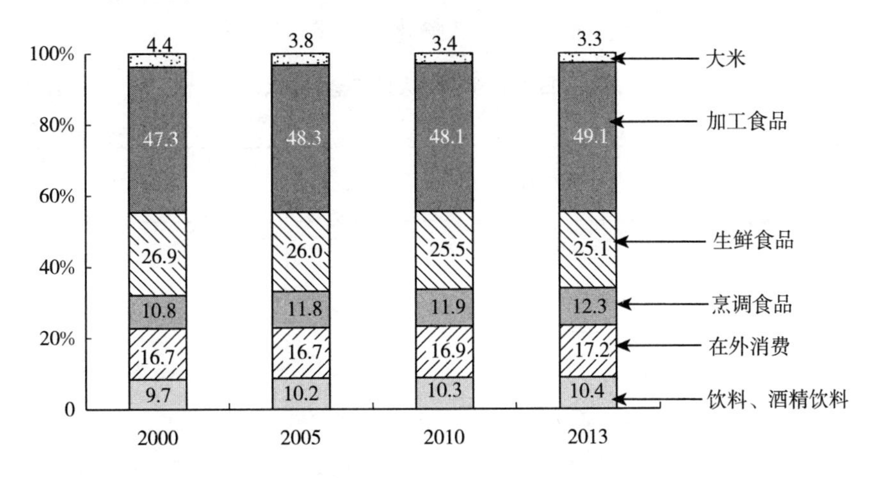

图 6　家庭消费支出类别及占食品消费支出的比例

注：①调查对象为两人或两人以上的家庭。1995 年农林渔业家庭除外。

②生鲜食品包括海鲜、鲜肉、鸡蛋、鲜蔬菜、新鲜水果；加工食品包括大米、除新鲜外食物（鱼贝类、肉类、乳制品、蔬菜和水果）、烹调食物、在外消费、饮料（酒精饮料除外）。③数字进行四舍五入，总数可能不匹配。

资料来源：总务省部《家庭收支调查报告》。

4. 农业劳动力与经营结构

务农人口规模不断收缩。随着二、三产业的快速发展，日本农村劳动力大量流向城市，农村务农人数急剧减少。1960 年日本务农人口为1 454万人，2011 年务农人口仅为 260 万人（总人口 1.278 亿），平均年龄 65.9 岁；2010 年新增务农人员约 5.5 万人，其中 39 岁以下约有 1.3 万人。根据不同地域类型划分的农业就业人口主要包括：市区农业人口 57.4 万人，平地 99.5 万人，半山地 76.3 万人，山地 27.4 万人（表 2）。与 2000 年相比，市区农业人口减少 36%，平地农业人口减少 32%，半山地农业人口减少 33%，山地农业人口减少 32%。

务农人口呈老龄化趋势。日本农业人口老龄化程度不断加大。2010

年日本农业人口老龄化率（农业劳动力中65岁以上所占比重）为61.6%，较2000年（52.9%）有明显的增加。其中，市区农业人口老龄化率为62%，平地农业人口老龄化率为57%，半山地农业人口老龄化率为65%，山地地区农业人口老龄化率为69%（表2）。

表2 日本农业就业人口与老龄化率

单位：万人，%

	2000年	2005年	2010年
市区	89.12	76.01	57.42
	(51.6)	(56.9)	(61.9)
平地	145.65	128.05	99.50
	(49.9)	(54.6)	(57.0)
半山地	114.41	96.64	76.29
	(55.3)	(61.3)	(64.8)
山地	39.94	34.56	27.36
	(59.7)	(65.2)	(68.9)
合计	389.12	335.26	260.57
	(52.9)	(58.2)	(61.6)

注：括号内为老龄化率。

资料来源：农林水产省。

农业经营主体及公司状况。日本农业经营结构中依然是以农户为主体，其数量为284.8万户，农业以外销售经营主体数量为13 742个，且农业公司数量已经超过万家，其中农业生产公司占主导地位（图7）。农户离农退休使得农业后继无人的状况不断恶化，日本政府正大力推动农业经营主体的变革。近年来，日本农业经营结构正在发生较大变化，一方面，专业农户、准专业农户及兼业农户数量减少（图8）；另一方面，以村落为单位的组织化经营（村落经营）、农业公司数量呈递增态势。

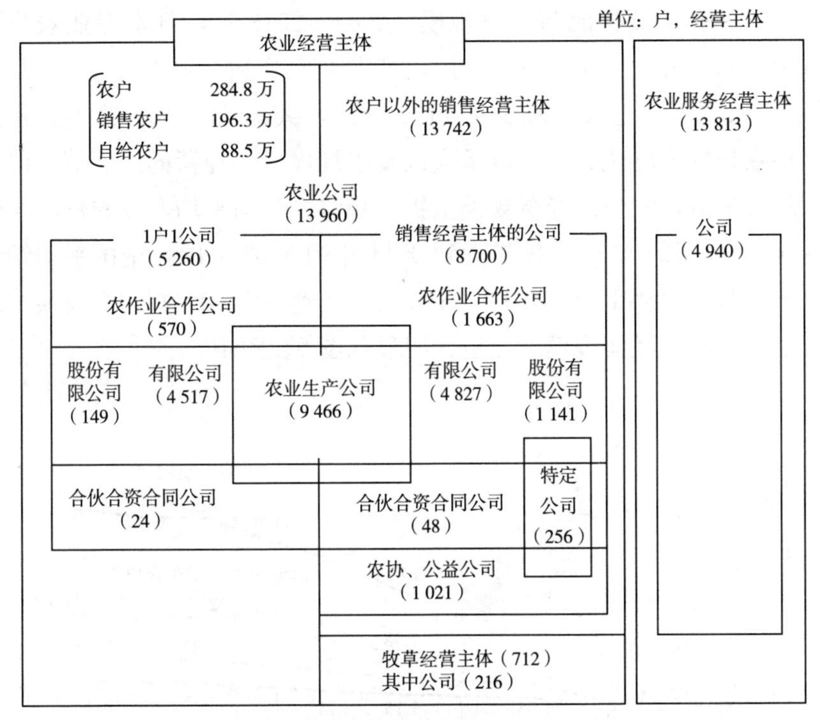

图7　日本农业经营主体和公司状况

资料来源：2005年农业普查资料（日本农林水产省）。

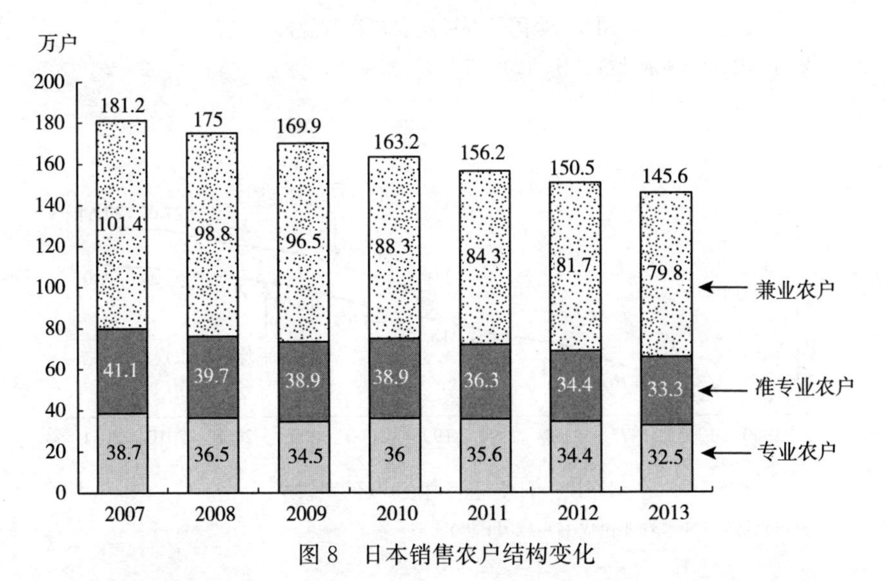

图8　日本销售农户结构变化

资料来源：日本农林水产省。

日本务农人员构成与经营规模。2007—2013 年，日本专业农户数量减少了 6.2 万户，减幅 16.02%；准专业农户数量减少了 7.8 万户，减幅 18.98%；兼业农户减少了 21.6 万户，减幅 21.3%。这主要是因为销售农户的老龄化、缺乏继承人以及小规模村落经营的发展等。但从长期趋势来看，农户的经营规模呈扩大趋势：全国平均专业农户的经营规模从 1995 年的 3.23 公顷扩大到 2011 年的 5.05 公顷，全国平均销售农户的经营规模从 1960 年的 0.88 公顷扩大到 2011 年的 2.02 公顷；北海道地区的农户经营规模变化更为明显（图 9、图 10）。

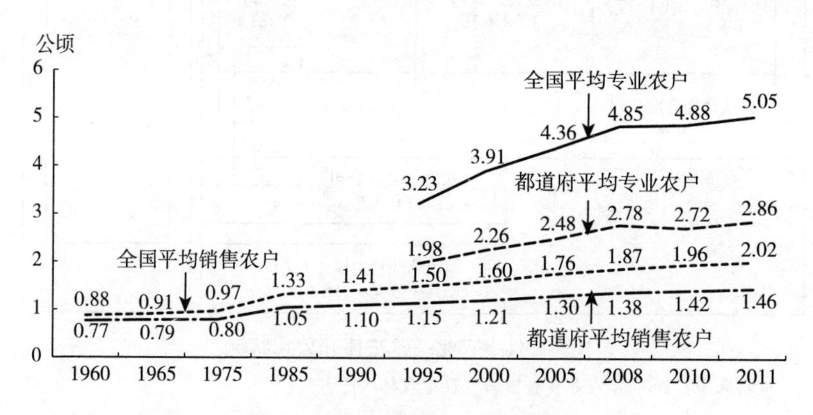

图 9　全国及都道府农户经营规模

资料来源：《日本农业白皮书》（2011 年）。

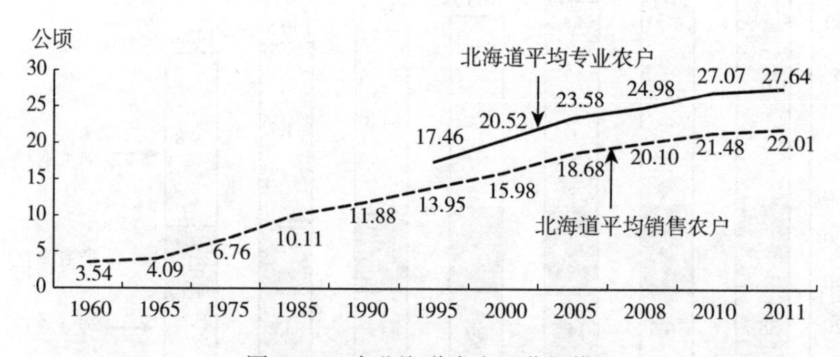

图 10　日本北海道农户经营规模

资料来源：《日本农业白皮书》（2011 年）。

表 3　日本村落农业经营组织设立数的推移

时　期	设立数	设立总数
1983 年以前	1 802	1 802
1984—1988	525	2 327
1989—1993	567	2 894
1994—1998	932	3 826
1999—2003	1 525	5 351
2004—2008	6 736	12 087
2009—2014	2 624	14 711

资料来源：日本农林水产省村落经营实际调查的结果（2012 年）。

截至 2014 年，日本村落农业经营组织（以下简称“村落经营”）数为 14 711 个，比 2013 年增加了 77 个。在农户劳动力不断退休背景下，村落经营作为农业经营主体的作用越来越重要（表 3）。因此，日本政府正大力推动村落经营公司化，从村落经营转为公司可以获得 40 万日元补贴并可以获得研修补贴。而转为公司的优势在于，可以通过编制财务报表加强公司的管理，改善其在金融机构的信誉，确保人才对经营管理的理念渗透等，以提高其经营业绩。当然，对政府而言，因其财务状况易把握，可以征收更多的税收。

农业公司的数量从 1985 年的 3 168 家增加到 2011 年的 12 052 家，发展迅速。这与 2009 年修订农地法有关，即允许在满足一定条件下，一般公司可以通过租赁农地形式进入农业。截至 2012 年 3 月，日本共有 838 家一般公司进入农业。

5. 土地利用

耕地面积减少。日本耕地面积的减少导致了粮食自给率的不断下降。耕地面积由 1961 年的 609 万公顷减少到 2013 年的 453.7 万公顷，2010 年耕地利用率为 92.2%，比 2009 年增加 1%，2011 年人均耕地面积为 2.27 公顷。

耕地撂荒严重。随着日本农业人口老龄化和工业化的加剧，农业撂荒地[①]的数量不断增加。撂荒地面积由 1975 年的 13.1 万公顷增加到

① 撂荒地是指过去一年多没有种过作物，且在未来几年也没有耕地打算的耕地。

2010 年的 39.6 万公顷，撂荒比例由 1975 年的 2.7%增加到 2010 年的 10.6%（图 11）。

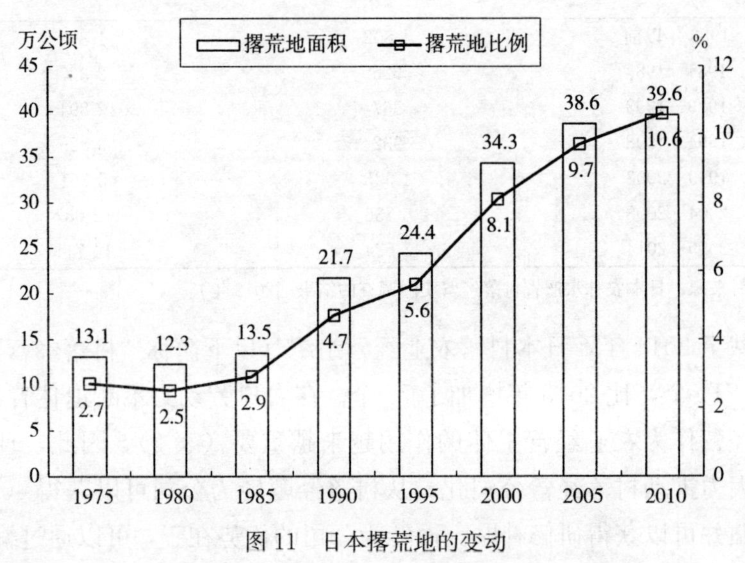

图 11　日本撂荒地的变动

注：撂荒地比例=撂荒地面积/（经营耕地面积+撂荒地面积）×100。

资料来源：日本农林水产省。

不同类型的农户撂荒地面积有较大的差异：专业农户撂荒地的面积从 1990 年的 3.2 万公顷增加到 2010 年的 18.2 万公顷；准专业农户撂荒地面积变化不大，由 1990 年的 3.6 万公顷增加到 2000 年的 4.1 万公顷，到 2005 年又缩小到 3.4 万公顷；兼业农户撂荒地面积从 1990 年的 4.5 万公顷增加到 2005 年的 7.7 万公顷；自给农户撂荒地的面积从 1985 年的 1.9 万公顷扩大到 2010 年的 9 万公顷；持有土地的非农户撂荒地面积从 1985 年的 4.2 万公顷扩大到 2005 年的 16.2 万公顷。总体来看，撂荒地面积呈不断扩大趋势（图 11）。

根据不同地域类型划分可以发现，四种不同地域类型的撂荒地面积均呈扩大趋势。市区农地中撂荒地面积从 1995 年的 4.5 万公顷扩大到 2005 年的 8 万公顷，平地地区撂荒地面积从 1995 年的 6.7 万公顷扩大到 2005 年的 9.8 万公顷，中间地区撂荒地面积从 1995 年的 9.3 万公顷扩大到 14.7 万公顷，山地地区撂荒地面积从 1995 年的 3.9 万公顷扩大到 2005 年的 6.1 万公顷。截至 2005 年，市区农地撂荒比例为 12.7%，平地地区农地撂荒比例为5.4%，中间地区农地撂荒比例为12.9%，山地地区农地撂荒比例为14.6%（图12）。

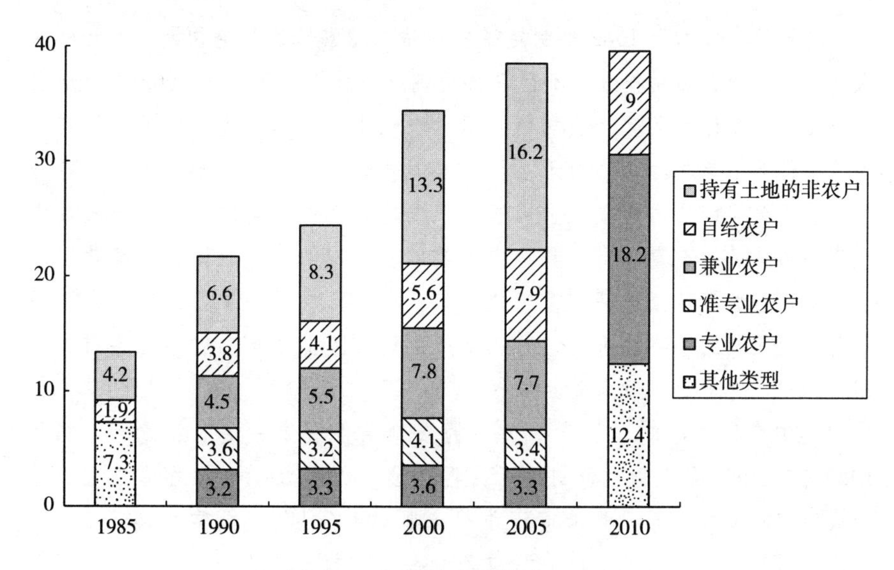

图12　不同农户类型撂荒地面积

注：1985年没有专业、准专业和兼业农户的划分。

资料来源：日本农林水产省。

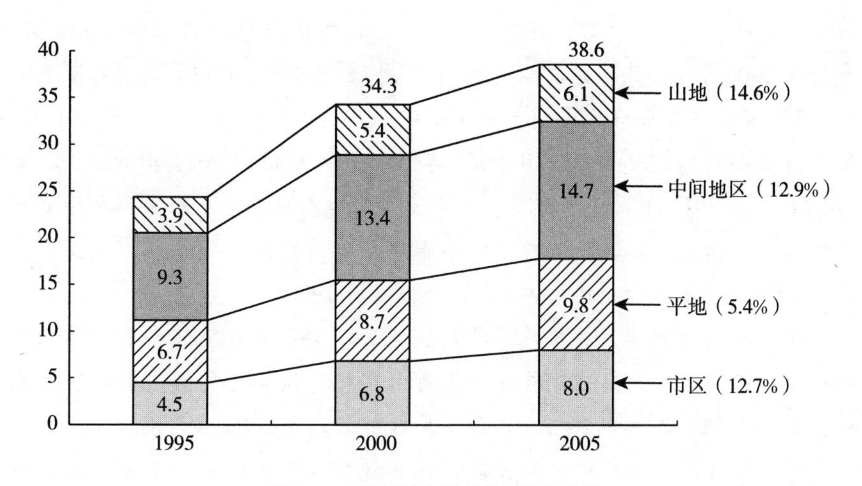

图13　不同地域类型撂荒地面积

注：括号内数值为2005年不同地域类型撂荒地所占比例。

资料来源：日本农林水产省。

专栏1 公司进入农业发展状况

二战后，日本于1952年制定了农地法。在农地法制定初期，因其确保农地所有人为自然耕作人，不允许公司拥有农地。但是，在1962年农地法修订之后，允许农业生产公司（日语为农业生产法人）进入农业。但其要求的条件非常苛刻，即公司形态应为农作业合作公司或有限公司，不能是股份有限公司；公司构成人员应该是把农地转让给公司的农业生产人员或从事公司业务的常勤人员；从构成人员以外租赁的土地应该小于经营面积的一半；构成人员应该拥有多数决议权；构成人员以外雇佣的劳动力要小于总公司人员的一半。可见，农业生产公司实际上是转让农地给公司的自然人组织，并不是一般意义上的公司。

1970年以后，对农业生产公司的限制条件有了一定的放宽，尤其是1980年和1993年农地法修订之后，再经过2000年的修订，在名义上允许了股份有限公司（股票非上市）进入农业。但条件依然非常严格，即股份有限公司可以拥有农地，但公司应是有一定限制条件的农业生产公司，即公司业务应以农业为主，农业生产关联人员应该拥有3/4以上的决议权，董事等公司高层人员的一半以上应该由每年从事农业相关业务150天以上的构成人员担任，而且其要求有一半以上人员有60天以上从事农作业。自从放开农业生产公司进入之后，日本农业生产公司数量从1970年仅有2 740家，发展到2000年的5 889家，再到2011年的12 052家。其中，特例有限公司为6 572家，农作业合作公司为3 154家，合名合资和合同公司为191家，股份有限公司的增速最快，从2005年的120家增加到2011年的2 135家（图14）。从2011年农业生产公司的农业经营类型来看，从事水稻和小麦生产的最多，占36%，其次依次是从事畜牧业生产的占20%、从事蔬菜生产的占17%，从事果树生产的占8%，其他的占19%。

2002年日本制定了结构改革特别区域法，2003年建立了结构改革特区制度，在特区里，一般的公司可以租赁由市町村代为租赁的土地而进入农业。2005年该制度和机制在日本全国得以推广。到2009年，农地法再次进行了根本性修订，即减轻一般公司通过土地租赁进入农业的限制、取消购买农地的下限为0.3公顷的条件等。这使得一般公司不用通过市町村就可以在一定条件下直接租赁土地进入农业。这次修订使得一般公司进入农业的数量迅速增加。2009 年 12 月以前约 6 年半的时间里，进入农业的一般公司数为 436 家，而到 2012 年 3 月进入农业的一般公司数达到 838 家（图 15）。截至 2012 年 3 月，838 家公司所经营的作物主要是集中于蔬菜（48%）、水稻和小麦等（18%）、综合经营（15%）、果树（9%）等，产业形态主要来自食品相关产业（22%）、服务业等其他产业（21%）、农业和畜牧业（18%）、建筑业（14%）、非盈利法人（10%）等。

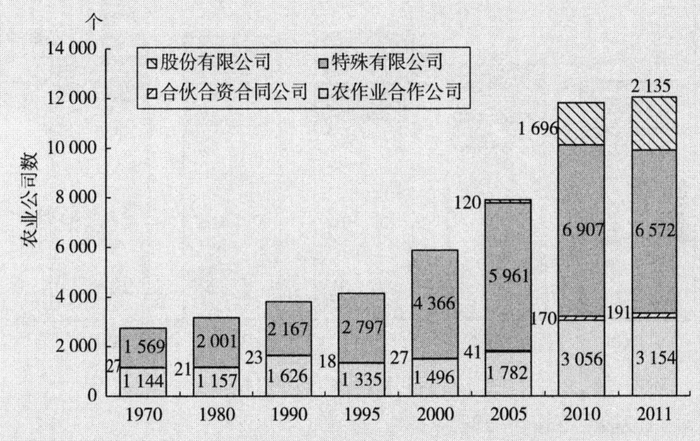

图 14　日本农业公司进入农业的数量

资料来源：日本农林水产省经营局的调查结果。

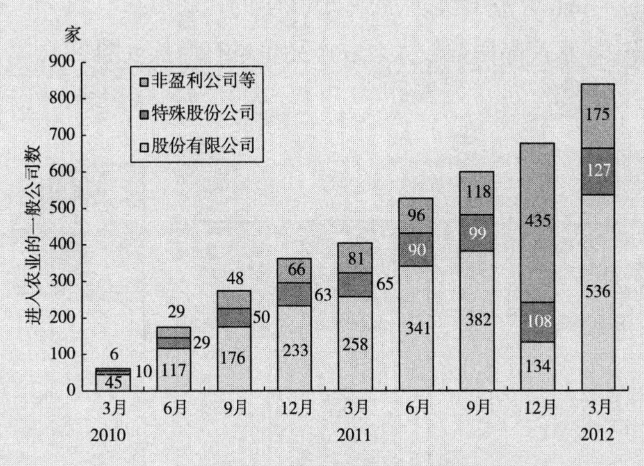

图 15　日本一般公司进入农业的数量

资料来源：日本农林水产省经营局的调查结果。

6. 农产品进出口

农产品进口。自2000年以来，日本农林水产品进口不断增加。农产品进口额由2009年的66 661亿日元增至2013年的89 531亿日元。农产品和水产品进口额增加较为明显，林产品进口额呈波动态势（图16）。

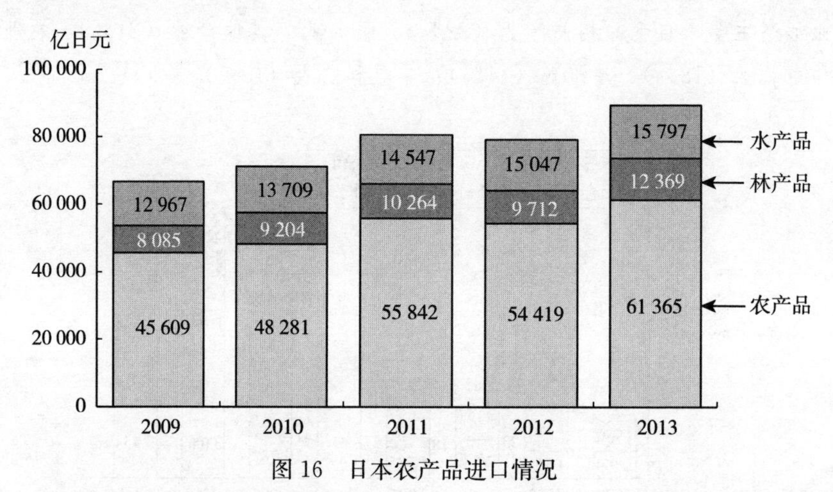

图16　日本农产品进口情况

资料来源：农林水产物输出入概况。

农产品出口。日本农林水产品出口总体也呈波动上涨态势，出口总额由2009年的4 454.57亿日元增加到2013年的5 505.23亿日元，略有增加。在三类产品中，水产品增幅较大，农产品也略有增长（图17）。

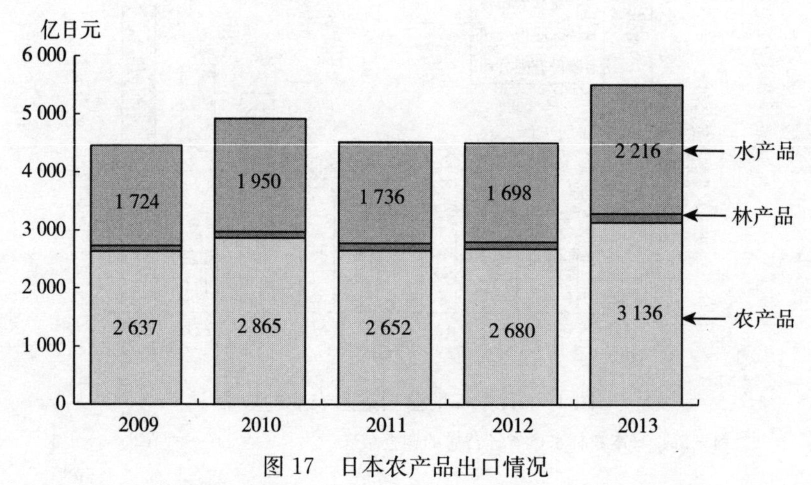

图17　日本农产品出口情况

资料来源：农林水产物输出入概况。

进出口目的地与产品。日本农产品主要出口国（地区）是中国香港、美国、中国台湾、中国内地和韩国（图 18），出口的农产品主要为鲐鱼、金枪鱼、猪皮、酒精饮料、汽水、调味品、烟草、奶粉等；主要进口国为美国、中国、加拿大、泰国、澳大利亚（图 19），进口的农产品主要为玉米、小麦、油脂、大豆、菜籽油、干鲜果品、天然橡胶等。

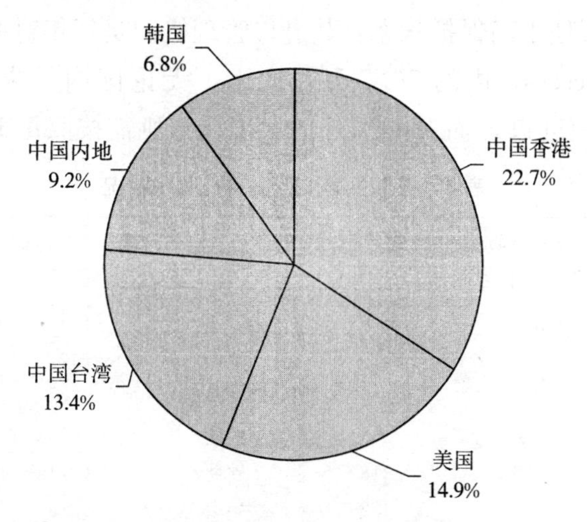

图 18　2013 年农产品主要出口国（地区）

资料来源：农林水产物输出入概况。

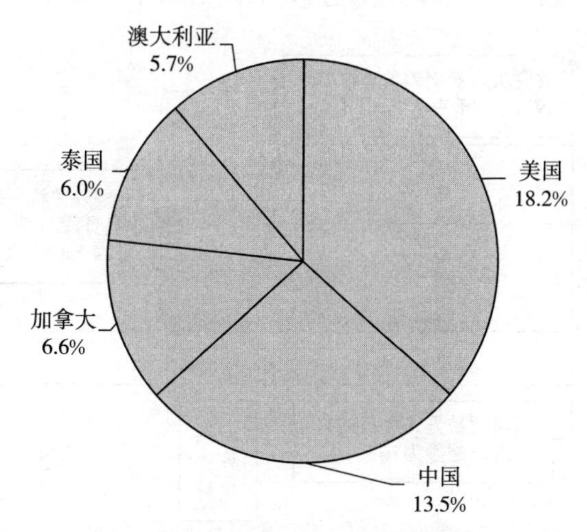

图 19　2013 年农产品主要进口国

资料来源：农林水产物输出入概况。

目前日本农业产业是在高度保护下维持现状的，农产品关税平均水平为12%，高于美国的6%，但低于欧盟的20%、阿根廷的33%及中国的15%。

农产品关税。在日本农产品中，部分农产品实施了高关税，如大米、杂豆及魔芋芋头分别高达778%、1 083%及1 705%（表4）。其中，日本大米一直处于高保护状态，其进口管理机制是每年对最低进口配额（Minimum Access）内的76.7万吨大米，无论国内需求与否都必须以零关税全额进口，而对配额外的大米进口则需按照每千克341日元

表4　日本主要农产品现行关税情况

主要农产品	每千克征收额（日元/千克）	换算关税率（%）	主要农产品	每千克征收额（日元/千克）	换算关税率（%）
大米	341	778	杂豆（豌豆）	354	1 083
小麦	55	252	花生	617	593
面粉	90	249	魔芋芋头	2 796	1 705
大麦	39	256	生丝	6 978	245
脱脂奶粉	396	218	砂糖	103.1	325
黄油	985	482	牛肉		50
淀粉（薯类）	119	234	猪肉		120～380

资料来源：日本众议院调查局农林水产调查室，WTO/FTA战略与日本农业保护的框架（日语原文：WTO/FTA戦略と日本農業の保護の在り方），2007年11月。

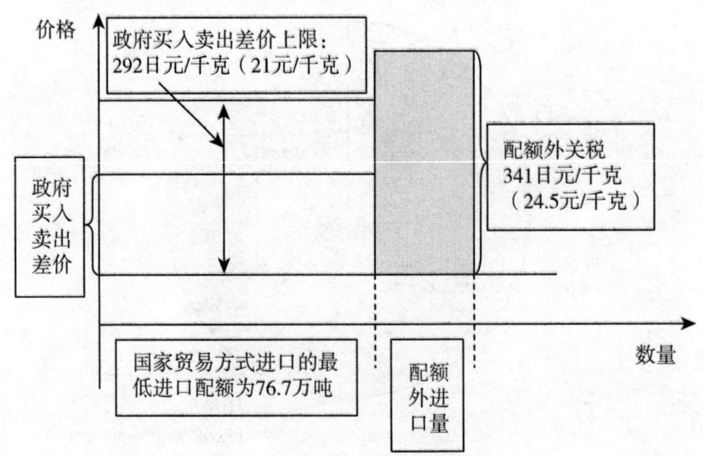

图20　日本大米进口管理机制

资料来源：日本农林水产省编《日本农业白皮书》各年版。

(24.5元) 征收 (图20), 如果换算为关税则高达778%。可见, 日本大米价格的内外价格差非常大, 即使供给过剩, 其出口的国际价格竞争力也较弱。

(二) 日本农业国内支持水平分析

2011年11月, 日本高调宣布参加跨太平洋经济合作协定 (TPP) 谈判, 2013年已经成为谈判国并开始参与谈判。如何减少因此对国内农业造成冲击, 已成为其农政改革的焦点之一。从农业经营规模上来看, 其远低于欧美等发达国家的经营规模水平, 很难与TPP谈判中美澳等国的农业竞争力优势相抗衡。如果实现完全关税自由化, 必然会直接对日本农业尤其是种植业产生巨大冲击。同时, 日本农业支持政策主要是建立在以"消费者负担"为基础的政策框架体系上, 基于农产品内外价格差, 通过征收关税建立调节基金用于支持国内农业, 该部分比重占日本农业支持总额的50%以上。在财政支持政策上又过于集中在与大米有关的补贴, 约占日本财政支持的70%以上。如果日本在大米、麦类、牛肉、乳制品和砂糖五个品种上不能维持关税现状, 必然导致关税降低并使国内主要农业支持政策成为无"源"之水, 间接对这些农产品产生重大影响。近年来日本农业补贴政策呈以下特征:

国内农业补贴从"消费者负担"向"纳税人负担"转变。日本农业补贴政策主要是建立在"消费者负担"基础上的政策体系, 即主要基于农产品内外价格差, 通过征收关税支持国内农业。随着日本不断推进贸易自由化, 国内主要农业支持政策正逐步从"消费者负担"的农业支持政策框架向"纳税人负担"的财政支持政策框架转变, 逐步减少过度集中于与大米有关的补贴项目, 增加收入保险补贴、日本式直接补贴 (与农地、水资源和环境关联的直接补贴) 和农产品加工流通和服务领域补贴。

出口补贴和出口重视力度从保守向积极转变。日本出口总体增长的趋势表明, 日本农产品贸易政策正逐步由国内被动防御战略 (保守型) 向积极的贸易政策转变。这与日本加入乌拉圭回合农业协议、推进综合性国际经济合作及贸易自由化的努力密不可分。受日本贸易政策的影响，日本国内补贴的政策也正发生着变化，与出口有关的补贴正在增加。此外，安倍还提出要针对不同农产品品种设立相应的出口促进组织。

在众多针对农业支持水平进行评估的方法中，经济合作与发展组织（OECD）和世界贸易组织（WTO）的评估方法的应用最为广泛（侯军岐、李平，2006）。OECD方法评估农业支持水平的目的是进行政策分析和评价，而WTO方法主要运用于国际贸易谈判。由于评估目的的不同，两种方法在农业支持政策的界定和核心指标的选取方面均存在一定的差异（宗义湘、李先德，2006）。生产者支持估计值（PSE）和综合支持量（AMS）分别是OECD和WTO评估农业支持水平的核心指标。

AMS和PSE测定的范围有一定的差异。AMS测定的范围主要是会导致扭曲的国内政策，“蓝箱”政策和部分“绿箱”政策并没有被统计在内。与AMS相比，PSE测定的范围相对较为广泛，包含了所有影响农业生产者收益的政策，是一个更一般的综合支持水平。所以整体来说，对于同一评估对象，一般PSE要高于AMS。因此，OECD政策评价方法更能全面反映一国的农业支持情况，能较好地体现国内支持政策和贸易政策的关联性（宗义湘、闫琰等，2011）。

基于以上分析，本部分主要使用OECD对于农业支持水平的评估方法，对近年来日本农业支持情况进行分析，同时也考虑WTO的评估方法，对AMS进行一定的分析。

1. 日本整体农业支持水平分析

从长期看，日本的农业支持水平大体呈现下降的趋势，而生产者支持百分比则表现出较大的波动性，2006年以来表现出上扬趋势（图21）。日本农业生产总值呈现下降的趋势，按产地价格计算，日本农业生产总值由1990年的约为11.34万亿日元下降到2013年的约8.3万亿日元，年均降幅达到了1.37%。

从日本PSE的构成进行分析，可以看出在生产者支持估计量中，市场价格支持（MPS）占主导地位，但农产品价格保护程度呈下降趋势，同时与产出无关的支出越来越多（图22）。2013年，市场价格支持占PSE的比例为74.25%，与此同时，直接支付的比例很小（仅为

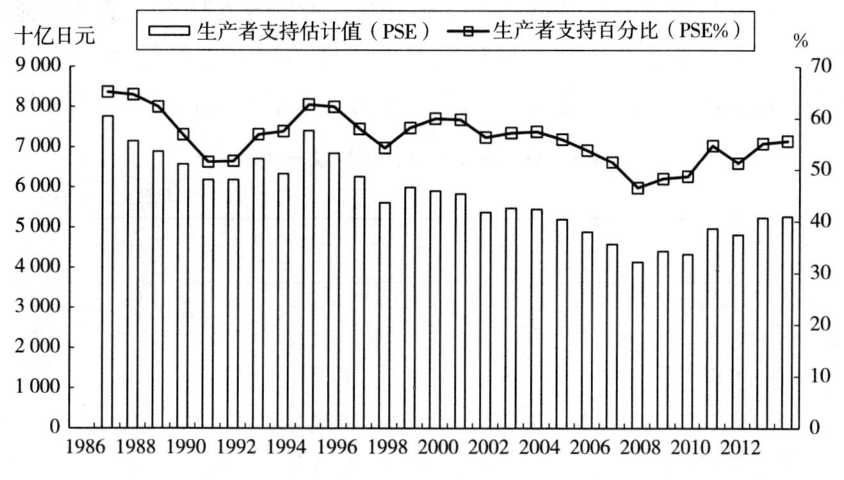

图 21　日本生产者支持水平

资料来源：OECD PSE database 2014。

5.47%）。这说明，日本农业的发展长期依赖于财政补贴，庞大的财政补贴集中用于农业生产的预算补助与农产品的价格补贴。

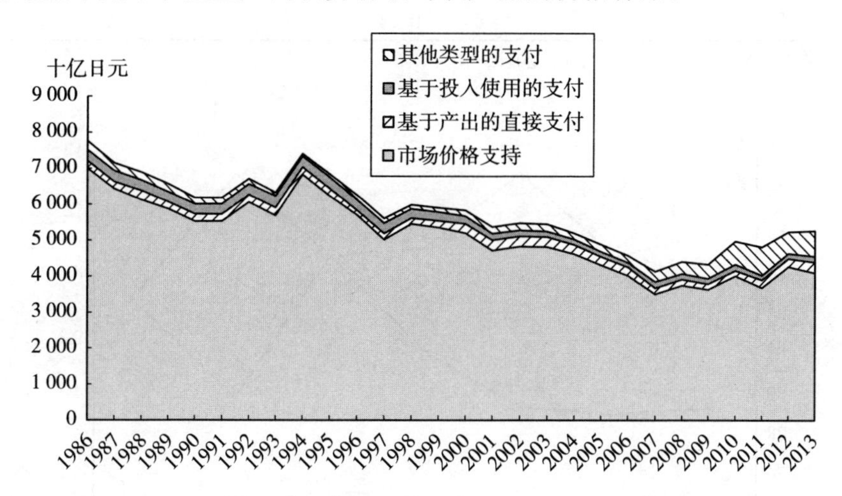

图 22　日本 PSE 的组成 1986—2010 年

资料来源：OECD PSE database 2014。

从总支持估计的角度看，农业支持正逐渐从消费者负担向纳税人负担转变。当 CES 为负值时，表示存在隐性税收，该值近年来有缩减趋势。市场价格支持的减少是消费者支持估计值的下降的重要原因之一。

农业支持更倾向于“软件”支持。在一般服务支持中，基础设施建设所占资金份额逐年下降，而研究开发支持力度呈上涨趋势。1986 年研究开发支出仅为 409 亿日元，2005 年为 872 亿日元，之后略有下降，

表 5　日本总支持估计值构成一览表

单位：十亿日元

项目	1986	1990	1995	2000	2005	2010	2013
生产者支持估计量（PSE）	7 764.2	6 179.3	6 846.8	5 832.5	4 887.6	4 973.2	5 265.1
一般服务支持估计（GSSE）	1 164.4	1 361.1	2 314.5	1 451.0	1 018.7	738.4	919.8
1. 研究开发	40.9	45.3	82.6	78.4	87.2	83.1	68.9
2. 农业教育	31.1	29.2	29.4	26.2	10.9	34.5	41.5
3. 农产品质量检验	7.7	8.4	10.0	7.7	9.6	10.5	11.9
4. 基础设施建设	1 023.9	1 181.0	2 105.2	1 265.6	884.8	589.2	775.4
5. 流通和市场促销	23.5	18.7	27.4	29.3	2.5	1.9	5.2
6. 公共储备	37.4	78.4	59.9	43.8	23.7	19.1	16.9
7. 杂项	0.0	0.0	0.0	0.0	0.0	0.0	0.0
消费者支持估计（CSE）	−9 028.5	−7 712.7	−8 781.0	−6 724.2	−5 664.0	−5 408.8	−5 429.8
总支持估计值（TSE）	8 914.7	7 567.8	9 187.4	7 288.6	5 908.5	5 712.9	6 185.9

资料来源：OECD PSE database 2014。

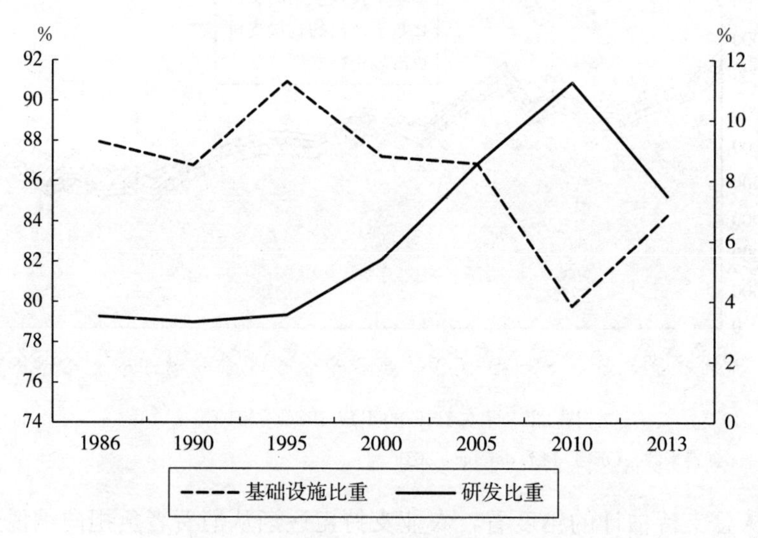

图 23　基础设施和研发在一般服务支持中所占的比重

资料来源：OECD PSE database 2014。

2013 年研究开发支出为 689 亿日元，在一般服务支持中的比例为 7.49%。基础设施建设费用在 1986—1995 年呈快速上涨趋势，1995 年为 21 052 亿元，之后迅速下降，2012 年仅为 7 754 亿日元，在一般服务支持中占比 84.3%（表 5、图 23）。

2. 日本主要农产品支持水平分析

从支持的农产品品种来看，日本对大米的支持量所占比重最高（40%～50%），占大米产值约 80%。其中，对大米的价格支持占主导地位，为 90%以上。从 2010 年开始，日本取消直接支付和大米价格变动直接补贴。除了大米外，猪肉、精制糖、牛奶等产品的市场价格支持也较大（图 24）。

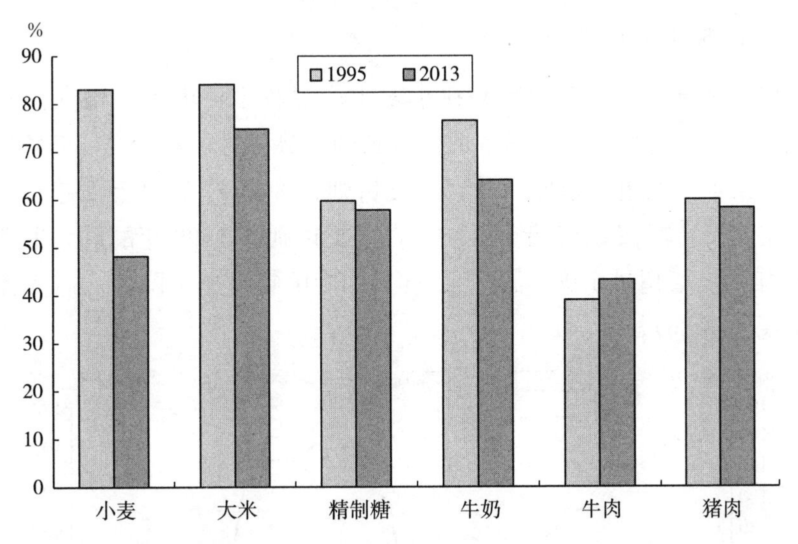

图 24　日本单项产品生产者转移支付百分比

资料来源：OECD PSE database 2014。

(1) 大米。大米是日本农业支持的最大品种。2013 年日本大米生产总值为 1.88 万亿日元，而对大米生产者的转移支付为 1.59 万亿日元，其中市场价格支持高达 1.34 万亿日元，在对大米生产者总支持中的比重为 85%左右。从市场价格支持和直接支付两种支持类型金额变动趋势上看，二者均呈下降的趋势，其中在 2010 年以后就未对大米进行直接支付（图 25）。

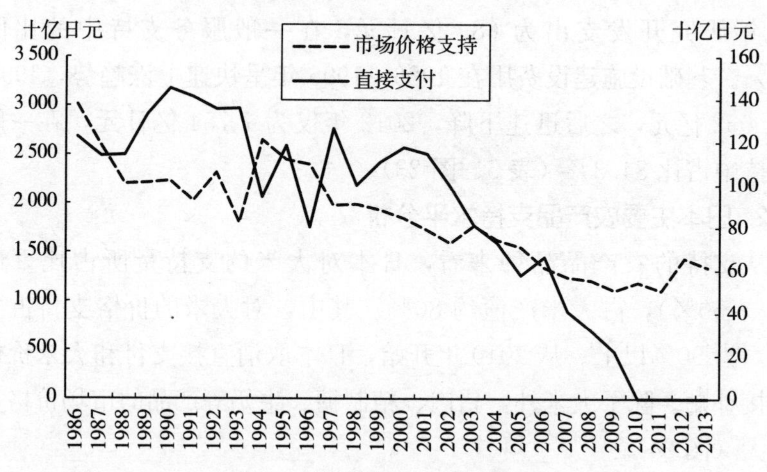

图 25　日本大米生产者支持情况

资料来源：OECD PSE database 2014。

（2）小麦。1986 年以来，在小麦生产过程中，市场价格支持和直接支付两种支持形式大体呈现此消彼长的态势。对小麦来说，市场价格支持政策重要性越来越低，而直接支付则在 2010 年后呈上涨趋势。市场价格支持金额在 2007 年降为 0。直接支付则从 1999 年的 0 元上涨到 2003 年的峰值超过 1 000 亿日元，但在 2007 年迅速下降，之后大体保持平稳（图 26）。

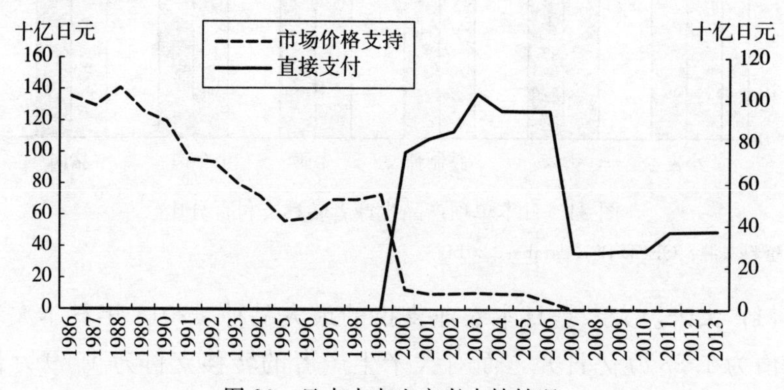

图 26　日本小麦生产者支持情况

资料来源：OECD PSE database 2014。

（3）精制糖。精制糖生产者支持金额大体呈现波动下降的趋势，2006 年来，直接支付快速上涨，而市场价格支持金额则迅速下降

（图 27）。

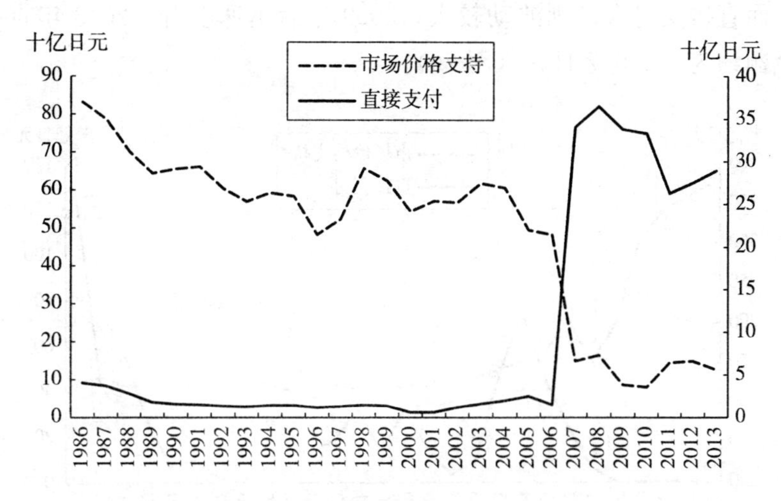

图 27　日本精制糖生产者支持情况

资料来源：OECD PSE database 2014。

（4）牛奶。牛奶市场价格支持和直接支付大体均呈震荡下行的态势，但自 2008 年以来，牛奶的生产者支持金额呈现出上涨的趋势，从 2008 年的3 293亿日元上涨到 2012 年的 4 248 亿日元（图 28）。

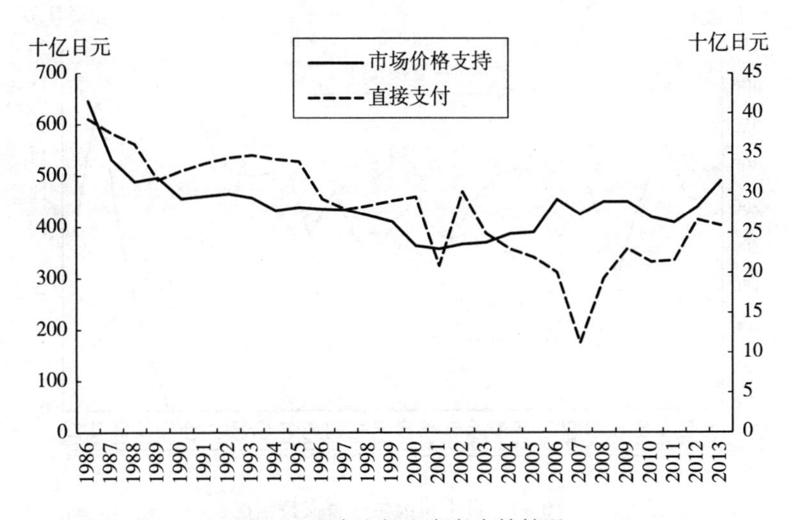

图 28　日本牛奶生产者支持情况

资料来源：OECD PSE database 2014。

（5）牛肉。2000年以来，牛肉市场价格支持金额稳定在1 500亿左右，而直接支付金额则波动较大，2009年后迅速上升，2013年直接支付金额约为1 200亿日元（图29）。

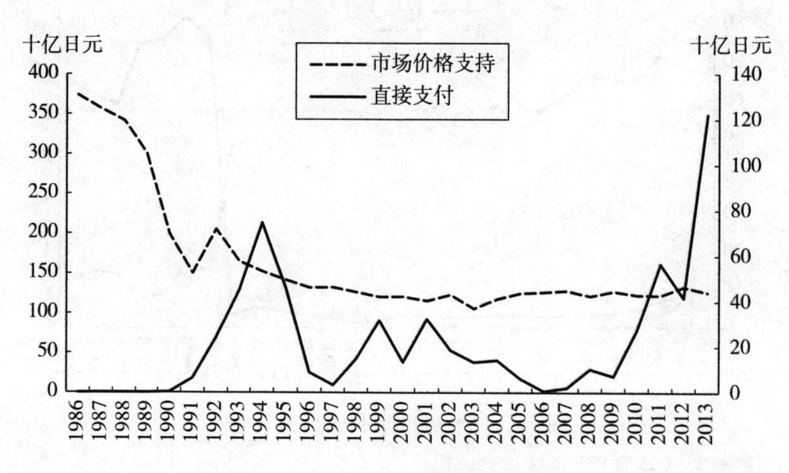

图29　日本牛肉生产者支持情况

资料来源：OECD PSE database 2014。

（6）猪肉。猪肉是农产品中生产者支持仅次于大米的产品，市场价

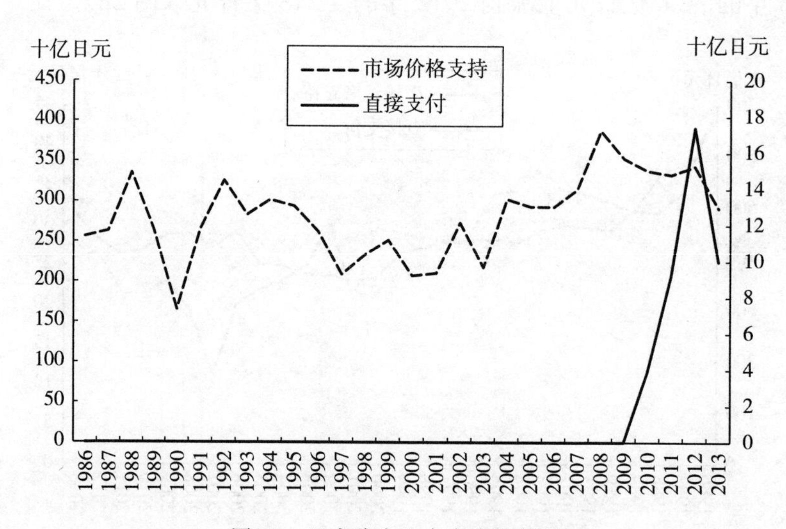

图30　日本猪肉生产者支持情况

资料来源：OECD PSE database 2014。

格支持和直接支付金额表现出不同的变化趋势。2009 年之前直接支付形式的支持金额为 0，但之后迅速增加，2012 年支持额约为 100 亿日元（图 30）。近年来，猪肉的价格保护支持程度也在逐年下降。

从主要农产品支持水平的分析来看，2009 年以来，除牛奶外的其余农产品市场价格支持力度在逐年下降，更多的资金被投入到直接支付当中。

表 6　日本 PSE 的构成

单位：十亿日元

		1986	1990	1995	2000	2005	2011	2012	2013
农业生产额		11 170.7	11 339.2	10 391.2	9 129.5	8 511.9	8 246.3	8 186.0	8 186.0
生产者支持估计值（PSE）		7 764.2	6 179.3	6 846.8	5 830.2	4 889.2	4 819.6	5 168.6	5 168.6
生产者支持百分比（PSE%）		65.1	51.5	62.2	59.7	53.8	51.4	55.9	55.9
一般服务支持估计量（GSSE）		1 164.4	1 361.1	2 314.5	1 451.0	1 018.7	1 003.8	538.0	538.0
A. 基于产品产出的支持		7 213.6	5 728.2	6 441.4	5 458.4	4 549.4	3 907.8	4 402.3	4 402.3
市场价格支持		7 002.5	5 523.5	6 233.3	5 195.7	4 315.9	3 688.6	4 100.1	4 100.1
%		97.1	96.4	96.8	95.2	94.9	94.4	93.1	93.1
基于产出的直接支付		211.1	204.7	208.1	262.7	233.5	219.3	302.2	303.2
%		2.9	3.6	3.2	4.8	5.1	5.6	6.9	6.9
大米	市场价格支持	3 012.9	2 235.3	2 449.4	1 846.8	1 551.6	1 107.1	1 436.7	1 343.7
	直接支付	122.6	145.2	118.5	117.7	57.8	0.0	0.0	0.0
小麦	市场价格支持	135.3	119.3	56.0	12.4	9.8	0.0	0.0	0.0
	直接支付	0.0	0.0	0.0	75.0	94.6	36.8	37.0	37.3
精制糖	市场价格支持	83.2	65.5	58.4	54.4	49.5	14.5	14.9	12.7
	直接支付	4.0	1.6	1.4	0.6	2.5	26.3	27.5	28.9
牛奶	市场价格支持	610.5	510.1	528.0	459.3	341.2	335.5	414.7	403.2
	直接支付	41.5	29.3	28.2	23.4	25.1	26.3	28.3	31.5
牛肉	市场价格支持	373.8	199.1	141.7	120.8	125.2	122.4	133.1	126.1
	直接支付	0.0	0.3	46.2	13.4	6.1	56.6	41.7	122.1
猪肉	市场价格支持	256.3	165.4	294.0	207.5	293.6	333.2	343.8	291.4
	直接支付	0.0	0.0	0.0	0.0	0.0	9.2	17.4	10.0
B. 基于投入的直接支付		300.5	278.5	316.2	209.8	139.7	126.2	143.9	158.5
C. 基于面积或动物数量或收益或农户收入水平的直接支付，要求生产		0.0	0.0	0.0	0.0	29.5	419.0	231.3	320.0

（续）

	1986	1990	1995	2000	2005	2011	2012	2013
播种面积的直接支付（稻谷）	0.0	0.0	0.0	0.0	4.3	0.0	0.0	0.0
稻米种植经营支持	0.0	0.0	0.0	0.0	11.5	0.0	0.0	0.0
播种面积的直接支付（小麦、大麦、大豆）	0.0	0.0	0.0	0.0	0.0	3.2	1.5	2.5
环境友好型种植直接支付	0.0	0.0	0.0	0.0	0.0	3.2	1.5	2.5
核心农户收入的直接支付	0.0	0.0	0.0	0.0	0.0	83.8	71.9	72.2
水稻经营收入支持（固定比例）	0.0	0.0	0.0	0.0	0.0	192.9	157.9	161.3
D. 基于非面积或动物数量或收益或农户收入水平的直接支付，要求生产	0.0	0.0	0.0	0.0	0.0	0.0	0.0	0.0
E. 基于非面积或动物数量或收益或农户收入水平的直接支付，不要求生产	250.1	172.6	89.3	162.0	170.5	366.3	365.8	390.0
山地地区直接支付	0.0	0.0	0.0	33.0	22.2	27.0	26.5	28.5
生产调整奖金	250.1	172.6	89.3	129.0	148.3	228.4	228.4	251.7
对核心农户的直接支付（非当前地区的支付）	0.0	0.0	0.0	0.0	0.0	110.9	110.9	109.8
F.G. 其他直接支付	65.1	51.5	62.2	59.7	53.8	51.3	55.1	55.6
大米的生产额	3 623.4	2 887.2	2 936.4	2 140.0	1 915.6	1 585.1	1 897.3	1 883.8
大米生产者单一产品转移	3 623.4	2 887.2	2 936.4	2 140.0	1 915.6	1 585.1	1 897.3	1 883.8
A. 基于产品产出的支持	3 135.5	2 380.5	2 567.9	1 964.5	1 609.4	1 107.1	1 436.7	1 343.7
C. 基于面积或动物数量或收益或农户收入水平的直接支付，要求生产	0.0	0.0	0.0	0.0	29.5	419.0	231.3	320.0

资料来源：OECD PSE database 2014。

专栏2 OECD《日本农业改革报告》（摘译）

1. 逐步取消生产调整方案

生产调整方案将在一个固定的相对较短的时期内逐步取消，包括转移支付给除水稻以外的其他水田农作物的补贴。同时，政府在分配生产配额时所起的作用将逐步降低，例如通过允许农民贸易配额，从而提高了效率农场提供的大米份额。削弱政策对生产的控制，让厂商自己决定生产什么以及生产多少，这样会带来一系列好处：首先，这将降低偏高的水稻价格，这对传统日本饮食结构的改善有一定的益处；其次，较低的水稻价格增加了出口到海外高端市场的机会；第三，将提高农民生产积极性，有助于政府实现增加粮食自给率目标的实现；第四，它会降低水田价格，从而降低农民以其他投入（如化肥和农药等）替代水田的积极性，这对环境有改善有积极影响；第五，它会增加水田的使用渠道，从而实现农业的多功能性。

逐步取消对稻谷的生产调整方案将可能导致其价格显著下降，这将会对水稻收入为主的农场主带来负面影响。为减轻这些负面影响，既可以通过宣布事先明确的时间期限，也可以给大农场主发放临时的、有时间限制的生活补贴（从生产脱钩）。由于2010年务农收入占兼业农户家庭收入的比例不足10%（MAFF，2011b），因此价格下跌对小规模农户的影响较小。给大农场主发放临时补贴将达到保障农民收入、提高生产效率（通过集中生产大农场）、加强粮食安全（通过提高水稻生产）和鼓励改善环境状况的目标。

2. 日本政策目标脱钩支付（直接支付）

日本农业支持政策应从基于生产的收入支持政策与临时的收入补贴支持政策相结合，即与生产脱钩、补贴面向大规模农户。政府可能会考虑其他针对特定受益人的脱钩支付方案，如环境服务（建设水—缓冲设施）。这类针对性政策，在其他经合组织（OECD）国家已被证明是可以更有效改善农业环保性能。与现有的价格型工具和具体商品的支持脱钩，将鼓励农民以利润最大化原则重新分配土地。OECD的政策评估模型显示，消费者从更低的价格所获的收益将超过由纳税人直接支付的费用。总体上看，农业政策的负担会从消费者转移到纳税人，同时整个经济的福利将会被提高（OECD，2009）。

20世纪80年代中期以来，脱钩支付在美国、欧盟和瑞士等大多数OECD国家中的作用日益增强，表明在该方式有效可以减少扭曲支付。相比之下，日本脱钩支付程度较低。提高这种支付将有助于日本实现支持农民收入、确保环境效益同时提高生产效率的目标。

3. 减少农产品进口贸易壁垒

2010年的新增长战略中提到，通过减少贸易壁垒、提高日本对外投资限制并放开移民政策等措施，2020年实现人员、货物和资金流入量翻一番。然而，2010年《全面经济伙伴关系基本政策》中提到，日本在建立高水平自由贸易区方面已经明显落后于其他国家。日本农业支持政策由关键商品的高关税的边境政策和国内供应管理政策组成，这与旨在建立开放市场机制的贸易协定目标是不一致的。2010年的基本政策中要求，日本将逐步取消或降低农产品限制进口措施，并向更加透明的基于财政措施直接支持支付方案改革。但是，日本政府并没有发布关于实现这一目标的具体政策计划。

2012年7月，日本政府宣布提高其与全面经济伙伴的贸易份额，计划由19%提高到80%。为了实现这一目标，政府应该加快与澳大利亚进行的自贸区谈判，启动与欧盟的谈判，同时促进如中日韩FTA的全面经济伙伴关系以及东亚区域经济合作伙伴关系的建立。2013年3月，日本政府决定参加跨太平洋伙伴关系（TPP）的谈判，同时承诺尽一切努力捍卫日本农业的利益。据政府估计，TPP因关税减让对整体经济的影响将是正面的，即使农产品产量出现下滑，实际国内生产总值仍会有3.2万亿日元的中、长期的上升（约占GDP的0.7%）（Cabinet Secretariat，2013）。

降低贸易壁垒也将提振日本外商直接投资（FDI）。2011年，这一部分在日本GDP中的比重仅为3.8%，是OECD国家中最低的。2010年的新增长战略的目标之一就是要“吸引高附加值的产品和服务以及增加国外公司雇员数量”。在OECD国家中FDI的大小与该国贸易开放度呈正相关关系，且一个国家的贸易开放程度与其能从国际贸易中所获收益也呈显著的正相关关系（2006年OECD日本经济调查）。

4. 通过土地政策改革促进农场整合

逐步取消生产调整计划，从市场价格支持向有针对性地大型农贸脱钩支付和降低边境措施转变，将降低小规模生产者利用土地进行投机的激励。然而，实现2011年制定的多数平底农场规模达到20～30公顷的目标，需要出台完善土地市场的具体政策，这对于建立一个更有竞争力和成功的农业部门是至关重要的。土地市场应更具活力，并能有效取消交易障碍，以实现交易成本的降低。农地利用调控应该更加透明，对农田转化为非耕地的占用应有一个更可预测的框架，从而使小农户对于自持农地或土地转出做出明智的决策。这样的改革将提高生产率，缓和农地转移到其他部门所带来的环境和粮食安全问题。名古屋重建是一个机会，日本政府应以名古屋重建为试点项目，进行全面和透明的土地使用计划，以及为促进新进入者对农业投入的改革。

为促进土地整理，还需要其他政策的配合。首先，促进新型农业经营主体的进入，允许非农企业拥有农田，这既有利于土地整合，同时也可以将更多资本引入农业生产。其次，对市区附近持有闲置农田的农户征税。最后，以确保每个地区的“农地组织”可以有效开展工作。

在过去的50年中，日本农业的问题主要是生产率低下、兼业农民增多和土地细碎化。如果缺乏根本性的改革，将会威胁日本农业未来，导致农业部门持续萎缩，被困在低生产率、低收益、依赖补贴和进口保护的周期之中。对农业支持的负担从消费者向纳税人的转变将暂时增加政府支出，改革迫在眉睫。政策目标应是使农业从一个成长型行业转向更高附加值行业。蔬菜产业的发展，说明了有竞争力和以市场为导向的农业部门在日本的发展潜力。一个更加开放和以市场为导向的部门也将促进日本参加全面的区域和双边贸易协定，将提高其经济整体增长潜力。

二、日本农业政策改革跟踪分析

本部分从安倍政府上台后农业政策改革的背景和主要的改革内容等两个方面跟踪分析日本最新的农业政策改革动态。

（一）安倍政权农业政策改革出台的背景

安倍政权农业政策改革出台既有其历史制度连续性和变动性以及适

应国内农业发展要求的必然，也有应对国外压力的被迫的一面。

1. 政权更迭和制度适应性的必然结果

日本农业政策基本每5年进行一次重大的政策性梳理讨论和修订，同时也对相关法律进行修订和删改。2012年日本政党更替之后，日本农业政策和法律进行了几次重大修订和改革，其中包括2012和2014年修订了《强化和促进农业经营基础法》，增加了认证农业经营者制度和新农业就业者制度的法律条款；2013年制定了《推进农地中介管理事业法》为在都道府县设立农地中介机构奠定了法律基础；同年制定的《六次产业化法》明确要为支持农业二、三产业发展提供资金支持；《国家战略特区法》又为在农业特区内开展农业委员会改革和推动大规模农业经营的试验区建设提供了法律依据等。目前正在讨论和拟修订的包括《农协法》等重大改革内容。

2. 加快农业内在升级发展的必然要求

日本国内实际农业生产能力正在不断衰退。2013年日本食物自给率（按能量大卡计算）已经从1992年的49%下降到39%，务农人口规模不断收缩，农业就业人员老龄化问题日益严重，耕地撂荒显著增加，不在村地主增加和高征地收入预期日益成为扩大农业经营规模的瓶颈，农村村落面临崩溃地区不断增加。

务农人口规模不断收缩和农业就业人员老龄化。根据日本农业普查统计，日本全部务农人口已从1995年的414万减少到2010年的261万，其中年龄超过65岁以上的比例（高龄化率）已从1975年的21%上升到2010年的62%，1935年以前出生的务农人员即将面临着全体退休(70岁以上的人有81.5万人)。目前新进入并且不离农的农业从业人员只有每年1万人左右，无法弥补务农人口规模下降的缺口，可能后继无人。

耕地撂荒增加。日本耕地面积已从1960年的607万公顷减少到2012年的459万公顷，并且使用率仅为92%。耕地所有构成发生了重大变化，2010年归销售农户所有的耕地为275万公顷，归自给自足农户所有的耕地为40万公顷，归非农户（不在村地主）所有的耕地数量达到77万公顷。撂荒耕地则从1975年的13万公顷增加到2010年的

40 万公顷。在撂荒耕地中，12.4 万公顷属于销售农户所有，9 万公顷属于自给自足农户所有，属于非农户所有的高达 18.2 万公顷。

城市化与扩大农业经营规模面临的“瓶颈”问题。日本农业经营规模不能快速提升的根本原因在于城市化进程中耕地转用的高收入预期。日本城市化率自 1968 年超过 50%之后，其城市化率增速开始放缓，到 2005 年仅为 66%，2011 年为 67%。在城市化步伐趋缓的背景下，日本开始逐步实施了一系列扩大农业经营规模政策，包括 1975 年制订的促进农地使用的措施、1980 年制定的《促进农地使用法》、1993 年出台的《强化和促进农业经营基础法》、1994 年设立了针对农业认证者的超大规模（Super Large，SL）资金制度，以及 2009 年修订的《农地法》。但上述政策制度的实施并没有真正快速加快其扩大农业经营规模，年均土地经营规模 0.3 公顷或年销售额超过 50 万日元的销售农户经营规模从 1990 年的 1.41 公顷扩大到 2013 年的 2.12 公顷。

与此相对照的是，农业经营规模扩大步伐缓慢的背后是非农户和自给自足农户对农田征用可能获得高额征地收入的预期。1975—1979 年单位面积农地征收收入是农业收入的 48 倍，1990—1994 年达到了 138 倍，2000—2003 年虽然下降到 82 倍，但征地的高收入预期依然盛行。可见，日本扩大农业经营已陷入经济发展与农业转型之间的“怪圈”之中，一方面是提高农业效率需要扩大农业经营规模，另一方面是扩大农业经营规模涉及的土地所有者数量众多并且预期较高。因此，非农户所有土地的经营已经成为日本农业经营的重要问题。

农业组织的政治势力和实力不断萎缩。日本不仅农业生产能力在萎缩，而且农业关联人员及团体在政策磋商和谈判中的影响能力也在下降。根据投入产出表测算，日本农业净生产总值已从 1990 年的 6 兆日元减少到 2008 年的 3 兆日元，减少了一半，农业在 GDP 中的比重下降到 1%，农业预算在财政预算中的比重下降到 2.5%。与此同时，日本综合农协数量从 1995 年 2 457 个减少到 2011 年的 723 个，正会员数已经少于准会员数，非农户已经占据农协会员的 53%，农协服务的重心已经从生产转向到生活方面。上述因素导致农业团体政治影响力不断下降，对外谈判中的话语权已经“雷声大雨点小”，如何确保既有利益已经是筋疲力尽。安倍政权上台后，对农协的敲打日益加剧，明确提出要缩小中央农协的指导权限，把从事销售和购销业务的全农进行股份公司化，加大地区专门农协的自主经营权限。

3. 应对国际化和贸易自由化直接和间接对农业的挑战和压力

2011年11月，日本高调宣布参加跨太平洋经济合作协定（TPP）谈判，2013年已经成为谈判国并开始参与谈判，日美谈判正如火如荼地进行。如何减少谈判对国内农业的冲击，已成为其农政改革的焦点之一。从农业经营规模上来看，日本远低于欧美等发达国家的经营规模水平，很难与TPP谈判中美澳等国的农业竞争力优势相抗衡。如果实现完全关税自由化，必然会直接对日本农业尤其是种植业产生巨大冲击。同时，日本农业支持政策主要是建立在以“消费者负担”为基础的政策框架体系上，基于农产品内外价格差，通过征收关税建立调节基金用于支持国内农业，该部分比重占日本农业支持总额的50%以上。在财政支持政策上又过于集中在与大米有关的补贴，约占日本财政支持的70%以上。如果日本在大米、麦类、牛肉、乳制品和砂糖五个品种上不能维持关税现状，必然导致关税降低并使国内主要农业支持政策成为无“源”之水，间接对这些农产品产生重大影响。

（二）安倍政权最新农业改革的主要内容

安倍政权最新农业改革是以市场需求为导向，以强化农业经营主体竞争力为基础，以推动和升级食品产业结构及其增值为驱动，以加大农业支持政策改革力度和农业组织体系改革为保障的政策系统性改革。其中农业组织体系改革为即将开展的制度改革。

1. 强化农业经营主体竞争力

政策目标。以2009年修订《农地法》，允许公司可以租赁农业土地开展经营，以及2010年《粮食、农业、农村基本计划》的制订为契机，日本开始逐步实施扩大农业经营规模新政。目标是未来10年内，以认定农业经营者、农业公司和村落营农组织为主的农业经营主体所使用的农地面积从50%提升到80%，农业公司经营数量从1.25万增加到5万个，40岁以下农业就业人员从20万扩大到40万，80%以上农业经营主体的经营规模在平原地区达到20～30公顷，丘陵和山区达到10～20公顷，全国平均生产成本下降40%，这一规模目标设定的依据是确保农业人员收入与农业外产业人员收入均衡。

日本扩大农业经营主体使用的耕地面积，核心目标在于使非农户和自给自足农户所有的耕地得到有效利用。平原地区20～30公顷、丘陵和山区10～20公顷的经营规模，能够使农业经营人员的收入向非农产业人员收入水平看齐，确保农业后继有人。

主要改革内容。扩大农业经营规模新政以2012年12月安倍第二届内阁的成立为分水岭。在此之前是以民主党农业政策为框架的新政，即以现有销售农户和认定农业经营者、村落营农组织和农业公司为主要对象，以农户直接补贴制度为基础，依靠村落的协商，实施人地计划；在此之后是以自民党农业政策为框架的新政，即以拟取消农户直接补贴制度为标志，在继续实施人地计划的同时，政府直接介入推动扩大农业经营规模，在都道府县一级设立农地中间管理机构，把自给自足农户和非农户所有土地的使用权转移到农业公司等经营主体，具有一定强制效力。具体包括人地计划和设立农地中介管理机构（或称“土地银行”）以及缓和农业公司取得农地的条件。

人地计划是把增加农业新就业人员和开展农地集中连片有机结合的政策体系。主要内容是通过地区或村落内各方面人员的协商，制订出扩大农业经营规模主体的名单和规划，进入名单的经营主体可以享受多方面补贴。除补贴之外，日本政府还运用税收杠杆促使土地集中。

设立农地中介管理机构（或称土地银行）。在实施人地计划并每年进行修订的同时，在都道府县一级设立集土地流转、土地集中连片整理（园区化）和基础设施建设、发放扩大经营规模补贴和建立数字化土地台账等功能为一体的农地中介管理机构。该机构属公共政府机构性质，归农地政策课管辖，这可以打消出租土地农户一旦租出到征用时收不回来的顾虑。

缓和农业公司进入农业的严格条件已经由出资公司的投票权为四分之一提升到二分之一以内。

成效。目前日本市町村制定人地计划的比例已达100%，在全国设立了47个以农业振兴机构或财团基金或公社等命名的从事土地流转的相应中介机构，2014年度与其相关的预算达1 560亿日元。内容包括建立和支援农地中介机构、土地集中合作补贴金、支援和推动建立数字化可视化农地登记账并确认撂荒耕地所有人的租赁意向、扩大经营规模补贴金、支援农地买卖、农地大面积集中整理改造、撂荒地紧急再利用补贴等。这也是直接推动日本年轻人从事农业的“起爆剂”之一。

2. 推动和升级食品产业结构及其增值

政策目标。扩大农业一次、二次和三次产业（六次产业）的市场规模，从2010年的约1兆日元，扩大到2015年的3兆日元，2020年的10兆日元。

主要内容。2010年日本开始发展在地区内生产并在地区内消费的农业产业化模式，2013年进一步制定了《六次产业化法》。该法不仅包括为推动和发展地产地销（在地区内生产并在地区内消费）提供支援，而且还包括支持有效利用区域资源发展创新型农业产业化（1＋2＋3次产业）。同时，还制定了株式会社农林渔业成长产业化支援机构法，根据该法，由国家和民间出资318亿日元建立了农林渔业成长产业化支援机构有限股份公司，通过该公司开展对创新型农业产业化和地产地销产业化进行具体支持。

成效。农林渔业成长产业化支援机构有限股份公司已经开始正常运转，截至2014年已经签订出资支持合同23件。

3. 日本农业补贴政策改革力度不断增大

政策目标。日本农业补贴政策正在由建立在“消费者负担”基础上的政策框架上的政策体系向“纳税人负担”的财政支持政策（转移支付）框架转变。

主要内容。首先，逐步减少过度集中于大米有关的补贴项目，建立有效的促进大规模经营和农业后继有人的人地结合土地流转补贴模式、粮食作物直接补贴模式、收入保险模式、日本型直接补贴模式、依靠补贴整个农业产业链以拉动农业增长的模式以及出口促进补贴模式。

其次，增加收入保险补贴、日本式直接补贴（与农地、水资源和环境关联的直接补贴）和农产品加工流通和服务领域补贴是最新日本农业补贴改革的重点。

然后，在日本农产品贸易政策正逐步由国内被动防御战略（保守型）向积极的贸易政策转变背景下，与出口有关的补贴正在增加，而且要针对不同农产品品种设立相应的出口促进组织。

补贴分类结构及成效。日本农业补贴种类多达470种以上，可以说细之又细。通常还把补贴分为软件补贴和硬件补贴，2013年的补贴中，软件补贴比例为66%，硬件补贴比例为34%，这也表明日本农业补贴的着眼点在于推动提升食物自给率、提高农业国际竞争力及确保农业农村可持续发展。日本农业补贴可以按照财政对农业生产、流通、加工、服务、贸易的转移支付进行界定，2013年日本农业补贴的预算为2.3兆日元，约占日本农业GDP的一半。其中，打造强大农业的基石、稳定经营收入新型措施以及培育核心经营主体并把土地向其集中等措施方面的补贴预算份额分居前三位，分品种生产振兴措施的补贴份额也占到9.11%。把日本农业补贴按照中国农业补贴的类型再进行分类，日本农业补贴可以划分为10大类，各类补贴的构成比例按照从大到小的顺序分别是，农业基础设施建设和技术研发推广示范补贴占30.12%；收入补贴占28.9%；农地流转和农业就业有关的补贴占18.6%；稳定经营和市场价格支持补贴占9.11%；林业、水产业和其他补贴占3.93%；与品种不挂钩的日本型直接补贴占3.41%；出口促进补贴占1.2%；农村建设与食物安全补贴占0.96%；6次产业补贴占0.13%；不明出处的补贴占3.65%。

4. 加大区域政策创新　开展农业特区试点

政策目标。该政策目标主要包括涉及农业的信用担保、农业生产法人、农户餐馆和农业委员会四个方面的区域制度改革。在日本区域农业农村的政策上，不同主体的利益不同。一方面是地方政府急于改变目前农业农村所面临的老龄化和农地撂荒严重以及农村人口愈加稀疏的严峻态势而采取有效举措；另一方面是农协、农业委员会和土地改良区等团体组织的维护自身利益的激烈抵抗。农业特区的设立无疑是给急于求变的地方政府提供了契机，同时，农业特区选定过程中也可以看出日本政府对敢于挑战农业委员会的地方政府给予了倾斜。

特区选定。在农业特区选定过程中，北海道、茨城县、新潟市、爱知县、岐阜县、三重县、静冈县的名古屋市和静冈市、浜松市、养父市、奈良县、佐贺县和熊本县进行了申请。最终，新潟市是被选定为开展大规模农业改革试点的农业特区，养父市是被选为开展丘陵和山地农业改革试点的农业特区。

新潟市和养父市被选为农业特区试点与其共同的农业状况和不同的自给率特征也有关联性。在耕地利用率上，新潟市和养父市所在兵库县分别为86.1%和82.8%，属于耕地利用率低的地区；农村地区超过65岁以上人口比例分别达到28.1%和26.9%，相对较高，进一步需要说明的是养父市的农户平均年龄为70.7岁；两县的农业产出额中居首位的品种均为大米。但两县在食物自给率上存在较大差距，新潟市为101%，兵库县为16%；从销售农户的水田面积来看，新潟市为1.85公顷，兵库县为0.81公顷，这也是二者分别选为大规模农业改革试点和丘陵和山地农业改革试点的重要原因。新潟市和养父市虽然均作为农业特区，而且选择内容上均主要涉及农业的信用担保、农业生产法人、农户餐馆和农业委员会四个方面，但它们在目标和具体内容上各有侧重。

成效。日本设立农业特区能否使其农业农村发展有突破性进展，这还需要时间来验证。因为2005年小泉内阁和2008年民主党内阁分别提出和实施“结构改革农业特区”和“综合特区”试点，而且这些试点有些还尚未完成，除在“结构改革农业特区”中实施的允许公司通过租赁土地开展农业经营的措施在2009年以日本《农地法》修订的方式落实并推行外，其他亮点还不是很突出。由于本次农业特区与以往特区的要求不同，要进行竞争性业绩考核和退出机制，即达不到既定指标的需要退出，更换试点地区，这将会推动农业特区发挥其有效的作用，预期可能会达到一定的示范效果。

专栏3　日本战略特区的新进展

2014年7月23日养父市召开地区会议，通过了相关规划，准备解决10%的撂荒地问题。目前已经完成把土地审批权从农业委员会移交给养父市市长，但需听取农业委员会的意见。

Yanma农机公司将在养父市利用撂荒地18公顷开展大蒜栽培。

2014年9月前福冈市和关西圈均已召开地区会议通过了相关规划。

2014年10月养父市完成了第一宗不通过农业委员会的土地买卖交易。

2014年12月3日召开新潟市国家战略特区地区会议通过了制定的特区规划。规划内容主要包括：开展和推动大规模农业经营；把农业委员会的一部分土地审批权限转移到市政府；放宽农业法人的董事从事农业的人数比例，即需要超过一半的法人董事需从事农业改为只要1人；农户可以根据与农业企业相关的商务内容，利用面向中小企业的信用担保方式进行融资；目前已有LAWSON和新潟麦酒两家公司要进入农业。

2014年12月9日召开东京圈的地区会议通过特区规划，主要是试行医疗方面的特例。

截至2014年12月上旬，只剩冲绳位开展具体规划和召开地区会议。

上述特区通过的具体规划预计年末或明年初获得日本政府批准。

5. 日本农协改革力度预期空前

安倍政权在即将开展的日本农协改革方面，在区域层面，主要强调区域农协要积极开展自主经营并发挥创新性经营功能，为农业发展发挥应有的作用；在中央层面则强调要缩小全国农协中央会和各地区中央会的指导权限，把承担购销业务的全农改彻底改编为股份有限公司。

三、日本农业补贴政策演化与运作机制分析

基于上述安倍农业政策改革的内容、方向和力度来看，其“台柱”之一就是农业补贴制度的改革。鉴于此，本部分从日本农业制度与补贴政策的演变特征分析出发，解析日本农业补贴政策的目标、框架及机

制，并分类探讨了日本农业补贴的具体类型和执行力度。

目前，我国农业农村也面临着农业经营规模小，农业后继可能无人以及贸易自由化的冲击等类似日本农业发展过程中所面临的问题，通过对日本农业补贴政策演变和现状的梳理，可以为我国农业补贴政策的顶层设计提供有效的经验和启示。

（一）日本农业制度与补贴政策的演变特征

1. 农业法律的制定从无约束力向有约束力转变

1961 年制定的《农业基本法》（简称“旧基本法”）是在二战后日本经济从恢复阶段向经济起飞阶段转折时期制定的。旧基本法只是对农业的发展进行长期展望，在实施过程中并没有实际约束力，不利于农业的持续发展。基于日本农业在旧基本法下累积起来的一些矛盾已非解决不可，加上国际环境的要求，即日本加入乌拉圭回合农业协议对国内政策调整的要求，1999 年 7 月，日本国会通过了新的《食物·农业·农村基本法》（简称“新基本法”），同时废止了 1961 年制定的《农业基本法》。与旧基本法相比，新基本法的内容更为详细，定位更加准确。将确保稳定的食物供给、农业多功能性、可持续发展和推动农村发展作为主要内容，提出了具体的实施措施，并规定了未来每 5 年重新修订一次新基本法，保证新基本法与时俱进，目前新一轮修订已经开始。此外，政府在具体实施过程中有法可依、有据可依，更有约束力。

2. 从小农经营向大农经营的转变

鉴于日本新基本法规定，每十年要重新制定基本计划。2010 年和 2011 年日本政府分别制定了《粮食、农业、农村基本计划》和《重构日本食物及农林渔业的基本方针与行动计划》，重点是不断扩大农户的经营规模，提高农业劳动生产率，增强农业竞争力。该措施的目标是未来 10 年内，核心农业经营主体［认定农业经营者（类似于中国种粮大户）、农业公司和村落营农组织］所使用的农地面积从 50％提升到 80％，农业公司经营数量从 1.25 万增加到 5 万个，40 岁以下农业就业人员从 20 万扩大到 40 万，80％以上核心农业经营主体的经营规模在平原地区达到 20～30 公顷，丘陵和山区达到 10～20 公顷，全国平均生产成本下降40%。此外，政府对农业的直接支持水平开始不断提高，正在从补贴政策上诱导土地流转到核心农业经营体。2013年日本通过立法开始在都道府县一级设立农地中介管理机构（或称土地流转银行），该机构是集土地流转、土地集中连片整理（园区化）和基础设施建设、发放扩大经营规模补贴和建立数字化土地台账等功能为一体的农地中介管理机构，属公共政府机构性质，归各都道府县农地政策课管辖，这可以打消出租土地农户一旦租出到征用时收不回来的顾虑。

3. 农业制度改革从“震荡潜行”进入“深水区”

2009年以后日本政权的政党更替导致日本农业制度改革频繁，政策上反复性较大，但均未从农地制度入手，属于“震荡潜行”状态。安倍自2012年底上台之后，其推出其有“安倍经济学”之称的“三支箭”，即大胆的货币宽松政策和机动灵活的财政政策和日本复兴战略。在其“第三只箭”中，作为唤起民间投资的经济增长战略和作为现有“岩石式”坚硬的制度约束的突破口，借鉴中国特区和英国特区的成功经验，在2014年3月28日公布设立六个国家战略特区，即东京圈、关西圈、新潟县新潟市、兵库县养父市、福冈县福冈市、冲绳县。其中，新潟市是成为开展大规模农业改革的据点，养父市是形成开展丘陵和山地农业改革的据点。农业特区设立的核心目的是改革现有农业制度，创新农业经营模式。此外，安倍政府明确表明要取消日本中央农协。可见，日本农业制度改革已经进入“深水区”。

4. 国内农业补贴从“消费者负担”向“纳税人负担”转变

日本农业补贴政策主要是建立在“消费者负担”基础上的政策体系，即主要基于农产品内外价格差，通过征收关税支持国内农业，该部分比重占日本农业支持补贴总额的50%以上。在财政支持政策上又过于集中在与大米有关的补贴上，约占日本财政支持的70%以上。随着日本不断推进贸易自由化，国内主要农业支持政策逐步从“消费者负担”的农业支持政策框架向“纳税人负担”的财政支持政策框架转变，逐步减少过度集中于大米有关的补贴项目，增加日本式直接补贴和农产品加工流通和服务领域补贴。

5. 出口补贴和出口重视力度从保守向积极转变

日本出口总体增长的趋势表明，日本农产品贸易政策正逐步由国内被动防御战略（保守型）向积极的贸易政策转变。这与日本加入乌拉圭回合农业协议、推进综合性国际经济合作及贸易自由化的努力密不可分。受日本贸易政策的影响，日本国内补贴的政策也正发生着变化，与出口有关的补贴正在增加，而且日本首相安倍提出要针对不同农产品品种设立出口促进的组织。

（二）日本农业补贴政策的目标、框架及机制

日本在新基本法中确定了农业政策的主要目标是保障农民收入、确保粮食安全、维护农业景观和其他方面。最近，日本的政策制定者将提高农业竞争力作为主要目标，通过向大经营体提供直接补贴，推行人和农地计划来不断增加经营规模。

日本农业补贴的框架包括两个方面：一是价格支持，二是直接支付。价格支持主要采用征收关税等措施来实施，实施的对象包括奶及奶制品、淀粉、砂糖、大米和面粉等。直接支付主要是通过财政支出提供农业支持，实施的对象有灌溉设施等农村公共基础设施、直接支付和水稻种植调整奖励金等。

日本制定农业政策的最高机构是农林水产省（农业部），农林水产省将农业补贴资金分配到各局（经营局、农业振兴局、生产局等），再由各局下放到各机构，最后落实到农户或企业。其中，独立法人农畜振兴机构和中央水果生产销售稳定基金协会的资金每年由财政预算拨款，其他机构如民间团体（农协、协议会、村落营农组织等）、地方政府及基层组织、社团法人养鸡协会、财团法人日本乳业技术协会等使用的资金则需进行申请补贴。

日本农业补贴资金的管理主要是两种方式，一种方式是由农林水产省直接管理，另一种是资金下放到都道府县一级地方政府，由其进行管理，但二者在管理时，均经由农林水产省各地方派出机构与地方政府协商，推动补贴资金的有效发放、监督和管理。2013 年，由农林水产省直管的补贴资金占到 64％，都道府县管理的资金比例为 36％。

(三) 日本农业补贴政策体系与补贴方式

1. 概念界定和补贴体系

日本农业补贴如果按照财政对农业生产、流通、加工、服务、贸易的转移支付来定义，则可以认为是日本农林水产省（农业部）的财政预算。下面以此概念界定为核心进行分析。

2013年日本农业部的财政预算为2.3兆日元，约占日本农业GDP的一半。从表7的构成来看，打造强大农业的基石、稳定经营收入新型措施以及通过培育核心经营主体并把土地向其集中等措施推动结构改革的预算份额分居前三位，分品种生产振兴措施的预算份额也占到9.11%。从各补贴的具体类型上讲，日本农业补贴种类多达470种以上，可以说细之又细。通常还把补贴分为软件补贴和硬件补贴，2013年的补贴中，软件补贴比例为66%，硬件补贴比例为34%，这也表明日本农业补贴的着眼点在于推动提升食物自给率、提高农业国际竞争力及确保农业农村可持续发展。

表7 日本农林水产预算构成一览表

单位：亿日元,%

序号	项　目	金额	比重
1	通过培育核心经营主体并把土地向其集中等措施推动结构改革	4 326.65	18.60
2	稳定经营收入新型措施	6 723.07	28.90
3	打造强大农业的基石	6 830.33	29.36
4	促进提高农林水产品和食品的附加价值等	215.24	0.93
5	日本食物和食文化魅力宣传与促进出口	271.87	1.17
6	分品种生产振兴措施	2 119.25	9.11
7	创建日本型直接补贴	793.71	3.41
8	构建有活力的农村、山村和渔村	128.80	0.55
9	确保食物安全和消费者信赖	93.75	0.40
10	创造新的木材需求与打造强大林业	137.81	0.59
11	打造强大水产业的措施	700.64	3.01
12	其他	76.36	0.33
13	不明出处部分	849.52	3.65
合计	日本农林水产预算	23 267.00	100.00

资料来源：根据日本农林水产省网站预算资料整理的结果。

2. 农业补贴总体分类

为进一步分析日本农业补贴的构成，并和中国农业补贴分类进一步接近，将上述13项进一步的整合为表8中10类补贴方式。

表8 农业补贴分类

单位：亿日元，%

序号	类别	金额	比重
1	农地流转和确保新农业就业人员补贴	4 326.65	18.60
2	收入补贴（粮食作物直接补贴和收入保险等）	6 723.07	28.90
3	市场价格支持	2 119.25	9.11
4	出口促进补贴	278.13	1.20
5	与品种不挂钩的日本型直接补贴	793.71	3.41
6	农林基础设施建设和技术研发推广示范	7 008.15	30.12
7	6次产业补贴（与农业关联第2和第3产业补贴）	31.16	0.13
8	农村建设与食物安全补贴	222.55	0.96
9	林业、水产业和其他补贴	914.81	3.93
10	不明出处部分	849.52	3.65
合计		23 267.00	100.00

资料来源：根据日本农林水产省网站预算资料整理加工的结果。

从表8可以看出，农林基础设施建设和技术研发推广示范补贴占到农林水产预算总额的30.12%；收入补贴比重为28.90%；农地流转和确保新农业就业人员补贴比重为18.60%；市场价格支持比重为9.11%；林业、水产业和其他补贴比重为3.93%；与品种不挂钩的日本型直接补贴比重为3.41%；出口促进补贴为1.20%；农村建设与食物安全补贴为0.96%；6次产业补贴为0.13%；不明出处的比重为3.65%。

3. 主要农业补贴种类的具体类型和补贴方式

（1）农地流转和农业就业有关的补贴类型和补贴方式。农地流转和农业就业有关的补贴类型主要包括对农地中介管理机构的业务补贴、再生撂荒地补贴、土地流转和农业就业人员补贴和金融支持等（表9）。

农地中介管理机构的运营方式主要是对流转出土地的对象进行机构

集中合作补贴，对机构运营进行补贴（如事物费、土地租赁费、土地整理费等）和对机构的基础业务进行补贴（如建立土地电子台账系统和确认耕作意向）。再生利用撂荒地紧急措施的补贴是对再生撂荒耕地每0.1公顷补贴5万日元。

表9 日本农地流转和确保新农业就业人员补贴

单位：亿日元，%

序号	项　目	所管单位	金额	比重
1	通过农地中介管理机构（农地集中银行）实施土地集中和整合汇集	经营局	304.50	1.31
2	推动农地大规模区划等	农村振兴局	1064.25	4.57
3	再生利用撂荒地紧急措施的补贴	农村振兴局	19.40	0.08
4	加速支援解决人和农地问题	经营局	11.88	0.05
5	综合支援农业就业新人和继承农业经营	经营局	217.84	0.94
6	支援培育经营体	经营局	45.25	0.19
7	对核心经营主体开展金融支持（对减低SuperL资金贷款利息的补助）	经营局	77.34	0.33
8	农业保险关联事项（农业灾害补偿制度）	经营局	894.56	3.84
9	积极活用女性能力	经营局	485.79	2.09
10	农业人员退休金	经营局	1205.84	5.18
合计	农地流转和确保新农业就业人员补贴	农村振兴局、经营局	4326.65	18.60

资料来源：根据日本农林水产省网站预算资料整理加工的结果。

其他涉及农业就业和土地流转的具体直接支付补贴主要有：

一是支援青年农业就业人员稳定经营的开始型直接补贴。青年农业就业人员每人每年可获得150万日元，最多可享受5年；二是扩大农业经营规模的集中连片合作补贴。包括户别直接收入补贴，扩大规模直接补贴和提供土地人员的直接补贴。扩大规模补贴是每0.1公顷10万日元，对提供租赁土地的农户，0.5公顷以下补贴30万元，0.5公顷至2公顷以下补贴50万日元，2公顷以上补贴70万日元，条件是不能对租赁对象附加条件；三是长期大型借贷资金利息补贴。最初5年的利息全部补贴；四是支援青年农业就业人员研修的准备型直接补贴。每年150万日元，最多可享受2年；五是农业公司雇佣人员研修的直接补贴和支援培育农业经营者教育机关的补贴，每年每人120万，最多补贴2年。

对核心经营主体开展金融支持（对减低SuperL资金贷款利息的补助）的补贴主要是对认定农业人员实施的，个人最高可贷3亿日元，公司可贷10亿日元，贷款期限可达25年，前5年无利息。

（2）收入补贴的类型和补贴方式。收入补贴的类型主要可以分为稳定土地利用型农业经营收入措施（大米、麦类和大豆等）补贴和活用水田的直接补贴（表10）。该补贴主要通过经营局、农林水产技术会议事务局进行管理和运作。

表10 日本收入补贴

单位：亿日元，%

序号	项 目	所管单位	金额	比重
1	稳定土地利用型农业经营收入措施（大米、麦类和大豆等），其中：	经营局	3 952.81	16.99
	旱作作物直接补贴	经营局	2 092.68	8.99
	缓和所受收入下降影响的措施	经营局	751.36	3.23
	大米直接补贴（截止到2015年）	经营局	806.25	3.47
	大米价格变动补偿金（截止到2015年）	经营局	200.00	0.86
2	活用水田的直接补贴	农林水产技术会议事务局	2 770.26	11.91
合计	收入补贴	农林水产技术会议事务局、经营局	6 723.07	28.90

资料来源：根据日本农林水产省网站预算资料整理加工的结果。

稳定土地利用型农业经营收入措施。该补贴的政策目标是确保水稻、小麦和大豆等土地利用型农业的经营主体的稳定经营收入，主要包括四个方面的补贴内容，即旱作作物直接补贴、减缓水稻和旱作作物收入下降幅度的补贴（相当于收入保险）、过渡措施补贴（截止到2017年）和对地方政府（都道府县和市町村）直接补贴实施经费的补贴。下面主要对前两项进行说明。

旱作作物直接补贴的对象人员是经营面积在0.3公顷以上或年销售额50万日元以上的销售农户和村落营农组织（2015年开始对象人员改为认定农业者、村落营农组织和认定农业就业人员），补贴的对象作物为麦类、大豆、甜菜、淀粉用马铃薯、荞麦和油菜。补贴方式由面积直补和产量直补两部分组成，面积直补是每0.1公顷补贴2万日元（荞麦补贴1.3万），产量补贴是依据统一规定的不同品质产品的销售价格减去统一规定的生产成本的差额和实际销售量之积，具体支付过程是首先按面积进行支付，再对销售后按销售数量计算出的产量补贴减去面积支付后的部分进行补贴。

具体统一规定的直补单价是每60千克小麦、青稞麦和大豆分别直补6 320日元、7 380日元和11 660日元，每50千克两条大麦、六条大麦分别直补5 130日元和5 490日元，每吨甜菜和淀粉用马铃薯分别直补7 260日元和12 840日元，每45千克荞麦补贴13 030日元，每60千克油菜籽直补9 640日元，在直补过程中直补额根据品质增减。

收入保险补贴是针对加入收入保险的4公顷以上（北海道10公顷以上）的认定农业者和20公顷以上的村落营农组织，加入方式是国家对加入者的比例为3∶1，根据加入者相应的过去年份的年均经营收入额，当本年度收入低于该收入额时，对其差额进行90%的补贴。

活用水田的直接补贴。该补贴是针对把水田转为用于麦类、大豆、饲料用水稻、米粉用水稻种植的农业人员，进行直接补贴。该补贴的目标是截止到2020年饲料用大米、米粉用大米的产量达到120万吨，麦类和大豆等种植面积达到65万公顷，饲料自给率达到38%。

该补贴由直接对种植战略作物的农业者进行的作物直接补贴和通过推行活用水田的地方政府对农业者进行补贴的产地直接补贴两部分组成。前种补贴包括三种补贴方式，即对种植作物的补贴，种两季的补贴和与畜牧业联合种植的补贴（表11）。

表 11　活用水田的直接补贴方式

补贴方式	作物种类或耕种方式	补贴额度（日元/0.1 公顷）	支付方式
战略作物直补	麦类、大豆、饲料作物	35 000	与旱作作物支付方式相同，包括面积支付和产量支付
	用于青贮的水稻	80 000	
	加工用水稻	20 000	
	饲料用水稻和米粉用水稻	55 000～105 000，产量越高支付越多	
种两季直补	水稻＋战略作物	15 000	面积支付
与畜牧业联合种植的补贴	饲料用水稻的秸秆利用	13 000	面积支付
	水田放牧		
	资源循环		
产地直接补贴	饲料用水稻和米粉用水稻	12 000	面积支付
	加工用水稻	12 000	
	储备用大米的水稻	7 500	
	荞麦和油菜	作为主要作物：20 000 种两季：15 000	

资料来源：根据日本农林水产省网站预算资料整理的结果。

不同地区在打造饲料用水稻产地上，补贴方式还存在一定差别，如茨城县除上述直补外，对于活用水田的农业经营还分别从县和村一级增加 1 万日元的补贴，从而使得种植饲料用水稻比种植食用水稻更划算（表 12）。

表 12　茨城县农协中央会估算的种植饲料用水稻和种植主食用水稻的收益情况

估算项目		单位	主食用水稻	饲料用水稻		
单产		千克/0.1 公顷	520	520	600	670
价格		日元/千克	200	15	15	15
销售额		日元/0.1 公顷	104 000	7 800	9 000	10 050
补贴	大米直补	日元/0.2 公顷	7 500	—	—	—
	水田活用直补	日元/0.3 公顷	—	80 000	93 360	105 000
	产地补贴（国家，专用品种）	日元/0.4 公顷	—	12 000	12 000	12 000
	产地补贴（县）	日元/0.5 公顷	—	10 000	10 000	10 000
	产地补贴（村）	日元/0.6 公顷	—	10 000	10 000	10 000
	合计	日元/0.7 公顷	7 500	112 000	125 360	137 000

（续）

估算项目	单位	主食用水稻	饲料用水稻		
收入	日元/0.8公顷	111 500	119 800	134 360	147 050
成本	日元/0.9公顷	84 698	84 698	88 933	93 168
收益	日元/0.10公顷	26 802	35 102	45 427	53 882

资料来源：日本农业新闻报纸，2014-05-05。

（3）市场价格支持的具体类型和运作方式。市场价格支持的内容主要包括稳定畜产和奶农生产的措施，饲料谷物储备措施，提高饲料产量的综合措施，稳定蔬菜价格的对策措施，鱼、果树和茶相关联的支援措施和稳定糖料资源作物支援对策措施。该类补贴主要通过生产局进行管理和运作。

稳定畜产和奶农生产的措施主要包括为确保奶业生产者、肉牛繁殖经营者、肉牛育肥者、养猪者和蛋鸡生产者的稳定经营进行收入保险补贴。

奶业生产者的补贴由对奶农、收购商、生产商和制造商这一全产业链补贴构成。奶农补贴是对其饲料作物面积按照每公顷1.5万日元进行补贴；对用原料奶加工生产牛奶和奶油的生产商的原料奶收购补贴按照每千克1 280日元进行补贴，对用原料奶加工生产奶酪的生产商的原料奶收购补贴按照每千克1 541日元进行补贴，同时，生产商和政府（独立法人农畜产业振兴机构）按照1∶3的比例出资建立稳定收入保险基金，当其产品价格低于过去三年全国平均交易价格时，从收入保险基金中补贴该差额的80%；日本本国的乳制品生产商的补贴是对过剩时期和适时投放的奶制品的制造商按照其制造成本的一半进行补贴。

肉牛繁殖补贴。由两阶段的保证价和触发价格的补贴构成，前者低于后者。首先是根据过去三个月的平均销售价格确立基本保证价格，当生产者的子牛销售价格低于该价格时，通过肉用子牛生产者补贴制度，按照固定金额进行补贴；其次是根据过去肉用子牛平均销售价格设立触发价格水准，当销售价格低于该触发价格时按照差额的四分之三进行补贴。

肉牛育肥补贴和养猪补贴。这两种补贴均是生产者和政府按照1∶3的比例设立收入保险基金，当收入低于按照各地区示范性生产成本时，按照损失差额的80%进行补贴。

蛋鸡补贴。为了维护养鸡户收入稳定，当标准销售价格下降，参与奖励性出售蛋鸡的生产者，对其稳定基准价格和补贴基准价格的差额的90％进行补贴。

（4）饲料谷物储备措施和提高饲料产量的综合措施补贴运作方式。饲料谷物储备措施和提高饲料产量的综合措施补贴基本上是采用定额或补贴成本的二分之一或三分之一。

（5）稳定蔬菜价格的对策措施的具体类型和运作方式。稳定蔬菜价格的对策措施补贴是根据日本蔬菜稳定基金制度进行运作的。日本设立蔬菜稳定基金制度是为了稳定蔬菜生产，保证蔬菜供应，确保蔬菜价格稳定，减少蔬菜价格涨落对经济社会的影响。日本的蔬菜稳定基金制度依据《蔬菜生产销售稳定法》设立，具体包括三个方面：①稳定指定蔬菜价格的措施；②稳定合同定购蔬菜供应的措施；③培育特定蔬菜等的供应产地的价格差补贴措施。下面分别对其具体措施及效果进行分析和说明。

稳定指定蔬菜价格的措施：

稳定指定蔬菜价格的措施，是通过对指定产地、指定消费地、指定蔬菜品种，以及注册的销售团体和大规模农业生产者的管理来运作的（图31）。

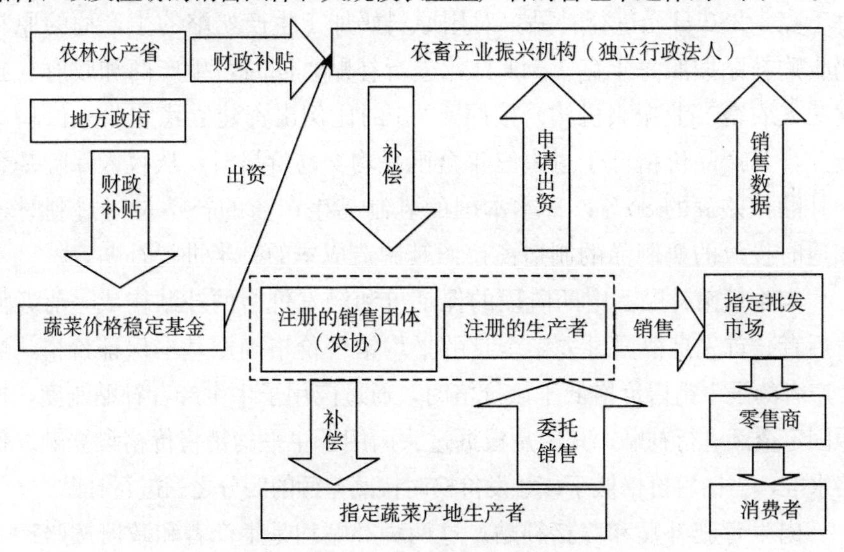

图31　日本稳定指定蔬菜价格措施的运作机制

资料来源：农畜产振兴机构，http：//www.alic.go.jp/content/000073327.pdf。

在日本，指定蔬菜包括卷心菜、黄瓜、芋头、萝卜、西红柿、茄子、胡萝卜、葱、白菜、青椒、莴苣、洋葱、土豆和菠菜等品种。2006年，这14种指定蔬菜的销售总量达966万吨，占日本蔬菜市场销售总量的74%，其中参与该措施计划的销售量为274.5万吨，占日本指定蔬菜的市场销售总量的28.4%，占日本蔬菜市场销售总量的23.4%，占日本蔬菜总产量的22%。可见，列入该措施计划的蔬菜产品覆盖面较广，该措施成为日本稳定蔬菜价格的基石。

稳定指定蔬菜价格措施的具体运作方式是，在指定蔬菜的价格急剧下跌时，农畜产业振兴机构直接对登记在册的生产者，或通过已注册的生产者所属销售团体对生产者提供补偿，以缓解价格下滑对农户从事蔬菜经营的影响，确保农户继续进行蔬菜生产。补偿对象必须满足以下条件，即农林水产省指定的蔬菜产地生产的蔬菜、已注册的销售团体受生产者委托销售的蔬菜或已注册的生产者销售的蔬菜、在既定的销售期内向农畜产业振兴机构规定的批发市场销售的蔬菜、达到农畜产业振兴机构规定标准的蔬菜。该措施的运营资金来自设立在农畜产业振兴机构内的蔬菜稳定基金，由中央政府、都道府县（地方）政府和生产者分别按照60%、20%和20%的比例出资。

该措施的实施过程包括四个步骤：①政府制定未来五年的蔬菜供求平衡预测表，根据预测结果确定未来的生产计划。②生产者或销售团体向农畜产业振兴机构提出加入计划的申请，并提交生产计划（每年两次）和计划销售的指定消费地所属批发市场。③生产者或销售团体按计划销售指定蔬菜到指定消费地批发市场，当市场上的平均销售价格低于保证基准价格（按照过去六年的平均销售价格的90%设定）时，生产者或销售团体（该团体再支付给生产者）将获得补偿，即按照销售量Q乘以保证基准价格A和平均销售价格B之差计算的补偿金额［$Q\times(A-B)$］。需要说明的是，当市场上的平均销售价格低于最低基准价格（按照过去六年的平均销售价格的60%计算）时，补偿金额将按照保证基准价格和最低基准价格C之差计算［$Q\times(A-C)$］。而且，从2011年开始，该项措施又增加了当蔬菜生产投入费用高涨时将提供安全保护网的补偿措施，即把计算保证基准价格和最低基准价格的百分比提高五个点（图 32）。④农畜产业振兴机构向生产者或销售团体（该团体再支付给生产者）按照销售计划和实际应得的补偿支付相应金额。

在这项措施中，指定产地是指由农林水产大臣依据各道府县知事的申请批准设立的蔬菜生产地区；销售团体主要指农协，农户的申请计划通过农协向农畜产业振兴机构申报，其计划的蔬菜也委托农协向指定市场销售；大规模农业生产者是指种植指定蔬菜的面积超过两公顷的生产者（以农业公司为主），其种植的指定蔬菜可以直接申请成为该措施的补偿对象。

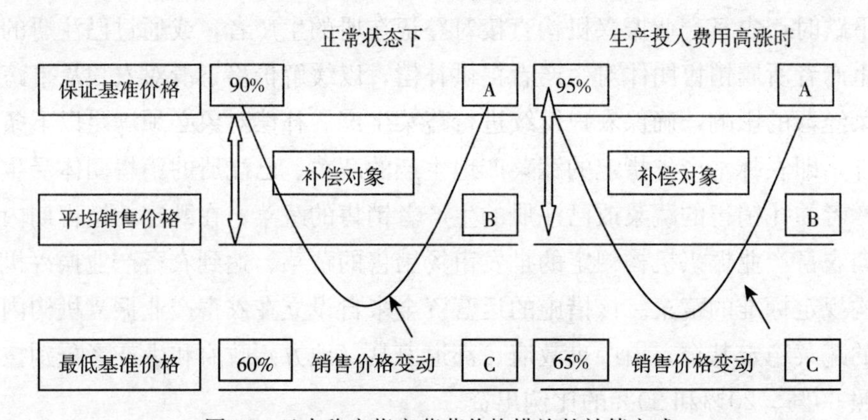

图 32　日本稳定指定蔬菜价格措施的补偿方式

资料来源：农林水产省，http：//www.maff.go.jp/j/budget/2011/pdf/b13.pdf。

稳定合同订购蔬菜供应的措施：

随着消费者越来越重视食品的安全性，加之大型零售商引入了蔬菜生产销售一体的追溯系统，在日本，加工企业和零售商与生产者直接签订合同定购蔬菜的现象越来越普遍。稳定合同订购蔬菜供应措施的目的是减轻生产者参与蔬菜合同定购的风险。

该项措施涉及的蔬菜包括指定蔬菜（14 种）和特定蔬菜（34 种），其中特定蔬菜包括芦笋、草莓、枝豆、芜菁、南瓜、白菜花、甘薯、青豆、牛蒡、小松菜、荷兰豆、豌豆、春菊、生姜、西瓜、甜玉米、芹菜、蚕豆、小白菜、香菇、韭菜、大蒜、蜂斗叶、绿菜花、赤车使者、鸭儿芹、甜瓜、长山药、莲藕、辣椒、冬葱、荆头、苦瓜和黄秋葵等。其运营资金的来源根据合同涉及蔬菜的品种不同而有所区别，涉及指定蔬菜的合同订购中，中央政府、都道府县政府和销售团体（或生产者）分别按照 50%、25%和 25%的比例出资，当合同涉及蔬菜为特定蔬菜时，三者按各三分之一的比例出资。

稳定合同订购蔬菜供应措施的运营，主要包括以下三种具体措施。

①确保合同数量的措施。即当生产者受气候因素的影响不能确保合同供给数量时，对生产者将原本计划供给市场销售的蔬菜用于供给合同订购的费用进行补偿。补偿办法是：当市场上的平均销售价格高于基准价格 30%（也称“指示性价格”）时，针对把本应在市场上销售但用于合同订购的蔬菜供给，按照市场平均销售价格与合同订购价格之差的 70%对生产者进行补偿；如果是生产者从市场购入蔬菜并用于满足合同订购的情况，则按照购入价格与合同购价之差的 90%进行补偿。需要说明的是，补偿数量不超过合同订购数量的 50%。

②防止价格下滑的措施。如果合同订购价格与市场价格联动，当市场上的平均销售价格低于保证基准价并急剧下降时，按照保证基准价格与平均销售价格之差的 90%对生产者进行补偿；当市场上的平均销售价格低于最低基准价格时，按保证基准价格和最低基准价格之差的 90%进行补偿。从 2011 年开始，保证基准价格按照过去六年市场平均销售价格的 90%进行测算，最低基准价格则按照过去六年市场平均销售价格的 55%进行测算。

③调整销售的措施。这一措施针对的是签订合同的生产者在确保合同订购数量和面积之外种植的一部分供合同外销售的蔬菜的情况。当市场上的平均销售价格低于基准价格的 70%（也称“发动补偿基准价格”）时，针对不同供合同外销售的蔬菜销售到市场上的生产者，按照基准价格和合同订购价格二者中较低水平的 40%进行补偿。

据统计，2010 年，日本纳入稳定合同订购蔬菜供给补偿方式的蔬菜的销售量为 11.1 万吨。该项措施的优点在于，不仅有利于保证生产者获得较为稳定的收益、提高其签订合同的积极性，也有利于食品加工商、餐饮业者和流通业者等蔬菜的实施需求者按照预定价格和预定数量获得稳定的蔬菜供应，进而稳定消费者物价水平。

培育特定蔬菜等的供应产地的价格差补贴的措施：

培育特定蔬菜等的供应产地的价格差补贴措施的实施对象，是特定的34种蔬菜及地方政府选定的目标产地所生产的14种指定蔬菜，而且这些蔬菜必须销售到批发市场。需要说明的是，当特定蔬菜的销售者生产规模较大时，还要求其种植面积大于1.5公顷。该措施是中央政府、都道府县政府和销售团体（或生产者）各按三分之一的比例出资，主要目的是当特定蔬菜的价格急剧下降时，对生产者支付价格差的补偿金，以确保生产者继续经营蔬菜生产。

培育特定蔬菜等的供应产地的价格差补贴措施的具体运营机制是：当市场上的平均销售价格低于保证基准价格（按照过去六年市场平均销售价格的80%测算）时，按照保证基准价格和平均销售价格之差的80%对生产者进行补偿；当平均销售价格低于最低基准价格（按照过去六年市场平均销售价格的55%测算）时，按照保证基准价格和最低基准价格之差的80%对生产者进行补偿。同时，该措施也涉及稳定指定蔬菜价格业务的收入安全网等相关措施，即当蔬菜生产投入费用高涨时，把计算标准的百分比提高五个点。

果树和茶相关联的支援措施补贴。针对果树的改种、嫁接、小规模园地土地整理和改种后无收入期间进行的补贴。每0.1公顷蜜柑、矮化苹果种植、一般苹果种植和其他果树的改种补贴分别为22万日元、32万日元、16万日元和成本的二分之一以内；嫁接、小规模园地土地整理的补贴是成本的二分之一以内；条件不好地区的废园补贴是每0.1公顷广柑、苹果分别为10万和8万日元，其他果树为成本的二分之一。改种后4年无收入的期间内每0.1公顷补贴5万日元。茶园补贴是对改种的茶园每0.1公顷补贴12万日元，无收入的期间内每0.1公顷补贴4万日元，仅补3年，如果是利用荒废的茶园进行改种补贴从0.1公顷12万日元提高到16万日元。

（6）稳定糖料资源作物支援对策措施补贴。该补贴包括糖料作物补贴和淀粉用薯类补贴。

糖料作物补贴：

该补贴是依据白糖价格调整制度开展的补贴。

日本国内白糖的原料是甘蔗和甜菜等糖料作物。甜菜是北海道旱作的主要作物；在西南群岛的冲绳县和鹿儿岛县，台风、干旱等自然灾害频发，甘蔗成为不可替代的主要作物。甜菜和甘蔗成为区域发展的重要作物，国内白糖生产商对当地农业和区域经济具有重要作用。但以国产原料糖和进口粗糖为原料生产的白糖存在巨大的价格差，其中甜菜糖的价格约为进口粗糖价格的 2 倍，甘蔗糖的价格约为进口粗糖价格的 6 倍。因此，对价格低廉的进口粗糖收取调整金，作为资金来源，对甘蔗的生产者和甜菜糖、甘蔗糖的生产商进行支援，消除国内外价格差（图 33）。

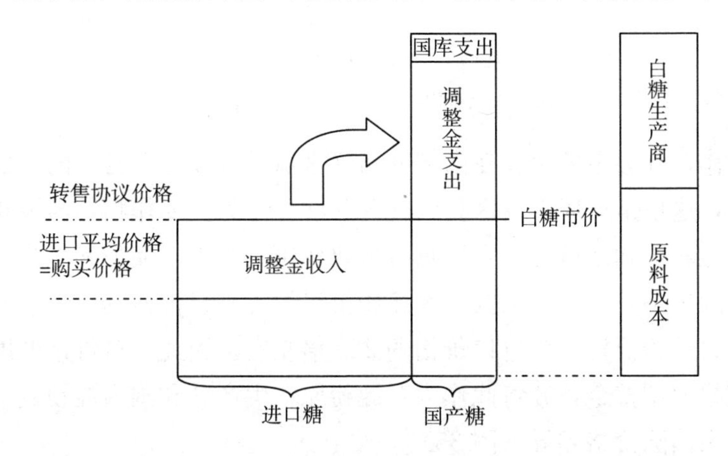

图 33　白糖价格调整制度的思路

资料来源：独立法人农畜产振兴机构。

日本白糖价格调整制度的具体运营机制是：精制糖公司通过从国内和国外进口采购原料糖，农畜产业振兴机构对制糖公司进口的原料糖征收调整金，来平衡国内外价格差；农畜产业振兴机构将征收的调整金以交付金的形式提供给甘蔗生产者和国内食糖生产商，并从国库中支出部分资金以交付金的形式提供给甜菜生产者，以维持农户水田旱作经营收入的稳定（图 34）。

淀粉用薯类补贴：

该补贴是通过设立淀粉价格调整制度来维持国内淀粉市场价格的稳定。

日本国内淀粉原料主要是马铃薯和红薯。马铃薯主要在北海道进行

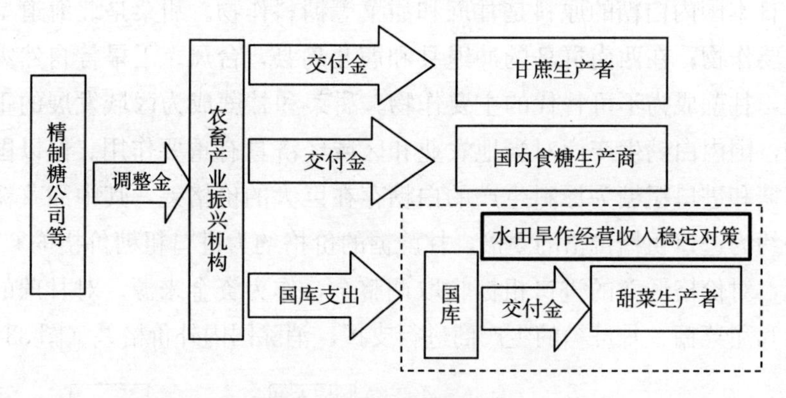

图 34　白糖价格调整制度

资料来源：独立法人农畜产振兴机构。

旱作轮作，红薯主要生长在南部九州（宫崎县和鹿儿岛县）的火山灰土壤地带，这里是台风多发区。马铃薯和红薯作为主要作物，与淀粉制造商对当地农业和区域经济发展具有重要作用。国内外淀粉和玉米淀粉存在明显的价格差，其中国内红薯淀粉价格约为进口价格的 3 倍左右，国内马铃薯淀粉价格约为进口价格的 2.5 倍左右。因此，对价格低廉的进口玉米收取调整金，并将此作为对淀粉原料生产者和国内淀粉制造商的支援，来消除价格差异（图 35）。

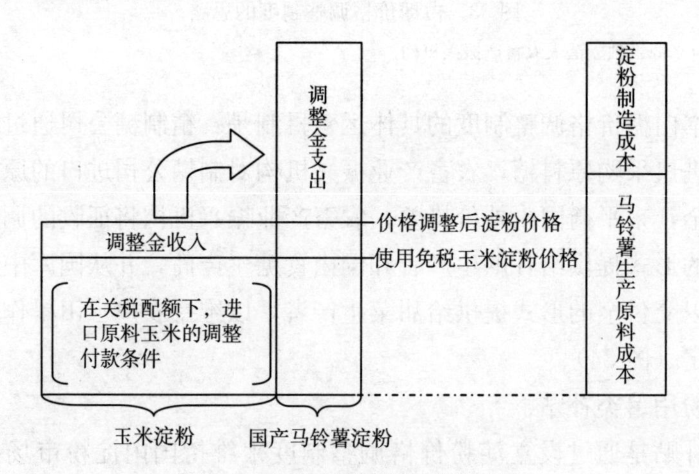

图 35　淀粉价格调整制度的思路

资料来源：独立法人农畜产振兴机构。

日本淀粉价格调整制度的具体运营机制是：玉米淀粉公司通过从国内和国外进口采购淀粉原料，农畜产业振兴机构对玉米淀粉公司进口的淀粉原料征收调整金，来平衡国内外价格差；农畜产业振兴机构将征收的调整金以交付金的形式提供给淀粉原料生产者和国内马铃薯淀粉制造商，并从国库中支出部分资金以交付金的形式提供给淀粉原料生产者，以维持农户水田旱作经营收入的稳定（图 36）。

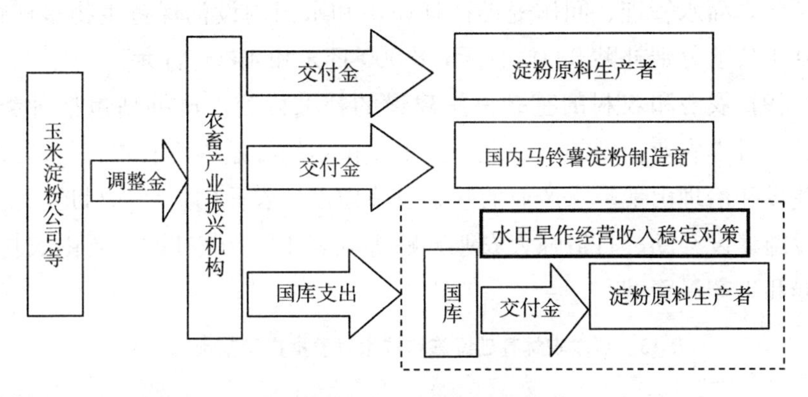

图 36　淀粉价格调整制度

资料来源：独立法人农畜产振兴机构。

(7) 出口促进补贴。该补贴主要包括日本的食物和食文化魅力宣传、通过出口扩大等措施赢取全球食物市场、构建发展中国家有效率的农产品和食品的供给体制、扩大需求前沿的研究开发组成。该补贴主要由食物产业局、农林水产技术会议事务局、水产厅、林业厅等管理和开展。

(8) 日本型直接补贴。该补贴主要由面向多功能性的直接补贴、针对丘陵和山地地区的直接补贴和环境保全型农业直接支援措施构成，管理主体是农村振兴局和生产局。

面向多功能性的直接补贴主要细分为维护农地的直接补贴、共同参加提高资源利用活动的直接补贴和提高设施寿命活动的直接补贴三种类型，可以累计获得，都道府县每 0.1 公顷草地、旱地和水田的累计补贴总金额可达 890～9 800 日元，北海道可达 650～7 620 日元。

针对丘陵和山地地区的直接补贴是由各都道府县和市町村政府进行

管理，根据土地倾斜度进行补贴，水田倾斜在1/20以上的每0.1公顷补贴21 000日元，在此以下补贴8 000日元；旱地倾斜度15度以上每0.1公顷补贴11 500日元，在此以下补贴3 500日元。

环境保全型农业直接支援措施主要包括全国通用类型和地区特殊类型两种。全国通用的类型包括绿肥种植、利用堆肥、有机农业，每0.1公顷分别补贴8 000日元、4 400日元和8 000日元；地区特殊类型主要包括冬季灌水管理、间作麦类秸秆还田和水田内设沟保持生物多样性，每0.1公顷分别补贴8 000日元，8 000日元和4 000日元。

(9) 农业和农村的基础设施建设的补贴内容。该补贴包括种类广泛，占日本农业补贴的三分之一。主要包括的补贴内容有森林的基础设施建设和治理山地、水产业的基础设施建设、农业山村和渔村地区的基础设施建设补助、打造强大农业补贴等（表13）。该补贴主要由农村振兴局和生产局管辖。

表13 日本农林基础设施和技术研发推广示范预算情况

单位：亿日元，%

序号	项　目	所管单位	金额	比重
1	农业和农村的基础设施建设	—	2 689.28	11.56
2	森林的基础设施建设和治理山地	林业厅	1 812.93	7.79
3	水产业的基础设施建设	水产厅	721.49	3.10
4	农业山村和渔村地区的基础设施建设补助	农村振兴局	1 122.11	4.82
5	打造强大农业补贴	生产局	233.85	1.01
6	重新打造森林和林业的基础设施补贴	林业厅	22.00	0.09
7	打造强大水产业补助	水产厅	45.00	0.19
8	针对特殊自然灾害应急的基础设施建设	农村振兴局	1.00	0.00
9	加速支援引入新一代园艺设施	生产局	20.08	0.09
10	增强加工和业务用生产基础设施	生产局	10.00	0.04
11	创新推进国产花卉	生产局	5.00	0.02
12	综合提高产地活力的措施	生产局	28.82	0.12
13	建立农业界和经济界合作的前沿示范性农业的试验	经营局	2.50	0.01

（续）

序号	项　目	所管单位	金额	比重
14	强化生产实践的研究开发	农林水产技术会议事务局	18.77	0.08
15	对援农队对接的支援	生产局	1.00	0.00
16	防止野鸟野兽对农业损害的综合措施	生产局	95.00	0.41
17	针对规避野鸟野兽损害森林高级技术措施的试验	林业局	1.50	0.01
18	构建高收益型畜牧生产体制	生产局	0.69	0.00
19	对新品种和新技术的开发、推广和保护	生产局、食物产业局和农林水产技术会议事务局等	71.49	0.31
20	支援药用作物等地区性特殊产品作物的产地构建	生产局	4.00	0.02
21	构建具有成长潜力产业的政策支援	食物产业局	4.68	0.02
22	提升食品产业	食物产业局	3.75	0.02
23	促进有效利用民间活力的研究	农林水产技术会议事务局	11.13	0.05
24	促进农林水产业和食品产业的科学技术研究	农林水产技术会议事务局	52.17	0.22
25	以技术为纽带构建价值链的研究开发	农林水产技术会议事务局	29.91	0.13
合计	农林基础设施和技术研发推广示范预算	林业厅等	7 008.15	30.12

资料来源：根据日本农林水产省网站预算资料整理加工的结果。

（10）六次产业补贴的分类和运作方式。该补贴主要包括农林渔业成长产业化基金的设立和运作、支援六次产业化的措施和推动医疗、福利机关、食物和农业的合作（表14）。该补贴由食物产业局管辖。该补贴的目标是把六次产业（加工流通和服务业）规模从2010年的1兆日元扩到2015年的3兆日元，2020年达到10兆日元规模。

表14　六次产业化补贴

单位：亿日元，%

序号	项目	所管单位	金额	比重
1	农林渔业成长产业化基金的全面启动	食物产业局	—	—
2	支援六次产业化的措施	食物产业局	—	—

（续）

序号	项目	所管单位	金额	比重
3	推动医疗、福利机关、食物和农业的合作	食物产业局	—	—
合计	六次产业化补贴	食物产业局	31.16	0.13

资料来源：根据日本农林水产省网站预算资料整理加工的结果。

(11) 农村建设与食物安全补贴的分类。该补贴主要由城市和农村共生对流措施的综合补贴、打造与农有关的生活补贴、提升农村、山村和渔村活力的补贴、美丽农村再生的支援、推动引入可再生能源的农村、山村和渔村活力的措施、推动地区生物能源产业化的措施、推动木材生物能源产业化的措施、确保消费安全的补贴、家畜卫生综合防治措施、有害化学物质和微生物风险管理的基础调查、确保食物生产资料安全的综合措施、在农林水产品的生产和流通实践中推动食物方面的教育、减少食品损耗的综合对策措施构成。管理主体是农村振兴局、食物产业局和林业厅及消费安全局。

从上面的分析可以看出，虽然日本农业和农村是浸泡在补贴资金的缸里潜行，但补贴政策的诱导效果也正在逐渐显现，政府主导的土地流转和大规模经营路线已经深入基层，农业新就业人数有增加的迹象，农产品出口的引擎正在点燃，饲料自给率正在上升，这些迹象表明日本农业补贴政策对农业和农村的发展有着重要的作用。

四、政策建议与启示

本研究在文献述评和理论分析基础上，对日本农业现状和国内支持水平进行了解析；梳理、跟踪和分析了日本安倍政权下农业政策改革背景、内容和绩效；通过对日本农业补贴的回顾、类型整理和测算，分析了日本农业补贴的运作机制，明晰了日本农业政策体系框架及其改革的重点和方向。具体得到的结论主要有：

第一，日本为了应对贸易自由化和加入 TPP，解决农业后继无人、扩大经营规模的瓶颈制约以及促进农村区域可持续发展，正在以市场为导向，从强化农业经营主体竞争力、驱动农业产业化发展、调整农业补贴政策、推进区域农业政策创新和合作组织改革等方面大力推行改革，并已经取得一定成效。

第二，日本农业补贴政策正在由建立在“消费者负担”基础上的政策框架上的政策体系向“纳税人负担”的财政支持政策（转移支付）框架转变，逐步减少过度集中于大米有关的补贴项目；建立了有效的促进大规模经营和农业后继有人的人地结合土地流转补贴模式、粮食作物直接补贴模式、收入保险模式、日本型直接补贴模式、依靠补贴整个农业产业链以拉动农业增长的模式以及出口促进补贴模式；并提供了成熟的畜产、蔬菜水果和经济作物方面的稳定基金收入保险补贴和稳定价格的目标价格带补贴经验。

上述结论对我国农业政策改革具有重要的启示作用，即通过以上对安倍政权农业政策改革和日本农业补贴政策的分析，可以为未来中国农业政策改革和完善及农业补贴政策的顶层框架设计提供了一定借鉴。具体启示为：

第一，政府的政策引导和公共服务是扩大农业经营规模的重要条件。日本通过建立具有公共性质的土地流转机构开展土地流转中介，打消农户出租土地的戒心，对于推动土地流转发挥了重要作用。与此同时，设立扩大农业经营规模的目标和实施人地计划，诱导农户或合作组织扩大农业经营规模，不仅可以提高农业综合生产能力，还可以推动农业后继有人。进一步通过运用高科技手段开展土地整理和流转也是可借鉴之处。我国在大量农村人口向城镇转移，而又未能同步建立土地承包经营权退出机制的情况下，有必要借鉴日本的做法，通过建立和完善具有公共性质的土地流转服务机构，为转移人口的土地经营权流转和优化配置创造条件，以此作为解决“不在村地主”问题的重要措施。

第二，推动农业产业化和延长产业链是提高农民收入的有效途径。随着经济的发展，农业在 GDP 构成中的比重会持续下降。但通过农业产业化和延长产业链条，依然可以大幅提高农业产业的市场规模。日本制定了雄心勃勃的计划，规划 2010—2020 年“六次产业”市场规模从 1 兆日元提升至 10 兆日元，并为之采取了政府和民间共同出资设立产业化基金等相关具体措施。当前，我国农业在 GDP 中的比重也正在不断下降，可借鉴日本的做法，推动集农业、加工、销售和服务于一体的第一次产业、第二次产业和第三次产业的6（1×2×3）次综合性产业化经营，以此延伸农业产业链和价值链，作为拓展农民收入来源渠道的新途径。同时，以补贴农业产业的产后发展和出口促进补贴来拉动农业增殖对提高农民收入具有重要的意义。

第三，强化农业补贴政策扶持与调整补贴领域和方式并行不悖。日本在继续扩大农业补贴政策支持的同时，正在将补贴政策由建立在"消费者负担"基础上的政策框架体系，向"纳税人负担"的财政支持政策（转移支付）框架转变改革。这也启示我们，农业的基础地位不因经济发展和在GDP中份额的降低而改变，反而应随着经济的发展而持续加大对农业的政策扶持力度。但随着内外环境的变化，应及时调整农业补贴政策的领域和补贴方式，构建一个充满弹性而非僵化的补贴政策框架。在我国农户分化加剧、新型农业经营主体不断涌现和国际农业影响不断加剧的情况下，更应考虑农业补贴政策的方向调整，使补贴政策有利于新型农业经营主体发展壮大，有利于提高财政补贴资金的使用效率，有利于增强农业的国际竞争力。通过有效开展以可持续资源利用为核心的农地、水资源、丘陵山区及环境保护的直接补贴模式，不仅可以提高和稳固粮食综合生产能力，也可以减轻农业产业的环境负荷；同时，通过粮食直补和收入保险相结合的收入补贴模式，可以有效确保农业经营收入的稳定，提高农民粮食生产积极性。这对于我国稳定粮食综合生产能力和农业补贴政策的改革具有一定的参考价值。针对菜篮子农产品建立有效的稳定基金收入保险补贴和目标价格带对于稳定物价和减少农业经营风险具有重要作用，这对于我国构建有效的农产品价格稳定机制具有重要借鉴意义。

第四，设立农业特区以推进改革的做法从内容到方法都值得借鉴。在推进农业政策改革的进程中，日本采取了设立农业特区的做法，农业特区在吸引外资、应对贸易自由化和振兴地区经济、开展农业农村改革上的决心和力度上都非常大，这与我国建立农村改革试验区的做法有一些相似之处。从内容来看，日本农业特区建设的内容聚焦于扩大农业经营规模、提高土地资源利用效率和老年人的有效活动，这对解决我国面临的小规模农户经营和农村空巢现象等问题具有一定的启示。从方法来看，日本农业特区的设立，包含着打破现有利益格局对农业改革发展阻挠的意图，这对于我国进入深水区后如何推进改革具有重要借鉴意义；日本农业特区建立竞争性业绩考核和退出机制，对于我国的农村改革试验区和其他各种改革试点试验的做法，也具有重要的参考价值。

最后，需要指出的是，日本最新农业政策改革虽然对中国“三农”问题具有一定的借鉴意义，但中日之间的发展阶段不同、城市化水平不同、农业的战略地位不同、城乡发展的模式不同，因此对日本的农业政策改革经验的汲取要非常谨慎。特别是日本很多重大农业政策改革创新的效果，都还将在今后的实践中逐步显现，更需要紧密关注其政策实践新做法新成效，以扬长避短，为我国农业政策的改革和完善提供正确借鉴。

农业补贴制度框架问题研究*

一、我国农业补贴制度框架存在的问题分析

（一）农业补贴制度框架内政策目标缺乏系统性分解与支撑

农业、农村与农民三个问题具有极强的统一性，但三者侧重点各异。农业补贴政策总目标应具有统领上述三方面问题的能力，并通过不同类型政策工具对总目标的分解得到合理架构。我国早期农业补贴制度以保证农业生产与粮食供应为目标，客观上忽视了农民利益；当前阶段，城乡差距成为我国和谐社会创建过程中面临的主要矛盾，这又导致我国农业补贴制度出现了重农民而轻农业的现象。这在理论上导致将农民增收与粮食安全兼做农业补贴制度目标的“合”与“分”的争论；在实践中则出现了“双弱”的执行效果。

相关研究显示：所有省份都有相当一部分农民不种植粮食也依然得到补贴①，补贴在政策具体执行中逐渐具有普惠性质。因此，农业补贴极易被农民理解为一种国家福利补助。调查中发现，很多农民甚至将各项补贴混同，“农业补贴”被理解为“农民补贴”或“收入补贴”。如针对安徽、广西、河北及陕西等地的调研发现，大多数农民把农业补贴看成是“一笔额外的钱财”，政策的引导性变成了一纸空文。这使得多数农民为增收而主观上具有“该种就种”、“该种什么就种什么”的心理，难以有效保障粮食安全。另外，由于我国农业是以家庭经营为主小规模

---

* 本报告获 2014 年度农业部软科学研究优秀成果三等奖。课题承担单位：北方工业大学；主持人：孙强。

① 黄季焜，王晓兵，智华勇，等．粮食直补和农资综合补贴对农业生产的影响［J］．农业技术经济，2011（1）．

经营，因此在补贴基础小，补贴标准难以大幅提高的情况下，通过农业补贴“促增产、降成本”以助增收的效果实难达到。因为在农民收入日益多元化的背景下，亩均百元左右的补贴金对农民增收作用有限，甚至当前种粮成本对农户种粮积极性的抑制作用要远大于农业补贴的促进作用①。

对“三农”进行系统性思考，并以此为基础对农业补贴政策总目标进行系统性分解与构架是解决上述问题的关键。农业连接着农村和农民，是“三农”问题的核心。农业是农村的支柱产业，几乎是农村生产活动的全部，农业的发达程度直接决定了农村的发展程度②与农民收入的增长速度。近年来，我国粮食生产“十连增”，但农业收入由于生产成本逐年攀升，收益率已出现下降趋势。农民收入增长的滞后制约着农民生活的改善和农业农村经济的发展③。究其原因，归结于目标定位注重“大而全”，忽视粮食安全与农民增收的非兼容性。粮食安全源自农业的战略属性，而农民增长则源自农业的产业属性。当前农业补贴制度下，实现粮食安全依靠补贴来刺激农民加大粮食生产投入，但粮食需求弹性小且比较收益不高又决定其经济收益率相对低于经济作物与非农产业，在资源约束下，势必以牺牲农民增收为代价。反之，实现农民增收要求扩大补贴受益面，普惠性质愈明显，政策偏差愈强烈，种粮刺激边际效应愈递减。兼顾两者的实践结果是既难以有效保障粮食安全，又不能真正实现农民增收。由此也导致我国农业补贴制度补贴对象在农业与农民之间循环更替。鉴于此，我们认为农业补贴制度框架补贴目标应由系统分解与结构，使农业的战略属性与产业属性在制度框内由不同的政策组合予以体现。

（二）我国农业补贴制度框架内体系不完备

完整的农业补贴制度框架不应该仅仅包含具体的补贴政策与内容，

① 谭智心，周振．农业补贴制度的历史轨迹与农民种粮积极性的关联度［J］．改革，2014（1）.

② 薛蒙林．剖析“三农”问题的历史逻辑［J］．社会科学研究，2013（2）.

③ 陈锡文．工业化、城镇化要为解决“三农”问题做出更大的贡献［J］．经济研究，2011（10）.

而应将补贴政策法律基础，包括形成方式与调整程序、相关利益主体准入与退出机制、政策工具及其组合、政策评价与反馈机制等纳入框架内。但是，当前我国农业补贴制度运行以政府为主导，以具体补贴政策的发布为形式。这种情况导致我国农业补贴政策利益主体单一化、补贴政策形成与调整简化、法律保障不充分等问题存在。

1. 我国农业补贴政策形成以政府为主导，采取自上而下模式

中央政府根据目标制定基本原则，地方政府则根据本地实际制定实施细则。在这一过程中，作为补贴政策受众的农民却不能参与补贴政策制定过程，只是在这一过程中作为被动的受众。因此，农业补贴政策直接利益相关者在问题构建与议程确定方面无法参与其中，这使得政策执行过程结果与政策预期目标不可避免地产生偏差。

2. 我国农业补贴对象逐渐复杂化，识别机制欠缺

土地对农民而言，不仅意味着收入，而且是其生存基础，因此家庭联产承包责任制的推行在稳定农民预期的基础上，极大地促进了我国农业生产的恢复与发展。我国现行的农业补贴政策以农地为载体，以进行农业生产经营的家庭为政策指向。这在农户非农就业机会少，非农收入占比低的情况下对农民生产积极性的激发、农民收入水平的提高具有较大的作用。但是，随着农村经济的发展，农业劳动力流动性极大增强。在家庭联产承包责任制保持稳定的情况下，农地承包权与经营权相分离的情形日益增多。根据补贴政策目标，补贴的受益主体应为经营权主体，而不是承包权主体。但当农地以转包、互换、出租等形式流转，农民的承包权和经营权发生了分离。我国当前农业补贴的受益方依然为承包权所有者，农业补贴的目标从促生产转化为增加收入。这明显不符合我国农业补贴制度及相关政策目标设定。但目前补贴制度对此并无明确规定及识别机制。

3. 我国农业补贴制度及相关政策法律保证不充分

我国现有的农业补贴依据大致为：一是《农业法》，该法对农业补贴作了一些原则性的规定；二是其他单行法，如《农业机械化促进法》、《农业技术推广法》、《渔业法》中对购机补贴、贴息贷款和燃油补贴等作了相关规定，完善了我国农业补贴立法；三是行政规章，如《农业机械购置补贴资金使用管理办法（试行）》、《植物检疫条例》、《退耕还林条例》等也有一些对农业补贴的规定。

但从总体上看，农业补贴法律规范存在不少问题。主要表现为：首先，法律效力层次过低。除上述四部法律外，其他均为行政法规、规章和规范性文件的规定。实践中，农业补贴更多依据国家有关部委发布的规范性文件，使得农业补贴政策缺乏法的稳定性和强制性。其次，对农业补贴的规定比较原则或笼统，导向性、提倡性表述较多。大多数条款一般都使用支持、扶持、鼓励、救助等表述方式，很难判定是否属于农业补贴的范畴。然后，实体规范还有很多欠缺和空白。如"绿箱"补贴中的农业检验服务补贴、结构调整补贴等项目、农业生产者退休计划等，"发展箱"补贴中对低收入或资源匮乏地区农业投入补贴等方面，我国目前还没有相应的立法规制。最后，程序规定欠缺。目前在我国有关农业补贴的法律法规中，程序性规定严重匮乏。这种立法状况导致了以下后果：在农业补贴总量、补贴结构以及补贴具体标准的确定上，作为受补贴对象的农业生产者并无发言的机会；补贴程序的缺失造成有关部门的补贴工作缺乏透明性、公开性和公平性；违反了透明度规则，实践中也降低了农业补贴应发挥的功效。

（三）我国农业补贴制度相关政策重落实，轻实效

就国家对农业补贴的监督而言，更多的是着眼于补贴是否落实到位，而对补贴是否起到了促进农业发展的作用却少有关注。因此，在补贴政策设计、颁布及执行过程中设计了诸多环节与措施督导政策落实。但是对于农业补贴政策效果的评价分析却缺乏制定规定与执行主体。

（四）我国农业补贴制度配给特征强而契约性弱

农业补贴是国家为达到一定目的而以国家财政为基础实施的一种转移支付行为。因此，农业补贴的转移支付是以特定目的为先决条件的。如美国《2002 年农产安全与农村投资法》中明确规定：直接补贴这样一种最基本的补贴形式，它是以农民预先确定的作物面积和产量为基础而提供一个固定的价格，农民可以自愿参加，只有参加直接补贴项目的

农民才能获得该项补贴。无疑这种补贴是建立在双方自愿的基础上的私法契约。而在新修订的 2014 年美国农业法案也为农民在不同项目之间的选择、补贴利益的对价物等方面做出了明确的规定。同样在日本，农业法也对农业补贴受助对象的协议行为有所规定，如“对山区、半山区农户的直接支付”，要求接受补贴的村落与政府签订“村落协议”，以村落为单位，全体农户参与，对于不能签订村落协议的地方，由单个农户与政府签订“个别协议”，接受补贴的所有农户，必须依协议规定进行生产活动。

从我国当前农业补贴政策实践看，我国现行的直接补贴（种粮直接补贴、良种补贴、农机具购置补贴及农资综合补贴等）采用的多是提前支付的形式，这简化了补贴支付程序，提高了工作效率。但是，在调研中发现，我国农业补贴发放过程中不仅存在补贴支付给仅拥有土地承包经营权而并不实际进行粮食等农作物生产的农户的现象，而且种粮农户在接受补贴款后将其作为一种额外收入而非专款专用现象也普遍存在。这表明：我国农业补贴相关利益主体缺乏契约意识，我国现行的农业补贴制度并未走上契约化的轨道。因此，在国家与农民之间的补贴关系中，形成了权利和义务过度失衡的恶性循环，如果长期下去，可能对国家的粮食安全造成影响。

二、我国农业补贴制度框架设计的目标与重点

一般而言，制度设计的目的是引领政策制定，并保证制度实施的有效性。通过美国日本及韩国农业补贴制度及演化的经验可知：首先，完整的农业补贴制度框架应包含补贴政策的法律基础、补贴政策的相关利益主体、补贴政策调整的机制、补贴政策的实施机制、补贴政策效果评价机制。其次，农业补贴制度的目标随着经济发展水平与对农业功能的认识而不断调整，并通过农业补贴政策工具的合理选择予以实现。再次，农业补贴制度具有国际趋同的发展态势，即 WTO 规则化和市场化趋向日益明显。我国农业补贴相对而言起步晚，农业补贴依据更是千差万别，没有形成比较完整而具体的制度。近年来，随着中国经济的快速

发展和经济实力的增强，中国农业国内支持力度得到了加强，农业支持水平得到了较大幅度的提高。这不仅引起了国际社会的关注和热议，而且我国农业补贴也面临效果差、负担重问题。因此，应全面了解掌握WTO《农业协定》的内涵及实质，借鉴各农业法制先进国家的做法，构建适合我国国情的农业补贴制度，为农业补贴政策的制定与实施奠定良好的制度基础。

（一）中国农业补贴制度框架设计目标及原则

一国经济的总体制度设计为农业补贴制度设计提供了方向，农业发展的阶段性则成为农业补贴制度设计的现实基础。党的十八大要求，必须更加尊重市场规律，更好发挥政府作用。2014年中央1号文件指出，“全面深化农村改革，要坚持社会主义市场经济改革方向，处理好政府和市场的关系”。十八届四中全会则进一步指出：使市场在资源配置中起决定性作用和更好发挥政府作用，必须以保护产权、维护契约、统一市场、平等交换、公平竞争、有效监管为基本导向，完善社会主义市场经济法律制度。农业补贴作为政府为了实现特定的农业产业政策目的而将财政收入依法定的标准和方式转移给特定的农业生产经营者的行为，其实施主体为政府，领受主体包括农产品生产者，也包括农产品流通者和农产品消费者，其作用机理在于通过人为改变资源配置结构来调节经济运行。农业补贴本身涵盖了政府与市场关系的处理这一内在要求。因此，农业补贴制度框架应为农业补贴政策及其实施过程中充分发挥政府作用，尊重市场规律提供保障。

为实现上述目标，农业补贴制度框架设计中应遵循下列原则：

1. 注重产业发展、产业竞争力提升的原则

纵观世界各国，现代社会中农业可以分为两种基本类型：一是生计型农业，二是商业型农业。商业型农业的发展是现代农业补贴制度的产生的前提，农业的国际商业竞争及协调成为当代农业补贴规则形成的基础，并决定了当代农业补贴制度的基本取向。但是，即使商业型农业发展最为成功的美国，农业也不能完全褪去生计的功能。因此，价格支持和收入补贴作为农业生产者生计和收入保障措施在发达国家农业补贴框

架中始终没有被废弃，其最典型的例证就是提高农民收入成为历次农业法案规定的农业补贴目标，一直未曾放弃。中国农业的主体是生计型农业[①]，但是中国农业商业特征不仅日益明显，而且也成为中国农业持续发展及在国际竞争中获得优势的必然选择。生计型农业与商业型农业补贴的基础存在较大差异，生计型农业政策以人权为基础，并以政府对农业生产者的支持政策为主；商业型农业以市场为基础，对其的支持政策与措施应该不对市场机制的运作构成干扰，不对农产品市场价格形成机制有扭曲作用。因此，在农业补贴制度框架内，应坚持将稳定价格、提高农民收入作为目标，并构建相应的政策工具对此项目标的实现予以保证。与此同时，促进我国农业从生计型向商业型转型，为商业型农业发展构建适宜的市场环境、主体条件则成为我国农业补贴制度构建及运作的主要目标。在一定意义上讲，生计型农业的补贴目标是农民，而商业型农业的补贴目标是农业。两类补贴对象存在较大差异，因此补贴原则手段也很有大不同。但是，在我国两者也存在着极大的关联。商业型农业的成功发展需以生计型农业主体的高效保障为前提，针对我国农业生产规模小，人多资源紧张的具体情况，必须构建适宜制度，加速土地流转与农业生产者退出，提高单位经营者的规模。而商业型农业的成功发展则又在一定程度上减弱农业的生计型特征，减轻生计型农业补贴的财政压力。

2. 农业补贴政策法制化、调整机制化的原则

美国、日本及韩国等发达国家农业补贴政策和政策目标实现的措施都通过立法的形式加以确定。如美国从1933年罗斯福总统制定的《1933年农业调整法》开始，其农业补贴政策目标、预算安排、执行机构职责范围均在农业法中有明确规定，行政机构则在授权范围内行使职责。美国将1938年农业法与1949年农业法确定为永久性立法，强化了联邦政府支持农业的刚性，也保证了联邦政府干预农业长期性、有效性与合法性。同时，美国农业法的调整也每隔3～5年便重新修订，根据

① 中国农业国内支持课题组．WTO视角下的中国农业国内支持［J］．世界农业，2013(3).

国内外新的形势对农业支持政策及目标进行调整以适应经济社会发展的需要。因此，其补贴政策不仅具有较强的法律基础，而且得到了社会主流阶层的认同，内化成信念与制度，形成了农业补贴调整的完整机制。我国农业补贴制度框架中，农业补贴政策法律依据较为缺乏，政策确定与调整执行依赖于行政机构办事规则与风格，实施过程则将农民排除在程序之外。因此，我国农业补贴制度框架调整的首要任务是构建坚持的法律基础。

3. 管理效率与政策效应兼顾，政策效应优先的原则

由于发达国家，如农业补贴政策法制化、机制化程度较高，农业补贴政策的实施实现了法规—政策—项目—资金的运作方式。所有补贴政策都细化到具体项目，如美国 2014 年农业法案共 949 页，12 章，除第一章第一节是对于取消的农业补贴项目进行说明外，其他章节几乎都是有关具体农业支持项目的详细描述，包括项目预算、资金分配、申请程序、实施过程监控等，同时对于政策与项目执行主体也规定得非常清晰。此外，在农业法案中规定，每个项目都有农业补贴申请的详细规定，农民通过申请补贴、签订协议不仅明确了补贴项目的目标，而且知晓了自身的义务，具有明显的契约性质，而目前，我国是以省为单位确定补贴方式，权限下放地方造成现有“四补”在方式选择与执行中，强调了管理效率，但某种程度上却降低了补贴刺激种粮的政策绩效。“两直补”成为“土地直补”，而非“种粮直补”、农资综合补贴与良种补贴等同“加强版粮食直补”，失去原有政策意义。在一定意义上说，美国农业补贴政策的这种法制化、项目化执行方式成就了其补贴制度的高效率。同样，日本和韩国农业补贴效率与绩效的提升，也离不开其完善的农业补贴法律。因此，在农业补贴法制化基础上，学习美国等发达国家经验，以项目方式实施农业补贴政策，行政主体在法律授权范围内接受项目申请、对项目运行进行监管是我国农业补贴制度调整的重要方向。

4. 确定补贴成本与补贴责任相一致的原则

我国农业资源的基本状况决定了保障农产品，特别是重要粮食产品的稳定供应，即粮食安全为我国农业支持政策的重要目标之一。粮食安全事关全局，是我国农业及农业生产者应共同承担的责任，由此产生的

安全成本应由全体国民共同担负。但当前我国的农业补贴制度已基本形成中央主导，地方参与的共建补贴资金供给格局。在当前格局下，中国粮食主产区在承担国家粮食安全重任下，也承担了相应的生产、流通、储存等宏观粮食安全成本，包括农业补贴。因此，我国产粮大省与经济强省的错位匹配的现实造成非粮食主产区个体补贴水平反高于粮食主产区。因此，我国农业补贴制度调整的重要方向是保证补贴成本与补贴责任相一致。

5. 充分利用市场机制完善农业补贴制度框架的原则

充分利用市场机制不仅是世界农业补贴发展的基本规律，更是我国经济发展的现实要求。如美国早在1985年开始，就建立了结束大政府，迈向市场化的农业补贴政策调整思路。如1996年美国颁布的《联邦农业完善和改革法》，主动废止了以往长期使用的差价补贴这一“蓝箱”措施。虽然在《2002年农业法》又重新确立了“贷款差价补贴、固定直接补贴和反周期补贴”三种崭新的“蓝箱”支持措施，但美国农业市场化取向的补贴制度调整方向并没有彻底改变，在2014年农业法中，这一趋势得到了强化。而韩国、日本在加入WTO后，市场化也成为其重要的政策倾向和制度调整取向。因此，从世界各国来看，增加农民收入和市场化是农业补贴制度变化与调整的两大主旋律。从我国发展现实看，市场机制在我国经济运行中地位和作用日益重要，农业经济发展和农业补贴制度的构建应与这一基本趋势相吻合。

6. 农业补贴制度构建应坚持用尽用全WTO规则的原则

WTO及其《农业协议》所构建的基本原则不仅仅是对各国国内支持政策的约束，同时也是对农业国际竞争秩序的规范，更有对市场经济规律发展的深刻洞悉。因此，WTO《农业协定》和《农业谈判框架协议》（2004年，日内瓦）在一定程度上限制了我国对农业进行国内支持的方式，但却从另一方面为我国农业保护提供了相应的规则依据。因此，农业补贴制度的调整和框架设计应立足于本国农业发展的实际，并大力吸取发达国家经验。首先，应用足微量标准允许的“黄箱”支持政策。其次，积极研究和借鉴各国农业支持结构的调整经验，将部分“黄箱”支持转向“蓝箱”或“绿箱”政策，尝试“蓝箱”政策支持；最后，加大绿箱政策实施力度。即使目前有些具体政策尚不具备实施条件，也应为其在补贴制度框架中预留出位置，以备条件具备时可以马上实施。

（二）中国农业补贴制度框架设计的重点

1. 坚实法律基础是农业补贴制度高效实施的重要保障

美国、日本及韩国农业补贴制度建设及运行效果的经验研究表明：完整统一、体系化的农业补贴法律法规建设是补贴政策工具确立的基础、实施的依据，更是农业补贴制度高效运行的保障。目前，我国有关农业补贴的法律法规无法达到上述效果。其原因为法律滞后、体系不完整，立法层次低、原则性强操作性差。具体表现在以下几个方面：

首先，补贴所依据的法律制度过于滞后。虽然我国在2002年为了履行加入WTO承诺而对《农业法》进行了修订，并于2012年再次修订，但有关农业补贴的规定在2002年后再也没有进行修改见表1。十几年来，国内农业生产经营、农业政策及农产品国际竞争发生了很大的变化，相关变化并没有在《农业法》中得到体现。这导致当前农业补贴政策法律依据不足，随意性和变动性较大，不利于我国农业的可持续发展。其次，法律体系不完善。既存在实体规范缺失情况，如"绿箱"补贴中的农业检验服务补贴、结构调整补贴等项目，"黄箱"补贴中的农产品营销贷款补贴等，"发展箱"补贴中对低收入或资源匮乏地区农业投入补贴等方面，又存在程序规范欠缺，如在我国有关农业补贴的法律法规中，对于受益对象和影响实施效果的关键主体农业生产者在政策制定中缺乏发言机会，补贴实施中农民缺少参与机会等。再次，《农业法》及相关法律中，内容比较分散，导向性提倡性语言较多，可操作性差。最后，效力层次过低。除《农业法》、《农业机械化促进法》、《农业技术推广法》外，其他均为行政法规、规章和规范性文件的规定。实践中，农业补贴更多依据国家有关部委发布的规范性文件，导致农业补贴政策缺乏稳定性和强制性。

基于上述问题的存在，完善中国农业补贴制度框架的首要工作是建立完善的农业补贴法律制度。第一，《农业法》调整、完善的机制化。

《农业法》调整完善机制不仅要包括调整时间规定、调整的程序规定等，更应该将农业法所涵盖范围、项目设定等内容具体化。第二，根据农业法调整建立相应项目实施的单行法，对项目实施程序、主体参与方式、政策工具等做成明确的法律规定。

上述问题有效解决不仅为我国农业补贴制度框架构建了稳定的法律基础，而且为制度框架中政策工具设定、相关主体等提供了行为规范，稳定相关主体的预期。

表1　我国农业补贴相关法律法规（部分）

法律法规名称	修订年份	具体规定
《农业法》	1993 2002 2012	第37条规定："国家建立和完善农业支持保护体系，采取财政投入、税收优惠、金融支持等措施，从资金投入、科研与技术推广、教育培训、农业生产资料供应、市场信息、质量标准、检验检疫、社会化服务以及灾害救助等方面扶持农民和农业生产经营组织发展农业生产，提高农民的收入水平"
《农业机械化促进法》	2004	第27条规定："中央财政、省级财政应当分别安排专项资金，对农民和农业生产经营组织购买国家支持推广的先进适用的农业机械给予补贴。补贴资金的使用应当遵循公开、公正、及时、有效的原则，可以向农民和农业生产经营组织发放，也可以采用贴息方式支持金融机构向农民和农业生产经营组织购买先进适用的农业机械提供贷款。具体办法由国务院规定"
《农业技术推广法》	2012	第28条规定："国家逐步提高对农业技术推广的投入。各级人民政府在财政预算内应当保障用于农业技术推广的资金，并按规定使该资金逐年增长。各级人民政府通过财政拨款以及从农业发展基金中提取一定比例的资金的渠道，筹集农业技术推广专项资金，用于实施农业技术推广项目。中央财政对重大农业技术推广给予补助。县、乡镇国家农业技术推广机构的工作经费根据当地服务规模和绩效确定，由各级财政共同承担。任何单位或者个人不得截留或者挪用用于农业技术推广的资金。在不与我国缔结或加入的有关国际条约相抵触的情况下，国家对农民实施收入支持政策，具体办法由国务院制定"
《退耕还林条例》	2002	第四章对退耕还林的补助等作了具体规定
《实行对种粮农民直接补贴调整粮食风险基金使用范围的实施意见》（财政部）2004		
《关于进一步完善对种粮农民直接补贴政策的意见》（财政部）2005		
《农业机械购置补贴专项资金使用管理办法》（财政部、农业部）2005		
《生猪良种补贴资金管理暂行办法》（财政部、农业部）2007		
《2011年中央财政农作物良种补贴项目实施指导意见》（农业部办公厅、财政部办公厅）2011		

（续）

法律法规名称	修订年份	具体规定
《关于做好 2012 年中央财政农作物良种补贴项目实施工作的通知》（农业部办公厅、财政部办公厅）2012		
《2013 年农业机械购置补贴实施指导意见》（农业部、财政部）		
《中共中央国务院关于进一步加强农村工作提高农业综合生产能力若干政策的意见》		
《中共中央国务院关于建设社会主义新农村若干问题的意见》		
《中共中央国务院关于促进农民增收若干意见》		

2. 内容丰富、结构合理的政策工具是农业补贴制度目标实现的手段

OECD 将农业补贴政策工具分为生产者支持和一般服务支持两大类，生产者支持根据其政策工具及其与生产决策的关系又分为价格支持、挂钩补贴、脱钩补贴。WTO 则将农业补贴分为出口补贴和国内支持，其中国内支持又被分为“黄箱”、“蓝箱”及“绿箱”三大类。我国在入世谈判中承诺放弃使用出口补贴，因此根据 WTO 分类，我国农业补贴中可使用的政策工具仅为国内支持政策中涵盖的“黄箱”、“蓝箱”及“绿箱”三大类。

不同的政策工具实施方式存在较大差异，政策效果也存在明显差异。一般而言，价格措施对农业生产者决策影响较大，能够较好地调动农民生产积极性。但价格措施会对农产品市场价格产生显著的影响，因此被 WTO 归入“蓝箱”或“黄箱”政策。与农产品价格、产量、种植面积或投入品等挂钩的直接补贴措施，与价格政策项目，对市场机制扭曲作用略小，对农业生产亦有一定的促进作用，但不同类型的挂钩补贴政策，政策效果和影响有显著的差异。而与上述因素脱钩的补贴及与农业生产者收入挂钩的补贴对农民收入增加的促进作用明显，但对生产促进作用有限。WTO 鼓励各国实行与产量、面积或价格不挂钩的直接补贴措施，以在保证农业可持续发展、农业生产者收入稳定提高的基础上最大限度地发挥市场机制的作用。

上述政策工具及其效果的分析并没有与我国的农业生产实际情况相结合，因此，OECD 及 WTO 政策工具组合及分类只是给了我国农业补

贴政策工具选择的参考。我国农业补贴政策工具的具体内容及结构需要根据我国农业生产经营模式、面临的主要问题、农业发展的目标以及国家财政能力等具体因素做出选择。

三、我国农业补贴制度框架与政策工具选择

农产品市场化改革的推进，是社会主义市场经济体制改革的重大成果，为充分发挥市场在农业资源配置中的基础性作用、促进农业发展提供了制度保障。农业补贴制度是对农产品市场机制的补充和矫正。现阶段，我国农业补贴制度框架的目标是为农业补贴政策工具的实施在不对市场机制运行构成干扰的条件下实现补贴制度的目标提供保障。因此，在农业补贴制度框架设计中就应该将政策基础、政策主体、政策工具、利益相关者及实施条件等因素纳入其中，并根据现阶段我国农业补贴制度目标系统及其层次性，农业补贴制度目标系统演进基本规律、我国农业生产约束因素等设计内容丰富、结构合理的政策工具，实现政策工具与补贴目标的合理架构。

（一）现阶段我国农业补贴制度框架构建

为保证农业补贴政策及其实施过程中能够在村中市场规律的基础上充分发挥政府作用，农业补贴制度框架应包括农业补贴法律制度及调整机制、补贴政策主体行为准则、补贴受益主体准入退出机制、补贴项目替代选择机制、补贴政策效果评价机制、补贴政策效果反馈机制等几个部分。

1. 农业补贴法律制度及调整机制

没有合适的法律制度，市场就不会产生任何价值最大化意义的效率[①]。发达国家农业补贴政策实践经验分析表明：农业法律是农业发展最重要的保障。因此，体系完整、理念科学、原则明确、制度规范的农业补贴法律制度不仅能为农业补贴的设定与调整提供坚实的法律基

① ［美］布坎南．自由、市场和国家［M］．吴良健，译．北京：北京经济出版社，1988：79.

础，而且能够极大地提高农业补贴政策操作的稳定性，减少人为等因素的影响。农业补贴法律制度应为农业补贴及所涉主体的资格、行为及其相互关系作出明确的规定，具体应包括农业补贴理念及项目设定法律制度、农业补贴市场主体法律制度、农业补贴的市场规制法律制度、农业补贴宏观调控的法律制度、农业可持续发展的法律制度、农业补贴法调整的法律制度六个方面的具体内容。此外，农业法律制度调整机制既是农业补贴法律适宜性的保证，更是农业补贴制度化的具体途径。

（1）农业补贴理念及项目设定法律制度。农业补贴理念的最初含义是农业补贴在经济发展、社会稳定等方面功能与作用的认识，是构建稳定、完善、系统的的认识论基础。国际经济一体化深入发展使得一国补贴具有了国际竞争色彩，农业补贴的理念也随之深化，不仅包含了补贴规则的国际化，更包含了农业补贴的国际协调与竞争。我国农业补贴理念的发展与完善表现在：首先，在确定农业补贴范围等问题时，应严格遵守 WTO 规则。WTO 农业协定及我国入世承诺书等为我国农业补贴范围的确定提供了法律依据，以此为基础制定农业补贴项目目录，明确项目启动的触发机制及实施条件；其次，在农业补贴的实施环节，应充分利用 WTO 规则。对 WTO 规则的充分利用不仅体现在补贴总量、项目设定等方面的遵守与合作上，而且更应体现在农业补贴的竞争上，首要的表现就是在反补贴规则的利用上。加大对反补贴规则的利用，不仅可以对发达国家农业补贴政策进行深入的研究和了解，吸取其成功经验，而且能够降低我国农业及农产品国际竞争成本，从而减轻我国农业补贴的财政压力。因此，完善我国农业补贴法律体系的首要任务就是通过《农业法》的制定与调整，不仅明确补贴范围及具体项目、更应强化农业反补贴。

（2）农业补贴市场主体法律制度。市场主体是经济活动的参与者，多样且合格的市场主体是市场经济发展的重要保证。在农业补贴所涉及的经济领域内，市场经济活动主体主要有农户、农民合作经济组织、农业企业及涉农企业四大类型。农业补贴制度框架的合理架构与完善离不开这四个主体的协调与配合。

首先，农民权利保护的法律制度。对农民权利的保护是农业生产经营活动正常进行的基本保障，因此应建立完善农民生存与发展的保护体系，主要体现在农民财产权、社会保障权、受教育权、环境权及选择权。其次，农民合作经济组织法律制度。大市场与农民小生产的不协调是我国农业生产的基本矛盾，解决的基本途径就是建立农民合作经济组织。作为农民经济活动的组织者和利益的代表者，其必须建立在坚实的法律基础之上，其运行必须有法可依，以确保合作组织正常发展，成员利益得到保障。再次，农业企业法律制度。农业企业既是新形势下连接农民与市场的中间体，更是农业生产经营的新型主体。农业企业经营活动不仅涉及企业经营的一般法律行为，而且与我国当前农地制度及农民权益产生深刻的利益关系，因此设定完善的农业企业法律不仅是企业发展完善的需要，更是稳定、完善我国农业基本经营制度，保障农民利益的关键。最后，涉农企业法律制度。此类企业主要包括农业服务企业，如科技服务与培训类企业、农产品收购与加工企业等，还包括农业生产支持类企业，如农业金融及农业保险企业。此类企业虽然不涉及农业生产经营基本制度，如土地制度，但随着农业科技与商品型农业的发展，其经营活动对农业生产效率、农产品市场的发展将产生越来越重要的影响。更为重要的是，此类企业也是农业补贴的重要受益者，因此，针对此类企业的设定、经营、补贴及退出等制定完善的法律体系。

（3）农业补贴市场规制法律制度。尊重市场规律，充分发挥市场机制的作用是当前我国经济发展的主要趋向。农业补贴是政府功能的发挥，合理处置政府与市场的关系就是充分发挥市场机制的作用，建设法治政府。因此，强化相关农业补贴的规制法律，既是政府作用发挥的重要表现，更是市场经济体制建设的必要内容。根据当前农业和农村经济发展实践，这主要应包括农产品市场规制法律体系、农业要素市场规制法律及农技服务市场法律体系。

（4）农业补贴宏观调控法律制度。农业补贴本身就是政府宏观调控政策的内容之一，它涉及政府公共财政与农村公共产品供给两个层面。健全完善的宏观调控政策是纠正市场失灵、弥补生产缺陷，完善市场体系，促进农业经济可持续发展的必要手段。因此，应首先完善政府公共财政立法，明确政府公共财政的职能，强化财政支农的重点领域；完善财政转移支付制度，强化财政资金的导向作用。特别需要建立财政支农资金来源机制，稳定财政支农资金供给。其次，在法律层面上逐步建立城乡一体化的公共产品供给体系，特别要充分发挥市场的作用，为各种类型主体进入农村提供公共产品提供完善的法律保障。

（5）农业可持续发展法律制度。农业的可持续发展是粮食安全与农民收入增长的根本保证，更是一国安全的重要内容。随着人们对工业与经济发展对农业影响的深入，各国对农业可持续发展的认识也不断深化，其包括经济可持续、社会可持续、资源可持续及环境可持续四个方面内容。当前，由于工业化和城镇化的发展，我国农地撂荒、非农化、水资源及生态恶化的情况日益严重，严重影响农业的可持续发展。因此，在农业补贴框架中纳入可持续发展问题，既可以充分发挥农业补贴的功能与作用，又符合 WTO 关于农业补贴的宗旨与精神。目前，我国农业可持续发展法律制度仍不完善，存在着缺位和错位并存的情况①，因此应与补贴政策相配合，建立与农业补贴制度相容的农业可持续发展法律制度体系。

（6）农业补贴法律调整制度。农业补贴法律是根据一定时期农业所面临的特定和重要问题而制定的。随着国内经济及农业生产经营活动的发展，特别是国际农业竞争态势的变化，农业补贴所面临的问题与农业补贴支持的重点会出现错位情况，因此应对农业补贴法律及时进行调整。首先，从国际发展趋势来看，国际规则的法律效力越来越强，因此应在国际规则下逐步完善国内农业补贴法律制度；其次，重视公众参与和司法保障机制，借鉴发达国家农业补贴法律制度形成的政治过程以及司法保障机制，构建符合我国国情的公众参与制度与司法保障机制。

2. 补贴政策主体行为准则

政府作为农业补贴政策的行为主体，须坚持行政权力要严格实行

① 杨惠．论我国农业可持续发展的障碍与法律制度创新［J］．经济法论坛，2010，7（1）．

“授予原则”。各级行政机关无论履行哪一项职能，从行为到程序、从内容到形式、从决策到执行都必须符合法律规定，行政权力必须在法律和制度框架内运行。

3. 补贴受益主体准入退出机制

农业补贴的受益主体，也即市场经济活动主体包括农户、农业经济合作组织、农业企业及涉农企业四类。四类主体在农业中的地位、诉求及市场能力各不一样，因此必须针对不同类型主体，依据相应政策目标制定补贴收益准入及退出机制。其中，农户是农业市场活动的微观基础，同时也是农业生产与经营活动中弱势群体。此外，农业生产对于农民而言具备双重意义，是生计与商业的集合，补贴具有产业支持与收入支持双重性质。但是，随着我国经济的发展，农民非农就业日益增多，因此农业补贴如果缺乏相应识别机制，在农户已经退出农业生产领域而继续领受农业补贴的情况下，不仅造成农业补贴资源浪费，而且造成社会不公。

4. 补贴项目替代选择机制

当前阶段，我国不同类型农业补贴项目之间缺乏有效的衔接与沟通，不同项目之间并行。这反映出我国农业补贴政策设定缺乏统一的框架与逻辑架构，不能发挥各类农业补贴政策工具的整体效应。发达国家农业补贴制度设计中则普遍重视项目之间的替代与补充，如美国 2014 年农业法案 1 115 章规定，农场生产者应该在价格风险保障（PLC）或农业风险保障（ARC）中进行一次不可撤销的选择。也就是说 PLC 与 ARC 之间具有一定的替代性，农民可以根据个人情况进行相应选择。不同项目之间选择机制的设计，不仅可以充分提高不同项目的实施效果，更重要的是农户在不同补贴项目的选择过程中可以进一步增强对政策目标的理解，增强农民的契约意识。因此，通过提高农民对农业补贴项目的选择权可以从整体上提高农业补贴效率。

替代选择机制应与农业补贴收益主体的退出机制相结合，如根据农业补贴收益主体的退出机制，设定农民退休或退出农业生产环节补贴，以鼓励农业生产用地流转。但是农民退休补贴或退出农业生产环节补贴的领取应以放弃针对生产的补贴为前提。

5. 补贴政策效果评价与反馈机制

目前，我国注重对农业补贴执行效率评价与监督，对农业补贴执行过程与落实情况设定了严格的程序和环节，建立了完整的档案与公示制度。但是目前，农业补贴制度框架中却缺乏对农业补贴政策效果的评价机制。农业补贴政策效果评价机制应建立在生产基础上，政府的重点是确定政策评价的主体选择标准与程序、评价过程实施的细则与要求、评价结果的评议与审核、评价结果的应用等相关环节。

（二）我国农业补贴制度框架内政策目标取向、工具组合与选择

1. 当前阶段我国农业补贴政策目标及未来趋向

补贴政策工具是农业补贴制度框架的核心，是农业补贴制度目标的实现手段。内容丰富、结构合理的政策工具组合能够实现对农业补贴制度目标的合理架构，以达到“突出政策核心目标，兼顾综合目标[①]”的要求。程国强（2011）认为，我国农业补贴政策目标分为了两个阶段，第一阶段以粮食安全为起点，并以实现粮食安全目标与农民收入并列为我国农业补贴政策目标。第二阶段的起点为食品安全，并向农业竞争力、环境保护、农业可持续发展依次演进，最终实现农业多功能的目标[②]，在这一演进过程中，五个目标依次交叠，这体现了农业补贴政策目标的渐进性。这一目标组合及优先次序的设计体现了国际农业补贴政策目标演进的一般规律，总体上看也符合我国农业产业发展的目标。但是，我国农业具有与世界农业发达国家不同的特质，如美国等，尤其是在粮食安全与农民收入及其关系方面。

美国农业补贴政策出台的历史背景也是确保粮食安全与农民收入持续稳定增长。但是，美国丰富的土地等农业资源使得其粮食安全的保障与农民收入持续稳定增长两个问题具有内在的一致性。只要农民从事农业生产能够获得持续稳定的收入，美国农业生产就会稳定或扩大，粮食

① 程国强．中国农业补贴制度设计与政策选择［M］．北京：中国发展出版社，2011：139.

② 程国强．中国农业补贴制度设计与政策选择［M］．北京：中国发展出版社，2011：140.

安全就不存在任何风险。即使是进入科技竞争异常激烈的21世纪，美国仍凭借在科技方面的绝对优势拥有了丰富的农业科技资源，如农业生产资料及种质资源等，特别是转基因科技的发展使得美国拥有了丰富的种质资源。因此对于美国而言，粮食安全的保障就是农民增收，即农产品价格保持稳定。这也是美国多年以来一直难以彻底放弃价格支持措施的根本原因。但是，对于中国而言，粮食安全与农民增收之间却不具有兼容性，其根本原因在于相对于庞大的农村人口，中国农业生产资源相对紧张，单位农户拥有土地资源太少。即使依靠补贴刺激农民加大粮食生产投入，但在小微型经营规模且粮食需求弹性小且比较收益不高的情况下，势必以牺牲农民增收为代价。反之，实现农民增收要求扩大补贴受益面，普惠性质愈明显，政策偏差愈强烈，种粮刺激边际效应愈递减。因此，在我国社会进入和谐发展阶段后，粮食安全与农民增收间关系也进入了一个新的阶段，粮食安全与农民增收之间不再具有明确的先后顺序。当前阶段，粮食安全与农民增收非兼容性矛盾的破解是我国农业生产领域的一个亟待解决的问题，也是我国农业主体从生计型农业[①]向商业型农业转型的关键。而破解这一困境的关键就在于提高我国农业生产经营规模。为实现这一目标，政府在农村基本生产制度稳定的基础上，出台了鼓励土地流转的相关措施，希望以此促进农地使用权流转，提高农业经营规模。但是，中国城乡二元体制下，农民不是一个工作岗位而是一种身份，土地是其生存的最后一道保障。这导致农民主观上存在对土地流转出去的担心。而当前基于土地承包面积的，具有普惠制的补贴实施方式进一步强化了农民对于土地经营权的依赖。设计新的补贴政策工具，优化农业补贴政策工具结构，发挥农业补贴制度框架中相关机制，特别是准入退出机制以及替代选择机制的作用，促进我国农业从以生计型农业为主体向商业型农业为主体转变是破解当前农业补贴制度下我国粮食安全与农民增收之间非兼容性的必要选择。

① 中国农业国内支持课题组．WTO视角下的中国农业国内支持［J］．世界农业，2013(3).

因此，当前我国农业补贴政策应以实现我国农业从生计型为主体向商业型农业为主体转变为目标（表 2），并以此统领粮食安全与农民增收。同时，商业型农业的发展也是在市场深入发展条件下实现后续一系列农业发展目标的基础和关键。只有通过商业性经营，农业经营主体实现较高收益，才有可能将现代科技更多地引入农业生产，才能实现农业生产的标准化、现代化与信息化，才能从根本上提高农业的国际竞争力，确保农业的可持续发展，最终实现农业的多功能性。

表 2　现阶段我国农业补贴政策目标及架构分析

<table>
<tr><td>补贴政策总目标</td><td colspan="2">确保粮食安全</td><td colspan="6">实现农业生产主体从生计型向商业型转化</td></tr>
<tr><td>补贴政策工具</td><td>价格支持、挂钩补贴</td><td>价格支持</td><td>价格支持、脱/挂钩补贴</td><td colspan="5">一般服务支持等绿箱政策工具</td></tr>
<tr><td>补贴政策工具目标</td><td>粮食安全</td><td>农民收入</td><td>粮食安全与生产者收入</td><td>食品安全</td><td>农业竞争力</td><td>环境保护</td><td>可持续发展</td><td>农业多功能</td></tr>
<tr><td>宏观经济</td><td colspan="2">政府作用发挥为主导</td><td colspan="6">市场基础性作用的发挥为主导</td></tr>
<tr><td>农业与工业关系</td><td colspan="2">工业剥夺农业</td><td colspan="6">工业支持农业</td></tr>
<tr><td rowspan="5">农业生产特征</td><td colspan="2">产品具有自然特征</td><td colspan="6">产品标准化与多样化</td></tr>
<tr><td colspan="2">经营方式自发性</td><td colspan="6">经营方式自觉性</td></tr>
<tr><td colspan="2">经营区域性</td><td colspan="6">竞争全球化</td></tr>
<tr><td colspan="2">生产方式个性化</td><td colspan="6">生产方式标准化</td></tr>
<tr><td colspan="2">生产工具传统</td><td colspan="6">生产工具现代化</td></tr>
<tr><td>农业生产主体形式</td><td colspan="2">生计型</td><td colspan="6">商业型</td></tr>
<tr><td>农业目标与功能</td><td colspan="2">生存基础</td><td colspan="3">产业发展</td><td colspan="3">产业竞争</td></tr>
</table>

2. 我国农业补贴政策工具选择与组合

政策设计与具体工具的选择总是与特定目标、要解决的问题结合在一起。当前阶段，我国农业生产及农产品市场中的诸多问题都与我国农业生产经营规模过低，农业生产者文化科技水平不高有关。我国农业补贴政策不但没有针对这一问题进行相应政策设计，反而在实施过程中采取了迁就的现实主义态度。党的十八届三中全会指出，“坚持家庭经营在农业中的基础性地位，……赋予农民对承包地占有、使用、收益、流转及承包经营权抵押、担保权能，允许农民以承包经营权入股发展农业产业化经营”。这表明：土地流转等促进农业生产经营规模提高的措施的政策基础已经具备。因此，我国农业补贴政策设计与具体工具的选择应充分发挥对补贴受益主体识别机制与补贴项目选择替代机制的作用，与促进土地流转的政策配合，将农业生产补贴落实到农业生产者身上，真正发挥对农业生产的支持作用。虽然WTO规则以及农业竞争的国际协调使得各国在选择农业补贴政策工具时重点放在了不对市场机制构成干扰的脱钩补贴以及一般服务支持上，但发达国家农业补贴发展经验表明：价格支持政策虽然在补贴总量中所占比重逐渐降低，但其始终是一国农业支持政策的重要内容。

(1) 我国农业补贴政策工具选择分析。首先，价格支持措施优化分析。理论研究表明：对于缺乏弹性的农产品而言，价格支持措施能够提高生产者的收益。从实践看，以最低收购价和临时收储价为主要工具的价格支持政策在激励生产、稳定市场、提高农民收入方面确实发挥了重要作用。但由于其托市效应形成了对农产品市场价格形成机制的严重干扰，不仅无法发挥市场机制对资源的调节作用，而且也造成我国财政负担沉重、异化农产品进出口行为、弱化了农民的市场意识等问题。从国外实践看，价格支持措施仍为各国农业补贴政策的重要内容。但是价格支持措施的实施以市场形成价格为基础，作为市场价格的补充，而不是直接决定市场价格。如美国早在20世纪就确立了目标价格政策，对农民进行差额支付。虽然由于其市场化进程与国际社会压力，美国曾一度停止该措施的实施，但由于国内市场压力，又于2002年重新确立了该措施。美国2014年农业法案继续实施这一措施，如针对小麦、饲用谷物、水稻、油籽、花生及豆类作物提供价格损失保障。其具体做法为：首先针对每种商品确定一个参考价格，如果市场价格低于参考价格，则向生产者提供补贴，如果市场价格高于参考价格，则该补贴不被触发；而且2014年设定的参考价格都高于2008年的目标价格。此外，欧盟则采用目标价格、门槛价格与干预价格“三位一体”的价格支持机制[①]。如韩国从1995年开始实施目标价格政策，采取差价补贴的方式对农民

① 程国强．中国农业补贴制度设计与政策选择［M］．北京：中国发展出版社，2011：149.

进行支持；日本也在2010年启动了价格变动挂钩支付启动机制，当期作物年度的平均生产者价格低于过去3个作物年度的平均价格[①]。我国于2014年针对内蒙古、东北的大豆以及新疆的棉花两种产品开始了目标价格试点。这表明，我国在价格支持措施方面逐渐吸取国际先进经验，目标价格政策及差价补贴将成为我国农业价格支持的主要做法。

其次，直接补贴措施的优化分析。农业直接补贴是指政府为了稳定和提高农民收入或减少政策调整给农民收入带来的损失而对个体农民进行的直接转移支付，它是相对于价格支持等间接补贴而言的。直接补贴通常具有很强的针对性。直接补贴的支付根据其支付条件可分为挂钩补贴与脱钩补贴，其中挂钩补贴多数国家均以产品产出、投入品、种植面积以及农户收入水平等为依据，如日本大米的收入补贴基于现有大米种植面积，并且包含两个组成部分：预设支付和与价格变动挂钩支付。美国的农业风险保障与历史单产挂钩、韩国稻米差价补贴与产量和价格挂钩。

2004年起，我国开始推行直补政策，即政府直接面对农户进行转移支付，不与第三方发生关系。但这种补贴模式产生了两个问题。其一，由政府直接面对千家万户，政策成本颇高（王玉霞等，2009）；其二，监督困难。投入补贴是一类重要补贴，其本意是降低要素成本、促进投入增加，而直补模式在政策执行上的困难和监督成本使得补贴发放实际上与生产脱钩，成为事实上的收入补贴（杜辉等，2010）。因此，直接补贴的生产激励效应递减，甚至消失。

为了改变这一状况，我国直接补贴政策的实施应特别注重政策工具的组合运用及补贴收益主体识别机制、补贴项目替代机制的作用。此外，随着市场体制的完善，充分发挥市场机制的作用以及相关市场主体的作用。

①合理确定政策目标，制定适宜的挂钩指标及约束条件。超小的农业生产经营规模不仅导致我国农业竞争力水平低下，而且也造成了我国农业补贴政策的弱化。因此，促进农业生产经营规模提升既是我国农业

① 木村真悟.2011年日本农业国内支持水平及政策变化［J］.世界农业，2013（3）.

补贴效率提高的关键，更应是我国农业补贴政策实施的目标之一。世界各国均根据实践要求，对农业补贴制定不同的挂钩标准，如美国根据以往大农场在补贴方面具有获得优势，而小农场处于劣势的现实，在2014年农业法中制定了资格限制措施，“任何个人若调整后的年毛收入超过90万元，都没有资格获得农场项目补贴，既不能获得商品项目下的补贴，也不能领取资源保护项目补贴。”日本2010年《粮食、农业、农村基本计划》也规定，享受农业收入直接补贴政策的农民必须符合：①农民必须拥有覆盖产品如大米和旱地作物，如小麦、大麦和大豆的销售记录；②大米种植农户必须满足已分配的产量目标才能获得支付。

②确立生产者退休（出）计划，提供项目选择替代机会。土地经营权流转是当前阶段提升我国农业生产经营规模的有效手段。但是从调研情况看，我国农村土地经营权流转存在两个方面问题：一是对生产者支持补贴并未随着经营权流转而转入到真实的生产者身上。另外就是农民对流转出去土地存在一定担心，因此即使农民离开了土地，进城务工或创业，仍然会保留土地兼业，甚至撂荒。上述问题的出现有着深刻且复杂的制度根源，其中最主要的为我国二元经济体制。这种体制下，不仅城乡之间存在显著的差异，而且使得农民与农业问题完全纠集在一起。农民不仅是一种从事农业生产谋生的手段，即职业，而首先是一种身份。因此，我国农民不具有自主选择权，不能放弃这样一种身份。即使放弃农民身份，也无法在体制鸿沟的另一侧找到立命的根本。因此，农业生产也就成为农民终身职业，而不论其生产能力、效率。此外，我国以承包面积及相关指标为基础的农业补贴政策实施方式，在一定意义上也强化了农民对自身身份的感性认识：只有拥有农地，才是农民，才能享受到国家补贴。

为提供各种农业补贴政策工具的针对性，提高农业补贴的整体效率，针对当前我国农业生产及农民的实际情况，应建立生产者退休或退出补贴计划。只要符合条件的农民退出农业生产便可以领到相应的退休补助，但其前提是必须退出农业生产，将土地流转出去。从补贴政策操作上看，针对农业生产的各种支持措施与退休计划补贴之间具有替代性，即农民领取到退休补贴的前提是不仅要将农地流转出去，而且要签署相应的放弃农业生产支持补贴。国际经验研究表明，诸多国家为了调整农业生产结构，均实行了多种形式的农业生产者退休或退出计划，如欧盟实施多种形式的提前退休收入补贴计划，以优化农业生产结构。而韩国在1997年开始实施直接补贴政策，其中包括经营转让直接补贴制度，即提前退休农民的直接补贴计划，该政策规定：年龄超过65岁的农民，如果愿意将自己的耕地出售或出租给全职农户，他们将有资格连续5年获得来自政府的直接支付补贴，2006年韩国政府则对计划退休农民连续8年给予直接支付。因此，为解决当前我国农业生产及农业补贴中因生产规模小，生产者众多而导致的生产效率、补贴效率问题，我国应结合具体实际，设计适合的农业生产者退休或退出计划，以实现生产结构的有效调整。

上述补贴政策实施也具有坚实的法律基础，如WTO农业协议附件2第九条规定：通过生产者退休计划提供的结构调整援助属于政府一般服务项目，其目标是为从事适销农产品生产的人员退休或转入非农业生产活动，同时支付应以接受支付者完全和永久性地自适销农产品生产退休为条件。

③充分发挥农业保险公司等市场主体的作用。美国2014年法案签署后，美国的农业发展由直接补贴时代，向农民根据自身需求和风险承受能力购买不同农业保险的时代转变（美国国家农作物保险服务协会总裁汤姆·扎卡里亚斯）[①] 这一观点颇为受人关注。虽然从此后对农业法的解读中可以发现，美国农业从支持政策中取消的仅是固定直补，反周期补贴与平均作物选择补贴分别被价格损失保障补贴（PLC）与农业风险保障（ARC）替代，但是，美国农业支持政策中保险确实也发挥着非常重要的作用。农业保险可以在风险分散以及农业生产经营主体市场意识、能力等方面发挥重要的作用。

农业保险被认为是现代农业发展的三大支柱之一（冯文丽，2007）。更为重要的是，根据WTO规则，农业保险属于“绿箱”规则，政府资金可以参与收入保险和收入安全网计划。因此农业保险成为世界贸易组

① http：//www.ennweekly.com/2014/0217/12826.html（美国农业迈向保险时代）。

织框架下各国农业政策的重要走向之一。

最后，基于政府服务计划支持措施。根据 WTO 相关规则规定，如果国内支持措施满足（a）所涉及的资金应通过公共基金提供的政府计划提供（包括放弃的政府税收），而不涉及来自消费者的转让；且（b）所涉及的支持不得具有对生产者提供价格支持的作用，则此类措施免于削减承诺。在此标准下，WTO 规定了十三大类政府服务计划，对于此类项目，我国目前的利用率较低。因此，应结合我国经济实力与农业生产、农村发展中的具体问题，加大政府服务计划的实施范围与力度。

（2）我国农业补贴政策工具组合。农业补贴制度框架的作用引领农业补贴政策制定，但农业补贴制度实施的有效性则依赖于制度框架中政策工具的组合及其运用。因此，通过我国农业补贴制度演变历程可知，我国农业补贴政策已基本实现了从间接补贴向直接补贴转变，生产者直接补贴、脱钩补贴、政府服务以及农业保险成为我国支持农业发展重要举措，政策工具日益多样化。但与发达国家相比，现阶段我国农业补贴政策工具仍然匮乏，且结构性不完善，互补性差。因此，我国农业补贴政策工具设计应在遵守 WTO 相关规则基础上进一步多样化，既充分利用 WTO 农业协定“绿箱”及“蓝箱”政策工具，又要在 WTO 农业补贴项目设计理念的基础上，结合中国农业实践创造新的支持项目（OECD 的支持政策工具中，我国尚有多项空白），更要对各类农业补贴政策工具进行组合运用。通过政策工具的组合运用，实现农民补贴、农业生产补贴、农业及农村建设补贴相互配合，既尊重市场规律，又能充分发挥政府作用的目的。

1. 总结目标价格政策试点经验，扩大试点范围，构建差价补贴与农业保险相互配合的有机体系

目标价格政策是现在发达国家普遍采用的价格支持政策，差价补贴机制是目标价格政策的核心，既尊重了市场机制在价格形成中的作用，又充分发挥了增幅的宏观调控功能。目标价格补贴既能调动农民生产积极性，有效保障生产者基本收益，也能发挥市场调节农产品供求的重要作用，减少市场扭曲，遏制农业资源过度开发势头。同时，还能调动各类市场主体积极性，减轻政府收储压力。但是，这一政策设计存在着两

个较强的假定，一是不存在自然风险，二是农民有足够的销售能力。但现实情况却与此恰恰相反，因此目标价格政策目标的实现需要与相关保险政策有机整合，形成完整的收益保障体系。

首先，目标价格保险是化解自然风险的必要之举。差价补贴机制是目标价格制度核心，当市场价格低于政府设定的目标价格时，即可根据相关产品种植面积及产量给予农民补贴。由于目标价格设定过程中已经考虑了农业生产成本的变化与农业生产的适当收益，因此即使在市场均衡价格低于农业生产成本时，农民通过差价补贴仍可获得一定收益，但农产品市场价格却并未因此而扭曲。但是，这一机制的作用效果并不对称。当农产品价格高于设定的目标价格时，差价补贴机制不会被启动。农产品市场价格高于目标价格的情况可能存在两种情况：一是在农业生产正常情况下，对农产品的需求大于当期农产品供给。这是市场机制自发作用的结果，需求可能源于国际市场，也可能源于对农产品新的需求，如食品加工业的发展以及生物质能源的发展。在这一情况下，各类市场主体积极性得到激发，农业生产者也获得了较高的收益。二是在农业生产遭受较大自然风险的情况下，减产所导致供给不足依然会使农产品市场价格高于设定的目标价格，但由于没有达到农业补贴触发机制要求，农民无法得到必要的补偿。农业生产将面临着较大的亏损，甚至影响到农业生产的可持续性。因此，在差价补贴机制化解了市场风险对农业生产的冲击后，目标价格制度仍应建立适当的自然风险化解机制。目标价格保险既能较好地满足农业生产的这一内在需求，又符合我国农业补贴政策的发展方向及 WTO 相关规定要求。

其次，营销援助贷款是提高农民销售能力的有效手段。当根据目标价格制度要求启动差价补贴后，农民可以根据市场价格与目标价格的差额获得相应补贴，但是作为农民受益的主体部分仍应取决于农民能否及时将产品销售出去。第一，当市场价格低于目标价格时，农产品的市场供给与需求很可能处于失衡状态，销售难度将普遍增加；第二，农产品能否顺利销售出去取决于多种因素，如农产品市场的完善程度、农民信息获取与处理能力以及农民对市场行情的判断等。因此，即使差价补贴机制得到触发，如果农民无法顺利完成产品销售，农民收入及农业生产依然无法得到必要的保障。因此，提高农民销售能力，保障农民的基本销售收入成为目标价值制度的必要之举。从国际经验来看，营销援助贷款是提高农民销售能力的有效手段。

2. 完善生产者支持政策措施，构建与生产者退出计划的有机衔接机制

与产量、面积或价格脱钩的生产者直接补贴是 WTO 鼓励实行的方式，但在世界范围内只有美国实施过这一措施，并在 2014 年农业法案中被取消。各个国家均结合本国农业生产实际，将补贴与产品、产量或特定指标挂钩，确立对农业生产者的补贴依据。因此，我国应坚持对生产者的直接补贴，并根据当前补贴实施及效果中存在的问题，调整挂钩指标，提高直接补贴的政策激烈效应。此外，为促进农业生产规模，提高生产者直补的针对性，应建立健全农业生产者退休或退出政策，并与针对生产的补贴组成替代选择机制。

3. 加大政府服务计划实施范围与力度

政府服务是 WTO 规定的免于削减的国内支持政策，在符合 WTO 农业协定附件 2 规定的基础上，我国应坚持对 WTO 规定措施利用的穷尽原则。特别是要通过科学规划，合理设计，将“黄箱”措施转化为政府无服务计划，使其符合“绿箱”政策规定。

四、完善我国农业补贴制度框架的政策建议

农业补贴制度框架的有效性取决于两个方面：首先是制度框架体系的完备性，完备的框架体系能为农业补贴政策的设计、实施、效果评价及反馈提供良好的法律基础和稳定的运作机制；其次是多样化、结构完善互补性强的政策工具组合。农业问题从来都是综合性问题，农民、农业及农村问题交织在一起。农业补贴作为支持农业发展的政策工具必须对三者进行合理分解与架构，农民补贴、农业生产补贴以及农村发展补贴有机配合，实现农民收入稳定，农业生产能力提高，农村社会有序发展的目标。为进一步完善我国农业补贴制度框架，应从以下几个方面努力：

（一）完善我国农业补贴相关法律，奠定农业补贴制度框架内各类机制运行基础

十八届四中全会指出，社会主义市场经济本质上是法治经济。使市场在资源配置中起决定性作用和更好发挥政府作用，必须以保护产权、维护契约、统一市场、平等交换、公平竞争、有效监管为基本导向，完善社会主义市场经济法律制度。农业补贴制定框架设计的目的是引领政策制定，并保证政策实施的有效性。这决定了农业补贴制度框架必须以农业补贴相关立法为基础，确立补贴政策调整机制、补贴项目实施（替代）机制、补贴政策实施主体行为规则、补贴受益主体进入退出机制等内容。因此，完善我国农业补贴制度框架的首要途径和任务就是完善农业及农业补贴相关法律法规，为农业补贴框架内上述机制作用的发挥提供法律保障。

（二）创新农业补贴政策工具，优化不同类型政策工具间衔接与组合

农业补贴政策工具是农业补贴制度框架的核心，不同类型工具之间的有机组合及顺畅运行是农业补贴制度框架各类机制确保的首要对象。因此，借鉴国际农业补贴政策设计及实施经验，结合我国农业生产的实际特点，以实现农业生产从生计型为主体向商业型为主体转变为直接目标，通过提升农业生产经营规模，提高农业生产者科技知识与市场意识实现提高稳定农产品供给能力、提高农业生产者收入目标，最终实现农业经营者竞争力提升，充分发挥农业在国民经济中的多功能性的目标。

上述目标的实现需要农业补贴政策工具的创新性运用，特别是注重多种政策工具的有效衔接。首先，在尊重市场机制作用基础上，充分发挥价格支持措施稳定农产品市场价格的作用。从发达国家经验看，价格措施在农产品价格稳定方面始终发挥着无法替代的作用；目标价格政策及差价补贴机制最大限度地保证了市场机制作用的发挥，同时又充分发挥了政府对市场缺陷的调节功能。其次，以直接补贴为主，

强调多种补贴方式组合运用。与不同指标挂钩的直接补贴在激励生产，确保粮食产量方式上发挥着重要作用，而脱钩补贴则在农民增收、农业生态环境等方面作用尤其显著。因此，精细设计挂钩指标，创新挂钩补贴政策工具的同时，将挂钩补贴与脱钩补贴进行有效衔接，达到粮食增产、农民增收与农业生态环境同步推进的效果。然后，构建农业保险与农业补贴的衔接机制，实现自然风险和市场风险的有效分解。最后，充分利用 WTO 相关规则，加大政府服务计划推出频率与力度。

（三）大力推进农业信息化建设，为农业补贴政策工具的有效实施提供依据

农产品市场化改革的推进，是社会主义市场经济体制改革的重大成果，为充分发挥市场在农业资源配置中的基础性作用、促进农业发展提供了制度保障。但是，各类市场主体数量及其交易频率、交易规模的迅速提升使得市场交易数据不仅超常大规模增长、而且数据日益多样性，由此也带来数据价值密度降低的问题，大数据特征日益明显。传统的基于抽样方式取得的结构数据分析方法无法对如此大规模数据进行实时分析，提供跨越不同主体的数据信息共享与集成方案，实现数据统一管理，为农业政策的制定与效果评估提供有价值的参考。云计算、物联网以及大数据技术与理论的发展为上述问题的解决提供了实现手段与思路。因此，应大力推进农业信息化建设，建立全面、准确完善的农业信息采集系统。美国、欧盟及日本等发达国家农业补贴政策的明显特征是其计算依据以历史数据为基准，如无论是美国目标价格政策中的反周期补贴与平均作物收入选择补贴落实过程中的目标价格与基础面积核算，还是欧盟共同农业政策实施过程中的目标价格、闸门价格及干预价格的制定过程中目标价格与基础面积的核算，都以历史数据为准，尽量与当期的生产决策或价格脱钩，减少对市场的扭曲。因此，在确定补贴额度时，有关部门要基于历史单产、播种面积和收入水平，而不是当期的单产、播种面积和收入水平，来确定农户获得补贴的额度。这就需要构建翔实、完善、统一且权威的数据库。

（四）建立农业补贴政策评价与反馈机制，为农业补贴政策调整与改进提供思路

当前阶段，我国农业补贴政策落实到位，但政策实施效果评估机制略显薄弱。现在政府无不把公共政策质量与实施效果作为首要目标，并采取各种措施加以保证，规范的公共政策评估体系是实现这一目标的重要途径。因为有效的政策管理是一个闭循环过程，包括问题产生—问题认定—政策议程—政策规划—政策执行—政策评估—问题解决（新问题产生）。为实现决策科学化这一目标，党的十八大报告做出了“坚持科学决策、民主决策、依法决策，健全决策机制和程序，发挥思想库作用，建立决策问责和纠错制度”的重大决定，十八届四中全会进一步明确：“健全依法决策机制。把公众参与、专家论证、风险评估、合法性审查、集体讨论决定确定为重大行政决策法定程序，确保决策制度科学、程序正当、过程公开、责任明确”。与农业补贴政策制定和执行相比，我国农业补贴政策评估及反馈则更为薄弱。大力发展独立的第三方政策评估机制是“推进国家治理体系和治理能力现代化”，提高农业补贴政策效果的必要选择。因此，应在针对中国政策评估制度缺陷，尽快出台规范政策评估的相关法律、法规，建立明确的法律制度框架，特别是在评估程序、评估主体资格以及评估结果作用发挥等方面，实现政策评估的法律化、制度化。

因此，高效的政策评价与反馈机制不仅是提升农业补贴政策制定水平，拓展调整与改进思路的必要选择，更能够彻底改变我国农业制度框架中重落实轻效果弊端，实现政策落实与政策效果并重的重要举措。

加速丘陵山区农业机械化途径选择与推进措施*

——以湖南省为例

受种种因素制约，丘陵山区农业机械化水平一直较低。加速发展丘陵山区农业机械化，是补长我国农机化短板、保障国家粮食安全和助推丘陵山区经济社会发展的重要措施。湖南是典型的丘陵山区省份，除洞庭湖平原外，全省多数地区属于丘陵山区。为了探索丘陵山区农业机械化问题，湖南省农机局成立专项课题组，在全面搜集全省地形地貌和耕地分布情况的基础上，深入市县乡村实地调研，掌握了翔实的第一手资料，并经反复征求意见和两次专题讨论，形成了《加速丘陵山区农业机械化途径选择和推进措施》研究报告。

一、丘陵山区是当前农业机械化的相对短板，也是今后一段时间农业机械化的主攻方向

相对平原地区，丘陵山区农业机械化受到的自然环境、农业结构、经济条件和思想观念等制约因素较多，农业机械化的起步时间和发展速度均明显滞后。相比而言，丘陵山区农业机械化的发展任务更加繁重、提升空间更加广阔，是我国农业现代化加速发展的突出重点和主攻方向。湖南在这方面的任务尤其艰巨。

---

* 本报告获2014年度农业部软科学研究优秀成果三等奖。课题承担单位：湖南省农业机械管理局；主持人：王罗方。

（一）全省概貌

湖南位于长江中游，因地处洞庭湖之南而得名。全省位于东经109°～114°、北纬24°～30°之间，总面积3.18亿亩，其中耕地面积4 828万亩；总人口6 690.6万，其中农村人口占70%。湖南属中亚热带季风湿润气候，境内气候温和、雨量充沛、热量充足，平均气温16～18℃，年平均降水量1 200～1 800毫米，适宜各类农作物和绿色植物生长。全省山川地理较为复杂，东南西三面环山，中部山丘隆起、岗盆珠串，北部平原湖泊展布，呈现出由南向北逐渐低落分布的不对称马蹄状，其中山区面积占64.6%，丘陵区占28.7%，平湖区占6.7%。全省地貌大致划分为湘西北山原山地区、湘西山地区、湘南丘山区、湘东山丘区、湘中丘陵区、湘北平原区六个地貌区，除湘北平原区外，其他五类属本课题研究的丘陵山区。

（二）丘陵山区状态描述

湖南省辖14个市州、122个县（市、区），其中80个县（市、区）属于丘陵山区，土地总面积2.56亿亩，占全省总面积的80.49%；耕地总面积3 800万亩，占全省耕地面积的78.7%。丘陵区辖39个县（市、区），主要分布地有湘中丘陵、湘西山地、湘南山地和湘东北山地等，城市周边几乎都有丘陵地形。丘陵区多为高低起伏、坡度交换、连绵不断的低矮隆起高地，土壤以红壤为主，衡阳盆地和沅麻谷地属紫色土壤，土层深厚、土壤肥沃。丘陵区中土地较为集中，25°以上的陡坡耕地不多，0°～6°的平坝田和6°～25°的宜耕坡地占比90%以上，水稻、油菜、棉花、烟叶、蔬菜等农作物栽种面积较大。山区辖41个县（市、区），主要分布在湘西山区以及湘南、湘东的边缘地区，土壤多以黄壤为主，山林、草原、耕地错落有致；土地较为分散，其中平坝田占30%多，6°～25°的宜耕坡地约占30%，25°以上的陡坡耕地约占40%，除水稻、油菜等大宗作物外，茶叶、柑橘、中药材等特色产业发展较好。整个丘陵山区总人口约4 250万，占全省总人口的64%，其中丘陵区人口稠密，平均每平方公里接近400人；山区人口密度较小，其中湘西人口最少，每平方公里约165人。但在丘陵山区农村，70%以上的适龄劳动力均外出务工、不愿种田，在家劳动力基本上是中老年人和妇女，农村空心化、农业兼业化、农民老龄化以及农村土地抛荒现象较为严重。

湖南是一个多民族省，全国56个民族都有居民在境内生活，少数民族人口近700万，占全省总人口的10.1%，主要分布在湘西、湘南和湘东等山区，呈现“西部多、东部少，山区多、平原少，农村多、城市少”的特征。受地形、交通、经济发展水平等因素影响，少数民族中仍有90多万属贫困人口，主要分布在少数民族人口100万以上的湘西、怀化以及30万～70万少数民族人口的张家界、常德、邵阳、永州等丘陵山区。

湖南是著名的革命老区，全省认定批准的革命老区县（市、区）共91个，其行政建制、区域面积和人口数量均占全省总数的70%以上。丘陵山区多为革命老区，全省91个革命老区县（市、区）中有70个在丘陵山区。80个丘陵山区县（市、区）中有67个为革命老区县（市、区）。革命老区为我国民族独立和人民解放作出过巨大牺牲和突出贡献，但目前多数处于欠发达状态，经济相对落后，生活相对贫困，其中有19个是国家和省定贫困县。

（三）丘陵山区农业特征及农业机械化水平

湖南丘陵山区共同的自然农业特征是种质资源丰富、光热水土优厚、自然生产能力较强。据省农业厅调查，湖南境内共有135种农作物，其中主要农作物品种106种、非主要农作物品种29种。在湖南丘陵区，光热水土资源十分优厚，一年种植2～3季基本不需人工干预。湖南山区自然状态下的生物质年平均生长量约为0.7吨/亩，是东北林区的1.2倍。湖南丘陵山区农业生产的共同特征有耕地小集中、大分散；平地大田少、坡地梯田多；作物种类多、经营规模小；常有性状和品质特别优良的特色农产品；普遍存在间作轮作和顺坡种植的做法。数据表明，洞庭湖区72.8%的耕地面积主要种植双季稻或从事特种水产养殖，27.2%的耕地种植棉花、麻类等经济作物，农作物品种比较单一。丘陵山区虽土地相对分散、田块大小不一、耕作模式传统，但丘陵山区分布广、耕地多、山水自流灌溉，加之特殊的土质条件和特别的生物种群，使得丘陵山区农作物种植多样且特色产业丰富，农民群众除种植水稻、玉米、薯类等粮食作物外，还大面积种植蔬菜、油菜、烟叶、油茶、柑橘、茶叶、药材等特色经济作物。据统计，湖南丘陵山区常年种植水稻 3 000 万亩、油菜 880 万亩、蔬菜 700 万亩、油茶 600 万亩、柑橘 440 万亩、烟叶 143 万亩、茶叶 140 万亩。

在农机购置补贴等一系列强农惠农政策的推力下，近年来湖南丘陵山区农业机械化呈现加速发展的良好态势（表 1）。截至 2013 年年底，湖南 80 个丘陵山区县（市、区）农机总动力达 3 900 万千瓦、农机保有量达 600 万台套，分别比 2003 年约增加 2 100 万千瓦、320 万台套。丘陵山区县（市、区）水稻耕种收综合机械化水平达到 55%，比 2003 年提高 35 个百分点，其中水稻机耕和机收分别达到 85%和 59%，水稻机插从无到有达到 11%，与 2003 年 40%的机耕率、13%的机收率和几乎为零的机插水平相比，都有了明显进步。但相比而言，丘陵山区县（市、区）农业机械化发展水平明显偏低。据统计，2013 年，湖南全省水稻、玉米、蔬菜、棉花、烟草、油茶、薯类、林果 8 种主要农作物生

表 1　十个典型县市区农业机械化水平比较表

县名	地形地貌	人口数	耕地面积	2013 年农村居民人均可支配收入	2013 年水稻生产综合机械化水平
武陵区	洞庭湖区	52.4 万	12.2 万亩	13 400 元	72.1%
汨罗市	洞庭湖区	62.1 万	51.2 万亩	10 430 元	71.3%
南　县	洞庭湖区	70.2 万	75.8 万亩	11 076 元	68.5%
祁东县	丘陵区	107.1 万	86.2 万亩	9 481 元	59.3%
涟源市	丘陵区	117.4 万	62.5 万亩	5 962 元	55.2%
洞口县	丘陵区	82.9 万	55.2 万亩	6 722 元	50.2%
汝城县	山区	39.9 万	28.8 万亩	6 163 元	49.7%
通道县	山区	24.3 万	22.8 万亩	2 086 元	45.7%
凤凰县	山区	40.9 万	51.3 万亩	5 733 元	32.5%
桑植县	山区	47.4 万	30.3 万亩	4 226 元	32.3%

产综合机械化水平为39.8%，其中洞庭湖区为64.9%，湘中丘陵区不到30%，湘西湘南山区仅约为20%。同年，湖南全省水稻耕种收综合机械化水平达到62.3%，其中湘中丘陵区为56%、湘西湘南山区为41%，分别比洞庭湖区的68%低了12个百分点和27个百分点。在丘陵山区范畴内，丘陵区的农业机械化水平又明显高于山区。湘潭市的湘乡市属典型的中南丘陵，2013年，该市水稻耕种收综合机械化水平为65%；怀化市的沅陵县属典型的武陵山区，2013年，该市水稻耕种收综合机械化水平为38%。这两地均被评为2013年度全省农机工作先进县，但水稻生产机械化水平却差距十分明显。

二、影响丘陵山区农业机械化发展的原因较多，有难以改变的自然因素，也有可以变革的社会内容

丘陵山区农业机械化发展速度不快、水平不高的原因很多，有难以改变的自然因素，也有可以变革的社会内容，且二者相互交织在一起。我们把这些原因概括为以下四个方面。

（一）地形复杂加上修筑不力导致农机作业环境恶劣

丘陵山区地形复杂多变，普遍存在山高坡陡、道路崎岖、场地狭窄等一系列问题，大型农业机械多数难以通行，中小型农业机械也常常因为耕地分散、丘块不一而影响正常作业。湘西山区人均耕地约为1.2亩，但人均田土块数达到1.5块，有的地方一家一户的田土相隔数里，上下高差达近100米。湘西土家族苗族自治州凤凰县木江坪乡柏井村815.8亩水田分为2 017丘，平均每丘约0.4亩，最小的不到0.01亩。与此同时，丘陵山区机耕道建设“先天不足、后天失养”，农业机械普遍面临着“出不了门、下不了田”的尴尬局面，农机具转移过程中发生伤亡事故也难以避免。湖南丘陵山区约80%的农田没有配套修建机耕道，20世纪六七十年代修建的机耕道因没有维护约70%已通行不畅或不能用，近年涉农项目中配套建设的机耕道约60%不符合机耕道建设标准，极不便于农机作业。按农业部标准计算，湖南丘陵山区机耕道缺口在9万公里以上。

（二）田间作物多样加上农机研发不够导致农业适用机具缺乏

受自然条件、土壤质地、耕作模式和种植习惯影响，湖南丘陵山区农民群众种植的农作物品种繁多，同一处地块往往水稻、玉米、蔬菜、果木混杂，不同作物品种对农业机械种类、型号及作业时间等提出了差异性很大的要求。与此相对应的是，国内从事丘陵山区农业机械研究的部门不多，用于丘陵山区农机具开发的科研经费相当缺乏（或者说根本没有），致使丘陵山区农机技术装备供给明显不足，不仅农机产品无法覆盖特色产业生产和加工全过程，就连水稻耕、种、收、植保、运输、烘干等环节的先进适用农机也相对缺乏。农机购置补贴采取全国划一的做法，丘陵山区没有特殊照顾，也一定程度影响了丘陵山区农机化水平的加速发展。据测算，湖南丘陵山区油菜、棉花、柑橘等经济作物机械化水平尚不到10%，种植和收获环节仍然很大程度上依靠人力操作；设施农业、养殖业机械化以及农产品的保鲜、储运、加工、包装等机械化发展水平更低。

（三）经济贫困加上认识不足导致农民购机用机热情不高

丘陵山区交通、信息相对闭塞，经济发展水平相比洞庭湖区要低得多，2013年洞庭湖区农村居民人均可支配收入为10 000元左右，湘西山区农村居民人均可支配收入只有5 000元左右。特别是一大批贫困人口的存在，致使丘陵山区农民群众购买力普遍较弱，无力购买农机特别是大中型农机。与此同时，在丘陵山区农机化发展上一直存在着一些模糊认识，一些部门认为丘陵山区农机化发展作用不大，政府出力推动效益不高；个别地方政府认为农机化发展是市场行为，应当由农民自发行动；更有相当一部分行业领导先入为主，误认为丘陵山区实现农业机械化的技术条件不成熟。丘陵山区的农民群众对农业机械化十分期盼，但小农意识严重，对新型合作经营模式和农机社会化服务心存疑虑，有的认为人工不值钱、发展农机需要较大的一次性投入且具有一定的风险性。调研发现，湖南丘陵山区近年组建的农机合作社社会化服务效益都不错，有的甚至超过洞庭湖区，但得到的政府扶持却远不及洞庭湖区，他们迫切希望政府能将合作社扶持建设资金向丘陵山区和贫困县倾斜。

（四）推广迟缓加上服务缺失导致农机工作徘徊停滞

截至2013年年底，湖南80个丘陵山区县（市、区）已拥有280多万农机手和600万台套农机具，并分别以每年10万和50万的速度快速递增，农机示范推广、农机教育培训、农机维修保养以及农机安全监理等公共服务任务日趋繁重。但实际情形是，丘陵山区基层农机推广队伍很不稳定，农机化技术推广多年处于停滞状态，很多农民买了农机并不会使用，成为家中摆设。调查发现，湖南丘陵山区市县两级农机化技术推广站相当一部分缺少试验示范基地，多数缺少教学培训设施，大部分工作人员是军队转业干部或机构改革安置人员，且基本不懂农机原理，更不懂得农机化技术；乡镇一级多数将农机站并入了农业综合技术服务站，独立设置农机站的仅占23.8%，只有1～2名农机专干，且工资极低、经费奇缺，难以完成农机推广任务。衡南县地处湘中丘陵区，是湖南农业大县，更是农机大县，2013年水稻综合机械化率达到63%。该县乡镇都保留了农机站，每站2～4人。据反映，该县乡镇农机站人员工作任务远重于农技站人员，但工资报酬只有农技站人员的1/3，人均每月不到400元，工作经费也包含其中，其原因是农技站有上级拨款而农机站没有。还有一个重要情况是：丘陵山区农机具集中度较低，农机经销企业和维修网点布局严重不足。全省共有7 110家维修门店，其中丘陵山区850家，占比11.9%，与丘陵山区耕地面积78.7%和机具保有量75.2%的比重严重不相适应，农民普遍反映农忙时节农机出故障找不到维修点，找不到零配件，耽搁一个季节的生产作业，有时甚至因一个零件配不上造成严重事故。

三、丘陵山区农业机械化的途径选择

丘陵山区有着与平湖区不一样的山川地理形态和经济社会特征，在农业机械化发展上也应选择有别于平湖区的科学途径。经过深入研究和广泛探讨，我们提出如下“四合一”工作路径。

（一）优化农业机械与调整农业布局并举

农业机械化是农业生产条件与机械适应性互推共助、配套作用的结果，面对丘陵山区的现实，我们一方面要想方设法因势利导改造农业生产现场，尽量使其具备实施机械化作业的条件；另一方面要潜心研究丘陵山区农业机械，有的放矢地改进农业机械的性能，有效将农业劳动过程转化为机械运行的过程。要将机械适应性作为丘陵山区农业种植结构调整布局的重要指标，鼓励和引导农民通过组建农机专业合作社和建立核心示范区等方式，适度集中发展粮食、经作和养殖业，形成小集中多元化的农业生产格局。在农作物品种选育和耕作技术选择上，要充分考虑农业机械化因素，积极培育适合机械化作业的品种，探索形成有利于机械化生产的种养模式。与此同时，要围绕丘陵山区农业生产全过程，积极研发和推广栽种、植保、运输、烘干、储备、养殖、农产品加工业以及农业废弃物综合利用各环节的先进适用机械，让农民群众在推行农业机械化过程有所选择。

（二）修建道路与轻简机械并重

山高路陡坑深是丘陵山区的共同特征，在推行农业机械化的过程中要解决农机“上山下乡”的问题，必须在修建道路与轻简机械两个方面同时着力。近年要下大力气解决农村机耕道问题，尽量把机耕道拉通到山头田垅，让农机真正能够“上山下乡”。当然，机耕道不可能接通每一个田块，所以要把农业机械制造得尽量轻简一些，方便农民借助简易工具或运用拆卸组装办法实施农机田间转移。调研中，湘西农民提出了“个体小轻化、使用灵巧化、功能多样化、技术高端化”的要求，我们认为完全可以成为研制丘陵山区轻简型农机的思想路径。

（三）田间生产机械化和集中处理机械化并行

丘陵山区自然条件和资源禀赋各异，应根据不同情况实施不同的农业机械化模式。在农作物种植达到一定规模且农机作业条件较好的地方，可以参照平湖区模式，努力实现大田作物耕、种、收、植保、转运等环节的机械化，积极推进全程机械化作业。对于不能或无法集中连片种植的农作物，或虽集中连片但并不具备现场机械化作业条件的特色农业，如高陡连片梯田、挂坡地作物等，可在交通便利处建设农机作业服务中心，集中实施脱粒、清选、运输、烘干等环节机械化作业，实现农产品集中处理机械化。

（四）优质农业设施化和设施农业机械化并驾

紧扣丘陵山区优质稻米、生态果蔬、特色养殖、珍稀药材、苗木花卉等主导产业板块，突破竹制支架等简易设施限制，合理布局发展钢架大棚、连栋温室、植物工厂等新型高效设施类型，促进优质农业设施化。与此同时，引进和推广适宜大棚和温室作业的体积更小、效率更高、价格便宜、操作方便的微型耕作、植保及收获机械，配套使用开沟、起垄、覆膜、育苗及移栽等设备，同步发展节水灌溉、人工补光、二氧化碳增施、臭氧消毒杀菌及自动控制等高科技技术，由传统耕作发展到自动化、机械化作业，努力提高设施农业的机械化水平，实现优质农业设施化和设施农业机械化并驾齐驱。

四、推进丘陵山区农业机械化的措施与建议

丘陵山区是我国农业的资源宝库，是农业增产增收的最大潜力蕴藏区。随着我国财政支农能力的逐渐加强和对农业机械化发展的日益重视，顺应工业化城镇化的加速推进和新一轮农村改革的全面启动，丘陵山区农业机械化加快发展的时机已经成熟。我们要以强化造血功能为目标，以加大现实扶持为重点，立足顶层设计和实践推行，统筹谋划好丘陵山区的农业机械化事业。

（一）推进丘陵山区农业机械化的主要措施

1. 制造轻简农机

鼓励和引导农机制造企业针对丘陵山区特殊的地形地貌和农业农机发展现状，围绕农、林、牧各个领域的栽培、管理、收获、运输、储备、加工等多个环节，创新研制一批适应性强、操作简单、可靠性好的小型轻简农业机械装备，重点研究开发适应丘陵山区小田块作业的水稻机插机播、飞机植保，小型油菜直播、移栽和收获，蔬菜、柑橘、茶叶等果蔬作物种植和采摘机械，以及小型畜牧、水产养殖业机械装备，以降低丘陵山区农民劳动强度，为丘陵山区现代农业发展夯实机械化技术基础。

2. 合理布局农业

充分发挥丘陵山区资源优势和生态优势，确立地区支柱产业，开发建立一批优质产品、特色产品和绿色食品规模生产基地，逐步形成区域化布局。湘北湘东丘陵区耕地较多且相对集中连片，要鼓励并引导农民、种粮大户、农机大户和农机合作组织，以粮食生产为主导，兼以发展蔬菜、油菜、棉花之类经济作物的种植和畜牧水产养殖。对于粮棉生产劳动生产力相对低下的湘西湘南山区，在地势较平坦、种植连成片的地方重点发展粮棉生产，同时引进战略投资者，在地块促狭处和高山地带，突破平面农业的局限，分区布局柑橘、油茶、茶叶、中药材以及旅游等山地立体农业，为农业机械的综合利用创造有利条件。

3. 科学整理田土

结合基本农田建设，启动实施“适机农田”专项改造工程，分步对丘陵山区农田进行田园化整理。具体实施过程中可以村组为单位，对农田进行统一规划，按照尽可能将“小田变大、角田变方、坡田变平”的要求，对田块大小高差进行合理改造，形成“适机农田”，为加快推进大田作物生产全程机械化奠定基础。同步抓好农村土地流转和农作物集中布局，实现适度规模经营。

4. 修建机耕道路

国家拟定出台丘陵山区农业机械化基础设施建设项目，制定出台配套优惠政策，大力扶持以机耕道、机库棚为重点的农机化基础设施建设。或将机耕道建设纳入农业项目建设范畴，整合农业综合开发、国土整理、标准粮田建设等项目资金，分年度投入丘陵山区机耕道路建设。具体建设中，明确由各级农机部门牵头，结合田土整理工程并综合考虑已建机耕道的现状，制定并不断完善《机耕道地方标准》和具体建设方案，按标准要求统一组织实施、集中管理维护，切实改善农业机械作业环境，为农机作业服务提供有利条件。

5. 鼓励设施农业

在稳定粮食产量的基础上，鼓励并引导丘陵山区农民群众及社会力量加大投入，通过组建设施农业专业合作组织和建立现代设施农业园区等途径，因地制宜发展蔬菜、林果、畜牧、水产等领域的设施农业，形成不同区域、不同品牌的农业发展格局。同时大力推广使用设施农业生产各环节的先进适用农业机械，推动设施农业机械化，促进丘陵山区农业机械化水平整体提升。

（二）推进丘陵山区农业机械化的主要建议

根据丘陵山区农业机械化发展途径选择和当前工作重点以及丘陵山区的社会现实，慎重提出如下建议：

1. 较大幅度提高丘陵山区农机补贴比例并适当扩大补贴范围

农民穷，劳作苦，渴望农业机械化却买不起农机。建议参照山区扶贫办法，将丘陵山区农民需求量大的主要农业机械的补贴标准提高至60%以上，同时实施农机具报废更新补贴，让丘陵山区农民少花钱甚至不花钱买上农机，用上农机。要专项制定丘陵山区机具补贴目录，将适宜丘陵山区作业的小型机具纳入补贴范围，或由地方政府实施引导性补贴，对群众需求量较大的通过定型鉴定的非补贴机具进行集中采购，减轻群众购机压力。为了确保以上倾斜性政策的顺利实施，需要对丘陵山区农机补贴资金实现切块分配和封闭管理。

2. 加大农业机械化技术的研究与推广力度

建议明确专门机构牵头抓好丘陵山区农业机械研发工作，中央和省两级设立农机研发资金，引导和推动企业定向研发适合丘陵山区的各类新机具新技术。建议在高等院校设立农机专业并出台“定向委培”等优惠政策，鼓励引导大中专毕业生充实基层农机技术推广队伍，解决农机技术推广向基层农村传递中的断层问题。建议农业部、财政部联合制定县乡农机推广体系建设规划，参照农技推广体系建设方式设立农机推广体系建设扶持专项，并逐年加大投入，让县乡两级农机推广有人做事、有钱办事。

3. 抓实农机技术培训工作

建议设立农机技术培训机构能力建设专项，从机构编制、人员场地、设备设施、教研经费等方面入手，切实加强省市县各级农业机械化学校建设，为系统培育农机管理、科研制造、经营推广等各类农机专业人才搭建平台。同时，将农机技术培训直接纳入“阳光工程”实施范围，并通过联合职业院校、农机生产企业开展形式多样的技术培训和技能竞赛活动，对广大农机手甚至是农民群众进行全面培训，促使农民群众由农业劳动能手转变为农机使用能手。

4. 建立农机销售和维修中心

建议省级政府每年从基本建设投资中切块安排专项资金，以县市区为单位，扶持建设一批区域性农机销售和维修中心，配套建设农机化技术推广、安全检测、执法装备、试验示范、农机维修、信息服务等设备设施，强化技术指导、机具维修、安全监理等农机技术推广服务，为丘陵山区农机化技术的推广普及提供人才和技术支撑。与此同时，专项扶持农机服务组织建立维修分中心，逐步提升其自我维修服务能力。

5. 扶持建设农机专业合作组织

参照黑龙江、湖南、江苏等省做法，由财政专项扶持发展一批农机专业合作组织，不断提高农机合作组织建设的规模和档次，强化覆盖全程和服务全面的能力，创新发展农机租赁公司、现代农机作业服务公司和农机服务“4S”店等新型农机经营主体。与此同时，制定出台燃油补贴、作业补贴政策并重点向农机合作社、农机大户倾斜，鼓励和引导其拓展服务半径、扩大作业面积。

6. 强化农机农艺深度融合

建立科研单位协作攻关机制和农机农业联席会议制度，充分发挥农机部门在选择技术路线、研发配备农机装备，和农业部门在改良作物品种、开发栽培技术和建设优势产业示范区过程中的优势及互征互推作用，实现产业发展与农业机械化的无缝对接和协同发展。

化肥施用现状与利用问题国际比较研究*

一、世界化肥利用比较的背景分析

本部分主要分析各国化肥利用历史，世界化肥“生产—消费”状况、化肥在世界种植业中的作用等背景性资料。

（一）世界化肥利用历史

人类使用肥料的历史由来已久，但是直到19世纪工业革命后，世界人口快速增长，粮食供给严重不足，推动人类研究和利用化肥以提高土壤的产出，才促成化肥工业的兴起。世界化肥利用的历史，大体可以分为四个阶段：

一是，19世纪40年代到20世纪初，是化肥利用的萌芽阶段。19世纪，人类相继研究发明磷、钾和氮肥。1838年，英国人劳斯用硫酸处理磷矿石制成磷肥，李比希在1850年发明了钾肥。1850年前后，劳斯又发明出最早的氮肥。伴随研究，劳斯在1854年建立磷肥工厂，又于1890年左右在德国、挪威相继建立了氮肥和钾肥工厂。在这一阶段，人类化肥利用还处于初级阶段，使用化肥的土地较少。

二是，20世纪初至20世纪50年代，是人类化肥利用的快速发展阶段。1909年，“哈伯—博施”氨合成法，钾肥合成法等相继研发成功。尤其是20世纪30年代初，实现了用硝酸分解磷矿并用氨中和加工制造硝酸磷肥的奥达法，开始了复合肥料的生产。这一阶段，技术的发

* 本报告获2014年度农业部软科学研究优秀成果三等奖。课题承担单位：国家统计局农村社会经济调查司；主持人：侯锐。

展促使化肥生产突破了原料限制，逐步实现了大工厂化的生产方式。化肥供应的增加使得人类化肥利用变得较为普遍，并主要运用到土壤的改良中。

三是，20世纪50年代至20世纪90年代，是人类化肥利用泛滥的阶段。为了适应世界人口的迅速增长，增加化肥用量成为粮食增产的有力措施，化肥工业得到快速发展。据统计，在各种农业增产措施中，化肥的作用占大约30%。据FAO（联合国粮农组织）统计，1950—1970年，世界粮食增产约一倍，1950年，世界化肥总产量（以N、P_2O_5和K_2O含量计）为14.13兆吨，1980年为124.57兆吨。三十年间，单位面积产量粮食增产78%，其中施用化肥的作用占40%～60%。

四是，从21世纪以来，人类化肥利用步入了平稳阶段。由于日益严重的农业环境与食品安全问题，世界发达国家肥料利用走向高效化，提高肥料的利用率成为主要趋势。发达国家的化肥施用量已从高峰期逐步减少，美国、日本、德国等发达国家化肥施用量都有一定比例的下降，但都保持了农业的繁荣。2007年，世界化肥生产量和消费量分别为17 400万吨和16 800万吨。2008年受金融危机影响，全球化肥生产和供应出现萧条，总消费量降至15 750万吨，下降约7%。2009年需求有所恢复，消费量达到了16 100万吨，2011年为18 381万吨。

（二）我国化肥利用历史

伴随着我国化肥产业的发展，我国化肥使用也经历了三个阶段：

一是，1949年前，我国化肥利用开始出现。如在1909年进口了少量智利硝石（见硝酸钠）。1914年，吉林公主岭农事试验场首先开始进行化肥的田间施用试验。1935年和1937年在大连和南京先后建成了氮肥厂。但由于化肥的生产较少，对化肥的利用基本没有。

二是，1949年至1978年间，我国化肥利用得到迅速增长。1950年代，我国中小型过磷酸钙厂大批建立起来。1958年，化工专家侯德榜开发了合成氨原料气中二氧化碳脱除与碳酸氢铵生产的联合工艺。同时期，中国开发了高炉生产熔融钙镁磷肥的方法，并在60—70年代里建立了一大批磷肥工厂。又先后在浙江衢州、上海吴泾和广州等地建成了

20 余座中型氮肥厂。到 1978 年，中国氮肥产量（以 N 计）达到 11.094 兆吨。随着化肥工业的迅速发展，我国土地对化肥的使用逐渐普遍，较大程度上弥补了土壤肥力的不足。从表 1 可以看出，我国农田养分在 1949 年至 1978 年间，基本实现了氮肥和磷肥的平衡。

表 1　中国农田养分投入量和产出平衡

单位：万吨

年份	投入					产出				盈亏		
	氮	磷	钾	合计	有机肥占（%）	氮	磷	钾	合计	氮	磷	钾
1949	164.3	82.2	196.7	443.8	99.4	291.2	138	306.3	735.5	−151.8	−55.2	−109.6
1957	284.9	135.4	305.5	725.8	94.9	511	235.8	563.2	1 308	−278.3	−100.4	−256.6
1965	421.8	208.4	344.2	974.4	81.9	521.8	237	559.8	1 318	−199.4	−28.6	−251.6
1975	788.6	380.9	540.3	1 709	68.6	749.1	333.9	813.2	1 896	−188	47	−272
1980	1 317	514.9	601.5	2 433	49	867	387.3	933.5	2 187	15.6	136.6	−332
1985	1 770	679.3	768.3	3 218	44.8	1 114	478.7	1 207	2 800	13.4	200.6	−439.4
1990	2 272	935.9	918.7	4 127	37.2	1 307	559	1 386	3 252	102.4	376.9	−467.3
2000	2 937	1 373	1 517	5 828	31.4	1 662	664.4	1 739	4 066	148.9	708.8	−222.2

资料来源：根据相关文献资料整理。

三是，1978 年后，我国化肥利用逐渐饱和，并长期处于过量状态。随着农业生产对化肥需求量日益增长，在 20 世纪 70—80 年代，我国大陆地区从美国、日本、法国、荷兰等国引进了一批大型氮肥和磷铵、氮磷钾复合肥生产技术装置。从 20 世纪 80 年代中期开始利用察尔汗盐湖的卤水，进行氯化钾生产装置的建设，并从日本和我国台湾地区引进了曼海姆艺技术，经自主开发，至今已建成了 180 套生产硫酸钾的生产装置。

我国从 1980 年以后，才开始进入以化肥为主、有机肥与化肥配合施用阶段。此后施用化肥的效益很快显示出来，各种农产品的产量大幅度提高，化学肥料作为当家肥的局面基本形成。但是长期对化肥的依赖性，造成我国化肥使用失衡。每年氮肥和磷肥的使用超标，造成土地的氮、磷元素富集。

（三）世界化肥“生产—消费”状况

1. 世界化肥生产状况

自20世纪80年代之后，世界化肥生产的格局开始发生较大变化，目前世界化肥的生产主要受消费和资源因素驱动，主要分布在消费大国和资源优势的国家。

世界氮肥的发展表现为：一是主要氮肥消费国（如中国和印度）氮肥产能迅速增加，如南亚和东亚；二是发达国家产能减少，而能源产地产能快速增加，如西亚和北非、东欧和中亚地区。2004年共有79个国家生产氮肥，总产量达到了9 482万吨，其中中国、印度、美国、俄罗斯、乌克兰等位居前列，这10个国家的氮肥产量占全世界总产量的74%。

世界磷肥的发展表现为，磷资源优势国家和化肥消费大国，如中国、印度和巴西等增长较快。

世界钾肥生产主要集中在十几个拥有钾矿的国家，所产钾肥大部分参与国际贸易。加拿大超过1 000万吨，占世界30%以上，俄罗斯和白俄罗斯分别在400万吨以上，分别占世界15%左右；随后的是德国、以色列、约旦、中国和美国。

2. 世界化肥消费状况

化肥消费转向人口和农业大国，从化肥消费量看，主要集中在几个农业和人口大国，其中中国、印度、巴基斯坦和巴西已经成为世界化肥消费大国，消费量在前10名之列。氮肥消费量在1 000万吨以上的国家有中国、印度和美国，200万吨以上的国家有巴西、巴基斯坦、法国和印度尼西亚；磷肥消费只有中国超过1 000万吨，印度、美国和巴西都在400万吨左右；钾肥消费也是上述国家最多，其中中国570万吨，美国470万吨，巴西440万吨，印度200万吨。

3. 中国在世界化肥“生产—消费”体系中的比重

在世界化肥产量上，近30年来，世界化肥产量增长有一半的贡献来自于中国。世界化肥产量在1996—2000年的平均增速为3.9%，2001—2007年的平均增达6.5%。1961年中国氮肥产量只占世界氮肥产量1.4%。到1988年，世界氮肥产量达到8 276万吨，中国产量占世界的

16.6%。1991年世界产量出现一个低谷，为7 084万吨，中国产量占21.3%。进入21世纪，世界氮肥产量持续增长，到2011年达到最高峰，产量为11 359万吨，中国占35.9%，是世界氮肥生产最大的国家。

世界磷肥产量在1961年的时候为857万吨，中国占1.2%。1988高峰期时生产量为3 969.7万吨，中国占其中的9.2%。1993年世界磷肥产量急剧下降为2 806万吨，中国磷肥产量占17.4%。2007年中国磷肥产量占世界产量的33.6%，2011年中国磷肥产量占世界磷肥产量4 170万吨的39.4%，是磷肥生产量最大的国家。

中国的钾肥产量一直不高，1980年中国钾肥产量仅有2.6万吨，2012年增长至377万吨，1980—2012年间，钾肥产量年均增长17.4%。我国化肥生产现状是氮肥、磷肥过量，钾肥需大量进口，其中磷肥产能过剩17%。

中国是化肥生产和消费大国，在1998年时，化肥总产量已达2 956万吨（纯养分），占世界总产量的19%，居世界第一位；化肥纯养分使用量达3 816万吨，也居世界第一位。

4. 世界化肥“生产—消费”特征

以国际化肥生产和消费现状来看，世界化肥生产和消费整体经历了“增长—下降—再增长”的阶段；发展中国家已经成为化肥生产和消费的主流；化肥消费转向人口和农业大国、化肥生产转向资源优势和消费大国；氯化钾、尿素和磷酸等高浓度肥料消费量增长较快，而硫酸铵、硫酸钾、过磷酸钙等传统肥料在多数国家消费量降低；从未来发展趋势看，化肥生产与消费将保持增长，化肥产业布局将继续调整，全球化肥市场一体化进程加快，超大型的国际化肥企业控制市场能力进一步加强。

（四）化肥施用不合理带来的问题

（1）化肥不合理施用对环境的污染。一是，肥料不合理施用会造成土壤重金属污染、钙与镁等加速其流失、微量元素的耗竭等。二是，肥料不合理施用会导致水体污染，营养元素（特别是氮素）和有害物质会造成河川、湖泊、内海的富营养化。三是，肥料不合理施用造成氮肥直接进入大气转变为硝酸成为酸雨，还会造成地球温室效应。

（2）化肥不合理施用对作物的危害。大量施用单元素化肥时，会使农产品品质降低，作物根不能吸收水分。高盐分还会灼烧种子，伤害幼苗。

（3）化肥不合理施用对食品安全的危害。氮肥中所含的硝酸盐进入人体后变成亚硝酸盐，会引起消化系统的癌症；磷肥中所含的放射性元素铀、钍、镭等，会引起人的肺、肝、胃和骨质损害。

（4）化肥不合理施用带来的其他问题。一是，化肥施用会加重农业病虫害的危害。二是，给农民带来严重的经济损失。农民种地投入增加，农作物品质却不高。三是，生产化肥所需的资源紧缺，造成资源浪费。

二、世界化肥施用总体比较

本部分从世界化肥施用的历史变化、中国化肥施用的区域特征、与化肥施用结构的关系这三个方面，比较分析中国与其他国家化肥施用的时空演绎规律。

（一）世界化肥施用总体特征

1. 世界化肥施用总量比较

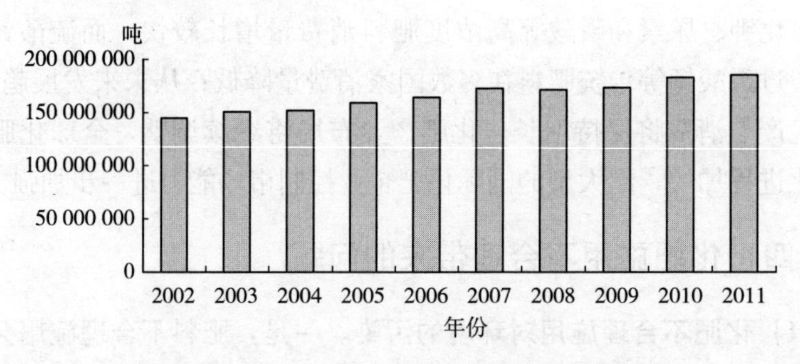

图1　2002—2011年以来世界化肥总量变化情况

从图1可以看出，自2002—2011年间全世界的化肥施用量处于平稳上升状态。而在2003年之后整体施用量已经超过1.5亿吨，十年间世界化肥施用年平均增长率为2.733%。

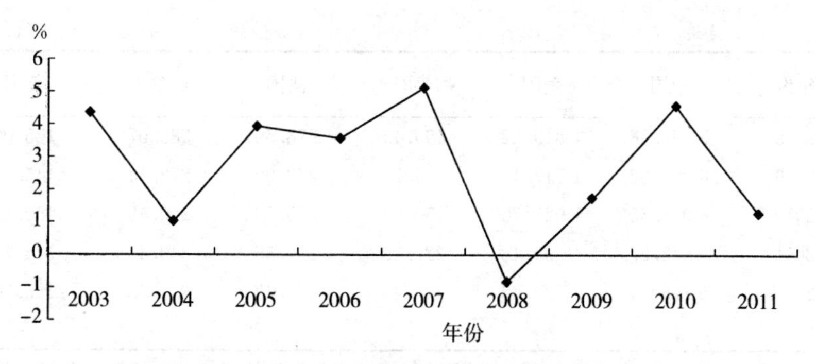

图 2　2003—2011 年世界化肥施用量年增长速度

从图 2 可以看出，世界化肥施用量虽然整体上处于平稳上升阶段，但从在时间上经历了一定范围内的上下波动过程。2003 年以来的世界整体化肥施用量增长速度只有 2008 年一年为负数，其他年份均为正值，整体施用量一直在增长。逐年增长率依次为 4.3%、1.0%、3.9%、3.6%、5.1%、−0.8%、1.8%、4.6%、1.3%。

美国的耕地总面积位列世界第一，中国的耕地总面积位列世界第三。在化肥施用量上中国却排名第一，中国的化肥施用总量约占世界化肥施用总量的三分之一。从表 2 中我们可以看出中国化肥施用总量从 2002 年的 4 388.64 万吨上升到 2013 年的 5 911.90 万吨，11 年间增长了约 2 000 万吨。而美国的化肥施用总量已经趋于稳定，2002—2011 年间的施用量波动都保持在 1 800 万～2 000 万吨之间，年平均增长率为 0.298%。

表 2　2002—2013 年各国化肥施用量

单位：万吨

年份	中国	美国	德国	法国	加拿大	英国
2002	4 388.64	1 946.26	259.49	388.16	263.52	184.60
2003	4 273.65	2 052.07	259.84	409.98	268.55	177.80
2004	3 999.46	2 049.29	255.96	389.60	248.14	167.20
2005	4 789.89	1 958.26	248.50	353.70	279.84	156.30
2006	5 083.32	2 024.70	230.70	349.14	212.00	154.90
2007	5 196.02	1 995.48	263.52	382.80	306.54	154.60

（续）

年份	中国	美国	德国	法国	加拿大	英国
2008	5 766.68	1 819.22	190.42	278.50	283.07	125.00
2009	6 321.62	1 717.19	216.70	272.00	272.64	145.10
2010	6 062.65	1 925.70	250.66	275.50	290.45	150.40
2011	5 642.98	1 999.18	227.39	257.55	348.42	144.70
2012	6 859.61	2 033.63	235.40	250.42	341.42	145.60
2013	5 911.90	—	—	—	—	—

资料来源：其中2002年至2012年数据为FAO数据库中的数据，2013年数据来源于《2014年中国农村统计年鉴》。中国农村统计年鉴中的中国历年化肥消费量与FAO数据库中的中国历年化肥消费量存在一定差异，但是历年差距均在5%的数量级内。

2002—2011年间德国、法国、加拿大、英国这四个国家的化肥施用总量整体稳定，在2004—2006年间经过了下降的过程，2007之后才有所回升。德国、法国、加拿大、英国这十年间的化肥施用总量年平均增长率分别为－0.843%、－3.22%、2.687%、－1.920%。处在欧盟的德国、法国、英国总体施用量出现了大比率的下降。

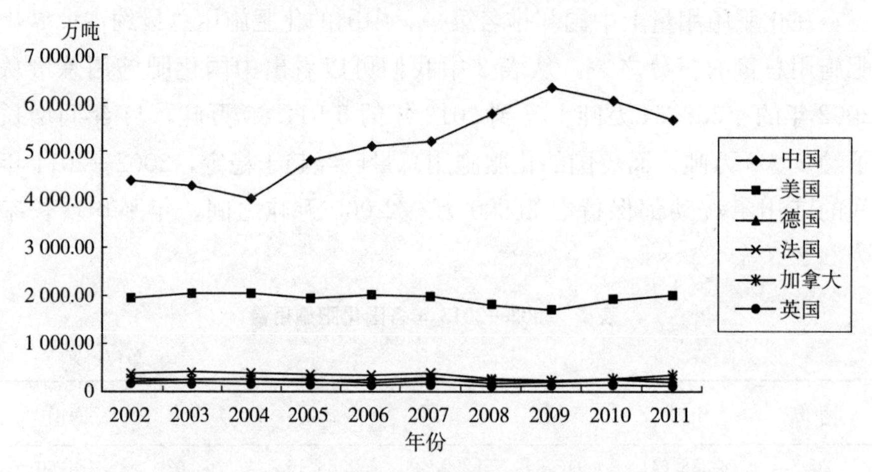

图3　2002—2011年各国化肥施用总量变化对比折线图

从图3选定的个六国家化肥施用总量折线图可以看出在2002—2011年间中国的化肥施用总量明显高于其他各国，上升趋势明显，并且远远高于国际公认的目标范围值。2002—2006年间保持在4 000万～5 000万吨之间，2006年已经达到5 000万吨，2006—2009不到三年间就已经突破 6 000 万吨大关，之后增速得到一定缓和。相比较下，美国化肥施用总量波动不大，趋于平稳，一直保持在 2 000 万吨左右，而位于欧洲的欧盟发达国家德国、法国、英国化肥总使用量处于下降的趋势，因为耕地面积较小，施用量都在千万吨以下。

1992—2012 年我国化肥 20 年间总体使用量呈现快速增长状态。随着农业生产的快速发展，我国化肥使用量从 1992 年的 2 930.2 万吨增长到 2013 年的 5 911.90 万吨，增长了 2 981.7 万吨，20 年增长了将近一倍，年均增长率达到 4.62%。2005 年，我国开始实行测土配方施肥后，2006—2010 年间化肥总使用量的年均增长率下降为 3.1%，化肥单位播种面积使用量的年均增长率也下降到 1.7%。总体来看，过去 22 年间，我国化肥单位面积施用量的年均增长速度接近化肥总使用量的增长速度，说明我国化肥使用量的增长主要来源于单位面积化肥使用量的增加。但随着近年化肥使用方法改进，单位面积使用量增加对化肥总使用量增加的贡献不断下降。

表 3　2002—2011 年世界化肥施用总量与氮磷钾肥结构图

单位：万吨

年份	施用总量（氮磷钾相加）	氮肥（氮元素）	磷肥（磷元素）	钾肥（钾元素）
2002	14 419.46	8 633.32	3 382.12	2 404.02
2003	15 045.15	8 950.42	3 578.42	2 516.30
2004	15 198.65	8 899.45	3 960.69	2 338.51
2005	15 796.65	9 053.05	4 002.61	2 741.00
2006	16 361.68	9 557.61	4 065.97	2 738.10
2007	17 198.82	10 038.56	4 013.60	3 146.65
2008	17 058.46	10 788.49	3 526.54	2 743.44
2009	17 357.45	11 291.05	3 860.12	2 206.27
2010	18 151.93	11 193.05	4 255.33	2 703.55
2011	18 381.31	11 234.95	4 110.13	3 036.24

资料来源：FAO。

我们所计算的化肥施用总量是氮磷钾三大类型营养元素相加总和（不包括有机肥）。氮肥、磷肥、钾肥三种类型的化肥施用量是不同的，且差异较大。使用最多的是氮肥，通过表 3 可以得出在 2002—2011 十年间氮肥使用率占总量的 60%左右，在 2009 年高达 65.1%。磷肥的使用比率排第二，最多是 2004 年占 26.1%。钾肥利用率排在最后，比率最高的一年是 2007 的 18.7%，2011 年氮肥、磷肥、钾肥的施用比率分别为 61.1%、22.4 %、16.5%。通过图 4 可以看到更加直观的差距，世界化肥施用结构以氮肥为主，其次是磷肥，最后是钾肥。

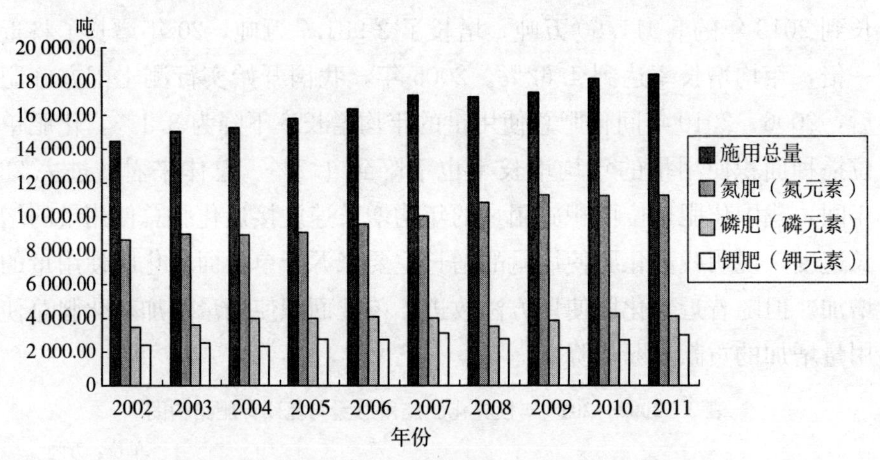

图 4　2002—2011 世界氮磷钾施肥量结构柱状图

2. 世界化肥单位面积施用量比较

从表 4 可以看出，2002—2011 年间全世界耕地单位面积化肥施用量在 100～135 千克/公顷之间，单位面积化肥施用量低于 100 千克/公顷的国家有澳大利亚、南非、俄罗斯、加拿大。年均单位面积化肥施用量在 100～200 千克/公顷之间的国家有印度、巴西、泰国、美国、法国。在 200 千克/公顷以上的国家有日本、中国、德国、英国、越南。

表 4　主要国家化肥单位面积施用量

单位：千克/公顷

年份	印度	巴西	日本	泰国	澳大利亚	南非	俄罗斯	中国
2002	100.6	120.8	333.5	110.5	47.6	61.2	13.6	369
2003	105.1	152.3	335.2	149.2	46.2	55.2	11	366.3
2004	115.4	153.5	353.7	131.7	50.9	60.3	11.4	327.3
2005	127.8	122.1	348	112.7	44.9	47.3	11.8	404.7

（续）

年份	印度	巴西	日本	泰国	澳大利亚	南非	俄罗斯	中国
2006	136.4	127.9	332.8	117.4	43.5	62.3	12.5	430.3
2007	142.8	166.5	350.5	125	46.8	61	14.3	475.2
2008	153.4	141.9	278.2	130.5	42.6	56.3	15.9	530.9
2009	167.6	108.4	239.6	122.1	35.1	55.8	15.6	574.7
2010	178.5	142.5	261.4	162.2	46.3	53.2	15.8	544.5
2011	176.9	171.4	260.7	161.5	45.3	54	16.2	505.6
年份	美国	德国	法国	加拿大	英国	越南	世界	
2002	112.5	220.1	210.4	57.6	319.1	305	104.5	
2003	119.6	219.7	222.1	58.9	314.2	342.3	108.7	
2004	122.7	215.1	211	54.6	287.3	403.9	109.1	
2005	118.6	208.8	191	61.8	272.8	292.3	113.3	
2006	126.2	194.4	188.9	47	254.2	300.2	117.8	
2007	123.3	221.9	207.7	68.6	254.1	353	124.7	
2008	111.6	159.6	151.9	64	208.2	305.7	123	
2009	107	181.4	148.3	62.2	239.9	403	125.1	
2010	120.5	211.6	150	66.9	251.9	310.5	130.8	
2011	124.8	191.5	140.2	81.1	238.7	251.6	131.6	

资料来源：FAO。

中国年均单位面积化肥施用量高达452.9千克/公顷，其中2009年最高时达到574.7千克/公顷，高出世界水平三倍。

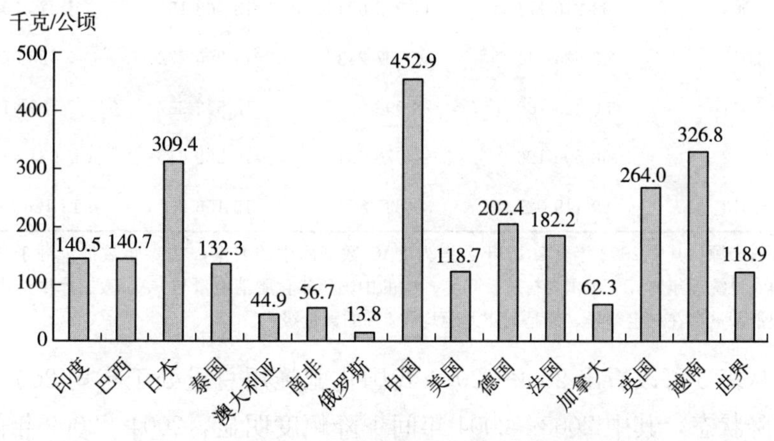

图5　2002—2011主要国家年均单位面积施用量对比

（二）中国化肥施用总体特征

1. 中国化肥施用总量比较

2002—2013 年间我国的化肥施用量在区域上一直处于较高的集聚状态，时间上经历了的波动减低和上升的过程。从化肥施用负荷水平来看，2002—2010 年间，我国单位农地面积的化肥施用负荷增长明显。从区域上来看，近 10 年来，我国化肥施用高负荷的地区呈现出明显的拓展趋势，低负荷地区范围不断缩减。

表 5　2002—2013 年中国化肥施用结构表

单位：吨

年份	总量（氮磷钾相加）	氮肥	磷肥	钾肥
2002	43 886 429	28 929 699	9 879 886	5 076 844
2003	42 736 486	28 263 183	9 641 793	4 831 510
2004	39 994 621	26 346 694	12 402 997	1 244 930
2005	47 898 927	27 855 822	12 995 555	7 047 550
2006	50 833 163	30 986 589	13 200 536	6 646 038
2007	51 960 248	32 408 684	11 200 413	8 351 151
2008	57 666 798	40 864 945	10 787 843	6 014 010
2009	63 216 177	44 922 624	13 468 158	4 825 395
2010	60 626 544	40 907 243	14 296 272	5 423 029
2011	56 429 780	38 098 094	10 542 267	7 789 419
2012	68 596 126	44 976 034	16 588 655	7 031 437
2013	59 119 027	30 835 874	15 156 827	13 126 326

资料来源：其中 2002 年至 2012 年数据为 FAO 数据库中的数据，2013 年数据来源于《2014 年中国农村统计年鉴》。《中国农村统计年鉴》中的中国历年化肥消费量与 FAO 数据库中的中国历年化肥消费量存在一定差异，但是历年差距均在 5%的数量级内。

从表 5 可以看出 2002—2004 我国化肥施用总量处于年均 200 万吨的下降状态，其中 2003—2004 年间下降幅度明显，2004—2009 年间我国化肥施用总量又变化为大幅度的上升状态，平均每年增长 300 万吨。

2009 年后化肥施用总量才有所下降。

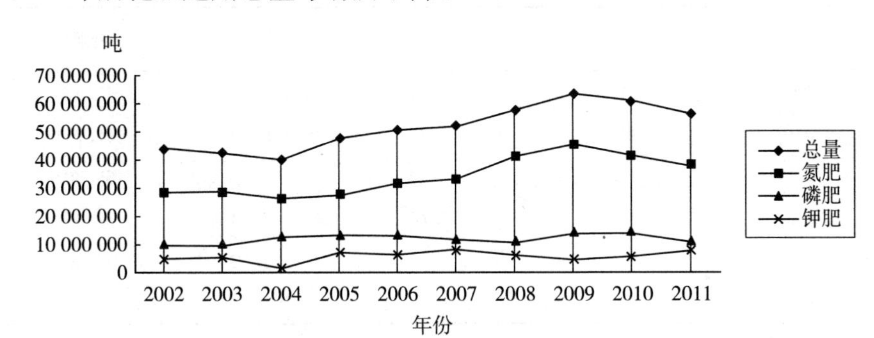

图 6　2002—2011 中国化肥施用结构图

从化肥利用结构（图 6）上看，中国氮肥的利用比例明显高于其他两种肥料，排名第二的是磷肥，最后的是钾肥，2012 年三种肥料的利用比率分别为 65.56％、24.18％、10.25％，与国际总量状况基本相符合。总体可以看出自 2010 年后，我国农业化肥施用总量有下降趋势，在一定程度上保持平稳，农业化肥利用结构构成也没有出现明显变化。

2. 中国化肥单位面积施用比较

从表 6 可以看出，2002—2013 年中国化肥单位面积施用量中氮肥施用量最高，年均 297.89 千克/公顷，约是磷肥均值 106.92 千克/公顷的三倍、钾肥均值 55.34 千克/公顷的六倍，2009 年达到 408.39 千克/公顷。

表 6　2002—2013 年中国化肥单位面积施用量

单位：千克/公顷

年份	总量	氮肥	磷肥	钾肥
2002	369.00	243.25	83.07	42.69
2003	366.32	242.26	82.65	41.41
2004	327.34	215.64	101.51	10.19
2005	404.73	235.37	109.81	59.55
2006	430.27	262.28	111.73	56.25
2007	475.24	296.42	102.44	76.38
2008	530.92	376.23	99.32	55.37

（续）

年份	总量	氮肥	磷肥	钾肥
2009	574.70	408.39	122.44	43.87
2010	544.46	367.37	128.39	48.70
2011	505.65	341.39	94.47	69.80
2012	507.52	332.76	122.73	52.02
2013	485.71	253.34	124.52	107.84
均值	460.15	297.89	106.92	55.34

资料来源：《中国农业统计年鉴》。

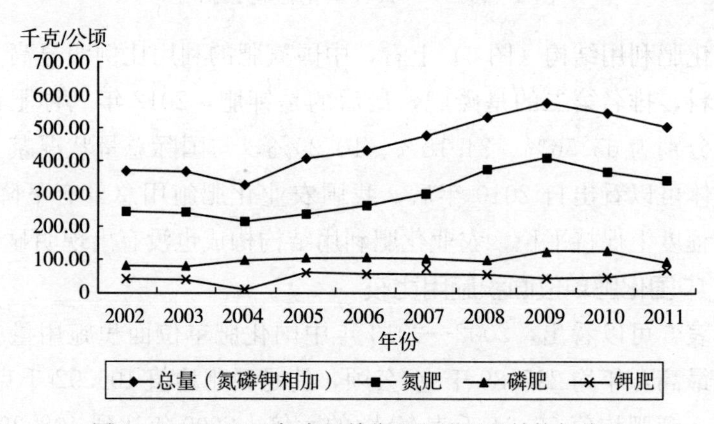

图 7　2002—2011 年中国单位面积施用量结构折线图

从图 7 化肥单位面积施用量结构上看，中国氮肥的单位面积投入明显高于磷肥与钾肥，2004—2009 氮肥的单位面积施用量一直明显上升，2010 年开始下降。磷肥单位面积施用量一直在 100 千克/公顷左右波动，钾肥在 100 千克/公顷以下。

（三）美国化肥施用总体特征

1. 美国化肥施用总量比较

2002—2011 年间美国的化肥施用量保持平稳，存在小幅波动。在化肥施用总量上，十年间一直保持在 2000 万吨，上下波动不超过 300 万吨，从化肥施用负荷水平来看，2002—2010 年间，美国单位面积的化肥施用负荷保持平稳。从美国化肥施用的总体态势出发，从全国尺度来看，近年来美国的化肥消费量保持了平稳的发展，化肥利用比例稳定。

表 7 2002—2011 年美国化肥施用结构图

单位：吨

年份	总量（氮磷钾相加）	氮肥	磷肥	钾肥
2002	19 462 900	10 945 100	4 015 500	4 502 300
2003	20 520 700	11 536 600	4 183 000	4 801 100
2004	20 492 900	11 398 600	4 275 200	4 819 100
2005	19 582 600	11 013 700	4 120 800	4 448 100
2006	20 247 000	11 625 400	4 113 600	4 508 000
2007	19 954 800	11 585 100	3 970 600	4 399 100
2008	18 192 157	11 084 292	3 450 615	3 657 250
2009	17 171 869	10 640 217	3 227 597	3 304 055
2010	19 256 987	11 302 811	3 847 346	4 106 830
2011	19 991 834	11 784 265	3 967 873	4 239 696

资料来源：FAO。

从表 7 可以看出 2002—2003 美国化肥施用总量有 90 万的小幅增长，2003—2005 年年均 50 万吨的小幅下降，从 2006 年之后又开始上升，最低施用量是 2009 年的 1 717 万吨，2011 年后回升到 1 900 万吨以上趋于平稳。而从化肥结构上（图 8）来看在中美国氮肥的利用与中国一样明显高于其他两种肥料，利用排名第二的是钾肥，最后的是磷肥，2011 年三种肥料的利用比率分别为 58.95%、19.85%、21.21%。

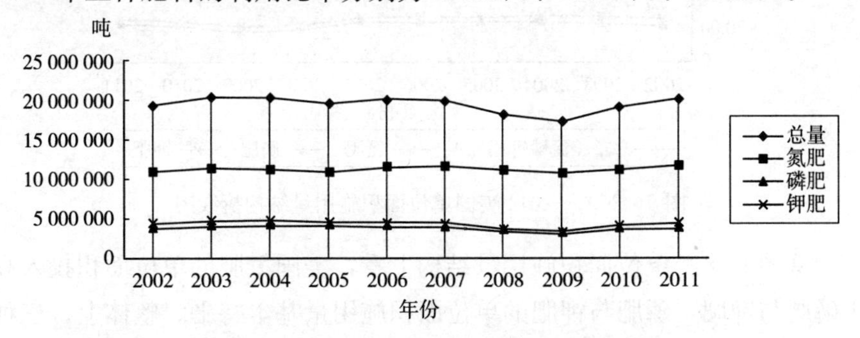

图 8 2002—2011 年美国化肥施用结构图

2. 美国化肥单位面积施用比较

从表8可以看出，2002—2011美国化肥单位面积施用量中氮肥施用量最高，年均68.8千克/公顷；其次是钾肥，年均26.2千克/公顷；最后是磷肥，年均23.8千克/公顷。

表8　2002—2011年美国化肥单位面积施用量

单位：千克/公顷

年份	总量	氮肥	磷肥	钾肥
2002	112.52	63.27	23.21	26.03
2003	119.56	67.22	24.37	27.97
2004	122.67	68.23	25.59	28.85
2005	118.60	66.70	24.96	26.94
2006	126.20	72.46	25.64	28.10
2007	123.27	71.57	24.53	27.18
2008	111.56	67.98	21.16	22.43
2009	106.96	66.28	20.10	20.58
2010	120.48	70.72	24.07	25.69
2011	124.82	73.58	24.77	26.47
均值	118.66	68.80	23.84	26.20

资料来源：FAO。

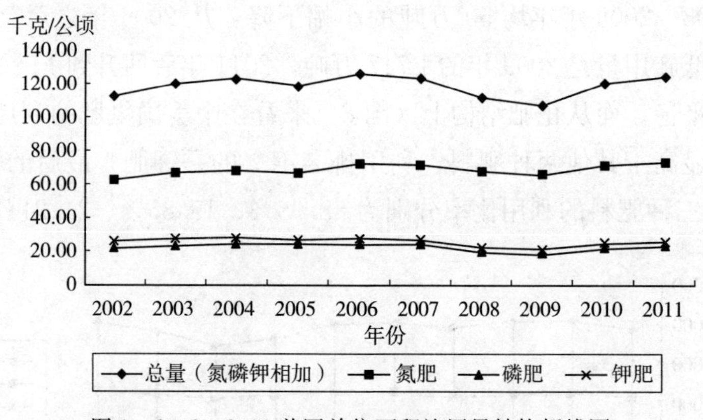

图9　2002—2011美国单位面积施用量结构折线图

从图9化肥单位面积施用量结构上看，美国氮肥的单位面积投入高于磷肥与钾肥，磷肥与钾肥的单位面积施用量基本持平。整体上，三种肥料的单位面积施用量都很平稳。

（四）欧盟化肥施用总体特征

1. 欧盟化肥施用总量比较

2002—2011 年间欧盟的化肥施用量和美国一样，处于平稳和小幅波动状态。由此可见像美国和欧盟这些发达国家的农业发展已经到达非常完善且平稳的状态，无论是粮食产量还是耕地面面积抑或是化肥施用量都已经趋于平稳。

表 9　2002—2011 年欧盟化肥施用结构图

单位：吨

年份	总量（氮磷钾相加）	氮肥	磷肥	钾肥
2002	22 107 939	12 889 385	4 023 437	5 195 117
2003	22 455 346	13 530 806	4 194 478	4 730 062
2004	22 105 215	13 121 445	4 182 926	4 800 844
2005	21 245 793	12 738 198	4 096 219	4 411 376
2006	21 341 966	12 788 918	3 988 292	4 564 756
2007	22 885 817	13 660 881	4 342 992	4 881 944
2008	19 951 494	13 065 065	3 233 452	3 652 977
2009	19 239 593	12 687 154	3 133 538	3 418 901
2010	20 817 556	13 273 455	3 421 298	4 122 803
2011	21 216 390	13 596 283	3 479 424	4 140 683

资料来源：FAO。

从表 9 可以看出在化肥施用总量上，欧洲 2002—2011 年十年间一直保持在 1 900 万～2 200 万吨上下，波动幅度比美国略大，从化肥施用负荷水平来看，2002—2010 年间，欧洲单位农地面积的化肥施用负荷保持平稳。从化肥施用的总体态势出发，近年来欧洲的化肥消费量保持了较为平稳的发展，化肥利用率也较稳定。2002—2007 欧洲化肥施用总量保持在 170 万吨以内的小幅波动，从 2007—2009 经历了年均 180 万吨的下降，2009 年之后有小幅回升趋于平稳。而从化肥结构上（图 10）来看在中欧洲氮肥的利用与中国、美国一样明显高于其他两种肥料，但是磷肥的利用率却低于钾肥排于最后，2011 年三种肥料的利用比率分别为64.08%、16.40%、19.52%。

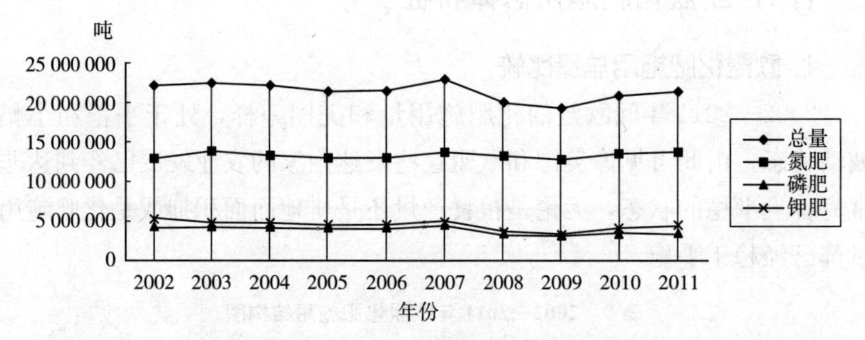

图10　2002—2011欧洲化肥施用结构图

2. 欧盟化肥单位面积施用比较

表10　2002—2011年欧洲化肥单位面积施用量

单位：千克/公顷

年份	总量	氮肥	磷肥	钾肥
2002	78.20	45.59	14.23	18.38
2003	80.21	48.33	14.98	16.90
2004	78.88	46.82	14.93	17.13
2005	76.22	45.70	14.70	15.83
2006	76.55	45.87	14.31	16.37
2007	82.52	49.26	15.66	17.60
2008	71.69	46.94	11.62	13.13
2009	69.15	45.60	11.26	12.29
2010	75.70	48.27	12.44	14.99
2011	76.73	49.17	12.58	14.98
均值	76.59	47.16	13.67	15.76

资料来源：FAO。

从表10可以看出，2002—2011欧洲化肥单位面积施用量中氮肥施用量最高，年均47.16千克/公顷；其次是钾肥，年均15.76千克/公顷；最后是磷肥，年均13.67千克/公顷。

从图11化肥单位面积施用量结构上看，欧洲氮肥的单位面积投入明显高于磷肥与钾肥，整体上，肥料的单位面积施用量很低，三种肥料

的单位面积施用量都非常平稳。

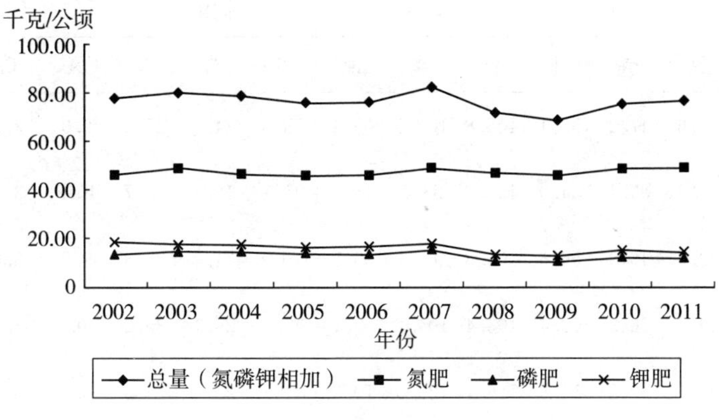

图 11　2002—2011 年欧洲单位面积施用量结构对比

(五) 其他选定国家单位面积施用量

从表 11 可以看出，2002—2011 巴西化肥单位面积施用量中钾肥施用量最高，年均 54.8 千克/公顷；其次是磷肥，年均 49.2 千克/公顷；最后是氮肥，年均 36.7 千克/公顷。日本化肥单位面积施用量中磷肥施用量最高，年均 123 千克/公顷；其次是氮肥，年均 116.1 千克/公顷；最后是钾肥，年均 70.2 千克/公顷。泰国化肥单位面积施用量中氮肥施用量最高，年均 81.3 千克/公顷；其次是磷肥，最后是钾肥 24.3 千克/公顷。俄罗斯化肥单位面积施用量普遍很低，都在 11 千克/公顷以下。

表 11　选定国家氮、磷、钾肥单位面积施用量

单位：千克/公顷

年份	巴西			日本			泰国			俄罗斯		
	氮	磷	钾	氮	磷	钾	氮	磷	钾	氮	磷	钾
2002	29.8	42.8	48.2	120.2	143.8	69.5	66.2	26.5	17.8	5.3	2.5	5.7
2003	37.2	55.4	59.7	123.7	137.7	73.8	82.5	37.0	29.7	6.9	2.5	1.6
2004	33.9	57.6	62.0	128.2	144.5	81.0	75.4	30.9	25.4	6.9	2.7	1.9
2005	30.5	42.2	49.4	127.0	140.2	80.8	68.6	21.2	22.9	7.1	2.8	1.9
2006	32.5	44.5	50.9	121.6	131.1	80.1	70.0	26.9	20.5	7.5	3.0	1.9
2007	43.5	59.7	63.4	118.9	137.1	94.5	78.2	22.9	23.9	8.6	3.4	2.3

（续）

年份	巴西			日本			泰国			俄罗斯		
	氮	磷	钾	氮	磷	钾	氮	磷	钾	氮	磷	钾
2008	35.6	47.2	59.1	108.8	104.1	65.4	78.3	24.3	27.9	9.9	3.5	2.4
2009	34.9	39.4	34.0	103.2	88.0	48.3	95.1	16.3	10.7	10.2	3.2	2.2
2010	39.3	46.9	56.3	106.6	99.1	55.8	101.8	31.0	29.3	9.9	3.6	2.2
2011	49.7	56.3	65.4	103.4	104.2	53.1	97.2	29.1	35.2	10.4	3.5	2.3
年均	36.7	49.2	54.8	116.1	123.0	70.2	81.3	26.6	24.3	8.3	3.1	2.4

资料来源：FAO。

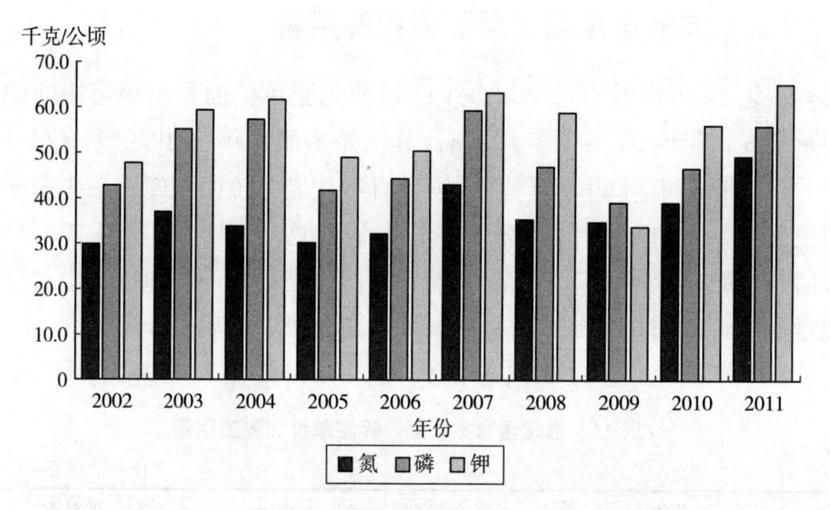

图 12　2002—2011 巴西化肥单位面积施用量对比图

从图 12 化肥单位面积施用量结构上看，巴西钾肥的单位面积投入明显高于氮肥，磷肥略低于钾肥。钾肥单位面积施用量在经过 2009 年的大幅下降之后有所回升。

从图 13 化肥单位面积施用量结构上看，日本氮肥位面积投入保持在 100～130 千克/公顷之间，磷肥的单位面积投入保持在 85～150 千克/公顷之间，整体上，肥料的单位面积施用量偏高。

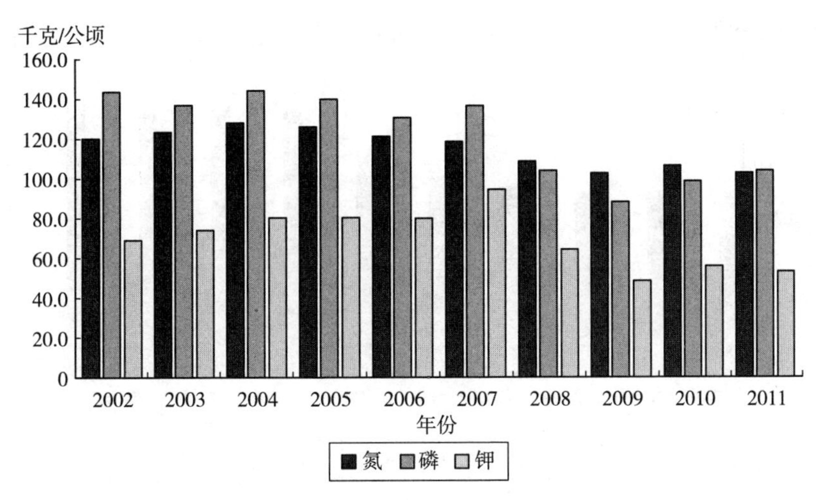

图 13　2002—2011 日本化肥单位面积施用量对比图

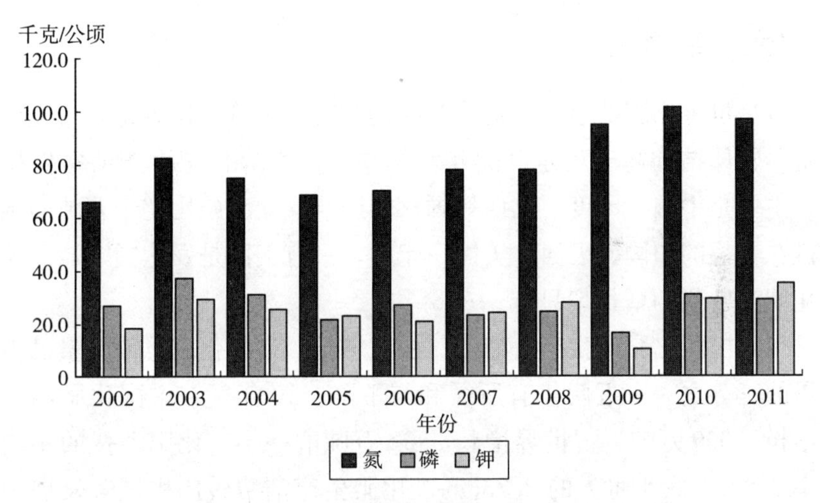

图 14　2002—2011 泰国化肥单位面积施用量对比图

从图 14 化肥单位面积施用量结构上看，泰国氮肥的单位面积投入明显高于磷肥与钾肥，保持在 60～105 千克/公顷之间，磷肥与钾肥保持在 50 千克/公顷以下。整体上，肥料的单位面积施用量不高。

从图 15 化肥单位面积施用量结构上看，俄罗斯氮肥的单位面积投入明显高于磷肥与钾肥，整体上，肥料的单位面积施用量很低，都在 12 千克/公顷以下。

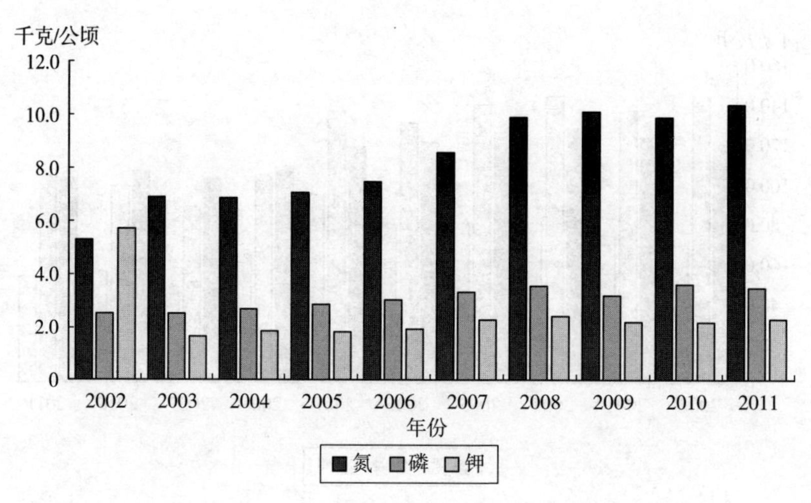

图 15　2002—2011 俄罗斯化肥单位面积施用量对比图

（六）结论

（1）世界化肥“生产—消费”结构改变。现阶段世界化肥“生产—消费”整体结构趋于稳定并逐年小幅增长。世界化肥生产消费保持增长，主要是中国、印度、巴西等国家的影响。化肥施用超千万吨的国家为排在首位的中国、巴西、美国、印度，只有美国是发达国家，而美国的化肥消费年均增长率只有 0.298%。

（2）中国化肥“生产—消费”快速增长。中国化肥总消费量已占据世界的三分之一，近两年有所缓和与下降。10 年间，中国化肥消费总量增长 2 000 万吨，占世界增长 3962 万吨的一半，化肥消费的年均增长率 2.832%大于世界的 2.733%。化肥生产消费转向中国等发展中人口和农业大国。

（3）中国化肥利用结构不平衡。中国氮肥利用比例过高，2012 年氮、磷、钾肥利用比率为 65.56%、24.18%、10.25%。氮肥比例比世界高 6.41%，比美国与欧盟的 58.95%与 64.08%也要高；磷肥比世界低 3.72%，比美国低 1.17%；钾肥比世界低 2.7%，比美国与欧盟低 7.41%、5.7%。

（4）中国化肥增长趋势与世界有所不同。世界化肥总量与三种肥料的年均涨幅保持 1～3 个百分点，中国的氮肥比率持续增长，氮肥与钾肥却在下降，钾肥年均下降比率高达为 24.3%，肥料利用结构比例差距加大。

(5) 中国化肥单位面积施用量高。中国单位面积施用量均值整体上比美国高近四倍，比欧盟高近六倍。中国氮肥单位面积施用比例高，占整体 66%。

三、中美化肥施用强度对比

本部分以四类重要种植作物（小麦、大豆、玉米、棉花）为分析对象，从不同的植物投入的不同种类的化肥总量及化肥施用结构，以化肥施用强度方面为主，比较分析中国与美国化肥施用总体差别。本章数据来源于：《中国农村年鉴》、《全国农产品成本收益汇编》、美国农业部网站 USDA。

(一) 中美小麦施肥强度对比

1. 中美小麦氮肥施肥强度对比

从单位面积施肥量看，数据显示中国 1998—2012 年间小麦单位面积氮肥施用量最高的是 2012 年，为 205.63 千克/公顷，最低的是 2008 年的 154.72 千克/公顷，年均单位面积施用量为 179 千克/公顷。整体水平保持在 180～200 千克/公顷之间。而美国的小麦单位面积氮肥施用量最高的是 2005 年的 148.5 千克/公顷，最低的是 2006 年至 2009 年的 72.8 千克/公顷，年均为 77.69 千克/公顷。中国小麦的单位面积氮肥施用强度明显大于美国，年均在美国的两倍左右（表 12）。

表 12　1998—2013 年中美小麦氮肥施用对比

年份	单位面积施用量（千克/公顷）		氮肥对小麦的施用总量（吨）		百分比（%）	
	中	美	中	美	中	美
1998	170.51	74.98	5 076 764.7	1 828 966.71	66.79	66.54
1999	171.19	77.27	4 939 687.5	1 729 810.27	67.65	67.57

（续）

年份	单位面积施用量（千克/公顷）		氮肥对小麦的施用总量（吨）		百分比（%）	
	中	美	中	美	中	美
2000	187.85	76.72	5 006 766.1	1 714 695.64	69.96	68.64
2001	165.10	76.16	4 072 026.4	1 599 678.15	67.53	67.81
2002	179.85	75.91	4 299 853.8	1 588 396.51	67.36	67.09
2003	166.85	75.54	3 670 199.5	1 636 402.86	67.41	67.09
2004	176.22	100.80	3 810 933.7	1 774 999.00	67.87	68.19
2005	168.65	148.50	3 844 039.5	1 473 875.00	66.14	67.60
2006	162.24	72.80	3 830 973.1	1 297 010.00	65.71	67.90
2007	161.89	72.80	3 840 192.7	1 531 923.00	68.27	68.27
2008	154.72	72.80	3 654 022.2	1 493 829.00	70.75	64.51
2009	184.79	72.80	4 488 733.9	1 264 186.21	61.63	70.85
2010	202.22	74.29	4 905 250.5	1 207 172.60	59.44	70.85
2011	205.62	75.78	4 990 397.4	1 534 644.00	58.31	70.62
2012	205.63	77.28	4 990 228.8	—	57.94	—
2013	205.06	—	4 824 845.9	—	58.32	—

资料来源：《中国农村年鉴》、历年《全国农产品成本收益汇编》。

从施肥结构上看，中国和美国的氮肥施用比例都非常高，中国年均所占百分比为87.64%，美国年均所占百分比为68.1%。中国在氮肥对小麦的施肥比重上明显高于美国。

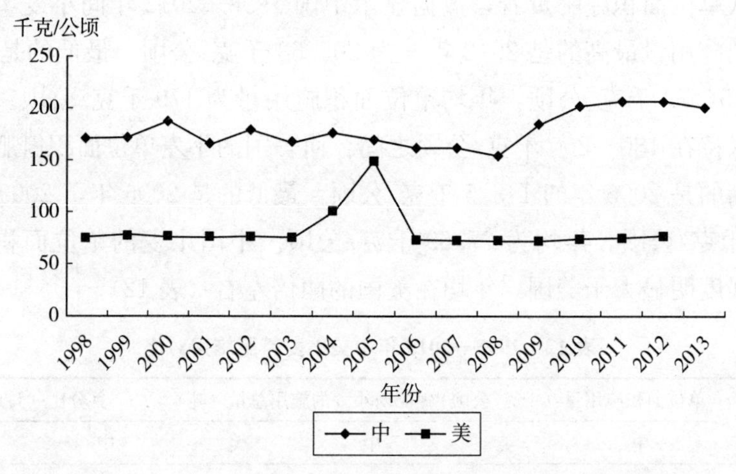

图16　1998—2013年中美小麦氮肥单位面积施用量对比

从时序波动看，如图16所示，美国小麦的单位面积氮肥施用量从

1998年以来呈现平稳状态，一直维持在70～80千克/公顷之间，上下浮动保持在10千克/公顷以内。中国小麦的单位面积氮肥施用量从1998—2006年一直维持在140千克/公顷以上，且波动较大，1998—2000年大幅上升超过160千克/公顷，到2001年又大幅下降约20千克/公顷。2001—2007年维持在170千克/公顷以内的波动。仅2008年在150千克/公顷左右。2008年以后稍微上升到200千克/公顷左右。对比发现，小麦的单位面积氮肥施用量中国明显高于美国，中国波动幅度较大且使用强度大，美国基本维持平衡且强度比中国小很多。

2. 中美小麦磷肥施肥强度对比

从单位面积施肥量看，中国1998—2012年间小麦的单位面积磷肥施用量最高的是2011年，为101.82千克/公顷，最低的是2008的60.07千克/公顷，年均单位面积施用量为81.8千克/公顷。整体水平保持在10～40千克/公顷之间。而美国的小麦单位面积磷肥施用量最高的是2004年的50.4千克/公顷，最低的是2009年的34.72千克/公顷，年均为38.38千克/公顷。因为中国小麦的单位面积磷肥施用施用强度高于美国，年均比美国多43千克/公顷。

表13　1998—2013年中美小麦磷肥施用对比

年份	单位面积施用量（千克/公顷）		磷肥对小麦的施用总量（吨）		百分比（%）	
	中	美	中	美	中	美
1998	78.98	37.32	2 351 550.5	667 085.59	30.94	24.27
1999	75.85	36.97	2 188 651.8	606 895.82	29.98	23.71
2000	71.15	36.68	1 896 361.0	576 776.39	26.50	23.09
2001	73.90	37.92	1 822 669.6	559 226.92	30.22	23.70
2002	81.15	39.08	1 940 134.2	573 313.64	30.39	24.21
2003	77.15	39.31	1 697 068.6	590 640.98	31.17	24.21
2004	79.08	50.40	1 710 184.1	632 179.00	30.46	24.29
2005	81.44	43.12	1 856 261.9	526 967.00	31.94	24.17
2006	79.71	35.84	1 882 192.2	487 966.00	32.28	25.55
2007	70.90	35.46	1 681 818.9	545 107.00	29.90	24.29
2008	60.07	35.09	1 418 673.2	663 017.00	27.47	28.63

（续）

年份	单位面积施用量（千克/公顷）		磷肥对小麦的施用总量（吨）		百分比（%）	
	中	美	中	美	中	美
2009	84.65	34.72	2 056 233.2	434 662.95	28.23	24.36
2010	97.88	35.84	2 374 275.2	415 060.06	28.77	24.36
2011	101.82	36.96	2 471 171.4	541 479.00	28.87	24.92
2012	101.56	38.08	2 464 658.1	—	28.62	—
2013	94.19	—	2 271 579.1	—	27.46	—

资料来源：《中国农村年鉴》、历年《全国农产品成本收益汇编》。

从施肥结构上看，美国的小麦施肥中，磷肥比例比中国高，中国年均所占百分比为11.32%，美国年均所占百分比为24.55%。

从时序波动看，如图17所示，美国小麦的单位面积磷肥施用量，从1998年至2003年呈现平稳状态，一直维持在接近40千克/公顷，上下浮动保持在10千克/公顷以内，2004年上升到50千克/公顷以上，但在2006年已经回降至40千克/公顷以下。中国小麦的单位面积磷肥施用量从1998—2007年一直维持在70千克/公顷以上，且波动较大，2008年下降了15千克/公顷左右，2008年之后基本维持在100千克/公顷左右。对比发现，中国小麦的单位面积磷肥施用量高于美国，中国波动幅度较大，美国基本维持平衡。

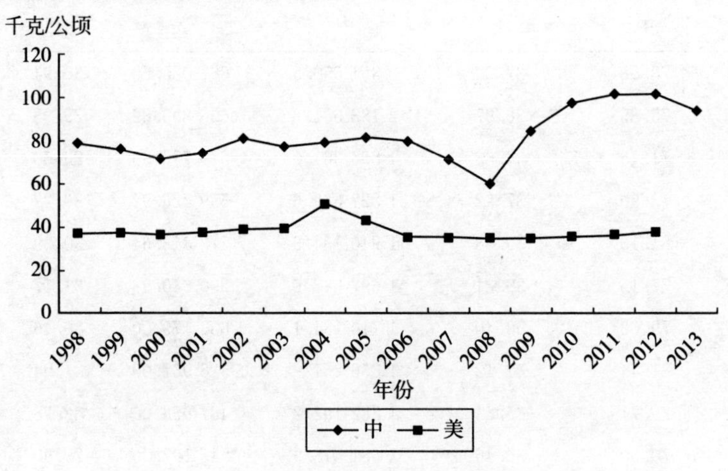

图17　1998—2013年中美小麦磷肥施用对比

3. 中美小麦钾肥施肥强度对比

由于我国从2009年开始才统计三元复合肥，对于钾肥影响较大，因此数据从2009年进行比较。从单位面积施肥量看，中国2009年至2013年，小麦的单位面积钾肥施用量为42.44千克/公顷。而同期美国的小麦单位面积钾肥施用量最高的是2002年的47.8千克/公顷，最低2009年的23.5千克/公顷，2009—2012年年均为25.2千克/公顷。中国小麦单位面积钾肥施用强度高于美国15.6千克/公顷。

表14　1998—2013年中美小麦钾肥施用对比

年份	单位面积施用量（千克/公顷）		钾肥对小麦的施用总量（吨）		百分比（%）	
	中	美	中	美	中	美
1998	5.80	43.64	172 689.2	252 682.56	2.27	9.19
1999	6.00	43.68	173 130.0	223 415.42	2.37	8.73
2000	9.50	43.67	253 203.5	206 731.58	3.54	8.28
2001	5.50	45.37	135 652.0	200 278.03	2.25	8.49
2002	6.00	47.83	143 448.0	205 916.53	2.25	8.70
2003	3.50	41.27	76 989.5	212 139.98	1.41	8.70
2004	4.35	34.72	94 073.1	195 912.00	1.68	7.53
2005	4.90	33.04	111 685.7	179 586.00	1.92	8.24
2006	4.95	31.36	116 884.4	125 166.00	2.00	6.55
2007	4.35	28.74	103 186.4	166 888.00	1.83	7.44
2008	3.90	26.13	92 106.3	158 725.00	1.78	6.85
2009	30.40	23.52	738 446.4	85 485.22	10.14	4.79
2010	40.10	24.64	972 705.7	81 629.92	11.79	4.79
2011	45.20	25.76	1 097 004.0	97 049.00	12.82	4.47
2012	47.70	26.88	1 157 583.6	—	13.44	—
2013	48.80	—	1 176 908.4	—	14.23	—

资料来源：《中国农村年鉴》、历年《全国农产品成本收益汇编》。

从小麦施肥结构看，中国和美国的钾肥施用比例都很低，中国年均所占百分比为1.46%，美国年均所占百分比为7.33%。中国在钾肥对小麦的施肥比重上明显低于美国。

从时序波动看，如图 18 所示，美国小麦的单位面积钾肥施用量，从 1998—2012 年持续减少，增长率为－2.63%，中国同期钾肥施用量迅速增长，2009—2012 年增长率达到 14%。

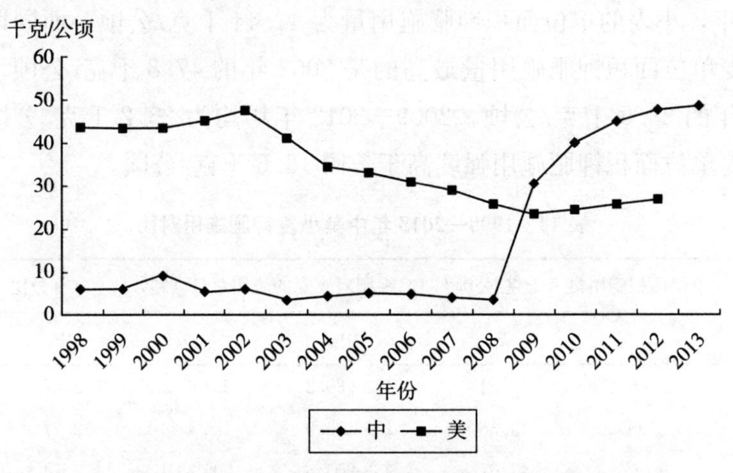

图 18　1998—2013 年中美小麦的钾肥施用对比

（二）中美大豆施肥强度对比

1. 中美大豆氮肥施用强度对比

从单位面积施肥量看，1998—2012 年间中国大豆单位面积氮肥施用量最高是 2012 年的 56.38 千克/公顷，最低的是 2005 年的 26.70 千克/公顷，年均单位面积施用量为 44.5 千克/公顷。整体水平保持在 50 千克/公顷左右。而美国大豆的单位面积氮肥施用量最高是 2004 年的 31.36 千克/公顷，最低的是 2006 年与 2009 年的 17.92 千克/公顷，年均为 21.52 千克/公顷。中国大豆单位面积氮肥施用强度稍大于美国，年均比美国的高 23 千克/公顷。

表 15　1998—2013 年中美大豆氮肥施用对比

年份	单位面积施用量（千克/公顷）		氮肥对大豆的施用总量（吨）		百分比（%）	
	中	美	中	美	中	美
1998	47.03	25.76	399 755.0	127 713.65	61.96	10.48
1999	44.79	23.52	356 618.0	126 390.18	59.97	10.06

（续）

年份	单位面积施用量（千克/公顷）		氮肥对大豆的施用总量（吨）		百分比（%）	
	中	美	中	美	中	美
2000	43.30	26.88	402 993.1	145 496.01	62.75	11.88
2001	40.85	26.88	387 339.7	134 236.00	59.20	10.66
2002	46.95	23.52	409 404.0	140 585.00	60.19	9.83
2003	55.85	27.44	520 131.1	139 678.00	63.11	10.78
2004	40.64	31.36	389 697.0	141 492.00	48.56	10.45
2005	26.70	24.64	256 079.7	136 957.00	70.08	10.35
2006	36.85	17.92	342 852.4	98 863.00	53.76	8.62
2007	39.30	19.04	344 032.2	109 747.00	55.16	10.16
2008	33.67	20.16	307 306.1	108 840.00	57.13	9.19
2009	51.80	20.28	476 042.0	92 053.05	46.67	11.03
2010	53.47	20.16	455 350.5	101 095.82	43.53	7.75
2011	49.63	19.04	391 531.1	151 469.00	42.37	8.31
2012	56.38	17.92	404 357.4	—	43.56	—
2013	48.19	—	327 258.2	—	41.56	—

资料来源：《中国农村年鉴》、历年《全国农产品成本收益汇编》。

从大豆施肥结构看，中国的氮肥施用比例非常高，中国年均所占百分比为77.44%，美国年均所占百分比为9.96%。中国大豆的氮肥施肥比重明显高于美国。

从时序波动看，如图19所示，美国大豆的单位面积氮肥施用量从1998—2002年以来，一直呈现平稳状态，维持在20～30千克/公顷，上下浮动保持在10千克/公顷以内。2004年上升到30千克/公顷，2006年又下降到20千克/公顷。中国大豆的单位面积氮肥施用量从1998—2001年呈平稳上升，从2001—2003年又陡升至55千克/公顷，2004年以后一直维持平稳下降的形式，2012年恢复到56千克/公顷。对比发现，中国大豆的单位面积氮肥施用量要高于美国，中国波动幅度较大且使用强度大，美国基本维持平衡且强度也比中国小。1998—2013年十六年间中国大豆的单位面积氮肥施用量基本没有增长。

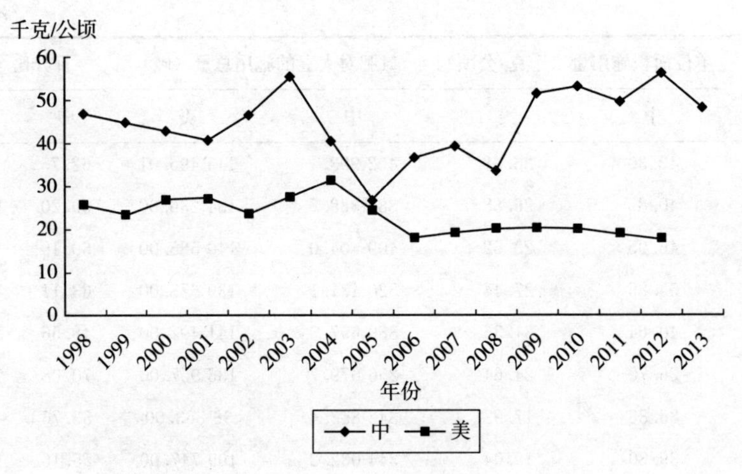

图 19　1998—2013 中美大豆氮肥单位面积施用量对比

2. 中美大豆磷肥施用强度对比

从单位面积施肥量看，数据显示，中国 1998—2012 年间大豆的磷肥单位面积施用量最高的是 2012 年，为 51.61 千克/公顷，最低的是 2005 的 8.55 千克/公顷，年均单位面积施用量为 32 千克/公顷。整体水平保持在 40～50 千克/公顷。而美国的大豆的磷肥单位面积施用量最高的是 2004 年的 77.28 千克/公顷，最低的是 1999 年和 2006 年的 51.52 千克/公顷，年均为 55.84 千克/公顷。中国大豆的磷肥单位面积施用强度明显小于美国，年均比美国少 24 千克/公顷。

表 16　1998—2013 年中美大豆磷肥施用对比

年份	单位面积施用量（千克/公顷）		磷肥对大豆的施用总量（吨）		百分比（%）	
	中	美	中	美	中	美
1998	27.62	53.76	234 770.0	376 281.65	36.39	30.88
1999	23.70	51.52	188 699.4	399 901.20	31.73	31.83
2000	24.70	53.76	229 882.9	387 989.35	35.80	31.68
2001	27.65	54.88	262 177.3	406 336.00	40.07	32.25
2002	28.05	54.88	244 596.0	426 290.00	35.96	29.80
2003	30.65	66.08	285 443.5	406 336.00	34.63	31.35
2004	38.45	77.28	368 697.1	420 848.00	45.94	31.08
2005	8.55	64.40	82 003.1	406 336.00	22.44	30.71

（续）

年份	单位面积施用量（千克/公顷）		磷肥对大豆的施用总量（吨）		百分比（%）	
	中	美	中	美	中	美
2006	28.45	51.52	264 698.8	362 800.00	41.50	31.65
2007	29.85	51.91	261 306.9	332 869.00	41.89	30.81
2008	23.17	52.3	211 472.6	395 452.00	39.31	33.38
2009	41.60	52.69	382 304.0	278 709.17	37.48	33.40
2010	47.17	53.08	401 699.7	500 564.70	38.40	38.40
2011	47.41	53.47	374 017.5	634 900.00	40.47	34.83
2012	51.61	54.88	370 146.9	—	39.87	—
2013	47.41	—	321 961.2	—	40.89	—

资料来源：《中国农村年鉴》、历年《全国农产品成本收益汇编》。

从大豆施肥结构看，中国的磷肥施用比例较低，美国的比例较高，中国年均所占百分比为12.42%，美国年均所占百分比为32.2%。中国在磷肥对大豆的施肥比重上明显低于美国。

从时序波动看，如图20所示美国大豆的磷肥单位面积施用量从1998—2004年一直呈现平稳状态，一直维持在50～60千克/公顷，上下浮动保持在10千克/公顷以内。2004年升高到80千克/公顷，2006年又回降至50千克/公顷。中国大豆的磷肥单位面积施用量从1998—

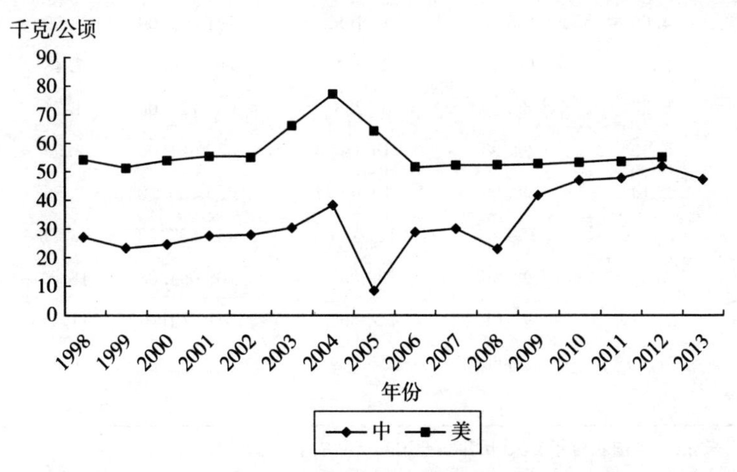

图20　1998—2013中美大豆磷肥单位面积施用量对比

2008 年基本保持平稳增长，2008—2013 年迅速增长。

对比发现，大豆的磷肥单位面积施用量中国明显低于美国，中国大豆的磷肥单位面积施用量波动幅度很小且使用强度小，美国基本维持平衡且强度比中国大很多。

3. 中美大豆钾肥施用强度对比

由于我国从 2009 年开始才统计三元复合肥，对于钾肥影响较大，因此数据从 2009 年进行比较。从单位面积施肥量看，中国 2009—2012 年，大豆的单位面积钾肥施用量平均为 20.34 千克/公顷。而同期美国 2009—2012 年大豆单位面积钾肥施用量平均为 96.32 千克/公顷。美国小麦单位面积钾肥施用强度高于中国 70 千克/公顷左右。

表 17　1998—2013 年中美大豆钾肥施用对比

年份	单位面积施用量（千克/公顷）		钾肥对大豆的施用总量（吨）		百分比（%）	
	中	美	中	美	中	美
1998	1.25	90.72	10 625.0	714 347.19	1.65	58.63
1999	6.20	87.36	49 364.4	730 254.36	8.30	58.12
2000	1.00	85.12	9 307.0	691 106.03	1.45	56.44
2001	0.50	94.08	4 741.0	719 251.00	0.72	57.09
2002	3.00	99.68	26 160.0	863 464.00	3.85	60.37
2003	2.00	117.60	18 626.0	750 089.00	2.26	57.87
2004	4.60	135.52	44 109.4	791 811.00	5.50	58.47
2005	2.85	112.56	27 334.4	780 020.00	7.48	58.94
2006	3.25	89.60	30 238.0	684 785.00	4.74	59.73
2007	2.10	94.08	18 383.4	637 621.00	2.95	59.03
2008	2.10	98.56	19 166.7	680 250.00	3.56	57.43
2009	17.60	103.04	161 744.0	463 637.18	15.86	55.57
2010	22.20	98.56	189 055.2	702 054.28	18.07	53.85
2011	20.10	94.08	158 568.9	1 036 701.00	17.16	56.87
2012	21.45	89.60	153 839.4	—	16.57	—
2013	20.35	—	138 196.7	—	17.55	—

资料来源：《中国农村年鉴》、历年《全国农产品成本收益汇编》。

从施肥结构看，在大豆总施肥量中，中国的钾肥施用比例非常低，中国年均所占百分比为 10.11%，美国年均所占百分比为 57.74%。中国在钾肥对大豆的施肥比重上明显低于美国。

从时序波动看，如图 21 所示，美国大豆的单位面积钾肥施用量从 1998 年至 2002 年一直呈现平稳状态，维持在 80～100 千克/公顷，上下浮动保持在 100 千克/公顷以内。2004 年增加到接近 140 千克/公顷，2006 年又下降到接近 80 千克/公顷。中国大豆的钾肥单位面积施用量非常小，从 1998—2013 年迅速增长。对比发现，中国大豆的单位面积钾肥施用量低于美国。

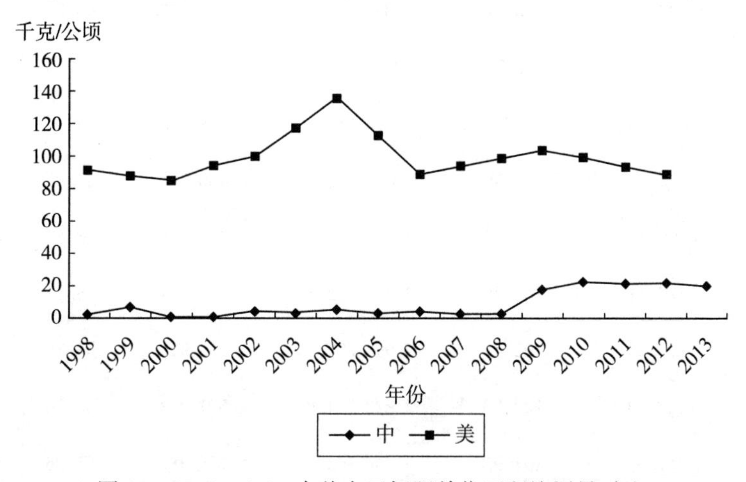

图 21　1998—2013 中美大豆钾肥单位面积施用量对比

（三）中美棉花施肥强度对比

1. 中美棉花氮肥施肥强度对比

从棉花单位面积氮肥施用量看，数据显示，中国 1998—2013 年间棉花单位面积氮肥施用量最高的是 2003 年，为 266.4 千克/公顷，最低的是 2008 的 183.86 千克/公顷，年均单位面积施用量为 225.7 千克/公顷。整体水平保持在 220～230 千克/公顷。而美国棉花单位面积氮肥施用量最高的是 2003 年的 103.04 千克/公顷，最低的是 2010—2012 年的 86.24 千克/公顷。中国棉花单位面积氮肥施用强度明显大于美国。1998—2013 年中国棉花单位面积氮肥平均施用量为 225.7 千克/公顷，总体上呈下降趋势，美国为96千克/公顷，总体上较为平稳下降。从横向来看，美国棉花每单位面积氮肥施用量平均低于中国140千克/公顷，2012年两国差距最为突出，中国投入强度达到美国三倍。

表18　1998—2013年中美棉花氮肥施用对比

年份	单位面积施用量（千克/公顷）		氮肥对棉花施用总量（吨）		百分比（%）	
	中	美	中	美	中	美
1998	218.16	94.08	972 775.4	428 546	66.60	50
1999	223.26	95.20	831 866.8	493 086	68.25	51
2000	228.35	98.56	922 762.4	513 980	65.90	52
2001	225.60	90.72	1 085 136.0	516 083	65.11	51
2002	252.75	96.88	1 057 506.0	460 756	67.40	51
2003	266.40	103.04	1 361 570.4	460 756	68.84	51
2004	216.41	102.76	1 232 022.1	455 314	65.22	51
2005	217.05	102.48	1 098 707.1	468 919	65.77	51
2006	210.30	102.20	1 223 104.8	507 013	63.50	51
2007	211.99	101.92	1 256 252.7	399 987	61.26	56
2008	183.86	96.70	1 057 930.4	381 847	66.22	54
2009	221.70	91.48	1 097 193.3	312 662	59.29	62
2010	236.38	86.24	1 146 206.6	344 886	57.90	54
2011	229.59	86.24	1 156 674.4	—	57.07	—
2012	231.82	86.24	1 086 772.2	—	57.78	—
2013	238.17	—	1 035 086.7	—	55.21	—

资料来源：《中国农村年鉴》、历年《全国农产品成本收益汇编》。

从施肥结构看，中国棉花氮肥的投入比例（占化肥总投入量的多少）有所增加，而美国在53%上下波动，没有较为明显的出入。

从时序波动看，如图22所示，1998年至2012年，中国棉花单位面积氮肥施用量逐渐增长，其中2003年至2008年则有小幅下降，2008年后又迅速增加。中国棉花氮肥年增长率为0.039%，美国同期为-0.056%。

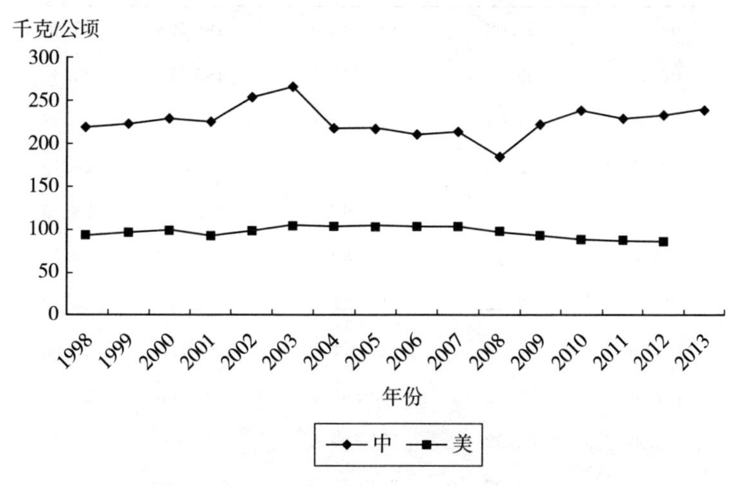

图22　1998—2013年中美棉花氮肥单位面积施用量对比

2. 中美棉花磷肥施肥强度对比

从棉花单位面积磷肥施用量看，数据显示，中国1998—2013年间棉花单位面积磷肥施用量最高的是2013年，为130千克/公顷，最低的是2008年的72千克/公顷。而美国棉花单位面积磷肥施用量最高的是2003年的56千克/公顷，最低的是2010—2012年的45.92千克/公顷。宏观来看，中国棉花的单位面积磷肥使用量98.6千克/公顷，美国为50.17千克/公顷，中国年均高于美国48千克/公顷。

表19　1998—2013年中美棉花磷肥施用对比

年份	单位面积施用量（千克/公顷）		磷肥对棉花的施用总量（吨）		百分比（%）	
	中	美	中	美	中	美
1998	87.93	53.76	392 079.9	192 408	26.84	22
1999	78.48	54.88	292 416.5	195 008	23.99	20
2000	90.65	51.52	366 316.7	203 931	26.16	21
2001	92.40	48.16	444 444.0	214 052	26.67	21

（续）

年份	单位面积施用量（千克/公顷）		磷肥对棉花的施用总量（吨）		百分比（%）	
	中	美	中	美	中	美
2002	96.75	52.08	404 802.0	185 028	25.80	21
2003	92.10	56.00	470 723.1	190 470	23.80	21
2004	93.83	54.04	534 174.2	186 842	28.28	21
2005	93.00	52.08	470 766.0	191 377	28.18	21
2006	93.15	50.12	541 760.4	206 796	28.13	21
2007	100.15	48.16	593 488.9	141 492	28.94	20
2008	72.53	47.42	417 337.6	142 399	26.12	20
2009	111.54	46.68	552 011.5	89 651	29.83	18
2010	117.46	45.92	569 563.5	126 508	28.77	20
2011	113.40	45.92	571 309.2	—	28.19	—
2012	113.92	45.92	534 057.0	—	28.39	—
2013	130.53	—	567 283.2	—	30.26	—

资料来源：《中国农村年鉴》、历年《全国农产品成本收益汇编》。

从磷肥占棉花化肥投入总量的百分比看，中国从1998年到2011年由14%降至5%，美国有略微下降趋势，2000年到2006年均是21%。

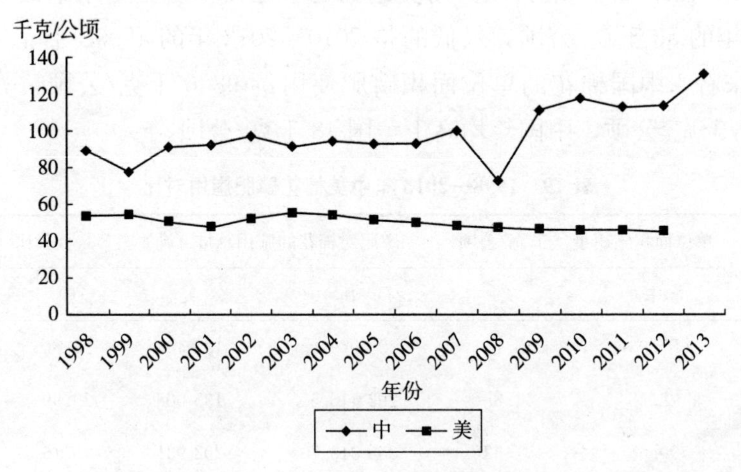

图23　1998—2013中美棉花磷肥的单位面积施用量对比

从时序波动看，如图 23 所示，对于磷肥来说，中国 1998 年至 2012 年间，磷肥的投入强度增幅年均达到 3.08%，美国同期为－1%。

3. 中美棉花钾肥施肥强度对比

由于我国从 2009 年开始才统计三元复合肥，对于钾肥影响较大，因此数据从 2009 年进行比较。从单位面积施肥量看，中国 2009 年至 2013 年，棉花的单位面积钾肥施用量为 54.53 千克/公顷。而同期美国的棉花单位面积钾肥施用量最高的是年均为 74.62 千克/公顷。美国棉花单位面积钾肥施用强度高于中国 20 千克/公顷。

表 20　1998—2013 年中美棉花钾肥的施用对比

年份	单位面积施用量（千克/公顷）		钾肥对棉花的施用总量（吨）		百分比（%）	
	中	美	中	美	中	美
1998	21.50	81.76	95 868.5	234 984	6.56	27
1999	25.40	89.60	94 640.4	280 607	7.76	29
2000	27.50	82.88	111 127.5	275 990	7.94	28
2001	28.50	85.12	137 085.0	284 798	8.23	28
2002	25.50	87.36	106 692.0	254 867	6.80	28
2003	28.50	89.6	145 663.5	253 960	7.36	28
2004	21.55	86.8	122 684.2	251 239	6.50	28
2005	19.95	84.00	100 986.9	258 495	6.05	28
2006	27.75	81.2	161 394.0	275 728	8.38	28
2007	33.90	78.4	200 891.4	174 144	9.80	24
2008	21.25	76.91	122 272.5	183 214	7.65	26
2009	40.70	75.42	201 424.3	99 677	10.88	20
2010	54.45	73.92	264 028.1	170 801	13.34	27
2011	59.30	73.92	298 753.4	—	14.74	—
2012	55.50	73.92	260 184.0	—	13.83	—
2013	62.70	—	272 494.0	—	14.53	—

资料来源：《中国农村年鉴》、历年《全国农产品成本收益汇编》。

从钾肥占施肥总量比例看，中国棉花钾肥的投入比例（占化肥总投入量的多少）无明显变化，而美国在 26%上下波动，也没有较为明显的出入，2000 年至 2006 持续在 28%不变，但总体来看，其所占的百分比一直明显高于中国。

从时序波动看，如图 24 所示，2009 年至 2012 年，中国棉花的钾肥投入量迅速增长，而美国已经维持在 73.92 千克/公顷。

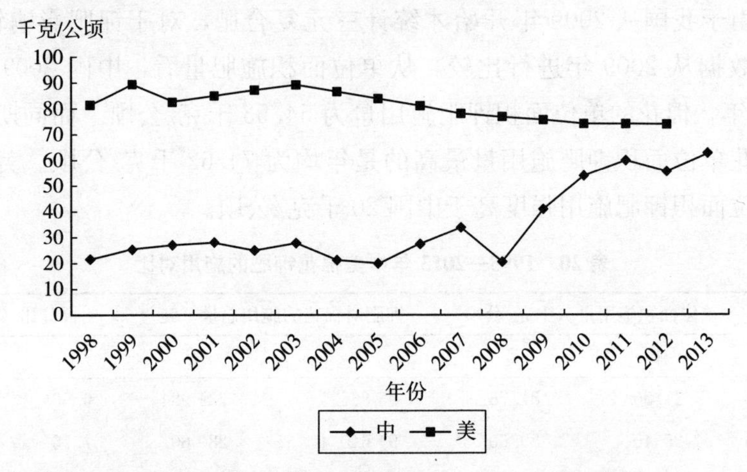

图 24　1998—2013 年中美棉花钾肥单位面积施用量对比

（四）中美玉米施肥强度对比

1. 中美玉米氮肥施肥强度对比

从氮肥施肥强度看，数据显示，中国 1998—2012 年间玉米单位面积氮肥施用量最高的是 2000 的 215.6 千克/公顷，最低的是 2008 年为 166.47 千克/公顷，年均单位面积施用量为 194.8 千克/公顷。而美国的玉米单位面积氮肥施用量最高的是 2010—2012 年的 156.80 千克/公顷，最低的是 1998 与 1999 年的 148.96 千克/公顷，年均为 151.20 千克/公顷，中国年均比美国高 44 千克/公顷。从已有数据来看，中国玉米的单位面积氮肥施用强度在 2005 年之前明显大于美国，2005 年以后与美国基本持平。

表 21　1998—2013 年中美玉米氮肥施用对比

年份	单位面积施用量（千克/公顷）		氮肥对玉米的施用总量（吨）		百分比（%）	
	中	美	中	美	中	美
1998	213.80	148.96	5 396 098.2	3 988 100.27	79.32	56.85

（续）

年份	单位面积施用量（千克/公顷）		氮肥对玉米的施用总量（吨）		百分比（%）	
	中	美	中	美	中	美
1999	215.16	148.96	5 573 504.6	3 827 025.04	81.41	56.94
2000	215.60	152.32	4 970 873.6	4 039 938.07	78.12	57.13
2001	207.35	142.24	5 034 872.7	3 497 383.89	78.54	55.26
2002	213.25	153.44	5 253 200.5	3 884 566.37	77.26	55.56
2003	214.30	152.32	5 157 772.4	3 876 682.48	79.37	56.38
2004	190.19	153.42	4 839 574.7	3 944 093.98	78.95	55.74
2005	167.83	154.56	4 423 663.1	4 134 175.14	78.63	58.06
2006	174.97	155.00	4 980 171.1	3 860 099.82	77.72	56.59
2007	169.99	155.46	5 010 965.2	4 702 902.00	77.10	56.80
2008	166.47	155.9	4 971 460.1	4 299 607.99	79.45	59.37
2009	191.81	156.35	5 981 211.2	4 012 475.95	69.80	62.85
2010	199.92	156.80	6 497 400.0	4 617 500.37	66.28	58.84
2011	187.96	156.80	6 304 554.3	—	63.35	—
2012	185.34	156.80	6 492 460.2	—	61.17	—
2013	186.95	—	6 789 830.3	—	60.86	—

资料来源：《中国农村年鉴》、历年《全国农产品成本收益汇编》。

从氮肥占施肥总量比例看，美国玉米的氮肥施用占施肥总量的比例保持在56.40%左右，趋于平缓，波动幅度最大为6.44%。中国玉米的氮肥施用占施肥总量的比例在2005年以前保持在81.31%左右，2005年之后出现明显的增高，达到91.18%左右。不难看出，1998年到2005年中国氮肥对玉米的施用百分比高于美国的施用百分比，差距在24.90%左右，2005年之后此差距进一步扩大为34.77%。

从时序波动看，如图25所示，美国玉米的单位面积氮肥施用量从1998年以来呈现平稳状态，一直维持在151千克/公顷左右，上下浮动保持在9千克/公顷以内。中国玉米的单位面积氮肥施用量从1998年到2003年保持在196.33千克/公顷左右，单位面积的施用量在2003年到2005年之间出现明显地减少，2004年减幅达到12.39%，2005年减幅达到11.41%，而后又保持相对平稳的状态，维持在155.12千克/公顷

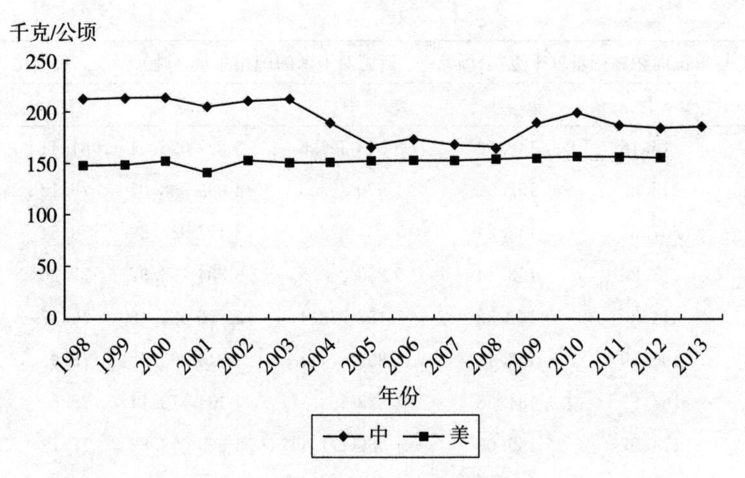

图 25　1998—2013 年中美玉米氮肥单位面积施用量对比

左右，波动幅度不超过 10 千克/公顷。对比发现，玉米的单位面积氮肥施用量，中国在 2004 年以前明显大于美国，每公顷高出 45 千克左右。2005 开始，中国缩小了与美国的差距，但总体的仍比美国高出约 20 千克/公顷。

2. 中美玉米磷肥施肥强度对比

从施肥强度看，数据显示，中国 1998—2012 年间玉米单位面积磷肥施用量最高的是 2012 年，为 77.91 千克/公顷，最低的是 2008 年为 37 千克/公顷，年均单位面积施用量为 54.99 千克/公顷。整体水平保持在 50～70 千克/公顷。而美国玉米单位面积磷肥施用量最高的是 2002 年和 2010—2012 年的 67.20 千克/公顷，最低的是 1998 与 1999 年的 60.48 千克/公顷，年均为 64.26 千克/公顷。中国玉米磷肥单位面积施肥量低于美国 14 千克/公顷，但 2010 年后基本维持平衡。

表 22　1998—2013 年中美玉米磷肥施用对比

年份	单位面积施用量（千克/公顷）		磷肥对玉米的施用总量（吨）		百分比（%）	
	中	美	中	美	中	美
1998	49.55	60.48	1 250 592.5	1 371 387.56	18.38	20
1999	45.48	60.48	1 178 113.9	1 300 143.23	17.21	19
2000	53.90	63.84	1 242 718.4	1 451 322.29	19.53	21

（续）

年份	单位面积施用量（千克/公顷）		磷肥对玉米的施用总量（吨）		百分比（%）	
	中	美	中	美	中	美
2001	51.65	63.84	1 254 165.3	1 277 591.13	19.56	20
2002	54.25	67.20	1 336 394.5	1 400 003.39	19.66	20
2003	50.20	66.08	1 208 213.6	1 383 978.02	18.59	20
2004	45.35	65.52	1 153 976.1	1 422 944.33	18.83	20
2005	41.26	64.96	1 087 531.1	1 465 850.27	19.33	21
2006	43.57	65.41	1 240 132.9	1 395 891.11	19.35	20
2007	45.25	65.86	1 333 879.5	1 700 419.24	20.52	21
2008	37.92	66.30	1 132 442.9	1 553 916.52	18.10	21
2009	59.54	66.75	1 856 635.8	1 172 721.82	21.67	18
2010	69.93	67.20	2 272 725.0	1 591 303.52	23.18	20
2011	74.38	67.20	2 494 854.0	—	25.07	—
2012	77.91	67.20	2 729 187.3	—	25.71	—
2013	79.79	—	2 897 993.4	—	25.97	—

资料来源：《中国农村年鉴》、历年《全国农产品成本收益汇编》。

从磷肥占施肥总量比例看，美国的施用比例较中国高，中国年均所占百分比为6.85%，美国年均所占百分比为20.12%，美国的年均施用百分比是中国的两倍以上。

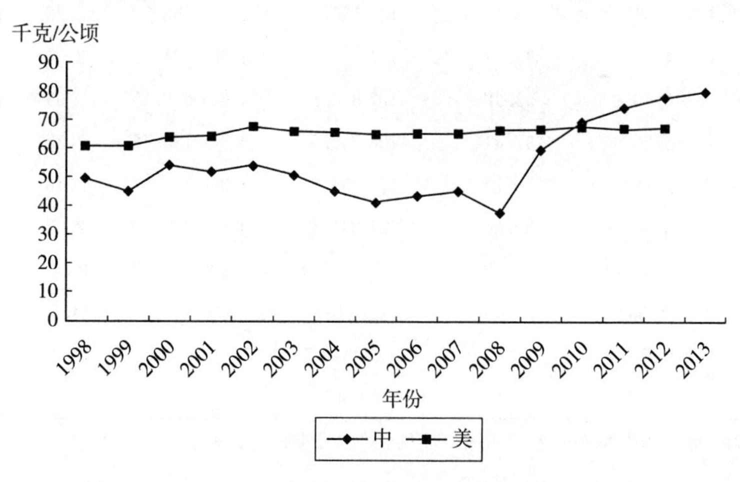

图 26　1998—2013 中美玉米磷肥的单位面积施用量对比

从时序波动看，如图 26 所示，美国玉米的单位面积磷肥施用量从 1998 年以来呈现平稳状态，一直维持在 60～70 千克/公顷，上下浮动保持在 10 千克/公顷以内。中国玉米的单位面积磷肥施用量从 1998 年至 2012 年呈现增加趋势，年均增长率达到 3.8%。

3. 中美玉米钾肥施肥强度对比

由于我国从 2009 年开始才统计三元复合肥，对于钾肥影响较大，因此数据从 2009 年进行比较。从单位面积施肥量看，中国 2009 年至 2012 年，玉米的单位面积钾肥施用量为 33.96 千克/公顷。而同期美国的玉米单位面积钾肥施用量年均为 89 千克/公顷。美国小麦单位面积钾肥施用强度高于中国 57 千克/公顷。

表 23　1998—2013 年中美玉米钾肥施用对比

年份	单位面积施用量（千克/公顷）		钾肥对玉米的施用总量（吨）		百分比（%）	
	中	美	中	美	中	美
1998	6.20	91.84	156 481.8	1 655 945.88	2.30	23.60
1999	3.65	90.72	94 549.6	1 593 468.23	1.38	23.71
2000	6.50	88.48	149 864.0	1 580 449.96	2.36	22.35
2001	5.00	92.96	121 410.0	1 554 183.56	1.89	24.56
2002	8.50	95.20	209 389.0	1 707 177.13	3.08	24.42
2003	5.50	95.20	132 374.0	1 615 284.37	2.04	23.49
2004	5.35	95.14	136 136.1	1 708 853.20	2.22	24.15
2005	4.35	94.08	114 657.3	1 520 171.51	2.04	21.35
2006	6.60	92.96	187 855.8	1 564 616.15	2.93	22.94
2007	5.25	91.84	154 759.5	1 875 728.68	2.38	22.66
2008	5.15	90.72	153 799.6	1 388 483.67	2.46	19.17
2009	23.45	89.60	731 241.4	1 199 381.40	8.53	18.79
2010	31.80	88.48	1 033 500.0	1 638 566.59	10.54	20.88
2011	34.35	88.48	1 152 167.7	—	11.58	—
2012	39.75	88.48	1 392 442.5	—	13.12	—
2013	40.45	—	1 469 061.7	—	13.17	—

资料来源：《中国农村年鉴》、历年《全国农产品成本收益汇编》。

从钾肥占施肥总量比例看，中国的平均施用百分比为 1.9%，最高只有2006年的2.3%。美国钾肥对玉米的施用较中国要高很多，美国平均施用百分比为22.47%，最低的2009年也达到了18.79%远高于中国的最高值。

从时序波动看，如图27所示，中美玉米的单位面积钾肥施用量从1998年以来都呈现平稳状态，美国一直维持在88千克/公顷左右，上下浮动保持在5千克/公顷以内，平均浮动比例为2.79%。2009—2012年中国玉米的单位面积钾肥施用量迅速增长，但与美国相比差距仍然较大。

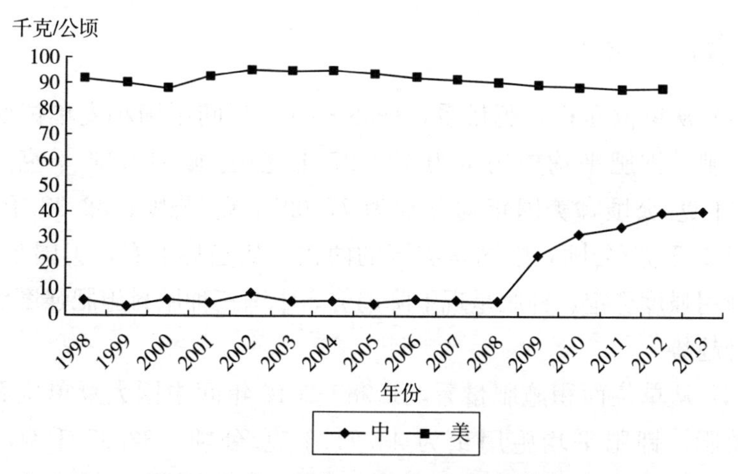

图27　1998—2013年中美玉米钾肥的单位面积施用量对比

（五）中美蔬菜施肥强度对比

从园艺类作物看，中国果蔬氮、磷、钾肥施肥强度普遍高于美国，普遍达到三倍，甚至四倍以上。

表24　2012年中美果蔬单位面积化肥施用量

单位：千克/公顷

中国	氮肥	磷肥	钾肥	美国	氮肥	磷肥	钾肥
蔬菜平均	319.20	170.34	77.60	苹果	40.32	17.92	20.16
西红柿	345.03	215.67	101.40	橘子	224.00	40.32	239.68
黄瓜	360.22	198.67	93.30	梨	110.88	38.08	33.60

（续）

中国	氮肥	磷肥	钾肥	美国	氮肥	磷肥	钾肥
苹果	420.21	248.64	166.65	桃子	88.48	36.96	73.92
甘蔗	407.20	137.20	145.75	柚子	159.04	41.44	168.00
花生	95.52	75.63	49.65	葡萄	50.40	34.72	64.96
茄子	370.44	218.91	106.05	柠檬	75.04	43.68	66.08
菜椒	322.68	174.51	74.00	猕猴桃	82.88	67.20	68.32

资料来源：USDA、《全国农产品成本收益汇编》。

（六）结论

（1）从单位面积施肥量看，1998—2012 年间中国小麦单位面积氮肥、磷肥、钾肥平均施用量为 179.27 千克/公顷、81.84 千克/公顷、42.44 千克/公顷，美国年均分别为 77.69 千克/公顷、38.38 千克/公顷、25.2 千克/公顷，中国是美国的两倍。从趋势上看，美国小麦氮、磷肥施用强度稳定，钾肥呈现下降趋势，中国三种肥料施肥强度仍然处于上升趋势。

（2）从单位面积施肥量看，1998—2012 年间中国大豆单位面积氮肥、磷肥、钾肥平均施用量为 44.71 千克/公顷、32.87 千克/公顷、20.34 千克/公顷，美国年均分别为 21.52 千克/公顷、55 千克/公顷、96 千克/公顷，中国氮肥施用量是美国的两倍，磷肥约为美国一半，钾肥约为三分之一。从趋势上看，美国大豆钾、磷肥施用强度稳定，氮肥呈现下降趋势，中国三种肥料施肥强度仍然处于上升趋势。

（3）从单位面积施肥量看，1998—2012 年间中国棉花单位面积氮肥、磷肥、钾肥平均施用量为 225.73 千克/公顷、98.61 千克/公顷、54.53 千克/公顷，美国年均分别为 96 千克/公顷、50.17 千克/公顷、74.62 千克/公顷，中国棉花氮肥强度是美国的三倍，磷肥强度是美国两倍，钾肥强度只有美国一半。从趋势上看，美国棉花氮肥、磷肥施用强度稳定，钾肥呈现下降趋势，中国三种肥料施肥强度仍然处于微小上升趋势。

（4）从单位面积施肥量看，1998—2012 年间中国玉米单位面积氮肥、磷肥、钾肥平均施用量为193.8千克/公顷、54.99千克/公顷、33.96千克/公顷，美国年均分别为151.2千克/公顷、64.26千克/公顷、89千克/公顷，中国玉米氮肥和磷肥强度与美国相当，当时钾肥强度只有美国三分之一。从趋势上看，美国棉花氮肥、磷肥施用强度稳定，钾肥呈现下降趋势，中国三种肥料施肥强度初氮肥下降，其他仍然处于微小上升趋势。

（5）从园艺类作物看，中国果蔬氮、磷、钾肥施肥强度普遍高于美国，普遍达到三倍，甚至四倍以上。

（6）中国化肥利用结构单一。2013年中国氮肥对小麦、大豆、棉花、玉米、蔬菜的施用比率分别为59%、42%、55%、61%、56%，氮肥的施用量、施用强度与利用比率都远高于磷肥与钾肥，利用结构非常单一且不稳定。

四、化肥利用效率分析

本部分以几类重要种植作物为分析对象，从肥料的效率角度分析中国和其他国家的异同。当前衡量肥料效率的指标主要包括三个，化肥偏生产力、化肥农学效率和化肥利用率。

以氮肥为例：

氮肥偏生产力（$PFPN$）$=Y/FN$，单位为千克/千克；Y为某一种特定的氮肥施用下作物的产量，单位为千克/公顷；FN代表氮肥的投入量，单位为千克/公顷。

氮肥农学效率（AEN）$=(Y-Y_0)/FN$，单位为千克/千克；Y为某一种特定的氮肥施用下作物的产量，单位为千克/公顷；Y_0为对照不施氮肥条件下作物的产量，单位为千克/公顷；FN代表氮肥的投入量，单位为千克/公顷。

氮肥利用率（RE）$=(UN-U_0)/FN\times100\%$，UN为某一种特定的氮肥施用下作物的经济产量养分吸收量单位为千克/公顷；U_0为对照不施氮肥条件下作物的经济产量养分吸收量单位为千克/公顷；FN代表氮肥的投入量，单位为千克/公顷。

（一）化肥利用效率的国际比较：实验数据

1. 肥料偏生产力的国际比较

比较我国2008年进行的肥料效率的研究，我国水稻、小麦和玉米的氮肥的偏生产力分别为54.2、43.0和51.6，磷肥、钾肥偏生产力分别为98.9、63.7和72.4，98.5、72.2和64.7。

表25 我国三种作物肥料利用率

单位：千克/千克

作物	肥料	偏生产力	农学效率	肥料利用率	生理利用率
水稻	N	54.2	10.4	28.3	36.7
	P_2O_5	98.9	9.0	13.1	68.8
	K_2O	98.5	6.3	32.4	19.4
小麦	N	43.0	8.0	28.2	28.3
	P_2O_5	63.7	7.3	10.7	67.8
	K_2O	72.2	5.3	30.3	17.4
玉米	N	51.6	9.8	26.1	37.5
	P_2O_5	72.4	7.5	11.0	68.4
	K_2O	64.7	5.7	31.9	18.0

资料来源：根据文献资料整理。

2. 肥料农学效率的国际比较

从三次较为全面的土壤肥料调查研究数据看，我国氮肥在水稻和小麦上增加0.7～3千克/千克，在玉米上下降2.2千克/千克；磷肥在水稻上增加了4.7千克/千克，而在小麦和玉米上略有下降；钾肥在三大作物上的农学效率增加的最多，在水稻、小麦和玉米上分别增加了2.3千克/千克、1.2千克/千克 和7.6千克/千克。

表26 我国三种作物化肥偏生产力

单位：千克/千克

作物	时间	对氮肥反应		对磷肥反应		对钾肥反应	
		农学效率	增产率	农学效率	增产率	农学效率	增产率
水稻	80年代	9.1	—	4.7	—	4.9	—
	2002—2005	9.8	27.1	9.4	9.5	7.2	10.5
	2008	10.4	—	9.0	—	6.3	—

（续）

作物	时间	对氮肥反应		对磷肥反应		对钾肥反应	
		农学效率	增产率	农学效率	增产率	农学效率	增产率
小麦	80年代	10	—	8.1	—	2.1	—
	2002—2005	13	30.4	7.5	14.4	6.0	7.1
	2008	8.0	—	7.3	—	5.3	—
玉米	80年代	13.4	—	9.7	—	1.6	—
	2002—2005	11.2	30	9.5	13.9	9.2	11.3
	2008	9.8	—	7.5	—	5.7	—

资料来源：根据文献资料整理。

我国与世界不同国家（地区）氮肥肥效比较结果表明（表27），我国水稻、小麦和玉米的氮肥肥效总体低于世界平均水平。水稻上，世界平均达22千克/千克，我国仅10.4千克/千克，不足世界水平的一半，也低于南亚及东南亚6国的平均值（12千克/千克）和西非数国的平均值（17千克/千克）；小麦上，我国10省区的平均值为8千克/千克，低于世界平均水平（18千克/千克），但高于印度；玉米的氮肥肥效也低于世界24千克/千克 的平均值。可见，我国氮、磷、钾肥的肥效与世界相比较低，反映了我国氮、磷、钾肥生产效率较低的现状。

表27 我国与不同国家（地区）氮肥肥效比较

来源	作物	研究范围	试验数	肥效（千克/千克）
Ladha et al.（2005）	水稻	世界	307	22
A. Dobermann（2002）	水稻	南亚及东南亚	179	12
Haefele SM. et al.（2001）	水稻	西非	151	17
Ladha et al.（2005）	小麦	世界	507	18
Dobermann A（2005）	小麦	印度	46	11
Ladha et al.（2005）	玉米	世界	76	24
Dobermann A（2005）	玉米	印度尼西亚	20	17

资料来源：根据文献资料整理。

总之，我国氮肥当季回收率与世界平均水平相比仍然较低，氮肥利用率不高导致氮肥的当季损失比较严重，不仅降低经济效益，更重要的是化肥氮离开了植物—土壤体系，造成生态环境的污染，危及到人体健康。因此，提高我国氮肥利用率的潜力还很大，氮肥利用率需要全面提高。

3. 肥料利用率的国际比较

将我国氮肥利用率的研究结果与世界不同国家或地区的结果进行比较（表 28），结果表明，我国谷物氮肥利用率不高（水稻、小麦和玉米平均 34.5%），低于世界谷物氮肥利用率（54%）。具体来看，水稻上，我国 16 个省区 64 个试验研究结果表明，氮肥当季回收率的平均值为 27.2%，低于世界和亚洲平均值约 5～15 个百分点；小麦上，10 个省区 45 个田间试验结果（43.8%）低于世界平均值（57%）。玉米上，从 17 个省区 76 个试验结果平均值可以看出，我国氮肥当季回收率与世界和美国相比还比较低。

表 28　我国与不同国家（地区）氮肥当季回收率比较

来源	作物	研究范围	试验数	氮肥利用率
Ladha et al.（2005）	谷物	世界	850	54
Ladha et al.（2005）	水稻	世界	307	46
Dobermann A et al.（2002）	水稻	南亚及东南亚	179	31
Haefele et al.（2001）	水稻	西非	151	36
Ladha et al.（2005）	小麦	世界	507	57
Terry L Roberts（2008）	小麦	印度	18	23
Ladha et al.（2005）	玉米	世界	36	65
Cassman et al.（2002）	玉米	美国	55	37
Terry L Roberts（2008）	玉米	美国北部	56	37

资料来源：根据文献资料整理。

（二）选定国家化肥偏生产力分析：统计数据

表 29 可以看出，巴西大豆、小麦的化肥偏生产力保持在 40～76，

稍微偏低，小麦的化肥偏生产力比大豆略低。

表 29 巴西主要植物分类化肥偏生产力

单位：千克/千克

			2009	2010	2011
巴西	大豆	氮肥	75.5	75.0	62.8
		磷肥	66.9	62.8	55.4
		钾肥	77.5	52.4	47.7
	小麦	氮肥	59.6	72.0	53.5
		磷肥	52.8	60.3	47.3

资料来源：FAO。

从表 30 可以看出，日本大豆氮肥的偏生产力较低，低于 16 千克/千克，大豆钾肥的偏生产力比磷肥与氮肥高。小麦整体化肥偏生产力比大豆略高。

表 30 日本主要植物分类化肥偏生产力

单位：千克/千克

			2009	2010	2011
日本	大豆	氮肥	15.3	15.2	15.5
		磷肥	18.0	16.3	15.4
		钾肥	32.7	29.0	30.1
	小麦	氮肥	31.4	25.9	34.1
		磷肥	36.8	27.9	33.9
		钾肥	67.0	49.5	66.5

资料来源：FAO。

从表 31 可以看出，俄罗斯大豆偏生产力较高，大豆钾肥的偏生产力最高达到 643 千克/千克，小麦钾肥的偏生产力 2009 年高达 1 053.7 千克/千克。

表 31　俄罗斯主要植物分类化肥偏生产力

单位：千克/千克

			2009	2010	2011
俄罗斯	大豆	氮肥	116.5	119.2	142.2
		磷肥	371.3	327.7	422.5
		钾肥	540.1	536.2	643.0
	小麦	氮肥	227.3	193.7	217.7
		磷肥	724.4	532.8	647.0
		钾肥	1 053.7	871.9	984.6

资料来源：FAO。

从表 32 可以看出，泰国大豆钾肥的偏生产力比磷肥略高，而大豆氮肥的偏生产力较低。小麦钾肥的偏生产力比磷肥与氮肥高。

表 32　泰国主要植物分类化肥偏生产力

单位：千克/千克

			2009	2010	2011
俄罗斯	大豆	氮肥	17.4	19.4	20.2
		磷肥	101.2	63.6	67.5
		钾肥	154.2	67.3	55.8
	小麦	氮肥	10.8	10.2	10.8
		磷肥	62.7	33.5	36.2
		钾肥	95.6	35.4	29.9

资料来源：FAO。

（三）中美化肥偏生产力对比：统计数据

1. 中美总化肥偏生产力对比

（1）小麦。从表 33 可以看出，中国小麦化肥偏生产力整体比美国略低，一般保持在 20 千克/千克以下，只有 2008 年为 21.7 千克/千克，美国最高为 2010 年的 23 千克/千克，从 2008 年以后一直保持在 20 千克/千克以上。

表 33　中美小麦化肥偏生产力

年份	中国			美国		
	单位面积产量（千克/亩）	单位面积化肥投入（千克/亩）	偏生产力（千克/千克）	单位面积产量（千克/亩）	单位面积化肥投入（千克/亩）	偏生产力（千克/千克）
1999	263.1	16.9	15.6	191.3	10.5	18.2
2000	249.2	17.9	13.9	188.1	10.5	18.0
2001	253.7	16.3	15.6	180.0	10.6	16.9
2002	251.8	17.8	14.1	157.0	10.9	14.5
2003	262.1	16.5	15.9	197.9	10.4	19.0
2004	283.5	17.3	16.4	193.4	12.4	15.6
2005	285.0	17.0	16.8	188.1	15.0	12.6
2006	306.2	16.5	18.6	173.1	9.3	18.5
2007	307.2	15.8	19.4	180.2	9.1	19.7
2008	317.5	14.6	21.7	200.8	8.9	22.5
2009	315.9	20.0	15.8	198.6	8.7	22.7
2010	316.6	22.7	13.9	206.7	9.0	23.0
2011	322.5	23.5	13.7	195.4	9.2	21.2
2012	332.5	23.7	14.0	206.9	9.5	21.8
2013	337.0	22.9	14.7	—	—	—

资料来源：历年《全国农产品成本收益年鉴》和 USDA。

（2）大豆。从表 34 可以看出，中国大豆化肥偏生产力整体高于美国，中国最高为 2005 年的 43.6 千克/千克，美国一直保持在 20 千克/千克以下。但从 2009 年开始中国大豆偏生产力迅速下降，2009—2012 年间大豆偏生产力一直低于美国。

表 34　中美大豆化肥偏生产力

年份	中国			美国		
	单位面积产量（千克/亩）	单位面积化肥投入（千克/亩）	偏生产力（千克/千克）	单位面积产量（千克/亩）	单位面积化肥投入（千克/亩）	偏生产力（千克/千克）
1999	95.0	5.0	19.0	164.1	10.8	15.2
2000	102.7	4.6	22.3	170.6	11.1	15.4
2001	102.7	4.6	22.3	177.5	11.7	15.1

（续）

年份	中国			美国		
	单位面积产量（千克/亩）	单位面积化肥投入（千克/亩）	偏生产力（千克/千克）	单位面积产量（千克/亩）	单位面积化肥投入（千克/亩）	偏生产力（千克/千克）
2002	110.0	5.2	21.2	170.3	11.9	14.3
2003	102.6	5.9	17.4	151.7	14.1	10.8
2004	116.0	5.6	20.7	189.2	16.3	11.6
2005	109.0	2.5	43.6	192.9	13.4	14.4
2006	100.5	4.6	21.8	192.0	10.6	18.1
2007	84.8	4.8	17.7	187.0	11.0	17.0
2008	113.5	3.9	29.1	178.0	11.4	15.6
2009	108.7	7.4	14.7	197.0	11.7	16.8
2010	118.1	8.2	14.4	194.7	11.5	17.0
2011	122.4	7.8	15.7	187.9	11.1	16.9
2012	121.3	8.6	14.1	178.4	10.8	16.5
2013	117.3	7.7	15.2	—	—	—

资料来源：历年《全国农产品成本收益年鉴》和USDA。

（3）玉米。从表35可以看出，2007—2012年中国玉米化肥偏生产力整体比美国略低，中国玉米偏生产力从2008年开始一直在下降，2009—2012年低于20千克/千克，美国近两年玉米化肥偏生产力也有些微下降，2012年为24.7千克/千克。

表35 中美玉米化肥偏生产力

年份	中国			美国		
	单位面积产量（千克/亩）	单位面积化肥投入（千克/亩）	偏生产力（千克/千克）	单位面积产量（千克/亩）	单位面积化肥投入（千克/亩）	偏生产力（千克/千克）
1999	329.6	17.6	18.7	—	20.0	—
2000	306.5	18.4	16.7	—	20.3	—
2001	313.2	17.6	17.8	—	19.9	—
2002	328.3	18.4	17.8	—	21.0	—
2003	320.8	18.0	17.8	—	20.9	—
2004	341.3	16.1	21.2	—	20.9	—

（续）

年份	中国			美国		
	单位面积产量（千克/亩）	单位面积化肥投入（千克/亩）	偏生产力（千克/千克）	单位面积产量（千克/亩）	单位面积化肥投入（千克/亩）	偏生产力（千克/千克）
2005	352.5	14.2	24.8	—	20.9	—
2006	355.1	15.0	23.7	—	20.8	—
2007	344.4	14.7	23.4	629.9	20.8	30.2
2008	370.4	14.0	26.5	640.7	20.8	30.7
2009	350.6	18.3	19.2	687.1	20.8	32.9
2010	363.6	20.1	18.1	637.8	20.8	30.6
2011	383.2	19.8	19.4	613.6	20.8	29.4
2012	391.3	20.2	19.4	514.5	20.8	24.7
2013	401.1	20.5	19.6	—	—	—

资料来源：历年《全国农产品成本收益年鉴》和USDA。

（4）棉花。从表36可以看出，中国棉花化肥偏生产力整体比美国略低，但中美两国棉花化肥偏生产力都偏低都保持在5千克/千克以下。

表36　中美棉花化肥偏生产力

年份	中国			美国		
	单位面积产量（千克/亩）	单位面积化肥投入（千克/亩）	偏生产力（千克/千克）	单位面积产量（千克/亩）	单位面积化肥投入（千克/亩）	偏生产力（千克/千克）
1999	68.5	21.8	3.1	45.3	16.0	2.8
2000	72.9	23.1	3.2	47.2	15.5	3.0
2001	73.8	23.1	3.2	52.6	14.9	3.5
2002	78.3	25.0	3.1	49.7	15.8	3.2
2003	63.4	25.8	2.5	54.5	16.6	3.3
2004	74.1	22.1	3.4	63.8	16.2	3.9
2005	75.3	22.0	3.4	62.0	15.9	3.9
2006	83.1	22.1	3.8	60.8	15.6	3.9
2007	85.8	23.1	3.7	65.6	15.2	4.3
2008	86.8	18.5	4.7	60.7	14.7	4.1
2009	85.9	24.9	3.4	58.0	14.2	4.1
2010	82.0	27.2	3.0	60.6	13.7	4.4

（续）

年份	中国			美国		
	单位面积产量（千克/亩）	单位面积化肥投入（千克/亩）	偏生产力（千克/千克）	单位面积产量（千克/亩）	单位面积化肥投入（千克/亩）	偏生产力（千克/千克）
2011	87.3	26.8	3.3	59.3	13.7	4.3
2012	97.2	26.7	3.6	—	13.7	—
2013	96.6	28.8	3.4	—	—	—

资料来源：历年《全国农产品成本收益年鉴》和 USDA。

2. 中国分类化肥偏生产力分析

从表 37 可以看出，中国小麦氮肥偏生产力低于磷肥与钾肥，钾肥最高，2009 达到 155.9 千克/千克，但从 2009 年开始小麦钾肥偏生产力急速降低，到 2012 年为 104.5 千克/千克。大豆、玉米、棉花与小麦偏生产力整体情况相似，都是钾肥偏生产力高于磷肥与氮肥。四种作物近年偏生产力整体都在下降，其中钾肥偏生产力降幅最大，氮肥与磷肥偏生产力偏小。

表 37　中国主要作物分类化肥偏生产力

单位：千克/千克

年份	小麦			大豆			玉米			棉花		
	氮	磷	钾	氮	磷	钾	氮	磷	钾	氮	磷	钾
1999	23.1	52.0	—	31.8	60.1	—	23.0	108.7	—	4.6	13.1	—
2000	19.9	52.5	—	35.6	62.4	—	21.3	85.3	—	4.8	12.1	—
2001	23.1	51.5	—	37.7	55.7	—	22.7	91.0	—	4.9	12.0	—
2002	21.0	46.5	—	35.2	58.8	—	23.1	90.8	—	4.6	12.1	—
2003	23.6	51.0	—	27.6	50.2	—	22.5	95.9	—	3.6	10.3	—
2004	24.1	53.8	—	42.8	45.3	—	26.9	112.9	—	5.1	11.8	—
2005	25.3	52.5	—	41.2	91.2	—	31.5	128.1	—	5.2	12.1	—
2006	28.3	57.6	—	40.9	53.0	—	30.4	122.2	—	5.9	13.4	—
2007	28.5	65.0	—	32.4	42.6	—	30.4	114.2	—	6.1	12.8	—
2008	30.8	79.3	—	50.6	73.5	—	33.4	146.5	—	7.1	17.9	—
2009	25.6	56.0	155.9	31.5	39.2	92.6	27.4	88.3	224.2	5.8	11.6	31.7
2010	23.5	48.5	118.4	33.1	37.5	79.8	27.3	78.0	171.5	5.2	10.5	22.6
2011	23.5	47.5	107.0	37.0	38.7	91.4	30.6	77.3	167.3	5.7	11.5	22.1

（续）

年份	小麦			大豆			玉米			棉花		
	氮	磷	钾	氮	磷	钾	氮	磷	钾	氮	磷	钾
2012	24.3	49.1	104.5	32.3	35.3	84.8	31.7	75.3	147.7	6.3	12.8	26.3
2013	25.3	53.7	103.6	36.5	37.1	86.5	32.2	75.4	148.7	6.1	11.1	23.1

资料来源：历年《全国农产品成本收益年鉴》。

3. 美国分类化肥偏生产力分析

从表 38 可以看出，美国小麦氮肥偏生产力低于磷肥与钾肥，钾肥最高，2012 达到 115.5 千克/千克。大豆氮肥的偏生产力比磷肥与钾肥高。棉花的三种肥料的偏生产力偏低。

表 38　美国主要作物分类化肥偏生产力

单位：千克/千克

年份	小麦			大豆			玉米			棉花		
	氮	磷	钾	氮	磷	钾	氮	磷	钾	氮	磷	钾
1999	37.1	77.6	65.7	104.7	47.8	28.2	—	—	—	7.1	12.4	7.6
2000	36.8	76.9	64.6	95.2	47.6	30.1	—	—	—	7.2	13.7	8.5
2001	35.4	71.2	59.5	99.0	48.5	28.3	—	—	—	8.7	16.4	9.3
2002	31.0	60.3	49.2	108.6	46.6	25.6	—	—	—	7.7	14.3	8.5
2003	39.3	75.5	71.9	82.9	34.4	19.3	—	—	—	7.9	14.6	9.1
2004	28.8	57.6	83.5	90.5	36.7	20.9	—	—	—	9.3	17.7	11.0
2005	19.0	65.4	85.4	117.4	44.9	25.7	—	—	—	9.1	17.9	11.1
2006	35.7	72.5	82.8	160.7	55.9	32.1	—	—	—	8.9	18.2	11.2
2007	37.1	76.2	94.0	147.3	54.0	29.8	60.8	143.5	102.9	9.7	20.4	12.6
2008	41.4	85.8	115.3	132.4	51.0	27.1	61.7	145.0	106.0	9.4	19.2	11.8
2009	40.9	85.8	126.6	145.7	56.1	28.7	65.9	154.4	115.0	9.5	18.6	11.5
2010	41.7	86.5	125.8	144.9	55.0	29.6	61.0	142.4	108.1	10.5	19.8	12.3
2011	38.7	79.3	113.8	148.0	52.7	30.0	58.7	137.0	104.0	10.3	19.4	12.0
2012	40.2	81.5	115.5	149.4	48.8	29.9	49.2	114.9	87.2	—	—	—

资料来源：USDA。

（四）结论

(1) 我国与世界不同国家（地区）氮肥肥效比较结果表明（表

27)，我国水稻、小麦和玉米的氮肥肥效总体低于世界平均水平。水稻上，世界平均达 22 千克/千克，我国仅 10.4 千克/千克，不足世界水平的一半，也低于南亚及东南亚 6 国的平均值（12 千克/千克）和西非数国的平均值（17 千克/千克）；小麦上，我国 10 省（区）的平均值为 8 千克/千克，低于世界平均水平（18 千克/千克），但高于印度；玉米的氮肥肥效也低于世界 24 千克/千克 的平均值。可见，我国氮、磷、钾肥的肥效与世界相比较低，反映了我国氮、磷、钾肥生产效率较低的现状。

（2）将我国氮肥利用率的研究结果与世界不同国家或地区的结果进行比较（表 28），结果表明，我国谷物氮肥利用率不高（水稻、小麦和玉米平均 34.5%），低于世界谷物氮肥利用率（54%）。具体来看，水稻上，我国 16 个省（区）64 个试验研究结果表明，氮肥当季回收率的平均值为 27.2%，低于世界和亚洲平均值 5～15 个百分点；小麦上，10 个省（区）45 个田间试验结果（43.8%）低于世界平均值（57%）。玉米上，从 17 个省（区）76 个试验结果平均值可以看出，我国氮肥当季回收率与世界和美国相比还比较低。

（3）中国与世界化肥偏生产力差距大。巴西小麦与大豆的氮、磷、钾肥偏生产力在 47～76 千克/千克之间较平稳，日本小麦与大豆的氮、磷、钾肥偏生产力在 15～67 千克/千克之间偏低，泰国小麦钾肥偏生产力迅速降低，俄罗斯小麦与大豆的钾肥偏生产力高。

（4）与其他选定国家和美国相比四种重要作物中中国化肥偏生产力整体最低，四种作物化肥整体偏生产力都不超过 50 千克/千克，棉花偏生产力最低，不超过 5 千克/千克。

（5）中国分类化肥偏生产力差距大。四种作物的氮肥偏生产力都最低，不超过 50 千克/千克，其次是磷肥，钾肥偏生产力最高，在每一种作物上都与氮肥和磷肥偏生产力差距巨大，近四年四种作物的钾肥偏生产力都大幅度下降。

五、化肥施用技术与政策的国际比较

第五部分，为化肥施用技术与化肥施用管控政策的国际比较。本部分比较分析中国与其他国家化肥施用施用技术与管控政策差别。

（一）欧美化肥施用技术现状

欧美发达国家的种植方式多以大型农场为主，种植机械化程度高，且有专门的土壤检测机构，通过检测土壤的肥力状况然后根据农作物肥力需求施用肥料，化肥利用效率高。

欧盟欧洲环境信息观测网重点关注生物污染、化学污染、饲料污染等固体与液体污染物，对耕地土壤养分含量进行定期检测，利用现代信息技术进行管理，实行养分精准化利用。英国为有效防控地下水的硝基盐污染，在全国实行分区管理，在硝酸盐脆弱区域制定严格的禁止施肥的封闭期。目前，欧盟倾向综合污染预防与控制的灵活政策，不提出统一的硬性排放标准，而是允许地方政府考虑当地实际情况，根据 BAT 技术针对不同企业分别确定不同的排放标准。

表 39　美国测土肥主要方法

<table>
<tr><td rowspan="3">元素测定</td><td>无机氮测定</td><td>有效氮指数测定</td><td>硝态氮常规测定</td></tr>
<tr><td colspan="3">Mehlich3 法，测试剂：Cl 水和 $CaSO_4$</td></tr>
<tr><td colspan="3">41 个大学提供常规测定，每年样本近 250 万个</td></tr>
<tr><td rowspan="2">磷元素测定</td><td>中西部：Bray P1 法</td><td>东南部：Mehlich1 法</td><td>西部：Olsen 法</td></tr>
<tr><td colspan="3">Bray 法和 Morgan 法、Mehlich3 法结合 ICP 多元素同步分析</td></tr>
<tr><td rowspan="2">钾元素测定</td><td colspan="3">交换性钾测定</td></tr>
<tr><td colspan="3">测试方法与磷元素相同</td></tr>
<tr><td rowspan="2">微量元素测定</td><td>酸性和中性土壤上：
Mehlich3 法</td><td>pH 高的土壤：
DTPA - AB 法</td><td>植株分析</td></tr>
<tr><td colspan="3">多元素的提取剂</td></tr>
</table>

美国各州及农业部的科研机构积累了大量的关于不同地区、作物，不同肥料使用方法的资料，从州到地区和县，建立完整的土壤肥料服务系统，最新研究成果很快传达到农场主手中，农场主根据推广部门的建议决定施肥的用量、时间。测土施肥是推荐肥料施用量、为农民施肥提供依据的普遍方法。美国几乎每个州立大学都有土壤分析实验室，很多商业分析实验室也提供类似分析。

美国肥料施用特点是机械化施肥，常用方法是撒施，采用下落式施肥机、旋转盘施肥机和液体施肥机等。农场一般采用撒施，大面积上种植时最经济尽管会造成氮素损失。在氮肥施用方面，常使用水肥一体化，液体肥料随灌溉水施用。条播作物，基肥常施在行间，液体肥料常注射至土壤 10～30 厘米处，这种方法可减少氮素损失和提高磷钾的肥效，但动力消耗大。

（二）中国化肥施用技术现状

我国与国际上的化肥施用技术的巨大差距主要原因在农作物种植方式与规模上，我国农业传统的种植方式多以家庭承包为主，规模小。我国每个家庭农作物种植情况各不相同，肥料利用情况各不相同，土壤状况差异大，土壤肥力状况检测难度大。肥料只作基肥一次施入，主要的施肥方式是手工撒肥。

表 40　中美化肥施用技术对比

	作用	方法	中国应用现状	美国应用现状
测土配方施肥	调节作物需肥与土壤供肥的平衡	测定土壤养分含量后，根据作物需求提出肥料元素的施用量、时期和方法	50 县实验室，碱解氮、速效磷、速效钾、有机质和 pH 五项基本测定	技术覆盖面积 80%以上，40%的玉米田采用土壤植株测试
水肥一体化	灌溉施肥的肥效快，养分利用率提高	借助压力灌溉系统，将肥液与灌溉水一起，均匀、准确地输送到作物根部土壤	9 亿亩灌溉面积应用比例 3.2%，4.5 亿亩耕地适合发展，2015 年新增 5 000 万亩	农业以大型农场为主，基本全部实现水肥一体化
土壤有机质提升	影响土壤结构、养分、能量、酶、水分、微生物活性等	增施农家肥、农作物秸秆、绿肥、沼气发酵肥和商品有机肥	2012 有机质补贴项目计划实施面积 5 153 万亩	有机肥料用量占肥料总量近 50%
化肥深施	化肥定时施入作物根系部位，养分能够被作物充分吸收	耕前撒肥翻耕入土，播种、移栽或生长期中进行开沟条施、穴施等	撒肥为主，不同作物的深施多以人工施肥为主，机械化程度低	农业机械化程度高，翻耕，深施效果较好

（续）

	作用	方法	中国应用现状	美国应用现状
化肥协作抗结	防止化肥与土壤结块，改善土壤质量	用某一离子抑制另一离子的吸收，或利用某种离子促进另一离子被吸收	使用化肥抗结剂	因测土肥方的作用，可根据土壤实际状况调节肥料抗结
农作物轮作	降低化肥用量、改良土壤结构、提高化肥利用率	在同一田块上有顺序地在季节间和年度间轮换种植不同作物或复种组合	粤东“豆—稻—菜”模式，化肥总量减少20%，上海奉贤“豆—稻”氮肥减少15%	定期两年的玉米和大豆轮作种植来减少了被应用于玉米的氮肥施用量

水稻种植方面，农户一般水面撒肥。小麦种植方面一般采用4次撒肥，近年因为省工原因，很多地区变更为一次性施肥。小麦一般采用撒施基肥后翻耕，灌溉区域小麦追肥一般采用撒施后灌水，仅施用磷肥一般采用条施后翻耕。玉米种植方面农民施肥习惯差异较大，夏玉米一般在出苗后沟施或穴施一次肥料，春玉米在播种前施用一次基肥，之后追肥。近年随着耕作制度的变化种肥同播得到发展，一般在播种后施肥，后去机械追肥。棉花种植方面，不同地域品种、种植制度、机械化程度差异较大，施肥方式上有很大差别，比如大规模种植的新疆棉花以滴灌施肥为主。

目前，随着化肥施用技术与化肥工业技术的提高，我国化肥数量、品种、品质有了很大的改善，农业生产中的肥料总投入量日益增大，作物产量也得到相应提高，与此相适应，化肥工业也逐步向高浓复混化、利用高效化、释放可控化、残留安全化和元素全息化方向发展，以提高化肥的应用效率和土地的综合效益，同时对施肥技术也提出了更高的要求。2013年，农业部提出加强测土肥方施肥技术，提升土壤有机质、发展水肥一体化（滴灌施肥、喷灌施肥）、机械施肥（化肥深施、种肥同播、分层施肥）。但是，总体上还与欧美等发达国家存在较大的差异。

（三）欧盟化肥管理政策

欧盟早期制订的农业政策和环境政策是分开的。农业政策鼓励加强农业生产，忽略了农业生产引起的环境面源污染问题；环境政策涉及如何控制由工业和城市废物排放造成的点源环境污染。之后，农业面源污染受到了重视，共同农业政策中出现很多于环境相关的政策法规。政策措施主要分两种类型：共同农业环境法规与农业环境补贴。

1. 共同农业政策法规

20世纪90年代初，欧盟通过了以农业—环境合并计划为主导思想的新型共同农业政策，以缓解农业生产对环境的面源污染，采取降低区域内农产品价格、减少农业总支出、鼓励有利于减少环境污染的生产方式等措施。1992年的“麦克萨里”改革鼓励农业由集约型经营转向粗放型经营来更好地保护自然环境。1999年为未来农业政策制定目标的《2000议程》为了减少化肥和农药的使用，欧盟将对生态脆弱地区提供补贴，还对使用无污染、无公害的农业投入品的农场进行补贴。之后陆续出台的2003年改革新方案、2007年CAP“健康检查”、2008年欧盟农业补贴政策改革与2011年欧盟共同农业政策改革都有有关农业面源污染的内容。

2000年的水框架指令，旨在建立保护内陆地表水、河流入海口、沿海水域和地下水。其中地表水监测包括化学和生态监测指标，地下水监测应包括化学指标，规定每公顷土地的硝酸盐施用量要低于180千克。2000年生效、2008年年底出台的新地下水指令的评估地下水质量标准的为硝酸盐和农药的活性物质。

2008年颁布的海洋策略框架指令主要对化肥和其他富含氮、磷物质的输入（如包括农业、水产养殖、大气沉降），有机物质的输入（如污水、海水养殖、河流输入）进行管理和控制。

1976年5月4日生效，2006年更新为最新版本空气质量法令中有害物质（二氧化硫，二氧化氮及氮氧化物，可吸入固体颗粒物和铅浓度）建立限定值和适当的警戒阈值。

2001年11月27日生效的国家空气污染排放限值指令主要对某些大气污染物（酸化、富营养化物质及温室气体等）的国家排放制定上限。其中制定出各成员国酸化、富营养化等指标的最大排放量标准，并向公众公布信息。

2. 农业环境补贴

1992年6月发布第2078/92号条例建立以“农业环境行动”为名的综合性国家补贴项目，通过降低农产品价格减少农业总支出，鼓励农民降低家畜放养密度，减少使用肥料和农药，并且对由此造成的农民收入的下降给予补贴。

针对落后农村的贫困地区计划（LFA）对居住在贫困地区的农民放弃耕种条件恶劣的土地给予补贴。计划所覆盖的贫困地区包括山区、气候恶劣的酸化平地、陡坡以及北冰洋地区。对于不宜耕种的农村，欧盟鼓励发展保持农村传统风貌的乡村旅游。

2000年，按照《农村发展法》（第1257/99号）的规定与其他农村发展措施进行了整合形成了一个总体性框架，该协议扶持分为：与保护和改善环境、自然景观及其特性、自然资源、土壤和基因多样性并存的农业用地的使用方式；对环境有利的农业扩张和低强度草场系统的管理；处于危险中的、具有高自然价值的耕作环境的保护；农业用地的自然景观和历史特征的保护，以及农耕方式中的环境协议计划的实施。

土地与生物多样性保护方面，“麦克萨里”改革鼓励对土地实行休耕制（5～20年）轮作制和完全休耕。1994年，欧盟颁布了一个关于在农业上保护、标示、收集和利用基因资源的条例，提出了一项为期5年、预算为2000万埃居的计划，要求成员国在农业基因资源（包括动物和植物）保护方面采取行动。

欧盟建立的“自然2000”网络是由适应鸟类指令（Dir. 79/409）和栖息地指令（Dir. 92/43）的区域所构成，内容规定这些地区的人类活动应协调自然，以保护生物多样性。

农业环境保护技术开发方面，1994—1998年实施的第四个研究与技术开发框架计划设立了一个总预算为6.07亿欧元的农业研究项目。这些旨在促进可持续发展的项目对有关动植物生产技术的研究、农村发展的社会经济研究、关于环境和农业之间联系的经济研究等提供支持。第五个框架计划（1998—2002年）中的一个主题项目“生活质量和生物资源管理”包含了可持续的农业、渔业和林业方面的研究，也包括农村可持续发展方面的研究，其预算为22.4亿欧元。

（四）美国化肥管理政策

美国在农业资源和环境保护方面的政策措施主要分三种类型：生产规范法规、技术项目支持和农业资金补贴。生产规范法规要求农牧场主在资源和环境管理方面达到政府的某些要求作为获得政府项目利益的条件，如在高度易侵蚀土地上耕种必须采取政府批准的水土保持措施、不能开垦湿地等。技术项目支持是政府在技术方面为愿意采取措施对自然资源与环境进行管理、保护的个人和机构提供帮助、补贴。

1. 农业生产规范法规与技术项目支持

美国的化肥立法始于 19 世纪后期。目前，除阿拉斯加、夏威夷两州以外的 48 州都有化肥法律，法律规定生产、销售化肥的登记、许可制度，但对生产、价格及流向不作管制。有法规或规则从化肥的包装、储存等设施和技术的方面做出规定，如“标签真实”。各州化肥法律都规定了化肥的抽样检测制度（对检测工具、技术人员、检测方法、检验管理等均做出详细规定）保证化肥质量。

美国农业政策系统的法律框架中，美国环保局实施了面源污染管理计划，农业部实施了乡村清洁水、国家灌溉水质、农业水土保持、最大日负荷、杀虫剂实施计划与清洁水法案等，鼓励农民自主控制农业污染，严格控制农业中的高毒性农药。

水源污染保护方面，1972 年联邦水污染控制法明确提出控制面源污染，1972 年的《清洁水法》中将面源污染纳入国家法律，提出了“最大日负荷量计划”，1977 年清洁水法修正案中提出“农村结水计划”，政府对自愿采取防治措施治理面源污染者提供经济援助或给予减免税额。1976 年制定的《有毒物质控制法》中涉及有毒化学品的管理。1987 年的《清洁水法修正案》第 319 章建立于控制面源污染的国家计划，该计划是联邦政府首次对面源污染控制进行资助，鼓励各州实施“最佳管理措施”。

美国国会 1987 颁布的《水质法》明确要求各州对面源污染进行系统的识别并采取相关的管理措施减少面源污染。1989 年布什总统颁布的《总统水质动议法》旨在保护地下水和地表水免遭化肥和杀虫剂的污染。

1985年《食品安全法案》中“水土保持计划”授权水土保护部门为农场主设置每年一次、为期10年的租金让其不再耕种极易受侵蚀的和靠近水体的土地，代以种植常年覆盖植物，在河流附近30米范围内设置河流缓冲带；“保护承诺计划”要求在极易受侵蚀的土地上种植农作物的农民成立“土地保护部门”执行水保计划，否则失去政府财政支持的资格。

1990年11月的《海岸区法案（重新授权修订）》中制定了第6217条来保护海岸水体，各个通过“海岸区管理计划”的州必须制定一个“海岸区面源污染控制法”，开发一些控制面源污染的管理措施并进行应用。

1994年，美国环境保护学会在所调查的河流和湖泊中发现，70%以上的水质问题来自于农业的面源污染。美国环保署（EPA）规定了NO－3－N最高限值为10毫克/升；NO－2－N为1毫克/升。

另外，美国的《农业农村发展法案》、《联邦土地政策及管理法案》等法律中都有针对农业面源污染的具体条款和规定。美国一些州（宾夕法尼亚州等）在防治农村面源污染立法方面已经走在了国家前面，制定了防止农业面源污染法规。

2. 农业环境补贴

农业环境补贴自20世纪30年代开始陆续设立，历时较长、覆盖面积较大的是“减耕计划”和1956—1972年的“土壤银行”项目。70年代后资源和环境保护开始受到广泛关注。

《2002年农业保障和农村投资法》中资源保育补贴主要包括土地休耕计划、农田水土保持、湿地保护、草地保育、农田与牧场环境激励项目等。

土地与生物多样性保护方面，1985年农场法案首先设立了退、休耕还草还林项目，参加项目的农场主自愿退、休耕，联邦政府提供退、休耕补偿；如果退耕农场主在退耕地上种草种树，联邦政府再分担50%的种植成本，项目周期为10～15年。1990年农场法案增设了湿地恢复项目，把已开垦为耕地的湿地、正在耕种的湿地和经常遭受洪灾侵害的低洼耕地或牧草地恢复为湿地。项目初期对恢复工程的人工干预很少，主要是用直线型堤防和水坝把项目面积围起来，期望在一段时间以后，湿地自动恢复功能。1996 年后，政府加大行动力度，把堤防和水坝改修成蜿蜒曲折形状，通过工程措施改变项目范围内的地表形态和水文条件，恢复自然以适应各类水禽生存的需要，最大限度地发挥其生态效益。以后的 2002 年、2008 年农场法案又增设或补充修改环境保护激励、环境保护强化、农业水质强化、野生动物栖息地保护、农场和牧场保护项目以及草场保护项目。

在对使用中土地的管理和保护方面，有环境保护激励项目与环境保护强化项目。环境保护激励在 1996 年由农场法案授权设立，基本目标是为农牧场主提供信息、技术和资金支持。农场法案规定，规模在 1 000头牲畜以上饲养场的废物处理工程设施建设，不属于政府资助范畴。2002 年和 2008 年农场法案都要求项目 60%的资金支出用于解决饲养业造成的水土资源污染问题。环境保护强化项目根据 2002 年农场法案设立，2004 年开始实施，2008 年进行较大修改，项目对参加者的资金补贴根据需要确定，具体需要考虑参加者实施项目的成本、为实施项目放弃的收入以及项目的预期生态环境效益。

农业环境保护技术开发方面，保护技术援助项目向私人土地所有者、部落、地方政府等提供技术性援助，帮助其保护、维持、改善自然资源状况。该项目不提供资金支持，但是它可以帮助农场主评价现有保护措施，制定保护计划，并帮助其获得其他项目资金支持等。

（五）我国化肥利用相关政策

1. 农资直补政策

农业生产资料综合直补是 2006 年石油综合配套调价之后，中央统筹考虑全年柴油、化肥等农业生产资料预计的价格变动对农民种粮收益的影响，从石油特别收益中拿出财政资金 125 亿元，通过粮食直补渠道，一次性地直接补贴种粮农民。2009 年国家提出建立化肥等农资价格上涨与提高农资综合直补联动机制，即定时测算市场化肥价格上涨幅度，及时按相应的幅度给予农户农资综合直补。2010 年中央进一步完善农资综合补贴动态调整制度，根据化肥、柴油等农资价格变动，遵循“价补统筹、动态调整、只增不减”的原则及时安排农资综合补贴资金，合理弥补种粮农民增加的农业生产资料成本。

2. 化肥进出口调节政策

2008年以来国家多次调整化肥出口关税政策。2008年11月13日决定自2008年12月1日起，我国调整征收部分化肥产品出口关税，出口关税有所下降，对不同品种淡旺季做出更具体的时间规定，同时设立淡季基准价格，并调整淡季出口关税征收方式等。之后2009年7月1日，对部分化肥产品的出口关税（包括暂定关税和特别关税）再次进行调整。2010年为稳定国内化肥市场，国家再次于11月调整了化肥出口关税。

出口关税政策的调整可以调节化肥的进出口情况、稳定国内化肥市场价格。化肥出口关税政策在国内外市场存在足够差价的情况下缓和国内化肥市场的供求矛盾，企业通过出口加快库存消化。在不能满足国内化肥需求时，抑制化肥出口过快增长。淡季出口税率较旺季降低了很多，对于缓解国内化肥市场供大于求的形势起到了重要作用，且提高了化肥企业的生产积极性。

3. 化肥淡储政策

化肥产品使用旺季时间短但淡季时间长，化肥淡储制度的开展可以有效缓解化肥供需淡旺季的矛盾。为了支持了化肥生产企业的健康发展，培养了一批稳定成熟的经营企业成为保障我国粮食安全的必要途径。2004年淡储政策实施以来，化肥淡储规模不断扩大。

4. 推广测土配方施肥技术

2005年起，我国中央和地方财政下拨补贴，免费为农民提供测土配方施肥的技术服务。通过测土了解和掌握土壤供肥性能、土壤肥力的变化状况，合理配置肥料资源，提高肥料利用率，促进农民节本增效。

2010年农业部把推进技术进村入户到田作为年度测土配方施肥工作重点，在全国范围内组织开展“测土配方施肥普及行动”。此外，针对东西部地区化肥使用水平差异较大、西部明显低于东部的现象，农业部门引导西部地区调节化肥使用水平，合理配置化肥资源，重点调整化肥使用结构，提高氮、磷和钾肥利用率。

5. 节能减排政策

2010年在《国务院关于进一步加大工作力度确保实现“十一五”节能减排目标的通知》中，强调要推动电力、钢铁、有色、石油石化、化工和建材等重点领域的节能减排管理。因此，一些地区与省份推出了落实节能减排的具体措施，开始对高能耗企业实施用电限制，很多化肥企业被限量限产。

六、促进我国化肥合理利用的建议

（一）尽快出台化肥管理法规

我国目前还没有较为全面、系统、适应市场经济发展需要的化肥管理法规，应立足于国情，科学地确立中国化肥法律和基本制度，建立完整的政策体系。在化肥生产、使用与治理上要构建政策和技术支撑体系；制定法律法规和规范标准；构建农业污染防治技术创新平台；扶持农业污染防控技术、工程研究示范；催生以国家为主渠道的奖励和补偿制度；建立有效的农业污染防控技术和管理体系。

注重化肥管理，严格监测检查化肥中污染物质，制定有关有害物质的允许量标准。通过整体控制多源污染的循环链、打断农业污染的往复循环的各个环节，进行阻控源头、阻断过程和治理末端，将农业污染进行不同类型分类，筛选出关键防治技术，进行分类指导、综合防治，逐步减少污染来源，保护农业生态环境。

（二）大力开展农业环保宣传

加强教育以提高群众的环保意识，使群众充分意识到化肥污染的严重性，调动广大公民参与到防治土壤从根源上解决化肥引起的农业污染。农业污染教育在我国一向薄弱，农民不能认识到农业污染所带来的危害且对自己的行为并不承担责任，进而导致其漠视农业污染对环境和人体健康的危害。因此，建议多渠道开展基础宣传教育，充分利用中小学课本、广播电视、报纸杂志、讲座培训等形式，增强农民农业环保意识，使农民都能清楚地认识到自身是污染的制造者也属于污染的受害者，有责任防治与治理污染，这是进行农业环境管理的最基础手段。

（三）着力推动生态农业建设

制定生态农业标准，可借鉴在全流域范围内广泛推行农田最佳养分管理的办法，规定不同作物的化肥最大用量，对农业生产中施肥量、施肥时期、农药品种、耕作方式、轮作类型进行标准化操作。全面规范我国化肥、农膜等化学物质的应用种类、数量和方法。

而由于长期施用化肥导致的土壤功能退化和农田环境恶化问题，生态农业初期将会出现风险大、产量低、转换期长等不利局面，国家要出台相应的补贴政策以鼓励农民的生态农业实践，使生态农业得以广泛地发展，也让广大农民从中得到实惠。

（四）提高农村组织化程度

加快促进土地流转，通过大力发展农村合作化组织，使农户对农作物的种植、施肥、浇水、用药等管理按统一要求进行，确保不滥用化肥和农药。要通过大力发展农业循环经济，充分利用沼气生产中的沼渣和沼液这些有机肥，合理减少化肥的使用。

（五）调整化肥行业补贴结构

多年来国家给予化肥企业“优惠＋补贴＋限价”的化肥行业发展政策是化肥过量施用的根本原因。为改善目前化肥施用过量的现状，需调整国家的惠农补贴政策。

一是，在化肥生产严重过剩的情况下，必须改变氮肥生产和流通行业的大量财政补贴的现状。可在维持现有粮食产量水平的前提下，在合理施用化肥的基础上，设定减少氮肥施用量的总目标，逐步增加减少的数量。

二是，建立农业环境补贴，为农业生产者提供生产信息、技术和资金支持，帮助其在保持原有生产的同时，改善环境质量。建立环境保护激励、环境保护强化项目，对参加者的资金补贴根据需要确定，具体需要考虑参加者实施项目的成本、为实施项目放弃的收入以及项目的预期生态环境效益。

三是，对于减少化肥施用量、保证农作物质量的生产者进行奖励，超过最大限度化肥施用量的生产者给予罚款

（六）加快标准化农田建设

建设高标准农田是促进农业可持续发展，推进生态文明建设的现实选择。我国人均和亩均水资源量仅为世界平均水平的28%和50%，农业季节性、区域性缺水问题突出；农田灌溉水有效利用系数和水分生产率仅相当于世界先进水平的60%左右；亩均化肥用量达到21.2千克，是世界平均水平的4.1倍，化肥平均利用率在30%左右，比发达国家低720个百分点，长期不合理施用化肥已成为危害生态环境和影响土地质量的重要因素。通过高标准农田建设，可为推广科学施肥、节水技术创造条件，增强耕地蓄水保墒能力，促进土壤养分平衡，从而降低水资源消耗和化肥施用量，减轻农业面源污染，促进农业可持续发展，保护和改善农村地区生态环境。

（七）加快推行测土施肥

测土配方施肥技术可测量土壤养分含量，针对当季作物分析各营养元素需求，调整各种肥料的施肥比例进行有目的施肥。2005年，国家将推广测土配方施肥技术列入中央1号文件；到2012年，测土配方施肥7年里，中央财政累计投入资金57亿元，测土配方施肥技术推广面积达到0.8亿公顷，惠及了全国2/3的农户。测土配方施肥技术得到大面积推广应用。朱筱婧等研究表明，采用测土配方施肥，可使肥料利用率提高5%～10%，增产率一般为10%～15%，高的可达20%。中国农业科学院近年在全国进行的试验示范结果表明：通过测土配方施肥，水稻平均增产15.0%，小麦增产12.6%，玉米 增 产 11.4%，大 豆 增 产 11.2%，蔬 菜 增 产 15.3%，水果增产16.2%。建议以标准化农田建设为依托，加快全国范围的测土施肥体系建设。

（八）加快推广精准施肥

精准农业是利用GPS采样和通过遥感方式获取土壤养分数据和作

物生长状况的信息，运用 GIS 做出农田空间属性的差异性图层，再根据变量施肥决策分析系统结合作物生长模型和养分需求规律得到施肥决策，最后通过差分式全球定位系统和变量施肥控制技术使精确施肥得以实现。此种模式实现了单位面积精准科学变量施肥，既满足农作物的生长需求又避免肥料的浪费，尽可能提高了肥料利用率。应用精准农业科学变量施肥技术，氮肥当季利用率可达 60%。建议以标准化农田建设为依托，加快精准施肥示范建设。

（九）加快推广科学施肥方式

肥料施用量和施用方式的不合理，不仅导致作物体内有害物质含量的增加、降低产品品质，还会加剧土壤及其营养元素淋洗渗漏、降低肥料利用率，造成严重的环境污染问题。建议以标准化农田建设为依托，全面推广科学施肥方式，包括：根据不同作物及土壤条件，确定合理的施肥用量和比例；坚持氮肥深施、磷肥集中并分层施、钾肥早施并适当深施；有机肥与无机肥配合均衡施肥；采用水肥综合管理技术。

（十）加快推广保护性耕作技术

2002 年，农业部将保护性耕作定义为对农田实行免耕、少耕，并用作物秸秆覆盖地表，以减少风蚀、水蚀，提高土壤肥力和抗旱能力的先进农业耕作技术。保护性耕作通过减少土壤扰动尽量保持原有土壤肥力；通过秸秆还田补充土壤养分，培肥地力，提高对化肥的吸收能力，可以减少化肥施用量 10%～20%。风蚀、水蚀减少则土壤养分流失降低，保护性耕作从多个方面保持和提高土壤自身的养分，从而间接起到减少施肥量的作用。何进等研究表明，中国一年两熟地区 2002—2007 年保护性耕作区比传统耕作区作物产量高 0.8%～12.9%。建议以标准化农田建设为依托，加快保护性耕作技术推广。

（十一）加快推广环保新型肥料

普通传统肥料进入土壤后快速溶解被固定或挥发等原因导致前期供应过量后期供应不足、利用率低。《国家中长期科学和技术发展规划纲要（2006—2020年）》已经将新型环保肥料发展列入农业领域优先主题，使得环境友好型新型肥料将越来越受关注。为有效控制肥料养分适时释放，提高肥料利用率，各种新型肥料应运而生，如缓/控施肥和长效肥料。

缓/控施肥利用各种机制使其养分最初缓慢释放，延长作物对有效养分吸收利用的有效期，使养分按照设定的释放率和释放期缓慢或控制释放。研究表明，控释肥氮、磷、钾利用率可提高到55%～80%，35%～50%，60%～70%。

长效肥料主要应用于氮肥，通过抑制剂，如尿酶抑制剂和硝化抑制剂，控制氮释放从而提高氮肥的利用率。微生物肥料利用微生物的活动和产物转化、分解营养物质，起到固氮、解磷、解钾作用，间接起到提高肥料利用率的作用。化肥“速”、有机肥“稳”、菌肥“促”的优势形成营养“合力”，可使养分利用率由30%提高到50%。一般可使粮棉作物增产10%～20%，特产作物增产20%～30%，是发展“绿色食品”和优质农业的理想产品。建议以标准化农田建设为依托，加快环保新肥料的示范推广。

（十二）推广有机农业生产，建立农村有机废弃物处理制度

有机农业是不施用农药、化肥、饲料添加剂等化学合成物质的农业，有机肥料中营养元素完全是无毒、无害、无污染的自然物质。施用有机肥、推广有机农业可保护环境、保持产品品质。

可借鉴国外以畜禽场饲养量与周边可蓄纳畜禽粪便的农田面积相匹配的方法，制定畜禽场农田最低配置、畜禽场化粪池容量、密封性等方面的规定合理规划畜禽养殖规模和布局，促进废弃物的资源化、多样化综合利用。以经济手段为引导，以政策法规为指导，建立农村秸秆、生活垃圾等有机废弃物处理奖惩制度，鼓励农民创办农业废弃物综合利用产业。通过实施垃圾堆沤发酵、应用稻田秸秆覆盖连续免耕等新技术，提高秸秆和有机废弃物的能源化利用水平，减少浪费和污染。

农村改革与制度创新

农业软科学优秀成果选粹（2014）

粮食生产型家庭农场的临界经营规模及扶持政策研究[*]

一、我国粮食生产型家庭农场的临界经营规模测算

党的十八大指出，“培育新型经营主体，发展多种形式规模经营”。作为一种重要的新型农业经营组织，“家庭农场”一词写入党的十七届三中全会文件并出现在2013年中央1号文件中，家庭农场对于我国粮食安全目标和农户收入增长目标具有特殊意义。而我国农业现实条件决定了家庭农场发展到一个适度的临界经营规模的重要性，不同区域、不同粮食作物都存在这种现实需求。我国土地经营权的流转已提供了这种可能，政策选择应使农户经营面积达到这一状态，而如何确定临界经营规模是一个关键问题。

（一）文献回顾

规模经营是农业经济学界经久不衰的研究内容，研究方法从起初的理论推演发展到实证的计量经济分析，但研究结论却一直存在争论。土地面积大小是衡量农业经营规模的最常用指标，一种广为流传的观点是土地规模越大，越具有资源、科技、信贷、信息、市场以及抗风险等方面的优势，因而更能获得规模经济效益；而与之相对的观点则认为土地生产率和农场土地经营规模之间存在负相关性。西奥多·舒尔茨通过对拖拉机等生产要素伪不可分性的分析否认了大农场一定比小农场效率高

* 本报告获2014年度农业部软科学研究优秀成果二等奖。课题承担单位：同济大学；主持人：祝华军；主要成员：楼江、田志宏、司慧萍、孙亮、朱岩、张然。

的观点，而且国内外大量计量经济研究证明，与制造业和服务业相比，农业中技术和组织上的规模经济微不足道（Hayami，1985；Deininger，2001；Mundlak，2001；汪亚雄，2007；刘维佳，2009）。总体而言，正如乔瓦尼·费德里科（2011）对世界众多有关农业规模经营研究的评述："在表明某一特定类型的农场（小的或大的，家庭农场或公司农场）在结构上优于其他农场这点上，无论是理论方面还是实证方面都没有真正令人信服的证据。"在可以预见的未来，关于农业适度规模经营的讨论仍然是农业经济学界的热点话题。

从政策研究看，在我国工业化和城市化快速推进的过程中，规模经营是现代农业发展的重要方向。规模经营可以解决务农劳动力结构性短缺问题，有利于农业科技的推广以及土地产出率和资源配置效率的提高，对于我国农业尤其是粮食生产有现实意义（张红宇，2013）。从保障粮食安全的角度，有调查研究（罗丹、李文明，2013）表明，若不将家庭用工计入成本，农户的种粮效益并不低，制约农民种粮积极性的主要因素是单个经营主体的绝对收益低下，适当提高单个主体的经营规模，是促进粮食生产稳定发展的必由之路。可见，在我国之所以引导发展多种形式的农业规模经营，除了追求提高土地等生产要素的利用效率外，保障粮食生产、增加农民收入是同等重要甚至更重要的目的。而家庭农场作为一种重要的现代农业微观经济组织，对土地经营规模有一定的门槛要求，国内对于家庭农场这种新型经营主体的期许很高。实现农业规模经营有多种模式与途径，但家庭农场应成为我国农业规模化经营的主要模式（郭熙保，2013）。随着我国农村土地流转与规模经营的加快推进，家庭农场将会成为现代农业经营的重要模式选择（高强、孔祥智，2013）。由于家庭农场具有适度规模经济效应，且劳动者的素质更加专业，从事粮食种植的意愿是稳定的（徐小青，2013），有利于实现土地、劳动力、资本、管理四大要素的优化配置，有望破解中国未来农业经营主体稳定性和持续性难题（杜志雄，2013）。发展家庭农场需要积极态度，同时也要避免急于求成。城镇化速度快的地区，其家庭农场的发育速度也会快一些；其他地方土地集约经营比较困难，家庭农场的发育会更慢（党国英，2013）。从规范地方政府引导家庭农场发展的目的讲，需要有一个理性的发展预期目标加以指导和约束。

发展家庭农场，土地经营规模是绕不开的话题。家庭农场需要达到一定的门槛经营规模，而且家庭经营的规模应随着经济发展的水平和工业化、城市化的进程扩大而扩大，即便是人地矛盾突出的国家，也应把农地经营规模扩大到能够有效吸纳现代生产要素的最低临界规模以上和能够实现与非农产业劳动所得相均衡的“最小必要规模”以上（郎秀云，2013）。如前所述，若基于发挥规模经济效应或技术有效性的诉求，或许难以测算出一个公认的合理经营规模。而从收入水平看，家庭农场的发展意味着农村一个稳定的“中农”阶层的诞生（郑宇洁，2013）。因而，若基于缩小城乡收入差距，实现2013年中央农村工作会议所说的“让农民成为体面的职业”，使专心于粮食生产的农民收入水平与城镇居民持平，则家庭农场的临界经营规模是有可能推算的。

（二）基本问题及有关概念界定

1. 基本问题

本文之所以考虑从收入角度研究临界经营规模，是将家庭农场纳入我国农业问题转换的大背景中。当前中国正处于工业化加速阶段的农业问题，是“食物问题”和“农业调整问题”的共存阶段，尤其要注意化解农民相对贫困问题，农业政策的目标则是既要提供廉价的农产品又要防止农民收入的相对减少（舒尔茨，1953；速水佑次郎，2003）。缩小城乡收入差距是城乡统筹发展的必然要求，建国之后城乡收入差距一度在1984年缩小到1∶1.85，但此后逐步扩大，在2009年达到了1∶3.33，直至近两年才有所缩小，到2013年时为1∶3.03。围绕着如何缩小城乡收入差距，理论界和各级政府展开了大量的研究讨论和实践，概而言之，缩小城乡收入差距，不能简单地采取抑城济乡的方式，而应以提高农户收入为抓手，从多方面采取措施使农民的收入增长速度高于城镇居民的收入增长速度，即城乡居民的福祉都能得到提高。提高农民收入水平，不能局限在农业系统内部，一方面需要加快推进新型工业化和城镇化，增加兼业农户的非农业收入水平；另一方面需要推进农业适度规模经营，提高农业劳动力生产效率，从而促使以农业收入为主要收入来源的家庭农场等农户也能够获得与从事其他非农产业的城镇劳动者基本均衡的收入。

十八大以来，社会冀望于家庭农场这一新型农业经营主体，作为化解“食物问题”和“农业调整问题”的重要载体，重点解决农民相对贫困问题，使专心于粮食生产的农户获得体面的收入，缩小城乡收入差距。本研究主要关注粮食生产型家庭农场的两个问题。其一是粮食生产型家庭农场的临界经营规模。经营规模（Scale of Family Operation，S）指以耕种的耕地面积计量的农业生产经营规模。在本研究中分析测算的临界经营规模（S^*）是指达到或基本达到城乡收入一致目标时，粮食生产型家庭农场应该达到的耕地经营面积。其二是基于临界经营规模，分析有多少农户可以跻身粮食生产型家庭农场的行列，并讨论推进粮食生产型家庭农场发展的相关政策措施。

2. 一组相关概念

农业部明确界定“家庭农场，是指以家庭成员为主要劳动力，从事农业规模化、集约化、商品化生产经营，并以农业为主要收入来源的新型农业经营主体”。本文选择种植粮食作物的家庭农场作为研究对象，原因之一是从事种植业的家庭农场所占比例最大，2013 年 3 月农业部首次对全国家庭农场发展情况开展的统计调查显示，在全部家庭农场中，从事种植业的有 40.95 万个，占 46.7%；二是养殖业类的家庭农场占用耕地面积较小，且其经营规模通常也不按照土地面积衡量，而粮食生产则依赖土地规模化经营。

根据农户收入来源的差异，我国第一次农业普查将农户分为纯农户、第一兼业农户和第二兼业农户①，与此相关的概念有农户家庭纯收入和农户经营收入等。农户家庭纯收入（Household Net Income，*HNI*）是指农户当年从各个来源得到的总收入相应地扣除所发生的费用后的收入总和。农户家庭总收入是指农户从各种来源渠道得到的收入

① 从收入构成的角度看，纯农户是指家庭成员仅从事农业生产活动，其家庭收入基本全部来源于农业生产收入或与农业生产相关的收入（如种粮补贴等），其非农收入不超过10%；第一兼业农户的收入构成中，其家庭收入的一半以上来源于农业收入；而第二兼业农户的收入构成中，来源于农业的收入低于其家庭收入的一半。

总和。按收入的性质划分为家庭经营收入、工资性收入、财产性收入和转移性收入等 4 类。家庭经营收入（Household Business Income，*HBI*）是指农村住户以家庭为生产经营单位进行生产筹划和管理而获得的收入。工资性收入（Wages Income，*WI*）是指农村住户成员受雇于单位或个人，靠出卖劳动而获得的收入。财产性收入（Property Income，*PI*）是指金融资产或有形非生产性资产的所有者向其他机构单位提供资金或将有形非生产性资产供其支配，作为回报而从中获得的收入。转移性收入（Transfer Income，*TI*）是指农村住户和住户成员无须付出任何对应物而获得的货物、服务、资金或资产所有权等，一般是指农村住户在二次分配中的所有收入。

在 2013 年农业部对家庭农场的界定中，特别注明农业净收入占家庭农场总收益的 80%以上，即家庭农场的收入构成介于纯农户和第一兼业农户之间。在我国农村，第二兼业农户同城镇居民的收入差距相对较小，其收入水平同工业化和城镇化进程直接相关，核心问题是非农就业的稳定性。而传统意义上的纯农户和第一兼业农户同城镇居民的收入差距较大，这一群体中的部分农户有望在政策支持下，发展成为粮食生产型家庭农场，突破土地经营规模的约束，从而提高农业劳动生产率和收入。

（三）临界经营规模测算

1. 测算方法

考虑到测算农户未来经营规模的复杂性，对粮食生产型家庭农场的收入计算公式加以 3 点简化：

（1）以种植粮食作物为主的家庭农场，其主要收入来源为种粮收入。种粮现金收入是家庭经营收入中最主要的一种，农户在种粮的同时往往也有一定数量的庭院经济、畜禽养殖等产生收入的经营活动。这种格局富有劳动资源利用效率，在我国会长期存在。在具体分析时，其家庭经营收入可用种粮现金收入（Benefits for Grain Planting，*BGP*）乘以一个家庭经营系数（α）来代替，即：

$$\alpha = HBI \div BGP \qquad (1)$$

根据有关统计数据，以及研究者相关课题调研的一手数据[①]，将典型农户的家庭经营系数设定为1.2。

（2）根据粮食生产型家庭农场的概念界定，农户家庭成员没有非农就业的工资性收入。根据中国统计年鉴资料，财产性收入和转移性收入在农户纯收入中所占的比重较低，近年来约占农户纯收入的6%。

因此，本文分析中，将家庭经营收入、工资性收入、财产性收入和转移性收入合并在一起，将其与家庭经营收入之比设定为农业收入系数（β）。据有关统计资料和调研，将粮食生产型家庭农场的农业收入系数设为1.05。

$$\beta = (HBI + WI + PI + TI) \div HBI$$

（3）由于国家减免了农业税费，农户的非农业收入又显著低于个人所得税的起征点，故可以不考虑税费扣除项。

粮食生产型家庭农场的家庭纯收入可简化为以下表达式：

$$\begin{aligned} HNI &= HBI + WI + PI + TI \\ &= HBI \cdot \beta \\ &= BGP \cdot \alpha \cdot \beta \\ &= S \cdot (BGP_{PUA} + SGP) \cdot \gamma \cdot \alpha \cdot \beta \qquad (2) \end{aligned}$$

BGP_{PUA}：亩现金收益；SGP：种粮补贴（Subsidy for Grain Production）；γ：复种指数；FS：农户家庭人数（Family Size）。

缩小城乡收入的角度考虑，本文界定的临界经营规模（S^*），是指在该规模下，使家庭农场的人均纯收入（Farmers per Capita Net Income，FCI）接近2020年预测城镇居民收入水平（Urban per Capita Disposable Income，$UCDI$）。根据这一判断准则，2020年的临界经营规模计算公式推导如下：

$$FCI \approx UCDI$$

---

① 国家科技支撑计划课题（2009BAC62B04），作者2011—2012年对255户稻农家庭经营情况的调查，该调查问卷并未严格区分农户类型，在整理数据时发现，承包地面积10亩左右的农户通常会开展畜禽养殖副业，一般养殖10～30只鸡鸭和1～2头猪，其中部分畜禽产品销售变现，多数农户畜禽销售收入约相当于卖粮收入的15%～20%，也有少量农户养殖规模较大，养殖收入占家庭经营收入的1/3左右。

$$= HNI \div FS$$

$$= S^{*} \cdot (BGP_{PUA} + SGP) \cdot \gamma \cdot \alpha \cdot \beta \div FS \quad (3)$$

$$S^{*} = UCDI \cdot FS \div [(BGP_{PUA} + SGP) \cdot \gamma \cdot \alpha \cdot \beta] \quad (4)$$

根据上述计算公式，提高家庭农场的收入水平，应围绕其主要收入来源—粮食生产—进行讨论，即粮食生产的成本收益分析。种粮收益的影响因素较多，且各因素之间存在一定程度的不确定性，逐一研究需要投入大量的时间和精力。为了充分把握主要问题，做出以下的简化：

①单位面积现金收益水平保持稳定增长；②农业支持政策按某种方式加以固化；③农户的其他收入同其粮食生产收益保持某一稳定的比例关系，即收入系数设定为常数。

2. 城镇居民收入分析

为了尽可能地消除短期内的数据剧烈波动，本文从中长期发展历程抽取增长率数据。中国的城镇化进程从 20 世纪 90 年代开始加速，国内生产总值和城镇居民收入稳步提高，但城镇居民可支配收入的增长率低于 GDP 增长率。我国当前正面临着“转结构、调方式”的压力，国家已经将“十二五”时期的 GDP 增长率设定为 7%，从更注重经济增长速度转向更注重经济增长质量，并提出进一步调整收入分配结构，提高居民可支配收入。而以往五年规划实施的情况是，GDP 实际增长率通常比预计增长率高出 1～2 个百分点。同时，一些政府决策研究机构的报告也提出，自“十二五”时期至 2020 年，中国的 GDP 增长率维持 7%的水平是比较稳妥的。党的十八大报告明确提出，到 2020 年，实现国内生产总值和城乡居民人均收入比 2010 年翻一番，这是中央首次明确提出居民收入倍增目标。按照国家统计局的数据，2010 年，全国城镇居民人均收入 1.92 万元，翻一番就意味着到 2020 年城镇居民人均收入要达到 3.84 万元。[①]

基于这些因素，本文假定 2020 年城镇居民人均可支配收入取整为 38 400 元/人。本研究是基于目标年农民纯收入与城镇居民可支配收入

① 考虑到国家正在推进的收入分配体制改革，这是一个比较保守的估计。对于本研究来说，2020 年农户收入等于或者接近城镇居民可支配收入水平都具有相似的重要含义。

的比较来推算典型农户的经营规模，用名义价格和实际价格计算具有相同的经济含义，故预测各年的所有经济数据均以当年价计。

3. 粮食作物收益情况分析

典型农户的耕地以种植粮食作物为主。2004—2012 年来水稻、小麦和玉米三种粮食作物的平均每亩成本收益情况见表 1。在该表中，可以视作农户收入的即“现金收益”项。

现金收益＝产量×价格－（物质与服务费用＋雇工费用＋流转地租金）

该指标在数值上等于净利润加上家庭用工折价和自营地折租。因此，单产的变动、产品单价的变化以及现金支出性的成本变化均直接影响现金收益。

为明确起见，本文根据农户现金收益近年来的变动趋势外推 2020 年的数据。2003 年之前缺乏“现金收益”的统计数据，《全国农产品成本收益资料汇编》自 2004 年起设立了该项目。在表 1 中，2004 年的主要数据显著异于 2005 年数据，其中的缘由尚不得而知。而自 2005 年起各数据变化的趋势相对稳定。

表 1　三种粮食平均每亩成本收益情况

项目	单位	2004	2005	2006	2007	2008	2009	2010	2011	2012
主产品产量	千克	404.80	393.10	403.90	410.80	436.60	423.50	423.50	441.95	451.35
产值合计	元	591.95	547.60	599.86	666.24	748.81	792.76	899.84	1 041.92	1 104.82
总成本	元	395.45	425.02	444.90	481.06	562.42	600.41	672.67	791.16	936.42
净利润	元	196.50	122.58	154.96	185.18	186.39	192.35	227.17	250.76	168.40
现金成本	元	218.01	228.80	243.19	261.66	314.56	326.05	348.49	399.68	449.71
现金收益	元	373.94	318.80	356.67	404.58	434.25	466.71	551.35	642.24	655.11
成本利润率	%	49.69	28.84	34.83	38.49	33.14	32.04	33.77	31.70	17.98

资料来源：《2013 全国农产品成本收益资料汇编》。

2005—2012 年现金收益年均增长率为 10.84%，2004—2012 年现金收益年均增长率为 7.26%。从长周期来看，前者年均增长率数据明显过于乐观，而后者相对谨慎。本文将上述两个数据四舍五入取整后作为高增长率方案和低增长率方案，并提出一个适中增长率 9%，三种情形下 2020 年每亩现金收益见表 2。

表 2　粮食作物现金收益增长率方案设定和参数估计

方　案	年均增长率	2020 年亩现金收益（元/亩）
高增长率	11%	1 509
低增长率	7%	1 126
中增长率	9%	1 305

4. 临界经营规模测算结果

综合上述假定，查阅各种相关的统计年鉴和典型文献数据资料，我们拟根据以下参数测算 2020 年家庭农场的临界经营规模：

（1）粮食生产型家庭农场的家庭经营系数（α）设定为 1.2，收入系数（β）设定为 1.05。

（2）粮食生产的现金收益增长分为率高、中、低三个方案，增长率分别为 11%、9%和 7%。

（3）由于我国地域辽阔，区域间农业经营情况差别很大，分别考虑一年一熟（$\gamma_1=100\%$）和一年两熟区（$\gamma_2=200\%$）；而南方一年三熟制地区通常也是种 2 季粮食作物再加一季短生长期的其他作物，可参照一年两熟区。

（4）考虑到我国对农业尤其是对种粮的财政补贴具有显著作用，参照可能的较高补贴水平[①]，提出 3 种补贴方案：无补贴（取消补贴）、维持 140 元/亩补贴（课题组调研地区种粮补贴的平均水平）、按种粮现金收益的 30%补贴。

（5）以 2010 年全国城镇居民人均收入 1.92 万元为基数，翻一番 2020 年城镇居民收入取整为 38 400 元/人，这也是粮食生产型家庭农场

① 中国加入 WTO 有关于农业补贴的条款限制。根据 OECD 数据库的数据，2008 年 OECD 国家农业生产补贴率为农场毛收入（在本文中可理解为粮食产值）的 21%，中国为 9%，美国为 8%，日本为 48%。中国 2005 年以来单位面积补贴标准基本不变，但由于单位面积产值和现金收益水平不断提高，使粮食作物补贴占粮食产值的比例从 25%下降到 13%，对应的占现金收益的比例从 45%下降到 22%。中国作为 OECD 观察员国，若农业补贴率接近 OECD 国家平均水平，则粮食作物补贴占现金收益的比例可以达到 30%。

的人均收入水平目标。

（6）农户家庭人口数，2011 年乡村户数有 2.66 亿户，9.68 亿人，平均每户为 3.6 人[①]。而据《中国农村住户调查年鉴 2010》，2009 年农村家庭常住人口为 4 人/户，劳动力 2.9 人/户，人均耕地面积 2.26 亩。另外，农业部 2013 年调查发布的 2012 年平均每个家庭农场有劳动力 6.01 人，其中家庭成员 4.33 人，长期雇工 1.68 人。按照 2009 年农村调查住户的家庭常住人口与劳动力之比例，本研究取 2020 年粮食生产型家庭农场户均 5 人。

基于以上假定，粮食生产型家庭农场的临界经营规模计算结果见表 3。

表 3　2020 年临界经营规模

单位：亩/户

		无补贴	140 元补贴	30%补贴
2012 年	一年两熟	—	61	—
	一年一熟	—	122	—
	平均	—	94	—
2020 年低增长率	一年两熟	68	60	52
	一年一熟	135	120	104
	平均	101	90	78
2020 年高增长率	一年两熟	50	46	39
	一年一熟	101	92	78
	平均	76	69	58
2020 年中增长率	一年两熟	58	53	45
	一年一熟	117	105	90
	平均	88	79	67

就测算的现状临界经营规模而言，一年一熟制地区为 122 亩，一年两熟制地区为 61 亩。这一结论接近于农业部基于 2013 年调查数据提出

① 乡村户数数据来源于《中国统计年鉴 2012》，对比第二次全国农业普查关于 2006 年年底的数据，“农业生产经营户”占“乡村户数”的 79.21%。表明乡村户数的统计范围要大于农业生产经营户，若简单理解，在乡村户数中包括约 20%的与农业生产无关但居住在乡村的家庭，这类家庭的人口数量通常小于真正意义上的农户。

的一年一熟制地区为50～60亩，一年两熟制地区为100～120亩。但有几点情况必须加以说明。

（1）国家发改委《2013全国农产品成本收益资料汇编》是农业生产的平均数据，更多的体现了农户在自有承包地上的成本收益情况，而对依靠流转土地生产粮食的家庭农场的土地流转费用考虑不足，其2012年土地流转支出仅为21.81元/亩，这明显低估了土地流转费用，导致计算出的临界经营规模偏低。

（2）种粮补贴、农资综合补贴以及良种补贴等各类农业补贴按140元/亩计，主要是中央财政补贴。而地方政府往往也根据自身财力安排有一定数量的补贴，部分地区还有针对示范性家庭农场的奖励，由于没有充分考虑地方性补贴和奖励，将导致计算出的临界经营规模偏高。

（3）以上两点综合起来看，各地土地流转费用通常大于地方性补贴和奖励，因此计算的临界经营规模总体而言是偏低的。为弥补统计数据上的偏差，在本研究报告的第二部分，通过调研样本数据加以校正。

（4）根据第二次全国农业普查数据，2006年全国共有农业生产经营户20 016万户，其中从事种植业的农户有18 414万户，另有7万户从事种植业的农业生产经营单位，据此计算出种植业的平均经营规模为9.9亩。我们基于相关个案研究中得到的基本判断是，在东北等一年一熟制地区户均经营规模相对较大，经营面积为30～50亩/户的农户比例较高，但仍与122亩的临界经营规模相距甚远；而广大一年两熟制地区户均经营规模普遍较小，经营面积为5～8亩/户的农户比例较高。可见，即使让部分粮食生产型家庭农场达到临界经营规模，也还有很长的路要走。

（四）实现临界经营规模的家庭农场发展愿景目标

1. 我国粮食种植型家庭农场的几种发展情形

本研究关注的另一个问题是，基于临界经营规模，到2020年将有多少农户可以跻身粮食生产型家庭农场的行列。要回答这一问题，必须先对目标年的乡村人口和耕地总量作出判断。综合权威部门专家关于城市化及人口研究的预测结果①，本文取2020年的城市化水平为60%，总人口14.5亿，则农村人口为5.8亿，按户均3.6人计有1.61亿户②。国务院要求2020年耕地面积保有18亿亩③。在以上条件下，我们讨论可能达到临界经营规模的农户数（q^*）及其所占的比例，具体结果见表4。

$$q^* = [L - P(1-U)m]/(S^* - FS \cdot m) \quad (5)$$

式中：FS：农户家庭人数；L：耕地总面积；P：总人口数；U：城市化率；m：普通农户人均经营耕地面积；S^*：对应时期的临界经营规模。

表4　2020年可达到临界经营规模的家庭农场比例及户数估计

方案	无补贴	维持140元/亩补贴	按现金收益30%补贴
种粮现金收益高增长率	8%（1 358万户，76亩）	9%（1 512万户，69亩）	11%（1 842万户，58亩）
种粮现金收益低增长率	6%（995万户，101亩）	7%（1 127万户，90亩）	8%（1 319万户，78亩）
种粮现金收益中增长率	7%（1 155万户，88亩）	8%（1 301万户，79亩）	10%（1 563万户，67亩）

注：考虑普通农户维持人均1.5亩地的经营规模。

如果感兴趣，可以将不同种粮现金收益增长方案下的9种合理经营规模进行比较。本文限于篇幅，重点讨论3种情形：

（1）在种粮现金收益高增长方案下，且国家按照种粮现金收益的30%予以补贴，这是一种建立在农业现金收益水平高（市场有利）、补

---

① 国家发改委，世界银行．2030年的中国：建设现代、和谐、有创造力的高收入社会［R］．2012-2.

李平，江飞涛，王宏伟．2030年中国社会经济情景预测——兼论未来中国工业经济发展前景［J］．宏观经济研究，2011（6）．

② 比较谨慎的预测包括国务院发展研究中心“十五”计划课题组（2000年）的预测：2020年55%，2050年70%；国务院发展研究中心副主任韩俊预测2020年60%。全国总人口的预测数据存在较大差异：一种代表性观点是2030年达到峰值15亿；另一种观点是2020年达到峰值14亿～14.5亿，2030年下降到13亿。国务院办公厅《人口发展“十一五”和2020年规划》提出到2020年人口总量控制在14.5亿以内，本研究取14.5亿。

③ 《全国土地利用总体规划纲要（2006—2020年）》要求2020年全国耕地保有量为18.05亿亩，这一规划目标是刚性指标，已经受到一些学者和基层管理者质疑。2000年底我国保有耕地19.23亿亩，而2009年耕地面积18.25亿亩（此后的年度国土资源公报中再无耕地面积数据项），若按照这一递减速率，到2020年保有18.05亿亩耕地的目标将难以实现。

贴力度大（政策有利）前提下的特殊情形，与此相对应的临界经营规模仅需58亩，最多可以保障11%的农户达到临界经营规模。如此有利的市场形势可遇不可求，实现的可能性不会高。

（2）在种粮现金收益中增长方案下，且国家按照种粮现金收益的30%予以补贴，可以保障约1/10的农户达到67亩的临界经营规模。这是一种建立在农业收益水平较高（市场条件一般）、补贴力度大（政策有利）的情形。若国家下决心调整工农业产品价格体系，保障种子、农资等投入物价格涨幅不高于粮食等农产品价格涨幅，并通过多种渠道加大对农业生产经营者的补贴扶持，则有望成为一种比较理想的发展愿景。

（3）在种粮现金收益低增长方案下，且国家维持目前补贴，这是一种建立在农业现金收益增长水平低（市场不利）、但政府补贴逐步式微（政策不利）的情形，与此相对应的临界经营规模为90亩，则最多可保障约7%的农户达到临界经营规模。在目前的农产品价格和农业投入物价格决定机制下，如果不改变粮食补贴按照承包地面积大小且按户头发放的方式，或许是发生概率最高的一种情形。

我们自然希望实现临界经营规模的农户越多越好，然而，仅根据愿望提出一个超越人地关系约束的不切实际的发展目标将毫无意义。为此，不妨从国际比较中，探寻适合中国人地关系的适宜发展目标。

2. 农户经营规模和收入的国际比较

主要发达国家在20世纪80年代以后基本实现了城乡收入的均等化，部分国家农户的纯收入甚至高于城市居民的收入。下表列举了主要发达国家在1995年的户均经营耕地面积和2000年的平均农场规模数据。

表5　主要发达国家农户经营规模比较

单位：公顷

项目	美国	加拿大	英国	法国	德国	荷兰	意大利	日本
户均耕地（1995年）[a]	97	—	25	25	21	—	4	1.1
平均农场规模（2000年）[b]	197*	242*	70	41.7	32.1	18.6	6.4	1.2*

注：*为1990年数据。

资料来源：a. 见速水佑次郎，2003；b. 见乔瓦尼·费德里科，2011。

从世界范围看，各国的农场规模差异巨大，在第二次世界大战以后，“富裕”国家农场规模扩大和“贫穷”国家农场规模缩小的反差日益明显；而且尽管各国家庭农场份额存在巨大差异，但家庭农场的份额是不断上升的（乔瓦尼·费德里科，2011）。在这些发达国家中，美、加、英、法等国人少地多，而日本的人地关系同中国最接近，日本农业规模经营发展变化历程的经验对我国有一定借鉴意义。

尽管我国与人少地多的美国在土地等自然资源上缺乏可比性，但美国对家庭农场高强度的转移支付政策还是可供参考借鉴的。在20世纪90年代中期，农场家庭收入已经持续超过全国家庭收入的平均水平；2002年美国农场家庭收入达到65 757美元，全国家庭收入仅为57 852美元，前者是后者的114%。20世纪90年代以来美国政府对农业的直接支付占农业净收入的比重基本占1/4，其中最高的2000年达到48%（田桂山，2013）。若参照美国对农业的补贴水平，则我国可将临界经营规模达67亩（对应种粮现金收益中增长、按照种粮现金收益的30%补贴）的农户数占全国农户总数的10%（约1 500万户）作为2020年的发展愿景。相较而言，这无疑是一个富有吸引力的发展愿景。

值得一提的是，日本在20世纪70—80年代逐步消除了城乡收入差距，当时日本正好经历了城市化加速期，城市化水平达到70%，而2020年也将是中国城市化水平冲高到60%的发展阶段。对应于本文所指的家庭农场，日本20世纪70年代以来的专业户约占农户总数的15%，其中自立经营农户[①]的比例在5%～7%徘徊。实际上，日本政府一直试图提高农户土地经营规模，鼓励农地向专业户——“认定农业生产者”集中，2001年底日本农户数约324万户，当年“认定农业生产者”达到了17.8万户（占5.5%），其中经营规模在5公顷以上的有4.58万户（范怀超，2010）。值得注意的是，在这一状态下，日本农户的平均收入水平赶上并反超了城市居民收入水平，这是否意味着在类似日本这样人多地少的国家中，足以自立经营的专业农户占农户比重的

① 日本国1961年制定的《农业基本法》第15条定义自立经营是指“能够获得与其他产业劳动者基本均衡的收入，享受同等生活水准的家庭农业经营体。”

5%～7%是一个相对稳定的状态。若以日本为参照，我国可将临界经营规模达 90 亩（对应种粮现金收益低增长、维持 140 元/亩补贴）的农户数占全国农户总数的 7%（约 1100 万户）作为 2020 年的发展愿景。

表 6　日本历史上农户经营规模的变化情况

年份	户均经营规模（公顷）	农户/城市家庭收入比（%）	专业户：一兼户：二兼户	自立经营农户的比例（%）	自立经营农户临界经营规模（公顷）
1960	1.0	70	34：34：32	9	2.3
1970	1.1	94	16：34：50	7	3.5
1980	1.2	116	13：21：65	5	5.5
1990	1.4	121	15：14：71	7	7.2
1995	1.5	—	16：15：69	—	—
1997	—	—	—	5	8.6
1998	—	105	—	—	—

资料来源：速水佑次郎，2003。

（五）实现 2020 年发展愿景的讨论

2020 年临界经营规模为 90 亩的粮食生产型家庭农场能否达到1 100万户，根本上取决于五个因素：一是工业化和城市化进程，二是土地流转的进程，三是粮食生产的收益水平，四是农业支持政策，五是对家庭农场适度经营规模的区间限制。只有这五个问题顺利解决，大量农村人口才能转变为城镇人口，才能缓解人地关系，实现农业适度规模经营。

（1）国家倡导的新型工业化和城镇化有利于实现农业人口的转移。对于工业化和城市化，国内研究较多，地方政府的实际操作方案也较丰富，属于国内政策相对容易控制的因素。然而，既往的工业化和城市化模式在吸纳转移农业人口和占用农地方面出现了不协调的倾向，即饱受诟病的土地城市化进程快于人口城市化进程。为扭转这一态势，李克强总理（2013）强调："新型城镇化，是以人为核心的城镇化……必须和农业现代化相辅相成，要保住耕地红线，保障粮食安全，保护农民利益"。若新型城市化的指导思想得以有效贯彻实施，则有望缓解农村人地矛盾，营造有利于家庭农场发展的宏观环境。

（2）农村土地“三权分离”，有利于土地经营权流转，但实施过程中仍然有很多难题。由于中国人多地少的客观条件，在特殊发展环境下建立起来的农村集体土地所有制和家庭联产承包责任制，以及农户家庭在子女成家分户的同时均分土地，农户经营土地面积普遍较小且地块分散。我国20世纪50—70年代的农户家庭通常养育了较多的子女，直至1979年开始国家推行独生子女政策。1983年前后全国基本完成分田到户，此后子女纷纷成家，与父母分户时要求均分承包土地成为普遍现象①。农户家庭的分户分地产生了3个结果，一是乡村户数持续增加，全国乡村户数从1983年的1.85亿户增加到2011年的2.66亿户；二是农户家庭小型化，家庭人口从1983年的4.51人/户增加到2011年的3.64人/户；三是农户家庭经营土地面积从1983年的8.7亩/户下降到2003年的7.4亩/户，此后才逐步稳定并有所回升②。据农业部统计，截至2013年底，全国承包耕地流转面积3.4亿亩，是2008年年底的3.1倍，流转比例达到26%，比2008年年底提高17.1个百分点。经营面积在50亩以上的专业大户超过287万户，家庭农场超过87万个。与前文考虑普通农户维持人均1.5亩地的经营规模相对应的土地流转比例应达到55%，承包耕地流转面积超10亿亩，这无疑是一项艰巨的任务。

（3）未来粮食生产的收益水平不太乐观。对于普通农户而言，粮食生产的收益水平则受国际粮食市场影响大，属于国内政策难以有效控制的因素。然而，近十年来全球粮食生产受到气候变化的影响加大，且生物质能源产业的发展助推国际粮食价格上升。波及中国，国内稻谷最低收购价执行预案自2004年发布以来，已接近价格翻倍。若这一状态延续至2020年，则粮食价格上涨的概率和幅度或许会超过预期，这对提

① 这与奉行长子继承制的国家（如英国）在维持土地经营规模方面具有不同的效果。日本也长期采用嫡长子继承制，现在的日本民法虽然规定各子女可平均继承父母遗产，但仍有不少农户让长子继承全部土地，这一习惯性做法客观上起到了遏制农户经营耕地面积进一步缩小的趋势。

② 2003年户均经营土地面积停止下降，可能有两个原因。一是多数地方在2003年前后完成二轮土地延包，国家强调在承包期内不得随意调整承包地。二是距离1979年实行独生子女政策24年，独生子女与父母分户的欲望不强；即使有些独生子女选择与父母分户，但这些“80后”“90后”鲜有愿意在农村种地的，分地的可能性极低。

高粮食生产型家庭农场的收入未尝不是一件好事。但对于需要通过土地流转形成规模的家庭农场而言，除了国际粮价对国内粮价的传导影响之外，还有一个在生产成本中占据重大比重的土地流转费用。近几年土地流转价格迅速上涨，极大地蚕食了家庭农场种粮的收益空间。

（4）农业支持政策有一定的调整空间。农业支持政策则既受到国际贸易规则的约束，又必须考虑国内实际情况。从当前的情形看，国内呈现出继续增强对农业支持的政策导向，但一方面受到 WTO 规则对农产品价格支持政策的限制，另一方面国内粮食直补政策已演变为对以农户身份承包耕地的收入支持，耕地的实际经营者不一定获得种粮支持。新增补贴支持经营者，则既需要考虑欧盟和美国的潜在反应，又要考虑土地流出方可能提出的分享甚至独占要求。

（5）对适度经营规模的区间限制，本身就是扶持政策的一部分，部分地方政府或许更偏爱人为垒大户，而这恰恰是农业部要求避免的倾向。若国家能够设定明确的适度经营规模的区间范围，并严格限制家庭农场经营的土地面积超过区间的上限，则可以有更多农户发展为家庭农场。反之，若任由家庭农场扩张经营规模，从临界经营规模（90 亩）的小农场发展为成千上万亩土地的巨型农场，则 1 个千亩农场就挤占 10 个百亩农场。基于调研访谈获取的信息，本研究认为，相对于前 4 个因素，试图对家庭农场实行规模控制是最难实现的。

综合而言，本研究持审慎的态度预期，以 90 亩作为 2020 年的临界经营规模，届时培育出 300 万户粮食生产型家庭农场，也是一项富有挑战性的工作。

二、家庭农场经营情况调查问卷分析

（一）调研样本简介

1. 样本地区分布

根据研究计划，选择了上海市和湖北省作为重点调研省市。作为传统的粮食生产大省，湖北家庭农场风生水起，中央新闻媒体多次报道该省家庭农场发展情况，而上海市平均经营规模 100 亩的家庭农场的报道也很多，学术界和政府部门在对上海市家庭农场取得的成就肯定的同时，也对其普适性有疑问。为了进行横向比较，课题组在山东省禹城市、广东省化州市和浙江省嘉兴市选择了少量农户和新型农业经营主体访谈。

表7　调研样本分布及种植作物

地区	样本数	主要作物	备　注
湖北	45	水稻（玉米）＋小麦（油菜）	22户登记或认定为家庭农场
上海	10	水稻＋小麦（绿肥），蔬果	10均认定为家庭农场
山东	6	玉米＋蔬菜	3户为大户，1户认定为家庭农场
广东	4	两季水稻＋蔬菜	4户均为大户，3户认定为家庭农场
浙江	3	水稻＋小麦，蔬果	3户均注册为公司的家庭农场

2. 样本户年龄分布

68户受访农户的年龄分布如下图所示。

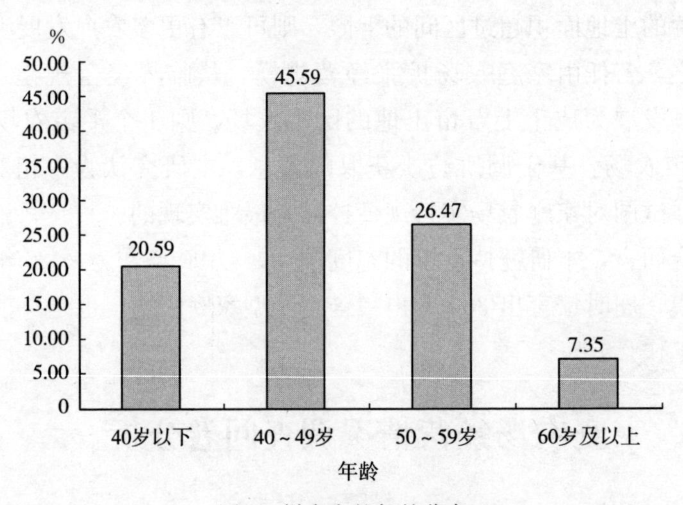

图1　样本户的年龄分布

相对于第二次全国农业普查数据（40岁以下占44.5%，41～50岁占23.1%，51岁以上占32.5%），本调研68名家庭农场主的年龄结构略显老化，约1/3受访农户的年龄超过50岁，接近半数的受访农户年龄在40～50岁，另有1/5的低于40岁。家庭农场等新型农业经营主体作为未来我国农业生产的主力军，需要应对农业从业者老龄化的问题。

3. 样本户受教育水平

半数受访农户的教育水平在初中及以下，约 1/3 为高中或中专，另有约 1/10 为接受高等教育的新型农民。对比第二次全国农业普查数据（文盲占 9.5%，小学占 41.1%，初中占 45.1%，高中占 4.1%，大专及以上占 0.2%），家庭农场主的受教育水平显著高于普通农户。在湖北省的 45 名家庭农场主中，有 1 名 27 岁的女家庭农场主拥有大学本科学历，1 名 30 岁的家庭农场主拥有本科学历，1 名 40 岁的家庭农场主拥有专科学历；嘉兴市甚至还有 1 名 38 岁的海归农场主。受过良好教育的新型青年农民开始走上推动现代农业发展的舞台，成为令人关注而兴奋的亮点。但仍然有半数的家庭农场主只有初中及以下教育水平，对这些家庭农场主，需要推出合适的农业教育培训。

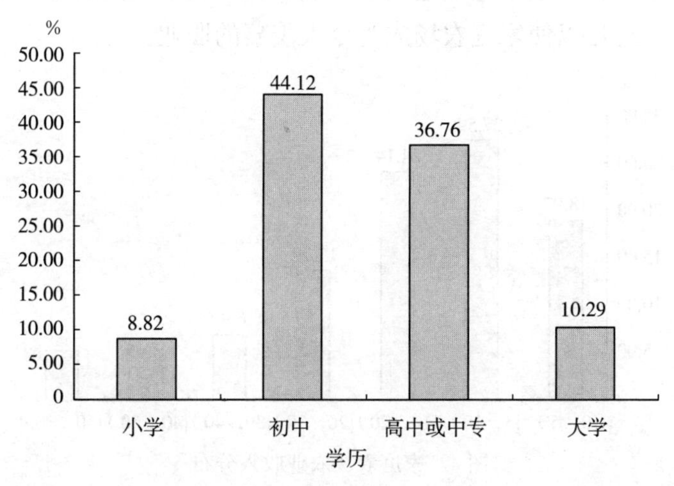

图 2　样本户的教育水平分布

4. 样本户经营规模分布

68 户家庭农场平均经营规模 256 亩。50 亩以下的家庭农场基本上是种养结合型的，超过样本总数的 1/5。以种植粮食为主的家庭农场，经营规模集中在 50～200 亩，另有 1/4 的家庭农场经营规模超过 200 亩。有 5 户超过 1 000 亩土地，最大的家庭农场（与合作社合一）经营面积达到 3 000 亩。

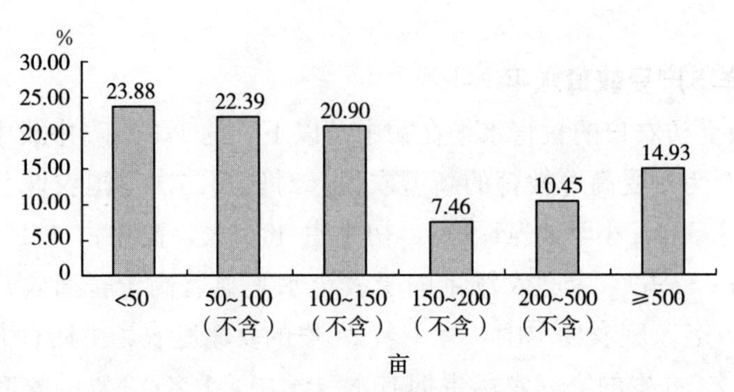

图 3　家庭农场的经营规模分布

5. 家庭农场的农业收入水平

家庭农场的农业收入集中在 5 万～20 万元，也不乏年纯收入接近 100 万的超级家庭农场。结合所在地城镇居民收入水平，可以认为大多数家庭农场的收入水平毫不逊色于城镇居民，更是大大高于普通农户的收入水平，这足以使家庭农场成为令人羡慕的职业。

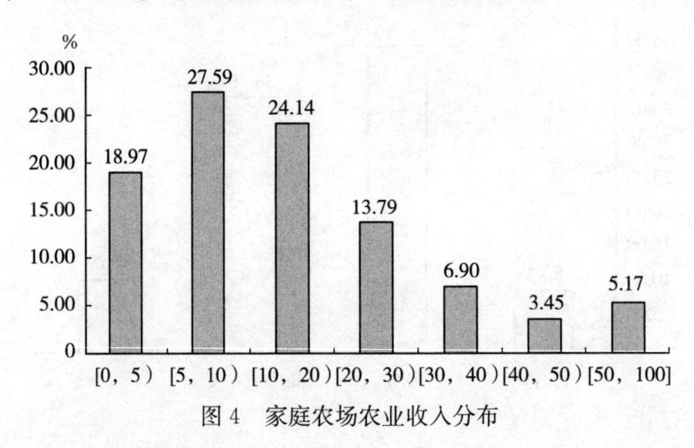

图 4　家庭农场农业收入分布

（二）不同规模的产出水平

1. 农产品单产

推动我国农业适度规模经营已经渐成共识，而对于多大规模算作适度，研究虽多但结论各异。本调研样本数较小，虽不足以作出有说服力的计量判断，但仍然可以发现一些有价值的信息。

（1）样本户平均单产为水稻 561 千克/亩（扣除其中一户水稻制种家庭农场，635 亩稻田，单产仅 120 千克/亩），小麦 384 千克/亩，玉米 499 千克/亩，油菜籽 129 千克/亩。

（2）经营土地面积超过 500 亩的家庭农场，其农作物单产在平均水平上下窄幅变动，即大规模家庭农场的单产水平趋于稳定在平均水平。

（3）经营面积在 100 亩左右的家庭农场，其农作物单产水平围绕平均产量大幅度变动，即变异系数大，这暗含着经营规模大小或许不是单产高低的决定因素。

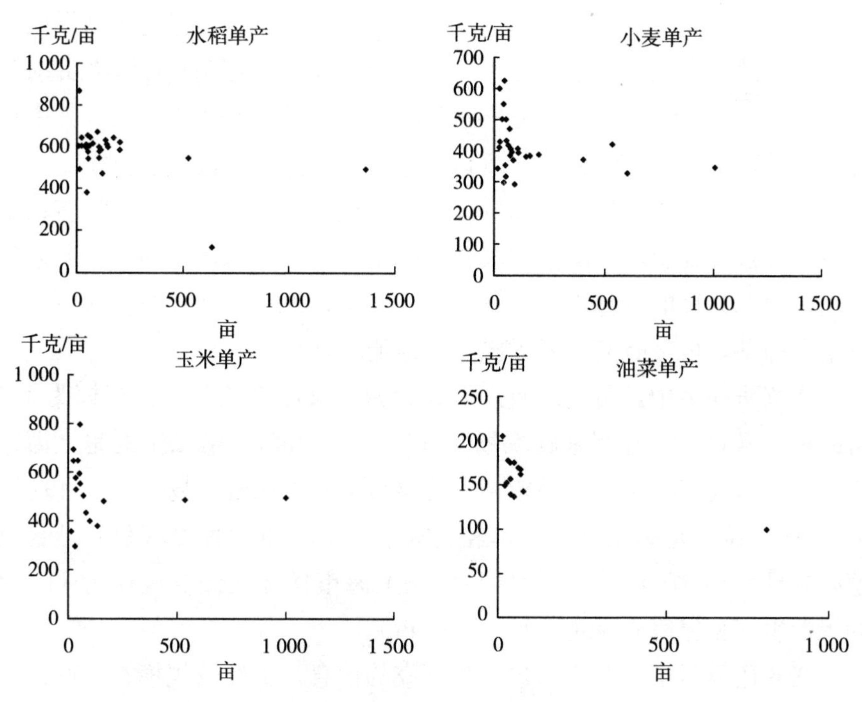

图 5　主要农作物在不同经营规模下的单产水平

2. 农业净收入

剔除一些不是粮食主导的家庭农场后，余下 44 户以种粮为主（含单纯种粮、种养结合、粮食和蔬菜瓜果结合等）的家庭农场，将农业纯收入分摊到土地面积上，得到不同规模家庭农场的亩均农业收入水平（图 6）。

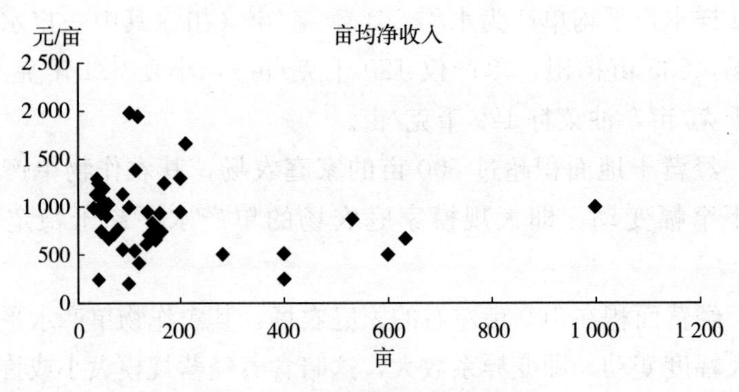

图 6　不同规模的亩均净收入

不同经营规模的家庭农场亩均净收入平均为 823 元。这一结果同国家发改委的农产品成本收益资料数据有差异，2013 年四大作物亩均产值是 1 039 元，亩均现金费用 357 元，亩均现金收益是 682 元（其中稻谷 844 元，玉米是 728 元，小麦 508 元，大豆只有 433 元）。在 357 元的亩均现金费用中，主要是物资投入品和机械服务等，而土地流转租金极少。有必要说明，①国家发改委数据是按播种面积计算的，本调研是按土地面积计算的（包含 2 季作物）；②国家发改委数据不包括各类农业生产补贴，也没有充分考虑扣除土地流转费用。

在调研样本中，亩均净收入最高的为上海市松江区经营规模为 101 亩的种养（猪）结合型家庭农场主（1 980 元/亩），第二位的是上海市金山区经营规模为 118 亩的粮经（蔬菜瓜果）型家庭农场主（1 949 元/亩），第三位的是湖北省宜昌市经营规模为 210 亩的种养（鱼）结合型家庭农场（1 667 元/亩），第四位的是上海市松江区经营规模为 115 亩的粮食生产型家庭农场主（1 391 元/亩）。

图 6 还显示了一些值得进一步研究的信息。①经营规模在 200 亩以下的家庭农场，亩均纯收入在 250 元到 1 980 元的范围内宽幅波动，既有单产高低的因素，也有土地流转价格高低不同的因素，还有用工量的因素。②经营规模在 400 亩以上的家庭农场，其亩均纯收入在 500～1 000元的范围内波动，幅度远小于 200 亩以下的家庭农场，是否意味着规模越大，越容易达到成本收益的平衡点？③所谓的规模经济在农业生产上可能不明显。但由于样本量不足，本研究难以从计量经济学的角

度进一步探讨这些问题。

（三）家庭农场经营中面对的突出问题

受访家庭农场主认为其在经营过程中面对的突出问题如图 7 所示。总体而言，生产资金匮乏、贷款难是最主要的问题，农产品价格低且波动大是排在第 2 位的问题，接下来是家庭农业劳动力不足和土地流转方面的问题。

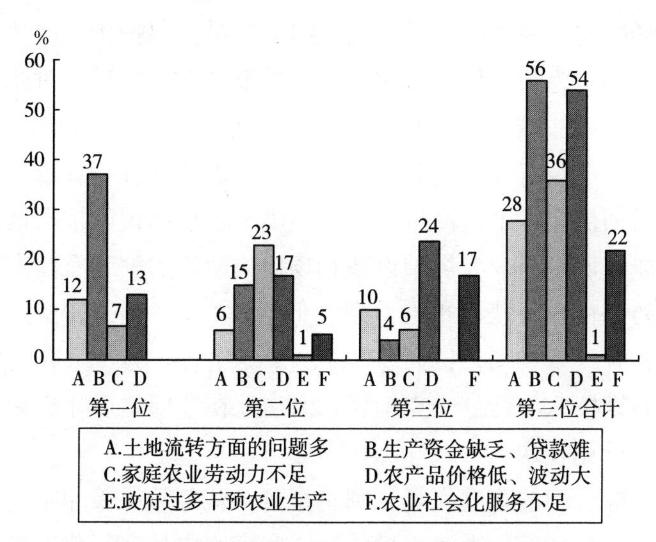

图 7 家庭农场经营过程中面对的突出问题

1. 农业贷款难

一是贷款申请难，在 68 份问卷中，只有 14 户（20.59%）从信用社或银行等金融机构获得了贷款；二是贷款额度很低，以 3～5 万元居多，最多的一户贷款 60 万元（以其负责运营的合作社资产抵押担保）；三是贷款利息高，贷款年利率最低的为 9.8%，高的达到 15%。

另外，根据访谈获得信息来判断，不同规模和类型的家庭农场在资金需求方面有差异。一是从经营规模看，100 亩左右的以种植粮食为主的家庭农场，生产投入资金大约在 5～6 万元（土地流转费通常是收获后支付，不占用生产投入资金），依靠家庭收入基本可以满足农业生产的资金需求；而经营规模超过 200 亩的粮食生产型家庭农场，其家庭自有资金则难以满足农业生产需要，迫切需要向金融机构申请贷款。二是家庭农场的经营类型不同，资金需求也不一样。除了种植粮食之外，还发展养殖、蔬菜瓜果等多种经营的家庭农场，对资金需求大。

2. 农产品价格低且波动大

总体而言，相对于畜禽产品和蔬菜瓜果等农产品，粮食的价格相对稳定。尽管我国国内的粮食价格比国际市场上的价格高，但粮食价格仍然达部到广大农民的期望。调研地区近几年的水稻、小麦和玉米等粮食作物的市场收购价格基本上低于国家制定的最低保护价，但并没有在收获时立即启动实施最低保护价收购。小规模经营的农民，对此只能选择容忍，并采取办法减少销售收入损失，如不烘干直接将粮食售卖给商贩。而具备一定经营规模的家庭农场主，则进退维谷，农场主要么自行烘干粮食后伺机卖一个较高价，要么不烘干粮食由粮站根据抽检除水除杂率折算成较低价格。在烘干设备和场地均缺乏的湖北宜昌市，家庭农场主为了防范粮食收获后霉烂，通常低价卖粮，一家庭农场 89 亩 6 万多千克的稻谷（中籼稻）按照 2.54 元/千克销售，另一家庭农场 50 亩 3 万千克稻谷则按 2.40 元/千克销售，而当地在 2 周之后才启动最低保护价 2.70 元/千克收购。

而一些综合型的家庭农场，则对畜禽、蔬菜瓜果等非粮食类农产品价格的波动十分敏感。上海市松江区一些家庭农场实行代养模式，家庭农场按照龙头企业的要求养殖，每头生猪收取 50～80 元不等的代养费，收入有保障。而湖北宜昌、广东茂名、浙江嘉兴等地的家庭农场则必须自己负责销售，生猪的市场价格波动对其经营收入产生了很大影响，通常是第一年挣钱，第二年赔本，价格波动带来的风险很大。但蔬菜瓜果类农产品，不耐储藏，价格波动大的特点，对家庭农场的营销能力提出了很大的挑战。

3. 农业劳动力不足

68 户家庭农场共有家庭农业劳动力 176 人，户均 2.59 人。农忙季节临时性雇工 7 662 个。还有 19 户家庭农场常年雇工 146 人，其中 1 户雇工总数达 57 人，家庭农场主既是合作社骨干，又是企业家，分不清究竟有多少人是为家庭农场雇用的，严格地讲，这一户不符合家庭农场主要收入来源是农业收入的规定。将其剔除后，则 18 户家庭农场常年雇工 89 人。

家庭农场主对农业劳动力不足的认识，与学术界讨论的农业劳动力不足可能是一个问题的两个方面。学术界担心的是合格农业经营者的数量，“386199”部队是他们对农业经营者素质不高的形象称谓。而家庭农场主们普遍认为自身是个合格的农业经营者，农业生产经验丰富，缺乏的是能够吃苦干活的雇工，担心的是雇工价格不断上涨。在广东的调研，常年雇工的价格已经超过 2 000 元/月，临时性雇工的价格维持在大约 100 元/天；上海市远郊的金山区，临时性雇工已普遍超过 150 元/天，种植蔬菜的技术性雇工达到 200 元/天；即使在中西部地区的湖北省宜昌市，临时性雇工也达到 120～150 元/天的水平。只要家庭农场肯按照当地的雇工行情的高位值，找人干活还是比较容易的。

4. 土地流转问题

大量的文献表明，发展新型农业经营主体，推动土地适度规模经营，土地流转不畅是瓶颈。而本调研中，土地流转问题不是家庭农场最关注的问题，着实令人感到意外。

在经过反复思考并参加相关研讨会后，渐渐发现问题所在：调研对象是家庭农场主，这些人主要由以下群体构成。①家庭承包地面积较大，在 90 年代中后期农民抛荒进城的特殊年代，接收了一些村民不耕种的土地，在二轮延包时纳入自己名下，依靠自己的承包地就足以达到家庭农场的经营规模，根本就不需要流转他人土地；②最早一批成功流转土地的人，通常是当地农村的能人，有能力整合各种社会资源，土地流转自然不再是其关注的主要问题；③经过国家近几年对土地流转工作的推进和规范，各地基本建立了土地流转平台，通过这一平台，普通农户流转土地也大为便利。

尽管土地流转不是主要问题，但毕竟还是提及率很高的问题。家庭农场主关注的重点不是土地流转的数量，而是土地流转的价格。以湖北宜昌为例，2004 年之前免费流转土地给亲戚耕种很常见，2004 年之后水土条件不好的台坡地一般按照 100～120 元/亩的标准流转，但一些水土条件适宜种植粮食的土地要求 500 元/亩并且继续占有农业补贴。另外，在上海市郊区，依靠土地流转种植粮食的家庭农场，土地流转费用偏高，一般为 900 元/亩，分摊到稻谷和麦子两季作物上，约占到其生产成本的一半，家庭农场主要求政府控制土地流转价格的呼声很高。

（四）家庭农场主的期望经营规模

1. 期望达到的经营规模分布

在调研样本户中，期望达到的经营规模以 100～199 亩的为最多，占 41.79%，其次是 200～299 亩，占 14.93%，这两个区间占到总数的一半以上。对比图 3 可以发现，期望扩大经营规模到 100～199 亩的人群，主要来源于现状经营规模低于 100 亩的家庭农场，100 亩整数关是很多农民的理想目标。

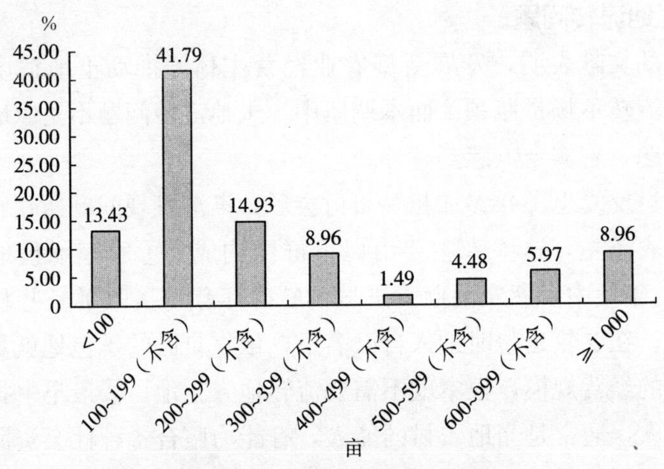

图 8　家庭农场主期望达到的经营规模分布

家庭农场对待经营规模，有棘轮效应，容易往上增加，而难以下调。有 48 户期望进一步扩大土地经营规模，占 70.59%；有 19 户家庭农场希望维持现状规模不变，占 27.94%；只有 1 户家庭农场主期望减少经营面积，该家庭农场是湖北省宜昌市种养结合型家庭农场，自己家庭拥有 320 亩林权，60 亩承包地，并口头协议流转了 20 亩耕地，由于流转土地不适合机械化作业，原土地承包人又要求不断增加租金，家庭农场主决定退还 20 亩流转土地。

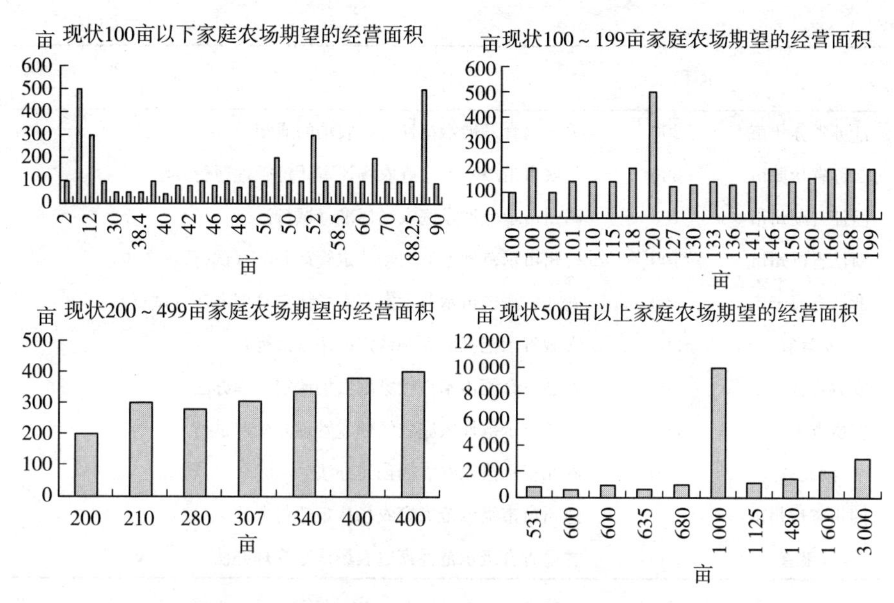

图 9　不同现状规模家庭农场主期望达到的经营规模

2. 适度（合理）经营规模与期望经营规模有差异

在 2014 年 2 月《农业部关于促进家庭农场发展的指导意见》指出，“家庭农场经营规模适度，种养规模与家庭成员的劳动生产能力和经营管理能力相适应，符合当地确定的规模经营标准，收入水平能与当地城镇居民相当，实现较高的土地产出率、劳动生产率和资源利用率。”2014 年 11 月国家《关于引导农村土地经营权有序流转发展农业适度规模经营的意见》对于合理经营规模有如下指导意见：“对土地经营规模相当于当地户均承包地面积 10～15 倍、务农收入相当于当地二、三产业务工收入的，应当给予重点扶持”。部分地区提出的适度经营规模见表 8 和表 9，基于统计数据测算的分省粮食生产家庭农场临界经营规模见表 10。

表 8　部分地区示范性粮食生产家庭农场认定标准

	面积（亩）	来　源
吉林省吉林市	100	吉林市示范性家庭农场标准
山东省泰安市	50	泰安市示范性家庭农场认定管理办法（试行）
河南省郑州市	100	郑州市示范家庭农场认定管理暂行办法

（续）

	面积（亩）	来　源
江苏省苏州市	200	关于培育发展示范性家庭农场的通知
江苏省盐城市	300	盐城市市级示范家庭农场评审认定管理暂行办法
浙江省湖州市	100	湖州市示范性家庭农场标准（试行）
浙江省杭州市	100	杭州市示范性家庭农场认定管理办法（试行）
浙江省海宁市	100	浙江省海宁市示范性家庭农场认定管理办法（试行）
安徽省	200	安徽省示范家庭农场认定办法（试行）
安徽省合肥市	300	安徽省合肥市示范性家庭农场认定管理办法
安徽省天长市	300	天长市示范性家庭农场创建管理办法（试行）
湖北省	200	湖北省示范家庭农场创建办法
四川省达州市	200	达州市市级示范家庭农场认定暂行办法
甘肃省	200	甘肃省省级示范性家庭农场认定管理办法

表 9　部分地区粮食生产家庭农场认定标准

	面积（亩）	来　源
辽宁省辽阳市	2000	辽阳市关于扶持种粮大户发展家庭农场的意见
吉林省白城市	225～1500	白城市人民政府关于发展家庭农场的指导意见
河北省石家庄市	50	石家庄市人民政府关于加快推进家庭农场发展的意见（试行）
河北省保定市	200	保定市人民政府关于支持发展家庭农场的意见（试行）
山东省济南市	200	济南市农业局关于印发《国家对种粮大户、种粮家庭农场和种粮合作社扶持政策解答》宣传材料的通知
山东省高密市	小型 100 中型 200 大型 500	高密市家庭农场（种植业）认定标准
河南省安阳市	100	安阳市家庭农场认定暂行办法
江苏省南京市	50	南京市家庭农场登记办法（试行）
江苏省无锡市	50	江苏省无锡市家庭农场认定暂行办法
上海市松江区	80～150	松江区关于进一步巩固家庭农场发展的指导意见
上海市金山区	100～200	上海市金山区关于发展粮食生产家庭农场的试点意见
上海市崇明县	100	关于我县加快发展家庭农场的实施意见

（续）

	面积（亩）	来　源
湖南省	100	湖南省关于开展家庭农场登记工作的意见
湖北省	50	湖北省工商局省农业厅关于做好家庭农场登记注册管理工作的意见
湖北省宜昌市	100	宜昌市家庭农场认定标准和登记注册办法（试行）
湖北省襄阳市	100	襄阳市家庭农场认定标准和登记注册办法（试行）
安徽省安庆市	200	安庆市家庭农场认定和登记注册试行办法
安徽省凤阳县	100	安徽省凤阳县家庭农场认定管理办法（试行）
安徽省界首市	100	安徽省界首市家庭农场认定管理办法（试行）
安徽省宿州市	小型 100 中型 200 大型 500	宿州市家庭农场认定管理暂行办法
重庆市	一年两熟 50 一年一熟 100	重庆市农委《关于培育发展家庭农场的指导性意见》
山西省	小麦 50， 玉米杂粮 100	山西省农业厅关于认定家庭农场的暂行意见
陕西省	100，陕北 200	陕西省家庭农场认定办法（试行）
云南省丽江市	50	丽江市家庭农场认定标准
福建省漳州市	50	关于鼓励扶持家庭农场发展的若干意见（试行）

表 10　基于统计数据测算的分省粮食生产家庭农场临界经营规模

	2012 城镇居民收入	2012 农民人均纯收入	家庭经营收入占比	家庭农场人数	耕地面积	复种指数	农户人均经营耕地面积	临界经营规模
	元/人	元/人	%	人	万亩	/	亩/人	亩
全国	24 565	7 917	44.63	5.00	182 574	1.31	2.34	94
北京	36 469	16 476	8.00	3.65	348	1.22	0.50	109
天津	29 626	14 026	29.42	3.65	662	1.09	1.58	99
河北	20 543	8 081	40.27	3.65	9 476	1.39	1.89	54
山西	20 412	6 357	36.72	3.96	6 084	0.94	2.50	86
内蒙古	23 150	7 611	61.61	4.17	10 721	1.00	10.40	96
辽宁	23 223	9 384	50.98	3.32	6 128	1.03	3.78	75

（续）

	2012城镇居民收入	2012农民人均纯收入	家庭经营收入占比	家庭农场人数	耕地面积	复种指数	农户人均经营耕地面积	临界经营规模
	元/人	元/人	%	人	万亩	/	亩/人	亩
吉林	20 208	8 598	65.34	3.32	8 302	0.96	8.27	70
黑龙江	17 710	8 604	63.15	3.32	17 745	1.03	13.56	57
上海	40 188	17 804	5.07	3.65	366	1.59	0.26	92
江苏	29 677	12 202	31.75	3.65	7 146	1.61	1.25	67
浙江	34 550	14 552	36.36	3.65	2 882	1.21	0.54	104
安徽	21 024	7 161	45.61	3.96	8 595	1.57	1.89	53
福建	28 055	9 967	45.85	3.65	1 995	1.70	0.73	60
江西	19 860	7 829	47.80	3.96	4 241	1.95	1.57	40
山东	25 755	9 447	44.83	3.65	11 273	1.45	1.64	65
河南	20 443	7 525	52.80	3.96	11 890	1.80	1.62	45
湖北	20 840	7 852	52.52	3.96	6 996	1.73	1.71	48
湖南	21 319	7 440	39.02	3.96	5 684	2.25	1.22	38
广东	30 227	10 543	24.34	3.65	4 246	1.64	0.53	67
广西	21 243	6 008	53.84	4.17	6 326	1.44	1.37	61
海南	20 918	7 408	56.46	3.65	1 091	1.17	0.73	65
重庆	22 968	7 383	40.30	4.17	3 354	1.56	1.29	61
四川	20 307	7 001	42.92	4.17	8 921	1.62	1.14	52
贵州	18 701	4 753	47.32	4.17	6 728	1.16	1.18	67
云南	21 075	5 417	61.44	4.17	9 108	1.14	1.60	77
西藏	18 028	5 719	64.32	4.17	542	0.67	1.89	111
陕西	20 734	5 763	39.82	4.17	6 076	1.05	1.52	82
甘肃	17 157	4 507	46.92	4.17	6 988	0.88	2.72	81
青海	17 567	5 364	41.42	4.17	814	1.02	1.83	72
宁夏	19 831	6 180	49.70	4.17	1 661	1.12	3.69	74
新疆	17 921	6 394	66.30	4.17	6 187	1.24	5.76	60

若按照“种养规模与家庭成员的劳动生产能力和经营管理能力相适应”这一要求来看，粮食生产型家庭农场的适度经营规模在120亩左右。就本调研样本来分析计算，对于家庭劳动力和常年雇工，按照每人

每年 300 个劳动工日计算，则共计用工达 87 162 个，平均每亩耕地年均用工 5.10 个。按照每亩耕地年均用工 5.10 个的标准推算，依靠夫妻二人从事农业生产的家庭农场，最大经营规模为 118 亩，考虑到农业生产劳动的季节性，实际经营规模应该低于 118 亩。但是在调查中，出于追求更多的收入，86.57%的家庭农场主的期望经营面积在 100 亩以上，超过 40%的家庭农场主期望扩大到 200 亩以上。这将大大超出家庭成员的劳动能力，不仅需要在农忙时期雇工，甚至需要常年雇工。

若按照“经营规模相当于当地户均承包地面积 10 至 15 倍、务农收入相当于当地二、三产业务工收入”计算，各地差异将很大。如黑龙江户均承包土地面积达 40 亩，按照 10～15 倍计算则达到 400～600 亩，以国家发改委农产品成本收益资料汇编数据中黑龙江粳稻的现金收益水平 608 元/亩计算，将使家庭农场主的收入水平远超城镇居民收入水平；而上海市户均耕地 2.7 亩，按照 10～15 倍计算仅有 27～41 亩，这样的经营规模无法保障家庭农场获得与城镇居民接近的收入水平；湖北省户均耕地面积 6.8 亩，按照 10～15 倍计算仅有 68～102 亩，这样的经营规模基本上可以使家庭农场获得接近于从事二、三产业的收入水平。

不难看出，家庭农场的期望经营规模和政策引导的适度经营规模之间是有差异的。家庭农场往往基于追求利益最大化的考虑，而不在乎是否超越自身劳动生产能力和经营管理能力，也不顾及超过户均规模 10～15倍后可能产生的社会影响。因此，国家在扶持家庭农场发展时，应该有更加明确的意见。本研究认为应该主要参考 2 个因素：①家庭成员劳动生产能力和经营管理能力；②务农收入相当于当地二、三产业务工收入水平。取两者的最大值作为重点鼓励发展的规模，这样才能在经济收入的驱动下保障农民种粮的积极性，并充分提高家庭农场的农业劳动生产率。

（五）地方政府的扶持政策及效果

通过对地方政府农业主管部门及乡镇干部的访谈，发现各地均明确表示支持支持发展家庭农场，但支持力度受地方财力影响而差异巨大。主要有以下扶持政策措施。

1. 在土地流转环节的扶持政策

以上海市松江区为典型，政府开展土地流转工作较早，搭建了相对完备的土地流转信息交易平台，对土地流转有成套的实施细则和纠纷调处机制，农户委托本村村委会进行土地流转，必须签订《上海市农村土地承包经营权委托流转书》，家庭农场经营者必须签订《上海市农村土地承包经营权流转合同》和《家庭农场承包经营协议》。

（1）鼓励村民委托村集体统一流转。2006 年松江区政府就下发《关于印发规范土地流转、促进规模经营若干意见的通知》，对承包农户委托村委会流转的上地予以规范，承包农户与村委会签订了统一的《土地流转委托书》。由于松江区有农保转镇保（城保）的配套政策，松江区的这一做法受到老年农民的欢迎。但上海市其他一些区县，如崇明县，则存在一定的推广难度。

（2）严格规定土地流转范围和土地用途。一是村集体经济组织成员的承包土地只能流转给本村集体经济组织成员成立的家庭农场。二是家庭农场经营者必须主要依靠自身力量从事农业生产经营活动，不得将所经营的土地再转包、转租给任何无直系亲属关系的第三方经营者。三是除季节性、临时性聘用短期劳动者外，不得常年雇佣外来劳动力从事家庭农场的生产经营活动。四是经村集体统一流转发包的耕地只能从事粮食生产。松江区的这一规定，在严格的考核机制下得以落实。一旦出现违反上述规定的现象，即在下一个生产年度取消家庭农场的经营资格。

（3）确定土地流转的合理价格区间。土地流转费以当年稻谷挂牌价格为标准折算为现金支付。为了平衡原土地承包户和家庭农场经营者利益，松江区农委还设置了土地流转价格上下限，下限为 200 千克稻谷，上限为 250 千克稻谷，各镇村可以根据实际情况在此区间范围内确定土地流转指导价格。2007 年大约为 500～600 元/亩，目前支付情况为每年每亩以不超过 250 千克稻谷为基数，折算成现金平均为每亩 750 元。这一土地流转价格是上海市的最低水平，原土地承包人要求提高土地流转费的呼声渐高。

（4）土地流转费补贴转化为生产管理考核性奖励。2007 年松江区在中央、市级粮食生产补贴的基础上，出台区级扶持政策，给予粮食家庭农场200元/亩的土地流转费补贴，一度为推动家庭农场的发展、降低农户生产经营成本起到了积极作用。但原承包地农户借机索要高价土地流转费，同时对其他区县形成压力，松江区于2011年对200元/亩的土地流转费补贴方式进行调整，将其全部调整为生产管理考核性补贴、并根据考核结果发放补贴。

松江区的这一套农户土地委托村委会流转—村委会发包经营权—家庭农场经营—村委会考核，已经成为上海市各郊区县的通行做法，其他省市也有借鉴。从有关文献以及本次调研地的反映来看，松江区的这一套粮食家庭农场土地流转措施比较适合于强势地方政府。

2. 金融保险领域的支持措施

相对于小规模的农户，家庭农场的农业生产投入资金总额较大，风险集中，因此对融资和保险有较高的要求。

（1）融资贷款扶持措施虽多，但难以满足需求。地方政府为扶持家庭农场发展，设计了家庭农场小额贷款担保、贴息或免息贷款、粮食订单融资、银保联合融资、市镇融资平台等多种形式的扶持政策，但存在贷款额度小、办理手续复杂等不足，难以满足家庭农场的资金需求。如上海市2014年6月宣布市、区县两级财政部门设立担保专项资金，用于扶持区县家庭农场贷款担保，银保联合项下家庭农场贷款担保金额可达50万元。但自2014年10月2日国务院发布《加强地方政府性债务管理的意见》，地方政府或其融资平台为家庭农场进行贷款担保的通道不复存在，使原本就不足的金融支持缺少了一大支柱。广大家庭农场期望更直接的，以土地承包经营权抵押贷款能够试点后快速在全国施行。

（2）农业保险意义重大，保险扶持政策需要改进。自2003年十六届三中全会首次提出要探索建立农业保险制度，到2012年出台《农业保险条例》，2014年发布《加快发展农业保险发展的若干意见》，我国已成为仅次于美国的第二大农业保险大国。但保险公司、政府和农民似乎都不满意现状。

农业保险公司认为经营成本较高、风险管控难度大、费率低。农民认为农业保险保障程度低、限制条件多、索赔程序复杂、赔付率低、难以满足管理农业风险的需求。家庭农场主等规模经营主体希望财政进一步加大补贴力度，提高保额，他们愿意缴纳需要多缴的保费。而地方政府普遍对完善农业保险制度有迫切需求，认为农业保险发挥了重要作用，但财政补贴压力成为影响其宣传和推广农业保险积极性的重要因素。

此外，各地费率差异很大。如湖北省水稻保险费为14元/亩，由中央、市、区财政补贴10.5元/亩，农户需要自筹3.5元/亩，保额200元/亩。农户另缴纳56元/亩保费，才能获得800元的风险保障。而上海市水稻保险费补贴为20元/亩，全部由中央、市、区财政补贴，农户无须自筹，保额1 000元/亩。广东省一些乡镇的农民则建议，直接从农业补贴中代扣代缴，而地方政府担心这一做法违规。为此，本研究建议全国出台一个指导性的文件，统一规定水稻等粮食作物的费率标准，提高保额至覆盖物化投入成本，并免除农户自筹保费。

3. 社会化服务方面的支持措施

尽管一些公益性服务组织在上一轮机构改革时被精简，但相关人员仍然活跃在农业社会化服务领域，只不过身份发生了变化，成为多元化社会化服务组织的骨干力量，不但提供农资、施肥、植保、机耕、机收、加工运输、农产品销售等专项服务，还提供技术、信息、经纪等综合性服务。强化农业社会化服务是小农户、家庭农场、合作社、专业大户等不同农业经营主体共同的心声，在农业部的大力推动下，各地纷纷加强了农业社会化服务体系的建设。

在上海市，由于地方政府的大力扶持和严格管控，在一些地方被戏称为“线断网破”的农业社会化服务体系，仍然保持了功能的相对完整性。如松江区农委依托区农技中心加强对粮食生产家庭农场的技术指导，在结合农时培训的基础上，派出10位技术人员对10个示范农场进行挂钩联系现场指导，进行全程跟踪服务；对农机作业服务组织进行扶持，鼓励其与粮食家庭农场签订机耕、机插秧和机收服务协议；加强农资供应服务，水稻病虫害防治农药配送已遍布所有农业村及家庭农场；区农委协调粮食局，制定了对四个镇四个村53户家庭农场5 000多亩水稻18%高水分收购和上门收购试点方案。这一系列在政府强势主导下农业社会化服务，降低了家庭农场的粮食生产成本，保障了收入水平。

但任何事物都有正反两个面。农业社会化服务不断完善，也会使小农户的农业生产无忧，从而助长其不流转土地，自己经营，这又不利于发展适度规模经营的家庭农场。这种情形在地方政府财政实力稍弱的县市表现得尤其明显。

三、结论及政策建议

(一) 主要结论

1. 现状临界经营规模

根据统计数据测算的现状全国平均临界经营规模为 73 亩（全国平均复种指数 1.3），其中一年两熟制地区 61 亩，一年一熟制地区 122 亩。

根据调研数据（除广东外，其余调研地均为一年两熟制），按照每亩耕地年均用工 5.10 个的标准推算，依靠夫妻二人从事农业生产的家庭农场，最大经营规模为 118 亩，考虑到农业生产劳动的季节性，实际临界经营规模应该低于 118 亩。

调研样本户中，纯粹粮食生产型家庭农场中，上海市松江区一户经营规模为 115 亩的家庭农场，其亩均纯收益水平最高，达 1391 元/亩。这一亩均收入水平和经营规模，足以使家庭农场获得体面的、与当地城镇居民相当的收入水平。

基于农户的收入水平和经营管理能力，综合以上统计数据和调研数据两方面的信息，按照简单算术平均值计算，可以将 90 亩作为一年两熟制地区家庭农场的现状临界经营规模，而一年一熟制地区可增加至 150～180 亩。

2. 2020 年发展目标设定

考虑普通农户维持人均 1.5 亩地的经营规模，农业补贴水平维持在 140 元/亩，种粮现金收益低增长的情形，2020 年粮食生产型家庭农场的平均临界经营规模为 90 亩。

在这一临界经营规模下（即限制家庭农场扩大经营规模），全国最多可培育 1 100 万户粮食家庭农场，约占农户总数的 7%。综合考虑工业化和城市化进程、土地流转进程、粮食生产的收益水平以及农业支持政策等，建议将发展300万户粮食生产型家庭农场作为我国2020年的发展目标。

3. 家庭农场发展的现状特征

从调研地区来看，家庭农场主要有以下特征。

对比第二次全国农业普查数据，调研地区家庭农场主的年龄偏大，而受教育水平较高。

调研地区家庭农场经营规模分布范围大，平均经营规模（256亩）高于现状平均临界经营规模，落在100～150亩区间的约占1/5，高于150亩的占1/3，低于100亩的占46.27%，是一种不合理的哑铃型分布。

调研地区家庭农场的农业收入集中在5万～20万元，大多数家庭农场的收入水平毫不逊色于城镇居民，更是大大高于普通农户的收入水平。

调研地区部分家庭农场为减轻土地流转费不断上涨的压力，在保障粮食生产用地为主的基础上，适度发展经济作物（如将10%的土地用于种植经济作物），可以大幅提高亩均收入水平，对这类非粮化现象需要加以约束规范。

调研地区家庭农场自有农业劳动力多为2～3人，农忙季节普遍需要雇工，小部分家庭农场常年雇工，近年雇工成本不断上升，压缩了收益空间。

调研地区受访家庭农场主认为其在经营过程中面对的突出问题依次是，生产资金匮乏、贷款难，农产品价格低且波动大，家庭农业劳动力不足和土地流转。

（二）扶持政策建议

1. 扶持政策需要有倾向性

由于家庭农场有扩大规模，追求更大经济利益的驱动力，若任由家庭农场主不断扩大土地经营规模，背离人多地少的基本国情推进土地向少数人集中，势必加剧农村内部的两极分化，而且不一定能够持续提高单位面积产量和单位面积收益，国家在扶持政策上应该加以引导，使家庭农场的经营规模尽可能分布在临界经营规模附近。

一是不鼓励地方政府扶持过大土地经营规模的家庭农场。对于一年两熟制地区经营面积超过200亩，一年一熟制地区超过300亩的家庭农场，所享受的补贴分别以200亩和300亩为限，超过部分不予补贴。

二是对于专心务农但尚未达到临界经营规模的农户家庭，政府应积极创造条件，给予针对性的扶持，引导其增加土地经营规模，跻身家庭农场之列。

三是对于已经达到地方认定标准的小规模家庭农场，若其家庭农业人口数多于5人，家庭劳动力未充分利用，可按照1名劳动力增加20亩土地的标准，扩大土地经营规模。

2. 农业补贴应达到使经营者降低生产成本的目的

现行的各种农业补贴，在广大粮食主产区，大多是发放给土地承包人的，而流转土地实际经营土地的家庭农场主，却少有获得农业补贴的。即使在上海市，政府强力主导下的家庭农场发展模式，家庭农场名义上获得了较高的农业补贴，但实际上都被土地承包人通过高昂的土地流转费索取了。家庭农场主对改革农业补贴发放方式有很高的期望，在如何改革方面，本研究有以下建议。

一是现行的农业补贴政策已经执行了十来年，停发会引起农民的不满，重在新增补贴向家庭农场等实际生产经营者倾斜。

二是新增补贴的发放方式，不应该再走普惠式的老路，要有针对性，建议采取以奖代补或项目建设专项补助，避免被承包人通过土地流转费的形式索取。

三是考虑在农业生产领域PPP引入模式，如以农业社会化服务消费券的形式发放给土地经营者，由土地经营者自主选择社会化服务组织或机构，社会化服务组织再到政府部门兑现消费券。这一模式设计得当，有可能规避WTO规则关于农业生产补贴不得超过农业产值8.5%的限制；而且能够避免土地承包人索取，还能促进农业社会化服务组织在竞争中发展。

3. 加快打通土地承包经营权和金融保险的通道

农业融资难，症结在于农村土地承包经营权的权能不明，金融机构缺乏充足的法律依据为农业生产经营者办理贷款业务。中央《关于引导农村土地经营权有序流转发展农业适度规模经营的意见》提出“三权分离、确权赋能”的政策，是打通土地承包经营权和金融通道的纲领性文件，需要有进一步的实施指导政策。

一是基层政府实施确权登记颁证工作，需要有明确的政策指导。中央提出明晰所有权，稳定承包权，放活经营权，用5年左右时间基本完成土地承包经营权确权登记颁证工作。上海市几年之前就开始农村土地确权登记颁证试点工作，据一些乡镇干部反映，最难做的工作不是土地面积、地块四至等技术性工作，而是二轮土地延包时承包权变动引发的矛盾，矛盾双方均存在举证难而难以调解。建议国家出台指导性意见，鼓励发展农业生产，打击前逃（农业）税后争利（补贴）现象。

二是鼓励金融支农创新，而地方金融机构权限不足，中央有对地方政府融资平台与债务进行清理，难以有效创新。真正推进这项工作，需要顶层设计，按照全国统一安排，稳步推进土地经营权抵押、担保试点，研究制定统一规范的实施办法，探索建立抵押资产处置机制。

三是建立全国统一的粮食作物保险政策，统一规定水稻等粮食作物的费率标准，提高保额至覆盖物化投入成本，并免除农户自筹保费。

4. 放宽工商注册登记，加强示范农场认证考核

农业部将是否到工商部门注册登记的选择权交给了农民，这符合国务院关于简化企业审批手续的政策导向。从一些地方的家庭农场发展情况来看，农业主管部门设定的基本条件，如本村户籍农民、不雇工或雇工人数少于家庭农业劳动力数量、农业收入为主要收入来源等，在实践中通常难以完全做到。与其制定一个难以实施的规定，不如修改规定，使之易于实施。在当前的发展态势下，建议放宽工商注册登记，而农业主管部门加强示范农场认证。若家庭农场主为了获得合格的市场经营主体地位而选择到工商部门注册登记，可放宽工商注册登记的标准，如是否雇工、流转土地面积及年限等。但农业主管部门应加强对示范农场的认证，因为示范农场认证工作通常是与财政支持直接挂钩的，要体现政策倾向性。

农村土地流转与粮食安全关系问题研究*

粮食是人类最基本的生活必需品，确保粮食有效供给是任何历史阶段必须解决的基本问题，也是维系任何政权和社会稳定的基础和前提。在产业结构中，农业是国民经济的基础，粮食产业是农业的基石。在传统农业中，农业效益一般低于其他产业，粮食生产的比较效益通常低于非粮食经济活动，这也是其他产业发展起来的重要条件和社会产业分工的必然结果。但粮食必不可少，不管是通过市场的方式还是通过政府支持保护的方式，粮食生产者获得的收益不能过低。在商品经济中，粮食是最基础的商品。在市场经济条件下，粮食生产虽然很难获得高效益，但粮食生产者必须能够实现接近社会平均劳动价值的价值，粮食生产才能得到保障。

近几百年来，粮食生产受到两个历史性关键因素的影响。第一个因素，是产业革命以后，产业结构不断多元化，人口迁移导致的城市化扩张，使得粮食生产效益长期处于相对低下的状态。但为了实现社会稳定、产业安全、国家安全，发达国家在制定粮食生产政策时，不仅想方设法提供生产的比较效益，而且持续加强对粮食生产的支持保护，以使粮食生产者获得必要的收入，为粮食生产提供发展基础。第二个因素，是新大陆国家农业发展起来以后，使得世界上形成了以资本为主导、大规模经营、市场竞争力强的新大陆农业体系和以村庄社会为基础、小规模经营、市场竞争力弱的传统农业体系。这两个体系的发展历史、运营模式、技术路径、制度体系等方面均截然不同，使得世界粮食市场显得极不均衡。为实现粮食生产的规模效益以及有关经济、政治方面的目

---

* 本报告获2014年度农业部软科学研究优秀成果二等奖。课题承担单位：国务院发展研究中心；主持人：罗丹、王宾。

标，新大陆国家往往倾向于放开世界粮食市场。同样，为保护国内产业和实现有关安全、经济和政治方面的目标，传统农业国家往往倾向于保护内部粮食生产。而随着全球市场化的发展和贸易自由化趋势的增强，传统农业国家开始争取在提供更高支持保护水平的基础上，转变农业发展方式，支持鼓励适当扩大粮食生产规模，以应对来自新大陆农业越来越强的压力。近几十年来，欧盟国家及部分经济发展水平较高的东亚国家和经济体都出现了这样的趋势。

自新中国成立以后，我国工业化水平迅速提高。自改革开放以后，我国农业的市场化水平、农业劳动力的自由流动性明显提高。目前，我国已经建立了社会主义市场经济体制，比较效益对粮食生产的影响越来越显著。而进入新世纪以来，我国农业市场的开放程度越来越高，世界粮食市场对我国粮食流通、粮食生产的影响越来越大，国外大宗粮食产品的到岸价格已经显著或者开始低于国内价格。目前大豆80%以上由国外进口，大米、玉米、小麦关税配额内部分事实上已经基本失守。在国内粮食生产成本快速攀升、国际市场粮食价格仍可能下跌的背景下，国外粮食产品到岸价格加上关税后不久也可能全面低于国内价格。如何提高粮食生产竞争力、使粮农获得接近于社会平均水平的收入，已经成为我国面临的一大现实挑战。解决这一问题的基本着力点是两个，一是将商品性粮食生产主体的经营规模扩大到适度水平，一是创新和加强国家支持保护水平。而适当扩大规模，是实现粮食生产持续发展的基本问题。家庭承包经营是我国农村基本经营制度的内核，要扩大经营规模，只能走健康流转之路。

一、我国粮地流转的基本情况

自从实行家庭联产承包责任制开始，我国就一直允许农户承包土地经营权流转。中共中央1984年1号文件明确提出："鼓励土地逐步向种田能手集中"。此后，不论是中央出台的政策，还是有关法律法规，都有两个明确的指向，一是稳定农户承包制度，这是农村基本经营制度的核心；二是在保障农户承包土地权益、按规定使用土地等前提下，允许土地流转，鼓励发展适度规模经营。长期以来，农村土地承包权流转的现象一直存在。农业部1993年进行的抽样调查结果表明，1992年全国共有473.3万承包农户转包、转让农地1 161万亩，分别占承包土地农户总数的2.3%和承包地总面积的2.9%。自实行家庭承包经营制度以后，农户承包耕地流转现象逐步增加，但总体处于比较平稳的发展状态。近年来，我国耕地流转开始加快，并出现一系列新现象。

（一）绝大多数地区流转速度明显加快

到2008年，全国农户承包耕地土地经营权流转面积（不含西藏）占农户承包耕地的8.84%，没有超过10%。当年，只有黑龙江流转面积超过千万亩，为2 340.04万亩。排在第二、第三位的是四川和内蒙古，分别为741.01万亩、737.19万亩。排在第四位的是江苏，为656.93万亩。排在第五、第六、第七位的是浙江、安徽、山东，分别为545.95万亩、534.90万亩、514.61万亩。重庆、吉林、河南、广东的流转面积超过了400万亩，其他地方的流转面积并不很大。就流转比例看，超过10%的省份为10个。最高的是上海，为51.27%。其次是浙江，为27.61%。排在第三位的是重庆，为25.28%。接下来依次是黑龙江、湖南、广东、江苏、四川、福建、天津，分别为19.83%、16.32%、15.26%、13.13%、13.12%、10.80%、10.70%。总体来而言，流转比例的高低，与经济发展整体水平并没有必然的联系。但一些地方积极推进土地流转，使得这一比例较高。

表1　2008年农户承包耕地流转情况

单位：万亩

	农户承包面积（万亩）	流转面积（万亩）	流转比例（%）
合计	123 184.88	10 884.96	8.84
北京	293.09	16.80	5.73
天津	484.65	51.87	10.70
河北	7 873.87	190.98	2.43
山西	4 587.44	112.95	2.46
内蒙古	7 864.11	737.19	9.37

（续）

	农户承包面积（万亩）	流转面积（万亩）	流转比例（%）
辽宁	4 995.97	104.68	2.10
吉林	5 789.54	460.69	7.96
黑龙江	11 799.79	2 340.04	19.83
上海	248.13	127.21	51.27
江苏	5 001.58	656.93	13.13
浙江	1 977.02	545.95	27.61
安徽	5 957.71	534.90	8.98
福建	1 524.10	164.67	10.80
江西	3 005.41	190.33	6.33
山东	9 018.30	514.61	5.71
河南	9 298.30	457.79	4.92
湖北	4 372.16	296.86	6.79
湖南	4 446.03	725.40	16.32
广东	2 766.54	422.07	15.26
海南	565.27	13.15	2.33
广西	3 151.76	163.85	5.20
重庆	1 969.37	497.76	25.28
四川	5 646.26	741.01	13.12
贵州	3 021.05	134.05	4.44
云南	3 848.54	187.02	4.86
陕西	4 371.46	103.64	2.37
甘肃	4 678.99	89.63	1.92
青海	653.83	45.00	6.88
宁夏	1 108.88	65.65	5.92
新疆	2 865.73	192.27	6.71

2013 年，农户承包耕地流转面积为 34 102.02 万亩，比 2008 年增加了 23 217.06 万亩，有 11 个省份的流转面积超过 1 000 万亩。这 11 个省份农户承包耕地面积占全国的 65.09%，流转面积占全国的 74.81%。其中，黑龙江的流转面积最大，达到 5 760.58 万亩；排在第

二位的是河南，为3 216.47万亩；江苏、内蒙古、安徽位于第三、第四、第五位，分别为2 892.2万亩、2 113.91万亩、2 075.7万亩；山东、河北、湖南、四川、重庆、湖北、吉林在1 000万～2 000万亩，分别为1 616.71万亩、1 404.76万亩、1 379.67万亩、1 360.68万亩、1 357.72万亩、1 194.37万亩、1 137.59万亩。就流转面积增幅而言，有11个省份超过1倍，分别为广西、北京、甘肃、辽宁、河北、河南、山西、陕西、江苏、贵州、湖北。从流转比例来看，有8个省份达到了30%以上。上海最高，达到65.81%。江苏次之，达到56.96%。在40%以上的北京、浙江、黑龙江分别位于第三、第四、第五位，分别为48.79%、45.32%、44.39%。在30%以上重庆、安徽、河南分别位于第六、第七、第八位，分别为38.43%、33.43%、33.18%。贵州、吉林、青海、山东、河北、辽宁、新疆、甘肃、云南、山西、广西、陕西不到20%，海南仅为5.3%。从流转比例变化情况来看，有6个省份提高了20个百分点以上，其中江苏、北京提高43.82个、43.06个百分点，河南、黑龙江、安徽提高28.26个、24.56个、24.45个百分点。湖北、浙江、贵州、宁夏、河北、上海、福建、江西、辽宁、甘肃、广东、重庆、湖南、内蒙古、山东、山西、广西、青海、天津、四川、云南这21个省份提高10～20个百分点，分别为17.7个、15.14个、15.04个、14.57个、14.54个、14.5个、14.16个、13.9个、13.63个、13.4个、13.15个、12.58个、12.0个、11.79个、11.7个、11.14个、10.93个、10.41个、10.19个、10.01个百分点。

表2　2013年各地农户承包耕地流转面积变化情况

单位：万亩，%

	总面积	流转面积	比例
合计	132 709.20	34 102.02	25.70
北京	459.46	224.16	48.79
天津	484.65	102.32	21.11
河北	8 265.83	1 404.76	16.99
山西	4 832.53	684.63	14.17
内蒙古	9 888.65	2 113.91	21.38

（续）

	总面积	流转面积	比例
辽宁	5 073.87	811.74	16.00
吉林	6 348.62	1 137.59	17.92
黑龙江	12 976.48	5 760.58	44.39
上海	180.55	118.82	65.81
江苏	5 077.67	2 892.20	56.96
浙江	1 909.08	865.17	45.32
安徽	6 209.46	2 075.70	33.43
福建	1 529.08	386.87	25.30
江西	3 173.00	650.12	20.49
山东	9 241.12	1 616.71	17.49
河南	9 694.10	3 216.47	33.18
湖北	4 534.78	1 194.37	26.34
湖南	4 774.60	1 379.67	28.90
广东	3 156.50	904.54	28.66
广西	3 495.71	470.82	13.47
海南	511.41	27.11	5.30
重庆	3 533.37	1 357.72	38.43
四川	5 837.03	1 360.68	23.31
贵州	3 007.25	588.75	19.58
云南	4 204.67	625.19	14.87
陕西	4 586.59	538.01	11.73
甘肃	4 790.08	744.79	15.55
青海	701.33	124.92	17.81
宁夏	1 112.28	233.17	20.96
新疆	3 119.46	490.53	15.72

从几个样本县的情况来看，流转速度有加快发展的趋势。滕州市流转耕地面积从2008年的20.3万亩增加到2013年的36.6万亩，占耕地面积的比重从15.51%提高到27.89%，五年提高了12.3个百分点。截至2014年6月，祁东县耕地流转总面积达到41.23万亩，流转面积已

经占耕地面积的50.22%。到2013年底，崇州市耕地流转面积为31.71万亩，比2009年增加了一倍多。

对230个规模化种粮户的调查表明，全部样本户1990年以前仅转入土地192块，到2010年增加到了1 416块，2012年迅速增加到2 475块。2012年样本户转入的地块中，其中经济发达地区样本户转入388块，占15.68%；东北和西北地区样本转入417块，占16.85%；中部和西南地区样本转入1 670块，67.47%。

表3 样本户耕地不同时期转入地块数

单位：块

	合计	1990年以前	1990—2000	2001—2009	2010	2011	2012
全部样本	6 503	192	152	492	1 416	1 776	2 475
经济发达地区样本	1 427	190	126	142	243	338	388
东北和西北地区	1 362	2	16	207	372	348	417
中部和西南地区	3 714	0	10	143	801	1 090	1 670

（二）流转形式从转包向多种方式转变

自实行家庭联产承包责任制之初，农户的基本取向是解决温饱问题，加上当时劳动力流动较少，承包农户流转耕地的现象较少。随着对农村劳动力流动限制的放开，农民外出务工经商的现象快速增加，但绝大多数农民不会放弃农业经营，尽管农户转出承包地的现象稳定增加，但直到21世纪初，农户承包耕地的流转比例为5%左右。承包户转出土地承包经营权，基本上是自发自愿的。从流转的形式来看，绝大多数为农户之间的转包。

近年来，这种情况发生了重要变化。不仅转出土地经营权的承包户的数量迅速增加，流转方式也发生了显著变化，这就是转包以外的流转形式，尤其是出租、股份合作等形式出现了高速增长的态势。出租方式往往与规模化种粮、工商企业进入粮食生产领域联系在一起，这往往呈现出粮食生产主体的生产规模化、经营综合化、生产方式现代化、生产手段装备化、服务社会化等特征，同时也可能出现单纯追求短期经济效益、粮地非粮化、双季改单季等问题。到 2013 年年底，全国农户承包土地采取出租方式流转的面积达到 10 800.26 万亩，其中，江淮一带这一方式非常普遍。截至 2013 年底，安徽、江苏分别达到 1 078.15 万亩、1 070 万亩。在河南，农户出租经营权的面积，也已经达到 900.75 万亩。四川、黑龙江、内蒙古、山东、重庆的这一数据也分别达到了 609.9 万亩、587.53 万亩、572.48 万亩、564.58 万亩、551.22 万亩。股份合作方是农民共同行动、实行统一经营的重要创新，能够在将粮食生产收益留在承包农户、产权主体长期利益不受到损害、土地生产力得到较好保护的前提下实现规模化经营。近年来，随着中央和地方对农民专业合作社支持力度的加大，农户通过股份合作方式流转承包地的现象迅速增加，截至 2013 年，通过这一方式流转经营权的农户承包耕地面积达到了 2 366.80 万亩。这一流转方式主要集中在黑龙江、江苏、广东、山东四个省份，其面积分别为 762.32 万亩、630.14 万亩、253.12 万亩、136.82 万亩。转让方式是长期很少采用的流转方式，因为这意味着承包农户不再拥有承包权。但随着劳动力向非农产业转移、农业劳动力缺乏、人口城镇化、部分地方农村人口集中居住生活的推进，这一流转方式已经并不少见。截至 2013 年年底，经营权转让的承包地面积已经达到了 1 113.65 万亩，其中内蒙古达到了 163.65 万亩，黑龙江、湖北、湖南、江苏、河南、四川、重庆、河北超过 50 万亩，分别为 89.38 万亩、82.49 万亩、81.6 万亩、76.26 万亩、67.62 万亩、67.11 万亩、62.27 万亩、58.4 万亩。

在一些地方，出现了大量需要注意的情况。北京市农户承包耕地的流转方式主要采用确利或确股流转给集体统一经营的方式，确利返租给集体的占 3/4 左右，确股返租给集体的占 15%左右。北京市承包农户将耕地经营权流转给集体的面积已经达到 190 万亩左右。随着社会化服务体系的发展，一些农机、生产资料、病虫害防治的专业大户、合作社等开展托管业务，并呈现加速发展的态势。例如，到 2012 年年底，吉林省榆树市实行土地托管联户经营的合作社发展到 220 多家，托管农户 4 万多户，占农户总数的 14.8%，占规模经营总面积的 40%以上。其中，五棵树镇田丰机械种植专业合作联合社的土地托管面积达到 8 420 亩。湖南省祁东县的“灵官镇模式”就是以村或村民小组为单位将各家各户的稻田返租到集体，由村委会统一托管，然后将稻田划分基本口粮区和流转租种区进行经营。

滕州市转包面积从 2008 年的 16.55 万亩增加到 2013 年的 27.42 万亩，增加了 65.68%。与之同时，流转形式近年也明显变得多样化，转包方式以外的流转面积占流转耕地面积的比重，从 2008 年的 18.47% 提高到 2013 年的 25.08%。其中农民加入股份合作社的耕地面积从 2008 年的 3.57 万亩增加到 2013 年的 6.14 万亩，占流转耕地面积的比重，从 4.38%提高到 8.65%。

祁东县流转形式以转包和出租为主，转包总面积为 22.4 万亩，出租面积为 18.8 万亩，互换面积为 0.03 万亩。与此同时，该县出现了出多种流转模式。到 2013 年 4 月，全县有 132 个村采取整建制土地托管模式，流转稻田 7.13 万亩。黄土铺镇三星町选择了大户代耕代种。在过水坪镇的金龙村，步云桥镇的青全村、梅下村、三角田村，河州镇的三友村，则将各农户土地承包经营权集中到村组，由村或组整体出租流转。截至 2014 年 10 月，全县连片流转面积在 500 亩以上的有 64 户，流转面积为 5.98 万亩；流转面积在 100～500 亩的有 426 户，流转面积为 8.2 万亩；流转面积在 50～100 亩的有 452 户，面积为 3.65 万亩；流转面积在 30～50 亩的农户有 252 户，面积为 1.15 万亩，全县耕地流转适度规模经营面积在不断扩大。

崇州市承包耕地流转部分转入农户的有 14.71 万亩，占 46.39%。崇州市耕地承包权流转的一个突出特征，就是股份合作社迅速发展成为骨干型种粮主体。截至 2013 年年底转入股份合作社的面积达到 12.02 万亩，占流转耕地的 37.91%。转入产业化企业的面积 2013 年为 4.38 万亩，占 13.81%。

对 230 个规模种粮户的调查表明，截至 2012 年年底，全部样本转入耕地经营权地块数为 3 991 块，其中通过转包形式转入 2 960 块，占 74.19%；非转包方式为 1 031 块，占 25.81%。

（三）流转的规范性明显增强

为使流转朝着健康的方向发展，近年来中央多次出台法律法规和文件，对土地流转提出了规范性要求。各地积极探索，普遍建立了流转管理和服务平台，使得流转朝着利于粮食生产发展，利于保护承包农户利益。

2007年，滕州市出台了《关于推进农村土地承包经营权流转的实施意见》（滕政发〔2007〕10号），在市级专门成立了农村土地流转工作领导小组。在镇街层面，成立了相应的工作机构建立了农村土地流转服务中心，建设了具有信息联络、收益评估、合同签订等服务功能的土地流转交易服务大厅。为确保土地流转不走偏方向，要求必须坚持家庭承包经营制度不变、平等协商和依法自愿有偿、不改变土地农业用途、因地制宜和因势利导的四项基本原则，在实践过程中，严格把好土地流转的准入、交易、签订、归档四个关口。在市级，经管局成立了农村土地承包纠纷仲裁委员会，设立了仲裁庭。在镇街一级，成立农村土地承包纠纷调解委员会，设立了调解庭。

2009年2月，祁东县以县委、县政府名义发出《关于加快推进全县农村土地承包经营权规范流转的实施意见》，在县级和乡镇级，专门成立了农村土地承包经营权流转工作领导小组。县经营管理局负责土地流转指导、服务、管理，配备专门人员和力量开展工作，建立起相关部门协调的工作责任制。在县级成立农村土地承包经营权流转服务中心，各乡镇依托经营管理站成立农村土地承包经营权流转服务所。建立健全流转管理工作制度和规程，依法规范流转行为，切实解决好土地流转中的突出问题。2014年3月，县政府办专门发出《村“两委”促进农村土地承包经营权流转发展重点产业考核办法》，对流转规范进行考核。

成都市2005年专门发出《关于推进农村土地承包经营权流转的意见》（成委办〔2005〕37号），鼓励农业产业化龙头企业、合作经济组织开展土地规模经营。2014年，成都市又专门出台《关于加快推进粮食适度规模经营化的意见》（成府发〔2014〕1号）。成都市在市、区（市）县两级农业部门和乡镇政府设立土地承包流转服务中心，在市、区（市）县两级成立土地承包及流转纠纷仲裁委员会，为流转相关方提供地块、价格、签订合同等服务。

二、耕地经营权流转对粮食生产的影响

耕地的流转是承包耕地经营权的让渡，对粮食生产发展的影响主要取决于经营主体转变后，对生产积极性、生产投入、技术支撑、生产条件等方面的影响。总体来看，我国耕地流转是与经济社会发展相适应的，发展是健康的，对粮食生产发展也是有利的。主要体现在以下几个方面：

（一）规模化

对 2 884 个典型粮农平均承包耕地 7.50 亩，其中东部 7 省农户为 5.36 亩，中部 6 省农户为 5.67 亩，西南 6 省区农户耕地面积为 4.93 亩，西北 5 省区市农户为 11.86 亩，东北 3 省为 28.69 亩。

表 4　2 884 个未转入耕地经营面积种粮户承包耕地情况

单位：亩

	承包耕地	水田	旱地
总体样本	7.50	1.90	5.60
东部 7 省	5.36	1.35	4.01
中部 6 省	5.67	2.22	3.45
西南 6 省区市	4.93	1.60	3.33
西北 5 省区	11.86	1.65	10.21
东北 4 省	28.69	3.23	25.46

未转入耕地经营权种粮户的户均播种面积为 8.02 亩，其中东部 7 省 6.59 亩，中部 6 省 7.27 亩、西南 6 省区市 4.66 亩、西北 5 省区 9.63 亩、东北 4 省区 27.03 亩。户均粮食产量为 2 717.18 千克，其中东部 7 省 2 256.54 千克、中部 6 省 2 674.96 千克、西南 6 省区市 1 402.77千克、西北 5 省区 2459.04 千克、东北 4 省区 9 581.96 千克。

表5　2 884个未转入耕地户粮食播种面积和产量

单位：亩，千克

	户均播种面积	户均产量
总体样本	8.02	2 717.18
东部7省	6.59	2 256.54
中部6省	7.27	2 674.96
西南6省区市	4.66	1 402.77
西北5省区	9.63	2 459.04
东北4省区	27.03	9 581.96

所调查的551个样本户从集体经济组织承包土地面积的总体平均数为58.12亩、中位数为36亩，而通过各种形式的流转，使得样本户平均经营面积达到了100.07亩、中位数达到了141亩，分别增加了72.18%、2.92倍。其中，有196户的经营面积比承包面积扩大了1倍以上，占样本户的35.57%；50户的经营面积达到了100亩以上，占样本户的9.07%。样本户播种面积为21亩以下、21～55亩、55～124亩、124亩以上的分别为140户、137户、137户、137户。全部样本户户均农作物播种面积为163.18亩，其中21亩以下、21～55亩、55～124亩、124亩以上的分别为10.53亩、39.13亩、94.47亩、511.94亩；户均粮食作物播种面积为154.22亩，其中21亩以下、21～55亩、55～124亩、124亩以上的分别为8.18亩、33.91亩、91.48亩、486.50亩。全部样本户均粮食产量为67.48吨，21亩以下、21～55亩、55～124亩、124亩以上样本户分别为3.95吨、21.38吨、47.66吨、197.22吨。

表6　551个耕地转入户户均粮食播种面积和产量

单位：亩，吨

	户均农作物播种面积	户均粮食作物播种面积	户均粮食产量
全部样本	163.18	154.22	67.48
21亩以下	10.53	8.18	3.95
21～55亩	39.13	33.91	21.38

（续）

	户均农作物播种面积	户均粮食作物播种面积	户均粮食产量
55～124亩	94.47	91.48	47.66
124亩以上	511.94	486.50	197.22

（二）商品化

未转入耕地经营权种粮户粮食呈现七成销售、三成自给消费的大致格局，并且呈现区域性差异非常明显的特征。全部样本户均粮食自给性消费为834.86千克，粮食自给性消费率平均为30.73%。东部7省户均粮食自给性消费为592.04千克，粮食自给性消费率平均为26.24%；中部6省户均粮食自给性消费为978.96千克，粮食自给性消费率为36.60%；西南6省区市户均粮食自给性消费为1 048.31千克，粮食自给性消费率为74.73%；西北5省区户均粮食自给性消费为469.08千克，粮食自给性消费率平均为19.08%；东北4省区户均粮食自给性消费为562.40千克，粮食自给性消费率平均为5.87%。

全部样本户均粮食销售量为1 882.32千克，粮食商品率平均为69.27%。东部7省户均粮食销售量为1 664.5千克，粮食商品率平均为73.76%；中部6省户均粮食销售量为1 696千克，粮食商品率为63.40%；西南6省区市户均粮食销售量为354.46千克，粮食商品率为25.27%；西北5省区户均粮食销售量为1 989.96千克，粮食商品率平均为80.92%；东北4省区户均粮食销售量为9 019.56千克，粮食商品率平均为94.13%。

表7　2 884个未转入耕地户自给消费和商品销售情况

单位：千克，%

	自给消费		销售量	
	数量	比率	数量	比率
总体样本	834.86	30.73	1 882.32	69.27
东部7省	592.04	26.24	1 664.5	73.76
中部6省	978.96	36.60	1 696	63.40

（续）

	自给消费		销售量	
	数量	比率	数量	比率
西南6省区市	1 048.31	74.73	354.46	25.27
西北5省区	469.08	19.08	1 989.96	80.92
东北4省区	562.40	5.87	9 016.56	94.13

土地转入户的商品率明显要高得多。对551个耕地转入户的调查表明，全部样本户均销售量为61.40吨，商品率为90.99%。其中21亩以下、21～55亩、55～124亩、124亩以上样本户产量分别为3.95吨、21.38吨、47.66吨、197.22吨，自给消费量分别为0.79吨、1.36吨、2.55吨、14.86吨，商品销售量分别为3.17吨、19.24吨、44.20吨、180.90吨。以上组别商品率分别为80.25%、89.99%、92.74%、91.72%，经营规模与商品率呈现出正相关的关系。

表8　551个耕地转入户户均自给消费和商品销售情况

单位：千克，吨

	自给消费		销售量	
	数量	比率	数量	比率
全部样本	4.71	6.98	61.40	90.99
21亩以下	0.79	20.00	3.17	80.25
21～55亩	1.36	6.36	19.24	89.99
55～124亩	2.55	5.35	44.20	92.74
124亩以上	14.86	7.53	180.90	91.72

（三）专业化

在户均承包地面积较小的情况下，随着非农就业机会的增加，越来越多的农民开始将劳动力资源季节性地或者全部配置到粮食生产以外的经济活动，农民兼业的现象是非常普遍的。2 884个未转入耕地经营权种粮户户均劳动力2.73人，户均外出务工经商人数为0.95人，占34.80%。总体来看，中部6省种粮户外出务工经商的比重最高，而东北地区最低。其中，东部7省样本户户均外出务工经商人数为0.91人，占劳动力总数的32.62%；中部6省样本户均外出务工经商人数为1.13人，占劳动力总数的39.51%；西南6省区市样本户均出务工经商人数为0.83人，占劳动力总数的31.20%；西北5省区样本户均外出务工经商人数为0.83人，占劳动力总数的34.87%；东北4省区样本户均外出务工经商人数为0.47人，占劳动力的18.73%。

表9　不同地区外出务工经商人数及占劳动力比重

单位：人，%

	劳动力数量	外出务工经商人数	占劳动力比重
总体样本	2.73	0.95	34.80
东部7省	2.79	0.91	32.62
中部6省	2.86	1.13	39.51
西南6省区市	2.66	0.83	31.20
西北5省区	2.38	0.83	34.87
东北4省区	2.51	0.47	18.73

虽然巨大数量的农户不会离开粮食生产也离不开粮食生产，但他们越来越多地持续或间歇性地从事非粮食生产经济活动，增收来源越来越宽。从面上来看，种粮户不同形式、不同程度的兼业已经非常普遍，对绝大多数种粮户而言，种粮实际上已经不再是他们的主要收入来源，只有北地区种粮户种粮利润占纯收入的比重超过了1/4。2 884个种粮户的粮食生产利润为3 231.49元，仅占纯收入的15.44%，其中东部7省、中部6省、西南6省区市、西北5省区、东北4省区样本户分别为2 887.94元、2 714.98元、1 911.44元、3 719.23元、11 588.41元，占家庭纯收入的比重分别为13.31%、9.02%、11.12%、14.66%、27.28%。

表10　2 884个未转入耕地户种粮纯收入占纯收入比重

单位：元，%

	户均纯收入	户均粮食生产利润	粮食生产利润比重
总体样本	20 931.36	3 231.49	15.44
东部7省	21 705.33	2 887.94	13.31

（续）

	户均纯收入	户均粮食生产利润	粮食生产利润比重
中部6省	30 103.35	2 714.98	9.02
西南6省区市	17 196.68	1 911.44	11.12
西北5省区	25 375.08	3 719.23	14.66
东北4省区	42 472.92	11 588.41	27.28

土地流转起来以后，转入户的经营规模效益得到明显体现，使得种粮有利可图。规模化种粮户在经营规模达到一定水平后，只要在粮食生产方面投入足够的人力和财力，劳均所获利润就会相应增长到一定水平，专心致志从事粮食生产也能获得较满意的收入，规模化种粮户在粮食生产方面投入的劳动就会较多，劳动力和劳动时间配置到非粮食生产经济活动的必中就会明显减少，从而形成专业化经营的格局。2014年，祁东县30亩以上种粮大户达到4 695户，规模种粮面积达51.62万亩。

所调查230个种粮户共有145人外出务工经商，仅占劳动力数量的21.01%。就纯收入来源结构来看，全部样本的户均种粮纯收入为9.29万元，占纯收入的91.40%。其中50亩以下、50～100亩、100～200亩、200亩以上样本户的这一比重分别为71.68%、67.43%、97.75%、98.92%。

表11　230个规模化种粮户种粮纯收入占纯收入比重

单位：元,%

	全部样本	50亩以下	50～100亩	100～200亩	200亩以上
户均种粮纯收入	9.29	2.47	2.36	7.17	62.56
户均纯收入	10.16	3.45	3.50	7.33	63.24
比重	91.40	71.68	67.43	97.75	98.92

而随着流转方式的多样化发展，近年来不仅主要通过转包扩大经营规模的种粮大户数量快速增加，通过入股、租赁等方式扩大经营规模的农民种粮合作社及种粮企业等专业化粮食生产主体也迅速增加。截至2013年6月底，滕州市注册登记的农民专业合作社总数达到1 060家，成员总数为6 126个。截至2013年底，该市的规模经营面积达到52万

亩。2014 年，祁东县共有粮食生产专业合作社 140 家，合作化生产面积达到 11.32 万亩。目前，崇州市已经初步建立了“土地股份合作社为核心＋新型农业科技服务、农业社会化服务、农业品牌服务和农村金融服务”的新型农业经营体系。截至 2014 年 9 月，全市土地股份合作社达 361 个，入社农户 9.46 万户，入社面积 21.33 万亩，分别占全市农户、耕地总数的 52%、44%。

（四）社会化

在人民公社体制下，生产小队是基本的生产单元，几乎所有的生产环节都在生产队内部通过社员分工与合作来实现，大型生产工具和价值较高的生产资料也由生产队统一管理支配。实行家庭承包经营以后，这种方式发生了根本性的变化，家庭成为统一生产工具、生产资料的基本配置单元。为降低成本，承包户一般能够家庭独立完成的作业一般自己独立完成。当然，一个家庭购置全部的生产工具和生产资料，投入量明显较大，利用率也不高。因此，在实行家庭承包经营以后，农户相互换工、共同购置生产资料和购买生产服务是普遍的现象。由于生产性服务的发展、外出务工经商人数的增加、种粮户劳动力的老龄化等原因，普通种粮户也越来越多地将一些生产环节分离出来，特别是灌溉和机械作业，目前已经多数由专业化服务主体完成，并支付一定的服务费用。通常来说，机械作业、灌排、雇工等费用的支出情况可以大致看出种粮户生产的社会化程度。2 884 个未转入耕地经营权种粮户户均三大谷物的物质与服务费用为 2 101.59 元，其中机械作业费、灌排费、雇工费分别为 551.8 元、162.54 元、79.9 元，分别占 7.73%、24.35%、3. 80%。东部 7 省、中部 6 省、西南 6 省区市、西北 5 省区、东北 4 省区机械作业费分别为 407.71 元、573.72 元、223.58 元、452.51 元、1 573.75元，分别占物质与服务费的 23.78%、25.66%、21.84%、26.37%、22.64%；灌排费分别为 179.06 元、146.32 元、70.44 元、133.22 元、580.99 元，分别占物质与服务费的 10.44%、6.54%、6.88%、7.76%、8.36%；雇工费分别为 40.39 元、88.59 元、33.29 元、16.72 元、422.21 元，分别占物质与服务费的 2.36%、3.96%、

3.25%、0.97%、6.07%。从费用结构来看，普通种粮户与三至四成支付给社会化服务主体。

表12　2 884个未转入耕地户户均三大谷物物质与服务费用

单位：元

	合计	种子费用	肥料费	农药费	机械作业费	灌排费用	雇工费用	其他费用
总体样本	2 101.59	270.95	713.39	132.80	511.80	162.54	79.90	161.19
东部7省	1 714.80	218.78	603.00	105.97	407.71	179.06	40.39	125.77
中部6省	2 235.80	271.86	735.81	162.75	573.72	146.32	88.59	175.80
西南6省区市	1 023.57	133.41	350.98	75.25	223.58	70.44	33.29	85.22
西北5省区	1 716.21	287.40	661.62	62.60	452.51	133.22	16.72	102.14
东北4省区	6 951.09	899.59	2 299.66	344.78	1 573.75	580.99	422.21	548.04

与规模化相应发展起来的，是生产性服务的社会化程度明显提高。2012年，230个转入耕地经营权规模种粮户户均生产性服务总支出为43 995.01元。最大的支出为雇工费，全部样本户户均雇工费20 532.89元，占生产性服务费用的46.67%，其次是农机租赁和服务费，为10 958.35元，占24.91%，再次为燃油费，为6 800.74元，占15.46%，水电费、人情打点费、购买收获后服务费、技术和市场信息服务及培训费、农业保险、生产资料配送服务费、其他费用等分别为3 243.52元、954.13元、811.57元、350.13元、231.72元、74.35元、37.61元，分别占7.37%、2.17%、1.84%、0.80%、0.53%、0.17%和0.09%。可见，雇工、农机租赁与服务、燃油费为主要支出项目。

表13　230个转入耕地户户均获得生产性服务情况

单位：元，%

	费用	比重
雇工费	20 532.89	46.67
水电费	3 243.52	7.37
燃油费	6 800.74	15.46
农机服务费	10 958.35	24.91
技术和市场服务、培训	350.13	0.80

（续）

	费用	比重
购买农业保险	231.72	0.53
购买收获后服务	811.57	1.84
购买生产资料配送服务	74.35	0.17
各种人情打点	954.13	2.17
购买其他服务	37.61	0.09
合计	43 995.01	100.00

分规模来看，50 亩以下样本户户均生产性服务总支出为 11 709.99 元。其中，雇工费 4 395.24 元，占 37.53%；其次是农机租赁和服务费 3 056.89 元，占 26.10%；再次为燃油费、水电费，分别为 1 827.86 元和 1 192.62 元，分别占 15.61%和 10.18%。50～100 亩样本户户均生产性服务总支出为 41 358.16 元。其中，雇工费为 18 722.89 元，占 45.27%；农机租赁和服务费次之，为 10 378.37 元，占 25.09%；再次为燃油费、水电费，分别为 6 378.46 元和 3 288.15 元，分别占 15.42%和 7.95%。100～200 亩样本户户均生产性服务总支出为 39 749.57 元。其中，农机服务费为 14 217.37 元，占 35.77%；雇工总费用 11 677.38 元，占 29.38%；燃油费为 8 692.86 元，占 21.87%。200 亩以上样本户户均生产性服务总支出为 124 804.06 元。其中，雇工费为 75 852.17 元，占 60.78%；农机服务费为 22 537.4 元，占 18.06%；燃油费为 14 684.78 元，占 11.77%；水电费为 7 003.26 元，占 5.61%。

表 14　230 个规模户户均获得生产性服务情况

单位：元,%

	50 亩以下		50～100 亩		100～200 亩		200 亩以上	
	费用	比重	费用	比重	费用	比重	费用	比重
雇工费	4 395.24	37.53	18 722.89	45.27	11 677.38	29.38	75 852.17	60.78
水电费	1 192.62	10.18	3 288.15	7.95	3 104.76	7.81	7 003.26	5.61
燃油费	1 827.86	15.61	6 378.46	15.42	8 692.86	21.87	14 684.78	11.77

（续）

	50 亩以下		50～100 亩		100～200 亩		200 亩以上	
	费用	比重	费用	比重	费用	比重	费用	比重
农机服务费	3 056.89	26.10	10 378.37	25.09	14 217.37	35.77	22 537.4	18.06
技术、信息服务和培训费	95.47	0.82	440.82	1.07	311.9	0.78	400	0.32
购买农业保险	33.57	0.29	222.97	0.54	168.62	0.42	755.57	0.61
各种人情打点	742.86	6.34	1 065.45	2.58	909.52	2.29	826.09	0.66
收获后服务	317.86	2.71	760.81	1.84	619.06	1.56	2 336.09	1.87
购买生产资料配送服务	47.62	0.41	65.69	0.16	0.48	0.00	304.35	0.24
购买其他服务	0	0.00	34.55	0.08	47.62	0.12	104.35	0.08
合计	11 709.99	100.00	41 358.16	100.00	39 749.57	100.00	124 804.06	100.00

（五）效益化

对粮食生产是否有积极性始终是影响粮食生产的基本因素。在人民公社体制下，粮食生产发展受到制约，根本的问题在于劳动者与劳动成果相分离，积极性受到严重制约，往往以怠工的方式减少对粮食生产的投入。因此，实行家庭联产承包责任制解决了这一问题以后，粮食生产发展困难的问题很快得到解决。但粮食生产发展是多种因素促成的，在不同的发展阶段，突出的制约因素是不同的。随着市场化发展的深入，农民可以在越来越宽阔的配置劳动力资源，获得收入和改善生活的渠道越来越宽，这样比较效益的问题就出来了。由于每个家庭的承包地数量不多，农户种粮获得的收益总量就具有了“刚性”制约。加上粮价的波动和生产资料成本上升，有的时期农民种粮亏本的现象就会增加。在普通家庭承包经营方式下，种粮的收益要比非农就业和种植非粮食作物要低。

对 2 884 个未转入耕地种粮户的调查表明，户均种粮利润仅为 3 231.49元。从户均种粮利润层次来看，38.42％在 1 000 元以下，67.44％在 3 000 元以下，81.21％在 5 000 元以下，92.72％在 10 000 元以下，超过 10 000 元的仅为 7.28％。

表 15　典型粮农户均种粮利润情况

单位：户，%

	户数	比重
1 000 元以下	1 108	38.42
1 000～3 000 元	837	29.02
3 000～5 000 元	397	13.77
5 000～10 000 元	332	11.51
10 000 元以上	210	7.28
合计	2 884	100.00

而对 551 个土地转入户的调查表明，全部样本户均种粮利润为 5.75 万元，其中 21 亩以下、21～55 亩、55～124 亩、124 亩以上组别样本户，户均利润分别为 0.18 万元、2.01 万元、3.76 万元、17.06 万元。

表 16　551 个转入耕地经营权样本户户均种粮利润

单位：万元

	户均种粮利润
全部样本	5.75
21 亩以下	0.18
21～55 亩	2.01
55～124 亩	3.76
124 亩以上	17.06

三、耕地流转过程中需要注意的问题

近年来，各地在推动规模化发展、提高粮食生产效益方面取得了显著成效，总体也是比较健康的。但在土地流转方面不仅要看当前的成效，更需要考虑流转给谁，考虑长远影响。

（一）对单个经营主体转入规模缺乏限制

在经营规模较小的情况下，单个农户获得绝对收益水平确实有限，相当部分农民的生产积极性也确实在下降，扩大经营规模也确实有必要。但经营规模是不是越大越好，也并不能简单定论，因为这与当地经济发展水平、社会结构特征、经营方式、成本效益结构等多方面有关。在家庭用工不计入成本的情况下，2884个未转入耕地经营权种粮户粮食亩均利润为479.86元，其中东部7省、中部6省、西南6省区市、西北5省区、东北4省区样本户分别为531.94元、437.78元、540.19元、412.26元、468.90元。在不计算家庭用工成本的情况下，全部样本种粮的成本利润率事实上是比较高的，达到147.64%，其中东部7省、中部6省、西南6省区市、西北5省区、东北4省区样本户分别为161.84%、126.93%、178.44%、147.07%、140.53%。

表17　2 884个未转入耕地户粮食亩均利润情况

单位：元,%

	亩均净利润	成本利润率
总体样本	479.86	147.64
东部7省	531.94	161.84
中部6省	437.78	126.93
西南6省区市	540.19	178.44
西北5省区	412.26	147.07
东北4省区	468.90	140.53

从551个耕地经营权转入户的情况来看，如果不计算家庭用工成本，亩均利润水平总体呈现随着规模扩大而降低的趋势。全部样本的亩均利润为372.37元，21亩以下、21～55亩、55～124亩、124亩以上四组样本户分别为431.54元、419.29元、340.12元、222.59元。就成本利润率而言，55～124亩、124亩以上样本户分别为66.78%、65.04%，大大低于21～55亩样本户的99.73%。

表 18 551 个耕地经营权转入户亩均利润情况

单位：元，%

	亩均利润	成本利润率
全部样本	372.37	66.95
21 亩以下	431.54	34.43
21～55 亩	419.29	99.73
55～124 亩	340.12	66.78
124 亩以上	222.59	65.04

以下是 12 个种粮面积超过 300 亩样本户种粮利润的情况。这 13 个样本户的粮食播种面积为 7 081.5 亩。不计算家庭用工成本，亩均利润为 296.82 元，成本利润率为 36.34%。总体来看，绝大多数样本户的亩均利润水平不会超过 400 元，成本利润率不会超过 40%。

表 19 13 个 200 亩以上种粮户种粮成本效益情况

单位：元，%

	亩均利润	成本利润率
1	193.87	21.29
2	398.96	66.18
3	380.46	49.48
4	373.56	36.92
5	380.42	37.31
6	457.30	73.51
7	145.00	17.47
8	426.68	36.87
9	496.95	130.19
10	238.69	39.29
11	353.33	58.54
12	648.35	121.57
13	355.85	88.96
合计	296.82	36.34

之所以出现这种情况，主要的原因为：一是经营规模达到一定水平

后单产水平会下降。21亩以下样本户的经营规模不大，集约化经营水平较低，兼业化特征更为明显，单产水平不很高，为471.38千克/亩。21～55亩样本户的专业化水平较高，且基本上依靠家庭劳动力从事生产，投入和装备水平较高，单产水平最高，达到570.05千克/亩。但随着转入土地的增加和经营规模的扩大，雇工数量增加，劳动者与生产成果的关系变得疏离，监督成本上升，经营者在投入方面更加注重投入产出率，单产水平呈现下降的趋势，55～124亩、124亩以上样本户单产分别为445.93千克/亩、386.53千克/亩。

表20　551个样本户粮食亩产

单位：千克

	总体平均	水稻	小麦	玉米	大豆	薯类
全部样本	812.82	1 000.84	710.26	840.26	376.78	684.54
21亩以下	942.76	976.19	831.46	1 045.48	400.00	568.18
21～55亩	1 140.09	1 209.88	888.18	1 298.91	572.79	602.41
55～124亩	891.86	1 005.03	784.05	938.72	275.75	312.41
124亩以上	773.05	964.99	690.77	791.57	391.89	848.72

二是土地和人工成本会明显增加。对不转入土地经营的普通种粮户而言，如果不计算家庭用工成本，种粮成本是比较低的。不包括家庭人工成本，2 884个样本户的亩均种粮成本为325.01元，占亩产值的40.38%。其中，东部7省、中部6省、西南6省区市、西北5省区、东北4省区机械作业费分别为328.68元、344.91元、302.73元、280.32元、333.67元，分别占物质与服务费的38.19%、44.07%、35.91%、40.48%、41.58%。

表21　2 884个样本户亩均种粮成本及占亩产值的比重

单位：元，%

	成本	比重
总体样本	325.01	40.38
东部7省	328.68	38.19
中部6省	344.91	44.07

（续）

	成本	比重
西南6省区市	302.73	35.91
西北5省区	280.32	40.48
东北4省区	333.67	41.58

全部转入耕地经营权样本户的亩均土地转入成本为129.87元，21亩以下、21～55亩、55～124亩、124亩以上样本户分别为125.1元、100.53元、113.51元、135.07元。全部样本户的亩均雇工换工成本为45.65元，具有明显的层次性特征。由于经营面积不大，在需要较多投入的情况下，21亩以下样本户购买的农机具一般不会很齐全，大量的生产环节需要靠人工完成，因此亩均雇工换工成本较高，达到149.29元。21～55亩、55～124亩样本户仍然较高，分别为75.27元、100.74元。而124亩以上样本户由于机械化水平高，亩均雇工换工成本反而明显下降，仅为31.45元。雇工换工成本占成本的比重，21亩以下、21～55亩、55～124亩、124亩以上样本户分别为23.10%、12.21%、16.35%、5.83%。

表22　不同经营规模样本户亩均成本

单位：元,%

	亩均成本	土地转入成本		雇工换工成本	
		亩均	比重	亩均	比重
全部样本	556.21	129.87	23.35	45.65	8.21
21亩以下	646.36	125.1	19.35	149.29	23.10
21～55亩	616.43	100.53	16.31	75.27	12.21
55～124亩	616.10	113.51	18.42	100.74	16.35
124亩以上	539.20	135.07	25.05	31.45	5.83

从13个粮食播种面积在200亩以上样本户的情况来看，亩均成本达到816.75元，占亩产值的比重达到73.75%。亩成本最高的为1 157.32元，占产值的比重为73.06%。物质与服务费是成本的主体部分，13个样本户的亩均物质与服务费为602.17元，占产值的54.08%。

与不转入土地经营权农户相比，规模化转入耕地经营权样本户的土地成本较高，13个样本户获得耕地经营权的亩均成本为206.25元，占产值的比重达到18.52%。在经营规模达到一定程度后，有的样本户还需要雇工。13个样本户中，有4户雇工，亩均雇工成本分别为20.8元、31.75元、133.33元、42.9元，这也使得成本有所提高。

表23　13个200亩以上种粮户亩均成本及占亩均产值比重

单位：元，%

	合计		物质与服务费		雇工		土地成本	
	数额	比重	数额	比重	数额	比重	数额	比重
1	910.43	82.44	800	72.44	0	0.00	110.43	10.00
2	602.8	60.17	202	20.16	20.8	2.08	380	37.93
3	768.97	66.90	608.05	52.90	0	0.00	160.92	14.00
4	1 011.85	73.04	611.85	44.16	0	0.00	400	28.87
5	1 019.58	72.83	619.58	44.26	0	0.00	400	28.57
6	622.06	57.63	319.21	29.57	31.75	2.94	271.11	25.12
7	830	85.13	496.67	50.94	0	0.00	333.33	34.19
8	1 157.32	73.06	757.32	47.81	0	0.00	400	25.25
9	381.7	43.44	235.91	26.85	0	0.00	145.79	16.59
10	607.53	71.79	262.83	31.06	0	0.00	344.7	40.73
11	603.53	63.07	368.24	38.48	0	0.00	235.29	24.59
12	533.33	45.13	232	19.63	133.33	11.28	168	14.22
13	400	52.92	340.42	45.04	42.9	5.68	16.68	2.21
合计	816.75	73.35	602.17	54.08	8.33	0.75	206.25	18.52

从一些地方目前的政策取向来看，明显存在过分追求规模的问题。2009年，滕州市政府出台了《滕州市推进农村土地适度规模经营扶持政策》（滕政发〔2009〕113号）规定，对转入50～100亩的，按每亩100元的标准奖励；规模经营面积100亩（含100亩）～300亩的，按每亩200元的标准奖励；规模经营面积300亩（含300亩）以上的，按每亩300元的标准奖励。2013年，滕州市开始统筹整合土地综合治理、粮食整建制高产创建、产业化经营、产粮大县奖励等资金5.1亿元，重点扶持300亩以上粮食种植、500亩以上露地蔬菜、100亩以上设施蔬

菜、标准化养殖等新型经营主体。但300亩耕地一般涉及3个村民小组的土地，需要大量农户放弃耕作。滕州市已经提出培育30个经营面积在1万亩以上粮食种植合作社的目标，2013年统筹利用的农业综合开发和现代农业发展资金，在粮食生产方面也重点投向了10个万亩粮食合作社。2014年，祁东县出台的《祁东县村“两委”促进农村土地承包经营权流转发展重点产业考核办法》规定：除凤歧坪、四明山、马杜桥乡各村耕地流转面积达到村总耕地面积30%以上外，全县其他乡镇各村土地流转面积需达到全村总耕地面积的50%以上。

在政策重点支持较大规模经营主体的情况下，就很容易出现唯规模化的倾向，人为拼凑规模经营主体的现象也就很容易发生。大田作物经营规模扩大过快，具体劳动就很容易与劳动成果相分离。由于监督非常困难，劳动积极性就会直接下降，而这正是人民公社体制的致命弱点。过分追求和过快扩大经营规模往往得不偿失，甚至导致粮食生产水平明显下降，并引起大量经济社会矛盾。如何让经营规模扩大适应农村经济社会结构变化，是需要慎重考虑的问题。

2014年四川省财政对种植小麦、水稻、玉米的种粮大户实行补贴，即对种粮50～100亩（不含100亩）的每亩补贴40元，种粮100～500亩（不含500亩）的每亩补贴60元，种粮500亩及以上的每亩补贴100元。根据成都市《关于加快推进粮食适度规模经营化的意见》（成府发〔2014〕1号），崇州市的基本做法是对水稻、小麦、玉米规模化生产连片面积在50亩以上的给与奖励。2014年成都市财政按面积在50～100亩（不含100亩）的每亩奖励160元，面积在100～500亩（不含500亩）的每亩奖励180元，面积在500亩（含500亩）以上的每亩奖励200元。

（二）人为推动耕地经营权加快流转

土地流转比例低，不能简单说是农民“思想观念落后”、“恋土情节较重”中的问题，还涉及农村文化、农村社会治理等深层次问题。土地流转，是农村经济社会发展到一定程度上农民自主选择的结果。耕地经营权流转进度，要与农民农外就业情况相适应，与农民生产生活方式转变相适应，与农村社会结构变迁相适应，与农村文化的发展相适应。即使是在经济发展水平很高的地区，也要顺应规律，顺应农民自身意愿。近年来，各地的土地流转速度明显加快。健康有序的土地流转为新型经营主体发育、实现规模优势、增加粮食产量等提供条件，这也是近年粮食产量能够稳定增加的重要原因。

但也要看到，一些地方耕地经营权流转加快，与部分地方的推动也有密切关系。有的地方推动农地流转出发点是好的，主要是为了解决“谁来种粮”的问题。但也有的地方是在城镇化快速发展背景下，为了获得更多建设用地，甚至有人提出要以城镇化“倒逼”农地流转的观点，认为这样能够更好地解决农民变市民以及农业规模化的问题，而城乡建设用地增减挂钩是解决城镇化和农业现代化的“两全方法”。农地流转后，通过实行农民集中居住和耕地成片经营，既能满足城镇化的用地需求，又能解决农村建设用地分散和耕地“碎片化”问题。在安徽的一项调查表明，农民愿意流转与不愿意流转的比例，分别占56%、44%。在不愿意土地流转的原因中，现金补偿标准太低、就业难、生活保障不够、集中用地过程不透明4个方面的原因占到了97%。农户土地流转后对就业满意的仅为48%，而明确不满意的达到34%，60%的受访者没有得到就业政策优惠。与土地流转前相比，收入有所提高的占41%，没什么变化的占33%，有所下降的占26%左右。调查也发现，农户无地经营后，普遍感到若有所失，高兴的比例很小。

（三）流转粮地的非粮化现象明显

转入土地经营权的主体，可以大致分为两类：一类是从事农业生产的家庭经营农户。这类转入主体虽然也追求获取更大经济效益，但基本经营业务在农业领域，生产过程和经营过程结合得非常紧密，经营者自己就是生产劳动者。投入能力不会很强，经营规模一般也不会太大，转入耕地经营权后不会也很难改变经营范围。另一类是资本主导型的经营主体。凭借资本追逐最大利润是这类主体的基本特征。这类主体的经营范围很宽，经营过程与生产过程往往是分离的。从调查的情况来看，第一类主体转入土地后，不仅能够解决谁来种粮的问题，而且能够提高粮食生产专业化、规模化水平和经济效益，因此对粮食生产是有利。第二类主体在转入耕地经营权后，在粮食生产效益较好、监管制度严格的情况下，能够依托资金优势打造技术优势，形成规模经营效应，也会在基础设施建设和机械化生产方面下功夫。但在粮食生产比较效益不高、监管又不严的情况下，改变粮地利用方向的倾向性较强。而且由于这类主体的经营过程、生产过程分离，往往需要雇工，这不仅会增加成本，而且由于劳动过程和劳动成果不挂钩，容易产生劳动者生产积极性不高的问题。这类主体转入耕地经营权后，容易出现多元化利用的现象。为获得经营权，这类主体的租金也是比较高的。为了获取经济效益，客观上也需要转变土地利用结构。从提高粮食总产角度来看，对这类经营主体转入耕地经营权，对需要谨慎对待。

对样本县的调研表明，工商企业转入耕地经营权后，如果国家监管严格，一般也会种植一季粮食，但一般不会种植两季。一旦监管不严，就可能将粮地用于非粮食生产用途。

自2009年以来，崇州市的粮食播种面积连续5年略微缩减。究其原因，主要是由于种粮主体转入土地后，为追求更高的经济效益，主要种植非粮作物。滕州市和崇州市都是可以种植两季的地方，但从2009—2013年的情况来看，滕州市工商企业租赁耕地的粮食播种面积与租赁耕地的面积之比没有超过0.9。崇州市同期的这一比值则从2009年的1.43下降到0.11，工商企业租赁耕地后已经很少从事粮食生产。2013年流转37.71万亩耕地中的粮食播种面积仅为13.09万亩，其余的主要用于种植蔬菜、水果、苗木等。2013年，工商企业租赁的耕地中，仅有0.46万亩用于种植粮食。

表24　2009—2013年滕州市、崇州市工商企业租赁耕地种粮情况

单位：万亩

		2009	2010	2011	2012	2013
滕州市	租赁耕地面积	1.46	1.5	1.9	2.95	3.35
	租赁中粮食播种面积	0.89	1.1	1.7	2.3	2.8
	比值	0.61	0.73	0.89	0.78	0.84

（续）

		2009	2010	2011	2012	2013
	租赁耕地面积	1.01	2.06	4.38	4.38	4.38
崇州市	租赁中粮食播种面积	1.44	1.67	0.71	0.62	0.46
	比值	1.43	0.81	0.16	0.14	0.11

（四）规模化转入主体面临多重经营困难

随着新型粮食生产经营主体发育、生产方式转变、质量安全要求提高、区域结构变化等新情况的发展，粮食生产在基础设施建设、生产资料、人工费用、加工流通等方面需要的支持与传统粮农有了很大的变化。但调研表明，与传统粮农相比，转入耕地经营权的规模化经营主体面临的新困难较多。

一是资金不足。21亩以下、21～55亩、55～124亩转入耕地经营权样本户的亩均成本分别为646.36元、616.43元、616.10元，这说明规模化经营的亩均成本普遍在600元以上，如果没有足够的资金支持，保持正常经营非常困难。如果种粮食播种面积超过100亩，投入就需要在6万元以上。124亩以上样本户的亩均成本之所以为539.20元，并不是由于规模效应使得成本降低了，而是因为资金不足，不得不减少了投入。

全部样本户当年新增贷款1 303.658元，其中从正规金融机构贷款987.187万元，占75.72%。当年户均新增贷款23 659.85元，其中21亩以下、21～55亩、55～124亩、124亩以上组别户均分别为6 540.00元、15 233.58元、26 642.41元、46 598.32元。全部样本户亩均当年新增贷款153.42元，其中21亩以下、21～55亩、55～124亩、124亩以上组别亩均分别为799.51元、449.24元、291.24元、95.78元。亩均从正规金融机构新增贷款116.17元，以上组别户均分别为485.50元、273.37元、209.05元、81.41元。亩均年底贷款余额345.90元，以上组别户均分别为954.59元、346.79元、370.15元、330.83元。在农村金融服务体系不健全的情况下，规模较大的种粮主体很难筹集到足够的资金进行农机、肥料等方面的投入，生产很难顺利开展。自有资产价值达500万元的农场主陈春生介绍，为扩大生产规模，目前他迫切需要贷款支持，但银行不同意给他办理抵押贷款，仅同意提供5万元小额贷款，无异于杯水车薪。

表25　不同经营规模户样本当年贷款情况

单位：元

	户均			亩均		
	新增贷款数量	正规金融机构贷款	年底贷款余额	新增贷款数量	正规金融机构贷款	年底贷款余额
全部样本	23 659.85	17 916.28	53 345.44	153.42	116.17	345.90
21亩以下	6 540.00	3 971.43	7 808.57	799.51	485.50	954.59
21～55亩	15 233.58	9 270.07	11 759.56	449.24	273.37	346.79
55～124亩	26 642.41	19 124.09	33 861.39	291.24	209.05	370.15
124亩以上	46 598.32	39 604.89	160 949.42	95.78	81.41	330.83

二是风险较大。在发生风险损失时，农业保险能够弥补生产经营成本，减少损失。但总体来看，政策性农业保险发展得尚不充分，化解风险损失的作用有限，仍然不适应现代农业建设的要求。巨灾风险分散机制尚不健全，大面积发生在还是保险机构压力很大。目前的农业保险覆盖面不够、防灾避灾机制不完善、赔付标准低，很难适应新型经营主体的需要。

三是装备条件亟待改善。实行规模化经营后，机械化作业环节明显增加，作业面积持续扩大。调查涉及了大中型拖拉机、小型拖拉机、农用三轮车、耕整地机械、播种机、水稻种植机械、农用排灌机械、船、收获机械、收获后处理机械等机械。全部样本户均在机械方面的投入是比较大的，购买大中型拖拉机、小型拖拉机、农用三轮车的样本户分别为154户、171户、165户，也就是说近九成的样本户买够了具有运输功能的机械。有104户购买了收获机械。购买农用排灌机械、耕整地机械、播种机械的样本也较多，分别为91户、86户、78户。各类机械用油支出的比重与机械购置支出的费用分配状况相当。分不同规模组别来看，21亩以下、21～55亩、55～124亩、124亩以上组别购置农机户均支出分别为 7 307.86 元、9 748.5 元、44 517.52 元、70 879.56 元（表26）。总体来看，样本户在农机具购置方面的投入压力非常大。

表 26　不同经营规模样本户农机支出情况

单位：元

	户均			亩均		
	农机购置	年用油	年维修费	农机购置	年用油	年维修费用
全部样本	32 972.9	4 041.7	4 536.0	1 816.8	222.7	34.9
21 亩以下	7 307.9	389.9	1 519.9	102.3	5.5	1.1
21～55 亩	9 748.5	571.8	588.2	133.6	7.8	0.6
55～124 亩	44 517.5	5 906.7	5 002.4	609.9	80.9	17.0
124 亩以上	70 879.6	9 378.5	6 483.4	971.1	128.5	16.2

机耕道建设不足和晾晒难问题比较突出。机耕道的重要性日益凸显，需要作为加强农业基础设施建设的一项重点来推进。在传统经营方式下，农户各自利用自己家里的晒场就解决了晾晒问题。而规模化经营后，由于单个经营主体的粮食收获量大，晾晒就非常困难。新的农业生产经营主体在机械、仓储设施等方面的前期投入非常大。问题还在于，基础设施建设需要巨额投入，投资回收期长，仅仅依靠经营主体自身力量，很难有大的作为。

四、政策建议

在工业化、城镇化、国际化的大背景下，比较效益和绝对收益对粮食生产具有决定性的作用，农业劳动力和人口的大量转移对粮食生产具有关键影响，市场价格对粮食生产具有“刚性”制约。实现粮食生产稳定发展，必须解决经营主体、经营收入、经营条件等问题。从基本面来看，传统的粮食生产和经营方式已经到了不得不转的发展阶段。土地流转，是实现粮食生产方式转变的必备条件，是农村经济社会结构变迁的必然结果，是工业化城镇化过程中的伴生现象。但调研表明，土地流转对粮食生产的潜在负面影响也不可忽视。首先，它使得珍惜自己土地长期生产力的承包权和追求经济效益的经营权相分离，如果不能建立经营者走可持续发展之路的机制，有可能使得地力遭到破坏。其次，土地如果大规模集中流转到极少数人手上，就客观上形成土地兼并的局面，时间一长，对农村经济社会将产生什么样的影响，确实难以预料。第三，转入主体的经营规模较小难以解决经济效益问题，但经营规模过大又会产生劳动者与经营者分离的现象，容易形成经营成本增加和单产降低的问题，从而对宏观层面的粮食生产发展产生不利影响。第四，转入主体在监管不严的情况下，可能为了经济效益，将基本农田用于非粮食生产经济活动。还要看到，集体经济组织成员家庭承包集体土地经营的制度，不仅是农村基本经营制度，是农村的重要经济制度，也是整个农村治理的基础。土地流转产生的影响并不仅仅局限在粮食生产和经济领域，还会对整个农村经济、政治结构产生深刻和长远的影响。因此，看待耕地经营权流转，不仅要考虑促进粮食生产稳定发展，还要考虑不健康流转对农村经济、社会、政治等方面的影响。促进耕地经营权流转朝健康的方向发展，关键要解决以下问题：

（一）规范流转程序

中央历来的政策都明确，在稳定农户土地承包权的基础上，允许土地使用权自愿、依法、有偿流转。但目前的情况是，在土地使用权是否流转的问题上，往往是当地政府和村级组织为了完成粮食生产任务，推行耕地集中连片、提高粮食生产规模化水平的倾向性很强，在实际操作中出现了未经部分甚至绝大部分农户同意的情况下就越俎代庖、强迫流转、盲目集中、损害农民利益的现象。解决流转不规范的问题，必须在坚持“依法、自愿、有偿”的原则下，在不得改变土地集体所有性质、不得改变土地用途、不得损害农民土地承包权益的要求下，加强土地承包经营权流转管理和服务。

从各地的实践来看，规范流转程序，要抓好以下关键点：一是县级出台遵守中央统一要求、符合当地实际的土地流转和适度规模经营的文件，防止流转走偏方向；二是在县级成立专门领导小组和工作机构，在乡镇级建立机制和成立工作机构，负责指导工作；三是建设农村土地流转服务中心、农村产权交易所等服务平台，提供信息联络、收益评估、合同签订等服务，对超过一定规模的流转、非农业经营主体转入耕地经营权等现象予以规范；四是在县级成立农村土地承包纠纷仲裁委员会和设立了仲裁庭，在镇一级成立农村土地承包纠纷调解委员会和设立调解庭，为流转相关方提供化解纠纷的服务。

（二）对非农业生产者转入耕地经营权进行准入限制

尽管目前工商企业租赁耕地的绝对面积不大，但增长势头较快。作为典型的市场主体，工商企业的基本动力来源于追逐利润，在种粮效益并不高的情况下，种粮积极性自然不高。工商企业租地后，一般只种一季粮食。虽然经营效益可能提高了，但粮食总产却下降了。对粮地被租以后的非粮化问题，也需要引起重视。对工商企业租赁耕地的问题，在基本面上不能鼓励，要抓紧研究准入门槛和监管制度等问题。在没有具体政策措施的情况下，慎重起见，不支持工商企业租赁农地。

（三）合理控制单个经营主体转入规模

农业经营制度的核心问题，就是如何实现劳动力与土地这两个基本生产要素的配置与结合问题。作为典型大田作物，粮食生产只能在千变万化的自然条件下进行，在生产对象与生产环境相互适应的过程中完成，在劳动者对劳动对象细心照料下实现。因此，只有在劳动者具有足够内在积极性的情况下，整个生产周期才能正常完成。改革初期粮食生产快速发展局面的形成，固然有粮价提高、农业生产条件改善等因素的作用，但最主要的还是当时实行家庭联产承包责任制、劳动者和劳动成果直接挂钩的结果。而随着我国市场化取向改革的深入、农业生产结构的多元化、农民从事非农经济活动的增加，种粮主体绝对效益不高、机会成本增加的制约作用越来越明显。2 884 个未转入耕地种粮户 2010 年的户均种粮利润仅为 3 231.49 元。实现粮食生产稳定发展，必须促使耕地经营权向种田能手集中。但经营规模超出了种田能手直接生产能力之外时，便会出现大量雇工、单产和总产下降、经营者投入多效益低的情况，必须将流入规模控制在适度的范围。“适度”是一个相对的概念，因资源禀赋、地形地貌、发展阶段、生产手段、生产方式、生产对象特征等不同而变化。由于不同地区资源禀赋、发展水平、农业结构差异很大，国家统一确定标准显然并不合适。通常而言，各地在确定适度规模时，要遵循这样两个基本原则：第一，经营主体绝对收益水平（包括农业补贴收入）不低于当地平均水平，这是将骨干劳动力留在农业的基本前提；第二，不雇工或者尽可能少雇工，这是确保劳动过程和劳动成果紧密挂钩、保护劳动积极性和提高单位面积产量效益的基本前提。因此，具体的标准要当地根据原则来确定。

（四）加大对转入主体经营的支持

调查涉及了种粮直补、农机补贴、良种补贴、生产资料补贴、种粮大户补贴、农业保险补助等与粮食生产有关的补贴补助项目。全部样本户获得以上六项支持 392.56 万元，户均 7 124.50 元。就亩均水平而言，全部样本户获得的补贴补助仅为 46.20 元。其中，种粮直补、农机补贴、良种补贴、生产资料补贴、种粮大户补贴、农业保险补助分别为 21.85 元、8.82 元、7.79 元、2.44 元、4.75 元、0.55 元。

表 27　551 个装入耕地户户亩均获得粮食生产补贴补助情况

单位：元

	六类补贴补助	种粮直补	农机补贴	良种补贴	生产资料补贴	种粮大户补贴	农业保险补助
全部样本	46.20	21.85	8.82	7.79	2.44	4.75	0.55
21 亩以下	45.67	9.69	22.53	8.12	0.00	1.05	4.28
21～55 亩	84.32	36.87	14.83	19.72	4.00	8.18	0.71
55～124 亩	55.49	24.25	5.76	11.35	4.05	9.61	0.45
124 亩以上	41.81	20.56	8.74	6.28	2.08	3.66	0.50

从目前的情况来看，补贴体系是针对承包者而建立的，给了承包户的扶持资金是很难减少，更难以收回，因为这部分资金已经成为了承包耕地农民收入来源的组成部分。即使政府将这部分资金给了耕地经营权转入主体，转入转出方也会通过调整租金的方式重新分配。因此，要加快探索建立针对新型经营主体的补贴体系。补贴的方向，是要改善直接

进行粮食生产的经营者的生产环境条件，并与土地流转租金脱钩，形成潜在的粮食生产能力。

（五）改善规模化经营主体的基础设施条件

粮食生产经营者直接参与和开展的基础设施建设，主要集中在田间土地整理、小型农田水利、机耕道、晒场、烘干、仓储等方面。全部样本户亩均基础设施建设投入仅为251.64元，其中21亩以下、21～55亩、55～124亩、124亩以上组别亩均分别为189.92元、255.96元、671.90元、173.38元。总体来看，转入耕地户的基础设施建设投入水平还很低。而从结构来看，政府投入、自己投入、其他投入分别占62.50%、30.87%、6.64%。

表28　不同经营规模户基础设施投入情况

单位：元

	户均				亩均			
	合计	政府投入	自己投入	其他投入	合计	政府投入	自己投入	其他投入
全部样本	38 808.53	24 253.54	11 979.67	2 575.50	251.64	157.27	77.68	16.70
21亩以下	1 553.57	0	1 553.57	0	189.92	0	189.92	0
21～55亩	8 679.56	5 964.23	1 890.51	824.82	255.96	175.88	55.75	24.32
55～124亩	61 465.69	41 691.97	17 396.35	2 377.37	671.90	455.75	190.17	25.99
124亩以上	84 351.09	49 889.05	27 306.57	7 155.47	173.38	102.55	56.13	14.71

从发达国家的情况来看，粮食生产基础设施建设具有很强的公益性，基本由政府来完成。但目前不仅投入水平低，而且政府投入比重也明显偏低。要进一步加大粮食生产基础设施建设的支持力度，尤其是“最后一公里”的基础设施建设问题，要结合解决国土整治、扩大内需、粮食安全等问题，加大投入力度加快解决。对规模化经营主体面临的机耕道、晒场、烘干、仓储等问题，可以考虑整合有关资金项目，予以重点解决。也可以结合构建新型农业经营体系，设立专门项目给予支持。

家庭农场扶持政策研究*

——基于宁波、松江、武汉、郎溪四地的实证分析

一、绪论

（一）研究背景

2013年中央1号文件《国务院关于加快发展现代农业，进一步增强农村发展活力的若干意见》中第一次明确提出了家庭农场这一新型农业经营主体的概念。2014年2月，农业部发布了《农业部关于促进家庭农场发展的指导意见》，在各地积极培育和发展家庭农场已取得初步成效、积累一定经验的基础上，提出家庭农场发展的十条意见，积极推动构建新型农业经营体系。2014年11月中央印发的《关于引导农村土地经营权有序流转发展农业适度规模经营的意见》中再次强调要“重点培育以家庭成员为主要劳动力、以农业为主要收入来源，从事专业化、集约化农业生产的家庭农场，使之成为引领适度规模经营、发展现代农业的有生力量。”由此可见，无论是在战略层面还是在战术层面，中央对家庭农场这一新型农业经营主体都给予了高度的重视。

我们认为，党和国家对于家庭农场发展如此重视主要出于以下两方面的考虑：一是广大中西部地区的农民由于务农的收入有限，青壮年普遍进城务工，青壮劳动力的流失导致不少地方出现了大量土地抛荒的现象，“谁来种田、谁来养活中国人”成为一个广受关注和亟待解决的大

---

* 本报告获2014年度农业部软科学研究优秀成果三等奖。课题承担单位：宁波大学；主持人：操家齐；主要成员：张弛、杨戟、赵振宇、杨桓、窦学伟、项继权。

问题；二是出于对农业产业化和资本下乡的忧虑。一些地方为推进农业产业化和规模经营，盲目引进产业资本开发农村。这里面有几种不良现象令人警觉，其一，一些国际化的农业资本下乡攻城略地，在种子提供、产品销售等方面具有垄断倾向，如果让其肆意扩张，必将危害国家农业安全；其二，一些大型农业龙头企业下乡与农民争利。这些企业在生产效率方面并不如农民自己经营，但由于有销售优势，再加上可以争取到国家各类补贴，因而也很有动力下乡种地。当然，事实上最后种地的依然是那些拿工资的农民；其三，一些地方以城乡统筹发展的名义推动城市资本下乡圈地，"非粮化""非农化"问题突出，一些资本下乡大搞旅游、休闲度假乃至房地产类项目，强迫农民流转，逼迫农民上楼，恶化农村治理环境。由于中国还有大量人口居住在农村，农村对于广大尚未实现真正市民化的农民来说还承担着社会保障功能。因而，推进以农民家庭成员为主要劳动力，以农业经营收入为主要收入来源，利用家庭承包土地或流转土地，从事规模化、集约化、商品化农业生产，保留农户家庭经营内核，坚持家庭经营基础地位的农业经营主体建设，无疑更符合我国农业发展的长远利益。这就是国家推动家庭农场战略背景所在。

由于从全国层面上看，家庭农场还是一个新鲜事物，还处在发展的起步阶段。当前主要是鼓励发展、支持发展，并没有一个放之全国而皆准的普遍实用的具体政策。只有在实践中发挥基层农户和基层政府的改革和创新精神，积极发掘各地先进经验，不断探索、才能逐步形成具有普遍意义的顶层设计。

（二）家庭农场扶持政策的理论探析

家庭农场要具有蓬勃的生命力必须深深地植根于中国农村深厚的历史文化背景之中，必须符合当今中国农村实际和广大农民的期待。而对家庭农场的扶持政策也必须契合当今农村的现实。因此，结合当前中国农村家庭农场发展的实践，结合当前政界、学界争论的焦点，厘清相关理论问题，并在此基础上探讨家庭农场的政策扶持问题才会更具有目的性、指向性，才会更具有全局性和前瞻性。

1. 农户经营还有前途吗

在马克思经典作家看来，小农是“旧社会的堡垒”[①]，是“日趋没落”的[②]；他们“落后”、“保守”、“迷信”、“偏见”，“愚蠢地固守旧制度”，“就像一袋马铃薯是由袋中的一个个马铃薯汇集而成的那样”[③]。他们过着“孤陋寡闻的生活”，农村是“穷乡僻壤”，并将小农生活的地区定位为“野蛮国家”。马克思和恩格斯对小农和农村如此评价，固然存在着一定的偏见，但主要是从理论上认为小农是“自给自足”的，取得生活资料主要是与自然相交换而不是和社会交换，因而是“过去生产方式的一种残余”[④]。

对小农生产方式持有批评态度的在国际上还有这么几种理论：

“阻碍发展论”。将小农视为变迁的阻碍，认为小农是对“发展的阻挠”，是工业化这个“摆脱落后的大道”上的障碍，因而是一种消失或被主动移除的社会形态，应该被装备精良、顺应市场逻辑的“农业企业家所取代”。

“消亡论”。认为在那些现代化进程已经取得某些成功的地方，小农阶级要么已经转变成为农业企业家，要么已经沦为纯粹的无产者，小农阶级事实上已经消亡。

“农业内卷化”认为将劳动力不断填充到农业生产中只会带来适得其反的结果，并造成贫困的再分配。

“技术上限论”，即认为小农不可能跨越他们使用的资源中所隐含的“技术上限”。

“贫困论”，即小农农业模式就其定义本身来说，正如人们通常所设想的那样，会造成贫困。

不过，也有专家则持相反的观点。荷兰范德普勒格则对小农阶级极力推崇，在其著作《新小农阶级》中，他认为小农农业并不存在“固有的落后”，“小农无法养活世界”这一常见观点是站不住脚的。小农生产

① 马克思．资本论：第一卷［M］．北京：人民出版社，2004：578.

② 马克思．资本论：第三卷［M］．北京：人民出版社，2004：47.

③ 马克思．马克思恩格斯文集：第四卷［M］．北京：人民出版社，2009：284.

④ 马克思．马克思恩格斯文集：第二卷［M］．北京：人民出版社，2009：566－567.

方式中被一些人所鄙夷的方面往往正是其优越的精髓。小农始终会带着热情、奉献精神坚持不懈地投身于农业生产之中；小农社区的共享价值之一是“认同劳动是获得财富的唯一途径”；小农农业模式比其他农业模式可以创造更多的就业岗位；小农依赖的是“人与自然的协同生产”。小农农业从表面上看起来略显混乱，但其背后深藏着严密的逻辑；小农通过发展一套自发的、自我控制的资源来保持自主性，而不必受其他力量的控制和支配，而这可以保持小农的独立地位；小农农业充满了对生物生命的尊重等。①

赞成或者反对农户经营，应该基于理性和现实的基础之上的判断，而不能基于某种理念或者偏见。华中师范大学徐勇从中国农户经营传统来评估家庭农场的价值。徐勇认为家户经营和农工商结合是中国的“本源型传统”，而家庭农场也是以“家户”为基础的。他认为，中国历史上的农村创新凡是背离“本源型”传统的一般都缺乏生命力，因此要弘扬“家户基础上的农工商结合传统，形成农工商互补经济”（2013）。中国农业大学朱启臻认为“理论和实践早就证明了一条真理，就是家庭是最适合农业的经营方式。家庭成员有高度的责任感，对土地负责。”中农办主任陈锡文也认为：“只有让农民种自己的地、打自己的粮，他才会尽心尽力。”

2. 如何看待资本进入农村

当前各类资本正在以各种名义进入农村。这些资本有的是涉农的，有的是非农的。一些基层政府或组织出于各种目的，向这些资本提供方便。部分专家也以农业产业化、农业现代化的说辞鼓吹“资本下乡”。而中央高层以及一些比较“接地气”的专家则是强调要以农户家庭经营为主，对大资本保持警惕。陈锡文甚至尖锐指出，有些资本进入农村“醉翁之意不在酒”。当前最旗帜鲜明地反对资本下乡和大农业的有两位学者，分别是贺雪峰和李昌平。贺雪峰累计下乡调研在 1 000 天以上，对农村的实际情况有较深的了解。他先后与周其仁、厉以宁展开论争，

① 范德普勒格．新小农阶级［M］．潘璐，叶敬忠，等译．北京：社会科学文献出版社，2013.

他反对厉以宁的双向城乡一体化的观点，认为在农业GDP份额不超过GDP总额10%且相对固定的情况下，资本下乡，无论资本能否赚钱，客观上都是在与9亿农民争夺农业GDP的份额。农民因此只可能更穷。他还认为资本下乡种粮食作物产量不如农户，种经济作物风险太大，过几年走掉只会留下烂摊子（2012）。他连家庭农场也一起反对，但是怎样解决农民土地抛荒的问题，他也没有提出办法来。

而李昌平则警示性地提出如果放任大资本下乡，农业产业化经营必然会导致国际寡头或少数企业垄断中国的农业经营，最终导致农民边缘化，沦为农业产业工人或流浪者，中国到时就不是跌进“拉美陷阱”的问题，而是沦为“菲律宾”化的问题。菲律宾师从美国，依靠资本的力量改造小农和农村，最终导致西方农业跨国公司和本国资本家控制菲律宾农业和农村的诸多领域。大量自耕农和佃农在大公司的挤压下破产，被迫失去土地做资本家的农业工人或涌进城市。而随着工业发展的趋缓，失业问题转化成社会问题和政治问题导致社会动荡，经济衰退。而家庭农场发挥了家庭在农业生产里面的优势作用，家庭农场的重要意义在于其富有弹性，在外务工的农民一旦失业或不想在城市生活仍可以选择回到农村，回到自己的家庭，这样一旦在整体经济产生危机时就能缓冲社会风险（2013）。

贺雪峰和李昌平的观点虽然在民间附和甚多，但在主流媒体中并不占优势，在支持土地流转和维护农民权益的民粹话语体系中显得比较孤立。

3. 家庭农场的规模与前景

家庭农场的规模多少合适？绝不仅仅是一个技术问题，也不仅是经营效率问题。因为规模的背后涉及农村利益关系的调整，涉及土地所有权、承包权、经营权之间的复杂关系，涉及农村的长远稳定问题。当前不少人主张家庭农场应该扩大规模，建议加大土地流转力度。对此一些专家保持警惕。贺雪峰批评一些地方政府推动土地向“大农”流转到了不理性的程度。这些以资本经营为特征的土地流转，即使可以提高劳动生产率，却几无例外会降低土地生产率。黄宗智认为其所用的口号“家庭农场”是来自美国的修辞，背后是对美国农业的想象。这是个不符合世界农业经济史所展示的农业现代化经济逻辑的设想，它错误地试图硬套“地多人少”的美国模式于“人多地少”的中国，错误地使用来自机器时代的经济学于农业，亟须改正。它也是对当今早已由企业型大农场主宰的美国农业经济实际的误解。美国农业现代化模式的主导逻辑是节省劳动力，而中国过去三十年来已经走出来的“劳动和资本双密集化”“小而精”模式的关键则在节省土地。美国的“大而粗”模式不符合当前中国农业的实际，更不符合具有厚重传统的关于真正的小农经济家庭农场的理论洞见。中国近三十年来已经相当广泛兴起的适度规模的、“小而精”的真正家庭农场才是中国农业正确的发展道路。

经济学家华生（2014）认为，中国农地流转到最后，农户平均规模就是几十亩地，这不是我们的愿望决定的，是中国人口跟土地的关系决定的。中国现在20亿亩耕地，假定城市化过程中一亩都不少，最后城市化率20年、30年以后80%，还有20%的人在种地。那20%的人，它也是好几亿人，就是10%的人，也是1.5亿人，那也是30年以后的事情。20亿亩地给1.5亿人，一人也就是10来亩地，一家5、6口人也就是几十亩地。那么多大户去种几千亩地、上万亩地，其他所有的人都干嘛呢？这个问题是要回答的。你没有那么多地，甚至连家庭农场，中国也搞不了。

陈锡文认为，规模适度非常重要。他认为中国家庭农场的适度规模是几十亩到上百亩的规模，东北地区土地条件好可以发展上千亩的家庭农场。他同时也强调，在中国和其他亚洲国家，人地关系不适合发展过大规模的家庭农场。朱启臻认为家庭农场的规模要有上下限，下限是生计的标准，上限是现有技术条件下，家庭成员可以经营的最大面积，所谓适度规模经营。对规模的担心，还出于对土地大规模兼并影响农村长远稳定的担心。中国农业的小规模不是法律制度决定的，是国情决定的。

4. 发展家庭农场政府与市场的角色如何定位？

发展家庭农场必然绕不过市场与政府的关系问题。市场与政府之间的关系问题是20世纪乃至21世纪初都是各国经济学家和政治家们争论不休的问题。哈耶克和凯恩斯的论战持续了几十年，而他们的主张也风水轮流转地影响着各国的政策。哈耶克是一个坚定的市场派，他旗帜鲜明地坚持市场自发秩序的神奇作用，认为政府对市场的干预是“一种致命的自负”。在哈耶克的观点来看，国家的主要角色应该是维持法治，并且应该尽可能地避免介入其他领域。哈耶克主张经济上的自由是公民和政治自由所不可或缺的要件。凯恩斯主义认为，通过利率把储蓄转化为投资和借助于工资的变化来调节劳动供求的自发市场机制，并不能自动地创造出充分就业所需要的那种有效需求水平；在竞争性私人体制中，“三大心理规律”（边际消费倾向递减、资本边际效率递减和流动偏好）使有效需求往往低于社会的总供给水平，从而导致就业水平总是处于非充分就业的均衡状态。因此，要实现充分就业，就必须抛弃自由放任的传统政策，政府必须运用积极的财政与货币政策，以确保足够水平的有效需求。凯恩斯最根本的理论创新就在于为国家干预经济的合理性提供了一整套经济学的证明，这是凯恩斯主义出现以前任何经济学都根本做不到的。

凯恩斯主义由于20世纪30年代经济危机的爆发而受到当时罗斯福政府的重视，并在此后曾经多次被众多国家的政府所应用。1998年亚洲金融危机和2007年美国次贷危机之后，中国政府为了应对危机，先后都采用了凯恩斯主义的相关主张。而哈耶克的思想却曾经长期受到冷落，哈耶克就曾经自嘲：“我年轻的时候，只有很老的长者才相信自由市场制度。等我人到中年，除了我自己，就没人相信它了。现在，我很高兴自己活得足够久，看到青年人再次相信它。”也就是说直到他老年时他的观点才受到重视。直到70年代之后，随着凯恩斯主义后遗症的凸显，人们才开始认识到市场的重要性，英国撒切尔政府、美国里根政府进行了大刀阔斧的改革，推动重新回归市场、释放市场活力。

家庭农场的发展，如果推出相关扶持政策，必然涉及政府对家庭农场发展的干预问题，这其中涉及政策上的引导和财政上的扶持，如果方向正确，必然有利于家庭农场的健康发展，反之，则可能带来一些不可预期的问题。特别是如果政府过度干预，有可能让政府管了过多管不了也管不好的事，可能会带来新的矛盾，增加过多的财政开支，甚至给政府的形象带来损失。当然，任由市场发展也可能带来市场失灵的问题，比如产业发展方向偏差，种粮问题得不到重视等，这将在下文中进行具体论述。

5. 发展家庭农场等新型农业经营主体是在引导土地产权的私有化吗

当前在学术界不少专家的专家持有这一观点，不过他们的观点却似乎并不受重视。其中经济学家华生和“三农”问题专家贺雪峰最为典型，他们的论战对象主要是周其仁教授。大家争来争去，问题的实质是土地的权属问题。周其仁、厉以宁等人资历老，对高层的影响力巨大，他们尽管没有明说，但“土地确权”、给农民“土地权利”等话语的实质指向无疑是土地私有化。他们的支持者众多，既有学术界的也有决策层的，但更多的还是一些地方官员。在学术界如厉以宁认为今后中国要改变农民进城这种单向的城乡一体化，要走向双向城乡一体化，愿意来农村经营的就来农村，农民愿意进城打工的就到城里去。这样不但农业生产率会提高，城乡收入差距也会进一步缩小。归结起来就是一句话，资本下乡，农民进城。农村有家庭农场制，就有家庭农场主，这就是未来中国农民的走向。这样既可以缩小城乡差距，又可以提高农业生产率。他的观点在当下比较有代表性，也体现了一些地方官员的期待。

周其仁（2013）对于家庭农场重点强调流转的权利，他认为不管是在村内流转还是在跨村流转，关键在于要有流转权，这个权利必须定义清楚。周其仁、厉以宁一派的观点，对待家庭农场并不反感，但认为搞不搞家庭农场不是问题的关键，关键是土地要确权，他们的“确权”并不是维护现在农村土地的“集体所有”那么简单，而是要明晰农民的所有权。产权确定了，才能真正流转，农民也有了真正的财产权，农村才能真正搞活。

贺雪峰驳斥一些学者打着给农民更大土地权利的幌子来为土地私有化鸣锣开道，来为资本掠夺农民制造舆论的用心。他认为这些学者站在为农民要权利，为农民说话的道德高地，却不愿深入具体地考察农民到底要什么，他们的利益究竟何在。在中国农村，农户土地权力越大，集体行动越难，生产生活基础条件就越无法改善，单家独户的小农，尤其是仍在农村种田的耕者，就不得不面对更加恶劣的农业生产条件，他们不仅要流汗，而且要流泪，甚至流血了（比如为争水而打架伤人）。这是典型的“反公地悲剧”。所以在这种意义上，他认为，“给农民更多的土地权利，其结果可能会损害农民的利益”。[①] 华生严厉批评周其仁过分自信“是因为他们原本以为自己已经完全占领了理论和道德高地，真理在握，对现行体制完全不放在眼下，觉得其中的问题和缺陷已经足以使其土崩瓦解，根本挡不住他们认为的土地资源配置市场化资本化的潮流和趋势。”[②] 总体来看，华生、贺雪峰一派的观点则力主维持现有的土地制度，维护以农户为主体的生产经营，对大资本的用心保持警惕，对农业的产业化的成效持怀疑态度，对贸然改变农村现状的未来前景忧心忡忡。他们一般都支持家庭农场，因为家庭农场是以农户经营为主，不冲击现有土地权属，因而可以长远维护农村的稳定，只是家庭农场的规模不宜过大。

（三）研究的过程及思路设计

当前在全国家庭农场发展比较成熟的有宁波、上海松江、武汉、吉林延边、安徽郎溪五地（图 1）。这五个地方各有其特色，其相应的扶持政策也各有其适应性。我们这次在研究的设计中考虑到吉林延边地处东北，其人均占有土地面积相对较大，与其他四地有着显著的差异，再由于相距甚远，经费有限，所以暂时没有将其纳入本次调研的范围。我们选择了浙江宁波、上海松江、湖北武汉、安徽郎溪等四地。其中，由于宁波和松江最为典型，因此将其作为调研的重点。

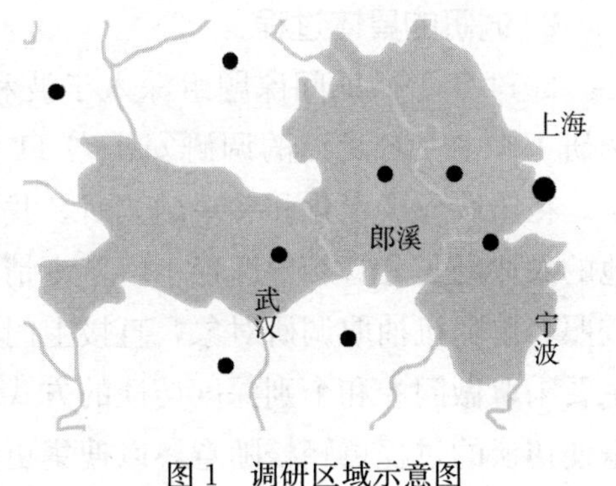

图 1　调研区域示意图

① 贺雪峰．地权的逻辑［M］．北京：法律出版社，2010.

② 华生．土地制度改革的实质分歧——答周其仁教授最新的批评［M］．华夏时报，2014-09-19.

课题组共实地考察了宁波市和上海松江区的近30户家庭农场。其中，宁波18家，松江为5家，武汉4家。由于松江家庭农场的规模、经营品种、政府的扶持政策情况都大体相似，所以即便调查中样本较宁波地区少，当前的调研还是能够较全面真实地反映该地区实际结果。具体的调研对象包括当地的农业局分管这一工作的领导、农委（农业局）相关负责人和当地家庭农场的农户。

1. 调研的主要方法

调研方法的选择直接决定着调研工作的质量，因此在调研上注重方法的全面性并突出调研重点。主要的调研方法有三种：①理论文献研究。在调研早期通过各种渠道已经搜集到大量的文字资料，包括国内外对于家庭农场的理论研究材料，中央政府相关部门对于家庭农场发展的相关政策文件等。②实地调研。作为调研的重点，主要采用问卷调查和个别深度访谈、实地观察三种相结合的方式，并辅以录音、文字记录、现场照片采集等丰富调研结果。考虑到四地的不同情况，实际调研也做了相应调整。③数据整理。利用统计学相关的抽样调查的计算方法对调查结果数据加以初步整理处理，并通过学理分析和国家与市场关系模型来建构两地家庭农场发展机理的分析框架。

2. 调研的具体过程

2014年暑假期间课题组深入宁波和松江两地，积极参与到实际的调研工作中。对武汉的调研安排在11月上旬，对郎溪的调研在12月初。在宁波下属奉化和慈溪的调研，我们的大致程序都相似，先是到两地的农业局与分管领导座谈了解基本情况，拿到家庭农场的名单，然后按照名单随机抽取调研对象，直接上门调研。在家庭农场的调研，我们主要采取做问卷和个别深度访谈的方式。访谈一般是边参观边提问，尽量使访谈的过程更轻松随意，以搜集更真实的情况（表1）。

表1　宁波市18家受访家庭农场基本情况

农场名称	注册类别	负责人	生产规模	年销售额（万）	文化程度	职称	经营类型	主营品种	长期雇工（人）	经营时间（年）	备注
奉化市昊天农场	独资	沈国军	180亩	300	初中		种植	蔬菜	16	6	负责人是吸毒转化人员

（续）

农场名称	注册类别	负责人	生产规模	年销售额（万）	文化程度	职称	经营类型	主营品种	长期雇工（人）	经营时间（年）	备注
奉化市范氏农场	个体	范海军	450亩	800	高中	工程师	种植	蔬菜	10	4	办有一个小型工厂
萧王庙街道五星蛋鸡场	个体	郑芳贤	8万多只鸡	1 500	初中		养殖	蛋鸡	15	24	浙江舟山人
西坞爱歌顿农场	个体	江聪优	450亩	900	高中		农家乐	水果	12	2	有网站、聘请3个大学生
南浦畜牧场	个体	王运来	8千头	1 600	大专	工程师	养殖	肉猪	10	6	儿子本科、子承父业
富乐生态养殖场	个体	陈绍康	47亩	50	高中	技师	种养	水稻、甲鱼	1	6	生态养殖
奉化红卫农场	个体	邬红卫	1 500亩	250	高中	助理技师	种植	水稻、竹笋	5	6	农机合作社
辅德农场	个体	江辅德	1 800亩	70	初中		种植	水稻	20	7	贷款难、不成片
欣业农场	个体	蒋雷	1 050亩	250	初中	助理技师	种植	水稻	10		兼任村主任
悠然家庭农场	个体	周云杰	12亩	70	本科		种植	草莓	15	6	子承父业
绿丰家庭农场	独资	虞如坤	115亩	120	高中	工程师	种植	水蜜桃、雷笋	2	5	兼任合作社社长
沧北蔬菜种植场	独资	邹志孟	343亩	195	初中		种植	蔬菜	6	20	出口蔬菜备案基地
沧南火龙果种植场	独资	乐四清	200亩	无	初中		种植	火龙果	1	6	新入行，无收入
涌森蔬菜农场	独资	郑涌森	605亩	800	中专	农技员	种植	蔬菜	12	12	在人大读MBA
明美蔬菜农场	个体	余志明	506亩	387	高中	农技员	种植	蔬菜	25	6	儿子大学，全职帮忙
观海卫施叶生猪养殖场	个体	蒋场长	6 000头	1 200	初中		养殖	生猪	19	6	有两个大学生
观海卫水稻农场	个体	周社长	300亩	30（净）	初中		种植	水稻	4	23	曾是第一种粮大户
双超水产养殖场	个体	林聪德	108亩	70	高中		养殖	对虾等水产	4	13	自己部分开挖鱼塘转包经营

上海松江，由松江区农委安排专人带领我们下乡调查。由于考虑到

有人陪同调研虽然方便，但也可能导致基层不愿意讲真话的顾虑，我们在他们安排的调研结束后，又随机抽了几个家庭农场进行实地调研。在松江的调研方法基本与宁波的相同。与宁波分散调研不同的是，在松江的自由调研环节，我们直接走到田头，对在田野里劳作的家庭农场主进行了现场访谈（表2）。

表2　上海松江部分受访家庭农场基本情况

经营者	是否注册	经营规模（亩）	土地流转租金/年	学历	年龄	经营类型	主要品种	是否种养结合	是否机农结合	备注
李春风	否	200	250千克稻谷	职高	36	种植养殖	水稻、生猪	是	否	子承父业
杨玉华	否	136	250千克稻谷	—	57	种植	水稻	否	否	—
张小弟	否	199	250千克稻谷	初中	51	种植	水稻	否	是	—
谢全林	否	92	250千克稻谷	—	59	种植	水稻	否	否	—
金晓玲	否	127	250千克稻谷	—	25	种植	水稻	否	是	实际上是其父亲在耕种

对武汉、郎溪两地，由于没有熟人关系，我们都通过单位发函的方式，与对方的主管部门取得联系，然后确定调研时间和地点，先是与分管部门进行座谈，然后独立深入相关农场进行调研（表3，表4）。

表3　武汉市部分家庭农场基本情况

农场名称	注册类别	负责人	生产规模（亩）	上年利润（万元）	文化程度	年龄	经营类型	主营品种	长期雇工（人）	经营时间（年）	备注
吴店村循环家庭农场	个体	朱兰萍	300	200	大学肄业	40余岁	种养一体	薯尖、肉猪	3	12	循环农业
院岗彭想清家庭农场	个体	彭想清	207	35	初中	47	种养一体	鱼、猪、水稻、鸭子	只有短期雇工	12	家庭成员为主要劳力
李伟和种植业家庭农场	个体	李伟和	363	100	大学	44	种养一体	薯尖鸡羊	16	17	兼任村书记
向店村李新建水产农场	个体	李新建	298	5	初中	46	水产养殖	鱼	7	13	合作社成员

表4　安徽郎溪部分受访家庭农场情况

农场名称	注册类别	负责人	生产规模（亩）	上年利润（万元）	文化程度	年龄	经营类型	主营品种	长期雇工（人）	经营时间（年）	备注
平凡种苗种植家庭农场	个体	李俊	700	35	高中	37	种植	粮油	无	7	夫妻二人耕种
凌笪乡鹤晟茶叶种植家庭农场	个体	周少青	350	50	初中	44	种植	绿茶		24	茶叶加工
建梅肉鸡养殖家庭农场	个体	侯建梅	11	50	高中	37	养殖	肉鸡	无	2	返乡创业
永红农作物种植家庭农场	个体	向永红	250	18	初中	47	种植	粮油		10	租用国有农场土地
赖正斌甲鱼养殖家庭农场	个体	赖正斌	130	80	高中	38	养殖	甲鱼	4	9	原在浙江经营甲鱼生意

二、各地扶持政策及效果评价——基于典型案例的研究

家庭农场扩大了经营规模，也放大了经营风险。没有政府的政策扶持，是很难发展的。政府在与家庭农场的关系中，是很难把握平衡的。一方面，政府如果过分强势，什么事都替农民做主，无疑会抑制农民的主动性、积极性，甚至会导致依赖心理。由于政府不是万能的，政府不能操控市场，政府不能包办风险，政府由于自身的政绩冲动及政策的连续性没有保障还可能犯错。这样农民会无事靠政府，有事找政府，出了问题，政府也会承担无限责任；另一方面，政府也不能无所作为，也应该发挥主观能动性，因势利导，多运用市场的方法，发挥社会的力量，以政策来引导，以法规来约束，促使家庭农场向着健康的轨道发展运行。

在我们调研的四地中，政府都不同程度的对本地的家庭农场进行了扶持，有政策上的支持，也有财政上的资助。总体来说，从政府介入的深度来看，以上海松江为最，其次为浙江宁波、安徽郎溪，武汉的介入

程度比较低；从市场化程度来看，则是浙江宁波市场化程度最高，其次是湖北武汉、安徽郎溪，上海松江的市场化程度最低。下面就各地对家庭农场各方面的扶持政策归纳、评析、比较如下。

（一）激励与保障：各地化解土地流转难题的经验

从小农户到家庭农场，最重要的变化是经营规模的扩大。而要扩大规模必然需要土地流转。在我国农业费废除前后，农业补贴尚未大规模跟进之前，土地流转是非常困难的。这个困难表现在流入困难，就是很少有人愿意流入。这个时候，由于土地的各项税费比较重，种田不划算，一般的人都不愿意种田。但是，也有一些经营能力比较强的农民却发现了机遇。他们主要有这么几种类型，一是农机手，由于有农业机械，具备大规模的耕作能力，有规模效益，所以愿意耕种。宁波慈溪市的周某农民就是一例，他早在23年前就开始“捡田”种，是慈溪市最早的种田大户；另一类是从事经济作物销售的农民，他们拥有销售渠道，为了保障供货渠道的稳定，他们也会选择流入土地规模种植，沧北蔬菜种植场的邹志孟就是一例，他经营蔬菜种植有20年，最初就是一个小商贩。这一时期为鼓励土地的流入，各地也采取了鼓励土地流入的政策。比如武汉市就曾对于土地流转单个项目达到1 000亩以上的按照每亩50元的补贴给流入方。真正的流转难出现在金融危机以后，这时不少农民返乡，再加上政府农业补贴力度的加大以及土地确权的预期增强，一些农民开始视土地为重要资产，这时土地的流出开始越来越困难。所以说在当前阶段，各地土地流转难主要体现在流出难上。各地为化解流出难题，推出了不少鼓励政策。主要有：

1. 为土地流转搭建便捷的沟通和交易平台

比如宁波慈溪政府在土地流转方面首先是健全土地流转服务市场，为供求双方提供法律咨询、供求登记、信息发布、中介协调、指导签证、代理服务、纠纷调处等服务，为土地流转搭建便捷的沟通和交易平台。武汉市建立了农村综合产权交易所，对土地流转进行鉴证，保障土地流转双方的利益，给流入方发放土地流转经营权证。流入方还可以凭此证抵押融资。上海松江在区、镇农业部门加强土地流转管理、指导和服务，规范土地流转行为，统一了土地流转合同文本。在政府的指导下，发挥村集体的作用，通过村委会中介将土地经营权统一发包至中标的户主手中，而农场主不得私自与个体农户之间产生土地流转交易。他们还建立了信息化农业用地管理平台，将全区所有113个行政村的土地承包和流转情况纳入平台，登陆平台便可查询到每户土地流出和流入情况。

2. 以资金投入促进土地流转

宁波市明确市本级财政连续三年，每年安排3 000万元扶持资金用于土地流转。这几年，宁波市、县、乡镇三级每年投入土地流转的扶持资金总额均达3 000多万元。到2013年底，全市土地流转面积达45.3万亩，占农户家庭承包面积的63%。宁波慈溪市对承包土地在二轮承包剩余年限内的土地经营权一次性委托镇（街道）、村流转的农户，每年补贴150元；对新流出（续订）土地经营权，且与村签订托管协议，流转期达到5年的农户，给予每亩200元的一次性补助，流转期超过5年的，每超过1年每亩再补助60元。在松江，政府规范土地流转金，全区统一为每亩每年250千克稻谷，既保证了土地承包者的利益，也推动了土地的流出；对于土地流入方，政府给予每亩200元的流转补助金，鼓励家庭农场发展。承包方和经营方都获得了利益，达到双赢。

3. 以完善社会保障解除流出农民的后顾之忧

土地对于农民来说还具有社会保障的功能，因此只有解决农民的养老、就业的顾虑，农民才能放心流转。在这方面沿海地区做得比较到位。上海松江为进一步鼓励农民自愿流出土地，解决家庭农场发展的局限，政府对于全部流转给新经营者的老农民（男60岁、女55岁以上），在上海市新农保标准500元每月的基础上，再给予150元每月的补贴。

（二）政府与民间共济：融资难如何解决

在我们调研过程中，不少公司反映办家庭农场贷款比较困难，但贷款的难易程度各地也有较大的区别。贷款难，首先难在启动资金不足。新建家庭农场，往往投入很大，需要大量的资金。但这时也往往是最难贷款的时候。因为，这时一无抵押，二无信用，没有银行敢贷款。这时候农场主主要靠自筹，自筹有三个渠道，一是自有资金。比如慈溪市沧南火龙果种植场乐四清，原来是搞客运的，有四台大巴跑杭州，后来高铁开通了，生意不景气，他就把车子变卖了，开起了家庭农场。二是找亲戚朋友借款，选择这种方式的占多数。三是民间借贷，一般的年息是12%，多的有30%。其次难在周转资金，主要体现在年初的投入上。比如武汉院岗想建家庭农场，主要是养鱼，每年年初的投入70万元左右，靠自有资金有很大的缺口，而从银行贷款额度有限。总体来说，由于缺乏有效的抵押物，家庭农场主一般都很难贷到款，这在一定程度上制约了家庭农场的发展。针对这一问题，各地出台了相关政策，力图解决这一问题。

1. 设立专项基金扶持家庭农场发展

比如宁波慈溪早在2004年就设立了“中小农场发展基金”，每年安排100万元专项资金对注册农场、贷款贴息、农业基础设施建设和新技术推广给予重点补助。慈溪市本级用于家庭农场扶持资金占每年产业扶持资金的40%以上。该市还组建了农户小额信用担保有限公司，免费为家庭农场发展提供贷款担保。全市累计有488家家庭农场在该公司担保下贷款，累计发放贷款2.4亿元。在安徽郎溪县财政每年预算内安排1 000万元、整合涉农项目资金1 000万元，用于支持家庭农场发展。此外，县政府出资600万元，建立郎溪县家庭农场贷款担保资金，通过放大数倍，具备了4 000万元的担保能力。

2. 政府牵头为农场融资创造条件

宁波市试点开展家庭农场信用等级评定，对信用等级高的家庭农场给予一定的信贷额度，并给予利率优惠。允许家庭农场以大型农用设施、流转土地经营权等抵押贷款。武汉市通过农村综合产权交易所为土地流入者办流转土地经营权证，凭此证可以在银行贷款。在我们调研的四地，安徽郎溪在家庭农场的贷款保障上做得非常到位，郎溪经济发展水平较低，财政扶持资金非常有限。但我们的调研结果却在资金需求上基本可以满足，他们的模式是“政府引导，协会牵头，银行合作，各方受益”。具体的操作方式是：相关资金充足的农场主把钱委托协会存入银行作为担保金，银行按照1∶8的比例放大，其他会员与协会和银行签订贷款协议，然后银行放贷。现在以 100 万协会资金为例以图表形式说明如下（图 2）：

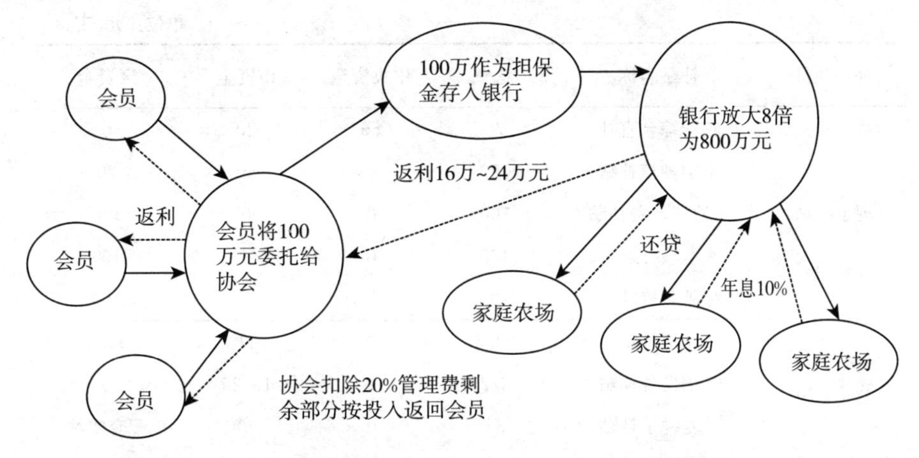

图 2　安徽郎溪家庭农场协会担保模式运作示意图

从图中可以看出，无论是将资金委托给协会的家庭农场会员、协会本身，还是银行、贷款的家庭农场都因此受益。贷入会员获得了资金，发展了生产；银行降低了风险、获得了回报；协会获得运转资金，增强了发展活力；贷出会员获得了资产收益。各方的积极性都得到发挥。因为最初提出这个设想时，其他国有银行都不愿意合作，只有新华村镇银行（民营）进入，运行几年来没有一笔坏账，获得了可观回报。这几年邮储银行、农商行都纷纷要求合作。

3. 加大财政税收支持力度

这主要体现在对家庭农场的各项补贴和税收优惠方面。首先是对示范农场的奖励。宁波市对市级示范性农场，财政给予每家 10 万元的一次性补助，其中市财政 5 万元、县市区配套 5 万元，2013 年共验收扶持了 37 家。武汉市对符合条件的家庭农场提供不少于 5 万元的扶持资金。第二是对家庭农场提供各类补贴。除了上文中提到的促进土地流转的补贴之外，各地积极为家庭农场的发展提供各类补贴。这其中以上海松江的力度最大。根据对松江 100 个家庭农场的数据分析，户均获得补贴 56 746 元，亩均补贴 498 元。100 个家庭农场平均净收入 93 122 元，财政补贴占家庭农场净收入的 3/5。若取消补偿，家庭农场亩均净收入仅为319元，户均净收入仅为36 336元（表5）。

表5 2010年松江区对家庭农场的现金补贴、实物补贴和保险补贴标准

单位：元/亩

补贴项目	补贴名称	总额	中央资金	市资金	区资金
现金补贴	农资综合直补	76	56	20	0
	水稻种植补贴	150	0	80	70
	土地流转费补贴	100	0	0	100
	考核补贴	100	0	0	100
	绿肥种植补贴	200	0	150	150
物化补贴	药剂补贴	22.5	0	11	11.5
	水稻良种补贴	16/25	0	16/25	0
	二麦种子补贴	35	0	20	配套实物
	绿肥种子补贴	实物	0	0	实物
保险补贴	水稻保险费补贴	15	0	6	9
	二麦保险费补贴	7.5	0	25%	75%

（三）传承与引入：培育职业农民

当前各地在发展农业方面存在的一个后继乏人和农民素质不高的问题。各地发展家庭农场时也都非常注意探索解决问题的办法。在培养农二代方面，松江针对农场主普遍是中老年的问题，提出在选择农场主时，对于子承父业的优先入选，并限制报名者的年龄，满60岁的农场主必须退休。宁波市则非常注重培育职业农民。由于宁波市的家庭农场普遍以果蔬种植和养殖业为主，市场化程度相对较高，且技术含量大，从业者一般年龄相对较轻，文化素质也较高。但宁波市着眼于培养高素质的现代农民。他们启动家庭农场主高级培训班，已累计举办5期，有300多人进高校学习进修。还率先出台涉农毕业生创业就业扶持政策，对家庭农场聘用相关专业毕业生的，县市两级财政每人每年补助3万元，大学生在涉农领域创业的，给予最高50万元的全额贴息贷款。我们在宁波调研期间经常可以在农场看到大学生的身影。而且发现一个特点：聘用的大学生往往是农场主的子女或者亲戚。比

如奉化养猪场的儿子大学本科毕业，毕业后带自己的女友回到父亲的农场就业，两人现在已经结婚。现在儿子负责业务，媳妇分管财务，真正实现子承父业。

（四）市场配置与政府供给结合：完善社会化服务体系

发展家庭农场，离不开完善的社会化服务体系。这其中包括农机具供应、粮食烘干、技术服务、培训服务等方面。在四地中，市场化程度高的地区，基本上是依靠市场机制解决，市场化不足的地区一般都要农场主自行解决为主，政府协助解决。而对于政府具有经济实力和管理能力的地区，一般都是主要依靠政府提供服务。在上海松江，当地围绕家庭农场的生产需求，建立一个涵盖良种繁殖、农资配送、烘干销售、农技指导、农业金融和气象信息等内容的专业化服务体系，可以为家庭农场提供产前、产中和产后全程服务。比较完善的社会化服务体系。在宁波，农技服务非常到位，在我们调研过程中，经常在家庭农场见到现场指导的农技站技术人员，他们和农场主打成一片，见面非常亲热。不过宁波相对松江也有不足的地方，比如我们在奉化看到两个相邻的种粮大户，他们各自投巨资建立了自己的仓库，安装了进口的烘干机，但实际上两者的运转效率都不高。而在松江各乡镇粮食收购站都统一提供烘干服务，农户收割后直接送到粮站扣除水分就行。

（五）引导与监管：加强对家庭农场的规制

家庭农场是一个新鲜事物，各地发展家庭农场没有先例可以遵循，在鼓励家庭农场发展的同时，各地也注意防止家庭农场发展走偏，注意引导农场发展沿着产业化、现代化、科学化的道路发展。包括鼓励生态平衡、集约化经营、农业机械化，防止非农化、过分非粮化，滥用地力等。他们的主要方法有：

1. 典型示范引导

各地都非常注意发现和扶持培育典型，以发挥典型示范引领作用。武汉市制订《市级示范家庭农场申报认定和检测管理办法》，明确示范家庭农场的认定标准，获得资格的农场将给予奖励，这样有利于将家庭农场引导到政府鼓励的方向上去，比如在文件中对于有注册商标和品牌的、取得无公害和地理标准产品认证的、农场主是自主创业大学生等五个方面的家庭农场优先认定。松江区每年开展家庭农场高产创建竞赛，召开全区家庭农场经营者大会进行表彰，还推出一批优秀典型，如子承父业的李春风、机农一体的张小弟等。通过这些方法，起到示范和引领的作用。

2. 建立退出机制

这种方法主要是松江在用，他们规定新进家庭农场经营者试用一年，年度考核不合格的，自动终止承包经营资格。凡出现取得经营权后不直接参加农业生产和管理，常年雇佣其他劳动力的；将土地转包转租的；经营管理不善、使用违禁农药、不能做到“种田”和“养田”相结合的；无正当理由不履行协议、故意拒交、拖欠土地流转费的，都要被取消承包资格。

3. 限制性约束

由于家庭农场都是农户自主经营为主，除了松江之外，其他地方政府很难去直接干预农场的经营。因此他们除了上述的典型示范引导之外，还通过家庭农场信用评级，并与信贷部门相合作，从而可以起到一定的规制作用。此外，还通过执法手段，比如控制养殖场排污、禁止改基本农田为鱼塘等硬性手段约束家庭农场的经营行为。

三、均衡与失衡：家庭农场发展中的深层问题探讨

在调研过程中，通过与农场主和基层干部广泛接触与探讨，我们也注意到当前家庭农场发展也面临着不少问题，比如土地流转难问题、贷款难问题、人工成本过高问题、农场主素质不高问题、粮食生产比例过低问题、农场经营后继乏人问题、家庭农场经营风险问题等。对于这些问题有些只是表象，不能就事论事简单分析，而必须深入问题的背后，探寻问题的实质。下面试就相关问题探讨如下：

（一）农村土地三个“权利人”权属不清制约了家庭农场的发展

由于家庭农场的土地涉及村集体（所有权）、村民（承包权）、经营者（经营权）三个“权利人”，这三个“权利人”构成了家庭农场利益关系的主要方面。因而，要想家庭健康发展，必须理顺三者关系，在“三权分置”的基础上，把握好三权利益平衡，这样才能扫清家庭农场发展的障碍。当前农村土地“三权”权属纠葛不清对家庭农场的影响主要有：

第一，农村集体土地所有权缺位或者越位影响了家庭农场的发展。现在有些地方农村集体土地所有权表现不明显，所导致的问题是集体不能发挥积极作用。比如，我们在郎溪调研时，不少家庭农场主就反映他们在土地流转时需要与农户一家一家地去谈判，费时费力，而且有时由于缺乏统一标准，也带来了不少矛盾。[①] 由于缺乏集体的组织，基础设施建设如灌溉设施、道路建设无人牵头负责。部分集体组织在维护土地所有者的权益上不作为，导致一些损害土地所有者权益的现象时有发生，比如随意在基本农田上开挖鱼池、随意在土地上建设附着物等。至于大力发展集体经济，组织农民发展现代农业，积极开拓市场就更不用说了。这都是集体土地所有权缺位的表现。还有越位的问题，比如在一些城郊地区，由于土地级差地租较高，一些村集体感觉有利可图，又过分强调土地的所有权而忽视农民的土地承包权，出现侵犯农民的合法权益的问题。

第二，农民土地承包权缺乏可靠预期限制了农民土地的长期流转积极性。我们在各地的调研中发现，家庭农场主普遍担心流转农户到期或者失信收回土地，他们往往在土地上已经付出了很大的投入，如果到期农户收回土地，他们将损失巨大。如果他们要毁约收回土地，他们也没有办法可想。农民为什么不愿意签订长期合同，有多方面的原因，一是

① 访谈地点是郎溪市，时间是2014年12月10日。参与座谈的农场主分别是李俊、周少青、侯建梅、向永红、赖正斌。

对土地的长远预期不明朗，担心由于政策原因收益大，自己签了长期合同会吃亏；二是由于农村社会保障体系尚不完善，而土地具有社会保障的功能；三是一些外出打工的农民对于自己能否融入城市信心不足，致使他们不愿意长期流转土地断掉自己后路。

第三，农场主对土地经营权的预期不足助长了短期行为。由于担心农户收回土地，使得一些农场主不敢在土地上投入过多，比如不敢买大型的农机具、不敢在大棚、固定设施上投入过多，不愿意子女跟随自己从事农场经营等。

总之，土地所有权、承包权、经营权关系构成了家庭农场运作的主要矛盾，要维系三者之间的平衡关系关键在平衡三者之间的利益。如果过分强调土地承包权长久不变，或进而鼓噪农地私有化，必将导致农村集体经济名存实亡，村集体无法有效调整和利用土地，土地撂荒和流转难就难以解决，家庭农场发展也将因缺乏主导力量而受限；虽然强调土地集体所有，但如果不尊重农民意愿，保障农民的利益，强迫农民离开土地，必然会导致矛盾丛生，家庭农场发展也会困难重重；同样，家庭农场经营权如果得不到切实保障，必然不利于稳定经营者的预期，其长期投入与经营的积极性也会受到影响。

（二）如何处理好政府与市场的关系成为制定家庭农场政策的一个难题

在我们调研的四地中，各有其特色，它们的区别主要表现在政府与市场在家庭农场发展中的作用不同。在四地中，政府介入最深的无疑是上海松江；市场最有活力的是宁波。而安徽郎溪虽然政府实力有限，但其重视程度和引导的成效却非常突出。而湖北武汉无论是市场还是政府的作用则比较中性。下面以宁波和松江为例，探讨政府与市场在家庭农场发展中的作用与问题。

1. 市场驱动与政府主导：宁波模式与松江模式的主要区别

为了比较宁波和上海的发展模式的区别，探讨政府和市场在两种模式中所扮演的角色和定位，本报告基于相关指标建立如下多指标评价模型。

Step1：建立模型

E（宁波）$=\alpha_1\quad 1+\beta_1\quad 2+\mu_1$

E（上海）$=\alpha_2\quad 1+\beta_2\quad 2+\mu_2$

E 表示两地家庭农场的发展状况，α 表示市场对该地家庭农场的影响程度，β 表示政府对该地家庭农场发展的影响程度，μ 表示随机误差项（由于随机误差项在该模型中较小，可忽略）。

Step2：影响指标分析

其中，市场指标 f_1 通过市场化指标和竞争力指标来表现，其中包括工商注册率，种植类型，产品走向，抗风险能力等指标。

即 $f_1=\mathrm{f}\ (a_1,\ a_2,\ a_3,\ a_4,\ a_5,\ a_6)$

政府指标 f_2 通过政府补贴占总收入比例和政府政策扶持等指标。

即 $f_2=\mathrm{f}\ (b_1,\ b_2,\ b_3,\ b_4,\ b_5,\ b_6)$

Step3：数据分析

基于本课题组的访谈结果，结合政府相关数据和文献，可以得到以下数据（表 6）：

表 6 “市场—政府”对两地家庭农场发展的影响指标表

			宁波		上海	
			程度	分值	程度	分值
市场	市场化指标	工商注册率	91.5%	1	0%	0
		经营类型	43.8%	1	4.9%	0
		产品走向	100%	1	45%	0.5
	竞争力	抗风险能力	小	0	较大	0.5
		经营者素质	大	1	中等	0.5
		经营规模	中等	0.5	大	1
政府		政府补贴	15.7%	0	60%	1
		政策支持	大	1	大	1
		农业基础设施	中等	0.5	中等	0.5
		土地流转状况	好	1	好	1
		城乡统筹	中等	0.5	好	1
		社会化服务	中等	0.5	中等	0.5

注：为将数据定量化，此处规定程度分值：大 1 分，中等 0.5 分，小 0 分，两大项满分为 6 分。其余数据按照百分比的大小以此给分。

可得到：宁波（4.5，3.5），上海（2.5，5）

通过多指标模型的建立，结合上述数据，得到市场和政府对两地家庭农场发展的影响程度，可得到：$\alpha_1 > \alpha_2$；$\beta_1 < \beta_2$

表示为（图 3）：

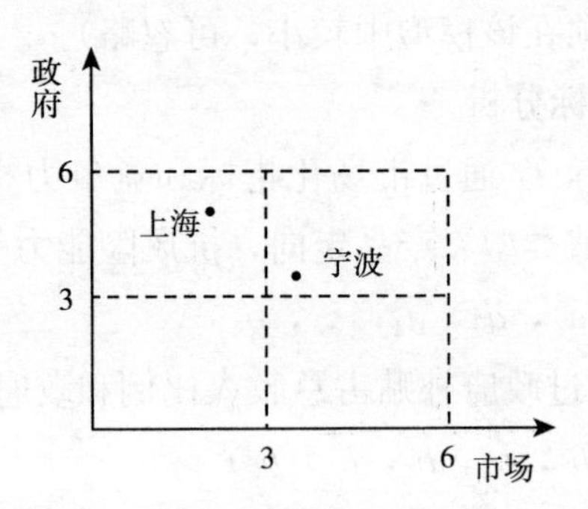

图 3　“市场—政府”在家庭农场发展中关系模型图

由此，可得出宁波的家庭农场是市场自发秩序，而上海则以政府主导。两者的最优发展仍有待政府市场关系的相互协调促进。

2. 政府主导模式的成效和问题

上海松江家庭农场模式是一种政府主导的模式，政府从方案的设计、农场主的选择、社会化服务的介入、补贴的发放、农场主的考核都发挥了关键的作用。这种模式最主要的成效是保障了主粮的生产，也就是说为国家的粮食安全尽到了一个基层政府的作用，这种意义不可小觑。但我们也发现这种模式也存在着如下问题：

一是巨额财政补贴难以持续和复制。在松江区家庭农场的收入中，政府的财政补贴占其中的 3/5。要是没有政府补贴，家庭农场单靠自身盈利状况难以维持正常运作，政府强大的资金投入如同注入了一针兴奋剂，维持家庭农场的生命力。这种措施在家庭农场的起步阶段是必要的，但是地方财政难以进行持续的巨大规模的投入，因而松江区家庭农场面临的一个问题即是如何靠自身达到盈利的效果，而不是长期依赖政府财政补贴。

二是发展活力不足。主要体现在经营者素质偏低与老龄化严重。据对 2009 年松江区家庭农场主受教育水平的统计，具备大专及以上学历的比例仅为1%，具有高中学历的占8.5%，其余经营者为初中及以下水平，农场经营者普遍素质偏低，思维、观念的传统，知识的缺乏导致家庭农场的经营效率、发展趋势受到极大影响，如何突破知识型人才的缺乏是家庭农场今后发展面临的一个瓶颈。另外松江模式并不能有效解决农场主老龄化的问题，据对2009年松江区家庭农场主年龄的统计，年龄在49岁及以下的占37%，50～60岁的占59%，61岁及以上的占4%（表7）。在我们调研途中，看到无论是田里耕作的农民亦或是在农埂上歇息的农民年龄都较高，36岁的李春风是我们遇到的最年轻的农民，活跃在农场劳作的70多岁的农民大有人在。年轻人依然对经营粮食缺乏热情，家庭农场没有持续的新生力量的注入将是一个巨大的难题。

表7　松江区金汇村农场主年龄分布表

年龄层	百分比
49岁及以下	37%
50～60岁	59%
61岁及以上	4%

3. 市场驱动模式的优势与局限

宁波处于沿海发达地区，宁波家庭农场起步早、起点高。他们的市场化程度高，产品具有很强的竞争力，农场经营普遍效益好，充满活力，而且不少家庭农场开始出现子承父业的现象。但是宁波模式也存在着非常突出的问题，主要表现是市场的趋利偏好制约了宁波的主粮生产。市场是逐利的，特别是对于宁波这样的沿海发达地区来说，家庭农场主普遍对赢利目标都有着比较高的期望，他们普遍愿意从事那些产品附加值较高的农产品的生产，而对于那些政府控制价格的主粮的生产兴趣不大。在我们调研的沿途，在宁波这样的历史上的鱼米之乡，居然很难发现有水稻的身影，看到的要么是工厂，要么就是花木、苗木、水果及其他经济作物。从具体数据来看，在宁波慈溪市提供的32家重点家庭农场目录中，居然只有1家是以种植水稻为主业（图4）。虽然宁波市不是粮食的主产区，但我们也难以想象在市场经济的大潮下，宁波市粮食作物的生产居然沦落到如此的配角地位。可见，如果任由市场选择，在类似宁波这样的地区要想发展主粮的生产，必然是非常困难的。

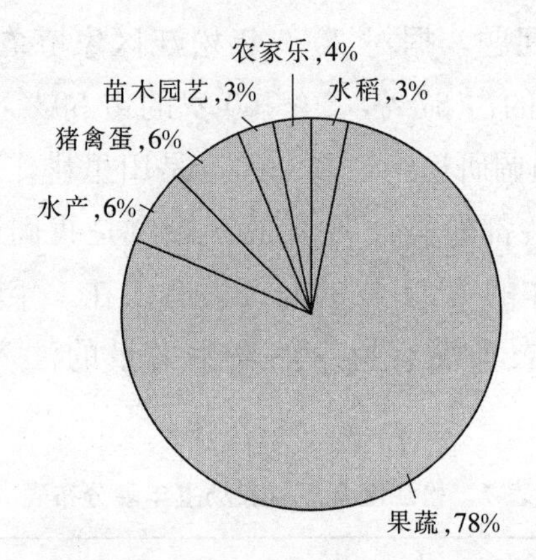

图 4　宁波慈溪市 33 家重点家庭农场的经营范围

资料来源：宁波慈溪市农业局提供。

（三）过分重视家庭农场及其他新型经营主体可能伤害普通农户的利益

现在各地都非常重视规模经营，一些经营大户被当地政府树立为典型，并在政策上优先照顾；一些农业公司进入农村后被当地尊为座上宾，然而，传统的小农户经营却被视为落后的事物，被进一步边缘化。在这次的调研中我们注意到以下问题：

一是个体农户被家庭农场主挤压，导致农村新的不公平现象的产生。在不少地区随着家庭农场等新型农业经营主体的发展，传统农户由于不具备规模优势，效益不佳，最后干脆把土地转给大户，放弃农业经营。不少农民流转出土地后进入家庭农场成为雇工。我们在武汉看到一位 60 多岁的农民就是这样。虽然他现在每年为农场主打工有 3 万多块钱的收入，但从他的言谈举止中也可以看到放弃自主经营的无奈和对农村贫富差距拉大的不满。他告诉我们，他们家算是勤快的，其他农民干脆把土地流转给大户，就拿一点租金和补贴，也不从事劳动，整天打麻将。放弃劳动无所事事，这对于从事了一辈子农业生产的农民来说未尝不是一种悲哀。农村村民社会地位的改变，对农村的社会发展稳定也很难说是一件好事。①

二是一些地区对家庭农场准入限制了其他农户的发展机会。比如在松江区由于经营家庭农场风险小、回报丰厚，愿意竞争上岗的农户非常多，以我们调研的金汇村为例，有23户竞争15个家庭农场，淘汰率达到35%。同是一村人，有的人能上有的人无奈出去打工或者帮其他农场主做帮工，难免会有怨言。该村主任也坦言村委会感到压力很大。② 不少农场主也担心土地所有者“眼红”，以后会随意“要回土地”。③ 如果我们过分追求效率而忽略公平，可能会带来新的矛盾。

三是发展家庭农场并不必然带来政府希望的结果和效率。各地发展家庭农场最初主要目的是保障粮食安全，防止抛荒。对于我们调研的四地来说，确实土地抛荒的现象很少。但也有了新的问题，其一是一些家庭农场并不热衷于种粮，其二是即使种粮其产量也并不如个体农户。贺雪峰在农村的调研表明，大户种粮产量普遍低于个体农户。他发现，几乎所有调查人的结论都是，规模经营可以提高劳动生产率，但很难提高粮食单产，这里面的道理是，农民自己种自己的田，不仅不需要监督，而且不计成本：他们反正没有别的事情，有时将农闲时的农业劳动当作锻炼身体。尤其是农村中缺少外出务工机会的中老年农民更是如此。考虑到国家和地方政府普遍给种粮大户扶持的资源支持，和一般农户都会在种粮的同时进行副业生产，从耕地产出效率上看，大户较小农其实并无优势。所以说过分重视规模化经营，可能恰恰是出于个体农户经营的偏见。④

---

① 访谈时间2014年11月8日，地点武汉市黄陂区李伟和种植业家庭农场。

② 访谈时间2014年7月17日，地点为上海市松江区石湖荡镇金汇村。

③ 家庭农场主沈忠良在采访时说：眼下家庭农场越来越吃香，如果土地所有者“眼红”，随意要回土地，这对干劲正足的家庭农场经营者来说无异于“致命打击”。《上海农村经济》2013年第10期，第38页。

④ 贺雪峰．种1/10的地，产1/5的粮？［EB/OL］．http：//www.guancha.cn/he-xue-feng/2013_05_16_144991.shtml.

习近平指出："创新农业经营体系，不能忽视了普通农户"，因为"普通农户毕竟占大多数"。[①] 所以在发展家庭农场时，怎样平衡普通农户与家庭农场的利益关系，是一个需要重视的问题。

（四）片面推进家庭农场发展忽略了统筹城乡发展不足的制约效应

在这次调研中我们发现，当前各地家庭农场发展中存在的主要问题，往往不能就事论事去解决，也不能单从农村出发去解决，而应该从全局的角度，从城乡统筹发展的高度去解决。无论是"老三农问题"（农业、农村、农民），还是"新三农问题"（农地流转、农民工、农地非农用），都需要统筹考虑、平衡推进，家庭农场作为问题的一个方面，更不可能做到单兵突进，同样需要在协调各方关系的基础上，解决一些深层次的问题。

1. 农业劳动力城市转移不足制约了家庭农场的规模扩张

在调研中我们发现，越是农业劳动力城市转移充分的地方，家庭农场发展就越好。以宁波慈溪为例，2013 年全市从事农业劳动力 10.26 万人，务农劳动力占总农村劳动力比率从 1988 年的 56%下降到只有 10%左右。[②] 农村劳动力不断向非农产业转移，从而为土地流转腾出了空间，为发展规模经营、家庭农场奠定了基础。而一些劳动力转移不足的地区，由于还存在着大量的农业就业人口，必然无法扩大家庭农场的规模。

2. 农户土地承包权稳定性不足成为外出务工农民流转顾虑

当前不少在城市务工的农民工虽然已经在城市实现了稳定就业，有的甚至实现了全家外迁，但是他们并不愿意放弃土地，也只是暂时把土地委托给别人耕种，而不愿意长期流转。他们担心一旦长期流出去，以后可能要不回来了。在宁波我访问了一位来自安徽蚌埠的农民工，她在接受访谈时说：

① 习近平．在中央农村工作会议上的讲话［M］//十八大以来重要文献选编（上）．北京：中央文献出版社，2014：672.

② 数据来源：慈溪市农业局提供资料（2014 年 2 月）。

儿子上学成绩很不错，今年顺利升入了洪塘中学。为了让儿子今后能够顺利在浙江参加高考，我们决定在宁波买房，首付50多万，贷款60万，贷款期限10年，每月还款5 000～6 000元。现在儿子的户口已经转到宁波，儿子是户主。他们的户口还在老家。我们之所以两口子不愿意把户口转过来，是担心户口一旦转了，家里的田地就没有了，今后就没有退路了。

由于土地并没有确定是自己的，他们担心随着户籍的变动，会失去土地。从这种意义上说，如果土地没有确权，没有给城市务工或定居的农民一个定心丸，他们必然不放心长期稳定流转土地。

3. 外出务工农民在城市的社会保障不足迫使农民倾向于保留土地的保障功能

在我们采访的农民工当中，比如从事出租车行业、个体服务业、建筑业的农民工几乎都没有办理养老、医疗等社会保障，从事制造业的一般都办理了社保，尽管标准不高，但毕竟有保障。不过也存在着问题，由于他们的流动性大，社会保障在全国范围内的接转还比较麻烦，会出现中断的现象。而且他们对打工多久并没有稳定的预期。另外，多数农民工在城市没有住房，“无恒产者无恒心”，他们并不把打工地当家，所以他们一般都认为自己迟早要回老家的，因此，他们一般都把农村的土地作为最后的保障，绝对不会轻易长期流转，有的宁可长期荒芜，也不愿意流转出去。

所以说，如果一地的农业劳动力没有实现充分的非农就业、外出务工农民土地承包经营权权属没有明确而可靠的预期、在城市没有完善的社会保障，必然很难为家庭农场的发展提供前提条件。

四、关于完善家庭农场扶持政策的若干建议

综合我们对以上四地的调研，针对当前家庭农场发展存在的主要问题及其背后深层原因的分析，我们对下一步家庭农场扶持政策的完善建议如下：

（一）妥善把握好政府与市场、社会的均衡关系

1. 各地政府应充分认识到发展家庭农场是一个长期、渐进的过程，切不可急躁冒进、人为推动

在我们调研的各地，家庭农场普遍是自发形成的，政府一般做的是因势利导的工作。即使在松江有较多的顶层设计的成分，但那也是在天时、地利、人和的特定条件下启动的。因此，不可过分迷信政府对家庭农场等新型经营主体的动员能力，防止出现重大失误。

2. 充分认识到中国农村人多地少的国情的长期存在，要合理控制家庭农场的规模

要认识到即使在中国城镇化率达到85%以上的情况下，中国农村人口还有2亿人左右，每家农户户均耕地也只有30～40亩，因此不能盲目贪大，要防止人为归大户、垒大堆情况的发生。

3. 充分发挥家庭农场的市场主体地位，政府发挥好扶持和引导作用

政府对家庭农场发展介入程度不可过深，不可代农户做主，“把选择权交给农民，由农民选择而不是代替农民选择，不搞强迫命令、不刮风、不一刀切”①，政府的作用主要体现在要为家庭农场的发展创造宽松的政策环境，要转变政府职能，为市场保驾护航。

4. 充分发挥政府的引导作用，鼓励家庭农场投入粮食生产

在沿海发达地区，农场主出于经营效益的考虑，往往会从事效益较高的农产品的种植，而对粮食的生产不太热衷。政府应该用市场的方法积极引导家庭农场从事粮食的生产，条件许可的地方，可以考虑增加补贴的方式来鼓励农民种粮。从国家层面上，怎样让真正种粮的人拿到补贴，也是一个需要考虑到的制度设计，在原有补贴不变的基础上，新增补贴可以考虑在售粮环节发放。

① 习近平．在中央农村工作会议上的讲话［M］//十八大以来重要文献选编（上）．北京：中央文献出版社，2014：671.

5. 充分发挥社会的自治功能，支持家庭农场协会等专业协会的发展

郎溪等地的家庭农场协会在会员之间互通信息、生产协作、担保融资等方面都发挥了较好的纽带作用，政府应尽量创造条件，为家庭农场之间的合作搭建平台，促成社会作用的发挥。

6. 充分调动各方积极性，积极解决融资难的问题

可以通过由政府设置“家庭农场发展基金”、成立小额“信用担保公司”，推动家庭农场之间的信用联保，探索土地流转经营权证抵押，农业基础设施、大型农机具、农业订单抵押，支持家庭农场协会牵头融资等形式，广开渠道，为家庭农场的发展提供金融保障。鼓励互联网金融开展惠农金融服务，相关政府部门可与相关有实力的 P2P 网贷平台合作，支持家庭农场从平台融资。

7. 充分履行好政府对家庭农场的监管职能，引导家庭农场合法经营

在食品安全、农地依法使用等领域应充分发挥监管作用。

8. 充分发挥政府的服务职能，建立完善的社会化服务体系

农业经营风险很大，如果没有完善的社会化服务体系作支撑，单靠家庭农场主的一己之力，很难控制成本、降低风险。政府应该为社会化服务体系的建立加大投入，建立一个涵盖良种繁殖、农资配送、烘干销售、农技指导、气象信息等方面的专业化服务体系，以降低家庭农场的经营成本和风险。

（二）妥善处置“三权分置”重大理论创新后的三权利益关系均衡

1. 充分有效合理地行使集体土地所有权，支持家庭农场发展

村集体作为土地所有权人，在家庭农场发展中既不能缺位也不能越位。在土地流转环节应发挥村集体的中介和核心作用，鼓励由村集体出面，经流出户正式委托与流入户签订合同，保障双方的权益，减少矛盾和纠纷。充分发挥村集体在产业导向、市场营销方面的整合作用，引导家庭农场的联合与协作。充分发挥村集体作为产权人的监管职能，防止

土地违规使用。同时也要防止村集体以所有人的名义侵犯承包人和经营权行使人的利益。

2. 切实维护流出户的土地承包权益，充分照顾他们的核心关切

不可为了促进家庭农场发展而忽略土地流出户的利益。一是要抓紧土地的确权工作，明确农户的土地承包权，消除农民的顾虑；二是探索土地租金的调整机制，照顾流转双方的利益，鼓励、推广实物折价的方式计算租金。探索将集体资产以股份化的形式量化落实到每个农户，使得农民可以安心将土地流转。

3. 加强对家庭农场经营者的土地经营权的维护，保障经营者的合法权益

引导流转双方签订正式合同，及时调解流转双方的矛盾纠纷，维护家庭农场主的合法权益。有条件的地方可探索为家庭农场提供相应补贴，调动农场主的经营积极性。

（三）妥善把握家庭农场的发展与统筹城乡发展关系的均衡

1. 充分认识到推进城乡的统筹发展的重要意义

就事论事无助于家庭农场的一些深层次矛盾的解决，家庭农场发展中的许多问题“表现在农村，根子却在城市”，只有切实解决2.6亿城市务工农民在城市的社会保障问题，让他们真正实现“人的城镇化”，困扰家庭农场发展的许多问题就会迎刃而解。

2. 完善农业补贴的投向，将农民工的投入纳入“三农”投入范围

新时期以来我国对“三农”的投入越来越大，总体来说，广大农民是欢迎的。不过我们在调研过程中也听到了不少抱怨。比如补贴“撒胡椒面”问题、“平均主义”问题、“种田的拿不到补贴、不种田却拿到补贴的问题”等。但我们发现的一个特别需要关注的问题是：“三农”投入总是就农村论“三农”，没有充分意识到，由于2.6亿青壮劳动力已经流入城镇，如果忽略这一群体的投入，就犹如“刻舟求剑”，“三农”问题的投入就会迷失方向。因此，我们建议：原有“三农”投入存量方向保持不变，新增部分除了集中财力解决农村的一些基础设施建设、提高农民的社会保障水平的问题之外，留出一个较大比例，用以逐步解决农民工在城市的融入问题。

3. 明确宣示不论农民工户籍是否转移，原有土地权益长久不变

积极推动农村集体产权制度改革，逐步实现农村产权与户籍的分离，为城乡居民双向自由流动创造条件。[①] 除了土地确权让农民安心之外，还应该以立法或其他明确的方式保障城市转移农民的土地权益。现在，很多农民已经在城市实现了稳定就业，之所以不敢转户口，主要是担心土地会被收走，这已经成为他们实现真正城镇化的障碍。

4. 重点解决农民工在城市的住房、子女教育、养老保险等影响城乡统筹发展的关键问题

应利用当前中国经济进入新常态、城市劳动力供应不足、房地产发展受困的有利时机，加大中央财政的投入，发挥中央和城市政府的两个积极性，合理分摊成本，努力解决农民工的安居问题、子女教育问题。我们在调查时，不少农民工随着工资收入的提高、房价的下滑，开始有了在城市买房的意愿。如能通过贴息、补贴、购房优惠、企业资助（企业的投入可以抵税）等形式对农民工购房予以支持，不仅可以刺激内需提供长久动力，而且可以有效地推进城镇化的进程。进而可以促进城乡统筹发展，最终可以解决家庭农场发展中的一些诸如土地流转困难等深层次的问题。

① 项继权．如何破除农村发展面临的制度性障碍［J］．人民论坛·学术前沿，2014年七月上（2）．

新型农业经营体系的构建与发展*

随着大量有知识、有文化的农村青壮年劳动力外出进城就业，分散、小规模、兼业化农业生产经营模式导致的土地细碎化，利益驱动造成的农业生产要素资源持续流向城镇，日趋强烈地形成对中国农业发展前景的担忧：地由谁来种，以什么方式种？本研究以此为重点，深入基层调查研究，从农业经营体制现状、新型农业经营主体、集体所有实现形式、政府购买公益服务、土地适度规模经营五个方面进行了概括和分析，形成了研究结论和政策建议。

一、关于农业经营体制现状

当20世纪80年代农村第一步改革，强调“公平”、“效率”的家庭承包经营制被推广之后，虽然极大地激发了亿万农业生产者的积极热情，农业农村经济发生了令世人瞩目的深刻变化，但却不可避免地导致了农村土地等自然资源过于分散化、细碎化经营的现实。2.29亿有土地承包经营权的农户，户均耕地仅7.2亩，人均耕地是世界平均水平的40%，且分布在少则四五块、多则十几块，甚至二十多块比较零散的地块上，2013年户均年农业生产性固定资产支出刚过千元，仅占农户总支出的3%，农民家庭收入中农业收入比重下降到26.6%，这种状况在很大程度上成为推进水利化、机械化、标准化生产和土地整治、统防统治，加快改造传统农业、走中国特色农业现代化道路的障碍。

毋庸讳言，我国新时期发展现代农业，面临着体力、智力、地力

---

* 本报告获2014年度农业部软科学研究优秀成果二等奖。课题承担单位：农业部经管总站、社科院城发会；主持人：关锐捷、周纳。

“三力下降”的窘境：一是体力下降。2013年农业从业人员50岁以上的比重超过40%，2016年可能达到50%，被人们形象地称之为3899123部队（妇女、老人和残疾人）。二是智力下降。2013年务农劳动力文盲半文盲的比重为9.9%，小学文化的比重为33.8%，初中文化的比重为49.6%；高中文化的比重为6.0%，大专及以上文化的比重为0.7%，文化程度明显低于农村劳动力整体水平（全国农村固定观察点调查数据）。三是地力下降。我国耕地质量普遍偏低，存在土壤养分失衡、肥效下降、退化严重、环境恶化等突出问题，全国高、中、低产田的面积分别为5.4亿亩、7.1亿亩、5.7亿亩，分别占全国耕地面积的29.5%、39.0%、31.5%，中低产田占全国耕地面积的70.3%；全国耕地因水土流失、贫瘠化、次生盐渍化、酸化等原因导致的退化面积，已占耕地总面积的40%以上；全国大部分地区耕地有机质含量为0.5%～2.5%，属于较低水平；2013年全国净减少耕地面积8.02万公顷；现有土壤侵蚀总面积2.95亿公顷，占国土面积的30.7%。

创新农业经营体制机制的目的是，促使生产关系适应生产力发展，逐步摆脱目前农业分散、小规模、兼业化的制约，增强对接现代农业发展要素的适应性和融合性，提高农业生产经营的组织化程度。因此，如何在稳定和完善以家庭承包经营为基础、统分结合的双层经营体制的基础上构建新型农业经营体系，如何在切实保障农民合法财产权益的基础上提高农业生产经营的组织化程度、发展多种形式的规模经营，如何在增强农村集体经济组织实力和服务能力的同时发展各类农民专业合作组织、农业社会化服务组织和农业产业化经营体系，是新时期农业农村改革的重要任务之一。

农业生产经营组织创新，是推进现代农业建设的核心和基础。党的十八大报告强调要构建集约化、专业化、组织化、社会化相结合的新型农业经营体系，2013年中央1号文件对构建新型农业经营体系做出了系统部署，十八届三中全会进一步明确要加快构建新型农业经营体系。习近平总书记在2013年底召开的中央农村工作会议上强调：落实集体所有权、稳定农户承包权，放活土地经营权，加快构建以农户家庭经营为基础、合作与联合为纽带、社会化服务为支撑的立体式复合型现代农业经营体系。

各地实践和研究探索表明，加快现代农业发展必须突出一大主题：构建新型农业经营体系。而构建新型农业经营体系，应当明确两大主体：新型生产主体、多元服务主体（换言之是新型职业农民加农业社会化服务）；厘清三大关系：以农户家庭经营为基础与新型经营主体的关系，以合作与联合为纽带与新型利益机制的关系，以社会化服务为支撑与政府购买服务的关系；创新四大方式：家庭经营、集体经营、合作经营、企业经营。

二、关于新型农业经营主体

培育新型农业经营主体，是构建新型农业经营体系的关键，而如何确保稳定与可持续，成为培育新型经营主体的核心环节。课题组成员深入调研上海、江苏、浙江、湖南、湖北、黑龙江、四川等地，通过召开有各级农村干部和农民参加的座谈会，实地走访专业大户、农民合作社、家庭农场、涉农企业和普通农户，深入了解了新型农业经营主体发展情况，围绕影响稳定与可持续发展的主要因素：政府支持政策和土地承包期限、流转价格、经营规模、管理能力、经济效益以及农民心理等，客观分析家庭经营、集体经营、合作经营、企业经营四种经营方式的利弊，客观辩证地提出政策建议。

（一）土地流转态势

不言而喻，各种新型农业生产主体的形成与发展，是建立在土地承包经营权有偿流转的基础上的。目前承包经营耕地流转主要分为四种形式：一是在农户自愿前提下，通过互换解决土地细碎化问题，实现承包地的集中经营。二是通过承包地在农户间的流转，发展专业大户、家庭农场，实现经营规模扩大。三是通过农户土地承包经营权入股，组建土地股份合作组织，开展农业合作生产。四是工商企业租赁农户承包地从事规模经营。

从耕地流转趋势分析（全国农经统计调查数据，下同），截至 2013

年年底，全国家庭承包耕地流转面积达到3.41亿亩，比2012年底增长22.5%；流转面积占家庭承包经营耕地面积的26%，比2012年提高4.5个百分点；流转出承包耕地的农户达5 261多万户，占家庭承包农户数的22.9%，比2012年上升3.6个百分点。有8个省、直辖市家庭承包耕地流转比重超过30%，分别是：上海65.81%、江苏56.96%、北京48.79%、浙江45.32%、黑龙江44.39%、重庆38.43%、安徽33.43%、河南33.18%。

从土地经营方式分析，2013年全国经营耕地规模在30亩以下的普通农户达2.54亿户，占汇总农户数比重的96.2%，家庭小规模分散经营仍是农业经营方式的主体，户均不到6亩；经营规模50亩以上的农户数317.5万户，仅占总农户数的1.3%，其中经营规模50～100亩、100～200亩、200亩以上的专业大户、家庭农场数分别占50亩以上农户数的70.0%、20.5%、9.5%。在全部流转耕地中，流转入农民合作社的占20.4%，比2012年上升4.6个百分点，其中以入股形式流转入合作社的比重占19.0%；流转入企业的占9.4%，增0.2个百分点；农户之间流转的占60.3%，降低4.4个百分点；流转入包括事业单位、社会团体、集体经济等其他主体的占9.9%，降低0.4个百分点。

（二）新型职业农民

就某种意义而言，构建新型农业经营体系目的是培育新型职业农民，关键是新型农业经营主体如何实现稳定可持续发展。

1. 家庭经营

农户家庭经营是当今中国农业生产经营的法定主体，包括普通农户、专业大户、家庭农场等，在可预见的发展时期内是支撑我国农业的根本。其特点是经营管理形式以家庭为主，起经营主导作用的是家庭成员，但不同于以美国为代表的所谓家庭农场（实际是私人农场的代名词）。应当清醒地认识到，未来普通农户仍是农业经营的主要力量。如上所述，我国经营30亩以下耕地的农户约2.5亿户，其中具有家庭承包经营权的农户为2.29亿户，按照18亿亩耕地计算，户均耕地7.21亩（农村固定观察点，2014）；2013年末我国城镇化水平达到53.7%，据中国社科院2013年《投资蓝皮书》预测，未来20年是中国城乡变动最剧烈的时期，到2030年城镇化水平将达到70%，且不说新增的两亿多农民如何转为市民，届时至少仍有4亿多农民在农村，假若理想化地全部发展成适度规模为50～100亩的家庭农场，全国也只能容纳1 800万～3 600万户。那么，剩下的近1亿农户的就业出路在哪里呢？农业生产的兼业化与专业化并存很可能会成为一种常态，兼业化农户仍将是未来农业生产的重要力量。

创新农业经营体制机制的目的是促使生产关系适应生产力发展，逐步摆脱目前农业分散、小规模、兼业化的制约，增强对接现代农业发展要素的适应性和融合性，提高农业生产经营的组织化程度。家庭农场作为家庭承包经营的升级版，以家庭成员为主要劳动力，从事规模化、集约化、商品化、标准化农业生产经营，并作为主要收入来源，人均收入不低于当地城镇居民收入水平，是包括农民合作社、专业大户、专业农场等新型农业经营主体在内的重要组成部分，是提高农业生产经营组织化程度的基础力量。但是否能成为引领土地适度规模经营、发展现代农业的骨干力量，现在下结论可能还为时过早。

究其原因，关键在于我国发展家庭农场存在很大的不稳定性。我国与其他国家最大的不同是，土地等生产资料以公有制为主导，在农村实行的是社会主义劳动群众集体所有制，而不是私有制。家庭农场的发展是建立在农民自营承包地和土地承包经营权有偿流转的基础上，其不稳定性不仅仅是流转承包期短，而是流转价格（租金）的快速飙升，已由前些年的200～300元迅速增加到千八百元，有的甚至高达2 000～3 000元。如此下来，别说种植粮食作物，就是经济作物也在效益锐减，乃至难以为继。

农民之所以不愿务农，宁肯流转出土地甚至弃耕撂荒，其原因主要有两个，一是太辛苦，“脸朝黄土背朝天”，“日出而作日入而息”；二是不挣钱，“辛辛苦苦干一年，不如打工三十天”。如果刻意用倾斜性扶持政策改变这两个先决因素（这种政策倾向对占96%以上的普通农户很不公允），务农既不累而且效益高了，那又将是怎样的结果呢？可想而知……况且政策是一把“双刃剑”，既可能“促进”，也可能“促退”。

即使像日本等土地私有化的国家，为促进土地的规模经营，也采取“双向补贴”的方式，既给转出土地者发放补贴，也为经营农场者提供资助，而我国公共财政目前有这样的源发动力和支撑能力吗？

所以，家庭农场的发展在我国这样一个以社会主义公有制为主导、人均资源禀赋较低的国家，很可能缺乏全面推进所必要的土壤和条件。为确保其健康、稳定、持续发展，应当因势利导，采取既积极稳妥引导、又不失理智促进的策略，特别要避免“泛家庭农场化”、盲目跟风“垒大户”和“指标政绩”的倾向；同时通过强力推进农业社会化服务，避免新型家庭农场重复投入农机配套和生产设施等“小而全”、多闲置、不经济的窘境。

2. 集体经营

——**农地股份合作社**。江苏省昆山市长云村为了解决农村田容田貌差以及土地发包带来的不和谐等问题，于2012年成立了农地股份合作社。通过整村推进的方式把农民土地承包经营权流转到一起，由集体经济组织通过选取管理人员，实行“包工定产”的机制，对流转的土地实行统一的管理。相比以前简单地把土地发包给种粮大户或者家庭农场经营，对普通农户更加公平、有效，村民也能获得更为可观的收入。在这种运行模式下，入股农民都是当家人和股东，获得了更充分和稳定的收益保障权，较好地处理了土地所有者、承包者、经营者的利益关系，有利于稳定土地流转关系、流转期限和流转价格，有利于增加入股农户的流转分红收入，有利于农药、化肥的安全科学使用，有利于稳定土地规模经营，进而保障国家粮食安全和农产品质量安全，真正实现农业增效、农民增收、农村稳定。当然，集体经营发展也面临着人才相对缺乏、社会化服务能力不足的问题。

——**农业机械合作社**。黑龙江省克山县仁发现代农机合作社成立于2009年10月，经过5年多的探索实践，走过了专业合作、社区合作、区域合作的发展历程，实现了由小到大、由弱到强的巨大转变，已经成为黑龙江省农机合作社的典范，成为土地股份合作、集体统一经营的典范，示范引领作用越来越明显。合作社入社成员2 436户，入社土地50 159亩，拥有各类大型机械113台套，价值2 622万元，实行“股份合作、集中经营、合理分配、国投量化、产权明晰、规范管理”的经营方式，合作社每亩土地保底价格高出当地土地流转价 110 元，2011 年入社农民每亩土地分红 710 元，出资每元分红 0.31 元；2012 年入社农民每亩土地分红 730 元，出资每元分红 0.43 元；2013 年平均每亩收益达到 923 元。在国投资产量化上，无论成员出资、出土地多少，都依法把国投资产平均量化到当年成员身上，实现了真正意义上的“风险共担、利益共享”。

从江苏、浙江、广东、黑龙江等省的实践看，发展土地社区股份合作经营的农民（业）合作社，如采取“股份合作、专业承包、规范管理、盈余分配”等模式，具有稳定性强、受益面广、成功率高、影响力大等特点，是富有中国特色、统分结合、集约发展的最佳模式，亦是新时期集体所有制的有效实现形式，值得因地制宜逐步推广。

根据各地经验，新时期发展社区集体经济组织的着眼点应在科学整合资源的基础上，把管理、经营、服务的重点放在三个方面：一是经营产业，拓展以现代农业为重点的现代产业；二是经营资产，拓展以现代物业为重点的资产营运；三是经营人才，拓展以富余劳力为重点的服务组织。

3. 合作经营

农民合作社是提高农业组织化程度、构建新型农业经营体系、推进农业现代化的中坚：一是数量快速增长。截至 2014 年 5 月底，全国依法登记的农民合作社达 113.63 万家，实际入社农户 8 556 万户，占全国农户总数的 32.9%。二是产业分布广泛。涉及种植业、养殖业、农村服务业和农产品加工业，涵盖粮棉油、肉蛋奶、果蔬茶等主要农产品生产，据农业部统计，截至 2013 年底，畜牧业合作社占 25.7%，其中从事生猪产业的合作社占畜牧业合作社的 35.5%。三是能力快速提升。越来越多的合作社开展农资供应、统防统治服务，发展包装、储藏、加工、流通业务。目前我国有种粮大户 68.2 万户、粮食生产合作社 5.59 万个，这两类主体种了全国 1/10 多的地，产出了 1/5 多的粮食，已经成为粮食生产的骨干力量。

我国农民合作社正由数量扩张向数量增长与质量提升并重转变，由注重生产联合向产加销一体化经营转变，由单一要素合作向劳动、技术、资金、土地等多要素合作转变，自身实力、发展活力和带动能力进一步增强，在发展现代农业、促进农民增收、建设社会主义新农村中地位日益重要，作用日益明显。成为稳定完善农村基本经营制度的重要途径、破解现代农业人力资源约束的重要手段、促进亿万农民收入持续增长的重要措施、稳定我国农产品市场和价格的重要基础、加强创新农村社会经济管理的重要方面。

农民合作社可以有效地为农民提供产前、产中、产后各个环节的服务，解决一家一户办不了、办不好、办了不合算的问题。各地实践表明，多数实行"经营在家、服务在社"，比较理想的模式是"股份合作、集中经营、合理分配、国投量化、产权明晰、规范管理"。既能为农户提供低成本、便利化、专业化的生产经营服务，解决农户劳动力、技术、产品销售等方面的困难，又能为有文化、有技能的青壮年农民在农村发展提供平台，有力地推进现代农业建设的步伐。据各地上报统计，入社农户的收入普遍比其他农户高出20%以上，有的甚至高出50%以上。合作社通过组织农民根据市场需求调整生产规模和产品结构，通过"农社对接"、"农超对接"等直供直销减少流通环节、降低流通成本，可以有效实现农产品均衡供给、保持农产品价格基本稳定、提高质量安全水平。据农业部统计，截至2013年底，参加"农社对接"的合作社达到1.51万家，建立直销店（点）2.35万个，覆盖130个城市、2.82万个社区，消费收入316.2亿元，受益人群7 820万人。目前约有1.6万家农民合作社内部建立了党组织，合作社正在成为新形势下党领导农业农村经济工作的重要组织载体。

目前存在的主要问题：

第一，覆盖面较小。截至2014年5月底，农民合作社覆盖全国农户不足1/3，社均成员不足76个。而在发达国家，几乎所有的农民都参加了不同类型的农业合作社，有的农户同时参加几个合作社。

第二，经济实力弱。农民合作社经营规模普遍较小，经济实力不强，服务能力有限。目前仅有不到一半的合作社能为成员提供产加销一体化服务，能直接从事加工、销售的更少。据对江苏、广西等8省区的调查，农民合作社年销售收入一般在150万元左右，有30%的农民合作社还不足50万元。

第三，发展不规范。一些地方不同程度地存在着重发展轻规范、重数量轻质量的问题。不少合作社的章程没有充分体现自身的特点，合作内容、合作办法、合作规矩等在章程中写得不是很清楚。产权不够明晰，管理不够民主，存在着“一言堂”的现象。有的财务管理制度不健全，没有设立成员账户。

第四，扶持不到位。农民专业合作社法对加强扶持做出了明确规定，一些地方和部门也出台了一些财政、税收、金融、用地、人才等方面的扶持政策，有力促进了农民合作社发展。但与农民合作社发展需要相比，政策支持力度还很不够。据一些地方典型调查，仅有不足20%的合作社得到过扶持，大多数合作社得不到应有的扶持。

习近平总书记指出，农村合作社就是新时期推动现代农业发展、适应市场经济和规模经济的一种组织形式。今后要着力解决农业比较效益低的问题，真正使务农不完全依靠国家补贴也能致富。党的十八届三中全会决定对鼓励农村发展合作经济再次提出了一系列新要求，着重强调一个“扶持”、三个“允许”：扶持发展规模化、专业化、现代化经营，允许财政项目资金直接投向符合条件的合作社，允许财政补助形成的资产转交合作社持有和管护，允许合作社开展信用合作。

今后工作的着眼点应是，按照中央要求，采取有效措施，完善政策扶持，为农民合作社的稳步健康发展提供良好条件。一是引导规范运行。以示范社建设为抓手深入推进规范化建设，夯实合作社持续发展基础。二是加大财政扶持。把合作社作为支持“三农”发展的重要载体，不断加大财政投入力度。三是实施涉农项目。2013年，约4万家农民合作社承担了国家涉农项目。今后，凡新增的涉农项目，只要适合合作社承担的，都应纳入申报范围，明确申报条件。把合作社作为承担农村土地整治、农田水利建设以及标准化养殖小区等项目的主体。四是明确税收优惠。明确落实合作社增值税、印花税的税收优惠政策，扩大农产品加工增值税进项税额核定扣除范围，落实农业经营性服务业务免征营业税。五是强化金融支持。鼓励商业性金融机构采取多种形式，为农民专业合作社提供金融服务。将合作社纳入农村信用评定范围，创新金融产品和服务，鼓励有条件的合作社发展信用合作（截至2013年12月底，全国农村合作金融机构合作社贷款余额146亿元，确定了2.28万个合作社为“信用农民专业合作社”）。六是促进产销衔接。继续开展“农社对接”、“农超对接”、“农校对接”等多种形式的产销对接活动，畅通合作社销售渠道，支持引导合作社在城市社区设立直销店，开展鲜活农产品直销。七是强化人才培养。将农民专业合作组织负责人培养纳入现代农业人才支撑计划，积极引导支持各地农业部门及社会力量开展合作社人才培训，强化合作社发展智力支持。八是鼓励支持联合。加大指导服务力度，鼓励农民专业合作社在自愿基础上组建联合社，积极探索开展农民专业合作社联合社登记管理工作（全国已发展6 000多家联合社，涵盖专业合作社84 000多个，带动农户达560多万户）。

4. 企业经营

各类农业产业化经营龙头企业，以市场为导向，从事专业化生产、集约化经营和社会化服务，能够优化集成利用各类先进生产要素，代表了现代农业的发展方向。其经营方式主要是“流转土地、集中经营”和“统一服务、分散经营”等，比较成功的方式是“股份合作、统一经营、综合服务、科学管理、盈余分配”。截至2013年底（下同），农业产业化组织达33.41万个，其中龙头企业12.34万家、中介组织19.36万个、专业市场1.72万个。龙头企业销售收入达7.86万亿元，比上年增长14.16%。

一批大型龙头企业通过兼并重组，综合实力不断增强。采用股份合作利益联结方式的产业化组织数量同比增长12.18%，增幅高于合同、合作方式约4个百分点。农民以土地承包经营权入股发展产业化经营模式的探索已经起步。产业化龙头企业全年生产基地建设投入3 858.09亿元，增长15.2%。大力发展精深加工，产品附加值不断提高，销售收入与主要农产品原料采购总额之比超过2.3∶1，上升0.13。

——安邦新农业公司。总部设在湖南省衡阳县，以县为单位设立子公司，以乡镇为基础建立综合性农业服务中心，领办农机、优质稻种植、有害生物专业化防治合作社，以村为单元培育农机户、家庭农场主、机防手并建立连锁服务店，提供三种模式的专业化套餐服务，比农民自购服务价格每亩低150元。目前，公司已在湖南13个县（市）设立子公司，实现社会化服务面积600多万亩，培育职业农民12 000多名。主要经营模式：一是管家模式：公司与乡镇、村、组签订土地统一流转合同，以种植双季稻为主，总计25万亩，由家庭农场主承包（60～120亩），按每亩早稻553元、晚稻563元向公司缴纳服务费，可获得种子、农药、肥料以及耕、种、收、烘干专业化“全套餐”服务，农场主只需进行田间管理等简单农事活动，每亩获利800元以上。2013年这样模式的农场有1 915户，户均纯收益6万元。二是帮扶模式。公司帮助有能力扩大生产的合作社和专业大户扩大种植规模，提供全程社会化服务，有86个种粮大户平均耕种面积160亩，纯收益超过10万元。三是点餐模式。公司将主要农事活动量化为七大类具体收费标准，对不愿土地流转的农户以村为单位，由村干部统一组织合作社，由公司将点餐服务打包，外包给专业合作社，向农户提供指定的服务内容。安邦公司为进一步降低生产成本、增加附加值、实现互利互惠共赢，正探索从农资、种植、装备、加工、流通、经营、技术、金融八个方面，形成连锁服务＋产业协会（合作结盟）带农户的新型模式，将现代农业生产要素组装在一站式服务平台，通过集成式服务，促进一、二、三产业集合发展。

——**西诺花卉公司**。西诺（连云港）花卉种业有限公司（下称“西诺公司”）2011年在东海县双店镇租赁了58亩农地用作花卉种植示范基地，租赁期为20年，租金为每亩每年400元。公司租地过程涉及四类主体，表现为三重委托代理关系：一是西诺公司与双店镇政府签订租地合同，委托镇政府集中农地，还通过招拍挂方式获得了3亩建设用地用于建设冷库（冷库与基地连在一起）；二是镇政府与村集体经济组织签订合同，委托村集体经济组织动员农户出租承包地并集中连片；三是村集体经济组织与农户签订承包地出租合同。承包地租金的发放流程是由西诺公司支付给镇政府，镇政府再下拨到村集体，然后由村集体分发给农户。该公司的主要赢利来自出售种球、专用土壤和销售百合鲜切花。公司以每个百合花种球2元钱的价格卖给农户，并从回收代销的百合花（每株市场销售价为6～8元）中收取一定的品牌使用费。西诺公司通过技术优势使自己租地经营大棚中的鲜花比一般花农的鲜花提前半个月生长，为其提供现场技术培训，所有农户都可以随时来参观。2011年，西诺公司共为农户提供了19次花卉种植技术培训，与430余户农户建立了密切合作关系，其中70余户农户所产的鲜切花交由公司以“西诺”品牌代销，公司收取一定的品牌使用费。通过剖析西诺公司这个案例，两方各司其职、各取所需，合理分工。从利益联结机制来看，工商企业并不直接进入农业生产环节，而是通过出售投入品、生产资料和品牌管理赢利，农户则从企业中获得了土地流转收入、优质品种、生产技术和销售渠道，实现了增值效益，真正实现了利益共享，有效稳定了规模经营，保证了生产的可持续。

下步发展应着眼于不断创新工商资本进入农业的经营理念，积极引入先进生产要素、现代管理模式和先进组织方式，加快农业生产经营方式的转变，成为引领新型农业经营体系建设的排头兵。应注重建立与以农民合作组织为重点的多元经营主体的利益联结机制，完善自我约束机制，创新组织管理模式，促进企业经营与家庭经营、合作经营、集体经营有效对接与融合，把农业社会化服务作为拓展的重点领域，推进立体式复合型新型农业经营体系的科学构建。

5. 综合评析

新型农业经营主体的稳步成长，已引起上至中央领导、下至普通百姓的广泛关注，初步形成良好的发展势头。但也出现了一些不容忽略的倾向，概括为“四个被”：一是家庭经营“被升级”。现在社会上宣传舆论沸沸扬扬，似乎家庭农场已经替代了家庭经营。而实际发展却并非尽如人愿，无论是数量还是质量。二是集体经营“被嫌弃”。集体经济就是“吃大锅饭”的阴影至今驱之不散，受到鄙视、排斥，甚至不愿提及。即使新时期的股份合作制改革成效明显，将成为大势所趋，但仍旧未能引起各级领导的足够重视。三是合作经营“被变异”。为了获得政策的支持，不少合作社“挂羊头卖狗肉”，有其名而无其实；一些企业不惜自贬身价，原本是农业产业化龙头企业，却非要挂上“合作社”的牌子；有的专业大户为了迎合各主管部门领导的需要，甚至有包括5个合作社在内的六七个招牌。倘若将现有合作社做三个剔除：剔除掉没有任何服务行为的、没有任何经营业务的、没有任何利益机制的，真正货真价实的恐怕连10%都没有。四是企业经营“被质疑”。企业集现代发展要素于一身，追求利益最大化本无可厚非，应当成为发展现代农业的领头羊，但似乎又成了加剧“非粮化”、“非农化”趋势的罪魁祸首，被各级领导又“爱”又“恨”。

通过调研和分析，“股份合作、统一经营、规范管理、盈余分配”的经营模式，可以有效发挥各种经营主体的积极因素，有力地促进农民由分散小规模经营向专业化规模经营的转变，既保证承包农户的基本经济收益，又能共享生产过程中产生的分红收益，实现承包户和经营户双赢的宗旨。对屏蔽土地租金上涨、促进土地流转、扩大经营规模、保证土地承包期限、规范经营管理、保障经济效益，具有较强的普适性、拓展性和可复制性。

——**集体经营是培育新型经营主体稳定发展的有效模式。**集体经济组织是实现土地稳定流转的必要载体，通过引导和鼓励农户将承包地入股村集体，既能降低土地流转双方的交易成本，也给土地承租方吃了“定心丸”，能更大限度地激发其土地投入的热情，能真正实现同生产、共享利。

——**制定普惠公平的政策措施是“强本固基”的重要举措。**当前，扶持家庭农场、农民合作社等新型经营主体的舆论持续升温，但要清醒地认识到未来普通农户仍是农业经营的主要力量，在制定和实施政策时必须要统筹考虑，保证政策的普惠性，在促进新型经营主体发展的同时，绝不能忽视普通农户的基础性作用，而土地股份合作社正是有效实现两者共同发展的组织模式。

——**培育新型职业农民是新型经营体系建设的重要抓手。**今后一个相当长时期，农业仍然是传统小农户、兼业农户与专业大户、家庭农场以及农业企业并存的局面，只有通过技术培训、政策扶持等措施，留住一批拥有较高素质的青壮年农民从事农业，吸引一批农民工返乡创业，才能不断提高经营能力，稳住规模经营，提高生产效益，不断增强农业农村发展活力。

——**构建流转土地农民社保安全网是稳定发展有力保障。**有条件的地方应加大对流转农户的社会保险、医疗保险的支持力度，成立劳务服务公司，拓宽农民就业门路，解决好流转农户的后顾之忧，保障流转农户收入水平持续稳定增加，从而间接保证获得土地的稳定性。同时，要聚焦于土地流转期这个关键点，在充分保障原承包农户权益的基础上，处理好承包户和经营主体两者关系，关键是要强化农民对土地的财产性收益意识，弱化农民对土地的私人占有意识，为促进土地流转和稳定规模经营营造良好的宏观环境。

三、关于集体所有实现形式

我国经济制度的基础是包括劳动群众集体所有制在内的生产资料社会主义公有制，农村的土地属于农民集体所有，农村基本经营制度是农村土地集体所有制的实现形式。习近平总书记指出，农村土地制度改革，不管怎么改，都不能把农村土地集体所有制改垮了，不能把耕地改少了，不能把粮食产量改下去了，不能把农民利益损害了。

（一）创新方式与效果

2014年中央农村工作会议强调，坚持党的农村政策，首要的就是坚持农村基本经营制度，坚持农村土地农民集体所有。近年来，各地在实践中创造了多种多样农村土地集体所有有效实现形式的做法和模式，需要进一步归纳、总结和提炼。比如，天津市静海县以农民专业合作社法律制度为依据，探索组建村两委班子牵头、整村建制的以农民土地承包经营权入股形式的土地股份合作社，对集体土地实行统一经营；四川省崇州市引导农户以土地承包经营权作价折资、折股入社，采取“土地股份合作社＋职业经理人＋社会化服务”形式，实现土地规模经营；江苏省太仓市积极应对农户承包地零散、农田基础设施投入不足、种田农民老龄化、农产品质量难控制等问题，将发展合作农场（集体农庄）作为农村土地集体经营的有效举措；天津市津南区小站镇启动“三改一化”工作（“农改非”、“村改居”、集体经济改股份制经济、促进城乡一体化发展），改革中通过设立农业公司经营集体土地；成都市郫县安德镇安龙村为适应城镇发展规划，改善村民居住条件，建设“幸福美丽新村”，对村民耕地、宅基地和村集体建设用地进行整体规划，建设新农村综合示范体。

各地的实践证明，农村土地集体经营，是富有中国特色、统分结合、集约发展、规模经营的最佳模式，也是新时期集体所有制的有效实现形式。

——**有助于保障农民土地财产性收益**。土地集体所有、股份合作、统一经营，尊重了农民的知情权，提高了农民的话语权，增强了农民的参与权，充分保障了农民的经济利益。农民合作社、农业公司统一经营土地，村集体统一经营集体建设用地，完善了农民集体收益分配权。农民成为股东，对于集体财产拥有明晰完整并可以继承、转让的个人产权，促进农民财产的保值增值，增加农民的财产性收入，保障了失地农民的基本生活。村集体统一进行宅基地规划、土地出让，代表村民谈判，保障了土地出让收益的可得和农民的经济利益，在改善农民居住条件的同时，将城市基础设施延伸到农村，将城市的公共服务覆盖到农村，促进了居住方式和生产生活方式的同步转变，实现了农民就地城镇化。

——**有助于维护农村社会的和谐稳定**。土地股份合作社、合作农场的实践证明，土地集体所有、股份合作、统一经营，是集体经济管理功能的复归，是集体发展生产功能的复归。土地集体统一经营避免了农户承包地的频繁调整，减少了因调地引发的纠纷，不但解决了土地细碎化、生产分散化、经营兼业化的问题，让农民发挥所长、各得其所、提高收益，还有效发挥了集约经营、规模经营的优势，使农业生产焕发了新的活力。集体经营使村集体经济组织成为市场经济主体，使农村集体资产得到民主化、科学化、规范化管理，提高资产运行质量，促进了集体经济的发展，促使农村社会更加和谐，不仅为农村社会事业发展提供了财力支持，也为农民的稳定增收奠定了基础。

——**有助于为实现农业现代化奠定基础**。2012 年我国农业劳动生产率只有全社会平均水平的 30%。农业生产经营方式到了由传统粗放式经营小农生产向集约化经营社会化大生产加快转变的新阶段。土地集体统一经营的实践证明，与传统小农户相比，赋予了农民更充分和稳定的收益保障权，流转关系更加稳定，经营关系更加稳定；土地连片，可更加便捷地进行区域规划，统一种植品种和生产过程，统一土壤深松和秸秆还田，统一兴建水利和基础设施改造，农业生产条件更加完善。同时，村集体的统一经营往往回归到粮食种植的道路上来，稳定了粮食生产，实现了科学种田，提高了农业生产效益。

（二）完善政策与措施

如果说农村集体所有制是魂、农户家庭经营是根，则集体经济组织就是本。否则，魂附何处、根插哪里？我们认为，全面推进包括土地等资源性资产在内的股份合作制改革，是农村集体产权制度改革的大势所趋，是坚持农村社会主义劳动集体所有制的最终归宿。探索创新农村土地集体所有的实现形式，应在借鉴不同模式有益经验的基础上，加快集体经济组织立法进程，兼顾国家、集体、农民利益，不断完善多方利益协同发展的长效机制，确保不断创新、不断发展、不断完善。

——**坚持保障农民经济权益**。农村土地承包经营权、宅基地使用权是法律赋予农民的权利，不仅是生产资料，也是农民用以增加收入的财产，不论是哪种形式的统一经营，必须坚决维护农民的土地财产收益权利，都应当充分尊重农民的意愿和选择。

——**坚持提高农业生产效率**。粮食安全是国家战略，土地是极端重要的农业生产资料，不论是哪种形式的统一经营，都要兼顾国家利益，既要有助于形成稳定的土地经营关系、有助于实现土地规模经营、有助于生产功能的复归，也要有助于农田基础设施建设和农业技术的应用。

——**坚持调动多方积极因素**。农村土地的集体统一经营，必须要村集体经济组织、职业农民、社会化服务组织多方共同参与，政府给予强有力支持，需要建立长期有效的利益分享机制，充分调动各方的积极性，确保持续稳定健康发展。

对于土地集体经营面临的一些障碍，国家应当加大改革力度予以破解，从制度上保障不断丰富和发展农村土地集体所有的有效实现形式。

——**明晰集体土地所有权主体，确保行使相应管理权能。**以组、村、乡（镇）农民集体三级所有为基础，明确农村集体经济组织的内涵和法律、法人地位，切实将集体土地所有权落实到具有所有权的农村集体经济组织，明确各级组织均具有平等的法律地位和发展权利。明确农村集体组织成员的权利、义务和责任，明确集体土地所有权行使代表由集体经济组织成员大会或暂由村民大会集体讨论决定，有条件的地区鼓励集体土地股份制改革，发展农民合作组织，由代表大会集体讨论授权行使农民集体的代表的权利、义务。

——**加快农村集体土地确权，为集体经营提供制度保障。**农村集体土地确权是一项具有重要政策性、制度性和系统性的基础工程，必须明晰各方面权属关系，消除集体经营的后顾之忧。应当明确确权权利应涵盖所有权、承包权、经营权等各项权能，足额安排人员和经费保障，确保确权工作的进度和质量，不能因为工作量大、经费短缺而压缩工作环节、减少确权内容。通过集体土地确权，进一步明确发包主体和承包主体，解决两个主体缺位的问题，清晰界定土地主体和相关权利义务，促进土地流转和规模经营，提高层次和水平。

——**加快农业基础设施建设，为集体经营提供物质保障。**继续加大农业基础设施建设投入力度，以统一经营的集体土地为重点，加快高标准农田建设，同时提升农业机械化水平，重点促进大马力、高性能、智能化、复式作业机械的发展。将土地确权登记、互换并地与农田基础设施建设结合起来，提高规模经营水平。认真落实国家有关农业设施用地政策，有效利用村庄内闲置地、建设用地或复垦土地，支持集体经营主体建设连栋温室、畜禽圈舍、水产养殖池塘、育种育苗、畜禽有机物处置、农机场库棚等生产设施，以及建设晾晒场、保鲜、烘干、仓储、初加工、生物质肥料生产等附属设施。

——**加紧培育新型职业农民，为集体经营提供人才保障。**出台引导奖励政策，建立新型职业农民培养和人才成长机制，为职业农民培育提供良好的政策环境，引导和培育一大批青壮年成为有文化、懂技术、会经营的新型职业农民，推进农民职业化。按照“实际、实用、实效”的原则，切实提高培训的针对性和实效性。从国家层面制定中长期新型农民培养规划，重点面向种养大户、家庭农场经营者、合作社带头人、农民经纪人、农机手和植保员等新型职业农民开展培训。制定和完善大中专院校毕业生到农村务农的政策措施，总结地方经验，对在农村就业的大中专院校毕业生给予补贴，并在户籍、社会保障等方面给予其和城镇居民相同的待遇。

——强化农业服务体系建设，为集体经营提供服务保障。继续强化农业公益性服务体系，抓紧建立公共服务机构人员聘用制度，规范人员上岗条件，选择有真才实学的专业技术人员进入公共服务管理队伍。全面推行以公益性服务人员包村联户（合作社、企业、基地等）为主要模式的工作责任制度，逐步形成服务人员抓示范户、示范户带动辐射户的公益性服务工作新机制，不断增强乡镇公共服务机构的服务能力。加快培育农业经营性服务组织，采取政府订购、定向委托、奖励补助、招投标等方式，引导农民合作社、专业服务公司、专业技术协会、农民经纪人、涉农企业等经营性服务组织参与公益性服务，大力开展病虫害统防统治、动物疫病防控、农田灌排、地膜覆盖和回收等生产性服务。培育会计审计、资产评估、政策法律咨询等涉农中介服务组织。

四、关于政府购买公益服务

农业社会化服务，是现代农业的重要支撑，是新型农业经营体系的重要内容。由于人多地少的基本国情，小农与大农并存、专业户与兼业户并存的格局将长期存在。而且即便是家庭农场、农民合作社等新型农业经营主体，本身也对农业社会化服务有强烈需求。国内外经验表明，无论是小农户还是具有一定规模的家庭农场，要解决小而分散的问题，都需要通过提高组织化程度来实现与市场的有效对接，通过提高社会化服务水平来克服规模不经济的局限。有益实践已经并且正在证明，建设覆盖全程、综合配套、便捷高效的社会化服务体系，让农业生产简单化、方便化、标准化、社会化，为农民、农业提供全方位服务，是提高农业组织化程度、土地规模化水平、解决小生产与大市场矛盾的重要手段，是稳定和完善农村基本经营制度、维护农民合法权益的重要保障，是确保国家食物安全、实现农业现代化的必然要求。

据统计，目前全国各类公益监管服务机构15.2万个，经营性专业服务组织超过100万个，包括病虫害防治专业合作社、动物诊疗机构、渔民合作社、畜牧合作社、农机作业服务组织、农机维修厂及维修点、农机经销点、农机供油点、沼气服务站、各类中介服务组织、专业服务公司、专业市场和农业产业化龙头企业（含农产品加工企业），以及各类农产品市场、信息服务平台等。

2014年中央1号文件要求，通过政府购买服务等方式，支持具有资质的经营性服务组织从事农业公益性服务。我们研究认为，所谓农业公益性服务，不应狭义地理解为由政府公益性农业服务机构提供的各类服务，在新形势、新变化、新要求下，应延伸定义为，为确保国家粮食（棉花、油料等）安全和农产品质量安全，让从事粮棉油生产的农民不吃亏、得实惠，对相应的农业生产经营活动的诸环节，所提供的各类社会化服务。如测土配方施肥、病虫害统防统治、集中育种育秧、农业机械作业（机耕、机平、机插、机播、机管、机收等）、谷物烘干以及标准化生产、增施有机肥提升地力、新品种新技术推广、农作物秸秆综合利用、综合治理农田地膜残留污染等。

按照中央有关要求，农业社会化服务示范县创建应将着眼点放在综合标准化体系建设上，即明确服务内容、服务标准（技术标准和服务质量）、主体资质（对服务主体的组织形式、服务手段、服务范围等服务能力的综合评价标准）、购买程序（服务对象、补贴标准、规范协议、审核验收、兑现补贴等）、监管方式（监管机构、工作原则、检查方法、认定过程、张榜公示等），以此形成新的公益性服务供给机制和公共财政保障机制，力求以公共财政保障促进公益性服务供给，以公益性服务供给完善公共财政保障，以钱买制度、买长效机制。相对以往的国家农业补贴政策而言，这将是具有更明显的导向性、普惠性、凝聚性的强农惠农富农大政策突破，利国、利民、利发展，可谓是

"一举三得"。

——**变指定性为导向性**。如由于顶层设计等种种原因，以往实施的种粮补贴、良种补贴、生产资料综合直补等，多按计税耕地面积补，种与不种、用与不用和种多种少、用多用少都有补贴，以致国家政策在很大程度上导向虚置；而其他支农项目、资金的安排，尽管也设计了不少限制条件和层层审核制度，但仍然不可避免地具有很强的人为指定性，以致"跑部钱进"、"寻租行为"、"望洋兴叹"比比皆是。而通过政府购买服务的方式，则不仅可把国家政策导向明朗化，而且因在生产环节补贴而不会人为扭曲产品价格、符合WTO原则，同时有力地支持了土地规模经营和新型职业农民，有效减弱流转土地"非粮化"、"非农化"趋势。只要是按照国家要求种植粮棉油、发展标准化生产就给补，多种多补、不种不补、谁种补谁。

——**变局限性为普惠性**。如农机购置补贴的确调动了农民购买农业机械和厂家生产农业机械的积极性，有效地提高了综合农业机械化率。但毋庸讳言，有购买能力的毕竟为数有限，某种程度的"嫌贫爱富"，致使补贴的受众面比例并不大。而通过政府购买服务的方式，则无论是分散、小规模、兼业化的弱小农户，还是有一定规模的农民合作社、专业大户、家庭农场、龙头企业，只要符合国家的宏观发展意图和消费者的质量要求，都可以按服务面积享受政府公平、公开、公正的政策优惠。

——**变主观性为凝聚性**。我们制定扶持政策往往带有一定的主观盲动，大多预期过高，财政资金、基建项目一般要求各级配套、社会支持，让已经捉襟见肘的基层财政苦不堪言，不得已只能弄虚作假、欺上瞒下。而通过政府购买服务的方式，则提倡有多大能力办多少事，主观驱动、客观随动，中央推动、地方跟动，顺其自然地发挥惠农政策的凝聚性。一是凝聚了多元服务主体应运而生。二是凝聚了社会资金蜂拥而来。三是凝聚了专业人才形成合力。以成立仅半年多的齐力新农业服务公司为例，已投资1 500万元，拥有大型飞防直升机1架、小型遥控飞防机4架和拖拉机、联合收割机等农业设备680套，服务能力100万亩，凝聚服务主体18家、社会资金800多万元、专业技术人员66名、机械手520人、季节性用工1 000多人。

根据国际经验，从中长期发展分析，现代农业发展的趋势是，从事农业社会化服务的间接从业人员将大大超过直接从事农业生产的人员（如30年前的美国，前者占社会总劳力的20%，后者仅占1.9%）。鉴于目前我国新型农业社会化服务体系的发展正处于起步阶段，基础较差，百事待举，经验无多，亟待整合资源、加大政策扶持力度，齐抓共管构建新型农业社会化服务体系。

同国际农业发达国家相比，我国的农业补贴空间较大。因而，科学总结以往实施农业补贴政策的经验教训，将国家新增政策扶持的重点逐渐转向社会化服务领域，不失为明智之举。我们认为，以农业社会化服务综合标准化创新政府购买服务，是符合国家农业政策补贴“存量稳定、增量调整”的有益尝试和重大突破，政策惠农潜力巨大，可谓利在当代、功在千秋，利国利民、利农业发展，将对现代农业发展、农民持续增收、农村繁荣稳定产生不可低估的重要影响。

五、关于土地适度规模经营

适度规模经营是现代农业的重要特征。土地是农业最为基础和不可或缺的生产资料，土地适度规模经营始终是农业适度规模经营的核心。当前和今后一个相当长的时期内，小规模经营与适度规模经营将共同构成我国现代农业经营体系的基础。促进农村土地承包经营权依法、自愿、有序、稳定流转，发展多种形式的适度规模经营，决定着新型农业经营主体——新型职业农民能否健康成长、终成正果的成败。关键是如何遏制有偿流转的土地非粮化、甚至非农化的趋势，在确保广大农民土地承包经营权财产性收益的前提下，大胆探索有利于长期稳定规模经营的途径和方式。应组织力量深入调查研究，客观分析农业各种经营主体、各种经营方式、各种盈利模式的实施利弊，科学制定整合资源、优化配置、扬长避短、分类指导的差异化政策措施。

我国推进土地适度规模经营既有量的问题，也要体现出质的提高。在质的要求上，规模经营的目标既要追求劳动生产率，更要追求提升土地产出率，而且国家的政策导向更应强调和鼓励提高土地产出率。在量的要求上，从当前我国的资源禀赋和工农收益看，粮食生产一年两熟地区户均经营50～60亩，一年一熟地区户均经营100～120亩，较为符合国情。

（一）构建新型农业经营体系对农地制度有新要求

构建新型农业经营体系涉及多方面的工作安排和制度创新。但基于土地在农业生产中的基础地位，构建新型农业经营体系与农地制度创新有密切的关系。在现行土地制度安排下，构建新型农业经营体系迫切需要构建起高效顺畅的土地流转制度。

1. 土地流转是构建新型农业经营体系的关键环节

土地流转是实现农业规模经营最为重要的途径。尽管也可以通过生产环节的分工和专业化，以服务外包等形式实现经营规模的扩张，在不涉及土地流转的情况下实现农业规模经营。但从实践情况看，各种经营主体通过土地流转，相对集中土地经营权，并以此实现经营规模的扩张，始终是扩大农业经营规模最重要的形式。十八届三中全会明确指出，坚持家庭经营在农业中的基础性地位，推进家庭经营、集体经营、合作经营、企业经营等共同发展的农业经营方式创新。鼓励承包经营权在公开市场上向专业大户、家庭农场、农民合作社、农业企业流转，发展多种形式规模经营。

2. 农村土地流转步伐加快并且仍有较大增长空间

近年来，我国农村土地流转速度明显加快，并呈现向新型农业经营主体集中的趋势。到2013年底，全国承包耕地流转面积3.4亿亩，是2008年底的3.1倍，流转比例达到26%，比2008年底提高17.1个百分点。从农业劳动力变化情况看，我国第一产业从业人员已经从1991年最高峰时的3.91亿人下降到了2012年的2.58亿人，占就业人员的比重则从1978年的80.5%下降到了2012年的33.6%。从与农村劳动力转移步伐相匹配来分析判断，进一步扩大土地流转比重还有较大空间。

3. 农村土地流转形式多样并且流转形式不断丰富

《农村土地承包法》规定，通过家庭承包取得的土地承包经营权可以依法采取转包、出租、互换、转让或者其他方式流转。十七届三中全会提出，“允许农民以转包、出租、互换、转让、股份合作等形式流转土地承包经营权，发展多种形式的适度规模经营。”十八届三中全会进一步明确，赋予农民对承包地占有、使用、收益、流转及承包经营权抵押、担保权能，允许农民以承包经营权入股发展农业产业化经营。据统计，2012年农村土地流转中，采取转包、出租、互换、股份合作、转让流转方式的比重分别为49.3％、28.9％、6.5％、5.9％和4.0％；另有5.5％的耕地通过临时代耕等其他方式流转。

4. 土地承包经营权的流转有几种值得注意的倾向

一是部分地方政府的“过热”倾向。无论助长政绩工程还是忽略寻租行为，都可能导致流转变为“流产”。二是部分转业农民的“过冷”倾向。“长久不变”有可能固化了其对承包土地的私人占有意识，即使他们在城市有了稳定的就业岗位，有了固定居住条件，有了相应社会保障，也未必肯于将土地承包经营权交出。三是部分务农农民的“不安”倾向。他们担心政府积极促进土地流转是要收回承包地，误解可能要成为有一定社会保障的无业游民。四是土地和宅基地的“买卖”倾向。如贵州省湄潭县湄江镇核桃坝村有78户农民进行了承包土地流转，其中13户将部分承包地和宅基地收益一次性变现，村干部为规避政策风险，将这种实则买卖关系称之为“一次性承包”，新华社内参记者认为这是农村土地流转机制创新，进行了专题报道，已激发起部分党政领导的“兴奋点”。我们认为，此种做法尽管有其合理性，可允许在小范围内试验，但此风不可长，更不宜成为政府行为。中国的国情是人口多、农民多、耕地少，土地是稀缺资源，不可再生，是农民最基本的生产资料和安身立命之本，在农民生活相对窘迫的情况下，如果任其随意买卖承包地和宅基地，很有可能酿成危及整个社会和经济健康发展的大祸，或许用不了多久，全国又将会有大量的农民成为“四无”农民，这绝不是危言耸听！

（二）农村集体土地确权与构建新型农业经营体系

通过前述分析可见，土地流转是构建新型农业经营体系的关键环节，而土地确权与土地流转之间存在密切联系。因此，土地确权主要通过土地流转渠道，对构建新型农业经营体系产生间接影响。

1. 从理论层面分析，土地确权能够起到以稳定促流转的功能

通过对农村土地承包经营权的确权、登记、发证，有利于在农户、集体、企业和政府等主体之间形成更稳定的契约关系，强化对农村土地承包经营权的物权保护，依法保障农民对承包土地的占有、使用、收益等权利，增强地权的稳定性。而地权的稳定性则更加有利于承包者流转土地。正如有研究者所指出的，不稳定的地权使农民对自己所使用的地块缺乏长期的预期。土地不定期调整的作用如同一种随机税，它会在不可预见的某一天将土地拿走，同时带走农民投入土地的中长期投资。稳定土地承包关系，不仅不排斥土地流转，而且有利于土地流转。课题组调查也发现，稳定的土地承包关系有利于形成同样更加稳定的土地流转关系。在流转费用稳定增长或建立较好利益分配机制的情况下，贵州土地流转的期限大多在 10 年以上，有的达到 30 年甚至 50 年，个别甚至有长久不变的情况。而贵州之所以土地流转期限普遍较长，重要原因之一是实施“生不增、死不减”的土地承包政策，农户对土地形成了稳定的地权预期，不再担心长期流转之后土地会收不回来。

2. 从实践经验分析，部分先行地区土地确权已产生明显成效

目前我国已经有部分地区开展了土地承包经营权确权登记颁证及相关探索，初步的实践探索表明，土地确权对于流转有一定的推动作用。宁夏平罗是经农业部等部门确定的全国 24 个农村改革试验区之一，目前已经基本完成了农村土地确权工作，课题组对其开展了典型调查。2012 年，平罗县以农村集体土地确权颁证为基础，以土地规模经营为抓手，在农村土地确权颁证、推进农村土地规范流转、新型农业经营主体培育等方面进行了积极有益的探索。目前，全县农村集体土地所有权确权颁证已全部完成，农村土地承包经营权确权颁证已完成 97.2%，农村宅基地确权颁证完成 96%，农村房屋确权登记工作全部完成。经过确权之后的土地，政府发给农民《农村土地承包经营权证》，农户可以以此为依据，对所承包的土地依法合理流转。全县已经培育专业大户、家庭农场等新型农业经营主体 181 个，规模流转经营土地 14.6 万亩，对于构建新型农业经营体系发挥了重要作用，有效推进了现代农业发展进程。

构建新型农业经营体系现有研究可能还是粗浅的、局限的，或许刚刚在破题，课题组全体同志期待着社会各界有识之士热切关注和共同参与，我们也将继续深入调查研究，为科学决策服务。

城乡发展一体化与农民增收

农业软科学优秀成果选粹（2014）

城乡新“剪刀差”问题研究*

专题一：改革开放以来外出农民工对我国的隐性贡献研究

高　强　孔祥智

一、农民工与城镇职工之间的工资差距

（一）“同工不同酬”现象突出，户籍歧视是主因

《2013年全国农民工监测调查报告》显示，2013年全国农民工总量达26 894万人，其中外出农民工16 610万人。2013年末外出农民工人均月收入水平为2 609元，比2012年增加了319元。虽然农民工收入有所增加，但与城镇职工相比，二者之间收入差距依然很大。同年城镇职工月收入为3897元，比务工农民高出70.2%。许多学者指出农民工工资权益被漠视主要源于户籍制度造成了城乡居民的地位和等级差异。王美艳运用Oaxaca工资差异分解模型对转轨时期农村迁移劳动力的工资歧视做了计量分析，研究表明城镇居民与务工农民工资差异的76%可用户籍歧视来解释。我们的另外一项研究，利用CHNS2011年数据，同样证实了在非农就业领域里存在着户籍上的工资歧视，并且测算出了因户籍差别形成的工资差异。研究结论表明：①从城乡就业人员的整体数据来看，城镇居民的年工资性收入比务工农民高出10 620.54元；②在控制年龄、性别、教育程度、职业性质以及工作单位等可能影

* 本报告获2014年度农业部软科学研究优秀成果一等奖。课题承担单位：中国人民大学农业与农村发展学院；主持人：孔祥智；主要成员：伍振军、何安华、高强、周振。

响就业人员工资的变量后在城乡劳动力常见的 9 个就业行业里，仅因户籍的差异，城镇居民的年工资收入比务工农民至少高出 5 000 元，而因生产率形成的工资差异占比不到 70%；③通过重点比较分析务工农民职业选择集中的技术工、非技术工和服务行业，在这些领域内同样存在着工资上的户籍歧视，平均而言城镇居民比务工农民年工资至少高出 3 000多元。

（二）农民工劳动时间长，平均小时工资低

许多专题调研报告也证明了“同工不同酬”现象的普遍存在。在就业于同一行业、身份同为雇员的情况下，农民工与户籍人口之间的劳动报酬明显不同。有调研表明，从平均月工资来看，就业于住宿餐饮业的城镇户籍人口平均月工资比农民工高 18%，而制造业的城镇户籍人口平均月工资比农民工高 14%。除此之外，农民工的从业时间和劳动强度也远远超过城镇职工。根据《2013 年全国农民工监测调查报告》，2013 年外出农民工月从业时间平均为 25.2 天，日从业时间平均为 8.8 个小时，有 41%的农民工日工作超过 8 小时，有 84.7%的农民工周工作超过 44 小时。与 2012 年相比，超时工作农民工所占比重有所上升[①]。

表 1-1　2010 年分行业的流动人口与户籍人口平均月工资和小时工资差异情况

	平均月工资（元）			平均小时工资（元）			流动人口行业分布（%）
	流动人口	城镇户籍	比值	流动人口	城镇户籍	比值	
制造业	2 125	2 416	1.1	9.7	13.6	1.4	22.7
批发零售	1 912	1 943	1.0	9.3	10.6	1.1	26.0
住宿餐饮	1 673	1 978	1.2	7.9	10.8	1.4	13.7
社会服务	1 851	1 800	1.0	9.1	11.1	1.2	16.1
其他行业	2 824	2 944	1.0	14.9	17.9	1.2	21.5

注：比值计算方法为当地城镇户籍人口除以流动人口相应数据。

资料来源：国家卫生和计划生育委员会流动人口司．中国流动人口发展报告（2013）[M]．北京：中国人口出版社，2013：90.

① 参见：国家统计局．2013 年全国农民工监测调查报告 [EB/OL]．http://www.stats.gov.cn/，2014-5-12.

如果考虑农民工的就业强度大、劳动时间长而采取小时工资数来比较，则发现所有行业中，城镇户籍人口的平均小时工资均高于外出农民工。如表1-1所示，与城镇户籍人员相比，农民工就业较为集中的制造业和住宿餐饮业平均小时工资差异分别达到41%和37%。即使在差距最小的批发零售业，农民工与城镇户籍人口之间的工资差异也达到13%。

（三）教育程度越高，外出农民工与城镇职工的工资差越大

有调查表明，外出农民工与城镇户籍人口之间的工资差异随教育程度的升高而加大。如表1-2所示，平均而言，2012年外出农民工与城镇职工之间的工资差额为1 147元。分教育程度来看，小学及以下文化程度劳动者中农民工平均工资为2 353元，而城镇职工的收入为2 383元，二者相差50元；大专及以上文化程度的农民工平均工资为3 460元，而城镇职工的收入却高达4 587元，二者之间的差额为1 127元。这说明，随着教育程度的升高，外出农民工与城镇职工之间的工资差额逐渐加大。

表1-2　2012年分行业分教育程度分户籍的流动人口雇员平均月工资差异情况

单位：元

行业	户籍性质	小学及以下	初中	高中/中专	大专及以上	总计
制造业	城镇	2 484	2 667	3 132	4 500	3 571
	农村	2 373	2 551	2 791	3 380	2 606
	比值	1.1	1.1	1.1	1.3	1.4
批发零售	城镇	2 568	2 307	2 946	4 032	3 312
	农村	2 154	2 292	2 499	3 058	2 419
	比值	1.2	1.0	1.2	1.3	1.4
住宿餐饮	城镇	1 879	2 287	2 584	2 908	2 530
	农村	1 928	2 171	2 404	2 838	2 233
	比值	1.0	1.1	1.1	1.0	1.1

（续）

行业	户籍性质	小学及以下	初中	高中/中专	大专及以上	总计
社会服务	城镇	1 845	2 269	2 721	3 754	3 005
	农村	1 870	2 212	2 492	2 939	2 304
	比值	1.0	1.0	1.1	1.3	1.3
其他行业	城镇	2 589	3 103	3 511	4 914	4 370
	农村	2 545	2 868	3 030	3 815	2 948
	比值	1.0	1.1	1.2	1.3	1.5
总计	城镇	2 383	2 650	3 141	4 587	3 766
	农村	2 353	2 546	2 750	3 460	2 619
	比值	1.0	1.0	1.1	1.3	1.4

资料来源：国家卫生和计划生育委员会流动人口司．中国流动人口发展报告（2013）[M]．北京：中国人口出版社，2013：91－92.

二、外出农民工与城镇职工之间的“工资剪刀差”

（一）“工资剪刀差”主要测算指标解释

1. 外出农民工数量

根据国家统计局的指标解释，外出农民工指调查年度内，在本乡镇地域以外从业6个月及以上的农村劳动力。全国范围的外出农民工数据资料主要由国家统计局农调队提供和发布。尤其是，国家统计局于2008年底建立了农民工统计监测调查制度，对全国31个省（区、市）6.8万个农村住户和7 100多个行政村的农民工进行监测调查。调查结果统一整理为历年的《全国农民工监测调查报告》。本文中2008—2013年的外出农民工数据，均来源于该报告。其余年份的数据主要来源于盛运来的《流动还是迁徙——中国农村劳动力流动过程的经济学分析》以及农村住户调查资料。

2. 月工资额

农民工工资额主要指外出农民工的名义月平均工资收入。为了保持计算口径的一致，本文主要采用的是国家统计局农调队抽样调查提供的农民工工资数据。其中，2001—2013年数据，来源于国家统计局颁布的《全国农民工监测调查报告》以及整理过后的农村住户调查资料。其余各年度月工资额数据来源及处理方法参考了2012年卢锋在《中国社会科学》第7期发表的“中国农民工工资走势”一文。

3. 其他指标

城镇职工年工资额为城镇单位在岗职工的平均工资。该项数据来源于历年出版的《中国统计年鉴》，其中2013年的数据是根据近三年的增长趋势，以2012年工资额为基础的推算值。农民工实际年工资由月工资额计算得出。根据《2013年全国农民工监测调查报告》，外出农民工年从业时间平均为9.9个月。因此，本文将10倍的农民工月工资额作为农民工实际年工资。在具体运算过程中，我们以城镇职工的年平均工资为参照，采用刘秀梅、田维明的研究结果，即农民工的劳动生产率与城市非农产业工人的劳动生产率之比是1∶1.45，这样农民工应得的年平均工资就等于城镇职工的年平均工资除以1.45，而农民工为城镇建设所节省的劳动力成本就等于农民工应得工资与实际年工资的差额。为了保持一致，本文在具体运算过程中，我们以10个月的城镇职工工资额为基础，测算得出农民工应得工资。工资“剪刀差”为全国农民工数量与工资差额之间的乘积，也就是外出农民工对我国经济发展的“工资贡献”。

（二）外出农民工的“工资贡献”

由表1-3可知，农民工的月工资由20世纪中后期的500～600元，上升到21世纪初的600～700元，2004—2008年工资逐年升高，直至超过1 000元，2008年以后农民工月工资继续攀升，用3年的时间突破了2 000元。同时，与城镇职工工资对比，我们可以发现一些值得关注的现象。1995—1996年外出农民工年工资高于城镇职工年工资，二者比率为1.11和1.18。20世纪90年代末以后，工资相对比率持续下降，到2007年降为0.46，为最低值。2008年以后，工资相对比率又开始逐渐回升，2013年增长到0.60。这表明，在20世纪90年代初中期，农民工工资与城镇职工之间曾出现过工资“逆剪刀差”的现象。许多类似研究以及其他调查也证明了这一现象的真实性。

表1-3　外出农民工的“工资贡献”

年份	农民工数量（万人）	农民工月工资（元）	农民工实际年工资（元）	农民工应得工资（元）	城镇职工年工资（元）	工资差额	工资“剪刀差”（万元）
1995	3 000	495	4 950	3 074	5 348	－1 876	—
1996	3 400	590	5 900	3 437	5 980	－2 463	—
1997	3 890	460	4 600	3 703	6 444	－897	—
1998	4 936	587	5 870	4 279	7 446	－1 591	—
1999	5 240	489	4 890	4 781	8 319	－109	—
2000	7 600	518	5 180	5 364	9 333	184	1 398 400
2001	9 050	642	6 420	6 226	10 834	－194	—
2002	10 470	656	6 560	7 111	12 373	551	7 444 170
2003	11 390	646	6 460	8 028	13 969	1 568	12 847 920
2004	11 823	701	7 010	9 149	15 920	2 139	15 949 227
2005	12 578	780	7 800	10 460	18 200	2 660	23 269 300
2006	13 181	860	8 600	11 986	20 856	3 386	33 295 206
2007	13 697	946	9 460	14 207	24 721	4 747	49 405 079
2008	14 041	1 340	13 400	16 608	28 898	3 208	45 043 528
2009	14 533	1 417	14 170	18 531	32 244	4 361	63 378 413
2010	15 335	1 690	16 900	20 999	36 539	4 099	62 858 165
2011	15 863	2 049	20 490	24 022	41 799	3 532	56 028 116
2012	16 336	2 290	22 900	26 879	46 769	3 979	65 000 944
2013	16 610	2 609	26 090	29 752	51 769	3 662	60 825 820
总计							496 744 288

资料来源：历年《中国统计年鉴》、《中国农村住户调查年鉴》以及《全国农民工监测调查报告》。

由于早年农民工市场规模较小、外出打工交易成本较高等制约因素的存在，企业只有支付更高的相对工资才能吸引农民工离土离乡就业。

而随着20世纪90年代城镇企业改制逐步推进，原有正式职工隐性福利部分转变为显性货币薪酬，这可能导致职工工资快速增长并远远超过农民工。倘若考虑农民工与城镇职工之间的劳动生产率差距，将农民工的应得工资与农民工实际工资进行比较，我们可以发现直到2000年左右“工资差额”指标基本为负。这说明，农民工与城镇职工之间的“同工不同酬”现象是自2000年开始逐渐严重起来的。如表1-3所示，2001年以后，外出农民工与城镇职工之间的“工资剪刀差”急剧增加，到2012年达到历史最高值6 500亿元。经过计算汇总，改革开放以来，我国外出农民工由于“工资剪刀差”为我国经济发展做出49 674亿元的贡献。

三、外出农民工的“社保贡献”

（一）农民工社会保障制度的建立

2000年以前，尽管农民工已经成为我国经济建设中重要的生力军，在市场经济发展中具有重要地位，但这一时期外出农民工少于本地农民工的数量，始终没有超过5 000万。2001年以后，外出农民工数量开始显著增加，其总体数量占我国产业工人五成以上。这一时期，由于社会保障制度的不完善以及户籍歧视，农民工难以融入城市并享受相应的福利待遇。联合国《经济、社会及文化权利国际公约》第9条规定：“本公约缔约国各国承认人人有权享受社会保障，包括社会保险”。可见，保障本国国民享受基本的生活权利是各国作出的庄严承诺。2003—2006年，为了解决农民工问题，我国出台了一系列改善农民工待遇的政策措施。例如，2003年1月5日，国务院办公厅发布了《关于做好农民工进城务工就业管理和服务工作的通知》，提出要以“公平对待、合理引导、完善管理、搞好服务”四项原则，要求逐步取消对农民工进城务工就业的不合理限制。2004—2006年，中央连续出台的三个1号文件都强调了解决农民工问题的重要性。尤其是，2006年1月18日，国务院出台了《关于解决农民工问题的若干意见》，为全面系统地解决农民工问题指明了方向，提出“积极稳妥地解决农民工社会保障问题”。

尽管《劳动法》和2001年原劳动保障部《关于完善城镇职工基本养老保险政策有关问题的通知》，对农民工参加基本养老保险作出了明确规定。2004年正式实施的《工伤保险条例》，强调各单位招用的农民工均有依法享受工伤保险待遇的权利。2004年5月，原劳动和社会保障部发布《关于推进混合所有制企业和非公有制经济组织从业人员参加医疗保险的意见》，提出要以与城镇用人单位建立了劳动关系的进城务工人员为重点，积极探索农民工参加医疗保险。2006年《关于解决农民工问题的若干意见》出台后，原劳动和社会保障部又发布了一系列文件[①]，要求加快提高农民工参保比例。可见，尽管2006年以前，从制度层面我国已经为外出农民工参加法定的基本养老、医疗、失业、工伤等社会保险敞开了大门，然而实际上农民工的参保率极低，工伤、医疗、失业和生育保险几乎为零。2009年2月1日公布的中央1号文件强调，抓紧制定适合农民工特点的养老保险办法，解决养老保险关系跨社保统筹地区转移接续问题。2月5日，人力资源和社会保障部就《农民工参加基本养老保险办法》向社会公开征求意见。这标志着农民工的社会保障制度建设进入了新的发展阶段。

（二）农民工参保率低，社会保险歧视严重

我国现行的社会保障制度是以城镇人口为参照对象制定的，虽然制度层面上并没有排斥正规就业的农民工，但由于农民工流动性较大、劳动关系不规范且尚未建立统一的社会保障制度，致使农民工参保率偏低，在社会保险方面受到严重歧视。在一系列政策支持与推动下，2006年农民工参加社会保险人数开始逐步增加。根据《中国劳动和社会保障年鉴》，2006年我国参加养老保险的农民工有1 417万人，参加工伤保险的农民工有2 537万人，参加医疗保险的农民工有2 367万人，参保

---

① 例如，2006年5月16日，劳动和社会保障部办公厅劳社厅发〔2006〕11号《关于开展农民工参加医疗保险专项扩面行动的通知》；2006年5月17日，劳动和社会保障部办公厅劳社厅发〔2006〕11号《关于实施农民工“平安计划”加快推进农民工参加工伤保险工作的通知》。

率分别为10.7%、19.2%和17.9%[①]。2006年以后，各项社会保险的参保人数开始缓慢增长。

表1-4 外出农民工参加社会保障的比例

单位：%

	2006年	2007年	2008年	2009年	2010年	2011年	2012年	2013年
养老保险	10.7	10.3	9.8	7.6	9.5	13.9	14.3	15.7
工伤保险	19.2	22.3	24.1	21.8	24.1	23.6	24.0	28.5
医疗保险	17.9	17.5	13.1	12.2	14.3	16.7	16.9	17.6
失业保险	—	6.4	3.7	3.9	4.9	8.0	8.4	9.1
生育保险	—	—	2.0	2.4	2.9	5.6	6.1	6.6

注：2008—2013年，数据来源于《2013年全国农民工监测调查报告》。2006年和2007年由笔者根据《中国劳动和社会保障年鉴》中参加各项社会保险的农民工数量计算得出。

如表1-4所示，在各项社会保险中，农民工参加比例最高的为工伤保险，由2006年的19.2%增加到2013年的28.5%；其次为医疗保险和养老保险，近三年参保率为15%左右；而参保率偏低的是失业保险和生育保险，均在10%以下，其中生育保险的参保率最低，2013年仅为6.6%。除社会保障之外，不同身份的就业者之间的待遇差异，还体现在各种形式的公共福利上。根据《2013年全国农民工监测调查报告》，2013年外出农民工与雇主或单位签订了劳动合同的农民工比重为41.3%，比2012年下降2.6个百分点[②]。即便是与雇主或单位签订了劳动合同的农民工，也基本上无法享受就业单位发放的奖金、津贴、加班费、出勤补贴、出差补贴、过节费、子女生活补贴等福利。有的地区外出农民工与城镇职工之间的死亡抚恤金等民事赔偿亦存在差异，出现了

① 参保率为参加社会保险农民工数量与农村外出务工劳动力的数量。由于参保农民工没有区分本地农民工与外出农民工，这里采用的数据为农民工总量（包括本地农民工）13 212万人。数据来源于《中国农村住户调查年鉴》。

② 参见：国家统计局.2013年全国农民工监测调查报告［EB/OL］.http://www.stats.gov.cn/，2014-05-12.

“同命不同价”的问题。这些差异还以各种形式的成文法规或条例等颁布，形成了制度层面的不平等。

（三）“社保贡献”的测算

由于我国社会保障制度是一个逐步健全完善的过程，各类社会保险的实施年份也存在差异。对于城镇职工而言，我国社会保障制度是从20世纪90年代中后期开始逐渐建立起来的。例如，养老保险制度始建于20世纪50年代，历经数次改革、调整而不断完善。1991年，国务院颁布了《关于企业职工养老保险制度改革的决定》，在全国范围内重新实行养老保险社会统筹制度。1994年12月原劳动部颁发了《企业职工生育保险试行办法》，规定城镇企业及其职工适用于生育保险，生育保险费用实行社会统筹。1995年，在企业职工养老保险制度中首次引入个人缴费和缴费确定型制度，强调了个人在养老保险中的责任和义务。1996年，原劳动部发布了《企业职工工伤保险试行办法》（劳部发〔1996〕266号）。2003年4月27日国务院颁布了《工伤保险条例》替代了原规定，并于2004年1月1日起施行。1998年，我国政府颁布了《关于建立城镇职工基本医疗保险制度的决定》，开始在全国建立城镇职工基本医疗保险制度。《失业保险条例》自1999年1月22日起实行。由此可见，除基本养老保险制度之外，我国基本上是在1995年以后逐步建立起了各项社会保险制度，因此本文重点针对1996年以来农民工的“社保贡献”进行测算。

1996—1998年，城镇失业保险尚未全面实行，1996—1997年城镇职工医疗保险制度也尚未建立。因此，我们对1996—1998年三年的“社保贡献”进行单独核算（按22%的比例仅计算养老、工伤、生育保险三项），结果显示1996年外出农民工的“社保贡献”为441.32亿元，1997年为393.668亿元，1998年为695.383 7亿元，三年合计1 530.371 7亿元。1999—2005年，由于农民工参保率的数据缺失，因此我们假定农民工各项社会保险的综合参保率为10%。按照国务院规定的参保缴费率，基本养老保险单位缴费率为20%，基本医疗保险单位缴费率为6%，失业保险单位缴费率为2%，工伤和生育保险平均缴费率一般为1%左右。因此，按照实际年工资30%的缴费率进行核算，得出这段时期外出农民工的“社保贡献”为12 051.256 4亿元。2006年以后，政府部门对外出农民工的参保情况进行了专门统计。因此，我们将表1-5中未参加社会保障的农民工数量乘以农民工实际年工资再乘以相应的社会保险缴费率，就可以得出外出农民工的“社保贡献”。如表1-6所示，2006年以来，由于未参加各类社会保险，我国外出农民工做出的“社保贡献”约为53 055亿元。由此可以得出，1995年以来，我国外出农民工由于未参加社会保障为我国城镇经济发展做出66 637亿元的贡献。

表1-5　2006年以来未参加社会保障的外出农民工人数

单位：万人

项目	2006年	2007年	2008年	2009年	2010年	2011年	2012年	2013年
养老保险	11 771	12 286	12 665	13 428	13 878	13 658	14 000	14 002
工伤保险	10 650	10 643	10 657	11 365	11 639	12 119	12 415	11 876
医疗保险	10 822	11 300	12 202	12 760	13 142	13 214	13 575	13 687
失业保险	13 181	12 820	13 521	13 966	14 584	14 594	14 964	15 098
生育保险	13 181	13 697	13 760	14 184	14 890	14 975	15 340	15 514

资料来源：根据表1-3和表1-4计算而来。

表1-6　2006年以来外出农民工“社保贡献”

单位：万元

保险	2006年	2007年	2008年	2009年	2010年	2011年	2012年	2013年	合计
养老	20 246 120	23 245 112	33 942 200	38 054 952	46 907 640	55 970 484	64 120 000	73 062 436	355 548 944
工伤	915 900	1 006 827.8	1 428 038	1 610 420.5	1 966 991	2 483 183	2 843 035	3 098 448.4	15 352 843.8
医疗	5 584 152	6 413 880	9 810 408	10 848 552	13 325 988	16 245 292	18 652 050	21 425 629.8	102 305 951.4
失业	2 267 132	2 425 544	3 623 628	3 957 964.4	4 929 392	5 980 621	6 853 512	7 878 136.4	37 915 930
生育	1 133 566	1 295 736.2	1 843 840	2 009 872.8	2 516 410	3 068 378	3 512 860	4 047 602.6	19 428 265.1
总计	30 146 870	34 387 100	50 648 114	56 481 761.7	69 646 421	83 747 957	95 981 457	109 512 253	530 551 934.3

资料来源：根据表1-3和表1-5计算而来。

四、外出农民工的公共财政“成本节约”

由于我国尚未建立统一的社会保障制度，各地社会保险模式从覆盖对象、保障内容、缴费标准、赔付水平以及经办机构等方面都存在巨大差别。各地的社会保险模式不同，政府的财政补贴额度也不同。例如，北京和广东采取的是直接扩面型社会保险模式，将农民工作为扩大社会保险覆盖面的对象，纳入城镇职工社会保险体系，享受养老、工伤和医疗保险；而上海和成都针对外来农民工设计了专门的“综合保险”模式，实行“一种保险三项待遇”（工伤、住院医疗、老年补贴）。在缴费标准上，以农民工医疗保险为例，深圳市为每月12元，其中用人单位承担8元，个人承担4元；北京市以上一年职工月平均工资60%为基数、按2%的比例由用人单位按月缴纳；上海市以上一年职工月平均工资60%为基数、按12.5%的比例由用人单位按月缴纳，而外地企业的缴纳比例为7.5%。

在医疗保险方面，我国目前的医疗保障体系包括城市居民医疗保障、城市职工医疗保障以及新农合医保构成。2013年，国务院提出要推进“三保”并轨工作。由于城镇居民医保与新农合存在一定的共性，费用缴纳均由个人和政府部门负担，并轨工作相对较容易。然而，试点工作仅在部门地区开展，由于城镇职工医保具有不同的筹资和保障水平，截至目前，城乡统一的社会保障制度仍然没有建立起来。从国家层面来讲，财政对于城乡之间基本养老保险、居民合作医疗，以及失业保险等社会保险等补助存在一定的差距。这部分差距即是进城务工的农民工市民化的公共成本。换句话说，外出农民工非市民化为我国公共财政节约了大量的成本。

如表1-7所示，2011年农民工社会保障的平均公共财政成本为797.15元，全体外出农民工“节约”公共财政1 264.5亿元。若按每年9.6%的增长速度简单向前推算，改革开放以来，外出农民工非市民化为我国公共财政节约社保成本至少14 303亿元。事实上，随着我国外出农民工中的举家外出农民工的逐年增多，农民工非市民化“成本节约”远远不止这些。根据国务院发展研究中心的测算，除社保成本之外，农民工市民化的成本还应包括农民工随迁子女教育成本、社会管理费用以及保障性住房支出等成本。一个农民工如果成为市民需要增加政府的支出约为 8 万元左右。按照这一标准，2013 年仅举家外迁的 3 525 万人，就需要公共财政支付 28 200 亿元的资金。

表 1-7 农民工社会保障的平均公共财政成本

单位：元

项目		城镇	农村	城乡差距
居民合作医疗补助		67.86	45.63	22.23
基本养老保险		771.97	198.94	573.03
其他社会保障	工伤保险	36.8	0	36.8
	医疗救助	793.62	635.75	157.87
	失业保险	4.63	0	4.63
	生育保险	2.59	0	2.59
总成本（元）				797.15

资料来源：丁萌萌，徐滇庆．城镇化进程中农民工市民化的成本测算［J］．经济学动态，2014（2）．

五、结论与建议

进入 21 世纪以来，工农业产品的“价格剪刀差”基本消除，但外出农民工与城镇职工之间的“工资剪刀差”却逐步扩大。农民工由于“同工不同酬”以及无法享受城镇职工的公共福利待遇，为我国经济发展做出了巨大的隐性贡献。人口红利主要由“工资贡献”、“社保贡献”以及公共财政“成本节约”三部分构成。经过我们的测算，上述三项合计高达 130 614 亿元。虽然我国在提高农民工工资收入、保障农民工合法权益、推进户籍制度改革与完善社会保障体系等方面加大了支持与改革力度，但在短时期内外出农民工与城镇职工之间的“工资剪刀差”仍将继续存在。随着外出农民工的继续增加，我国农民仍将继续为经济发展做出巨大牺牲。

为适应推进新型城镇化需要，2014 年 7 月 30 日国务院正式出台了《关于进一步推进户籍制度改革的意见》（以下简称《意见》），要求进一步调整户口迁移政策，全面放开建制镇和小城市落户限制、有序放开中等城市落户限制、合理确定大城市落户条件与严格控制特大城市人口规模。同时，该《意见》还明确要求，建立城乡统一的户口登记制度，取消农业户口与非农业户口性质区分和由此衍生的蓝印户口等户口类型，统一登记为居民户口。这标志着我国实行了半个多世纪的城乡二元户籍管理制度退出了历史舞台，也为实现外出农民工有序市民化，稳步推进包含农业转移人口在内的城镇基本公共服务全覆盖创造了条件。然而，城乡二元户籍管理制度虽然将从名义上被终止，但附着在原有户籍制度上的公共福利差异短期内不会消除，外出农民工户籍价值的同城化待遇问题仍将继续存在。面对城市严峻的就业形势与公共服务财力约束，一些省份在劳动力市场上针对农民工提供差别化的就业待遇，采取措施限制甚至排斥农民工进城等现象依然存在。因此，只有切实落实户籍制度改革的各项政策措施，抓紧制定教育、就业、医疗、养老、住房保障等方面的配套政策，让农业转移人口享有与城镇居民一样的公共福利待遇，才能提高农民工外出务工积极性，健康有序地推进新型城镇化。

（一）进一步规范劳动力市场，消除就业市场的户籍歧视

在新型城镇化加快推进的进程中，劳动力市场中的户籍歧视，不仅使农民工遭到不公正的待遇，而且限制了某些行业农民工的进入，造成了农民工就业群体的不稳定，阻碍了经济可持续发展。《意见》尽管提出“完善就业失业登记管理制度，面向农业转移人口全面提供政府补贴职业技能培训服务，加大创业扶持力度，促进农村转移劳动力就业”，但并没有给予就业市场的户籍歧视应有的关注。因此，我国应当以新一轮的户籍制度改革为突破口，充分发挥市场在劳动力资源配置中的决定性作用，规范用工秩序，保证相同、相近与相似岗位上，同等熟练程度的劳动者，享有相同的待遇。目前，针对农民工与城镇职工工资差额较大的现象，政府要敢于担当，企业要勇于承担社会责任，逐步建立农民工的工资增长机制，以保证在短时期内实现二者之间的工资拉平。

（二）破除体制性障碍，建立农民工社会保险转移接续机制

农民工既有农业户口，又从事非农职业，游走于城市与农村之间。因此，与农民、城镇居民相比，农民工所受城乡分割的社会保障体系的制约最大，改革需求也最迫切。《意见》明确提出，要“把进城落户农民完全纳入城镇社会保障体系”。这为改革社会保障体系，构建实施城乡统一的社会保险制度指明了方向。在制度安排上，要破除体制障碍，允许就业稳定的农民工参加城镇职工基本养老制度，在农村参加的养老保险规范接入城镇社会保障体系；改善医疗保险的筹资机制，实现城镇居民基本医疗保障、城市职工医疗保障与新型农村合作医疗的并轨，加快实施统一的城乡医疗救助制度；改善社会保障管理体制与运行机制，提高统筹层次，打破城乡分割、地区分割与职能部门分割，由财政依据农民工贡献度、行业属性、岗位特性进行补贴，建立农民工社会保险关系转移接续过渡机制，逐步实现社会保障体系统一性及其整体功能的全面发挥。

（三）保障农民工合法权益，推进公共福利均等化

在城镇化过程中，如何使外出农民工共享改革发展成果，融入所在城市，是我国经济社会发展中的重大战略问题。《意见》明确提出，要“切实保障农业转移人口及其他常住人口合法权益”。落实国务院精神，保障农民工合法权益，推进公共福利均等化：一是要完善农村产权制度，切实保障外出农民工的土地承包经营权、宅基地使用权、集体收益分配权，不得以“三权”退出作为农民进城落户的前提条件；二是要按照“公平对待、合理引导、完善管理、搞好服务”的原则，加大劳动监察力度，通过逐步提高外出农民工的劳动合同签订率、逐步扩大签订无固定期限劳动合同的比例、逐渐降低外出农民工被拖欠工资的比重等措施，维护农民工合法权益；三是要加大财政转移支付力度，扩大基本公共服务覆盖面，将新旧市民共同纳入城市管理与公共服务体系，在就业、教育、居住、医疗等方面同民同权、同等对待；四是构建社会融合

机制，尊重进城农民工的公民权利，建立农民工社会管理参与机制，让农民工真正融入城市。

专题二：中国城镇化进程中的地价“剪刀差”成因及测算（2002—2012年）

何安华　孔祥智

一、什么是地价“剪刀差”

（一）“剪刀差”概念及泛化使用

传统“剪刀差”概念是学界对工农业产品比价关系的形象概括。“剪刀差”概念产生于20世纪20年代的苏联，20世纪30年代被介绍到中国，并针对中国的国情被发展和广义化。国内学者普遍认为，工农业产品价格“剪刀差”是指在工农产品交换过程中，工业品价格高于其价值，农产品价格低于其价值，由这种不等价交换形成的剪刀状差距。随着我国从计划经济走向市场经济，工农业产品价格“剪刀差”逐渐缩小，到1997年已降到2.3%，绝对额为331亿元。一般认为，20世纪末期到21世纪初期，工农产品价格“剪刀差”逐渐变得微不足道了。进入21世纪以后，“剪刀差”因剪刀口之贴切形象而广泛被用于城乡发展差距的各种表现，例如城乡居民收入剪刀差、城乡居民消费水平剪刀差、社会消费品零售剪刀差等。

（二）地价“剪刀差”的形成

近年来，随着我国工业化和城镇化进程的加速，建设用地总量大幅增长，2001—2012年，城市建成区面积从24 027平方公里增加到45 566平方公里，增加了21 539平方公里，相当于11年增加了90%。而大约90%的城市建设用地需求满足是通过征收农村土地去实现的，剩下的10%才是城市未开发的建设用地。据《中国统计年鉴》数据，2001—2012年，共有20 280平方公里的农村土地被征收并转变为国有土地，用于城市建设用途。由于农村集体土地必须经由政府征收转变为国有土地之后才能用于城市建设，而在农村集体土地的有偿征收过程中，政府以低价从农民和村集体手中征得土地（购买农村集体土地的所有权），经过必要的前期投入，如“七通一平”之后，再以较高的价格出让给土地使用者（出让国有土地使用权）。农村集体土地经过政府的征收和必要投入，形成低价征用和高价出让两种价格，且价格走势形成鲜明对比，有如剪刀状，地价“剪刀差”也因此得名。仅从征地总费用和国有土地出让收入数据看，2003年，二者差距为3 752.94亿元，到2011年扩大到27 128.15亿元，2012年有所下降，为23 902.59亿元。即使扣除政府征得农村集体土地后，将生地转变为熟地的前期开发投入，以及土地出让业务费等，政府征地并出让仍有较大的利润空间（表2-1）。

表2-1 个别年份的国有土地出让收入与征地总费用

年份	国有土地出让收入（亿元）	征地总费用（亿元）	差额（亿元）
2003	5 421.31	1 668.37	3 752.94
2011	32 126.08	4 997.93	27 128.15
2012	28 042.28	4 139.69	23 902.59

资料来源：《中国国土资源年鉴》（历年），剩余年份数据缺失。

二、地价“剪刀差”的原因

我国出现地价“剪刀差”的原因是多方面的，但从本质上仍是制度不完善所致。

（一）土地用途管制使得政府成为征地和国有土地出让的垄断者，土地发展权市场机制缺失，这是形成地价“剪刀差”的本质原因

我国城乡土地采取的是不同的法律治理，农村土地受《农村土地承

包法》规制，而土地转用和城市国有土地受《土地管理法》规制。《土地管理法》规定，“农民集体所有的土地的使用权不得出让、转让或者出租用于非农业建设”，农民对土地非农使用的权利仅限于“兴办乡镇企业和村民建设住宅经依法批准使用本集体经济组织农民集体所有的土地的，或者乡（镇）村公共设施和公益事业建设经依法批准使用农民集体所有的土地”。换言之，农村集体土地一旦被征收，农民随即失去土地非农利用的使用权、收益权、转让权和发展权；农村也失去土地所有权和发展权。同时，我国法律规定，城市土地属于国有，地方政府是农用地转为建设用地的唯一合法主体。因此，农村土地一旦纳入城市建设规划而转为建设用地，其所有权就必须从农民集体所有转为国家所有。从本质而言，政府通过征地这一手段将农民集体所有的土地变成了国家所有。如果将征地视为一种市场交易，地方政府则是征地市场的唯一买方，而且是强势和有利己色彩的垄断者，这就为强制征地和压低征地补偿标准提供了空间。

从国有土地使用来看，《土地管理法》规定，“任何单位和个人进行建设，需要使用土地的，必须依法申请使用国有土地”，即国有土地成为非农建设的唯一合法用地。使用国有土地又大多遵从有偿使用原则，法律规定了以出让等有偿使用方式取得国有土地使用权的建设单位要按规定缴纳土地使用权出让金和土地有偿使用费和其他费用。由于地方建设用地实行指标控制，稀缺的建设用地成为众多建设单位竞价争夺的商品。在国有土地使用权出让环节，地方政府又成为了唯一合法的供给者。因此，不管是征地市场还是国有土地使用权出让市场，地方政府都扮演着市场垄断者的角色，制度赋予的垄断权利必然导致有利益需求的地方政府走向低价征地、高价出让的道路。

（二）中央和地方存在土地出让收益分配关系，滞后的政绩考核促使地方政府大肆征地支持招商引资，这是形成地价“剪刀差”的重要诱因

中央和地方按比例分配土地出让收益导致地方政府有低价征收土地的动机。土地出让金于1987年在深圳特区率先收取，当年深圳市通过

招拍挂获得的土地出让金占土地出让总收入的3%。1987—1991年，全国土地出让收入一直处于较低水平，到1992年才增至525亿元。在1990年代初，用于地方基础设施建设的土地出让收入大约占20%，剩余的80%由中央和地方政府分享。到1992年，中央所得比例从最初的40%下降到5%。1994年分税制改革之后，土地出让收入被划入地方财政收入，地方政府从此取得了土地出让收入的完全控制权。正是由于政府是农用地转为建设用地的垄断者，1994年实行分税制及2003年地方政府纷纷建立土地储备制度以便垄断土地一级市场和经营城市土地资产，土地出让逐渐成为地方政府财政收入的主要来源。1999—2012年，国有土地出让收入成交价款与地方财政收入之比从0.092∶1上升到0.459∶1，地方发展对土地出让收入的依赖性不断增强。从财政收入的角度看，只要地方政府争取到建设用地指标，征地并有偿出让，地方政府和中央政府都能从土地出让收入中获益。

当前的官员升迁考核机制仍主要以地区经济发展彰显政绩，地方政府以城镇化和经济增长为最终目的，“招商引资”自然就成了其直接目标，形成了地方基于土地出让的工业化和城镇化发展战略。地方政府之间的竞争式发展必须征收大量农村集体土地用于城镇基础设施建设、工业用地、住宅用地和商业用地。这一地方增长模式和当前的征地制度也决定了征地权行使服从地区增长的需要，进而形成征地范围无限制。“以地谋发展”的经济发展模式使得地方政府迫切需要土地出让金作为其缩小地方财政收支缺口的主要依靠。因此，地方政府通过低价征地、高价出让方式获取的垄断收益恰好成了其推动工业化和城镇化及其他政绩工程的主要资金来源。

（三）基于土地农业用途的产值倍数法去制定征地补偿标准，剥夺了村集体和农民的土地发展权收益，这是形成地价“剪刀差”的直接原因

从我国的征地补偿标准看，农民获得的补偿水平是比较低的。在自主、自愿的前提下，如果农民获得的征地补偿是足够和公平的，农民普遍能够接受，但从政府征地遇到的障碍及群众的反抗情绪可以知道，当

前失地农民获得的补偿非常有限。现行法律规定，国家为了公共利益的需要可以依照法定程序征收或征用土地并给予补偿。表2-2反映了我国不同时期的土地征收补偿规定和标准。1982年以前，国家征收土地的补偿是极低的，当时国有土地还实行行政划拨和无偿使用，并通过企业税收回收土地租金。自1982年开始，土地补偿标准跟被征收土地原用途的年产值挂钩，尽管补偿范围在扩大，补偿的年产值倍数在提高，但补偿的额度基本上被限制死了。2004年10月21日，虽然国务院在《关于深化改革沿革土地管理的决定》中规定：土地补偿费和安置补助费的总和达到法定上限，尚不足以使被征地农民保持原有生活水平的，当地人民政府可以用国有土地有偿使用收入予以补贴。然而，这一规定仍然没有实质性的突破。

表2-2 不同时期，国家征收农村（集体）耕地的土地补偿及安置补助标准

时期	征收土地类型	土地补偿标准	安置补助标准	两项之和
1950—1953年	私人农用地	给予适当补偿或用相等国有土地调换	给耕种该土地的农民适当安置	
1954—1981年	私有土地	以国有、公有土地调换或者给予3～5年的产量总值	安排就业	
	农业合作社土地	可以不给予该类补偿	给耕种该土地的农民以适当补助	
1982—1998年	集体土地	原年产值的3～6倍	原年产值的2～3倍，最高不超过10倍	不能超过原年产值的20倍
1999—2004年	集体土地	原年产值的6～10倍	原年产值的4～6倍，最高不超过15倍	不能超过原年产值的30倍
2005年至今	集体土地	原年产值的6～10倍	原年产值的4～6倍，最高不超过15倍	可超过原年产值的30倍，超过部分用国有土地有偿收入补贴

资料来源：根据《城市郊区土地改革条例》（1950年）、《国家建设征用土地办法》（1953年、1982年）、《中华人民共和国土地管理法》（1986年、1988年、1998年和2004年）和国务院28号文件（2008年）整理。

根据目前的征地补偿标准，农民得到的补偿很低。按理说，从农民手里拿走土地，给予他们对等的补偿是天经地义的事。可是，农民实际拿到的只是土地在农业用途上的价格，土地改变用途而发生的增值并没有流进农民的口袋。廖洪乐根据2005年《全国农产品成本收益资料汇编》计算出南方早稻和晚稻每公顷耕地的平均年产值为1.23万元，北方小麦和玉米每公顷耕地的平均年产值为1.04万元，大中城市郊区蔬菜每公顷平均年产值为3.89万元。按年均产值30倍的补偿标准，南方每公顷耕地的征地补偿总额为36.9万元，北方每公顷耕地的征地补偿总额为31.2万元，大中城市郊区每公顷耕地的征地补偿总额为116.7万元。如果按2004年全国人均耕地0.1公顷，征地补偿取年均产值的30倍，农村居民人均生活消费支出2 185元计算，南方地区农民足额获得征地补偿额仅够其生活16.9年，北方地区农民仅够生活14.3年。这只是从农业用途的土地价格计算，还没有考虑70年后土地仍可用于农业生产、土地用途改变发生增值等因素，即没有对农民的土地发展权收益进行测算和补偿。然而，在征地过程中，农民实际拿到手的征地补偿款还远远低于按最低补偿标准计算的补偿额。

三、地价“剪刀差”的数量

政府通过低价征地、高价出让形成的地价“剪刀差”究竟有多少，归根结底是一个经验问题而非理论问题。直接估算地价“剪刀差”的数量往往比较困难，不少学者以国有土地出让价格与对农民的征地补偿之差额代替地价“剪刀差”的做法，本文认为值得商榷。为了更科学估算政府低补偿征地形成的地价“剪刀差”数量，在借鉴已有研究成果的基础上，本文通过土地要素贡献份额去估算土地出让纯收益中应当归属于农民的土地要素报酬，估算出的土地要素报酬可视作地价“剪刀差”。

（一）已有研究关于地价“剪刀差”的估算

已有研究估算过农民的征地损失，或者说是农民为了国家建设而通过让出土地的方式做出贡献，笔者认为农民的征地损失或土地贡献是地价“剪刀差”的另类表述，本质上都是农民的部分土地权益得不到对价补偿。考虑土地从农民手里流到政府手里，再从政府流到开发商的整个过程，土地收益增长了几十倍甚至上百倍，而农民却将这部分增值收益几乎全部留给了城市，留给了国家，那么，农民出让土地的贡献就更大了，即地价“剪刀差”更大。

在一些经济发达地区，土地征用、土地出让和市场交易的价格比已经达到1∶10∶50。由于国家垄断了土地一级市场，高价出让国有土地使用权，而农民获得的征地补偿费不及土地出让金的1/10，甚至仅有1/30左右。据有关调查资料显示，在土地用途转变而发生的增值收益中，地方政府大约获得60%～70%，村级集体组织获得25%～30%，真正到农民手里的已经不足10%。据王朝林（2003）引用的数据，1979—2001年，全国通过征地从农民手中剥夺的利益超过2万亿元。党国英（2005）则认为由于土地制度的缺陷，1952—2002年，土地征用中农民向社会无偿贡献的土地收益为51 535亿元，以2002年无偿贡献的土地收益7 858亿元计算，相当于无偿放弃了价值26万亿元的土地财产权。周天勇（2007）认为改革开放以来，国家从农村征用了1亿多亩耕地，若按每亩10万元计算，高达10多万亿元，但征地补偿标准较低，地方各级层层扣留，真正到农民手中的不足7 000亿元。孔祥智等（2007）对东中西部共9个城市的农户进行调研，发现失地农民愿意接受的土地补偿额是土地征用价格的5倍左右，并根据地方政府在1992—1995年给予失地农民91.7亿元补偿费，推算出农民在此期间仅被征土地一项就为国家工业化作出了366.8亿元的贡献。孔祥智和何安华（2009）从各年的地方财政收入粗略估算过农民失地为工业化作出的贡献，其估算方法如下：根据1987—2007年各年的地方财政收入总额按35%的比例算出各年的土地出让金，然后取征地补偿费占土地出让金的比重为10%，则土地出让金的90%就是农民失地的资本贡献，最终的估算结果为4.4万亿元左右。从上述研究结果发现，由于数据搜寻难度大及估算方法差异，各学者估算的地价“剪刀差”的数值差异比较大，而且详细介绍了估算方法的文献非常少。因此，重现估算我国农民失地过程存在的地价“剪刀差”是非常有必要的。

（二）地价“剪刀差”的重新估算

1. 估算思路

土地征用采取产值倍数法制定的补偿标准是导致失地农民补偿不足的制度性根源，产值倍数补偿只是对农民土地农业使用权收益进行了补偿，而对土地发展权（土地用途变更或利用强度改变）收益未进行补偿。农用地经政府征收后，土地就由农地转变为生地（国有土地），再经过政府的前期开发投入，生地就转变为熟地，而熟地经政府出让就变为市地供土地开发商使用（图 2－1）。这一土地开发过程必然也是一个增值过程。地价“剪刀差”正是源于被征地农民未能参与分享土地由农地转为市地的巨大增值收益。

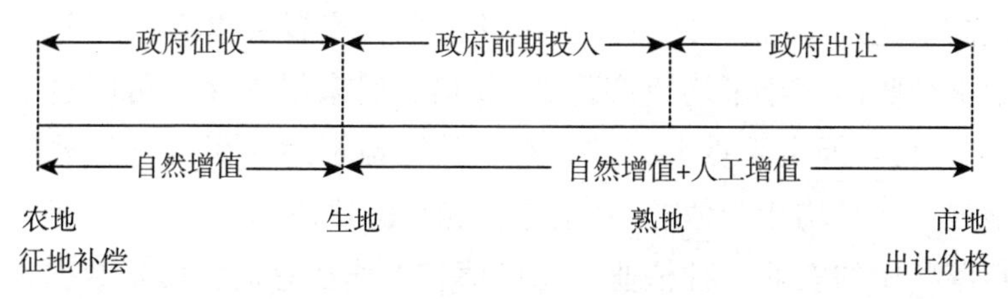

图 2－1　土地开发过程和土地增值形成

假设政府是经济理性的，即政府在征地后将生地转变为熟地并出让的各个环节，其付出资本投入必然要求获得对价的甚至超额的资本要素报酬。土地由农用地转变为市地，其增值部分以出让价格与征地补偿费之差来表示。土地增值来源有自然增值和人工增殖，其中自然增值包括用途变更、社会经济发展等引发的增值，人工增殖主要是政府在出让土地前的投入引起的，如“七通一平”使地价上升等。从要素报酬分配来看，土地的增值部分就可分为土地和资本两类要素的要素报酬。土地在征用前归农村集体所有，即土地要素由被征地农民提供，而资本要素则是由政府提供。从理论上讲，被征地农民和政府应按各自提供要素的贡献份额分享土地增值收益。因此，估算地价“剪刀差”的思路如下：

土地增值来源＝自然增值＋人工增值

＝土地要素增值＋资本要素增值

土地增值收益＝出让收入－征地补偿费－政府资本投入

地价剪刀差=（出让收入－征地补偿费－政府资本投入）×土地要素贡献份额

由于现有统计数据中，缺失全国范围内历年的征地补偿费和政府资本投入总额[①]，本文在具体估算时尚须对这两项数据做粗略匡算，土地要素贡献份额则可应用学界已有的研究成果。

2. 估算过程

（1）农民征地补偿费估算。对被征地农民的土地使用权收益的补偿主要包括土地补偿费和安置补助费。《土地管理法》规定，征收耕地的土地补偿费，为该耕地被征收前三年平均年产值的6～10倍。征收耕地的安置补助费，按照需要安置的农业人口数计算，每一个需要安置的农业人口的安置补助费标准，为该耕地被征收前三年平均年产值的4～6倍，最高不超过15倍。同时，土地补偿费和安置补助费的总和不得超过土地被征收前三年平均年产值的30倍。后来尽管允许可超过平均年产值的30倍，但也无重大突破。本文估算被征地农民的征地补偿费仍以征地前三年平均年产值的30倍进行测算。使用2000—2013年《中国统计年鉴》中的农业（种植业）总产值和农作物总播种面积数据及《中国国土资源年鉴》中的土地出让面积数据，可估算出2002—2012年各年的征地补偿总额。估算过程如表2-3所示。

表2-3 征地补偿费的估算（2002—2012年）

年份	农业总产值（亿元）①	农作物播种面积（万公顷）②	前三年平均产值（元/公顷）③	征地补偿费（元/公顷）④=③×30	土地出让面积（公顷）⑤	征地补偿总额（亿元）⑥=④×⑤
2002	14 931.54	15 463.55	9 061.86	271 855.84	124 229.84	337.73
2003	14 870.10	15 241.50	9 273.55	278 206.51	193 603.96	538.62
2004	18 138.36	15 355.25	9 566.90	287 006.99	181 510.36	520.95
2005	19 613.37	15 548.77	10 408.25	312 247.59	165 586.08	517.04
2006	21 522.28	15 214.90	11 394.30	341 829.00	233 017.88	796.52
2007	24 658.10	15 346.39	12 857.37	385 721.03	234 960.59	906.29

① 征地总费用数据在《中国国土资源年鉴》中仅提供了2003年、2011年和2012年数据。

（续）

年份	农业总产值（亿元）①	农作物播种面积（万公顷）②	前三年平均产值（元/公顷）③	征地补偿费（元/公顷）④=③×30	土地出让面积（公顷）⑤	征地补偿总额（亿元）⑥=④×⑤
2008	28 044.15	15 626.57	14 275.77	428 273.12	165 859.67	710.33
2009	30 777.50	15 861.35	16 053.22	481 596.67	220 813.90	1 063.43
2010	36 941.11	16 067.48	17 806.08	534 182.28	293 717.81	1 568.99
2011	41 988.64	16 228.32	20 113.92	603 417.69	335 085.17	2 021.96
2012	46 940.46	16 341.57	22 756.33	682 689.96	332 432.34	2 269.48

资料来源：《中国统计年鉴》和《中国国土资源年鉴》（历年）；年产值按当年价格计算。

（2）政府资本投入估算。鉴于《中国国土资源年鉴》只提供了2003—2008年的国有土地出让纯收益数据，2002年的国有土地出让纯收益数据引自孙辉（2014）的资料，笔者根据“政府资本投入＝土地出让收入－征地补偿总额－出让纯收益”估算出2002—2008年各年政府将生地开发为熟地并出让的资本投入额（表2－4）。

表2－4　政府资本投入估算（2002—2008年）

年份	土地出让面积（公顷）⑤	土地出让收入（亿元）⑦	征地补偿总额（亿元）⑥	出让纯收益（亿元）⑧	政府资本投入（亿元）⑨1=⑦－⑥－⑧
2002	124 229.84	2 416.79	337.73	1 342.56	736.50
2003	193 603.96	5 421.31	538.62	1 799.12	3 083.57
2004	181 510.36	6 412.18	520.95	2 339.79	3 551.44
2005	165 586.08	5 883.82	517.04	2 183.97	3 182.81
2006	233 017.88	8 077.64	796.52	2 978.29	4 302.83
2007	234 960.59	12 216.72	906.29	4 541.42	6 769.01
2008	165 859.67	10 259.80	710.33	3 611.95	5 937.52

资料来源：⑤、⑦、⑧来自《中国国土资源年鉴》（历年），⑥见表2－3；2002年的土地出让纯收益数据来自：孙辉．财政分权、政绩考核与地方政府土地出让［M］．北京：社会科学文献出版社，2014：50.

政府将生地开发为熟地并出让的资本投入额与土地出让面积有很强的相关关系，同时政府对于土地开发的资本投入也可能与时间变量有联系，这是因为随着时间推移，资本对地区经济增长的作用日益突出，政府可能在土地的前期开发中投入更多资本。对此，为估算2009—2012

年各年的政府资本投入，使用2002—2008年的土地出让面积构建模型：

$$ginves_t = -1\,591.846 + 0.014\,47 larea_t + 679.549(t-2001) \quad (1)$$

$$(0.008\,9) \qquad (162.681\,2)$$

$$R^2 = 0.900\,7 \qquad P = 0.009\,9$$

式（1）中，*ginves* 为政府资本投入，*larea* 为土地出让面积。*t* 为时间变量。根据模型拟合结果，2009—2012年政府将生地开发为熟地并出让的资本投入额分别为7 039.72亿元、8 774.19亿元、10 052.33亿元和10 693.49亿元。由此可计算得出2009—2012年政府出让国有土地的出让纯收益（表2-5）。表2-5显示，2012年政府出让国有土地获得的纯收益为15 079.31亿元。

表2-5 政府资本投入和土地出让纯收益估算（2009—2012年）

年份	土地出让收入（亿元）⑦	征地补偿总额（亿元）⑥	出让纯收益（亿元）⑧=⑦-⑥-⑨	政府资本投入（亿元）⑨=模型估算值
2009	17 179.53	1 063.43	9 076.37	7 039.72
2010	27 464.48	1 568.99	17 121.30	8 774.19
2011	32 126.08	2 021.96	20 051.79	10 052.33
2012	28 042.28	2 269.48	15 079.31	10 693.49

资料来源：⑦来自《中国国土资源年鉴》（历年），⑥见表2-3。

（3）地价“剪刀差”估算。表2-4和表2-5给出了2002—2012年各年的国有土地出让纯收益，假设国有土地出让纯收益（土地增值部分）由土地要素和资本要素的报酬贡献构成。只要知道土地要素的贡献份额便可估算出土地出让纯收益中的地价“剪刀差”。文献中已有关于土地要素对经济增长贡献的研究，如李名峰（2010）的研究表明，1997—2008年，土地要素对我国经济增长的贡献率达到了20%～30%，资本要素贡献率为30%～60%，认为随着我国城市化和工业化的逐步实现，土地要素对于经济增长的贡献率将不断降低。叶剑平等（2011）利用生产函数和空间面板数据，发现1992—2000年、2001—2009年全国土地要素贡献率分别是13.93%和26.07%，同时期资本要素贡献率分别为76.00%和62.94%。张友祥和金兆怀（2012）运用随机前沿函数模型，使用中国 2001—2008 年 266 个地级及以上城市的面板数据，发现土地投入对我国经济增长的贡献度仅为 11.42%，较大程度上低于资本要素贡献度。张乐勤等（2014）运用 C-D 生产函数，测算出 1997—2002 年安徽省建设用地投入对该省经济增长的贡献率为 49.94%，同期的资本投入贡献率为 28.98%，而 2002—2011 年，建设用地投入对经济增长的贡献趋于下降，贡献率为 11.40%，同期的资本投入贡献率上升到 60.82%。大体而言，进入 21 世纪后，无论是在全国还是局部地区，土地要素对经济增长的贡献已低于资本要素，而且二者的贡献率差距呈扩大趋势。

比较已有研究成果，本文估算地价“剪刀差”时，2002—2008 年的土地要素贡献率和资本要素贡献率采用李名峰（2010）的计算结果，由此可得出 2002—2008 年各年土地要素对土地出让纯收益的贡献份额。2009—2012 年各年土地要素对土地出让纯收益的贡献份额则以 2008 年数值为基数，按式（2）计算：

$$Garea_{t+1} = Garea_t \times \frac{larea_{t+1}/larea_t}{ginves_{t+1}/ginves_t} \ (t = 2008, 2009, 2010, 2011) \quad (2)$$

式（2）中，$Garea$ 为土地要素贡献份额，$ginves$ 为政府资本投入，$larea$ 为土地出让面积。

表 2-6 地价剪刀差估算（2002—2012 年）

年份	出让纯收益（亿元）⑧	资本贡献率（%）⑩	土地贡献率（%）⑪	土地贡献份额（%）⑫=⑪/（⑪+⑩）	地价剪刀差（亿元）⑬=⑧×⑫
2002	1 342.56	31.24	31.29	50.04	671.82
2003	1 799.12	30.73	24.15	44.01	791.70
2004	2 339.79	38.57	33.52	46.50	1 087.94
2005	2 183.97	41.69	25.69	38.13	832.68
2006	2 978.29	40.99	26.98	39.69	1 182.20
2007	4 541.42	40.28	20.14	33.33	1 513.81
2008	3 611.95	62.74	26.81	29.94	1 081.37
2009	9 076.37			33.62	3 051.26

（续）

年份	出让纯收益（亿元）⑧	资本贡献率（%）⑩	土地贡献率（%）⑪	土地贡献份额（%）⑫=⑪/（⑪+⑩）	地价剪刀差（亿元）⑬=⑧×⑫
2010	17 121.30			35.88	6 142.64
2011	20 051.79			35.73	7 163.70
2012	15 079.31			33.32	5 024.13
合计	80 125.87				28 543.24

资料来源：⑩和⑪来自李名峰．土地要素对中国经济增长贡献研究［J］．中国地质大学学报（社会科学版），2010（1）：60－64。

由表2－6可知，地价“剪刀差”绝对数量由2002年的671.82亿元上升到2012年的5 024.13亿元，2002—2012年的地价“剪刀差”累计达到28 543.24亿元，而同期的征地补偿费总额只有11 755.57亿元，地价“剪刀差”数量超出农民获得的征地补偿16 787.67亿元，即2002—2012年的11年来，政府通过低补偿征地造成的地价“剪刀差”是被征地农民获得的征地补偿费的2.43倍，被征地农民只获得其土地财产权益的29.17%。

四、结语

中国的城镇化进程中，由于土地制度的缺陷，政府垄断了城市建设用地一级市场，通过向农民低价征地和向城市建设用地需求方高价出让国有土地使用权，造成了地价“剪刀差”。地价“剪刀差”的本质原因是土地用途变更受到法律和制度层面的管制，土地发展权市场机制严重缺失，导致农民对土地发展权的收益几乎是被剥夺的。据测算，地价“剪刀差”从2002年的671.82亿元上升到2012年的5 024亿元，11年累计达到28 543.24亿元，远高于同期被征地农民获得的征地补偿费。解决地价“剪刀差”问题，须理顺土地价格，尤其是对农民的征地补偿，需要从体制和制度方面进行。十八届三中全会提出，要赋予农民更多的土地财产权，对被征地农民而言，就是要重构合理的征地程序和征地补偿机制，建立以市场价值为补偿基础的土地发展权补偿制度，让被征地农民按土地要素贡献分享土地发展权增值带来的收益。地价“剪刀差”能否真正消除，很大程度上取决于政府，尤其是中央政府，是否有魄力和决心进行更深层次的体制改革，改变中国当前不可持续的地方“以地谋发展”的城镇发展和经济增长模式。

专题三：中国农村资金净流出的机理、规模与趋势：1978—2012年

孔祥智　周　振

一、引言

大量的研究以及许多国家的发展实践均表明，大规模的财政和金融投资对于农业现代化的发展至关重要（Huang *et al*.，2006）。首先是资本投入有利于农业的增长，Timmer（1998），李焕彰、钱忠好（2004），Haggblade（2007）以及李谷成等（2014）的研究都证实了这一结论。其次是资金投入有利于农村减贫，Fan *et al*.（2000）、Fan *et al*.（2002）从印度和中国的案例研究中，得出了这样的结论。第三，资金投入有利于农业的可持续发展，Haggblade（2007）的研究对此进行过充分的论证。然而，自新中国成立以来，我国采取了重工业、重城市的倾向型政策，导致大量农村资金外流到城市（孔祥智、何安华，2009），进一步造成了当前农村资金空心化的局面（易远宏，2013）。资金大量外流的直接后果是降低了农村内生性农业投资规模，从而使得农业资金匮乏，有学者就指出我国农业现代化的瓶颈就在于投资不足（黄金辉，2005）。

农业现代化发展需要资源要素合理流动、科学配置，资金有序供给和流动是根本。那么，中国农村资金外流依循着什么样的机制呢？根据新古典经济学的理论，资本的边际报酬是递减的，资本收益率影响资本流向。从收益角度分析资本流向的研究表明，资本会流向全要素生产率

（FTP）较高的地区（Kalemli-Ozcan *et al.*，2005），其结果就是资本在多元化的高收入经济体之间的流动并伴随着相对欠发达的经济体逐步边缘化的双重态势（Schularick，2006）。然而，实际上这并不完全是由资本收益率这一单一因素决定的，资金流动的规模和方向还受投资制度环境的影响。大量研究表明制度是导致资本缺乏向不发达地区流动性的关键性因素（Alfaro *et al.*，2008；Kalemli-Ozcan *et al.*，2010）。中国农村资金的大量外流也与现有的制度环境密切相关（姚耀军、和丕禅，2004；孔祥智、何安华，2009）。因此，我们有必要深入剖析中国农村资金净流出的机制。

另一方面，中国改革开放的30多年里从农村地区流入到城市地区的资金规模究竟有多大呢？对于这个问题，目前学术界还尚未给出答案。从事这方面研究的文献也不多，Huang *et al.*（2006）虽做过这方面的研究，但是他们仅仅测算了1978—2000年中国农村资金净流出的规模，更为重要的是他们的测算方法还存在着明显的不足之处。Huang等人是从财政、金融以及强制性粮食定购三个资金外流渠道里计算农村资金净流出的规模，然而他们测算的“强制性粮食定购”渠道还不能完全反映出农村资金外流的真实情况。这是因为：在改革初期，我国很长一段时间内实行的是农产品统购统销的政策，在制度上压低农产品收购价格，在政策上抬高工业产品价格，即以“工农产品价格剪刀差”的方式抽走农村资金。如此，Huang等人的研究至少存在两方面的不足：一是仅仅测算粮食，忽略了其他农产品，存在测算范围不全的问题；二是仅仅测算出了农民在粮食价格上少获得的部分，而没有计算农民在购买工业产品上多支付的部分，因而存在测算方法上的问题。据此，本研究将在Huang等人研究的基础上，用“工农产品价格剪刀差”取代“强制性粮食定购”，从财政、金融以及工农产品价格剪刀差三个渠道上测算1978—2012年里中国农村净流入城市的资金规模。

在本文中，我们不仅关注35年内从农村地区净流向城市地区的资金总量，而且也关心资金流动的发展趋势。这些研究有助于我们理解中国的改革和农村的发展，同时也有助于决策者从农村资金支持方面制定出有利于农业现代化的策略和政策；尤其是在当前工业化、信息化、城镇化、农业现代化“四化同步”的大战略背景下，这些研究有助于决策者在“如何增加农村资金投入，减少资金流出”的政策制定上提供理论与经验证据的支持。

二、农村资金外流渠道、机理与测算方法

我们认为农村资金净流入城市地区至少存在着三条渠道：财政、金融机构与工农产品价格“剪刀差”。这三条渠道内资金的外流机制与测算方法如下所述。

（一）财政渠道下资金净流出的机理与测算方法

在农村部门里，每年都有大量的资金通过税费的方式流入城市；同时，也有许多的支农资金以财政的方式回流到农村。

税费上缴是农村资金外流最为明显的一个渠道。“皇粮国税”自古以来都是农村资金外流的直接路径。这个渠道主要包括两个方面：一是农业税，二是农民缴纳的各项杂费。

改革开放以来，针对农村生产和经营活动的税收大体可以分为两类，即以个体农户为主的农业各税以及针对以乡镇企业的税收。①农业各税包括农牧业税、农业特产税、契税、耕地占用税和烟叶税。其中，农牧业税即为俗称的农业税，与农业特产税一道于2006年废止，从历年的统计数据来看，这两项税收占据了农业各税的主要部分。农业特产税始于1983年，最初命名为农林特产税，1994年更名；农业特产税的征收对象包括烟叶收入、园艺收入、水产收入、林木收入、牲畜收入和食用菌收入以及省级政府确定的其他农业特产品收入，其税率一般定为5%～10%。契税是以所有权发生转移变动的不动产为征税对象，向产权承受人征收的一种财产税；应缴税范围包括：土地使用权出售、赠与和交换，房屋买卖，房屋赠与，房屋交换等。值得注意的是，在农业农村领域内，农牧业税、农业特产税和契税的纳税对象都是农村居民，而烟叶税和耕地占用税的征收对象就不全是农村居民。其中，烟叶税是向收购烟叶产品的单位征收的税种，税负由烟草公司负担，征收烟叶税不

会增加农民负担。耕地占用税是国家对占用耕地建房或者从事其他非农业建设的单位和个人，依据实际占用耕地面积、按照规定税额一次性征收的一种税，始于1987年，负税对象一般为企业、行政单位、事业单位，乡镇集体企业、事业单位，农村居民和其他公民，即耕地占用税的纳税对象不一定都位于农村地区。因此，耕地占用税还不能较好地折射出农村资金外流的情况，Huang *et al*.（2006）在测算农村各项税收时，就剔除了耕地占用税。因而，在我们的分析中，也将采用与 Huang *et al*.（2006）一样的方法，以农牧业税、农业特产税与契税之和计算个体农户所缴纳的农业各税。②农村系统里，另一块较大的税收则是乡镇企业上缴的税金，虽然这部分税收纳税对象为企业，但也是从农村流出的资金，因而也必须纳入到计算之中。

农民上缴的各项杂费也是农村资金外流的途径之一。自20世纪90年代中后期开始，农民负担，特别是“乱摊派”问题突出。这个时期农民除了向政府缴纳正式的税收以外，还需要上缴非正式杂费。不过，根据 Wong（1997）的研究，大部分费还是留在了农村系统，少部分流入到了城市系统。进入21世纪后，许多地区逐渐试点农村“费改税”，2003年后税费改革在全国范围内展开，农业费至此也逐步消亡。然而，现有的官方数据还尚未对这部分费进行过统计，在后文中我们将通过农业财政收入与农村赋税进行推算。

财政支农是城市资金回流农村的主要渠道。改革开放以前，为支持城市工业化建设，国家在农村提取大量资金，而回流农村支援乡村发展的资金却少之又少。改革后，国家财政对农业的支持发生了实质性变化，尤其是21世纪以来，大量的财政资金投向了农村，特别是中央财政对“三农”的投入和转移支付大幅度增长。2004年始，以粮食直补、农机购置补贴、良种补贴以及农资综合补贴为内涵的“四补贴”逐渐在国内展开，掀开了国内财政支农的浪潮。2003—2008年，中央财政对“三农”的支出由2 145亿元增加到5 955亿元，年均增长达到22.7%，超过了同时期中央财政总支出的18.3%的增长速度。

因而，税费流出与财政支农的差值即为财政渠道内的农村资金净流出。

（二）金融机构渠道下资金净流出的机理与测算方法

相比财政渠道，金融机构无疑是农村部门更为重要的资金外流渠道。新中国成立以来，我国银行业均实行分支行制，总、分行设在大城市，各行及分支行的资金实行统一调配和管理。这一制度往往要将各地的资金吸收聚集后转移到大城市发放，另一方面由于我国农村金融市场固有的信息不对称、抵押物缺乏、特质性成本与风险、非生产性借贷四大基本问题，也形成了许多金融机构在农村地区惜贷的局面（韩俊等，2007），从而导致大量的农村资金外流到城市地区。

当前在中国农村地区吸收资金的正规金融机构主要有农村信用社（或农村商业银行、农村合作银行）、中国农业银行与中国邮政储蓄银行。首先，对于农村信用社而言，它在农村地区吸收的存款也并非全部应用于支持“三农”，实际上有大量的信贷资金通过农村信用社以上缴存款准备金、转存银行款的形式流向中央银行，还有相当部分农村资金被农村信用社通过购买国债和金融债券等方式大量从农村中流出。进入21世纪以来，农村信用社掀起了一轮商业化改制的浪潮，许多农村信用社改制为农村商业银行或农村合作银行，商业化改制后的农村信用社逐利特性更加凸显，很有可能会加速农村资金的外流。其次，对于中国农业银行而言，随着其商业化改革措施的施行，在农村地区设置的分支网点也较少向农户和农业企业提供贷款，也呈现出只吸存不放贷的趋势。第三，邮政储蓄机构在农村地区则实行了多年的只存不贷，一度成为吸收农村地区资金的“准抽水机”。

那么，如何对这部分外流资金进行测量呢？常用的办法是用本期期末金融机构的存贷差余额减去上一期期末（即为本期期初）的存贷差余额，作为度量本期资金外流的指标（Huang *et al.*，2006；姚耀军、和丕禅，2004）。这种测量方法的原理如下：前提条件是金融机构具有充足的存款准备金，当增加存款时，不用额外增加存款准备金，因而可视存款准备金为一个常数。进一步假定，农村金融机构资金全部来自存款，其用途分为三个部分：贷款、存款准备金与外流资金。如表3-1所示，X为上期期末时资金外流余额，不难得出如下等式 $a_1=b_1+A+X$，则有：上期期期末存贷差余额＝ a_1（存款）－b_1（贷款）＝A＋X；另一方面，对于本期期末而言，则有：本期期末存贷差余额＝ a_2（存款）－b_2（贷款）＝ A＋X＋ΔX，其中 X＋ΔX 为本期期末的资金外流余额，而 ΔX 则恰好是本期内新增的外流资金，即本期内发生的资金净流出。两期期末存贷差余额相减，则有：本期期末存贷差余额－上期期期末存贷差余额＝（A＋X＋ΔX）－（A＋X）＝ΔX，如此即能测算出本期内金融机构净流出的资金。

表 3－1　农村金融机构资金外流测算方法示意

时期	存款余额	贷款余额	存贷差余额	存款准备金	资金外流余额
上期期末	a_1	b_1	a_1-b_1	A	X
本期期末	a_2	b_2	a_2-b_2	A	X＋ΔX

（三）工农产品价格“剪刀差”渠道下资金净流出的机理与测算方法

“价格剪刀差”的概念由苏联经济学家普列奥布拉任斯基（Preobrazhensky）于 1926 年提出，它指的是发展中国家（尤其是社会主义国家）的政府如何从农业部门的农民那里赚取利润来补贴城市工业部门的工人；同时，通过实施价格剪刀差，政府可以加快资本积累速度。

正如林毅夫（Lin，2003、2005、2007）所言，与许多欠发达国家相似，中国在新中国成立后采用了重工业导向的发展战略。由于重工业属于资本密集型，其项目的生产需要巨额资本投入并且周期很长，而中国当时是一个资本短缺的农业国家。同时，广大农民刚刚从旧社会重税压迫下解放出来，要求“轻徭薄赋，休养生息”的意愿非常强烈。为了稳定农民的情绪，同时也兼顾工业化建设所需要的资金，所以政府的唯一出路就是通过压低农民出售的农产品价格同时提高卖给农民的工业产品的价格来取得农业剩余，投入到重工业的资本积累。简言之，在这个战略下，政府自然而然会选择不利于农民的价格剪刀差来发展工业。新中国成立以来，特别是在 1953—1986 年，国家对农产品实行统购统销，制度性地压低农产品收购价格以及政策性地抬高工业产品价格，通过这种工农产品价格剪刀差的“暗税”方式为工业发展汲取了大量农业剩余，导致了农村资金严重外流。

进入20世纪90年代后，随着市场经济的逐步确立，国家逐渐缩小农产品的统购（或称合同购买）比例，逐步扩大其市场化流通比例。到1997年，约85%以上的生产资料价格、90%以上的农产品价格、95%以上的工业品价格已由市场决定，基本上形成了以市场机制为基础的资源配置方式。有学者（武力，2001）认为，新中国成立以来如果说有“剪刀差”的存在，也是从农产品统购统销到完全放开工业品价格和农产品购销价格之前这段时间。因此，在我们的研究中，选取1978—1997年的时间跨度来测算改革开放以来通过工农产品价格剪刀差的方式流出农村的资金规模。

许多学者在引用“剪刀差”来计算农民为工业化积累资金的贡献时，由于采用的理论依据和测算方法、口径不同，测算结果差异较大（崔晓黎，1988；温铁军，2000；韩兆洲，1993；江苏省农调队课题组，2003）。工农产品价格“剪刀差”差额的计算是一个非常困难的问题，目前还没有一种能够较准确测算出并且被学术界公认的方法。在推算方法上，本文使用严瑞珍等（1990）的比值“剪刀差”动态变化相对基期求值法。严瑞珍等按照社会必要劳动时间决定价值的理论，首先测算出1982年的“剪刀差”，然后通过可比劳动法分别测算出各年工农产品“剪刀差”。相对而言，严瑞珍等（1990）的测算方法得到了学术界较高的认可，后续的一些研究都延续了严瑞珍等（1990）方法，如韩兆洲（1993）、李微（1996）等。

三、测算结果

（一）财政渠道与农村资金净流出

农业税收一向是农村财政收入的主要来源。表3-2汇报了1978—2012年农业税收的详细情况。从表3-2的数据中，我们也能观察到改革开放以来我国农业税收总量变化的特征。首先是农业各税，1978—1993年合计的农业各税逐年增长，不过增速较缓；1993—1996年农业各税在总量上展现出了高速增长的态势；1996—2007 年，农业各税总量处于波动增长之中；2007 年后，农业各税总量再次表现出高速增长的趋势。其次是农牧业税，在改革初期农牧业税的名义总量几乎一直保持不变，这使得真实量（扣除物价增长）实际上显著下降。1993 年后农牧业税征收总量处于波动之中：1993—1996 年农牧业税总量出现了较快的增长，然而至 1997 年后迅速下降，但是到 2002 年与 2003 年时再次增长到历史最高点，尔后迅速下降直至消亡。第三，契税至 1986 年征收以来，始终保持增长，1997 年后农村契税规模出现了快速增长，25 年内年均增长 30.8%。第四，农业特产税税收总量呈现出了倒 U 型曲线的发展规律，从 1988 年的 46.02 亿元增长到 2007 年时的最高值 603.08 亿元，此后税收规模迅速下降，直至 2006 年后与农牧业税一道消亡。第五，耕地占用税的变化规律与契税的几乎一致，1987—2003 年契税税收规模几乎不变，2004 年后迅速增长。第六，至 2006 年以来，烟叶税的税收规模也处于波动增长中。

除农业税收以外，农民缴纳的费也是农业财政收入的重要部分。至实行家庭联产承包责任制后，农民需缴纳系列的费用，如乡镇统筹费、农村教育集资、行政性事业收费以及政府性基金等，部分流出农村的费用与农业税构成了农业财政收入。在表 3-2 中，第⑦列与第①列之差即为农业财政收入中来源于农业的其他杂费。2004 年后全国范围内掀起了农村“费改税”试点，至此这部分费也在国内逐渐消亡。因而，我们可以认为 2004—2012 年的农业财政收入接近于农业各税收入（如表 3-2 中的第⑦列）。进一步，我们测算了农民缴纳费用在农业财政收入中的占比。1978—1985 年，费的比重逐年递增，整个 80 年代费的平均占比超过了 40%，其中 1983 与 1985 年的比重均超过了 50%。这些进一步折射出 80 年代中国农民承担着较高费用压力的现实。90 年代初期，费占比暂时性出现下降，然而至 1993 年再次增高，我们认为这可能与国家分税制改革有关，使得地方政府税收收入减少从而增加农村收费。

不过，农业财政收入（表 3-2 中的第⑦列）还不能完全反映财政渠道里农村资金的流失，我们还需要剔除烟叶税与耕地占用税。剔除这两项税收后，即可得到实际农业财政收入（如表3-2中的第⑧列）。

表3-2 1978—2012年中国农业财政收入与农业税收

单位：亿元（按2012年价格进行折算）

年份	农业各税：合计①	其中：农牧业税②	其中：契税③	其中：农业特产税④	其中：烟叶税⑤	其中：耕地占用税⑥	官方统计农业财政收入⑦	实际农业财政收入⑧=⑦-⑤-⑥
1978	688.30	0.00	0.00	0.00	0.00	0.00	767.06	767.06
1979	664.87	0.00	0.00	0.00	0.00	0.00	720.97	720.97
1980	578.09	0.00	0.00	0.00	0.00	0.00	691.74	691.74
1981	562.80	0.00	0.00	0.00	0.00	0.00	769.46	769.46
1982	534.80	0.00	0.00	0.00	0.00	0.00	897.76	897.76
1983	541.24	0.00	0.00	0.00	0.00	0.00	1 109.58	1 109.58
1984	496.71	0.00	0.00	0.00	0.00	0.00	870.39	870.39
1985	528.34	0.00	0.00	0.00	0.00	0.00	1 097.89	1 097.89
1986	513.89	510.43	3.46	0.00	0.00	0.00	927.71	927.71
1987	525.63	506.49	4.66	0.00	0.00	14.48	930.95	916.46
1988	685.05	436.00	6.32	46.02	0.00	196.71	1 128.39	931.68
1989	758.83	507.52	8.49	91.57	0.00	151.25	1 265.27	1 114.03
1990	755.89	512.93	10.15	107.46	0.00	125.35	1 087.28	961.93
1991	714.31	446.40	14.89	112.29	0.00	140.74	1 053.31	912.57
1992	822.00	483.53	24.90	112.02	0.00	201.55	1 031.27	829.72
1993	761.07	439.73	37.59	106.10	0.00	177.65	1 428.62	1 250.98
1994	1 239.07	639.69	63.27	340.91	0.00	195.21	1 619.97	1 424.76
1995	1 341.96	618.26	88.12	468.91	0.00	166.68	1 747.12	1 580.45
1996	1 620.66	798.62	110.54	574.64	0.00	136.86	2 112.98	1 976.12
1997	1 595.21	731.95	129.79	603.08	0.00	130.39	2 057.92	1 927.53
1998	1 484.29	664.99	219.55	475.62	0.00	124.12	1 991.22	1 867.09
1999	1 464.62	563.99	331.86	454.53	0.00	114.23	1 873.97	1 759.74
2000	1 484.10	536.38	418.08	416.99	0.00	112.65	1 911.96	1 799.31
2001	1 418.63	483.93	462.61	359.21	0.00	112.88	1 843.01	1 730.12
2002	1 938.12	867.99	645.46	269.85	0.00	154.81	2 518.58	2 363.77
2003	2 139.13	820.10	878.58	219.86	0.00	97.91	2 711.73	2 613.82

（续）

年份	农业各税：合计①	其中：农牧业税②	其中：契税③	其中：农业特产税④	其中：烟叶税⑤	其中：耕地占用税⑥	官方统计农业财政收入⑦	实际农业财政收入⑧=⑦-⑤-⑥
2004	2 010.88	442.90	1 203.82	96.49	0.00	267.67	2 010.88	1 743.21
2005	1 875.06	25.63	1 472.06	93.33	0.00	284.04	1 875.06	1 591.02
2006	1 926.43	0.23	1 541.92	6.26	73.93	304.09	1 926.43	1 548.41
2007	2 240.17	0.00	1 877.72	0.00	74.41	288.04	2 240.17	1 877.72
2008	2 398.80	0.00	1 856.59	0.00	95.77	446.44	2 398.80	1 856.59
2009	3 184.04	0.00	2 255.87	0.00	105.07	823.10	3 184.04	2 255.87
2010	4 039.84	0.00	2 901.53	0.00	92.24	1 046.07	4 039.84	2 901.53
2011	4 235.38	0.00	2 978.69	0.00	98.42	1 158.27	4 235.38	2 978.69
2012	4 626.50	0.00	2 874.01	0.00	131.78	1 620.71	4 626.50	2 874.01
1978—2012								
总计	52 394.70	11 037.68	22 420.52	4 955.13	671.61	8 591.91	62 703.21	53 439.68
年均	1 496.99	408.80	830.39	141.58	19.19	245.48	1 791.52	1 526.85

注：1. 各年数据依据居民物价指数（CPI）折算成2012年价格，下同；

2. 数据①全部来自2013年《中国财政年鉴》；数据②～⑥来自2013年《中国财政年鉴》，数据②～⑥为数据①中的一部分；数据⑦中1978—1983年来自《中国农村经济统计大全（1949—1986）》，1984—1995年来自1997年《中国农村统计年鉴》；

3. 1995年后数据⑦改变了统计口径，1996—2003年的数据我们采用Huang et al.（2006）的方法，运用前五年①/⑦的平均值进行估算；另一方面，由于2004年后全国范围内掀起了农村“费改税”试点，因而我们可以认为2004—2012年的农业财政收入接近于农业各税收入。

除以农民为个体缴纳的农业税费以外，乡镇企业上缴税金也是农村资金外流的一个重要渠道（如表3-3中的第②列）。35年内，乡镇企业上缴税金规模保持着持续增长的态势，年均增长10.4%，年均缴纳税金5 954.06亿元，合计208 392.02亿元。

表3-3中的第①列与第②列数据之和即为农村外流流量资金，农村外流流量资金与财政支农资金之差即为财政渠道里农村资金的净流出。35年里，财政支农资金规模也在波动式发展。改革之初（1978—1988年），国家分配给农业的资金从1970年代末的3 900多亿元下降到1988年的不到2 000多亿元的规模。1980年代末至20世纪初期，财政支农资金逐渐缓慢增长，直到20世纪初期的支农资金规模才逐渐回升

到1970年代末的水平。2005年始，国家安排了大量支农资金，2005—2012年，财政支农资金以年均14.1%的速度增长，远远超过了同时期的经济增长速度。

表3-3　1978—2012年财政渠道下农村资金净流出

单位：亿元（按2012年价格进行折算）

年份	财政收入来源		财政支农③	资金净流出④	年份	财政收入来源		财政支农③	资金净流出④
	实际农业财政收入①	乡镇企业上缴税金②				实际农业财政收入①	乡镇企业上缴税金②		
1978	767.06	533.19	3 652.33	−2 352.08	1997	1 927.53	6 125.64	3 075.80	4 977.37
1979	720.97	509.18	3 924.54	−2 694.39	1998	1 867.09	5 891.67	4 298.04	3 460.73
1980	691.74	536.93	3 133.84	−1 905.16	1999	1 759.74	6 188.65	3 755.09	4 193.29
1981	769.46	680.92	2 324.87	−874.48	2000	1 799.31	6 367.81	3 927.85	4 239.26
1982	897.76	813.67	2 328.69	−617.26	2001	1 730.12	6 797.42	4 290.05	4 237.49
1983	1 109.58	967.21	2 313.57	−236.79	2002	2 363.77	7 272.27	4 268.00	5 368.05
1984	870.39	1 291.68	2 014.36	147.70	2003	2 613.82	7 680.65	4 305.16	5 989.31
1985	1 097.89	1 726.36	1 929.91	894.34	2004	1 743.21	8 154.02	5 210.25	4 686.98
1986	927.71	2 039.64	2 126.21	841.13	2005	1 591.02	10 374.35	4 906.52	7 058.85
1987	916.46	2 393.83	2 024.52	1 285.78	2006	1 548.41	10 849.62	5 638.68	6 759.35
1988	931.68	2 881.87	1 990.35	1 823.20	2007	1 877.72	9 441.34	6 722.12	4 596.94
1989	1 114.03	3 255.43	2 375.46	1 993.99	2008	1 856.59	10 243.71	8 456.34	3 643.96
1990	961.93	3 369.05	2 648.09	1 682.89	2009	2 255.87	12 628.34	9 430.29	5 453.91
1991	912.57	3 582.21	2 739.06	1 755.72	2010	2 901.53	13 334.86	10 099.69	6 136.70
1992	829.72	4 393.14	2 593.53	2 629.33	2011	2 978.69	14 445.72	11 306.02	6 118.39
1993	1 250.98	6 409.84	2 666.23	4 994.59	2012	2 874.01	15 450.25	12 387.60	5 936.66
1994	1 424.76	8 521.35	2 852.94	7 093.17	1978—2012				
1995	1 580.45	6 939.28	2 774.26	5 745.46	合计	53 439.68	208 392.02	151 562.60	110 269.10
1996	1 976.12	6 300.92	3 072.34	5 204.70	年均	1 526.85	5 954.08	4 330.36	3 150.55

注：1. 乡镇企业上缴税金数据中1978—1986年来自《中国农村经济统计大全（1949—1986）》，2012年数据由于尚未公布，采用2009—2011年的年平均增长率与2011年数值的乘积进行替代，其余年份数据来自历年《中国乡镇企业及农产品加工业年鉴》（曾名《中国乡镇企业年鉴》）；

2. 财政支农数据中1978年、1980年、1985—2012年的数据全部来自2013年《中国农村统计年鉴》，其他年份数据来源《中国财政年鉴》。

表3-3中第④列数据展现了改革开放35年来，财政渠道里农村资金净流出的情况。改革初期（1978—1983年），财政渠道对农村资金的影响表现为净流入，不过净流入的规模却在逐年递减。1984年后，农村资金则表现为净流出。其中，1984—1994年为农村资金加速流出时期，年均净流出资金近700亿元，年均增长47.2%。1995—1998年，财政渠道里农村资金净流出规模逐年下降；1999—2005年，资金净流出规模则表现出波动增长的趋势。2005—2009年，正值农村税费制度改革，农村资金净流出规模迅速下降；不过，2010—2012年，资金净流出规模再次增长。

综上分析，1978—2012年通过财政渠道从农村净流出的资金规模达110 269.11亿元，年均净流出3 150.55亿元。

（二）金融机构与农村资金净流出

依据中国实情，农村信用社（农村商业银行或农村合作银行）、中国农业银行和邮政储蓄银行是农村地区的主要金融机构，也是农村信贷资金外流的重要组织平台。因而，我们将从这三个金融机构出发，分别测算出农村资金的净流出。

农村信用社一直以来都是农村地区最主要的金融机构。1978—2012年，62.09%的农村资金存入农村信用社，同时约65.15%的资金通过农村信用社回流到农村。进入21世纪，我国有些地区的农村信用社逐步开始了商业化改制工作，改制为农村商业银行与农村合作银行。从数量上来看，几乎所有的农村信用社都改制为农村商业银行，而农村合作银行的数量则少之又少。至2007年始，《中国金融年鉴》统计了全国农村商业银行的信贷业务数据，至于农村合作银行则暂时未单列统计。因而，在我们的分析中对农村合作银行暂时不做考虑。

中国农业银行在我国农村地区的网点经历了多次的建立与撤销。早在改革开放以前，农业银行就经历了几起建立与撤销的历程。改革开放后（1979年）农业银行再次建立，至20世纪末，伴随着农村金融机构改革的浪潮，农业银行在乡镇地区的网点被大量撤销。虽然如此，但是农业银行在农村地区金融资源的流动中依然扮演着重要的角色。改革开放的这35年内，就有21.03%的农村金融资源存入到农业银行里，26.94%的金融资源从农业银行内流入农村。

中国邮政储蓄银行于1989年开始在农村地区吸收储蓄，然而这一期间却始终不在农村地区开展贷款业务，一度成为了农村资金的“抽水机”。至2007年起，邮政储蓄银行开启了面对农村地区的贷款业务。

围绕农村信用社（农村商业银行或农村合作银行）、中国农业银行和邮政储蓄银行这些主要的农村金融机构，我们测算出了1978—2012年内农村存款、农村贷款与资金净流出的情况，如表3-4所示。在我们的计算中，农村存款包括农户储蓄、乡镇企业存款以及其他组织在农村地域内的金融机构存款；农村贷款包括农户贷款、乡镇企业贷款以及其他农村地域内组织的贷款。表3-4分别汇报了四个涉农金融机构的农村资金净流出（按照物价指数折算成2012年价格）情况：①1979—2012年，通过农村信用社净流出的农村资金总量达26 357.86亿元，年均净流出753.08亿元。35年内，信用社净外流的农村资金呈现出波动的发展趋势。其中，少数年份，如1978、1984、1988、1992—1993、1995、2005与2010年，甚至出现了信贷资金在农村地区的净流入。至农村信用社商业化改制以来，我们发现农村商业银行加速了农村信贷资金的外流。2007—2012年这六年来，通过农村商业银行净流出的资金竟达19 645.02亿元，净外流规模远远高于农村信用社（农村信用社年均外流3 274.17亿元），约为农村信用社的4倍。②1980—2012年，通过中国农业银行净流出的农村资金总量为4 701.44亿元，年均净流出142.47亿元。其中，1996年外流资金规模较为特殊，由于当年正值农村信用社脱离农业银行改制，使得农业银行内大量的信用社存款回流农村，从而出现一次规模较大的农村资金净流入。③我们发现邮政储蓄银行始终扮演着农村资金“抽水机”的角色。1990—2012年，邮政储蓄银行共从农村地区抽离资金66 256.89亿元，年均净流出676.20亿元。其中，1990—2005年，净流出资金呈现出加速发展的趋势；2006年后，外流资金规模虽有波动，但整体趋势仍是在加速农村资金的流出。

综上分析，1978—2012年通过农村信用社、农村商业银行、中国

表 3-4　1978—2012 年金融机构与农村资金净流出

单位：亿元（2012 年价格）；年末余额

年份	农村信用社			农村商业银行			中国农业银行			中国邮政储蓄银行			合计：资金净流出⑬
	农村存款①	农村贷款②	资金净流出③	农村存款④	农村贷款⑤	资金净流出⑥	农村存款⑦	农村贷款⑧	资金净流出⑨	农村存款⑩	农村贷款⑪	资金净流出⑫	
1977	3 675.30	1 074.44											
1978	3 623.24	1 093.03	−70.64										−70.64
1979	4 474.50	1 070.18	874.10				5 506.72	2 841.06					874.10
1980	5 264.85	1 704.81	155.73				6 035.99	3 339.00	31.33				187.05
1981	6 203.75	1 913.73	729.98				6 660.81	3 452.66	511.16				1 241.14
1982	6 969.86	2 206.18	473.66				7 227.91	3 564.11	455.65				929.31
1983	7 783.62	2 688.14	331.80				7 702.67	3 526.93	511.94				843.74
1984	8 683.90	5 054.08	−1 465.66				6 649.58	4 944.02	−2 470.18				−3 935.84
1985	8 905.72	5 025.80	250.10				7 032.65	4 972.02	355.07				605.17
1986	10 869.99	6 562.17	427.91				8 336.75	6 349.66	−73.54				354.37
1987	12 417.10	7 980.13	129.14				8 797.06	6 892.15	−82.18				46.96
1988	12 726.73	8 446.68	−156.92				8 476.48	7 233.97	−662.40				−819.33
1989	14 567.23	9 781.46	505.71				9 017.18	7 656.77	117.90	217.94	0.00		623.61
1990	18 048.85	12 156.45	1 106.63				10 612.34	8 573.01	678.92	393.71	0.00	175.77	1 961.33
1991	20 836.86	14 251.62	692.85				11 894.78	9 407.68	447.77	693.58	0.00	299.87	1 440.49
1992	23 343.84	16 926.23	−167.64				12 393.89	9 859.83	46.96	860.36	0.00	166.78	46.10

（续）

年份	农村信用社			农村商业银行			中国农业银行			中国邮政储蓄银行			合计：资金净流出⑬
	农村存款①	农村贷款②	资金净流出③	农村存款④	农村贷款⑤	资金净流出⑥	农村存款⑦	农村贷款⑧	资金净流出⑨	农村存款⑩	农村贷款⑪	资金净流出⑫	
1993	17 771.24	14 111.86	−2 758.23				14 112.58	9 879.44	1 699.08	1 302.33	0.00	441.97	−617.18
1994	29 647.21	16 527.77	9 460.06				15 361.52	9 714.66	1 413.72	1 814.70	0.00	512.37	11 386.15
1995	33 734.76	18 694.35	1 920.97				15 788.35	10 745.99	−604.50	2 639.16	0.00	824.46	2 140.93
1996	37 612.92	20 841.60	1 730.92				8 444.80	11 063.28	−7 660.84	3 246.29	0.00	607.13	−5 322.78
1997	41 299.60	22 193.82	2 334.45				9 160.87	12 220.66	−441.32	3 542.86	0.00	296.57	2 189.71
1998	44 223.60	23 895.79	1 222.03				9 953.25	13 112.88	−99.84	4 015.75	0.00	472.89	1 595.08
1999	44 906.48	24 993.34	−414.66				10 316.27	12 580.93	894.97	4 366.80	0.00	351.05	831.36
2000	46 564.48	26 016.17	635.16				10 604.48	8 613.50	4 255.64	5 207.44	0.00	840.64	5 731.45
2001	48 531.84	27 273.95	709.58				10 876.92	7 965.15	920.78	5 963.30	0.00	755.86	2 386.23
2002	50 830.06	28 943.61	628.56				11 280.99	7 517.30	851.93	6 781.74	0.00	818.44	2 298.93
2003	54 728.04	31 291.88	1 549.71				12 140.09	7 139.23	1 237.16	7 523.63	0.00	741.89	3 528.76
2004	57 134.24	32 196.12	1 501.96				12 701.53	6 770.76	929.91	8 399.13	0.00	875.51	3 307.38
2005	52 135.25	27 804.72	−607.59				13 071.80	6 138.52	1 002.51	9 735.13	0.00	1 335.99	1 730.91
2006	51 028.49	26 269.89	428.07	7 391.30	3 300.38		13 776.83	6 584.01	259.54	10 232.50	0.00	497.37	1 184.99
2007	51 281.16	26 163.15	359.41	7 724.28	3 548.83	84.53	13 654.49	6 201.25	260.42	10 666.37	287.49	146.38	850.74

（续）

年份	农村信用社			农村商业银行			中国农业银行			中国邮政储蓄银行			合计：资金净流出⑬
	农村存款①	农村贷款②	资金净流出③	农村存款④	农村贷款⑤	资金净流出⑥	农村存款⑦	农村贷款⑧	资金净流出⑨	农村存款⑩	农村贷款⑪	资金净流出⑫	
2008	55 580.24	27 998.60	2 463.63	8 851.05	4 156.69	518.91	15 196.73	5 027.10	2 716.39	11 341.48	431.48	531.11	6 230.04
2009	57 924.30	29 681.62	661.05	13 729.91	6 403.95	2 631.60	14 580.59	6 198.01	−1 787.05	12 665.64	650.09	1 105.55	2 611.16
2010	55 792.32	28 327.21	−777.58	24 733.31	11 298.14	6 109.21	16 412.79	6 649.52	1 380.68	14 654.66	1 177.16	1 461.95	8 174.27
2011	56 469.59	28 161.83	842.65	33 397.44	16 222.12	3 740.14	18 137.40	6 859.12	1 515.01	15 898.77	1 457.90	963.37	7 061.17
2012	56 207.21	27 248.49	650.96	46 599.66	22 863.71	6 560.63	14 613.74	7 246.65	−3 911.18	17 648.67	1 878.15	1 329.64	4 630.05
1978—2012													
合计	1 111 798.36	606 570.93	**26 357.86**	142 426.95	67 793.82	**19 645.02**	376 530.86	250 840.83	**4 701.44**	159 811.92	5 882.27	**15 552.58**	**66 256.89**
年均	30 883.29	16 849.19	**753.08**	20 346.71	9 684.83	**3 274.17**	11 074.44	7 377.67	**142.47**	6 658.83	245.09	**676.20**	**1 893.05**

注：1. 以农村信用社为例，资金净流出的测算方法为［$①_t$－$②_t$］－（$①_{t-1}$－$②_{t-1}$）。

2. 资金净流出中，正号表示资金从农村净流出，负号表示资金从农村净流入。

农业银行与中国邮政储蓄银行从农村净流出的资金规模达 66 256.89 亿元，年均外流 1 893.05 亿元。其中，1978—1996 年，外流资金波动较大，并时而伴随资金对农村的净流入；不过在 1997—2012 年，信贷资金不断被抽离农村，而且呈现出了规模扩大的趋势。

（三）工农产品价格“剪刀差”与农村资金净流出

在改革时期，工农产品价格“剪刀差”是农业资本外流的一个重要渠道。1978—1997 年各年间的“剪刀差”绝对额和相对量的计算方法如下：以严瑞珍推算的 1982 年的“剪刀差”值及相关指标作为参照值，首先找出影响“剪刀差”变化的诸因子，求出目标年诸因子与 1982 年相应诸因子的相对数，然后根据这些因子与剪刀差有关指标的比例关系，间接求得目标年的“剪刀差”。如果我们把几个主要指标抽出来汇总成表 3－5，就可以十分鲜明地看出国家逐渐取消对农产品统购统销之后工农产品价格“剪刀差”的变化动态：

表 3－5　1978—1997 年几个年份有关指标计算表

项目	单位	计算公式	1978	1982	1992	1997
农业劳动生产率指数	%	（1）	84.70	100.00	159	251.2
工业劳动生产率指数	%	（2）	90.90	100.00	186.3	321.4
农村工业品零售价格指数	%	（3）	96.60	100.00	176.6	285
农副产品收购价格指数	%	（4）	70.60	100.00	196.2	371.3
相对于 1982 年的工农产品综合比价比值指数	%	（5）＝［（2）×（3）］÷［（1）×（4）］	146.84	100.00	105.45	98.21
工农产品综合比价比值指数	%	（6）＝（5）×141.27%	207.44	141.27	148.97	138.75
“剪刀差”的差幅		（7）＝1－1÷（6）	0.52	0.29	0.33	0.28
“剪刀差”差幅的年度差异系数		（8）＝（7）÷0.29	1.77	1.00	1.13	0.96
农副产品收购总额	亿元	（9）	557.90	1 083.0	4 412	1 325.1
农副产品收购总额年度差异系数		（10）＝（9）÷1 083	0.52	1.00	4.07	1.22

（续）

项目	单位	计算公式	1978	1982	1992	1997
“剪刀差”绝对额	亿元	(11) ＝ (8) × (10) ×283	258	283	1 297	331
农业增加值	亿元	(12)	1 027.5	1 777.4	5 866.6	14 441.9
农业部门新创造的全部价值	亿元	(13) ＝ (11) ＋ (12)	1 285.5	2 060.4	7 163.6	14 772.9
“剪刀差”相对量	%	(14) ＝ (11) ÷ (13) ×100%	20.1	13.7	18.1	2.2

注：1. 资料来源：《新中国55年统计汇编1949—2004》、《中国统计年鉴》(2008)、《中国农村统计年鉴》(2008)、《中国市场统计年鉴》(2000)；

2. 计算农业劳动生产率指数时，1978—1997年使用的是农林牧渔业从业人员数；

3. 农副产品收购总额1992年以前为原社会农副产品收购总额，1993—1997年为批发零售贸易业（不包括个体）农副产品购进额；

4. 以上价格为当年价格。

为了简明起见，我们把1978—1997年“剪刀差”的变化列成表3-6：

表3-6　1978—1997年工农产品价格“剪刀差”变动情况

单位：亿元（2012年价格）；%

年份	工农产品综合比价比值指数	剪刀差绝对额	剪刀差相对量	年份	工农产品综合比价比值指数	剪刀差绝对额	剪刀差相对量
1978	207.38	6 252.82	20.1	1990	115.81	3 897.29	8.9
1979	168.15	5 835.32	16.9	1991	134.97	7 604.12	17.9
1980	170.12	6 497.49	18.5	1992	148.97	8 946.30	18.1
1981	153.80	5 935.75	16.1	1993	152.42	4 666.65	11
1982	141.27	5 151.40	13.7	1994	133.32	2 954.64	5.7
1983	136.70	4 992.03	13.3	1995	126.44	2 620.33	4.5
1984	125.25	3 706.80	10.1	1996	127.23	2 491.56	4
1985	120.75	3 241.64	9.1	1997	138.75	1 328.41	2.2
1986	116.04	2 839.56	8.1	1978—1997			
1987	113.13	2 544.87	7.1	合计	—	90 101.59	
1988	114.80	3 216.54	8.2	年均	—	4 505.08	
1989	124.79	5 378.06	14.0				

由表3-6可以看出，1978—1997年的19年间，国家以农产品“剪

刀差”的方式为在农村地区抽离资金 90 101.59 亿元，平均每年 4 505.08亿元。此外，自 1993 年起，工农产品“剪刀差”的相对量逐渐下降，到 1997 年已降到 2.3%，但绝对额仍高达 4 666.65 亿元。这一计算结果与实际情况是相符的。随着经济发展，农业生产在国民经济中的比重不断下降，同时来自农业的收入在农民收入中所占比重也在下降，这使得工农产品交换在国家经济中的重要性下降，导致农民利益向国家转移的方式由传统的“剪刀差”逐渐转向提供廉价劳动力和土地资源（孔祥智、何安华，2009）。

（四）资金净流出的总规模

将上述各个渠道的资金流动加以汇总，通过表 3－7 我们发现，1978—2012 年 35 年间从农村地区净流向城市的资金量约为 266 627.58 亿元，年平均净流出 7 617.93 亿元。除 1984 年以外，每年都有大量的资金从农村流向城市。改革开放的这 35 年里，中国仍然处于从农村抽取经济资源的发展阶段。

表 3－7　1978—2012 年通过财政系统、金融系统与工农产品价格“剪刀差”从农村净外流的资金

单位：亿元（2012 年价格）

年份	财政系统	金融系统	工农产品价格“剪刀差”	合计	年份	财政系统	金融系统	工农产品价格“剪刀差”	合计
1978	−2 352.08	−70.64	6 252.82	3 830.10	1989	1 993.99	623.61	5 378.06	7 995.67
1979	−2 694.39	874.10	5 835.32	4 015.04	1990	1 682.89	1 961.33	3 897.29	7 541.51
1980	−1 905.16	187.05	6 497.49	4 779.38	1991	1 755.72	1 440.49	7 604.12	10 800.33
1981	−874.48	1 241.14	5 935.75	6 302.41	1992	2 629.33	46.10	8 946.30	11 621.73
1982	−617.26	929.31	5 151.40	5 463.46	1993	4 994.59	−617.18	4 666.65	9 044.06
1983	−236.79	843.74	4 992.03	5 598.98	1994	7 093.17	11 386.15	2 954.64	21 433.95
1984	147.70	−3 935.84	3 706.80	−81.34	1995	5 745.46	2 140.93	2 620.33	10 506.71
1985	894.34	605.17	3 241.64	4 741.15	1996	5 204.70	−5 322.78	2 491.56	2 373.48
1986	841.13	354.37	2 839.56	4 035.07	1997	4 977.37	2 189.71	1 328.41	8 495.48
1987	1 285.78	46.96	2 544.87	3 877.61	1998	3 460.73	1 595.08		5 055.80
1988	1 823.20	−819.33	3 216.54	4 220.42	1999	4 193.29	831.36		5 024.65

（续）

年份	财政系统	金融系统	工农产品价格“剪刀差”	合计	年份	财政系统	金融系统	工农产品价格“剪刀差”	合计
2000	4 239.26	5 731.45		9 970.71	2008	3 643.96	6 230.04		9 874.01
2001	4 237.49	2 386.23		6 623.72	2009	5 453.91	2 611.16		8 065.07
2002	5 368.05	2 298.93		7 666.98	2010	6 136.70	8 174.27		14 310.96
2003	5 989.31	3 528.76		9 518.06	2011	6 118.39	7 061.17		13 179.56
2004	4 686.98	3 307.38		7 994.37	2012	5 936.66	4 630.05		10 566.71
2005	7 058.85	1 730.91		8 789.77	1978—2012				
2006	6 759.35	1 184.99		7 944.33	合计	110 269.10	66 256.89	90 101.59	266 627.58
2007	4 596.94	850.74		5 447.67	年均	3 150.55	1 893.05	4 505.08	7 617.93

四、资金净流出的趋势与结构分析

（一）资金净流出的趋势

改革开放以来，每年从农村地区外流的资金规模呈现出波动发展的态势。整体而言，农村资金净流出的规模并没有缩减，而是在逐渐增加，从 1978 年的 3 830.10 亿元已然增长到 2012 年的 10 566.71 亿元。根据资金的规模以及增长情况，我们可以将资金净流出的情况划分为四个阶段，如图 3-1 所示。

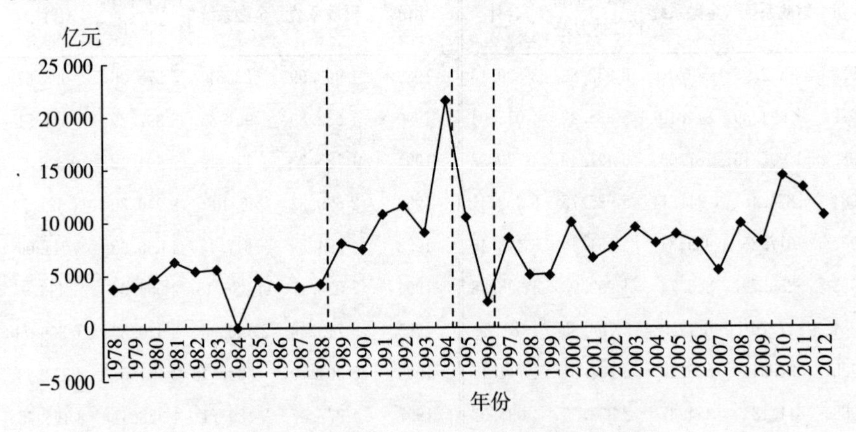

图 3-1　1978—2012 年农村资金净流出趋势

第一阶段（1978—1988 年）：这一阶段是我国改革开放的头十年，

本时期内每年农村资金净流出的规模也较为稳定。每年净流出的资金规模大体较为一致，保持在 5 000 亿元规模上下。不过这一时期里，1984 年的情况较为特殊，这一年流入农村的资金要高于流出的资金，不过流入农村的资金规模并不大，仅仅只有 81.34 亿元，不及这段时期内年均流出量 5 000 亿元的 2%。

第二阶段（1989—1994 年）：这一时期正值我国改革逐步深化、市场经济雏形逐渐形成之际，本阶段农村资金呈现出了加速外流的发展态势。从 1989 年的 7 995.67 亿元增加到 1994 年的 21 433.95 亿元，年均增长 21.8%。其中，1989 年比 1988 年增长了 89.5%，1994 年比 1993 年增长了近 1.4 倍。1994 年外流资金规模达到了 35 年内的历史最高值，仅这一年流出的资金规模就占据了 35 年总规模的 8%。进一步，这六年内从农村净流出的资金总规模达总规模的 1/4。

第三阶段（1995—1996 年）：这个时期内从农村净流出的资金规模迅速下降。农村资金加速外流的时期于 1995 年结束，1995—1996 年净流出的资金规模呈现出直线下落的趋势。其中，1995 年外流资金规模就比 1994 年减少了 10 000 亿元，1996 年在 1995 年的基础上再次减少近 8 000 亿元。若除去 1984 年，1996 年从农村外流的资金规模就是 35 年内的最低值。综合第二、三阶段的发展态势，我们发现 1989—1996 年，农村资金净流出的规模显现出了倒“U”型的发展规律。

第四阶段（1997—2012 年）：这一阶段内，每年从农村净流出的资金呈现出波动式的变化，波动周期较短。其中，1997—2009 年，净流出的资金规模在 5 000 亿～10 000 亿元范围内波动，年均净流出资金量为 7 728.51 亿元；及至近年来，农村资金净流出规模出现再次攀升的趋势。2010—2012 年的三年内净流出资金规模都在 10 000 亿元以上，远远高于 35 年的年均水平。

（二）资金净流出的结构

从结构上来看，1978—2012 年内通过财政系统从农村地区净流出资金量为 110 269.10 亿元，占比 41.4%；从金融系统内流出资金量为 66 256.89 亿元，占比 24.8%；以工农产品价格“剪刀差”的形式流出的资金量为 90 101.59 亿元，占比 33.8%。35 年内，通过财政系统净流出的农村资金量最大。然而，在不同的历史时期，财政系统、金融系统以及工农产品价格“剪刀差”对农村资金净流出的贡献是不同的（图 3-2 所示）。

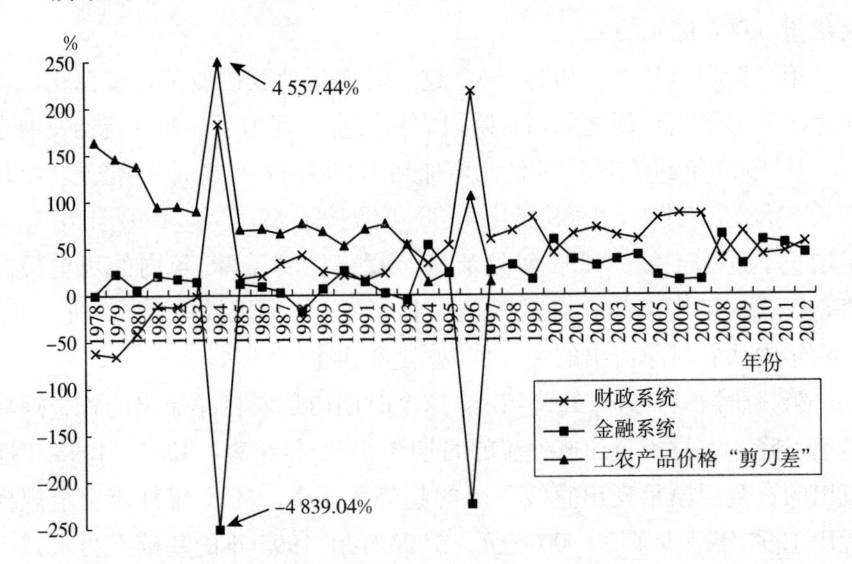

图 3-2　财政、金融与工农产品价格“剪刀差”对农村资金净流出的贡献

注：数据根据表 3-7 计算而来，例如财政系统的年度贡献=财政系统净流出资金/农村资金净流出总量，正号表示对资金净流出有促进作用，负号表示对资金净流出有缓冲作用。其中，1984 年工农产品价格“剪刀差”、金融系统的贡献比分别为 4 557.44%与-4 839.04%，其他数据取值均如坐标轴刻度所示。

在市场经济制度确立以前（1978—1993 年），农村资金净流出主要依赖于工农产品价格“剪刀差”。这一时期内，我国并没有完全放开工农产品市场，这种制度性地压低农产品收购价格与政策性地抬高工业产品价格的方式，促使大量的农村资金外流。在这个时期，通过工农产品价格差从农村净流出资金量就达 93 785.58 亿元，占据同时期总量的 86.05%，同时占 35 年总规模的 35.2%。不过，我们也发现这个时期内工农产品价格“剪刀差”对资金净流出的贡献整体上呈现出逐年递减的趋势（1984 年较为特殊），其相对占比从 1978 年（这一年财政系统和金融系统均对农村净流入资金）的 163.3%已下降到 1993 年 51.6%。

与此同时，随着人民公社制度的逐渐瓦解，国家在农村医疗、保险、教育等社会福利上的完全退出，财政对农村的投入逐年缩小，另一方面乡镇企业上缴税金规模的增加，使得财政系统内净流出的资金量却在持续增加。1978—1993年，财政系统内净流出的资金相对量在逐年攀升，1993年时财政系统内流出的资金量已然超过了工农产品价格“剪刀差”。此外，从金融系统内外流的资金无论是绝对量还是相对比重都处于剧烈波动之中，本阶段内从金融系统累计净流出农村资金量规模较小，不及总规模的4%。

市场经济制度确立后的十多年内（1994—2007年），随着市场制度的逐步形成，生产资料价格、农产品价格以及工业品价格逐渐由市场决定，工农产品价格“剪刀差”在抽离农村资金上的作用逐渐弱化，财政系统成为了抽离农村资金的重要角色，这个时期内约63.00%的农村资金通过财政系统净流出。1994—2007年，财政系统净流出的农村资金经历了两个发展阶段：一是相对比重快速上升的1994—1999年，二是相对比重波动变化的2000—2007年。1994—1999年，正值我国农业税负较为繁重之际：一方面农业各税总量增加，农民年均上交给国家的税金就比80年代增长了近一倍；另一方面，随着乡镇企业私营化的逐渐深化，企业上缴税金的规模也在逐步扩大，本时期内乡镇企业的年均上缴税金比80年代高出了近三倍。这一阶段内财政系统净流出资金的相对量从1994年的54.69%增长到了1999年的83.45%（其中，1996年较为特殊，这一年金融系统对农村净流入资金量一度超过了财政系统的净流出）。进入21世纪后，国家高度重视“三农”，一方面逐步减轻了农业赋税，另一方面加大了对“三农”的投入。2000—2007年，农民赋税总量逐年下降，不过乡镇企业上缴税金却在迅速增加。这段时期里，乡镇企业上缴税金成为了财政系统里农村资金外流的重要方式，这也是在农业税减免时期里，财政渠道仍为抽取农村资金主要渠道的重要原因。不过从图3-2中，我们也能观察到在2000—2007年内财政系统内资金净流出的速度在逐渐放缓，资金净流出的相对比重显现着波动式的发展态势。

近年来（2008—2012年），随着国家税费制度的变革以及农村金融机构市场化改革的深入，金融系统成为了抽离农村资金的主力军，2008—2012年约51.26%的资金通过金融机构从农村净流入城市，资金总规模为28 706.68亿元。这五年是我国农村金融机构市场化改革时期，然而农村资金加速外流成为了这个时期的一个显著性特征。经测算，我们发现这五年内从金融系统内净流出的资金总量就占据了35年内金融系统累计量的43.3%；另外，此五年里金融系统与财政系统净流出的农村资金量也占到了35年累计量的21.0%，一跃成为了资金净流出规模最大的五年。值得注意的是，我们发现随着农村信用社的商业化改制，通过农村商业银行外流的农村资金呈现出了加速增长的态势。2008—2012年，农村商业银行里外流的农村资金年均增长88.6%，远高于同时期中国邮政储蓄银行的25.8%（这个时期里，农村信用社里外流资金量却在逐年递减）。进一步，在农村信用社尚未大规模商业化改制的时期里，我们测算出2003—2007年里从农村信用社里外流的农村资金仅为3 231.56亿元，还不及2008—2012年时农村商业银行流出的17%。由此可见，农村金融的市场化改革加速了农村资金的净流出（Huang *et al*.，2006；陈雨露、马勇，2010；项俊波，2011）。

综上所述，在特定的历史时期内，工农产品价格“剪刀差”、财政系统与金融系统先后扮演着抽离农村资金主力的角色。在市场经济制度确立以前（1978—1993年），农村资金净流出主要依赖于工农产品价格“剪刀差”；市场经济制度确立后的十多年内（1994—2007年），财政系统成为了抽离农村资金的重要角色；近年来（2008—2012年），随着农村金融机构市场化改革的深入，金融系统成为了抽离农村资金的主力军。

五、主要结论与政策含义

（一）主要结论

通过以上分析，我们得到了如下几个结论：首先，在中国经济改革开放以来的35年内，中国仍然一直处于向农村抽取资金的阶段，大量的资金从农村流向城市。在我们的计算口径下（财政、金融以及工农产品价格“剪刀差”），初步测算出1978—2012年内从农村净流出的资金达266 627.58亿元。其次，在改革的初期（1978—1994年），农村资金外流呈现出加速发展的趋势；至20世纪90年代末期，农村资金净外流速度虽放缓，但规模依旧庞大。第三，在不同历史时期，财政系统、金融系统以及工农产品价格“剪刀差”对农村资金净流出的贡献存在着较大的差异。1978—1993年，约86.05%的资金通过工农产品价格“剪刀差”从农村流向城市；1994—2007年，约63.00%的农村资金通过财政系统净流出；2008—2012年，约51.26%的资金通过金融机构从农村净流向城市。

值得注意的是，在当下中国，金融机构成为了抽离农村资金的主力军。这一点无疑值得我们深思，即随着农村金融机构的市场化改革，产生的直接效果不是在资金上支持“三农”的发展，反而是从农村抽离资金，表3-4中农村商业银行的信贷数据就充分说明了这一点。另外，目前从财政系统里抽离的农村资金虽说规模不小，但是我们能清晰地发现，至农村税费制度改革以来，农村中小企业（乡镇企业）纳税成为了农村税收的主要来源，而农户纳税仅占微小部分。因此，我们认为应该关注当前金融机构对农户资金大量抽离的这一现象。

（二）政策含义

虽然自21世纪起中央高度重视“三农”问题，2003—2012年，中央财政“三农”投入累计超过6万亿元；逐年增加的财政投入，缓冲了农村部分资金外流，也对改善“三农”状况起到了至关重要的作用。但也应该看到，当前中国农村依然没能摆脱资金净流出的局面，而且农村系统内仍然面临着资金短缺的问题。为提升农村资本存量，减缓资金外流，促进我国农业现代化的发展，今后在以下几个方面，除了需要不断增加财政投入外，在体制、机制等方面也要深化改革。

第一，大幅度增加财政支农资金投入。进一步提高“三农”支出在中央财政支出中的比例，增加对农业基础设施建设、农业补贴和公共服务各项政策资金投入。切实修订和完善《农业法》、《农业投资法》，对于支农资金投入做出更加明确和具有可操作性的规定，建立支农资金的稳定增长机制。

第二，建立普惠型的现代农村金融制度。农村资金在现有的市场化改革背景下只会加速外流，以市场化为导向的农村金融制度不利于农业现代化的发展。为此，我们认为应本着普惠型的原则建立现代农村金融制度。一是要加快建立商业性金融、合作性金融、政策性金融相结合，资本充足、功能健全、服务完善、运行安全的农村金融体系，重点突出政策性金融的建设。二是建立以村镇银行、贷款公司、农村资金互助社、农业担保公司等为主体的多元化农村金融机构，注重扶持农村内生性金融主体的发展，有条件的地方可尝试成立正规与非正规相结合的二元农村金融体系。三是综合运用财税杠杆和货币政策工具，定向实行税收减免和费用补贴，引导更多信贷资金和社会资金投向农村，尤其是注重对专业大户、家庭农场，农民合作社以及农业企业等新型农业经营主体的金融扶持工作。

不过，从理论上说，部分农业农村发展过程中积累的资金流向工业和城镇有其合理性，但是过多的资金外流也导致农业农村发展资金缺乏，制约我国农业生产率的提高、农民的增收和农村经济的发展。然而，农村实际的资金需求规模是多少，35 年来又有多少资金是合理外流到城镇的，又有多少资金是过度外流的，这部分过度流出的资金对农业、农村的发展造成了哪些不利的影响？对于这些方面的研究将是我们下一步研究的方向与重点。此外，对影响农村资金净流出的因素研究以及特殊年份如 1984 年、1994 年资金外流规模结构突变的原因等，这些都将会是我们今后研究的方向。

农村集体经营性建设用地法律制度研究[①]

第一章　农村集体经营性建设用地的内涵与范围

“集体经营性建设用地”概念的提出是我国中央全会的重大改革创新。在我国现行法律法规上并没有“集体经营性建设用地”这一概念。因此，对其内涵与外延的清晰界定成为了集体经营性建设用地入市制度构建的基础。从内涵上来说，是应该按照现行的土地用途标准，抑或突破乡镇企业用地的范围，继而突破现行的土地用途标准，提出一项新的划分依据？从外延上来说，宅基地以及实践中大量存在的非法存量集体建设用地是否纳入集体经营性建设用地？这些都是亟待解决的问题。因此本文结合当下学者的观点，从实践以及可操作性的角度出发，分别对以上问题进行分析，从而不断理清集体经营性建设用地的内涵和外延。

一、农村集体经营性建设用地内涵与范围的立法现状与理论争点

（一）农村集体经营性建设用地概念的提出与立法现状

十七届三中全会《决定》指出“逐步建立城乡统一的建设用地市场，对依法取得的农村集体经营性建设用地，必须通过统一有形的土地

① 本报告获2014年度农业部软科学研究优秀成果三等奖。课题承担单位：西南政法大学；主持人：杨惠；主要成员：胡继亮、王丹、布玉兰、王术坤、杨惠、熊晖、胡云双、李萌萌、汪洪倩、王飞、徐梦堃。

市场、以公开规范的方式转让土地使用权，在符合规划的前提下与国有土地享有平等权益”。该文件最早提出“集体经营性建设用地”概念。十八届三中全会《关于全面深化改革若干重大问题的决定》规定“在符合规划和用途管制前提下，允许农村集体经营性建设用地出让、租赁、入股，实行与国有土地同等入市、同权同价。缩小征地范围，规范征地程序，完善对被征地农民合理、规范、多元保障机制”，进一步明晰了“集体经营性建设用地”入市的政策主张。

然而迄今为止，我国现行法律没有对“集体经营性建设用地”作明确规定。《中华人民共和国土地管理法》第四条第二款中规定：“国家编制土地利用总体规划，规定土地用途，将土地分为农用地、建设用地和未利用地。”建设用地是“指建造建筑物、构筑物的土地，包括城乡住宅和公共设施用地、工矿用地、交通水利设施用地、旅游用地、军事设施用地等”。此外，《土地管理法》第四十三条规定，“任何单位和个人进行建设需要使用土地的，都必须依法申请使用国有土地；但是，兴办乡镇企业和村民建设住宅经依法批准使用本集体经济组织农民集体所有的土地的，或者乡镇村公共设施和公益事业建设经依法批准使用农民集体所有土地的除外”，即集体建设土地仅限定在农村宅基地、乡镇企业用地和乡村公共设施，和公益事业的建设用地。然而，因为没有可以遵循的法律法规，实践当中流转的市场只能私下隐形存在，其中由于土地市场不健全，流转缺乏相关法律依据等，造成了诸如土地价值难以实现，农民土地利益受到严重的侵害情况；流转行为不规范导致流转双方权利义务不明确，经常引发土地纠纷问题；没有遵守严格的用途管制，造成的耕地大量流失；利益分配机制不完善，农民的权益得不到保护等各种问题，因此，在全国层面上提出集体经营性建设用地法律制度的问题迫在眉睫。

（二）农村集体建设用地流转试点区关于流转范围的规定

2000年，国土资源部在芜湖、苏州、湖州、安阳、南海等9个地区，进行了集体建设用地流转试点工作，为有关法律的修改和土地使用制度的改革做好了政策准备。2002年，安徽省政府出台《安徽省集体建设用地有偿使用和使用权流转试行办法》，此后，山东烟台及辽宁省大连以及北京市等地也都先后出台了相关的试行办法。2004 年《中华人民共和国土地管理法》进行了修改，修改的主要内容集中在集体土地流转和征地制度改革两方面。同年 10 月 28 日，国务院下发《关于深化改革严格土地管理的决定》，明确提出“在符合规划的前提下，村庄、集镇、建制镇中的农民集体所有建设用地使用权可以依法流转”。但是，将耕地转为建设用地的土地供应数量受到国家土地供应政策的严格控制。

2005 年 6 月，《广东省集体建设用地使用权管理办法》颁布，自 2005 年 10 月 1 日起施行。根据规定，农村集体非农建设用地将视同国有土地，可以合法入市流转。村集体土地将与国有土地一样，按“同地、同价、同权”的原则纳入土地交易市场，强调了收益应该向农民倾斜。这是广东农村集体用地管理制度的重大创新突破，同时更是中国农村土地流转制度的创新突破。该办法允许在土地利用总体规划中确定并经批准为建设用地的集体土地进入市场，方式可以是出让、出租、转让、转租和抵押。在集体建设用地流转规模扩张的过程中，由于各地经济发展水平、地方政府偏好以及市场作用的差异，其流转状况在形成背景、具体做法、适用条件以及目前面临的问题等方面都各有特点，形成了集体建设用地流转的“南海模式”、“苏州模式”以及“芜湖模式”。这些流转管理模式的发展，对于合理利用存量建设用地，保护农民土地权益起到了积极作用。但由于地方政策和法规与国家法律冲突，无法根本保护农村集体建设用地所有者和使用者的权利，集体建设用地市场急待规范运行。

总体而言，试点地区集体建设用地流转的政策体系和运行机制各不相同，首先就是集体建设用地流转的对象和范围千差万别。第一，由于缺乏政策的统一规范，各试点地区集体建设用地流转对象不尽相同，主要有以下几类：一是乡镇企业用地。全国各典型试点地区如苏州、芜湖、广东省等地，早期均把集体建设用地的流转对象限定为存量乡镇企业用地。从调查情况看，各试点地区合法取得的存量乡镇企业用地首次流转已告一段落，现主要是再次流转问题。二是农村宅基地。将经过土地整治后的宅基地转为集体建设用地并模仿增减挂钩的方式在本乡（镇）范围内流转，形成了独特的集体建设用地指标流转模式。2006年4月，山东、天津、江苏、湖北、四川五省市被国土部列为城乡建设用地增减挂钩第一批试点。国土部2008年6月颁布了《城乡建设用地增减挂钩管理办法》，2008、2009年国土部又分别批准了19省加入增减挂钩试点，分别是河北、内蒙古、辽宁、吉林、黑龙江、上海、浙江、福建、安徽、江西、河南、广东、广西、湖南、贵州、重庆、云南、陕西、宁夏。三是未办理合法手续的集体建设用地。有擅自租用农民的耕地转为建设用地形成的，有租用集体未利用地形成的，有些是租用农民宅基地擅自改变用途形成的等。由于集体土地没有退出机制，这类集体建设用地到今天遗留了大量复杂的历史纠纷问题。第二，流转范围也不一致，部分地区将集体建设用地流转范围限制在城镇规划区外，认为如果集体建设用地流转在城镇规划区内，势必将会影响土地征收，即城镇化规划区内的集体建设用地可能要被征收为国有土地，同时还会影响到政府征收土地的收益；但大多数试点地区并没有对集体建设用地流转范围进行限制，如在芜湖市、广东省、成都市等地，只要符合土地利用总体规划、城市规划或集镇、村庄规划的集体建设用地均可纳入流转范围。

2014年10月16日由国土部、农业部、央行等起草《农地入市试点方案》正准备提交中央深化改革领导小组，“深改组”讨论通过后，国土资源部将在小范围内选择经济发达、欠发达、不发达地区进行试点。国家级综合改革配套试验区、农村改革试验区、农村综合改革示范试点等将拥有优先安排试点的资格。集体经营性建设用地试点即将拉开帷幕。全国人大代表、清华大学政治经济学研究中心主任蔡继明表示：“成型的试点方案明确了试点的主要任务、试点组织实施和保障措施。总体思路与十八届三中全会《决定》一致，允许符合规划和用途管制的集体经营性建设用地使用权出让、租赁、入股、转让、抵押，使用年期与同用途国有建设用地使用权等同”[①]。

① 参照经济观察网 http：//www.eeo.com.cn/2014/1017/267452.shtml。

（三）关于“农村集体经营性建设用地”范围的理论争点

关于“农村集体经营性建设用地”范围的界定，学界诸多学者也持有不同的看法，主要涉及对“经营性”的理解，其界定涉及是否局限于现行土地用途立法下的乡镇企业等用地，是否包括宅基地，当下大量存在的非法存量集体建设用地是否应该纳入进来等一系列的问题。

1. 是否局限于乡镇企业用地?

段占朝、余秀荣认为“农村集体经营性建设用地，是指农业用地、未利用地、农村宅基地、公共利益用地（即公共设施和公益事业用地）以外的用地”①。王桂芳、彭代彦主张“经营性建设用地指乡（镇）村集体经济组织和农民个人投资进行各种非农业建设所使用的土地，非经营性建设用地主要指农民宅基地”②。孔祥智认为“是指具有生产经营性质的农村建设用地，如农村非农企业（乡镇企业）用地、农村商业用地等，不包括农村社区集体经济组织办公设施用地、农村社区居民公共活动用地、农村仓储设施用地、农民宅基地等”③。杨红旭认为“主要是指村组织将集体建设用地租赁、转让给企业和个人使用，多数已经成为厂房、仓库、商业市场等”④。尚晓萍和莫沫分别指出“只有乡镇企业用地属于集体经营性建设用地，可以入市进行出让、租赁、入股，而不是所有农村集体建设用地”⑤。“集体经营性土地入市流转不代表农民的宅基地可以自由买卖。集体所有的建设用地还包括农村还有公益性建设用地和宅基地”⑥。通过对上述学者观点的介绍，我们可以看到，关于农村集体经营性建设用地的理解的争点之一在于是否要突破《土地管

① 段占朝，余秀荣．论集体经营性建设用地使用权“裸体”交易禁止［J］．生态经济，2007（5）。

② 王桂芳，彭代彦．农村集体经营性建设用地“三同”流转与农地矛盾转型［J］．河南工业大学学报（社会科学版），2014，（1）：1-6。

③ 孔祥智．引导和规范“农地”入市［N］．中国纪检监察报，2014-02-08004.

④ 杨红旭．宅基地暂难入市 城市房价不会受冲击［N］．中国证券报，2013-11-18A04.

⑤ 尚晓萍．怎样理解“建立城乡统一的建设用地市场”［N］．中国国土资源报，2013-12-11010.

⑥ 莫沫．农村集体经营性建设用地流转：增加农民财产性收入的一条重要途径［N］．中国审计报，2013-12-16006.

理法》对农村土地的用途分类，部分学者对农村集体经营性建设用地的界定还是在现有用途分类的标准上，严格界定只有乡镇企业用地是属于经营性建设用地，其他都不得纳入入市范围；而部分学者虽界定应该包括乡镇企业用地，但是不只是乡镇企业用地，也包括农村商业用地等具有生产经营性质的农村建设用地。

2. 是否包括宅基地？

关于宅基地是否纳入集体经营性建设用地入市的问题也存在争议，一些学者主张“由于宅基地具有农民基本保障的范畴等自身所具有的土地属性，其保障功能没有减弱，而农村内部宅基地需求强烈，它的入市问题，明显比集体经营性建设用地复杂，改革的难度也更大，不宜于入市”①；多数学者认为放开宅基地流转固然有利于盘活存量土地，但却能进一步挤压农民住房用地空间，冲击耕地保护，后果难以预料，现阶段条件并不成熟，宅基地要经过试点以后才能入市；只有少数学者认为现行条件下，宅基地应纳入农村集体经营性建设用地的范畴，一并入市。当然，随着经济的发展，一些地方出现了混合型宅基地的形态，即其中一部分作为住房，而另一部分则用来经营性使用，这为集体经营性建设用地入市提出了新问题。

3. 非法存量集体建设用地是否纳入集体经营性建设用地？

实践中，以“小产权房”为代表的大量非法的存量集体建设用地是否应该将其纳入集体经营性建设用地的范畴进行流转，也是一个有争议的难题。有人主张不能将其纳入流转范畴，因为一旦承认小产权房的合法地位这就意味着“承认了大规模违法行为的合法性，这样做会严重损害法律的权威”②，如林依标认为“对于符合土地利用规划和城乡建设规划的小产权房，需要补办有关用地手续，并补缴出让金及税费从而予以保留”③。王重润以及李晶晶认为“在建设用地上的小产权房应当通

① 董祚继．谋定而后动（上）——十八届三中全会后土地政策走向分析［J］．中国土地，2013（12）：8－12.

② 马俊驹，王彦．解决小产权房问题的理论突破和法律路径———结合集体经营性建设用地平等入市进行研究［J］．法学评论，2014（2）.

③ 林依标．小产权房：分门别类处置［J］．中国土地，2012（6）：38－39.

过补缴土地价款和补充相关手续后使其商品房化，或者由政府收购转变为具有部分产权的保障性住房”①。也有人认为应当将小产权房作为集体土地上的商品住房予以承认，从而将其纳入入市范围。如冯果、陈国进认为“在满足规划要求和用途管制等要求下，集体土地上的商品住宅如果能与国有土地上的商品住宅一样对外流转，既可有效缓解我国目前多数地方城镇住房特别是城镇保障性住房的供应短缺的压力，为城乡居民提供新的商品住宅供应渠道，也将使目前游离于现行土地制度之外利用集体建设用地违法开发房地产以及违法私自流转农村宅基地及其设施的现象重新纳入法律框架内使其得到有效解决，使业已形成气候的小产权房问题得到有效遏制②”，徐晶、张孜仪认为“随着集体土地入市，在解决现有小产权房问题的同时，农民集体在符合耕地保护和用地规划的前提下，更有积极性进行土地整理，从而开发出更多的建设用地，进而在平等的市场交易中最大限度地实现其土地价值”③，马俊驹认为“从经济学角度看，承认小产权房为集体土地上的商品房，是将蛋糕做大，多方受益，实现帕累托最优，农民及集体、开发商、小产权房业主、潜在的购房者、房地产市场管理部门等都会在其中受到激励，政府也会在社会稳定和将来的税收等方面获得利益”④。

二、理解“经营性”的基础前提：经营本质＋规划依据

在对集体经营性建设用地进行界定之前，我们首先应该理清一个问题，即《决定》提出的集体经营性建设用地的入市流转，是否是指该宗

① 王重润，李晶晶．小产权房现状及政策研究——基于制度经济学的分析［J］．经济与管理，2011（12）：65－70.

② 冯果，陈国进．小产权房的法律问题分析及出路研究［J］．求索，2014，（5）：106－111.

③ 徐晶，张孜仪．土地开发整理与农民土地持有产权的耦合：参与路径与利益重组［J］．法学评论，2012（4）：108－112.

④ 马俊驹，王彦．解决小产权房问题的理论突破和法律路径——结合集体经营性建设用地平等入市进行研究［J］．法学评论，2014（2）．

土地的原有用途必须也是经营性的？对此问题的不同理解可以得出两个观点：观点一是指集体经营性建设用地只能是符合现行“经营性”内涵的前提下的存量的集体建设用地，从而否定增量；观点二则是既包括符合“经营性”的存量集体建设用地，亦包在用途管制的前提下，在符合一定的标准的同时，其他类型的集体建设用地（如农用地、建设用地、未利用地），也都可以转化为集体经营性建设用地予以入市。笔者认为，第二种观点较为恰当。

（一）认定“经营性”应当突破现行立法的用途标准

前文中提到多数学者赞成集体经营性建设用地应该遵循现行的用途标准立法，依《土地管理法》第四条规定“国家实行土地用途管制制度。国家编制土地利用总体规划，规定土地用途，将土地分为农用地、建设用地和未利用地。严格限制农用地转为建设用地，控制建设用地总量，对耕地实行特殊保护”。农村土地按用途分为农用地、建设用地和未利用地，而农村集体建设用地又分为三大类：宅基地、公共设施和公益事业用地、乡镇企业用地。鉴于作为保障功能的宅基地是不能被入市流转，同时要考虑保障农业生产经营、农村基层组织的正常运转以及公共服务的一些集体建设用地也必须特殊保护，不能让此类建设用地随意改变用途。因此，只有乡镇企业用地才能纳入集体经营性建设用地流转范围。

然而，此种建立在现有立法上的对“经营性”用途的分类标准已经与实际的情况不符。乡镇企业用地是指乡镇企业所使用的集体建设用地。根据《乡镇企业法》，它仅仅包括乡（镇）、村、组三级农村办的企业，股份合作制企业，农民集资联办的企业，农民个体企业和使用权作为联营条件，由农村集体经济组织同全民所有制或城市集体共同兴办的联营企业所使用的集体土地。从现实情况考察，调研显示，各地的集体建设用地事实上存在多种形式的经营性使用，其具体使用形态与其当地的社会经济条件直接相关。比如在长三角、珠三角等工业化程度高的地区，集体工业用地多，且在企业形式上包含乡镇企业、私人企业、外资企业等，乡镇企业所占比例有限；而在北京周边农村，农民建房出租或从事小商品经营的居多，一些镇中心地区商业繁荣，也有开发商与村镇联合开发修建楼房用于转让或出租企业使用的，总体企业用地偏少；湖南某些区县农村，集体乡镇企业用地仅能占其集体建设用地的50%左右，尚有其他多种形式的经营性使用；位于长白山区的吉林靖宇县，批发零售业用地占全县农村集体经营性建设用地总面积的76%，其次为其他商服用地、住宿餐饮、仓储等用途。可见集体建设用地的利用已经突破现行立法，呈现多样化的经营。再从地域分布考察，根据我们实践调查和研究，乡镇企业用地面积多集中分布于东南沿海发达农村地区，这些地区由于20世纪80～90年代乡镇企业的蓬勃发展，遗留下较多，而广大内陆地区其对应用地面积比较少。因此，若是仅仅局限于乡镇企业用地，那么这类用地数量显然比较少，且分布不均，范围显得较窄，探讨其入市流转是否有必要，其流转是否能够为构建城乡统一建设用地市场打开局面都值得思考。

同时，将集体经营性建设用地限定于乡镇企业用地也与国家现阶段农村发展的政策精神冲突。现行土地管理法没有顺应1988年《宪法修正案》关于“土地使用权可以依照法律的规定转让”的要求进行改革，而是坚持对集体建设用地的利用及流转进行严格限制，说到底是我国传统城乡二元结构和体制机制的产物；同时其例外地承认乡镇企业用地并允许其被动流转的做法，则是对当时发展农村工业化战略的回应，虽然有一定的历史合理性，但从20世纪90年代乡镇企业陷入普遍性困境看，也显现出其历史的局限性。随着我国市场经济的发展以及对农村市场化认识的不断深入，打破城乡二元结构，调整农村产业结构，实现农村工业化、城市化和市场化的同步发展，已成为我国现阶段推进农村现代化建设的共同诉求和政策方向。因此，将农村集体经营性建设用地局限于乡镇企业用地，不仅不利于农村市场经营主体的培育，也不利于农村商品经济市场的发展。

综上，本文认为对集体经营性建设用地的界定必须突破乡镇企业用地的范围，同时也要突破现行立法对集体建设用地的用途分类标准，这样十八届三中全会《决议》提出的集体经营性建设用地才有入市的意义。

（二）理解“经营性”的内涵应回归“经营”本质

经营，在现代汉语大辞典中有以下几种含义“①筹划营造；②规划营治；③指艺术构思；④经办管理”[①]，在中国最早见于《诗·大雅·灵台》，“经始灵台，经之营之”。这里“经”指测量、谋划；“营”指营造、建造。随着社会的发展和进步，经营的词义也有变化和发展。在现代，经营广义地理解为人们追求效益的一种社会实践活动。大至国家的治理，小到一项工程建设和治理一个企业也都有经营问题。经营原来含有的谋划、求取之意被继承下来，并广泛引申应用于各类社会实践活动中。在此笔者认为经营应取筹划营谋，刻意求取之意。

（三）集体与国有土地应当适用大体相同的“经营性”的类型划分

《土地管理法》没有关于“经营性建设用地”的概念。2002 年国土资源部 11 号令《招标拍卖挂牌国有土地使用权规定》中首次提出“商业、旅游、娱乐和商品住宅等各类经营性用地，必须以招标、拍卖或者挂牌方式出让”。2007 年国土资源部 39 号令《招标拍卖挂牌出让建设用地使用权规定》第四条中，进一步将工业、商业、旅游、娱乐和商品住宅并列，俗称“五类经营性用地”。而“集体经营性建设用地”这个概念首见于十七届三中全会决议中，但就其内涵和外延，目前尚未有任何明确的立法规定。本文认为，基于城乡一体化土地市场的要求以及物权平等保护的原则，无论是集体经营性建设用地，还是国有经营性建设用地，都应从“经营性活动”的本质来理解其内涵，并适用大致匹配的类型划分，如此方能落实“同地同权”的改革目标。事实上，实践中大量用作“经营性”使用的存量集体建设用地，主要也是用于厂房、仓库、商业市场的用地，大致可以归入工业、商业、娱乐、旅游范畴。当然，扩大对集体经营性建设用地的解释将难免触及“小产权房”等现

① 参见：阮智富，郭忠新．现代汉语大词典：下册［M］．上海：上海辞书出版社，2009：1924.

象。事实上，调研中发现，当前的农村存在诸多土地的用途和土地权利以及房屋权利的界限不明晰的情形，比如很多地方“新农村建设”中遗留了大量违法用地问题。目前这些数量庞大的历史遗留的违法用地问题处理上相当棘手，但显然回避无益于解决问题，而且这些问题也并非单方面打压可以解决，应当借集体经营性建设用地入市之机理顺关系。

（四）应当以规划为依据界定“经营性”用地的范围

从理论上出发，虽然法律滞后于实践，但是在新的制度构建的同时，我们应该尽量考虑未来的发展趋向，而不能仅仅只局限于解决眼下出现的问题。集体经营性建设用地的提出，不能只对实践中出现的存量建设用地中部分的“经营性”土地予以界定，否则会出现这样一种情况，在现实中存在的不符合“经营性”内涵的闲置土地如何处理，如被闲置的校舍，被弃用的公益房屋，这些土地原用途都是公益性建设用地，但是由于其他原因闲置、弃用，如果经营性建设用地只包括存量经营，那么类似的闲置土地便不能运转起来，盘活存量的意义也就不存在了，当然类似的其他类型的土地也包括在内。因此，应该在宏观上提出一种新的界定标准，笔者认为应该是从规划入手，即在符合用途管制的前提下，通过乡村规划来界定该宗土地是否是经营性建设用地，一方面现有非经营性的集体建设用地，甚至农用地，若依规划未来为经营性建设用地的，则在切实履行规划变更手续后可成为新增集体经营性建设用地，取得入市流转资格，这样做的好处有利于盘活一些闲置荒废的其他类型的土地，例如，如果A宗土地本身土地类型是公益性用地，但是我们通过严格的符合用途管制的规划，规划它为经营性建设用地，那么在其进行相关的土地手续变更后便可以进行入市；另一方面，现存事实上作经营性使用的存量集体建设用地，符合规划的自当归属存量集体经营性建设用地，不符合规划的则大可理直气壮地予以拆除，这样既顺应了农村发展的现实的需要，也有利于“小产权房”等历史遗留问题的解决。

因此，我们首先应该在符合用途管制的前提下，依据乡村规划规划该宗土地是否属于集体经营性建设用地，而规划后的存量我们可以依据“经营性”内涵予以界定，这样才能全面的对其进行界定。

三、农村集体经营性建设用地入市范围界定中的几个核心问题

集体经营性建设用地的入市，是作为一项旨在增加农民收入的新的土地政策而提出的，区别于以往的集体建设用地，《决定》明确强调了“经营性”三个字，然而由于现行法律没有规定，如何理解“经营性”是问题的关键，因此我们应该重点分析其内涵，这样才能对其进行严格规范的界定，从而才能在突破现行立法用途标准的基础上提出新的划分依据。

（一）排除公益性建设用地

在现行法律下，除去经营性建设用地之外，包括公益性建设用地和宅基地，有关宅基地的情况在下文有所论述，首先我们集中于公益性建设用地，公益性建设用地是指公共设施以及公益事业用地，笔者主张，公益用地和以其他用途出让的不能纳入集体经营性建设用地，主要考虑要保障农业生产经营和农村基层组织的正常运转以及公共服务均等化。同时对那些保障和满足城乡一体化发展长远需求必需的一些集体建设用地也必须特殊保护，不能让此类建设用地随意改变用途。农技服务公司等政策性乡镇企业用地，在现实的改革实验区一般用“划拨集体建设用地”登记土地性质。今后这类土地可归之为非经营性建设用地。

（二）允许特殊情况下的非保障性宅基地转作集体经营性建设用地

前文介绍了各学者对宅基地是否纳入集体经营性建设用地的观点，说法不一，但是笔者认为，宅基地作为一项保障农民基本权益的土地，它具有社会性、保障性和无偿性等特点，在该项改革制度建设初期，将这样一些具保障性质的土地入市流转，显然具有很大的风险性。不过，对于在实践中出现的一些房屋闲置或破损的宅基地，以及在试点中出现的成员同意统一退给集体的部分宅基地和宅基地合并进行新农村建设多

建的房屋的宅基地空间权是否也能流转；还有混合性宅基地，即其中一部分是经营性使用，另一部分是住宅的，其中经营的部分能否纳入集体经营性建设用地等问题，笔者建议应当全面考虑，区别对待，承认特殊情况下宅基地作经营性使用的合理性，建立宅基地转作集体经营性建设用地入市流转的机制。

1. 一般情况下具保障性的宅基地入市的障碍与风险

《宪法》第十条规定："农村和城市郊区的土地，除法律规定属于国家所有的以外，属于农民集体所有；宅基地和自留地、自留山，属于农民集体所有。"《土地管理法》第十条规定："农民集体所有土地依法属于村民集体所有的，由村集体经济组织或者村民委员会经营，管理。"第六十二条规定："农村村民一户只能拥有一处宅基地，其宅基地的面积不得超过省、自治区、直辖市规定的标准，农村村民出卖、出租住房后，再说申请宅基地的，不予批准。"可以看出，宅基地依法属于农民集体所有，一般由村集体经济组织或者是村民委员会所有。而且宅基地有着身份性、福利性和无偿性的特征。

从法学理论上出发，首先基于宅基地身份性质的要求，宅基地使用权虽是财产权，但具有显著的身份性，是集体授予成员的福利，其取得与集体成员资格密不可分。而允许将宅基地自由转让给任何人，则导致其不再与集体成员权联系在一起，不符合宅基地使用权的固有属性。因此，"宅基地只能在集体组织内部成员间流转，不能入市；其次，宅基地使用权是由农民按照"需要就是权利"的社会保障理念而无偿取得的，以需要为前提，在农民不再需要或者宅基地失去保障基础时，就应当将权利收回，农民不能以盈利为目的，有偿转让无偿获得的福利。宅基地的使命就是供农民居住，流转违反设立该制度的初衷，将造成农村社会体制紊乱。此外，宅基地能否交易不单是私法问题，而是涉及土地利用、农民生存保障和农村社会治理的公法问题，是否允许宅基地流转本质上是一个宪法和土地管理法的问题，而非单纯的物权法问题。作为他物权的用益物权不一定必须要同时具有使用和收益权能，其内容由法律规定。在集体土地上为成员设定宅基地使用权，旨在满足成员居住需求，其权能就应是占有使用，而非收益处分。

从经济学的底线思维分析，宅基地入市也会存在以下风险。其一，大量的流民产生，现行的宅基地“一户一宅”的规定既是对18亿亩耕地红线保护的考量，又是对农民身份福利性质的安排，如果宅基地入市后，最容易失去宅基地的将是城市远郊处最为弱势的农民，他们卖掉宅基地，进入城市之后，显性的支出将会出现，没有了宅基地的自给自足的保障，他们的生活将会出现很大的问题。其二，耕地红线被突破，以宅基地为主体的农村集体建设用地的规划和安排，都是围绕利于农民生活和农业生产为核心的。这种限制类似于土地用途管制，这是与城市建设有着本质的区别的。最近中央城镇化会议提出，将城市规划由扩张性向限制性边界转变，这也是从另一个侧面而言，说明了农村建设用地与城市建设用地本质的区别，如果宅基地可成为城里人度假的别墅，那么就违反了土地用途管制制度，城市规模边界荡然无存，耕地红线也势必保不住了。其三，“进城农民工对自己能否在城市体面安居有清醒而且理性的判断，他们留下农村住房，是为了防止进城失败而留的退路，这是一种风险防范机制，是退路，因此是基本保障”①，这也给了中国在现代化进程中应对危机的能力。在一般发展中国家，因为进城失败，农民不再能退回农村而落入城市贫民窟，成为“发展中不稳定”的重要助推器。中国之所以可以保持“发展中的稳定”，其中一个重要原因就是进城失败农民有退路。保留进城农民宅基地成为一种风险分担机制，这是农民与国家的合谋，是风险成本而非浪费。因此在现行条件下，笔者不建议具有保障性的一般宅基地入市。

2. 特殊情况下宅基地纳入农村集体经营性建设用地入市的合理性

(1) 新农村建设多建的房屋可以以经营性土地空间权入市。新农村建设是以宅基地的收回为基础的，所以，必须保障其地表使用权不能入市，以免大批居民无家可归。但是，如果丝毫不能额外建设多余的住房，投资者就会退缩。有学者提出“宅基地空间权入市”②，这是符合现行《物权法》的有关规定的，就像目前城市将地下建的商业街商铺转

① 贺雪峰．关于农村建设用地政策的四个问题［R］，2014.

② 杨遂全．界定集体经营性建设用地过程中的疑难问题［R］，2014.

让不影响地上的地表使用权出让一样。

（2）同意退给集体的多余部分宅基地也可确权为集体经营性建设用地。一些新农村建设试点地区表面上是通过集体协议将原有宅基地统一收回，但是集中建房后发放的新的宅基地使用权仍是基于原宅基地使用权和房屋面积，腾出的部分此类用地也是有代价的。一些集体协议退回部分多余的宅基地用于入股性联合经营，可能是未来经营性用地的主要来源。所以，笔者建议明确保护这种转换形式形成的新的经营性用地。但是，如前所述，应当限定转换的前提条件是多余的宅基地。

（3）符合经营性内涵的混合性宅基地可以入市。为了提高自身的经济收益，实践中出现了很多混合宅基地的形式，即一部分是住宅，另一部分是经营性使用，如村头街边的小卖部、农家乐等。关于此，我们要考虑的是，如果要把这部分纳入进来会有很多问题，由于这类宅基地他们经营性使用的部分和住宅较为密切，比如实践中只把其中一间隔房，或者靠近乡村道路的一间房屋拿来经营，抑或一楼拿来经营，二楼居住，如果将这部分土地入市的话，其流转的可能性就非常有限，而且他们也会出现经营的不稳定性，即经营一段时间就放弃了。而且，如果将其纳入经营性建设用地登记入市流转的话，农民们则会考虑到自己的宅基地被集体侵占而关闭小卖部，那么这样反而影响了农民自身的经济收入；但是如果不将其纳入集体经营性建设用地，而这些土地确实是用做经营性使用和盈利的。笔者认为，尽管实践中会现前文所说的各种问题，但那些问题都是由于农村经营管理不规范导致的，根据我国现行法律规定，个体私营经济需要办理相关的经营许可证以及营业执照，但是实践中很多农村的小卖部都属于无证经营，而且管理非常不规范，这样就造成了前者所说的随意经营的情况，因此必须规范其监管；其二，如果排除了这部分土地，那么这样擅自改变宅基地用途的土地违法行为的问题，也就得不到解决了。

（三）存量农村集体经营性建设用地的认定：以小产权房为例

存量土地，广义上是指城乡建设中已经被占用或使用的土地；狭义上是指城乡建设用地范围内已取得土地使用权但闲置、未利用的土地或利用得不充分、不合理、产出低的土地。可以分为国有存量土地和集体存量土地两大类，国有存量建设用地是指在“现有城镇建设用地范围内，由于自然因素或经济活动所造成的闲置未利用或利用不充分，不能充分体现土地利用价值，具有潜在开发利用价值的宗地”①，因此除了城镇存量建设用地之外的存量土地都属于存量集体建设用地。存量集体经营性建设用地包括合法的和非法的。合法的存量集体经营性建设用地指的就是过去的乡镇企业用地，它是作为正统的经营性建设用地的来源，无论是法律规定，还是学术界对其都是一致的看法。非法的存量建设用地的形式各样包括有擅自租用农民的耕地转为建设用地形成的；有租用集体未利用地形成的；有些是租用农民宅基地擅自改变用途形成的等。最为典型的例子就是我们现在热议的小产权房，其“经营性”的本质是否应被承认，需要区分不同情况进行考虑。

1. 小产权房现实的违法性

所谓小产权房，是“相对于大产权房而言的，大产权房是国有土地上建造的，在市场上流通的商品房，其流通不受限制；小产权房是在集体所有土地上建造的、主要出让给城市居民的房屋，仅由乡（镇）政府或村委会私自发放的产权证明，其流通受到法律限制或者禁止。”②

根据《中华人民共和国土地管理法》第 63 条第 1 款规定：“农民集体所有土地使用权不得出让、转让、出租用于非农业建设。”第 44 条第 1 款规定：“建设占用土地，涉及农用地转为建设用地的，应当办理农用地转用审批手续。”第 81 条规定：“擅自将农民集体所有的土地的使用权出让、转让或者出租用于非农业建设的，由县级以上人民政府土地行政主管部门责令限期改正。没收违法所得，并处罚款。可见，在农村集体土地上擅自进行房地产开发并出售给集体经济组织以外的居民是不合法的，相比商品房，小产权房因不具备房产管理部门颁发的房屋所有权证书和国有土地使用权证书，无法正常行使相应的权利，因此，小产

① 刘怡，谭永忠，王庆日，楼宇，张洁，牟永铭，邱永红．城镇存量建设用地的内涵界定与类型划分［J］．城市发展研究，2012（12）．

② 王洪亮．小产权房与集体土地利益归属论［J］．清华法学，2009（5）：31－42.

权房的产权相对于商品房的产权来说是一种残缺的，不完备的产权；小产权房的权利瑕疵致使其无法抵押“无法正常流转”遇到征地拆迁也难以得到补偿，而且购房合同由于触犯了法律强制性规定也会被认定为无效；此外由于小产权房的开发方大多没有资质或者资质较低，建设过程也缺乏有效监管，其在房屋质量“配套设施”物业管理等方面的品质也常常较差。

2. 小产权房存在的合理性

诚如朱苏力教授所言：“正因为制度的合理性不是永恒的，制度就必须随着社会的变迁而变迁。只是如何变迁，我们无法推断，无法事前为之做好准备；因此，当一切不足为凭时，制度是否需要变革以及如何变革只能在人们有意无意地违反制度的行动中展现出来，并逐渐完成。”[①] 尽管很多人知道小产权房违法，但仍然有大量的供出和需求市场，这就会引发我们的思考，是否是法律或制度出现了问题。根据相关调研数据显示，在北京、南京、天津，以及西安、成都包括济南在内的城市都出现了大规模、集中成片的小产权房。北京、成都、西安等城市的小产权房的销量已经占到了本城市房地产销量的20%之多。而西安小产权房的比例已经高达25%～30%，而像深圳这样的大城市比重更高，有可能达到40%～50%。事实上，小产权房虽然违法，但是其在仍有一定的合理性，可以说它是农民集体实现其土地利益和低收入人群解决住房需求的集中体现。我国小产权房产生的根本原因是在于我国城乡土地二元制结构。集体土地无法入市交易，只能通过政府征收的形式转化为建设用地，而政府作为土地一级市场垄断的供给者，通过“招拍挂”等出让方式获得的土地出让收益远高于对于集体土地征收和拆迁补偿的费用。“同地不同权”的土地二元制结构导致集体土地所有者与国有土地所有者之间利益分配存在严重不对等。此外，获得建设用地使用权的房地产开发商也能通过建设开发获取巨大的经济利益，“同地不同价”所形成的巨大利益“剪刀差”引发了农民与农村集体组织对于集体

① 参见：朱苏力．法律与文学［M］//制度变迁中的行动者．上海：生活·读书·新知三联书店，2006：112.

土地利益的诉求，加之高房价驱逐下的大量城镇中低收入阶层的住房需求，从而形成了小产权房的隐性交易。

3. 小产权房处理方案——部分可入市

作为存量土地的小产权房是否属于农村集体经营性建设用地的范畴，我们有必要专门予以研究。因为如果将其纳入该范畴，即承认小产权房的合法地位，这就意味着“承认了大规模违法行为的合法性，然而这样做会严重损害法律的权威”[①]，同时也就承认集体经营性建设用地可以作为房地产开发的土地源了，那么这样就会引发一系列的连锁反应，地方政府的财政收入极大缩减，甚至入不敷出，作为国家经济命脉的房地产只能由市场调控，极易失控；如果予以否认，而全部拆除虽然于法有据但却难以执行，放任自流的现实已经使法律的权威受到严重损害。

因此，小产权房的处理方案关系到是否将集体经营性建设用地作为商品住房的供地源，我们认为应该区别对待。“应在对于农村土地和房屋进行确权和对农村集体土地进行分类规划的基础上，对于耕地范围内的小产权房，要定为违法建筑，拆除归还耕地，并对相关人员进行处罚，能复垦的耕地，应复垦，恢复其耕地的作用；不能复垦的土地，应由政府重新规划，合理布局，充分高效利用。”[②] 关于占用宅基地建造的小产权房，可以采用限制销售的方式，转为保障性住房，对于占用农村未利用的建设用地、符合规划用途的小产权房，也应按照视为擅自违规利用土地，一方面可以要求补缴一定数量的土地使用权出让金，进行上市交易；对于占用农村未利用的建设用地、不符合规划用途的小产权房，要视为违法建筑，予以拆除并进行处罚。对于土地使用和开发建设手续齐全，只是私自改变房屋用途的小产权房，在没收相关责任者及开发商非法所得、依法追究相关责任人责任的同时，缴纳一定额度的土地出让金及税费，补办手续后转为合法住房。因此，只有部分的符合用途

---

① 马俊驹，王彦．解决小产权房问题的理论突破和法律路径——结合集体经营性建设用地平等入市进行研究［J］．法学评论，2014（2）．

② 黄丽艳．城乡一体化视角下的小产权房政策研究［J］．湖北经济学院学报（人文社会科学版），2014（9）：65－66＋70．

规划用途的小产权房，在补缴一定的土地使用权租让金的时候才可以进行上市交易，而并不是全部的小产权房可以入市交易。

（四）不应以城市规划区为标准来认定集体经营性建设用地入市范围

根据《中华人民共和国城市规划法》的规定，城市规划区是指市区、近郊区以及城市行政区域被因城市建设和发展需要实行规划控制的区域，城市规划区的具体范围，由城市人民政府在编制的城市总体规划中划定。也就是说城市规划区内的集体建设用地是指被划为城市发展的集体所有的土地；城市规划区外的集体建设用地是指未划分到城市规划区内的建设用地。

笔者认为不应当将集体经营性建设用地按城市规划区内与城市规划区外区别对待。理由是：①集体经营性建设用地入市是基于对国有建设用地与集体建设用地具有平等权能的考量。城市规划区内和城市规划区外的集体经营性建设用地应当得到同等的对待。②城市化也并不是意味着征地。张千帆教授从宪法解释学角度指明了城市化不需要征收土地。他指出国有土地所有权只是一种名义所有权，在城市化过程中，集体土地所有权转化为城市土地所有权并没有实质性的意义，而且法律也未明确规定，城市化必须把集体所有的土地征收为国有土地。笔者认为，以1982年《宪法》的颁布为分界线，《宪法》明确规定城市土地为国家所有，农村及城市郊区土地归集体所有，自此城乡土地二元所有制形成。但是不管是国家所有还是集体所有，都是土地生产资料的公有制，其土地的实际使用人是具体的单位和个人，国家指承担着对土地的管理职能。因此《宪法》颁布后的集体土地不能因为城市化而随意征收，从而侵犯农民集体的私有财产权。③基于土地管理制度变革的考量。允许集体经营性建设用地入市是对我国土地管理制度的重大突破，也是对我国现存土地征收制度的重大改革。但是由于区位因素的影响，城市近郊区或交通便利的农村集体土地才有流转的价值，如果把集体经营性建设用地流转限于城市规划区外的集体建设用地，集体经营性建设用地流转的范围将大大减少。而且，从我国城镇发展的历史和现实来看，我国的城镇规划区有不断扩大的倾向。相关报道显示，到2020年前洛阳市城市规划区面积将扩大50%，而到2020年长沙规划区面积则将要扩大近一倍。在城镇规划区不断扩张的大背景下，如果限制或禁止城镇规划区内的集体建设用地的流转，那么随着城镇规划区的不断扩大，集体建设用地流转的空间就会被日益压缩，进而所谓的构建城乡统一的建设用地市场的目标就无法真正达成。因此，笔者认为不应当以城市规划区为标准划分集体经营性建设用地与土地征收范围的界限。

（五）应当分阶段考虑农村集体建设用地的商品房开发用途

1. 农村集体建设用地商品房开发用途的困境

《决定》中提出要建立城乡统一建设用地，实现集体经营建设用地与国有土地同价同权，如果按照政策规定的意图出发，集体经营性建设用地应当和国有建设用地的一样，可以进行房地产建设和开发，但是基于现实的考虑，房地产不仅是用于商品房屋的建设，它涉及包括耕地保护、地方财政收入，以及国家对房地产乃至整个国家经济的调控等方方面面，过于仓促的决定其商品房开发用途可能会导致耕地流失，地方财政入不敷出，国家经济出现失控等情况。

倘若将集体建设用地流转用途限定于工业经营，集体建设用地流转的市场空间及集体可获得的利益有限；而若允许在集体建设用地上开发、建设商品房，将使集体建设用地流转获得广阔的市场，同一宗集体建设用地用于商品房开发所获得的收益较之用于工业建设高出许多倍。而市场空间的扩大和巨额的比较利益，可能导致集体建设用地流转失控，耕地大面积减少，进而危及粮食安全。

此外，房地产不仅仅是用于商品房屋的建设，它是涉及包括地方财政收入，以及国家对房地产进行整体调控的手段在内的综合方面，如果将集体经营性建设用地用作房地产开发的话，大量的商品房开发商就会涌向集体经营性土地，政府因此将会减少巨大的财政收入，影响正常的政府财政运行，在调研中发现，很多地方政府的财政收入很大一部分来自于征收，如果连商品住房也由集体经营性建设用地进行贡献的话，多数政府将出现入不敷出的现象，到时即便农民获得了土地增值收益，变得富裕了，但是城市建设逐渐下降，甚至出现脏乱差，那么城市化建设也就得不偿失了。此外因为用地单位可以直接到有农村集体经营性建设用地的地方去购买，价格还有可能更便宜。基层政府过去依靠土地抵押累积的巨大债务也有可能因为土地无法再卖出而引致资金链断裂，将会引发经济不稳定；同时，允许在集体建设用地上开发、建设商品房，可能对当前房地产市场造成巨大冲击，危害整体经济发展，导致不可预期的后果。当前，房地产业迅速成长为国民经济重要支柱产业和中国特色市场经济的重要组成部分，房地产开发投资、施工面积、竣工面积、商品房销售额等持续增长，为我国经济高速发展作出了巨大的贡献。据《中国国土资源公报》统计，商品住房投资占城镇住宅投资的比重已达到85%；房地产开发投资占全社会投资的比重已达17.7%，房地产业增加值占GDP的比重达到4.8%。而如果房地产则将由市场本身部分进行决定，而我们知道房地产涉及包括银行信贷甚至是整个国家的经济命脉，如果丧失有效的调节手段，那么国家的经济很有可能出现失控的现象。

2. 农村集体建设用地房地产开发用途困境出路

从长远来看，我国土地改革最终是要建立城乡统一建设用地市场，如果一味的否定集体建设用地开发商品房，那么政策中的文件就有空喊口号的嫌疑了，而且物权平等原则没有办法得到保障。因此，笔者认为，从长期来看应当允许集体建设用地直接进入商品房开发市场，之后能否在特定土地上开发商品房，只应取决于土地利用规划、土地用途管制和城乡规划，不能因土地所有权的性质而异其权能。集体土地只要符合规划和用途管制，可以进行商品房开发。

首先允许在集体建设用地上开发、建设商品房，增加农民收益、降低商品房价格，保障人民的生存权与发展权。国家垄断商品房建设用地市场导致了以下问题：在土地来源阶段，对被征地集体及其农民补偿不足，引发社会矛盾；在建成商品房后的供应阶段，高额房价使人民苦不堪言，引发社会问题。这些问题均与人民的生存、居住与发展息息相关，而生存权、居住权及发展权是人类的基本权利，任何一个制度如果连基本的生存权、居住权都无法保障，甚至阻碍这些权利的实现，其制度设计均难谓合理。于此情形，国家立法应允许集体建设用地用于商品房开发，并借此造福人民。

其次允许在集体建设用地上开发、建设商品房，是破解当前诸多制度困境的必然选择。在现有的制度设计下，土地权力过度集中于地方政府，地方政府是土地利用的规划者、管理者，与此同时，其又是土地的出让者以及直接获益者。这样的权力集中会导致地方政府权力执行者的政治利益诉求，使政府为人民谋福利的利益诉求偏离应有轨道；地方政府的权力执行者有着自己的私利诉求，要解决当前面临的问题，必须打破国家对商品房开发建设用地市场的垄断，允许集体建设用地直接进入商品房开发市场，让地方政府不再直接沾染商品房开发的高额比较利益，让其作为一个无所欲求的土地利用监控者，切实履行好自身的监管职责。如此不仅有助于实现商品房开发领域土地利益的公平分配，有利于让商品房价格回归理性，有利于土地资源的管理和利用，而且也有助于我国经济结构的调整与转型，有助于地方政府及其官员更为理性地行使其行政职能，甚至有助于抑制腐败，醇化社会风气，有效化解社会矛盾。

除此之外，允许在集体建设用地上开发、建设商品房，也是征地制度改革和建立城乡统一的建设用地市场之要求。

不可否认，允许在集体建设用地上开发商品房必须考量其危及耕地保护和粮食安全的风险，然而其实这一风险远不如一些人描绘的那样严峻，因为保护耕地的核心在于把住第一道关，即严格控制农业用地转为非农用地的程序，要求集体以非农建设用地开发商品房必须符合土地利用规划、土地用途管制和城乡建设规划。而土地财政，作为各地规范性文件对集体建设用地直接用于商品房开发持严格限制态度之根源，应当采取相关的税收制度改革予以解决。因此，在短期内，集体建设用地不能用作房地产开发用途，但是从长期来看，在其他相关税收制度改革完善的前提下，应当允许在集体建设用地上开发商品房。

（六）建议采用列举加原则性的界定方式

随着改革的不断深入，肯定会有一些成熟的制度性规则需要上升到法律上，一些实体的土地权利也会相应变化，而法律不可能随时修改，概括性、原则性的规定就必不可少。这样，既给改革留下方向性的创新空间，又可为已列举明确的部分和新增权利之间相互协调提供法律路径。因此，笔者建议关于集体经营性建设用地的界定，采取列举加原则性规定较为妥当。

综上，清晰界定"集体经营性建设用地"的内涵及范围是推进集体经营性建设用地入市流转的基础命题。从《土地管理法》第 43 条规定看，集体建设用地仅可以用作兴办乡镇企业、村民建设住宅或乡（镇）村公共设施和公益事业建设，故在全会公报发布后，理论界与实务界对集体经营性建设用地的内涵和范围争议颇大。争议集中于两个方面：一是宅基地是否属于入市流转的范围？二是除乡镇企业用地外，位于城乡结合部的大量违法的存量集体建设用地是否属于入市流转范围？对此，中央层面一度采取了比较谨慎的界定，比如中央农村工作领导小组的相关负责人指出："农村的集体建设用地分为三大类：宅基地、公益性公共设施用地和经营性用地。也就是说只有属于集体经营性建设用地的，如过去的乡镇企业用地，在符合规划和用途管制的前提下，才可以进入城市的建设用地市场，享受和国有土地同等权利"[①]。农业部、国土资源部有关负责人也都曾指出，只有乡镇企业用地属于集体经营性建设用地，可以入市进行出让、租赁、入股，而不是所有农村集体建设用地，更不是所有农村土地。所谓"农地入市"、"农村集体土地入市"和"宅基地入市"都是误读，是错误的"[②]。不过，正如前文所述，仅依现行立法来对集体经营性建设用地进行界定不仅与客观现实情况不符，也不符合改革的初衷。据报载，国土资源部制订的"农村集体经营性建设用地使用权入市改革试点方案"中，将"农村集体经营性建设用地"界定为"具有生产经营性质的农村建设用地，包括农村集体经济组织使用乡

---

① 中央农村工作领导小组副组长、办公室主任陈锡文接受《人民日报》记者冯华、陈仁泽专访时的表示。转载自《中农办负责人：只有经营性建设用地可入市》，农民文摘［J］，2014（1）。

② 尚晓萍．怎样理解"建立城乡统一的建设用地市场"［N］．中国国土资源报，2013（12）．

（镇）土地利用总体规划确定的建设用地”[①]。由此概念看，第一，集体经营性建设用地指有生产经营性质的农村建设用地，已不仅仅指集体乡镇企业用地；第二，集体经营性建设用地既包括存量的作生产经营性质的农村建设用地，也包括规划为生产经营性质的增量的农村建设用地；第三，集体经营性建设用地范围由乡镇土地利用总体规划确定。笔者认为这是一个较为科学的界定。首先，随着市场的发展，集体土地上的生产经营方式已多样化，固守现行土地管理法对集体建设用地的用途管制已与农村的客观需要不符；其次，集体土地上大量的违法存量建设用地的形成有其历史背景，也有其一定的经济合理性，回避不仅无助于问题的解决反而会使问题日益棘手，本着改革成本公平分担的原则，在一定条件下允许集体存量建设用地的合法化不失为改革的明智之选；第三，土地规划是统筹土地合理利用的总纲领，依规划和用途管制来确定土地利用类型，明晰土地权利的内容，是确保土地最优利用的基础，也是中央“在规划与用途管制前提下推进集体经营性建设用地入市”政策精神的贯彻体现。

第二章　农村集体经营性建设用地出让主体与期限

党的十七届三中全会和十八届三中全会都制定了关于农村集体经营性建设用地入市的方针政策[②]，各地也纷纷出台相应的规章和政策来促进中央政策的落实。[③] 由此看来，推进集体经营性建设用地入市流转已

① 李乐：农地入市方案拟报深改组审议试点望四季度开展［N］．中国经营报，2014-10-18.

② 十七届三中全会决定指出“逐步建立城乡统一的建设用地市场，对依法取得的农村集体经营性建设用地，必须通过统一有形的土地市场、以公开规范的方式转让土地使用权，在符合规划的前提下与国有土地享有平等权益”。而十八届三中全会直接表示“建立城乡统一的建设用地市场”，“在符合规划和用途管制前提下，允许农村集体经营性建设用地出让、租赁、入股，实行与国有土地同等入市、同权同价”。

③ 如2013年制定的《山东省人民政府办公厅关于进一步推进节约集约用地的意见》、2011年制定的《南京市集体建设用地使用权流转管理办法》等。

成为我国现时期举国上下的共识。但是目前就集体经营性建设用地如何入市缺乏具体统一的操作规则，理论界也还存在诸多争议，集体经营性建设用地出让是集体经营性建设用地入市流转的首要环节①，其中出让主体制度是核心。故明确集体经营性建设用地出让主体已成为集体经营性建设用地入市的决定性问题。

一、农村集体经营性建设用地出让的内涵厘定

（一）农村集体经营性建设用地的内涵与范围

“集体经营性建设用地”概念的提出是我国中央全会的重大改革创新。而从现行法律法规来看并没有“集体经营性建设用地”这一概念。从《土地管理法》第43条看，集体建设用地仅可以用作兴办乡镇企业、建设村民住宅和公共设施等公益性事业。故现在理论界和实务界对集体经营性建设用地的内涵和范围存在较大争议。对此中央层面一度采取较为谨慎的界定，比如中央农村工作领导小组的相关负责人指出：农村的集体建设用地分为三大类：宅基地、公益性公共设施用地和经营性用地。也就是说只有属于集体经营性建设用地的，如过去的乡镇企业用地，在符合规划和用途管制的前提下，才可以进入城市的建设用地市场，享受和国有土地同等权利。② 国土资源部明确表示农村集体建设用地又分为三大类：宅基地、公共设施和公益事业用地、乡镇企业用地，其中只有乡镇企业用地属于集体经营性建设用地，可以入市进行出让、租赁、入股，而不是所有农村集体建设用地，更不是所有农村土地。所谓“农地入市”、“农村集体土地入市”和“宅基地入市”都是误读，是

① 出让制度直接涉及出让主体的确定和出让期限的确定，从而直接决定出让和流转的程序、方式等，从而确定出让之后的利益分配问题。同时出让期限设置的不同还会影响土地使用用途并间接影响出让利益的多寡。

② 中央农村工作领导小组副组长、办公室主任陈锡文接受《人民日报》记者冯华、陈仁泽专访时的表示。转载自《中农办负责人：只有经营性建设用地可入市》，农民文摘［J］，2014（1）。

错误的。[①] 据报载，国土资源部制定的“农村集体经营性建设用地使用权入市改革试点方案”中，将“集体经营性建设用地”界定为“具有生产经营性质的集体建设用地，包括农村集体经济组织使用乡（镇）土地利用总体规划确定的建设用地”。[②] 由此概念看，第一，集体经营性建设用地是有生产经营性质的集体建设用地，不仅仅指集体企业用地；第二，集体经营性建设用地既包括存量的作生产经营性质的增量的农村建设用地，也包括规划为生产经营性质的用于建设的集体土地；第三，集体经营性建设用地的范围由乡镇土地利用总体规划确定。笔者认为这是对集体经营性建设用地概念较科学、合理的界定。首先，随着市场化的发展，管制过于严格的土地管理法已经不能适应客观经济发展形势；其次，集体土地上大量违法建设用地的形成有其历史背景，本着改革成本公平分担的原则，以此为契机在一定条件下允许“非法用地”合法化不失为改革的明智之举；最后，土地利用规划是确保土地集约利用，防止土地市场混乱的前提性政策。

（二）农村集体经营性建设用地出让的内涵

国有建设用地出让是指国家以土地所有者的身份将土地使用权在一定年限内让与土地使用者，并由土地使用者向国家支付土地使用权出让金的行为。而根据《土地管理法》第 43 条规定：任何单位和个人进行建设，需要使用土地的，必须依法申请使用国有土地；但是，兴办乡镇企业和村民建设住宅经依法批准使用本集体经济组织农民集体所有的土地的，或者乡（镇）村公共设施和公益事业建设经依法批准使用农民集体所有的土地的除外。第 60 条规定：农村集体经济组织使用乡（镇）土地利用总体规划确定的建设用地兴办企业或者与其他单位、个人以土地使用权入股、联营等形式共同举办企业的，应当持有关批准文件，向县级以上地方人民政府土地行政主管部门提出申请。第 63 条规定：农

① 尚晓萍．怎样理解“建立城乡统一的建设用地市场”［N］．中国国土资源报，2013（12）．

② 李乐．农地入市方案拟报深改组审议，试点望四季度开展［N］．中国农业经营报，2014－10－18．

民集体所有的土地的使用权不得出让、转让或者出租用于非农业建设；但是，符合土地利用总体规划并依法取得建设用地的企业，因破产、兼并等情形致使土地使用权依法发生转移的除外。从上述三个条文来看，集体建设用地使用权除例外情形原则上不得对外出让。基于推动集体经营性建设用地入市的必要，我们必须要突破现行法律规定。

由上可知，我国对集体建设用地出让没有法律层面的界定，更不用说对经营性建设用地了。而各地对此有自己的相关规定，如广东省规定：集体建设用地使用权出让，是指农民集体土地所有者将一定年期的集体建设用地使用权让与土地使用者，由土地使用者向农民集体土地所有者支付出让价款的行为。以集体建设用地使用权作价入股（出资），与他人合作、联营等形式共同兴办企业的，视同集体建设用地使用权出让。河南省新野县规定：出让是指集体土地所有者将一定年限的集体建设用地使用权让与土地使用者，由土地使用者向集体土地所有者一次性支付土地出让价款的行为。出让方为集体经济组织，受让方取得集体出让建设用地使用权。[①] 从各地规定看出，集体建设用地出让的主体是集体土地的所有者，出让的形式是订立出让合同并有偿出让，出让的客体是集体建设用地使用权而不是所有权，出让都设置了一定的期限。需要对概念进行辨清的除了出让，我们更多听到的是建设用地使用权流转，而流转指的是建设用地使用权主体将建设用地使用权对外再次转让的行为。区别出让和流转的意义就在于区分两种法律行为的主体，出让的主体是所有权主体，流转的主体是使用权主体。当然也有人将出让称为“初次流转”，将本文所指的流转称为“再流转”。

二、土地确权与出让主体的制度设计

为了推动建立城乡统一的建设用地市场，保障农民的根本财产利益，必须要确定集体建设用地的所有权主体，同时再综合考虑不同地区

① 参见《广东省集体建设用地使用权流转管理办法》，《新野县农民集体所有建设用地使用权流转管理试行办法》。

经济社会发展差异等因素，综合设计符合某一地区的具体出让制度，以期实现集体建设用地合法、便捷、有效地出让和入市流转。

（一）对现行法律模糊化规定的批判

现行法律对集体建设用地的所有权主体的规定十分模糊，《土地管理法》第 8 条和第 10 条分别规定农村土地由农民集体所有。农民集体所有的土地依法属于村农民集体所有的，由村集体经济组织或者村民委员会经营、管理；已经分别属于村内两个以上农村集体经济组织的农民集体所有的，由村内各该农村集体经济组织或者村民小组经营、管理；已经属于乡（镇）农民集体所有的，由乡（镇）农村集体经济组织经营、管理。[①]《物权法》虽然是新法，但是基本上沿袭了《土地管理法》的规定，并没有更加具体的规定。

各地在农村集体建设用地出让方面先行先试，但是许多地方性法规和指导性意见仍然套用了《土地管理法》等法律的模糊化规定，如广东省规定：出让、出租和抵押集体建设用地使用权，须经本集体经济组织成员的村民会议 2/3 以上成员或者 2/3 以上村民代表的同意。乡（镇）农民集体所有的土地由乡镇集体经济组织负责经营和管理，没有乡镇集体经济组织的，由乡镇人民政府负责经营和管理。苏州市规定：集体土地所有权者为乡镇或村农村集体经济组织，所有权代表为乡镇农工商总公司或村经济合作社。乡镇或村办企事业单位使用的集体土地，其所有权属于乡镇或村集体经济组织。其他用地者使用的集体建设用地，由乡镇集体经济组织办理非农业建设用地使用手续的，其所有权属于乡镇集体经济组织，其余用地的所有权属于村集体经济组织。[②] 但是我们依然可以发现上述规定还是停留在集体经济组织层面，只不过在各集体组织之间划分了一定的界限，至于农民集体究竟为何者，如何运作？却缺乏相应规定。

---

① 虽然《土地管理法》明确规定了三级所有的集体土地所有制度，但是其思路仍然停留在人民公社时代的农村经济管理体制，随着经济体制改革的发展，其模糊性愈加显现。

② 参见《广东省集体建设用地使用权流转管理办法》第 7 条，《苏州市农村集体存量建设用地使用权流转管理暂行办法》第 9 条。

部分研究土地问题的学者也同样持相似的模糊化观点。如有学者（李潇，2014）认为集体建设用地流转的立地空间在村镇，流转的主体是农村集体经济组织。① 对于什么是集体经济组织，也有部分学者对其进行解释，代表性观点（李琨.2009）认为法律规定的农村集体经济组织应当解释为村民委员会，其认为应当确定村民委员会作为集体土地所有权主体，同时为保证集体土地所有者的延续性，乡镇集体经济组织可作为合理的补充，二方法律地位平等，互不隶属。② 为了和现行法律规定保持一致，有人（阮韦波，2009）认为在认可集体经济组织为农民集体土地所有权主体的同时认为村民委员会和村民小组是在一定比例村民代表同意的情况下被决定授权由村民委员会、村民小组代为行使农民集体土地所有权的权能。③ 另一观点（伍振军，林倩茹，2014）认为集体经济组织或由村委会行使权利并无不妥，但是要保障农民们的知情权。其认为：规定集体经营性建设用地入市方案提交村民会议或者村民代表会议表决前，应当公布其入市形式、拟建项目及其环境影响情况、土地使用者情况、土地收益、土地使用期限以及村民需要了解的其他情况，以最大限度地保障农民的知情权。④ 有学者（祝天智，2014）一针见血地指出上述制度设计的弊端，现有的地方性集体建设用地流转法规普遍将集体组织列为流转的主体，进而理所当然地也将其作为流转收入的所有者。尽管这样的规定符合《土地管理法》和《物权法》的相关条款，但无疑为村干进行内幕交易、贪污、挪用、滥用、截留集体经营性建设用地流转收入，损害农民土地权益开了方便之门。⑤ 如果法律制度不健全和村民的民主参与力度不够，土地流转收益难以完全转化为集体成员的利益。如果集体土地使用权自由流转带来的巨大财富集中在少数村干

---

① 于潇，等．集体经营性建设用地入市［J］．中国土地，2014（2）．

② 李琨，我国农村集体建设用地流转市场机制研究［D］．保定：河北农业大学，2009.

③ 阮韦波．农村集体经营性建设用地使用权流转影响因素与流转机制分析——以浙江省义乌市为例［D］．杭州：浙江大学，2009.

④ 伍振军，林倩茹．农村集体经营性建设用地的政策演进与学术论争［J］．改革，2014（2）．

⑤ 祝天智．集体经营性建设用地入市与征地制度改革的突破口［J］．现代经济探讨，2014（4）．

部手中，或者出现名义上集体所有实际上少数人个人使用的后果，就违背了我国现行土地制度实现耕者有其田的初衷。（汪进元，2011）[①] 除此之外，将村民委员会直接作为集体经济组织于理不合，因为根据村民委员会组织法规定，村民委员会是村民自我管理、自我教育、自我服务的基层群众性自治组织，同时兼有部分行政管理职能的准行政主体，加上“村社分离”后村民自治组织和村合作经济组织显属两个独立的主体，村民委员会不等同于农村集体经济组织，故其不宜担任农地所有权代表，否则会导致其在农地经营利用或利益处分上与农民之间形成不平等的关系。（王权典，2005）[②] 虽然最高人民法院《关于审理涉及农村土地承包纠纷案件适用法律问题的解释》第 24 条规定“农村集体经济组织或者村民委员会、村民小组，可以依照法律规定的民主议定程序，决定在本集体经济组织内部分配已经收到的土地补偿费。”但是司法解释本身就是就具体问题进行解释，其解释效力不能进行类推解释，因此不能得出村委会、村民小组就是必然的适格主体。[③]

（二）农村集体经营性建设用地确权

1. 所有权确权登记的一般性要求

前文已述，我国法律虽然规定农村土地属于农民集体所有，并明确了“三级所有、队为基础”的三级所有制，但是对具体行使集体建设用地所有权的主体却没有明确的规定，导致在实践中普遍存在上级政府和农村集体经济组织（主要是乡镇或村）对土地资产进行实际处置的情况，造成村民小组因与乡、村集体经济组织利益关系不一致，经常产生

① 汪进元．论经营性建设用地的政府采购——城市化进程中集体土地流转之法理思考［J］．法商研究，2011（3）．

② 王权典．我国农地所有权的法律剖析［J］．南方农业大学学报（社科版），2005（2）．

③ 从调查来看，大部分村民对村委会的认识并不是村民自治性群众组织，而是乡镇人民政府的政权延伸。农民产生此种认识的原因是现行村民委员会的组建、运行、管理与监督都没有切实进行民主参与，村民委员会在农村组织经济、文化建设和社会管理的功能异化成为公权力对农村的掌控。参见：谭峻，涂宁静．农村集体土地所有权的实现困境与对策研究［J］．中国土地科学，2011，25（5）．

严重的社会冲突。[①] 所以对于集体建设用地必须确权，不弄清楚所有权主体则无法进行下一步的出让和流转。2013 年中央 1 号文件，《中共中央、国务院关于加快发展现代农业，进一步增强农村发展活力的若干意见》中明确表示要在 5 年之内对土地完成确权登记，尤其是农村集体土地。各地实践中的做法主要以尊重历史，面对现实；有利于生产和生活，有利于社会稳定；政策和法律并用；分阶段、区别不同情况处理；权利设定一般法定为原则来进行土地确权登记。如铜陵市规定：农民集体所有的建设用地依法属于村农民集体所有的，所有权归村集体经济组织；属于乡（镇）农民集体所有的，所有权归乡（镇）集体经济组织；没有乡（镇）农民集体经济组织的，乡（镇）农民集体所有的土地由乡（镇）人民政府代为经营管理。[②] 因此要理清农村土地尤其是土地所有权和建设用地使用权的归属界限。农村土地确权应当要分清楚哪些土地所有权归哪些集体经济组织所有，哪些集体建设用地所有权归乡镇集体经济组织所有，哪些建设用地使用权归村集体经济组织所有，对于符合条件的，一定要确权到村民小组一级。[③] 当然对于确权到村民小组一级难度较大的，也可以确权到村委会一级。[④] 所以在确权登记过程中不能止于现状，对于各种类型的土地最终要确权到所有权主体，具体而言就是乡镇、村和村民小组三级单位中的哪一个具体单位。

2. 确定存量和增量集体经营性建设用地的使用权主体

我们国家土地所有形式只有两种，即国家所有和集体所有。但是仅仅确权登记所有权主体是不够的，因为只确权登记所有权只是明晰了各集体经济组织所有土地范围的边界，而现实是集体经济组织之内还存在

① 崔欣．中国农村集体建设用地使用权制度研究［D］．北京：中国社会科学院研究生院，2011.

② 参见《铜陵市集体建设用地有偿使用和使用权流转管理试行办法》。

③ 国土资源部、中央农村工作领导小组办公室、财政部、农业部关于农村集体土地确权登记发证的若干意见指出：凡是村民小组（原生产队）土地权属界线存在的，土地应确认给村民小组农民集体所有，发证到村民小组农民集体。

④ 记者在调查中发现，南方地区的村民小组一级人口较少，聚居较分散，规模较小，因此当地政府部分工作人员认为，在此情况下村民小组无法担当起土地出让流转的任务，而且不便于相关管理和公共事业的建设，因此集体土地确权到村民小组一级不利于土地出让。

大量的土地使用权类型，如土地承包经营权、宅基地使用权和集体建设用地使用权等，所以必须对现有的土地使用权类型加以确认。在确认所有权的基础上（按照上述一般性规定进行确权）确认使用权主体，这样才能更加准确地理清产权主体，方便土地使用权的流转、回归等，充分地推动土地要素的流通，否则不利于保护现有合法的集体建设用地使用权人。同时需要区分的是存量集体经营性建设用地和增量集体经营性建设用地。增量集体经营性建设用地包括符合城乡规划并纳入建设用地使用范围的耕地、林地、宅基地、公益性用地、自留地、四荒地以及类似于“小产权房”的非法建设用地等。存量集体经营性建设用地的主要类型是乡镇企业、村办企业用地和农村集体经济组织与其他单位、个人以土地使用权入股、联营等形式共同举办的企业的建设用地。[①] 对于存量和增量经营性建设用地，笔者认为其确权登记需要区分所有权主体和使用权主体，因为这二者往往可能是分离的。对于增量集体经营性建设用地的使用权主体的确定应当依据现实的不同土地类型加以区分，耕地、林地、四荒地和宅基地应当确权到承包户，自留地的使用权主体应确认到村民小组一级，对于小产权这类非法或者违章占用的建设用地，可以在确权登记的基础上向所有权主体补足出让金后变为集体经营性建设用地。对于不符合规划和用途管制而擅自改变用途的“经营性用地”应当采取恢复到应然状态的措施使其符合用地规划。而公益性建设用地使用权和所有权主体具有一致性，故无需单独确定使用权主体。所谓存量集体经营性建设用地是指已经进行建设并具有经营性用途的农村土地。对于存量集体建设用地，也应当在明确所有权主体的基础上确定现有的使用权主体，更重要的是确定现有存量建设用地使用权主体的使用权期限，这样才能便于使用权主体流转以及确定使用权期限届满之后由所有权主体对外进行出让。

① 笔者在调查中发现，存量的集体经营性建设用地很少，因为20世纪90年代后期乡镇企业衰落之后，原有的厂房吸引外资来投资兴业都纷纷补交了土地出让金而依法转为国有建设用地，真正掌握在集体经济组织手中的经营性建设用地很少。

（三）存量农村集体经营性建设用地的出让与流转制度设计

存量集体经营性建设用地的出让主体制度需要例外进行考虑，原因在于有部分存量集体经营性建设用地的所有权主体和使用权主体是分离的。首先在所有权主体和使用权主体合一的情形下，由所有权主体对外进行出让，出让的具体制度设计参照增量集体经营性建设用地的规则进行，至于是否要对所有权主体的主体结构进行法人改造或者引入社会中介机构都应当依具体情形而定。下文将重点研究所有权主体的具体出让形式，笔者认为这两者之间对规则的利用是完全可以互通的。而对于所有权主体和使用权主体分离的情况，我们重点研究的是使用权主体对外流转经营性建设用地时应该如何进行制度设计。建设用地使用权是用益物权，[①] 按照学界通说用益物权是限制性物权类型，用益物权不具有典型的处分权能，但具有收益权能，因此使用权主体不得进行出让行为，而可为流转行为。流转的具体适用最早出现在土地承包经营权的流转中，《土地承包经营法》32条规定：通过家庭承包取得的土地承包经营权可以依法采取转包、出租、互换、转让或者其他方式流转。33条规定了流转的具体要求：不得改变土地所有权的性质和土地的农业用途；流转的期限不得超过承包期的剩余期限；受让方须有农业经营能力；在同等条件下，本集体经济组织成员享有优先权。[②] 据此我们可参考设计存量集体经营性建设用地使用权主体对外流转的具体规则，首先流转的对象、方式由现有的使用权主体确定；其次流转也要遵循土地用途管制和城乡规划的要求，并且流转期限不得超过使用权的剩余期限；流转的具体方式，包括流转合同的签订，流转中介平台等都可以适用所有权主体出让的规定；最后为了实现土地资源的市场化要素的流通，此处不宜像土地承包经营权流转一样规定同集体经济组织成员具有优先权。此处仍需要注意的两点是：①使用权主体在使用权剩余期限内对外流转，不

---

① 张玉敏．民法［M］．第2版．北京：高等教育出版社，2011：236.

② 参见《土地承包经营法》的相关规定。

存在利益分配的问题，流转利益应当归使用权主体所有。②为了物尽其用，若使用权流转主体的潜在的流转对象欲超出剩余的使用权期限而流转得到土地使用权，则可以采取两种方式进行，其一是所有权主体在原有合同的基础上延长使用权主体对该集体经营性建设用地的使用权期限，其二则是在双方平等友好协商的基础上由所有权主体提前有偿收回土地使用权，再进行出让，协商不成的，使用权主体不得自行订立超过剩余使用权期限的流转合同，对超出期限部分可以认定为效力待定。[①]

（四）增量农村集体经营性建设用地以村民小组为出让主体体系的基础

增量集体经营性建设用地的主要来源有以下几种：一是农用地，即耕地与林地；二是宅基地；三是公益性设施用地；四是其他违法建设用地；五是其他未利用地。通过走访调查发现，农村集体经营性建设用地出让的主要范围是新增用地，也就是现在通过征地制度征用的农用地。而我国农用地的土地承包经营权是在村民小组这一级进行划分的，村民小组是由人民公社时期原生产队变革而来，改革开放之初实行家庭联产承包责任制确定土地承包经营权是以村民小组（原生产队）为基础进行划分的，如1982年中共中央批转《全国农村工作会议纪要》文件指出：目前实行的各种责任制，包括小段包工定额计酬，专业承包联产计酬，联产到劳，包产到户、到组，包干到户、到组，等等，都是社会主义集体经济的生产责任制。不论采取什么形式，只要群众不要求改变，就不要变动。近30年来虽然历经一些改革[②]，但是到目前为止，以家庭承包经营为基础、统分结合的双层经营体制仍然是我国广大农村地区的基本经济体制。因此增量集体经营性建设用地以村民小组为出让主体的基

① 参见《合同法》51条、56条之规定。

② 中央层面对土地承包经营权的确权经历了三次变化。在20世纪80年代至90年代中期农村土地承包经营权实行动态管理，即根据家庭人口数量的变化而动态变化承包经营土地的面积。90年代中后期为了稳定土地承包经营关系，逐步开始实行“增人不增地，减人不减地”保持现有土地关系长期不变的土地承包经营政策。进入21世纪以来，中央为了稳定农业生产，增强农村发展动力，保障农民利益而提出了现有土地承包关系要保持稳定并长久不变。

础既贴近我国特殊的历史发展轨迹，符合现行法律法规的规定，也吻合农村土地承包经营的现实状况。反之，如果将整个村集体作为出让主体的基础，那么很有可能由于各个村民小组之间的土地面积、土地质量不一等问题使得集体土地出让、流转的利益分配无法达成一致。所以增量集体经营性建设用地的出让必须以村民小组为出让主体体系的基础。

回顾历史，《农村人民公社工作条例》第21和22条规定："生产队是人民公社中的基本核算单位。它实行独立核算，自负盈亏，直接组织生产，组织收益的分配。这种制度定下来以后，至少三十年不变。""生产队范围内的土地，都归生产队所有……""集体所有的山林、水面和草原，凡是归生产队所有比较有利的，都归生产队所有。"① 因此现行法律确定的农村集体经济组织就是原来的生产队，而随着人民公社制度的解体，虽然现在的村民小组弱化了组织经济生产的功能，但是其是最近似于生产队的一级组织，所以其作为集体经营性建设用地出让主体于史有据。

以增量集体经营性建设用地的重要来源之一——农用耕地举例说明，虽然现行政策层面对于土地承包经营权确定了长久不变的方针，但需要注意的是长久不变而不是永久不变。因此很有可能在未来的若干年后还会重新分配土地承包经营权，按照原来的调整范围来看，应当还是在村民小组范围内进行调整，即由发包方收回整个村民小组的土地然后在整个村民小组范围内按人口进行发包。所以村民小组作为出让主体还可以很好地解决利益分配问题，这恰好回答了前文所述以村集体为出让主体的利益分配难问题。举例言明，A村下有甲、乙、丙、丁四个村民小组，现甲村民小组有10%的土地符合条件可以出让，如果以甲村民小组作为出让主体则所获利益应当在扣除相关税费之后首先用于补偿原承包经营权人剩余承包期限的用益利益，而剩余部分则在整个村民小组内进行分配，当然也包括原承包经营权人。而原承包经营权人第一次得到的是土地剩余承包期限内的用益利益的补偿，而第二次得到的收益则

① 中共中央，《农村人民公社工作条例》，1962；转载自：程漱兰．集体土地流转不是为资本打破"防火墙"[J]．人民论坛，2011（8）．

是作为小组成员应当得到的共有利益分配。而若干年后，再次重新调整土地承包经营权时在原先剩余的90%的土地范围内再次分配，这样意味着每个人口得到的土地面积将会减少，而减少的部分已经通过共有利益分配得到了有效的弥补。而如果以村集体为出让主体，则将在全村范围内进行利益分配，而土地的所有权人为甲村民小组集体所有，所以其他三个村民小组则为不当得利，而且涉及后续的调整土地承包经营权将对甲村民小组成员的利益产生不利影响。因此将村民小组作为出让主体的基础符合现实，也能很好地规避为将来矛盾发生埋下制度隐患的风险。

此外，从各地的实践来看，在集体建设用地所有权主体的改造上，广东、四川等地农村土地产权制度的改革，已经为我们提供了比较成熟的改革路径做参考。对集体建设用地所有权主体改造的基本思路可以考虑，农村的村民小组为集体建设用地所有权的代行主体，法律赋予其可以根据全体集体成员的授权，独立地享有相关权利、义务的主体资格，并可以依据授权独立自主的处分属于自己所有的财产。同时，进行相应的制度设计和改革，核心思想是保护实际占有土地，在土地上劳作的农民的利益，使农民个体的权利越来越独立和丰满，甚至可以对抗所有权而独立存在。从全国各地的实践看，将包括集体建设用地在内的集体土地所有权确权到村民小组一级基本上已经达成一致的认识和意见。[①] 如安徽省的相关规定：农村土地承包经营中未打破村民小组（原生产队）农民集体所有土地界线的，土地确认为村民小组农民集体所有；农村土地承包经营中打破村民小组（原生产队）农民集体所有土地界线的，土地确认为村农民集体所有。宿迁市则规定：村内有两个以上的农民集体经济组织（村民小组），各集体经济组织之间有明确的土地界限和范围，并在各自范围内占有、使用土地的，确认村民小组为相应的集体土地所有者。[②] 但需要注意的是，正确理解确权到村民小组一级、由村民小组

① 崔欣．中国农村集体建设用地使用权制度研究［D］．北京：中国社会科学院研究生院，2011.

② 参见《安徽省集体建设用地有偿使用和使用权流转试行办法》，《宿迁市农村集体建设用地使用权流转管理办法（试行）》。

作为出让主体体系的基础是研究出让制度的关键所在，村民小组作为出让主体体系的基础，不代表所有的集体土地都应是村民小组所有，村民小组成为所有农村集体土地的出让主体，而只是说我们对土地权属的划分要落实到村民小组一级，因为分属于两个以上村民小组或原本属于乡镇集体所有的就不可能再划分到村民小组一级。相关法律法规也规定明确能够确定属于村集体或者乡镇集体所有的，应当由村集体或乡镇集体行使所有权。如宿迁市规定：已经属于村农民集体所有的，包括第一轮土地承包时已经打破村民小组土地界线或虽然未打破村民小组界线但被村农民集体实际使用的土地，由村集体经济组织或村委会负责经营、管理。已属于乡镇农民集体所有的土地，依法确认为乡镇农民集体经济组织所有，没有乡镇集体经济组织的，由乡镇人民政府代为负责经营管理。[①] 正如哈耶克认为，人类对于未来不是理性设计，而是在大浪淘沙似的剔除中通过“社会优越性”的竞争来选择适合自己发展的制度。[②] 所以村民小组作为出让主体也是经历了长时间的制度选择，笔者认为其在未来较长的一段时间内将会发挥应有的正面作用。

（五）增量农村集体经营性建设用地出让制度嬗变的具体设计

村民小组作为出让主体体系的基础已经得到论证，但是笔者也提及由于我国各区域经济社会发展水平差异较大，其次村民小组作为出让主体在法律层面也存在一定障碍，因此在村民小组作为出让主体体系的基础的同时需要进行具体的制度设计，其他主体可以参照这些具体制度进行设计。

1. 改造村民小组的法律人格

按照《村民委员会组织法》规定，村民小组隶属于村民委员会，其

---

① 参见《宿迁市农村集体建设用地使用权流转管理办法（试行）》。

② 哈耶克．自由秩序原理［M］．邓正来，译．上海：生活·读书·新知三联书店出版社，1997：72-74.

本身并无独立的法律人格。[①] 因此村民小组直接作为出让主体成为出让合同一方的当事人可能没有相应的法律依据。《民事诉讼法》规定：公民、法人和其他组织可以作为民事诉讼的当事人。现行司法解释在一定程度上确立了村民委员会作为民事诉讼当事人的主体地位，但没有规定村民小组是否具有相应的主体地位。因此为了明确村民小组的主体地位必须将其进行主体改造，改造成法人形式，使其名正言顺地成为适格主体。

从可行性角度来看，随着经济社会的发展，尤其在我国东部经济发达地区，农村经济实力较强，农民文化素质较高，集体资产管理经验丰富和村民聚居较为集中等因素为村民小组改造成法人形式提供了良好的条件。经济发达地区的农民具有更加强烈的意识参与到集体事物的管理当中，也能够有效地对集体资产的管理进行监督。从必要性角度论证，农村经济体制改革的发展使农村集体的含义发生了深刻变化，“集体”这一概念的经济意义和社会意义逐步得到强化，而其意识形态意义和政治意义却在一定程度上弱化了，为顺应这一变化，应主要从经济意义和社会意义上，而不是从意识形态意义和政治意义上来重新思考集体所有权问题。作为土地所有权的主体的集体组织，应该具有独立的法律人格。集体组织可以以自己的名义进行民事活动，能够独立承担民事责任，才能更好地维护自身利益。一般都认为可以将集体组织构造为公司法人，以法人模式规范集体所有权主体。借鉴法人治理机构，包括法人的权力机构、执行机构和监督机构，按照公司法人的治理结构规则来确立集体土地所有权的行使机制。[②] 随着国务院关于公司登记条例的修改以及近期可能对公司法进行的修改，我们可以看到设立公司的准入条件越来越低，这给农村集体组织的法人改造提供了良好的契机。将村民小组改造成法人有以下几点好处：①能够成为适格的民事法律关系主体，理顺出让合同关系。②能够有效克服现行征地制度下贪污腐败的发生，这就能很好地回答部分学者的担心，即由村委会换成村民小组之后，贪

① 参见《村民委员会组织法》第 3 条第 3 款：村民委员会可以根据村民居住状况、集体土地所有权关系等分设若干村民小组。

② 夏玉山．小产权房合法化的相关法律问题研究［D］．合肥：安徽大学，2010.

污挪用截留出让金的现象就不会发生了吗？按公司制运行必然会大大减少此类问题的产生。③能够有效地促进农村集体资产的管理和经营，促进集体资产增值保值，大力推动农村基础设施和公用事业建设。④能够以此为契机真正地推动村民自我管理的群众性自治组织的建立，推动社会中间层力量的兴起。[①]

当然也有人对村民小组作为出让主体表示不予认同，以王权典老师为代表的部分学者认为村民小组是由既往的“三级所有、队为基础”之“生产队”演变而来的，似乎较有理由成为农地集体所有权的主体。其实亦不然，如同乡级集体经济组织一样，在推行家庭联产责任制的“大包干”的强力冲击下，村民小组的职能逐渐萎缩，目前亦大都有名无实，难以承担农民自治与农民集体财产所有者的职能。[②] 此种观点确实看到了农村发展的现状，但是传统意义上的集体经济组织已经不复存在，因此过分地纠结于此问题毫无意义可言，我们只能在现有的体制基础上寻求最贴近传统意义上的“集体经济组织”的组织，同时进行一些具体制度上的创新，力求发挥组织经济建设和资产管理的职能。如果我们拘泥于集体经济组织这一层面，那么在缺乏集体经济组织的状况下是否要单设或者从某种意义上来说是“恢复”集体经济组织？也有部分学者提出要引导村民重新成立农村集体经济组织，构建科学合理的农村集体经济组织体制机制，开展农村集体经济组织登记，与村委会和村民小组区分开来。把每一宗集体经营性建设用地所有权归属到某个农村集体经济组织，在此基础上明确其土地使用权。[③] 单设集体经济组织确实不失为一种方法，但是在怀疑村民小组都无法担当出让主体之时，单设集

① 新中国成立长期以来对基层社会都是采取严格的管控政策，所有的社会变迁都在规划中进行。使得老百姓没有兴趣和欲望参与到自我治理当中去。参见：梁治平．在边缘处思考［M］．北京：法律出版社，2003：136－137。笔者认为基层群众性自治组织的法人改造将是中国民间社会复兴的突破点，以经济管理功能逐步向政治参与、社会管理和生态保护多元化治理体系转变，因此本文所论述的主体改造意义并不限于出让集体经营性建设用地，因此对改造成本的考量也无需仅限于使其低于出让建设用地所获得的收益。

② 王权典．我国农地所有权的法律剖析［J］．南方农业大学学报（社科版），2005（2）．

③ 张四梅．集体经营性建设用地流转制度建设研究——基于优化资源配置方式的视角［J］．湖南师范大学社会科学学报，2014（3）．

体经济组织的可能性到底有多大？设立集体经济组织的成本有多大，现实是否具备设立的相关条件，这是值得思考的问题。

2. 主体联合的制度构建

我国中西部农村地区经济欠发达，农民的文化水平普遍不高，民主参与集体事务管理的意识和能力都有待提高，因此在村民小组作为出让主体时不适用主体改造制度，因为改造成公司法人形式之后，仍然需要聘请专业人士进行管理，而村民本身缺乏监督能力势必会导致另一种形式的贪污腐败。除此之外，改造成本也是不得不考虑的因素，中西部地区农村集体资产较少，基本无力进行法人制改造，所以对于中西部农村地区，应当采取主体联合形式完成出让，而这其中又可以设计成具体的两种形式。第一种即将地方政府和农村集体经济组织联合起来，地方政府是出让方和需地方的中间纽带，也就是使地方政府成为村民小组出让土地的交易相对方。[①] 在此过程中，村民小组将土地承包经营权收回，然后流转给且只能流转给政府设立的开发公司，所以整个过程中政府和村民小组是两个不同的主体共同参与这个过程，二者缺一不可。政府在这其中扮演的角色既是联系纽带的平台又是监督者，这样能够克服村民小组自身自治能力缺乏的弊端又能切实保障土地规划和用途管制的政策落实。而有些学者对此心存怀疑，认为政府部门作为联合主体的部分是现行征地制度的翻版，政府部门在整个出让过程中既是“运动员”又是“裁判员”，必然会导致腐败。但需要注意的是在联合主体中，政府与土地所有权人之间的关系不再是征地行政法律关系而是平等的民事法律关系，村民小组完全有权决定是否出让以及出让的价格等问题，所以此种

① 典型代表模式为安徽省芜湖市：土地流转的具体步骤为：第一步，由村负责从农户取得土地。以三里镇孔村与农民王小旦签订的“收回土地承包经营权协议”为例，“为加快三里镇小城镇建设，甲方需使用乙方的承包土地，因此，需要收回乙方的土地承包经营权，经双方协商达成如下协议：一、甲方收回乙方的土地承包经营权为 1.6 亩，年限为土地承包合同书的剩余年限 23 年。二、甲方付给乙方每亩土地补偿费 7 000 元，连同劳力安置费、青苗补偿费，计 11 200 元。三、乙方自签订本协议后，即放弃土地承包经营权，并由甲方流转用于三里集镇建设。”第二步，由村将收回的农民承包地流转给镇政府。以三里镇孔村、西岭村村委会流转给三里镇土地开发公司的一块地的合同为例：“乙方从甲方流转 164 310 平方米（246.6 亩），用于建公路站，文化美食城，农民住宅小区。转让期 23 年。”参见：高圣平，刘守英．集体建设用地进入市场：现实与法律困境 [J]．管理世界，2007 (3)．

制度设计有利于保护农民目的的实现。第二种即是将村民小组和社会中介机构这两个主体联合起来，此种主体联合制度即能够有效克服前一种制度设计可能存在的弊端，有学者认为在现行的我国集体建设用地流转过程中，集体组织处于市场主体的地位，市场经济条件下的主体应该是纯粹的经济组织，而我国现存的农村集体组织根本不能成为完全的市场主体。我国集体建设用地流转中介组织是一片空白，把土地流转中介组织作为独立的市场主体进行培育和完善，可以客观、公正地评估出土地等级和市场价格，为集体建设用地市场流转双方的公平交易提供科学依据，减少价格确定的随意性和不合理性，避免市场交易主体利益受到侵犯。① 而笔者认为将社会中介机构②纳入主体联合制度当中，就不是前文所述为流转双方服务，区别于传统中介机构居间的服务角色，而是完全作为村民小组出让集体经营性建设用地的专业代理机构，即是由所有权主体自行选择的单方面服务机构（类似于代理律师的角色），为村民小组提供技术和资金支持，而又减少了法人改造的巨大成本。

从必要性角度而言，主体联合制度的好处就在于既赋予农村集体经济组织以自由选择权和公平交易权，又能够避免让势力弱小的农村集体组织与财力物力人力强大的房地产开发商、大企业面对面交锋而陷入不利于己的境地。在基层民主不发达以及市场经济非理性逐利的支配下让基层政府进行把关，或者让基层政府认可的社会中介机构协助出让，也是为了符合城乡建设规划以及用途管制的需要，否则将会如小产权房的建设一样，蜂拥而至导致一发不可收拾。

从可行性角度分析，采取主体联合制度必然需要解决一个问题，即农村集体组织是土地所有权人，那为何在交易对象的选择上要限于政府、政府设立的投资公司或者政府指定的第三方中介机构，为何集体组织对土地享有的物权不是完全物权而是限制物权。其实转念一想，任何权利都应受限制，物权也不是例外。物权法第七条就规定了物权行使也

---

① 赵娉婷．农村集体建设用地制度研究［D］．泰安：山东农业，2011.

② 根据调查发现，现在农村集体经营性建设用地使用权流转探索当中，各地广泛采取的方式是，由基层乡镇政府投资设立的投资公司统一收购本地区农村集体经营性建设用地使用权，然后由其进行出让。此种路径应当是上文所述主体联合制度中两种具体制度的折中选择。

需有所限制。[①] 美国经济学家科斯说过："实际上，在任何法律制度中都是如此。对个人权利无限制的制度实际上就是无权利的。"[②] 前文提及若不采取联合主体的方式则很难保障农民集体的利益，如果让村民集体与开发商自行协商，这二者在经济实力、社会资源和知识能力上的悬殊很难保证最后的交易结果完全公平，因此可能会损害农民集体的土地所有权。此外由于我国实行严格的土地规划和用途控制制度，土地利益是国家的根本利益，而国家的根本利益是不容动摇的。马克思曾经说过："对权利的规定永远不能超出社会的经济结构以及由经济结构所制约的社会文化的发展。"[③] 在当前我国市场经济条件不成熟尤其是中西部农村地区市场经济更加欠发达的情况下，市场本身的盲目性和自发性使得很难实现资源的合理优化配置，同时市场经济作为一种高度自由的经济形态，由于法律的不健全和监督机制的缺乏，容易在利益最大化的驱动下导致市场秩序失控，因此需要立法机关立法和行政机关的行政行为去加以干涉。所以对物权进行限制的另一个重要原因是基于公共利益[④]的考量。当然至于如何对农民集体的经营性建设用地所有权的出让进行限制，则不是本文重点探讨的内容，但是任何情况下对物权的限制应当遵循权利平等保护原则、维护基本经济制度原则和法律保留原则。

（六）村民小组为出让主体体系基础的例外思考

任何一项制度的设计既要有普遍性，又要有特殊性，普遍性解决的是一般性问题，而特殊性解决的则是例外情形。从结构主义的视角来看，虽然普遍性规律的适用较多，但也不能因此而掩盖特殊性考虑的价

① 参加《物权法》第7条：物权的取得和行使，应当遵守法律，尊重社会公德，不得损害公共利益和他人合法权益。

② 科斯．财产权利与制度变迁［M］．上海：上海人民出版社，2004：51.

③ 马克思．格达纲领批判［M］//马克思恩格斯选集：第3卷［M］．北京：人民出版社，1972：12.

④ 公共利益一直是民法学界争论不休的概念，在这里笔者不想对此概念做深究，虽然公共利益的外延的边缘具有模糊性，但是其外延核心应当是明确，能为大家所接受的。从我国基本国情来看，公有制的基本经济制度的维护，人民当家做主的地位和经济社会秩序的和谐稳定应当是公共利益的核心范畴。

值，同样出让主体制度也不能例外。前文已论，村民小组作为出让主体体系的基础具有正当性和可行性，尤其对于增量集体经营性建设用地出让而言。但是正如世界上没有两片完全相同的叶子一样，没有放之四海而皆准的制度设计，因此必须结合某些具体情况进行具体变更设计。笔者在调研中就发现，南方某县国土资源部门的领导就认为国家强制要求农村土地三权确权登记落实到村民小组一级在当地乃至大部分南方农村地区都不可行。因为改革开放之后，生产大队被村委会所替代，而原有的生产队也分成了几个村民小组，而南方地区人口本来就少，而且聚居分散。如果在这种情况下将土地确权登记到村民小组这一级，大量的增量集体经营性建设用地由村民小组进行出让，则会产生以下两个问题：①人口规模过小，土地面积较小，如遇新增大面积经营性建设用地需求则无法担当起土地出让的任务。②数个村民小组在交通、饮水、教育等公益事业建设方面存在交集，而如果出让收益归各村民小组集体所有，则不便于集体公共事业的建设和社会管理。[①]

因此在上述这种情况下，应当将土地确权登记到村委会一级，而不继续再往下细分到村民小组一级。这样可以由村委会集全村土地之优势进行出让，可以有效统筹全村经济，克服小范围内的经济发展不均衡，更有利于实现共同富裕的目标。具体而言村集体作为出让主体可以参照以村民小组作为出让主体的具体方法，或进行主体改造或进行主体联合，这样更能够保障土地出让的经济效益落到实处，更好地促进土地资源在市场中的流通。

三、设置农村集体经营性建设用地出让期限的目的性与方式

国有建设用地使用权出让是有期限限制的，那么在集体经营性建设用地入市出让、流转之际是否要效仿国有建设用地设置出让期限呢？或者说在国有建设用地设置出让期限的基础上进行一些变通与创新呢？

① 根据笔者在芜湖市南陵县国土资源局调研的资料整理而成。

（一）出让期限设置的必要性

集体经营性建设用地出让的是使用权，建设用地使用权应当是用益物权的一种，则必然有期限限制，根据物权对内优先性的规则来看，他物权优先于所有权，因此无期限取得他物权之后必然影响所有权权能的弹性恢复，因此有可能通过这种方式变相取得“所有权”从而架空了农民集体组织的所有权。公有制是社会主义经济基础的根本特征，而一旦允许变相通过无限期设置使用权则相当于允许土地的私人兼并，这是我们需要谨慎提防更需要在制度设计的层面去加以阻止的。从法律规定和政策层面的来看，国有建设用地使用权设置了期限，那么在中央推动建立城乡统一的建设用地市场，加快完善现代市场体系之时，集体经营性建设用地出让必然要与国有建设用地相关制度相衔接，否则无法达到建立城乡统一的建设用地市场的立法目的。

从一些地方的试点探索情况来看，基本上所有的地区都参照国有建设用地使用权期限做了相关规定。如广东省就规定：集体建设用地使用权出让、出租的最高年限，不得超过同类用途国有土地使用权出让的最高年限。安徽省做出了相同规定：集体建设用地有偿使用的最高年限，不得超过同类用途国有土地使用权出让的最高年限。[①] 安徽芜湖试点模式对期限问题的规定更为直接：农民集体所有建设用地使用权流转的土地可用于：居住用地（70 年）；商业、旅游、娱乐用地（40 年）；工业、教育、科技、文化、卫生、体育、综合或者其他用地（50 年）。[②] 也有学者支持集体建设用地设置使用权期限：各类用地的使用期限最高不超过同类国有土地有偿使用最高年限。而且从实际来看，如果无限期取得使用权则必然要承担高昂的使用权转让费用，试问普通人能否可以承受如此之经济负担，到那时购买房屋可能真正成为了一个家庭几代人的

---

① 参见《广东省集体建设用地使用权流转管理办法》第 13 条，《安徽省集体建设用地有偿使用和使用权流转试行办法》第 13 条，《长沙市集体建设用地使用权流转管理办法（试行）》第 16 条。

② 参见：高圣平，刘守英．集体建设用地进入市场：现实与法律困境［J］．管理世界，2007（3）．

“梦想”而遥不可及，此外如此做法更不利于建筑物所有权和土地使用权的流转，不符合推动资源要素极大流通的改革目的。因此无论是从规则衔接还是从实践操作层面考量，使用权期限设置仍然是很有必要的。

（二）当事人合意设置期限

集体经营性建设用地出让需要设置期限，但是否要像国有建设用地一样依据不同土地使用类型严格规定出让期限呢?[①] 建设用地使用权最高存续期限为40～70年，按照土地的用途加以区分，其中居住用地的使用期限最高，法律规定为70年。当时确定的建设用地使用权期限，是以建筑物的使用年限和人的寿命为依据的。但随着社会经济的发展，当时确定期限的依据发生了变化。现在建造房屋采用的材料相对于以前建造房屋使用的建筑材料要坚固耐用一些，建筑所采用的技术也较之以前要先进许多，因此，建筑物实际使用年限远远超过当时立法所预期的年限。随着医疗水平的提高，人们保健意识的增强，人类的寿命也不断延长，人类所预期的寿命早已超过70岁。因此，建设用地使用权期限的规定就相对较短了，易产生房屋所有权和建设用地使用权的冲突，不利于经济的发展。[②] 物权法虽然规定了建设用地使用权续期，但是其本质上仍然采取了避让的态度，没有言明如何续期，续期是否需要缴费，是否可以多次续期等。[③] 建设用地使用权人对房屋享有所有权，非因自然破坏灭失、所有人处分及其他事由而消灭，具有无期限性。依物权法的基本理论，所有权是完全物权，而完全物权是没有期限限制的，那建筑物的所有权和其他所有权应当一样具有完全权能，可以永久合法占有，即建筑物的所有权应永归土地使用者所有。但是现行法律规定了建筑物所依附的建设用地是有使用权期限限制的，如果建设用地使用权因

① 参见《城镇国有土地使用权出让和转让暂行条例》第12条：土地使用权出让最高年限按下列用途确定：（一）居住用地七十年；（二）工业用地五十年；（三）教育、科技、文化、卫生、体育用地五十年；（四）商业、旅游、娱乐用地四十年；（五）综合或者其他用地五十年。

② 金凤广，张素英．农村集体建设用地流转存在的问题及对策［J］．南方国土资源，2010（6）．

③ 参见《物权法》149条：住宅建设用地使用权期限届满的，自动续期。非住宅建设用地使用权期间届满后的续期，依照法律规定办理。

期限届满而灭失时，那地上的房屋所有权怎么办？则建筑物的所有权也就不能称其为真正意义上的所有权了。国家或集体的土地所有权的行使限制了公民私人所有物的所有权行使，既违背了宪法保护公民合法财产的理念，也有违反私法上权利不可滥用原则之嫌，此时国家与集体作为私法主体与私人订立使用权出让合同，应当遵循市民社会之法律原则，而不得以一贯之强大的公权力来妨害私人权利之享有。通过限定使用权期限变相限定了建筑物的所有权的使用期限，这与所有权的无期限性相矛盾，侵害了房屋所有权人的利益。所以在不能无期限出让使用权又不能像现行立法对使用权期限规定的如此严苛之时需要延长建设用地使用权的出让期限，使之与建筑物自身的使用期限保持一致，尽量避免建筑物所有权和土地权利的冲突，以利于建筑物所有权人对其权利的行使。因为国有建设用地使用权期限的规定施行了很长时间，如果贸然改革则很难保证土地市场不出现大范围波动，而通过集体经营性建设用地使用权期限设置革新可以为国有建设用地的进一步改革积累经验。

在综合衡量理论与实践层面关于建设用地使用权期限设置的说法与做法之后，笔者认为应当以当事人的合意为原则设置出让期限，同时要留出足够长的时间段给予当事人以自主选择权。从经济效益的角度看，期限的长短取决于当事人之间对于房屋耐用年限、土地收益率等的综合判断，也决定着使用人给付对价的多少。[①] 为了能够物尽其用，充分发挥物的效用，选择合意设置出让期限必然是最有利的方式。当事人合意设置期限并不意味着随意设置期限，前文也说明必须设置一个相对合理能够充分保障建筑物所有权和土地权利的期限跨度。至于具体的上限，应当要在综合考虑土地利用类型、建筑物的设计寿命、建筑物的使用目的等因素的基础上，同时结合其他学科共同研究制定出一个较为合理的期间上限。当事人之间根据自身的需要和对待给付的能力，在最高期限以下合意设置期限。未来的改革目标是让市场在资源配置中起决定性作用，而市场影响资源配置的关键在于供求和价格，以理性经济人的假设

① 罗贝．建设用地使用权期限制度研究［D］．湘潭：湘潭大学，2012.

视角来看，当事人合意设置使用权期限在很大程度上可以推动土地资源的市场化调节，促进社会主义市场经济良性发展。

（三）合意设置期限的可行性分析

期限设置究竟是一个公法问题还是一个私法问题，可能在学理认识上有分歧。但是前文已述，期限设置虽然是国家、集体与当事人之间为一定之法律行为，但其根本目的在于创设私法上的法律关系。因此期限设置本身不涉及第三人利益，不应当把出让期限规定为强行性规范，而应当规定为任意性规范。[①] 因此除公共利益需要，不能对其做过多限制。即使出让主体设计为主体联合制度，地方各级政府部门与农村集体组织之间也是民法上平等主体之间的法律关系。合意是当事人双方在自我意志支配下达成契约的意思表示，是私法领域意思自治的体现，因为期限设置是私法问题，所以当事人之间合意设置出让期限完全具有法律上的可行性。在现行国有建设用地出让制度中按照不同土地利用类型设置了最高出让期限，这也意味着国有建设用地使用权期限不是一成不变的，而是可以在最高期限以下选择一定的期限，这也充分体现了合意。此外，各地的地方政府规章，政府行政性决定和试行办法在对此问题的规定上，都采取了原则性规定，许多地区的规定都间接表示当事人之间可以合意设置出让期限，由此可以看出其为未来出让期限的合意设置开出了实践探索的口子，将对未来相关立法有重大影响。如大连市规定：集体建设用地使用权流转土地使用年限不得超过法律和国家、省、市规定的同类用途国有土地使用权出让或出租最高年限。具体年限由土地所有权人与土地使用人协商确定。湖州市规定：集体建设用地让与是指集体土地所有者将一定年限的集体建设用地使用权转移给建设用地使用者，双方签订《集体建设用地使用合同》，并由建设用地使用者一次性支付土地收益给集体土地所有者。双方约定的土地使用年限应与建设用地使用者的经营期限一致，但不得超过原土地承包年限。江门市规定：集体建

① 高圣平．建设用地使用权期限制度研究——兼评《土地管理法修订案送审稿》第 89 条[J]．政治与法律，2012（5）．

设用地首次流转，必须由出让者（农村集体所有独立核算经济组织）与使用者订立流转合同，确定土地使用年限，其最高使用年限不得超过同类用途的国有土地使用权的最高使用年限。莱芜市规定：集体建设用地流转时，必须确定土地使用期限，最高年限不得超过国务院第55号令规定的国有土地使用权出让最高期限。咸阳市规定：农民集体所有建设用地使用权首次流转合同约定的期限，不得超过同类用途国有土地使用权出让的最高期限。[①] 这些规定体现了各地方在处理集体建设用地期限问题上的有益探索，也表明当事人合意设置期限具有实际操作层面的可行性。

结　语

主体制度的构建是集体经营性建设用地出让制度的核心。主体制度的构建必须把握合法性，合理性，节约资源、保障农民权益与促进现代市场体系建立的原则。出让期限设置是出让制度的次要制度，但是其对出让市场建设和利益分配格局的影响将是深远而长久的。任何制度设计都不能离开立法目的或政策目的进行，党的十八届三中全会指出：建设统一开放、竞争有序的市场体系，是使市场在资源配置中起决定性作用的基础。必须加快形成企业自主经营、公平竞争，消费者自由选择、自主消费，商品和要素自由流动、平等交换的现代市场体系，着力清除市场壁垒，提高资源配置效率和公平性。对于集体经营性建设用地入市而言，则更具体的目标是建立城乡统一的建设用地市场。[②] 出让制度的设计必须要符合这个目标，但是除此之外还需要一系列的配套措施的跟进，如金融信贷制度，交易平台完善等，否则集体经营性建设用地处处矮人一等，所以只有共同合力才能推动集体经营性建设用地市场融入统一的建设用地市场之中。

---

① 参见《大连市集体建设用地使用权流转管理暂行办法》第10条，《湖州市区农村集体建设用地使用管理试行办法》第10条，《江门市农村集体建设用地使用权流转管理暂行细则》第7条，《莱芜市集体存量建设用地使用权流转管理暂行规定》第15条，秦都区农民集体所有建设用地使用权流转管理办法（试行）第16条。

② 参见《中国共产党第十八届中央委员会第三次全体会议决定》。

第三章　农村集体经营性建设用地入市交易机制

允许集体经营性建设用地入市流转是十八届三中全会确立的一项重大改革举措。集体经营性建设用地入市的必须解决土地交易市场的建立。土地交易市场就是通过设立固定场所，健全交易规则，提供相关服务，形成土地使用权公平、公开、公正交易的市场环境。并以市场方式配置土地，确保土地交易合法性和安全性，引导土地交易双方依法交易，沟通土地市场信息，增强土地投资决策的科学性。交易机制是集体经营性建设用地入市所必须遵守的程序和规则。集体经营性建设用地流转市场交易平台是构建市场机制的重要内容，是促进农村集体经营性建设用地产权交易、保障农村集体资产保值增值的重要手段。要推进集体经营性建设用地有序流转，必须要在公开的有形市场进行，保证市场交易信息公开，形成公平的竞争环境，构建完善的市场交易规则。目前，在城乡二元主导下的“城乡双轨”建设用地市场，一直是我国土地交易市场的突出特点。党的十八届三中全会提出建设城乡统一的建设用地市场，彻底打破城乡二元的双轨市场，这是我国土地改革的主要方向，也是符合我国土地改革实际需要的重要措施。

一、农村集体经营性建设用地入市交易的路径选择:一元市场还是二元市场?

(一)“城乡统一的建设用地市场”的提出

1992年国务院出台《关于当前经济情况和加强宏观调控的意见》指出：“对集体建设用地采取了关闭市场的态度，包括集体土地必须先征为国有后出让才能作为建设用地；集体土地作价入股兴办联营企业的，其土地股份不得转让。”《关于深化改革严格土地管理的规定》（国务院〔2004〕28号），《规定》指出："在符合规划的前提下，村庄、集镇、建制镇中的农民集体所有建设用地使用权可以依法流转"。2008年10月国土资源部颁布的《中共中央关于推进农村改革发展若干重大问题的决定》规定在土地利用规划确定的城镇建设用地范围外，经批准占用农村集体土地建设非公益性项目，允许农民依法通过多种方式参与开发经营并保障农民合法权益。逐步建立城乡统一的建设用地市场，对依法取得的农村集体经营性建设用地，必须通过统一有形的土地市场、以公开规范的方式转让土地使用权，在符合规划的前提下与国有土地享有平等权益。该文件的出台，打破了集体经济组织作为单一主体对集体建设用地流转享受权益，允许农民以个人名义加入集体建设用地使用权的流转，首次提出建立城乡统一的建设用地市场。2009年国土资源部颁布的《国土资源部关于促进农业稳定发展农民持续增收推动城乡统筹发展的若干意见》指出"充分依托已有的国有土地市场，加快城乡统一的土地市场建设，促进集体建设用地进场交易，规范流转"。该文件规定了集体建设用地流转要依托已有的国有土地市场，加快建设城乡统一的土地市场等。十七届中央委员会第三次全体会议通过的《中共中央关于推进农村改革发展若干重大问题的决定》指出："逐步建立城乡统一的建设用地市场，对依法取得的农村集体经营性建设用地，必须通过统一有形的土地市场、以公开规范的方式转让土地使用权，在符合规划的前提下与国有土地享有平等权益。"这实际上肯定了国有土地与集体土地流转的同地、同权、同价性。十八届三中全会的《中共中央关于全面深化改革若干重大问题的决定》指出："建立城乡统一的建设用地市场。在符合规划和用途管制前提下，允许农村集体经营性建设用地出让、租赁、入股，实行与国有土地同等入市、同权同价。"在这里已经明确指出将集体经营性建设用地纳入与国有建设用地统一的交易平台，在同一个有形市场上、按照同一交易规则进行交易。从中央的规范性文件可以看出，其规定是逐步突破了法律的限制，支持和鼓励集体建设用地入市流转，并在十八届三中全会上明确提出建立城乡统一的建设用地市场，允许集体经营性建设用地与国有土地同等入市、同权同价。

（二）学界关于城乡土地市场“一元论”与“二元论”之争

从法律、法规与中央规范性文件的规定，我们可以看出我国的农村土地改革是朝着建设城乡统一的土地市场方向进发的。许多学者认同建设城乡统一的土地市场是我国土地发展的未来趋势，也是顺应当前经济形势下作出的必然选择。这些学者针对我国当前土地现状，分析了我国城乡二元用地市场存在的不足，并对城乡统一土地市场的建设作出了完整的制度构想。但是也有一些学者针对城乡统一的土地市场是否真正符合中国当前经济发展的需要进行了反思，他们经过分析认为中国当前土地的现状不适合建设城乡统一的建设用地市场，坚持城乡二元土地市场是在尊重实践和中国经济发展现状基础上作出的判断。

提倡城乡土地市场一元论的学者呼吁城乡二元市场阻碍农村经济发展，指出其是导致当前城乡用地供需矛盾的主因，提出建设城乡统一市场，是解决城乡土地供需矛盾的关键，集体经营性建设用地应与国有土地实行“同权、同地、同价”的“三同”原则，充分实现两种产权，同一市场，统一管理。周其仁认为要统筹城乡、建立统一的土地市场，不应该歧视农村集体建设用地入市的权利，要为集体建设用地公开、合法、有序地入市，创造更完备的条件。坚持在对立的统一中寻找新的平衡点，譬如耕地资源外，还有大量集体建设用地远没有得到充分利用，在城乡统筹的方略下，可以做到既通过保护耕地直接保护农业，又充分利用城乡建设用地发展工业和城市，最后间接刺激农业的发展。看到对立，也看到统一，就能够找到新的平衡点。[①] 陈燕指出实现城乡建设用地一体化，破除城乡二元对立与分割，有利于实现城乡建设用地有效、合理、统筹利用，推动城乡统筹发展。[②] 王卫指出目前我国城乡建设用地总量足以满足我国人口规模达到峰值时的建设用地需求，土地的异地

---

① 周其仁．成都经验的启示——土地制度改革还应还权赋能［R］．北京大学经济研究中心，2009．

② 陈燕．城乡建设用地市场一体化的突破点及模式选择．福建论坛，2012（12）．

流转成为必然，建立城乡统一的建设用地市场势在必行。① 姜大明指出建立城乡统一的建设用地市场，对于全面建立土地有偿使用制度、构建现代市场体系、发挥市场在资源配置中的决定性作用；对于缓解城乡建设用地供需矛盾、优化城乡建设用地格局、提高城乡建设用地利用水平、促进政府职能和发展方式转变；对于切实维护农民土地权益、促进城乡统筹发展、保持社会和谐稳定，都将产生广泛而深远的影响。② 曹笑辉、汪渊智指出城乡发展一体化是我国经济与社会发展的必然方向，而城乡统一的市场机制则是其必由之路。魏峰等指出经济社会的发展亟须集体建设用地入市流转，而建立城乡统一的建设用地市场是集体建设用地入市的基本前提。③ 刘守英指出“建立城乡统一的建设用地市场”是土地制度改革的核心，能够盘活土地资源，显化土地价值，实现还权赋能。④

但是一些学者坚持城乡二元土地市场符合中国土地流转的现状，适应中国经济发展的需要。贺雪峰认为大量农村建设用地进入城乡统一的土地市场的结果不只是会破坏土地规划，导致中央调控政策失败，而且如此之多的建设用地入市，必然导致土地市场的崩溃，从而所谓的盘活土地资源和显化土地价值，实现农民的还权赋能都是一纸空谈。他指出正是国家垄断土地一级市场，可以通过经营性建设用地招拍挂来获得土地收入，从而为城市建设提供可靠的资金来源，推动城市基础设施发展和完善。⑤ 还有学者指出城乡统一市场的核心就是实现集体经营性建设用地与国有建设用地“同地同权同价”，但是基于中国的现状，三同原则不可能实现。章林晓认为三同原则是对已经成熟的土地用途管制制度的破坏，不利于保护耕地，不利于农民生活和生产，引发更多的社会不公平。⑥ 侯银萍认为集体经营性建设用地与国有建设用地同等对待在实

① 王卫．城乡统一的建设用地流转模式研究［J］．理论经济研究，2013（6）．

② 姜大明．建立城乡统一的建设用地市场［N］．中国国土资源报，2013-11-22（1）．

③ 曹笑辉，汪渊智．城乡统一建设用地市场制度构建［J］．求索，2014（1）．

④ 刘守英．审慎稳妥推进土地制度改革［J］．理论研究，2014（5）．

⑤ 贺雪峰．地权的逻辑Ⅱ［M］．北京：东方出版社，2013．

⑥ 章林晓．同地同权同价理论的谬误［N］．中国房产报，2012-04-12．

践中尚存在诸多难以逾越的鸿沟。一方面，各类国有经营性建设用地本身在法律上无法做到同等视之。不同类型的国有经营性建设用地的实际用途不同，交易价格自然不同。另一方面国有建设用地市场本身存在着交易价格偏低、土地价格评估机制缺失、权利寻租、出让规则混乱等弊端，如果简单地将集体经营性建设用地与之等同，土地市场将会更加难以控制。[①] 华生认为各类型城市建设用地之间也不存在同权，同种类型的地因规划不同也不同权。因此，离开各种建设用地类型及每块地不同的规划要求，无论城乡都不存在同地同权一说。进一步说，所谓集体经营性建设用地是由原乡镇企业用地转化而来，充其量算是工业用地，城市工业用地本身是就项目论价，不是同权同地同价的，与集体经营性建设用地同权同价更是无从谈起。[②]

（三）农村集体经营性建设用地入市的前提障碍

从市场经济角度出发，等价有偿是市场经济的基本法则，也是民法的基本原则。从权利属性考虑，建设用地使用权是用益物权的范畴，如果建设用地使用权是无期限的，就会完全架空所有权，导致所有权虚化，这是违背现实状况的，因此建设用地使用权必须是有期限的。从权利的流转思考，土地所有权人为他人设立建设用地使用权，实现资源的有效流转和配置，因此建设用地使用权人不能有身份的限制。有偿性、有期限性、非身份性是国有建设用地使用权入市流转的基本前提。

集体经营性建设用地不能入市流转，主要是由于我国的法律规定的限制，当然其本身也存在一些制度缺陷成为其入市的障碍。主要表现为：第一，权能模糊。集体经营性建设用地的所有权归属是农村集体，农民集体不是法律上的组织，是一个抽象的、没有法律人格意义并且相当模糊的概念。其权能主要是占有和使用，处分权能受到严格限制。第二，身份化特征明显。现行法律、法规对农村集体建设用地使用权的主体有着严格的身份限制，其主体一般只能是本集体及其成员，只有法

① 侯银萍．产权性质视角下的“农地入市”困境破解［J］．法学，2014（5）．

② 华生．土地制度改革的焦点分歧［N］．上海证券报，2014-03-12.

律、行政法规允许的情况下集体经济组织外的单位和个人使用。其他情形下，需要使用集体土地的，必须通过征收转化为国有土地以后才能取得建设用地使用权。第三，用途限制。根据《土地管理法》的规定集体所有的土地使用权不得转让、出让或者出租用于非农建设，但是，符合土地利用总体规划并依法取得建设用地企业，因破产、兼并等情形致使土地使用权发生转移除外。第四，公益征收。国家因公共利益需要征收集体土地时，集体建设用地使用权人应当服从。第五，转让无偿、无期限。农民按照需要无偿取得宅基地，虽然乡镇企业使用农村土地用于建设需要政府批准，但不向国家交纳出让金，只需向集体交纳一定土地使用费或收益即可。并且，集体经营性建设用地使用权无明确的期限限制。可见集体经营性建设用地之所以不能入市流转，是因为其身份化、无偿性、权能模糊、流转期限不明确等特征造成的，只有突破这些制度性框架，对现行法律进行修改，改变其身份化、无偿性、权能模糊等局限性，方能实现入市。高富平也指出使农村建设用地去身份、市场化，最终使农村建设用地与城市建设用地具有相同的性质和流通能力，能够实现城乡建设用地市场转轨。①

（四）正确解读“三同原则”下的城乡统一建设用地市场

首先本文研究的是集体经营性建设用地的流转，并不是所有的集体建设类用地。这只是对农村土地的入市流转开了一个小缺口，集体经营性建设用地一般为乡镇企业用地、商业、旅游用地等，还有其他集体和个人企业用地等，总体来说这部分用地占集体建设用地的比例不大，本身数量也有限，不会出现贺雪峰教授担心的会对土地市场造成冲击的局面，更不会导致土地市场的崩溃。再者，集体经营性建设用地的经营性质适应土地市场发展的要求，其经营性性质和国有建设用地中的经营性用地类似，但是现实中流转价值低甚至是无偿使用，与国有建设用地的巨额收益形成强烈反差，亟须入市以凸显其价值。所以本文所讨论的城乡统一的用地市场主要针对对象是集体经营性建设用地与国有建设用地

① 高富平．农村建设用地制度改革研究［J］．上海财经大学学报，2010，12（2）．

中经营性用地的统一，对其他类集体建设用地流转暂不讨论。

1. “三同原则”的正确解读

从上述争议观点可以看出许多学者对“同地同权同价”的含义和城乡统一市场到底是一个怎样的市场存在着很深的误解。他们认为三同原则就是相同性质的土地实行无差别的平等对待，价格、地位、权能必须完全相同。这种只从表象上理解三同原则，就武断的下定论的认识方法是完全错误的。关于城乡统一市场下的三同原则，刘守英曾做过这样的解读：允许农村集体经营性建设用地与国有土地一样平等进入市场，应包含以下几层含义：①同地同权。即集体经营性建设用地可以和国有建设用地一样出让、租赁、入股，打破了集体建设用地不得出租的坚冰。②同等入市。即集体经营性建设用地与国有建设用地在同一个平台上合法入市交易，改变目前国有建设用地独家在平台上交易，集体建设用地在灰市上非规范交易的格局。③供求决定价格。集体经营性建设用地进入市场，将改变目前由政府独家出让决定供应、导致价格扭曲的局面，多个集体经济组织以集体经营性建设用地主体入市，真正形成由供求决定价格的机制，促进土地市场健康发展。① 这样的解读有些学者可能认为还是有点含糊，进一步具体来讲所谓“同地”，指的是同一性质的土地不会因为所有权主体的不同，而拥有不同的法律地位。集体经营性建设用地只要符合有偿性、有期限性、非身份性等市场化要求，应当与国有经营性建设用地一样在土地有形市场上进行交易。不能仅仅因为其属于集体所有，就排斥其进入土地交易市场。所谓“同权”，指的是相同用途的土地（如同属住宅用地或工业用地或商业用地），可以设定相同性质的权利，赋予相同的法律地位，实现相同的功能，接受同样的限制，适用同样的法律保护。它意味着集体经营性用地所有权与国家经营性建设用地所有权同权，都可以设立可流转的建设用地使用权，也意味着集体经营性建设用地使用权与国有经营性建设用地使用权具有同样的性质和权能，都可以在市场经济中充分实现商品化流转。其实质是集体建设用地脱离身份限制，实现商品化流转。比如国有经营性建设用地拥

① 刘守英．审慎稳妥推进土地制度改革［J］．理论研究，2014（5）．

有出让、出租、抵押、担保、继承的权利，那么集体经营性建设无需经过征收也应当拥有相同的权利。所谓“同价”，指的是相同区位、相同使用性质的土地都应当依照统一的规则形成价格。比如，国有土地是按照市场价格出售的，那么集体土地也应当按照市场价格进行出售，而不是指不同的土地拥有完全一样的价格。同一城市工业用地不是一个价是很常见的，但这种价格上的差异是由具体的区位、当地的工商业发展程度、交易双方谈判能力等自然、市场和社会因素引起的，与制度歧视无关。“同地同价”追求的是实质平等。我们都知道实质平等的提出是由于每个人的能力、家庭状况等因素都存在差异，国家针对特定的人群在经济上、社会上、文化上等方面与其他人群存在着的事实上的差异，根据理性的、合理的、正当的决定，采取某些适当的、合理的、必要的区别对待的方式和措施，从而在实质上为公民提供平等发展的条件，缩小仅仅由于形式平等造成的差距。在市场经济条件下，如若一味追求表面的平等，即集体经营性建设用地与国有经营性建设用地价格的一致，而忽略其经营水平、地理位置的差异，就有可能导致绝对平均主义，反而违背市场经济的基本要求，不利于社会的发展。三同原则下的“同价”则是追求机会的平等，实质的平等。由于经营水平的差异、地理位置的差异，机会平等但结果不平等是很正常的现象，也是市场经济的必然结果。可见城乡统一市场下的三同原则并不是完全的平等对待，这是不符合中国现状的。[①] 三同原则的提出实质上是为了实现集体经营性建设用地的市场流通能力，使农民集体与城市主体享有同样的农村土地的开发权，而不是为了使得集体经营性建设用地与国有建设用地实现法律地位上的绝对平等。针对集体经营性建设用地与国有建设用地的区位、发展程度等的差异实行价格上和用途上的区别对待，这种有差别的对待才是真正的公平。总之，“同地同权”并不必然“同地同价”，更不必然“同地同利”，这才是三同原则的本质。当然，城乡统一的市场是建立在城乡统一的规划与用途管制基础上的市场，是不管所有人的身份，都要在同等遵守规划与用途管制法则下享有流转自由的权利的市场。同地同权

① 孟俊红．“同地同权”释疑［J］．郑州大学学报，2012（7）．

同价并不简单地意味着对集体与国有土地要同等对待，而是依城乡统一的规划与用途管制规则，具有同样权能的国有与集体土地应被同等对待。当然，为了克服区域的不均衡，需要建立偏远地区农民的特殊的利益保护制度，这也是指标交易的意义。

2. 城乡统一用地市场的基本含义

以“三同原则”为核心的城乡统一土地市场的基本含义是打破国家对土地一级市场的行政垄断，实现城乡土地产权的对等和城乡土地市场的对接，在国家科学宏观调控下，允许农村经营性建设用地直接合法进入市场，充分发挥市场对土地配置的基础性作用。经营性建设用地由农民与开发商直接谈判进行市场化交易，政府不再参与土地收益的直接分配，而主要通过税收的形式间接分享。政府对土地一级市场的宏观调控不再采取征收后再出让等具体行政审批项目用地的形式，而通过税收经济杠杆和法律与规划等手段来实施。城乡统一的建设用地市场的特点可以总结为：①同地同权同价。在尊重实质平等的基础上，对集体经营性建设用地和国有建设用地根据实际情况实行有区别的对待。这是城乡统一用地市场的核心原则。②统一的交易平台。国有建设用地与集体经营性建设用地在同一市场上进行交易，打破城乡土地市场二元分割的局面，允许集体经营性建设用地以出租、出让、入股等方式直接入市交易。③一元的交易机制。统一市场的运行主要是契合相对较成熟的国有建设用地市场的运行机制。不论其产权所属，在转让时均由供地方和用地方自由发布土地供求信息，并且由用地双方直接议价，以市场价格实现土地交易，消除土地先征后用制度下的政府垄断供地格局。两种产权的土地处在同一市场交易规则下进行流转交易，实行统一的监管。不得因为产权不同而实行歧视对待。④统一市场分为实物市场和指标市场。实物市场是指直接将集体经营性建设用地使用权进行流转的市场。指标市场是指将集体经营性建设用地的指标流转至城市，即城乡增减挂钩。指标市场的划分主要是考虑到区位因素的影响，使得许多地理位置偏僻的集体经营性建设用地无法实现流转，指标流转是变通实现土地价值的方法。

可见城乡统一建设用地市场具有克服和弥补土地二元市场不足的优

势，缩小城乡经济差距，释放土地价值，更加公平公正的保障农民权益。确立国有土地与集体经营性建设用地土地使用权主体平等的地位，释放出集体经营性建设用地较大的经济价值。这样，我国农村大量闲置的集体经营性建设用地，通过有序入市流转或土地综合整治、复垦、置换而源源不断流入城市，一方面将解决城市和小城镇建设的用地需求，确保耕地和基本农田红线不动摇；一方面促进了新农村建设和现代农业产业化发展；另一方面，通过集体经营性建设用地出让或城乡建设用地增减挂钩，村组和农民得到土地价值显化的大量货币，又将促进农民市民化和城市及小城镇的健康发展，推进城乡一体化进程，实是一举多利的有力有益措施。并且城乡土地二元市场的制度缺陷已经无从弥补，其所依赖的城乡二元经济结构已经被城乡一体化所取代，土地二元市场已经失去其制度根基。农村产权制度的缺失严重侵犯了农民的权益，引发了严重的社会不公。土地配置方式的二元性造成土地资源的浪费，使得城乡建设用地供需矛盾十分尖锐。土地隐形市场的繁荣使土地交易畸形发展，这种无序、畸形的土地市场缺乏有效的监管，对农村经营性建设用地的有效利用和管理造成了冲击，使得集体经营性建设用地的产权更加模糊，不利于管理。价格机制的扭曲使得农民也不能得到合理的土地产权利益。农村土地产权制度缺失、土地隐形市场、土地配置的二元性等各种现状不仅阻碍着农村经济的发展，还阻碍着整个社会经济的协调发展。现实中，大量集体建设经营性用地已经入市，城乡统一建设用地市场的改革迫在眉睫。

二、各试点区农村集体经营性建设用地入市交易机制的比较

各地试点允许集体经营性建设用地入市，入市就必然会遵循一定的交易机制。那么这个已经运行的交易机制与国有建设用地入市所遵循的交易机制是否为同一机制呢？还是两者之间存在一定的区别？如果为同一机制，那么城乡统一建设用地市场的形成就不存在实践上的运行障碍。如果存在区别，这种区别是否会对城乡统一建设用地市场的构建形

成运行上的制度障碍，还是这种区别就是构建城乡统一建设用地市场的前提。下面就从几个典型试点地区的实践以及与国有建设用地的对比来分析集体经营性建设用地入市的可能性。

集体经营性建设用地入市流转制度与国有建设用地入市流转的对比如表1、表2所示。

表1 集体经营性建设用地与国有经营性建设用地入市流转制度对比

<table>
<tr><th></th><th colspan="2">集体经营性建设用地</th><th>国有经营性建设用地</th></tr>
<tr><td rowspan="2">受让主体</td><td>成都</td><td>为依法取得集体建设用地使用权的自然人、法人或其他组织</td><td rowspan="2">中华人民共和国境内外的公司、企业、其他组织和个人</td></tr>
<tr><td>苏州</td><td>为使用土地的独立法人单位或者个人</td></tr>
<tr><td>出让主体</td><td colspan="2">本集体经济组织或乡镇政府（各地规定基本相同）</td><td>市、县人民政府土地管理部门</td></tr>
<tr><td>使用权内容</td><td colspan="2">出让、出租、转让、转租和抵押、作价（出资）入股等方式（各地规定基本相同）</td><td>出让、转让（出售、交换、赠与）、出租、抵押或用于其他经济活动</td></tr>
<tr><td rowspan="6">交易平台</td><td>苏州</td><td>集体土地与国有土地统一市场进行管理</td><td rowspan="6">土地有形交易市场</td></tr>
<tr><td>长沙</td><td>农村土地流转交易中心与长沙市土地资源市场合署办公</td></tr>
<tr><td>芜湖</td><td>成立建设发展投资公司</td></tr>
<tr><td>广东</td><td>参照国有土地使用权的土地交易市场</td></tr>
<tr><td>重庆</td><td>农村土地交易所</td></tr>
<tr><td>成都</td><td>市、县、乡三级农村产权流转服务平台</td></tr>
<tr><td>最低价格限制</td><td colspan="2">市、县（市）国土资源管理部门并统一制定本区域内的基准地价、标定地价、最低保护价
集体建设用地使用权流转参照城乡一体化地价体系确定的基准地价或标定地价，交易价格明显偏低的，集体土地所有者享有优先回购权。集体土地所有者放弃优先回购权时，市、县（市）人民政府有优先购买权（各地规定基本相同）</td><td>市、县人民政府土地行政主管部门确定标底或者底价
土地使用权转让价格明显低于市场价格的，市、县人民政府有优先购买权。土地使用权转让的市场价格不合理上涨时，市、县人民政府可以采取必要的措施</td></tr>
<tr><td>土地用途限制</td><td colspan="2">通过出让、转让和出租方式取得的集体建设用地不得用于商品房地产开发建设和住宅建设。经批准后可以变更土地用途（各地规定基本相同）</td><td>应当按照合同规定和城市规划使用土地。经批准后可以变更土地用途</td></tr>
<tr><td>流转期限限制</td><td colspan="2">集体建设用地使用权出让、出租的最高年限，不得超过同类用途国有土地使用权出让的最高年限
集体建设用地使用权转让、转租的年限为原土地使用年限减去已使用年限后的剩余年限（各地规定基本相同）</td><td>出让最高年限限制：工业用地五十年，商业、旅游、娱乐用地四十年
转让期限：其使用年限为土地使用权出让合同规定的使用年限减去原土地使用者已使用年限后的剩余年限</td></tr>
</table>

（续）

		集体经营性建设用地	国有经营性建设用地
流转合同制		出让、转让、出租、抵押都需签订合同（各地规定基本相同） 各地均无合同解除权的规定	出让、转让、出租、抵押都需签订合同 出让方的合同解除权：土地使用者逾期未支付全部土地使用权出让金的，出让方有权解除合同，并可请求违约赔偿 使用方的合同解除权：出让方未按合同规定提供土地使用权的，土地使用者有权解除合同，并可请求违约赔偿
提前收回权		国家为了公共利益的需要，依法对集体建设用地实行征收或者征用的，农民集体土地所有者和集体建设用地使用者应当服从（各地规定基本相同）	在特殊情况下，根据社会公众利益的需要，国家依照法律程序提前收回，并根据实际情况给予相应的补偿
监督机制	长沙	权责规定不明确，责任追究机制模糊，监督机制很难实施	监督机制为框架式的，实践中很难操作。责任追究机制规定的笼统和模糊
	芜湖	缺乏有效的监督机制，乡镇政府作为监督者，又是实质上交易主体，很难做到自我监督	
	重庆	设立专门监管服务机构进行监管。但并没有对具体的监管行为进行有效的规定，也没有规定相应的处罚措施。实际可操作性不强	
	广东	对农村集体建设用地的流转缺乏有效的手段监督，容易派生出新的非法流转。《流转办法》只是摆正了政府的监督职能，但是并没有对有效的监督手段进行具体的规定，政府的监管职能很难得到有效的发挥	
	苏州	对监督机制没有做出相应的规定，缺乏有效的权责追究机制，容易滋生非法行为	
	成都	监管缺乏行之有效的具体措施，权责规定不明，很难实施	
政府干预程度	芜湖	除了严格的流转审批程序之外，乡镇政府实质上是建设用地的交易组织者，同时也是交易主体。另外，乡镇政府变相收缴各种税费，形成了集体土地市场乡镇政府完全主导的局面	审批程序相对于各地试点来说相对宽松，政府更能尊重交易主体的市场主体地位，干预程度相对较低
	长沙	严格的流转审批程序，严格的定价制度，政府还要参与收益如何分配。干预过多	

（续）

	集体经营性建设用地		国有经营性建设用地
政府干预程度	广东	明确了集体经济组织的土地产权受益主体和市场主体地位，政府只能规范和监管，不能直接干预交易。根据《办法》规定，政府不再对土地流转实行审批制，不参与土地流转收益分配	审批程序相对于各地试点来说相对宽松，政府更能尊重交易主体的市场主体地位，干预程度相对较低
	苏州	严格的流转审批程序，严格的定价机制，政府直接参与收益分配，对土地市场进行强制性干预。政府仍在土地市场中发挥着主导作用	
	成都	成都一个比较大的突破就是政府处于监管位置，对交易不进行直接干预。但政府仍参与收益分配，并且仍要遵守严格的流转审批程序	
	重庆	政府主导着土地市场，规定了严格的审批程序，对交易价格进行严格控制并参与土地收益分配，干预过多	

表 2　集体建设用地入市流转程序

	交易方式	交易程序	
		首次流转	再次流转
长沙	第二十二条　集体建设用地使用权出让、租赁，应当参照国有土地使用权公开交易的程序和办法，通过土地交易市场招标、拍卖、挂牌等方式进行。特殊情况，经市、县（市）人民政府批准可采取协议方式	第二十二条　集体建设用地使用权初次流转按下列程序办理： （一）土地所有者持经村民会议三分之二以上成员或者三分之二以上村民代表同意集体建设用地使用权流转的决议和集体土地所有证，向土地所在地国土资源局（分局）提出流转申请，经区（市）县人民政府审批后，由区（市）县国土资源局（分局）核发同意流转批准书 （二）土地所有者取得同意流转批准书后，按本办法第二十条的规定实施流转，并与土地使用者签订集体建设用地使用权流转合同； （三）土地使用者持同意流转的决议、同意流转批准书、集体建设用地使用权流转合同等资料，到土地所在地区（市）县国土资源局（分局）申请办理土地使用权登记，由登记机关颁发集体建设用地使用证	第二十四条　集体建设用地使用权再流转的，流转双方持集体建设用地使用证、前次流转合同和再流转合同等资料向原登记机关申请办理变更登记、抵押登记等手续

（续）

	交易方式	交易程序	
		首次流转	再次流转
芜湖	经批准的集镇建设用地，可以由乡镇人民政府统一开发，采用招标、拍卖等方式提供土地使用权	第二十二条　集体建设用地使用权初次流转按下列程序办理： （一）土地所有者持经村民会议三分之二以上成员或者三分之二以上村民代表同意集体建设用地使用权流转的决议和集体土地所有证，向土地所在地国土资源局（分局）提出流转申请，经区（市）县人民政府审批后，由区（市）县国土资源局（分局）核发同意流转批准书 （二）土地所有者取得同意流转批准书后，按本办法第二十条的规定实施流转，并与土地使用者签订集体建设用地使用权流转合同 （三）土地使用者持同意流转的决议、同意流转批准书、集体建设用地使用权流转合同等资料，到土地所在地区（市）县国土资源局（分局）申请办理土地使用权登记，由登记机关颁发集体建设用地使用证	第二十四条　集体建设用地使用权再流转的，流转双方持集体建设用地使用证、前次流转合同和再次流转合同等资料向原登记机关申请办理变更登记、抵押登记等手续
苏州	针对土地流转方式，相应制定集体建设用地转让、作价入股和出租等统一规范的土地流转合同文本，并对合同履约情况进行监督检查	第二十二条　集体建设用地使用权初次流转按下列程序办理： （一）土地所有者持经村民会议三分之二以上成员或者三分之二以上村民代表同意集体建设用地使用权流转的决议和集体土地所有证，向土地所在地国土资源局（分局）提出流转申请，经区（市）县人民政府审批后，由区（市）县国土资源局（分局）核发同意流转批准书 （二）土地所有者取得同意流转批准书后，按本办法第二十条的规定实施流转，并与土地使用者签订集体建设用地使用权流转合同； （三）土地使用者持同意流转的决议、同意流转批准书、集体建设用地使用权流转合同等资料，到土地所在地区（市）县国土资源局（分局）申请办理土地使用权登记，由登记机关颁发集体建设用地使用证	第二十四条　集体建设用地使用权再流转的，流转双方持集体建设用地使用证、前次流转合同和再次流转合同等资料向原登记机关申请办理变更登记、抵押登记等手续

（续）

	交易方式	交易程序	
		首次流转	再次流转
广东	第十五条　集体建设用地使用权出让、出租用于商业、旅游、娱乐等经营性项目的，应当参照国有土地使用权公开交易的程序和办法，通过土地交易市场招标、拍卖、挂牌等方式进行	第十四条　集体建设用地使用权出让、出租或作价入股（出资）的，农民集体土地所有者和土地使用者应当持该幅土地的相关权属证明、集体建设用地使用权出让、出租或作价入股（出资）合同（包括其村民同意流转的书面材料），按规定向市、县人民政府土地行政主管部门申请办理土地登记和领取相关权属证明。市、县人民政府土地行政主管部门应依法给予办理	第十九条　集体建设用地使用权转让、转租的，当事人双方应当持集体土地使用权属证明和相关合同，到市、县人民政府土地行政主管部门申请办理土地登记和领取相关权属证明。市、县人民政府土地行政主管部门应依法给予办理 第二十一条　集体建设用地使用权抵押应当签订书面合同，并到市、县人民政府土地行政主管部门办理抵押登记 农民集体土地所有者抵押集体建设用地使用权的，在申请办理抵押登记时，应当提供本集体经济组织的村民会议 2/3 以上成员或 2/3 以上村民代表同意抵押的书面材料
重庆	第三十七条　农村土地交易所应根据资格确认情况确定土地交易方式，招标、拍卖和挂牌原则上都应在农村土地交易所进行。 竞买人有 3 家以上（含 3 家），采用招标或拍卖方式交易，自公告截止后第 2 个工作日起 10 日内进行开标或拍卖 竞买人有 2 家的，采用拍卖方式交易，自公告截止后第 2 个工作日起 10 日内进行拍卖 竞买人只有 1 家的，采用挂牌方式交易，自公告截止后第 2 个工作日起 10 日内进行挂牌报价	第二十四条　指标交易规则： （一）凡城乡建设用地挂钩指标交易，必须在农村土地交易所内进行 （二）申让方持土地指标凭证，向农村土地交易所提出交易申请，也可以委托代理机构代理申请 （三）代理机构代理申让指标时，在出具土地指标凭证的同时，必须提交委托书 （四）农村土地交易所对申让方进行资格条件审查后，将审查合格的待交易土地指标纳入信息库，并及时向社会公布 （五）一切农村集体经济组织、法人或其他组织以及具有独立民事能力的自然人，均可在农村土地交易所公开竞购指标。具体由《重庆市农村土地交易所交易流程》规定	

（续）

	交易方式	交易程序	
		首次流转	再次流转
成都	集体建设用地用于工业、商业、旅游业、服务业等经营性用途以及有两个以上意向用地者的，应当进入土地有形市场采取招标、拍卖或者挂牌等方式公开交易	第二十二条　集体建设用地使用权初次流转按下列程序办理： （一）土地所有者持经村民会议三分之二以上成员或者三分之二以上村民代表同意集体建设用地使用权流转的决议和集体土地所有证，向土地所在地国土资源局（分局）提出流转申请，经区（市）县人民政府审批后，由区（市）县国土资源局（分局）核发同意流转批准书 （二）土地所有者取得同意流转批准书后，按本办法第二十条的规定实施流转，并与土地使用者签订集体建设用地使用权流转合同 （三）土地使用者持同意流转的决议、同意流转批准书、集体建设用地使用权流转合同等资料，到土地所在地区（市）县国土资源局（分局）申请办理土地使用权登记，由登记机关颁发集体建设用地使用证	第二十四条　集体建设用地使用权再流转的，流转双方持集体建设用地使用证、前次流转合同和再次流转合同等资料向原登记机关申请办理变更登记、抵押登记等手续
国有经营性建设用地	商业、旅游、娱乐和商品住宅等各类经营性用地，必须以招标、拍卖或者挂牌方式出让。此外还有协议方式 招拍挂具体程序，可参照《招标拍卖挂牌出让国有土地使用权规定》	（一）土地使用权出让的地块、用途、年限和其他条件，由市、县人民政府土地管理部门会同城市规划和建设管理部门、房产管理部门共同拟订方案，按照国务院规定的批准权限批准后，由土地管理部门实施。 （二）由市、县人民政府土地管理部门（以下简称出让方）与土地使用者签订。土地使用者应当在签订土地使用权出让合同后六十日内，支付全部土地使用权出让。 （三）土地使用者在支付全部土地使用权出让金后，应当依照规定办理登记，领取土地使用证，取得土地使用权	土地使用权转让、出租的，都应签订合同，并依法办理登记

通过对比可以发现，集体经营性建设用地实现入市流转的基本前提是各地试点对其赋予了明确的权能、有偿性、去身份化和有期限性等特征。这些措施均突破了法律的框架，赋予集体经营性建设用地与国有建设用地相同入市前提的基础上实现的入市。在实践中集体经营性建设用地的流转基本和国有建设用地制度流转相同，是参照国有建设用地的成

熟流转经验进行的。广东、成都、长沙、苏州、芜湖、重庆的实践经验来看都是参照国有建设用地的流转程序进行。在使用权内容、交易平台、交易方式、交易程序、交易价格、交易期限限制等方面，各地实践与国有建设用地基本一致，从这些方面来看，集体经营性建设用地的入市流转可以遵循已然成熟的国有经营性建设用地的交易机制进行，集体经营性建设用地不会因为其产权的不同而无法融入国有经营性建设用地市场，只要突破法律的障碍，赋予集体经营性建设用地明确的权能、有偿性、去身份化和有期限性等特征，完全可以实现城乡建设用地市场的统一。这不但是土地现状的迫切要求，这也是被实践证明了的可行性措施。再者，从我国法律政策的演变来看，中央也逐渐认识到城乡统一土地市场才是农村土地流转市场的大势所趋。

当然，集体经营性建设用地与国有经营性建设用地的流转也存在一定的区别。首先在土地用途限制方面，集体经营性建设用地规定的较为严格，不得用于商品房地产开发建设和住宅建设。对集体经营性建设用地进行用途限制，就会使其缩小交易机会，也会抑制其价格，相应的价值还是没有被完全凸显。并且作为集体权利人的农民还是难以受益或者受益不大。但是国有经营性建设用地就没有此方面的限制，其土地价值就能尽可能的显化出来。所以，对于用途限制，集体经营性建设用地应当尽可能的放宽，取消对商品房地产开发建设和住宅建设的限制较为妥当。还有就是对于流转合同的解除权，集体经营性建设用地流转没有赋予双方当事人合同的解除权，但是国有经营性建设用地却赋予了双方当事人合同的解除权。国有建设用地的规定更能体现尊重市场、尊重双方当事人公平交易机会的精神。集体经营性建设用地该规定的缺失也在说明其流转带有浓重的政府色彩，市场特点弱化严重。在城乡统一的建设用地市场条件下，应当尊重市场，尊重双方当事人的公平交易权，应当赋予双方当事人合同的解除权。

以上几种模式的有益探索对我国集体经营性建设用地交易机制的建立和构建城乡统一的建设用地市场具有重要的借鉴意义。

第一，从交易平台上进行分析，我国十八届三中全会上提出，要建立城乡统一的建设用地市场，将国有土地与集体经营性建设用地放在同一市场上进行流转，充分发挥市场机制的作用，减少政府的干预，以上几个地区来看，各地针对城乡统一建设用地市场的实践似乎都不太理想，均没有突破城乡二元的框架，真正的实现城乡建设用地市场的统一。对于交易平台的建立，也只有长沙与广东地区比较先进，政府只是发挥着监管的作用，集体经营性建设用地能与国有土地同市有序流转，这是对我国现行法律框架的一大突破，我国集体经营性建设用地的入市流转平台可以有选择的借鉴这两地的实践。

第二，从交易价格的制定方面来看，以上各地均是由政府土地主管部门来制定基准地价和最低保护价，芜湖、重庆、成都等地对基准地价根据当地发展和土地发育状况进行适时调整。这一点针对集体经营性建设用地入市流转尤为可取。因为集体经营性建设用地大部分是用于商业目的，我们理应尊重市场机制的调节，不应该过多的干预其发展，这也符合十八届三中全会关于经营性建设用地入市的精神。但是，土地作为一种稀缺性资源，本身存在很大的价值，它的这种特殊性又决定了我们又不能仅仅依靠市场供求来决定其价格，那样极有可能会使蕴含极大财富的土地在某些地区一文不值。因此，政府制定一个基准地价和最低保护价是十分必要的，这是对土地本身价值的尊重。而针对土地市场发育状况对基准地价做出适时调整，又显示了政府对市场机制的尊重，同时也是对交易双方权益的尊重和保护。苏州土地管理部门对集体建设用地土地流转价格的核定无视了市场机制的作用，这种做法显然不可取。

第三，对于交易方式，各地对于国有土地的招拍挂方式都有一致的认同。集体经营性建设用地的流转也可借鉴国有土地的招拍挂方式，一是招拍挂方式符合十八届三中全会关于土地流转的精神，也符合公平、公正的原则；再者，国有土地的招拍挂方式已经实践多年，其程序也运行的比较成熟。集体经营性建设用地流转可以直接拿来借鉴，少走许多弯路。

第四，对于交易程序，各地首次流转一般都会经过申请流转—获得审批—签订合同—变更登记等环节，再次流转一般只需要变更登记即可。对于集体经营性建设用地由于其性质的特殊性，为了推动其快速流转，可以借鉴广东和国有经营性建设用地的实践经验，取消审批制度，变申请及审批程序流转为审核相关材料，审核通过的属于可流转的集体经营性建设用地即可入市流转。这样既可以提高经营性建设用地入市流转的效率，也可以提高交易主体的积极性。由于土地是一种稀缺性资源，在我国又有着比较特殊的意义，签订合同和变更登记环节的存在有其必要性，不可废止。

第五，从政府干预程度来看，广东省土地管理部门在集体建设用地流转上摆正了自己的位置，在《广东省集体建设用地使用权流转管理办法》中明确了集体经济组织的土地产权受益主体和市场主体地位，政府只能规范和监管，不能直接干预交易。政府不再对土地流转实行审批制，不参与土地流转收益分配。其余各地土地主管部门仍是在土地流转市场上处于主导地位，并规定了土地流转严格的审批手续。根据刘守英对十八届三中全会的解读，集体经营性建设用地的流转理应摆脱政府的过度干预，充分尊重交易双方的市场主体地位。而严格的土地流转审批手续会挫伤市场主体交易的积极性，也不利于集体经营性建设用地流转的效率和规模。所以，在集体经营性建设用地流转市场中，政府要摆正自己的监管位置，仅做好规范和监督工作即可，充分尊重交易主体的权益，不可过度干预。另外，还要取缔严格的审批手续，为集体经营性建设用地的顺利流转扫清障碍。

第六，从监督机制来讲，唯有重庆着重提到了设立专门监管服务机构（农村土地交易所监督管理委员会）进行监管，其他地区对土地流转的监督机构规定均不明确，只是笼统的提到土地管理部门进行监管。但是，遗憾的是以上各地均没有对监管部门的监管职责进行具体规定。这种权责不明的监督机制很难付诸实际，缺乏可操作性使其注定是一个摆设，根本发挥不了任何作用，遑论威慑到交易主体。集体经营性建设用地的流转应当吸取以上各地的教训，设立专门的监管服务机构，明确监管机构的职责权限，确立交易主体的责任追究机制，使得集体经营性建设用地流转市场有序、合法、规范的运行。

集体经营性建设用地交易机制的建立要从以上几个方面进行完善，并且要吸取国有经营性建设用地入市的有益经验。当然，集体经营性建设用地要实现全方位、大范围的入市，还是要对现有土地制度进行改革。只有破除制度障碍，才能为集体经营性建设用地入市提供制度保障。

三、农村集体经营性建设用地入市交易的制度前提

（一）修改和完善相关法律法规，加快推进城乡统一制度建设

这是建立城乡统一建设用地市场的首要保障。要在深入研究重大问题和系统总结各地改革实践经验的基础上，抓紧修改《中华人民共和国物权法》、《中华人民共和国土地管理法》、《中华人民共和国城乡规划法》、《中华人民共和国城市房地产管理法》等法律法规。从法律制度层面确定农村集体土地所有权与国有土地所有权平等地位，明确集体经营性建设用地的产权，完善集体经营性建设用地的权能，实现集体经营性建设用地使用权的去身份化，落实集体经营性建设用地的有偿有期流转。区分经营性用地与公益性用地，建立城乡统一的建设用地市场使用权法律制度和城乡统一的建设用地市场，强化土地规划体系建设，提升土地利用规划的法律地位，明确各级政府的权责，扫除统筹城乡发展的制度性障碍。此外，还要着重落实村级土地利用总体规划的编制工作，合理确定村镇土地使用的规划布局，从而增强科学引导“入市”的基础和手段。尽快出台农村集体经营性建设用地流转条例、改革完善土地税制，合理调节农村集体建设用地流转收益，逐步健全市场配套机制，促进城乡建设用地市场繁荣发展。①

（二）强化落实土地用途和规划管制规定

这是建立城乡统一建设用地市场的重要前提。十八届三中全会规定，在符合规划和用途管制前提下，允许农村集体经营性建设用地出让、租赁、入股，实行与国有土地同等入市、同权同价。由此可见，符

① 姜大明．建立城乡统一的建设用地市场［N］．中国国土资源报，2013－11－22（1）．

合规划和用途管制，是农村集体经营性建设用地入市的红线。土地用途管制制度，是市场经济发育完善的世界各国通行的做法，其目的是解决经济发展需求与土地资源特别是耕地资源保护之间的矛盾。以第二次全国土地调查和年度土地利用变更调查数据为基础，以土地利用总体规划为依托，综合各类相关规划，加快建立完善国土空间规划体系，明确城乡生产、生活和生态功能区范围，充分考虑新农村建设、现代农业发展和农村二、三产业发展对建设用地的合理需求，为建立城乡统一的建设用地市场提供用途管制和规划安排。在此基础上的用途管制和规划安排相当科学与合理，不但完善了土地利用的合理布局，也可以使土地使用权人按市场导向充分发挥其自主能动性。

（三）科学界定和明确农民的土地产权，实现集体经营性建设用地使用权的去身份化

这是建立城乡统一建设用地市场的重要基础。我国现行的《土地管理法》对农村集体经营性建设用地的产权并不明确，只是笼统的规定农村集体土地所有权归农村集体经济组织所有，但是在实践中农村集体经济组织并不是人格化的实体，各地试点行使主体权能的实体也不统一，有村民小组、村委会、乡镇政府、投资公司等。产权的不明晰甚至缺失，导致收益权和处置权的缺失。所以必须明确产权制度，进一步理顺产权关系，完善土地登记制度，建立农村土地地籍管理体系。地籍管理是国土资源管理工作的基础，包括地籍调查、土地权确认、土地登记、土地统计和地籍档案管理。扎实做好城乡建设用地确权登记发证工作，明确和完善土地产权主体以及主体的权能。明确集体经营性建设用地使用权的内容，落实农民集体对经营性土地的开发权，实现集体经营性建设用地的去身份化。要使农村建设用地使用权流转就必须去身份化，使农民集体成员的土地权益不再体现为直接利用权，而是体现在出让给他人使用、农民获取收益的权利。农村建设用地使用权的流转最终要斩断集体成员与集体土地之间的直接联系，使土地使用权可以成为为任何人取得的权利，而农民集体所有权仅体现为分享出让土地使用权的收益。也就是由过去的直接占有支配土地利益，转变为经济收益的分享。

（四）缩小征地范围，落实农民的土地开发权，扩展农民集体的使用权流转空间

这是建立城乡统一建设用地市场的重要配套制度。公共利益的界定关系着征收适用范围的限定。只有严格区分和界定公益性和经营性建设用地，将征收限定在公益性建设用地上，才能为农民集体自主出让和流转农村建设用地留下空间。高福平认为在法律上，不管归属于私主体，还是国家，只要某物是为了不特定公众利益或公益事业，其物即可以认为是满足公共利益。因此，我们要抛弃从主体的角度判断是否属于公共利益，而需要从土地（客体）的用途或目的来判断是否属于服务公共利益。落实农民集体对土地的开发权是改革现行征收制度的另一个核心问题。建设用地市场化的本质在于农村土地的商品化、商业化，而这当然地意味着对农民的土地开发权的承认；城乡建设用地统一市场也当然地意味着农村的建设用地使用权与城市建设用地使用权具有相同的性质和权能。因此，承认农民集体所有土地的商业开发权是农村建设用地使用权出让和流转及其与城市建设用地使用权对接的前提。

（五）正确定位政府与市场的角色

在城乡二元的特色下，政府仍然垄断着土地一级市场。建设城乡统一的建设用地市场要求通过竞争机制、供求机制来自主运行，政府不能过度干预土地交易市场。因此，建设城乡统一的建设用地市场必须充分发挥市场自身的作用，尊重市场规律，尊重自由公平的交易。由于我国的城乡统一的建设用地市场目前还是一个不成熟的市场，不完全的市场，无法具备明晰的使用权人、透明的市场价格、公开的交易信息、完善的交易制度，因此市场无法发挥其自动、高效的作用。存在市场无能为力的情况，则需要政府的适度引导和干预。新制度经济学认为市场与政府是属于不同的治理结构，两者的职能选择取决于行为所产生的交易费用大小。因此，在建设城乡统一的建设用地市场过程中，政府应当在尊重市场的基础上，与市场共同发挥作用。

四、农村集体经营性建设用地交易市场的基本制度构建

（一）土地实物交易市场的构建

1. 统一城乡建设用地产权，实现农村集体经营性建设用地与国有土地“同权”

建设城乡统一的建设用地市场的基础就是土地产权，没有产权就没有市场。实现城乡建设用地市场一体化的关键就是必须以同等产权同等对待为原则，建立农村集体经营性建设用地使用权与城市建设用地使用权平等的使用权市场。我国目前农村集体经营性建设用地的现状是，农村集体经济组织享有集体土地的所有权，农民个体掌握着土地的实际使用权，而国家享有着对集体土地的征收权和管理权。农村集体经营性建设用地的流转是土地使用权的流转，这就必须明确农村集体经营性建设用地的使用权。农村集体经营性建设用地与城市国有建设用地不应区别对待，二者应当享有一致的、平等的、完整的土地财产权利，法律对二者也要平等的对待和保护。土地的使用权包括出让、转让、出租、抵押等，使用权人可以按照自己的意愿进行有偿流转、限期流转。实现农村集体经营性建设用地的有偿化、商品化和物权化，以明确的法律条文规定其与国有土地的同等地位，二者享有相同的出让、转让、出租、抵押的权利，真正实现“同地同权”。

2. 建立统一有形的城乡土地交易市场，使集体经营性建设用地与国有土地在同一交易平台上进行交易，实现“同等入市”

建立城乡统一建设用地市场，关键点是建立城乡统一建设用地流转的土地有形市场作为相应的土地交易平台。要借鉴国有建设用地管理的经验，将农村集体经营性建设用地交易纳入已有国有建设用地市场交易平台，符合流转要求的农村集体建设用地的流转，要像国有土地流转一样对待。一样的公告、宣传、一样的采取拍卖、挂牌方式出让、转让，地价同样也应有国有土地的最低保护价，促进公

开公平公正和规范交易。大力培育和发展城乡统一建设用地市场信息、交易代理、市场咨询、地价评估、土地登记代理、纠纷仲裁等服务机构。

（1）建立土地流转信息平台。土地流转信息平台主要就是农村土地信息发布平台与流转服务平台，土地交易主体可以通过该平台及时发布土地交易信息，了解土地交易动态，提高市场咨询服务，提高土地管理的效率。建立农村土地坚持顺应市场经济的要求搭建土地流转信息服务平台，加大土地市场信息披露力度，各地农村集体经营性建设用地流转计划、土地公开交易信息、土地公开交易结果等，必须及时和准确地向社会公布，积极推进国土资源信息化建设。土地流转信息平台分为有形信息平台和网络服务信息平台。有形信息平台的覆盖范围毕竟有限，不利于信息的及时全面公开。应该加快完善网络土地流转信息平台。流转交易信息网络，及时登记可流转土地的数量、区位、价格等信息资料，定期公开对外发布可开发土地资源的信息，接受土地供求双方的咨询，沟通市场供需双方的相互联系，提高土地流转交易的成功率。早在2008年，“农村土地网”作为土地流转信息服务平台就已经投入运行，“土流网”也于2009年开始运行，如今这些网站的功能已经相当成熟。下一步，应当建设统一的网络信息流转服务平台“土地流转信息网”，不针对产权区别对待。县、乡两级都应建立相应的网络信息流转服务平台，建立土地流转信息渠道，形成市、县、乡镇三级服务网络平台。通过网络服务平台这个媒介，着力加强农村集体经营性土地流转市场供求信息的有效对接，同时推进国有土地有效流转，推动城乡统一流转信息平台的建设。

（2）培育市场中介组织，建立纠纷多元解决机制，完善城乡统一土地市场的配套机构。市场中介组织是联系农民、企业、政府之间的重要纽带，其发育健全与否，事关城乡建设用地市场一体化的成败，必须大力鼓励和培育。完善土地价格评估机构，确保土地评估机构公平科学公正，为集体经营性建设用地流转、抵押提供科学合理的价格依据。积极发展和培育委托代理机构、合同公证机构等，使集体经营性建设用地流转更加公平高效。此外，加强同信托、证券公司的合作等，积极探索土地信托、土地证券等新型流转方式。[①] 完善农村金融，设立融资公司、保险公司等，引入担保机构对抵押贷款进行担保，以保障集体经营性建设用地安全流转。建立健全流转纠纷调解、解决机制，形成调解、仲裁、法院等多途径、多层次解决农村集体经营性建设用地使用权流转纠纷的服务体系，与农村集体经营性建设用地入市流转相适应。

（3）建立集体经营性建设用地招标拍卖挂牌出让流转制度、合同管理制度、交易许可制度，完善农村集体经营性建设用地流转制度。在统一的流转交易平台上，实行统一的“招拍挂”出让程序。按照对城乡建设用地市场进行统一监管的原则，完善城乡一体的建设用地“招拍挂”出让制度。对于城镇规划区内的集体经营性建设用地，要以“招拍挂”方式在土地有形市场统一供应；对于城镇规划区外的集体经营性建设用地，可以无须征收，但必须以“招拍挂”出让方式在城乡统一的公开市场上进行流转。建立集体经营性建设用地出让转让合同管理制度。土地有形市场应当提供合同签订和见证服务，提供流转合同示范文本，健全农村集体经营性建设用地使用权登记制度。将集体经营性建设用地流转纳入统一规范的合同管理系统。统一土地权属证书，建立包括城市土地和农村土地、建设用地和农用地在内的城乡统一的土地登记制度。建立完善集体经营性建设用地交易许可管制制度。集体经营性建设用地流转入市，必须进行条件审查和交易许可管制。凡是符合土地利用规划、用地性质合法、用地手续齐全、不存在权属争议的集体经营性建设用地，才能经交易许可后依法流转。建立集体经营性建设用地计划管理制度。完善农村集体经营性建设用地计划管理体系，对新增集体经营性建设用地、集体经营性建设用地出让、集体经营性建设用地整理实行统一的计划管理和总量控制。[②] 建立集体经营性建设用地规划许可管理制度。加强城乡建设规划管理和土地管理工作的衔接，并逐步建立和完善城乡统一的建设用地规划许可管理制度。

---

① 刘润秋，高松．农村集体建设用地流转地权的激励模式［J］．财经科学，2011（2）．

② 王小映．平等是首要原则——统一城乡建设用地市场的政策选择［J］．中国土地，2009（4）．

3. 建立城乡一体化定价体系，实现农村集体经营性建设用地与国有土地“同价”

城乡一体化定价体系是指以城乡统一的土地市场为平台，将国有建设用地地价体系与集体经营性建设用地地价体系融为一体，实现城乡地价连续性的地价体系。城乡一体化的地价体系重在找出城乡地价的衔接点，实现城乡地价的衔接。肖顺良等（2011）在借鉴农地发展权理论与阿隆索土地竞租模型，并结合我国土地制度进行分析的基础上，得出工业用地价格可以作为城乡一体化地价的衔接点。因为工业用地价格一般是一种成本价，故要实现国有土地与集体经营性建设用地的价格衔接，采用成本价最为合适。在此基础上，论证了研究区域城乡一体化地价的衔接过程，并说明了城乡一体化地价衔接理论分析具有可行性。

（1）建立健全集体经营性建设用地的地价评估制度。确保城乡一体化地价的实施，需加速集体经营性建设用地流转，开展集体基准地价评估工作，为城乡一体化提供价格基础。现存的农村土地流转的土地估价制度存在很大的问题，隐形市场的大量存在，使得交易信息无法公开，估价指标体系不统一，再者，农村土地流转的市场化程度受限，很难进行系统评估。建立专门的土地估价机构，对土地价值进行专业评估，根据土地实际价值，制定出公平合理的土地价格，有利于保障交易的公平，也有利于保障土地使用权出让主体的权益。因此土地估价机构可以根据城镇土地的估价经验，建立统一的估价技术规范和相应的地价形成制度以及地价评估体系。建立农村集体经营性建设用地基准定价体系。制定出土地级差收入、区位差异、规划用途、基础设施条件等因素在内的基准价格，作为集体经营性建设用地的参考价格。① 为了防止农村集体经营性建设用地因地价流转而导致集体土地资产流失，农民利益受损，政府要在土地估价机构定级估价的基础上，确定集体经营性建设用地的基准地价，即最低限价。明确规定农村集体经营性建设用地流转的最低价格不得低于该最低限价。

---

① 杨继瑞，帅晓林．农村集体建设用地合理流转的支撑体系：权益分配抑或外部环境［J］．改革，2009（12）．

（2）完善集体经营性建设用地价格机制，为城乡一体化地价提供理论支撑。完善市场价格形成机制，通过市场机制决定土地价格，减少政府和其他人为因素的干扰，防止乡村干部以权力扭曲集体土地的流转价格，充分发挥市场在土地资源配置中的基础性作用，由土地需求方与农民直接谈判，根据市场供求机制确定土地价格。允许协议出让与招拍挂等多种方式并存，集体经营性建设用地所有者，可以通过协商方式确定土地使用者。建立地价公示制度。地价的制作过程，制作依据，应当及时进行公示，以便监督。

4. 完善土地租赁、转让、抵押二级市场

我国现行土地制度安排下，虽然政府垄断土地一级市场，但是，却鲜少关注土地二级市场的发展。我国土地二级交易市场发展得相当不成熟，由于缺乏管制，也相当混乱。二级市场交易频率高，手续烦琐，问题细碎，隐形交易普遍存在，流通秩序比较混乱。城市存量建设用地的自发交易和隐形交易较为普遍，而且形式多样、交易量大，交易秩序较乱。需要克服二级市场信息残缺不全，多头分散，不能形成系统等缺陷和问题。土地二级市场的成熟完善，不仅有利于土地的高效流转，还有利于农村经济的发展。土地二级市场的流转也应当在公开统一的交易平台上有序进行，引入“公开竞价”机制，促进土地二级市场的繁荣。针对租赁、转让、抵押等形式进行转让的土地进行统一登记。政府及其有关部门一般不得干预土地交易主体在二级市场进行的合法公平交易，改“管制型”政府为“服务型”政府。建立完善土地有形市场，保障土地交易统一、规范、有序应强化交易平台的功能和权威，让符合土地使用权转让、出租、抵押条件的土地，进入有形土地交易市场，实行挂牌公开交易，提供各种交易服务，提高二级市场交易的透明度。土地有形市场作为土地交易的专门场所，应明确并接受主管部门的指导、监督和检查，以便有效地规范二级市场。不经土地交易市场私下交易的宗地，一律不予办理过户手续，并按规定予以处罚，使土地有形市场真正成为一个集中统一规范有序的土地交易场所。加强国有建设用地一、二级市场和集体建设用地市场的衔接，加强信息系统建设，使得城乡统一的建设用地市场更加流畅运行。

（二）土地指标交易市场的构建

集体经营性建设用地流转一般分为实物交易与土地指标交易两种模式。实物流转模式就是直接实现集体经营性建设用地入市交易。同一地区采取“实物流转”模式。集体经营性建设用地无交易市场或严格遵循现有集体经营性建设用地严禁直接人市规定的情形下，权利人将其所拥有的集体经营性建设用地复垦为耕地而获得等额的城镇新增建设用地使用权指标，而后将该指标转让给建设用地可流转，这就是土地指标交易。以上主要是实物交易的条件和程序。针对指标交易，其交易程序还是会有一定区别。

戴伟娟（2011）指出城乡统一的建设用地市场并未解决规划区外集体经济组织的土地产权实现的问题，只有与建设用地的异地流转机制相结合，才能解决新的市场失灵问题。[①] 不同区域之间经济发展程度不同，对集体经营性建设用地的需求也不同，经济发达的地区供不应求，土地隐形市场等过度繁荣。而经济不发达地区出现了大量的集体经营性建设用地闲置，土地无法达到优化配置。因此，指标交易既可以解决城市用地困难问题，同时也盘活了农村闲置建设用地。指标交易类型主要有城乡建设用地增减指标交易、耕地占补平衡指标交易、新增建设用地指标交易。土地指标交换和交易模式应当参照国土资源部《城乡建设用地增减挂钩试点管理办法》和借鉴重庆市“地票”交易模式经验进行。异地流转的土地在入市前要形成一定的土地指标，方可进行交易。首先要进行复垦。以规划和复垦整理规范为指导，在农民自愿、农村集体经济组织同意的前提下，对土地利用总体规划确定的扩展边界以外的农村建设用地进行复垦。由土地管理部门会同相关部门，进行严格验收，在留足农村发展空间的基础上确认腾出的建设用地指标数量，形成土地指标。土地指标形成后，就可以参照实物交易的入市流转方式和程序进行流转。

---

① 戴伟娟．农村建设用地流转：城乡统一市场并非全部［J］．上海经济研究，2011（3）．

五、农村集体经营性建设用地市场运行制度的构建

土地市场的交易机制是指交易双方的交易动机、交易场所、交易方式、交易合同签订等活动的总称。土地交易行为是否规范，交易环节是否公开、合法是判断一个土地市场运行好坏的重要标志。因此必须要建立一个完善的交易机制，保障城乡建设统一用地市场的顺畅运行。我们可以借鉴现行几个试点地区的实践经验，总结实践地的教训，尤其是重庆市出台的《重庆市农村土地交易所交易流程》，可以为集体经营性建设用地交易机制的建立提供很好的示范。要想建立一个完善的交易机制，首先要针对形成交易机制的各个部分进行规范。

（一）农村集体经营性建设用地市场交易主体

土地交易主体是土地交易的前提和起点。人格平等、意思自治以及独立责任是法律对市场主体的基本要求。我国实行土地公有，只有国家与农村集体才能成为土地所有权人，这种特殊性对市场交易参与主体也提出了特殊的要求。在人格权方面，要建立统一的建设用地市场，必须打破现行体制下集体土地与国有土地的不平等待遇。在规划许可的范围内，允许所有的集体经营性建设用地平等的直接进入开放的市场，以市场方式来配置集体经营性建设用地，从而使农民集体可以直接享受市场利益。土地使用权受让主体也应平等的参与土地交易，平等地进行竞价，不应受到歧视性对待。在意思自治方面，充分保障集体组织的土地所有权和农民的成员权，明确集体土地决策权的行使主体，对于集体经营性建设用地的出让必须经集体组织成员的三分之二通过，才能让土地使用权入市交易。土地使用权的收益分配也必须让集体组织成员自主决定土地使用权受让主体具有交易的自主决定权。土地交易主体双方可以自主决定在二级市场的交易方式，可以自主决定交易对象等。在城乡统一的建设用地市场应当尊重土地交易双方的意思自治。在独立责任方面，土地交易主体双方须有独立的承担法律责任或者经济责任的能力。土地交易主体双方在违约时，必须承担相应的责任后果。集体经济组织

和土地受让主体分别要承担其对应的责任。[①]

（二）农村集体经营性建设用地入市交易条件

为了理顺集体土地产权关系，实现农村集体土地财产权，促进集体经营性建设用地的合理流转，就必须对集体经营性建设用地使用权流转条件、流转方式和流转程序进行规范。首先，关于流转条件主要有以下几点要求：①必须是依法取得使用权的集体经营性建设用地。农村集体经营性建设用地流转的基础必须合法，才能保证集体经营性建设用地的顺利流转。再者集体经营性建设用地在流转中会产生巨大的经济利益，根据经济人的有限理性和逐利性，必然有大量耕地被冒充是集体经营性建设用地进行流转，导致耕地触碰红线。②符合土地利用总体规划和市镇建设规划。一方面流转的土地必须符合土地利用总体规划，它是我国实行土地用途管制的依据，集体经营性建设用地也属于土地用途管制的范围，因此集体经营性建设用地的使用权流转必须以符合土地利用总体规划为前提。另一方面，流转的土地在使用目的上要符合城市规划、村镇规划和满足土地利用年度计划。不得擅自改变用途，严禁用于房地产开发，防止扰乱房地产市场。③权属合法、产权清晰、没有纠纷。土地登记是证明权属合法的最强有力手段。流转的集体经营性建设用地必须是依法确权，明确了集体土地的所有者和现在土地的使用者，产权清晰且与周边土地所有者和使用者权属无纠纷。这是集体非农建设用地流转的基本条件。

（三）农村集体经营性建设用地入市交易方式

我国国有土地使用权进行招标、拍卖、挂牌出让的程序，已经发展的相当成熟和完备，集体经营性建设用地入市初次流转进行招拍挂的程序，可以参照《中华人民共和国城镇国有土地使用权出让和转让暂行条例》、《招标拍卖挂牌出让国有建设用地使用权规定》（中华人民共和国国土资源部部令第 39 号）的规定进行执行。现在土地网络流转信息服

① 曹笑辉，汪渊智．城乡统一建设用地市场制度构建［J］．求索，2014（1）．

务平台也发展得相对成熟，除了招拍挂程序外，集体经营性建设用地的再次流转可以协商方式以及网上竞价方式进行，再次流转，应当充分发挥市场的活力，采用竞价机制，活跃二级市场，提高流转效率。

（四）农村集体经营性建设用地入市交易程序

建设城乡统一的建设用地市场，实现集体经营性建设用地与国有土地同权同价，充分发挥市场机制的作用，减少政府对城乡统一市场的干预，所以关于流转程序的设计要正确定位政府的角色。我们在前面已经对流转程序简化的原因进行了解释，在此不再赘述。具体程序设计应该包括：① 流转资料审核。流转方应向村民大会或村民代表大会提交集体经营性建设用地使用权流转方案，审查通过后由流转双方持集体经营性建设用地使用权证或用地批准文件、流转方案、流转土地所有权人出具的同意书等资料，提交给土地行政主管部门进行审核。土地行政主管部门审查资料合法后，应当依法在合理时间内予以办理。许多学者提出，要废除政府的流转审批权。这一点非常有意义。政府的流转审批权严重影响土地流转市场的流转规模和流转效率，干预了土地流转市场的自主运转，存在极大的弊端理应废除。因此，规定政府在这一环节只有对流转资料的审查权，相对科学与合理。②签订合同并缴纳税费。集体经营性建设用地使用权人获得批准后，在土地行政主管部门的监督下，由流转双方签订正式的流转合同。同时，应参照国有土地转让的相关规定，由具有资质的评估机构对流转土地的价格进行评估，并按照评估结果缴纳有关税费。③流转变更登记制度。流转双方应在合同签署并足额缴纳有关税费后，尽快办理集体经营性建设用地使用权登记，领取集体经营性建设用地使用权证或土地他项权利证书。对于土地二级市场的交易，为了提高土地流转的效率，交易程序应当简化，以协议方式进行的，直接在合同订立后，办理流转登记即可。

（五）农村集体经营性建设用地交易监督机制

根据我国现行法律法规的规定，地方政府仍是土地交易过程的主要的监督者。政府独此一家的监督导致了实践中的弊端丛生，尤其是权力寻租现象尤其严重。因此，必须加强土地交易机制的监督。首先要建立专门的监管服务机构，明确监管机构的职责权限，确立交易主体的责任追究机制。然后再加强内部监督，加强交易程序的公开化，透明化，加强信息公开制度，完善价格形成机制的公开，做到公平、公正。引入司法监督，司法监督是维护交易主体权利的最终保障。司法具有相对独立性，能够减少政府对司法的干预，从而维护市场交易主体的经济利益。申诉和仲裁渠道为解决土地纠纷提供了很大的便利，是维护交易主体的经常性补救措施。加强社会监督、媒体监督。土地市场的公开透明关系到许多利益群体的利益，也关系到一个地区的经济发展。社会、媒体都应当参与进来共同监督土地交易的进行，共同致力于提高农村经济发展和农民生活水平。

农村集体经营性建设用地入市是我国土地改革的一大突破。集体经营性建设用地入市最主要的就是对城乡统一建设用地市场的建立。我国目前许多地方已经开始了建设城乡统一建设用地市场的试点，但是由于缺乏制度的指导，探索方向不太明确，我们应当尝试构建城乡统一建设用地市场的制度，为地方建设城乡统一市场提供方向指导和制度设计。同时，为了规范城乡统一的建设用地市场的运行，对于交易机制也要进行科学合理的设计。土地交易平台的公开、公正以及土地交易机制的完善是农村集体经营性建设用地入市的最重要保障。

农民财产性收入长效增长机制研究*

财产性收入是衡量国民富裕程度的重要指标。继党的十七大报告首次提出"创造条件让更多群众拥有财产性收入"之后，党的十八大报告再次提出要"多渠道增加居民财产性收入"。在当前农民工资性收入增长放缓、家庭经营收入增长有不确定性、城乡收入差距缩小趋势还不稳固的背景下，研究建立农民财产性收入的长效增长机制对于拓宽农民增收渠道、提高农民生活水平具有重要的现实意义。

一、引言

目前对财产性收入定义还没有完全统一的认识，根据研究目的不同，定义有所区别。《新帕格雷夫经济学大辞典》定义的财产性收入是指，金融资产或非生产性资产的所有者向其他机构单位提供资金或将有形非生产性资产供其支配，作为回报而从中获得的收入。实际工作中，城乡居民财产性收入定义有所差异。《中国城镇住户调查手册》定义城镇居民的财产性收入主要指，依靠家庭拥有的动产（如银行存款、有价证券等）、不动产（如房屋、车辆、土地、收藏品等）所获得的收入。农民财产性收入主要是指，依靠农用地、宅基地、自有资金、集体经济等财产获得的收入，当前主要集中在集体分配股息红利、土地承包经营权转让收入、征地补偿款、房屋租金等方面（国家发改委规划司等，2011）。

总体上看，我国农民财产性收入占比较低，来源相对集中。夏荣静

* 本报告获2014年度农业部软科学研究优秀成果三等奖。课题承担单位：农业部农村经济研究中心；主持人：张恒春；主要成员：武志刚、张红奎、李婕、刘媛媛、李想。

（2010）指出，我国居民财产性收入规模有限、比重很低，城乡居民财产性收入的比重都在2%～3%，低于美国NIPA口径统计的18.01%的比重（王志平，2010）。此外，居民获得财产性收入的途径不多，城镇居民财产性收入主要来自于房屋出租收入和股息红利收益，分别占其财产性收入的51.8%和22.9%（刘兆征，2009）；农民财产性收入也较为单一（姚永明，2011），金融资产收益所占比重很小。财产性收入在居民和城乡间的分配有较大差异。越是高收入群体，其财产性收入增长也越快，财产性收入占收入比重也越高，调查显示，城镇居民最高10 %收入组与最低10 %收入组的人均财产性收入之比是两者可支配收入之比的4倍以上（陈建东，2009）。区域间农民财产性收入差距要大于农民收入差距，不同收入组农民的财产性收入差距也要大于农民纯收入的差距（李伟毅，2009）。

多数学者指出，农村土地制度不健全是制约农民财产性收入增长的最主要障碍。首先，土地所有权主体虚置导致农民难以获得土地增值收益（夏宁等，2008；李保奎，2012）。我国农村土地属于“农民集体所有”，但实践中“农民集体”的范围界定不清（李伟毅，2009），导致“农民集体”无法处置其实际所拥有的土地财产，更不能将其所有的土地量化为具体的财产。在国家依法征用土地时，农民只能被动接受国家制定的强制性价格，土地收益增值与农民财产性补偿脱钩。调查显示，农民得到的征地补偿收益只占土地价格的5%～10%（廖洪乐，2007）。其次，限制性的土地产权制度制约了农民的部分土地权利让渡以获得财产性收入（李伟毅，2009）。在目前的土地管理法律框架下，集体土地建设用地使用权的流转为法律所禁止，集体土地使用权抵押受到严格限制，除“四荒”地之外，农民的土地承包经营权、宅基地使用权均不能用于抵押。这就限制了农民更充分并有保障地实现与土地权利相连的潜在经济机会的可能（韩俊，2006）。此外，严格的土地用途管制限制了农民土地财产的升值空间（夏宁等，2008）。以农村宅基地为例，现有的法律规定是“一户一宅”，法律禁止把宅基地转让给市民，由于村庄内部对宅基地的需求不足，农民即使迁移至城镇定居，房屋也只能闲置或以极低的价格卖出。农民不动产的低价格无法反映土地资源的稀缺程度，掩盖了真实的市场价格，实际上是对农民财产权的变相剥夺。还有其他学者从农村金融市场发育不足、社会保障制度不健全、收入分配制度不合理等方面阐述了农民财产性收入增长面临的障碍（李伟毅，2009；陈晓枫，2010；曹廷贵等，2012）。

也有学者从实证研究的视角分析了财产性收入的制约因素。何丽芬（2011）采用协整分析的方法研究了金融发展对农民财产性收入的影响，结果显示农村人均纯收入、存贷款占GDP的比率对农村人均财产性收入存在着正向影响。徐汉明（2012）采用多元线性回归模型研究了武汉农民的财产性收入，结果显示非农就业率、人均机械化水平、人均居住面积、耕地年均减少率、农地流转平均价格对农民财产性收入均有显著影响。李子联等（2011）通过对江苏省农民财产性收入的影响因素分析认为，包括经济增长、财富禀赋及可支配收入在内的经济发展水平是影响居民财产性收入的重要因素，农户风险意识的加强和社会保障制度的完善也有助于其财产性收入的增长，但金融制度改革并未对农户财产性收入起到正向的促进作用。

随着我国国民经济的发展，农民财产性收入持续增长已是一种趋势。但现有的研究多是基于对农民财产性收入的总体描述，缺乏微观农户层面的收入分析，尤其缺乏基于农户层面的动态分析，这在一定程度上模糊了我们对农民财产性收入分布特点、分配差异以及收入流动的认识；同时，已有的文献对国内地方的实践、可借鉴的经验措施的梳理、提炼尚有不足，这都制约了我们对农民财产性收入问题的全面认知。本研究主要包括五个部分，第一部分是引言，第二部分是我国农民财产性收入现状特点及分配差异分析，第三部分是国内促进农民财产性收入增长的经验及启示，第四部分是促进农民财产性收入增长的形势分析，第五部分是促进农民财产性收入增长的思路及建议。

二、我国农民财产性收入现状特点及分配差异

改革开放以来，随着国民经济的快速发展、收入分配制度的不断改革，农民的收入来源日趋多元化，财产性收入已经同家庭经营收入、工

资性收入和转移性收入一样成为农民收入的重要组成部分，并且正在呈现出快速增长的态势。

我国农民的财产性收入主要是指农民依靠农用地、宅基地、自有资金、集体经济等财产获得的收入，当前主要集中在集体分配股息红利、土地承包经营权转让收入、征地补偿款、房屋租金等方面。总体上看，我国农民财产性收入持续较快增长，已成为农民纯收入的重要来源。

（一）我国农民财产性收入的现状特点

1. 财产性收入持续增长，增速快于农民人均纯收入的增速

改革开放之初，由于我国农民的纯收入长期保持在较低水平，可供转化为财产的积累较少，因而农民极少有财产性收入，到 1993 年农民人均财产性收入仅为 7 元。2003 年以来，随着我国取消了农业税以及一系列惠农富农政策的实施，农民的收入水平有了较大幅度的提高，农户的财产也有了长足的积累，根据社科院收入分配课题组 2002 年的全国住户抽样调查数据显示，当年农户人均财产净值达到 12 938 元（李实等，2005）。农户财产积累的快速增长促进了农户财产性收入的持续增长，据国家统计局数据显示，2003—2013 年，我国农民人均财产性收入由 65.8 元增加到 293 元，年均名义增长率为 16.1%，实际增速达到 12.5%，比农民人均纯收入的实际增长率高出 3.0 个百分点；从财产性收入历年的增速来看，2003 年以来，财产性收入的实际增速一直保持在 6%以上，除了 2011 年、2012 年财产性收入增速慢于农民人均纯收入增速外，其他年份农民财产性收入的增速均高于农民人均纯收入的增速。可以说，农民财产性收入的快速增长已经成为农民收入水平持续快速增长的原动力（表 1）。

表 1　农民各项收入来源的实际年增速

单位：%

	纯收入	工资性收入	家庭经营纯收入	财产性收入	转移性收入
2004 年	6.9	3.7	8.1	11.2	13.9
2005 年	8.5	15.1	3.4	13.0	24.8

（续）

	纯收入	工资性收入	家庭经营纯收入	财产性收入	转移性收入
2006年	8.6	15.3	3.1	11.9	20.8
2007年	9.5	10.2	7.8	21.0	16.6
2008年	8.0	9.0	4.3	8.4	36.6
2009年	8.6	11.5	4.1	13.3	23.5
2010年	10.9	13.8	8.2	16.8	9.9
2011年	11.4	15.2	7.5	6.8	17.6
2012年	10.7	13.5	7.0	6.3	18.9
2013年	9.3	13.6	4.4	14.4	11.1

2. 财产性收入在人均纯收入中占比较低，但比重逐年提高

2013年财产性收入占比达到3.3%，与工资性收入、家庭经营收入和转移性收入相比，财产性收入在农民人均纯收入中的比重是最低的，但增速较快。2003年以来，财产性收入实际增速仅次于转移性收入增速，快于家庭经营收入和工资性收入增速，其中，财产性收入的增速更是达到家庭经营收入增速的两倍。当前，我国农民财产性收入的绝对额不高，比重也最低，与国外发达国家居民财产性收入占比相比，还有很大的提升空间，近年来财产性收入的持续增长态势已经表明，我国已经进入居民财富快速积累的新阶段，财产性收入在农民人均纯收入中所占的比重还将进一步提高，对促进农民收入增长，调整收入结构的突出作用将会日益凸显（表2）。

表2　农民各项收入来源比重变化

单位：%

	工资性收入	家庭经营纯收入	财产性收入	转移性收入
2003年	35.0	58.8	2.5	3.7
2004年	34.0	59.5	2.6	3.9
2005年	36.1	56.7	2.7	4.5
2006年	38.3	53.8	2.8	5.0
2007年	38.6	53.0	3.1	5.4
2008年	38.9	51.2	3.1	6.8

（续）

	工资性收入	家庭经营纯收入	财产性收入	转移性收入
2009年	40.0	49.0	3.2	7.7
2010年	41.1	47.9	3.4	7.7
2011年	42.5	46.2	3.3	8.1
2012年	43.5	44.6	3.1	8.7
2013年	45.3	42.6	3.3	8.8

3. 征地补偿和土地流转收益是当前农户最主要的财产性收入来源

与城镇居民财产性收入主要来源于房屋出租收益有所不同，农民财产性收入主要来源于征地补偿和土地流转收益。根据全国农村固定观察点的调查数据，2013年农户财产性收入中来自征地补偿的占27.1%，土地流转收益占24.2%，两者占农户财产性收入的51.3%；此外，租赁收入占14.7%，股息、利息等占11.0%，集体组织分红占9.8%，其他占13.1%。2010年以来，农户征地补偿占财产性收入的比重呈下降趋势，但仍是财产性收入中占比最高的；土地流转收入逐年增加，比2010年提高了8.3个百分点；集体组织分红收入占比略有下降，但近几年一直保持在10%左右的水平，股息利息收入占比略有提高。从财产性收入的各项来源看，2010年以来，土地流转收益增长最快，年均增幅达到30.2%；其次是利息股息收益，年均增幅达18.2%；房屋等财产租赁收入增幅为13.7%，集体组织分红增幅仅有6.8%，征地补偿收益呈现负增长（表3）。

表3　农民财产性收入的来源构成

单位：%

	土地流转	租赁收入	集体分红	利息股息	征地补偿	其他
2010年	15.9	14.5	11.6	9.7	41.3	7.0
2011年	17.5	15.1	10.2	10.3	37.3	9.7
2012年	18.8	14.0	9.3	12.0	34.2	11.8
2013年	24.2	14.7	9.8	11.0	27.1	13.1
年均增速	30.2	13.7	6.8	18.2	−1.7	39.2

土地流转收益占比的快速增长得益于我国近年来土地流转面积的不断扩大，统计数据显示，2013 年我国农村土地流转面积达到 3.4 亿亩，是 2009 年的两倍还多，流转面积的快速增加必然带来农户土地流转收益的大幅提高，也使得土地流转收益成为农户财产性收入的主要来源之一。农户征地补偿收益虽然呈现负增长，但绝对值变化不大，一个合理的解释是在当前我国实施最严格的耕地保护制度的大背景下，土地征用规模总体得到控制，地方征用农民土地受到诸多制度约束，尽管土地征用价格有所上涨，但可供征用的土地面积呈逐年下降趋势，因此，未来农民来自土地征用补偿的财产性收入占比可能会进一步下降。

4. 有财产性收入的农户比重逐年提高，渠道不断拓宽

近年来随着农民纯收入水平的不断提高以及财富的逐年积累，有财产收入的农户比重越来越高。根据全国农村固定观察点的调查数据，2013 年，有 40.2%的农户有财产性收入来源，比 2009 年提高了 12.5 个百分点。从分项收入来源看，有土地承包经营权转让收益的农户占到农户总体的 16.5%，比 2009 年提高了 6.3 个百分点，这与我国近年来土地流转比率不断提高高度相关；其次有利息收入的农户占 13.2%，比 2009 年提高了 3.0 个百分点；有集体分红的占 6.5%，有租赁收入的占 3.9%，有征地补偿的占 4.6%，来自其他渠道的财产性收入增长较快，达到 9.7%，比 2009 年提高了 7.3 个百分点（表 4）。

表 4　有财产性收入的农户比重

单位：%

	有财产性收入	土地流转	租赁收入	集体分红	利息股息	征地补偿	其他
2009 年	29.5	10.2	3.9	6.4	10.2	4.0	2.4
2010 年	32.9	12.2	3.7	6.3	11.6	4.5	3.2
2011 年	35.2	12.8	3.7	6.6	12.1	4.5	5.7
2012 年	40.2	14.3	3.8	5.7	13.3	4.6	9.4
2013 年	42.0	16.5	3.9	6.5	13.2	4.6	9.7

从数据来看，有利息收入的农户比重逐年提高，意味着越来越多的农户有能力把收入转化为金融资产，实现资产的保值增值，但有利息收

入的农户比重却低于我们的预期，也低于其他机构的数据[①]，原因可能有两方面，一是调查中涉及存款等隐私数据时，农户一般不愿意如实相告，因此与存款相关的利息等收入数据获取难度大，且数值会有失真；二是在当前农村人均存款额不高的前提下，活期存款给农户带来的利息收入极低，导致农户容易忽略利息收入，进而影响到调查中利息收入的统计。

5. 城乡居民财产性收入差距不断拉大

从财产性收入的绝对量来看，农民的财产性收入要显著低于城镇居民的财产性收入，且收入差距有不断拉大的趋势。2003 年，城乡居民的财产性收入之比为 2.05∶1，之后呈上升趋势，到 2011 年城乡居民的财产性收入比达到最高的 2.84∶1。城乡居民财产性收入比的持续扩大，直接原因是城镇居民的财产性收入增速快于农村居民，2003—2013 年，城镇居民财产性收入年均实际增幅达到 16.2%，比农村居民财产性收入增速高出 3.8 个百分点。同期，我国城乡居民收入比却表现出下降趋势，2003—2013 年，城乡居民收入比由最初的 3.23∶1 最高达到 3.33∶1，但 2013 年已降至 3.03∶1，收入差距已经连续四年收窄，但城乡居民财产性收入差距却持续扩大。

（二）农民财产性收入分配的组别差异

我国居民的财产性收入的分配差异不只表现为城乡居民间的分配差异，也表现为农村居民内部的收入分配差异，从当前看，不同地域、不同收入组农户的财产性收入分配有较大不同。

1. 分地区农户财产性收入的分配差异

（1）地区间农民财产性收入差距高于纯收入差距，地区相对差距正逐步收窄。从绝对值来看，东部地区和东北地区农民财产性收入最高，2012 年，东部地区和东北地区农民财产性收入分别达到 451.9 元和 421.5 元，而中西部地区分别只有 113.5 元和 154.9 元，东中部和东西

---

① 甘犁（2013）在第十三届中国经济学年会表示，根据中国家庭金融调查 2013 年的数据，2013 年农村家庭有 41.1%的家庭有活期存款账户，有定期存款的家庭占 12%。也就是说至少有 41.1%的农户有利息收入。

部地区农民财产性收入之比分别达到 4.0：1 和 2.9：1，而同期东中部和东西部地区农民纯收入之比分别为 1.45：1 和 1.79：1，不同地区农民财产性收入的差距要远高于农民的纯收入差距。随着中西部地区农民财产性收入的增速加快，地区间农民财产性收入差距正逐步收窄，东中部地区农民财产性收入比就由 2005 年的 4.3：1 下降到 2012 年的 4.0：1，中西部地区农民财产性收入比也由 2005 年的 3.2：1 下降到 2012 年的 2.9：1（表 5）。

表 5　各地区农民财产性收入情况

单位：元

	东部地区	中部地区	西部地区	东北地区	东部/中部	东部/西部
2005 年	159.7	36.8	49.3	170.6	4.3	3.2
2006 年	188.4	43.3	56.9	156.6	4.3	3.3
2007 年	231.6	65.3	69.6	216.1	3.5	3.3
2008 年	275.8	75.3	80.1	213.2	3.7	3.4
2009 年	305.9	90.6	90.4	244.3	3.4	3.4
2010 年	407.2	111.0	137.3	407.1	3.7	3.0
2012 年	451.9	113.5	154.9	421.5	4.0	2.9

（2）中西部地区农户财产性收入占比最低，增速最快。总体来看，不同地区农户财产性收入在农民纯收入中所占比重均是最低的，但地区间有所差异。东北地区农民财产性收入占人均纯收入的比重最高，2012 年为 4.8%，近年来呈平稳波动态势；东部地区农民财产性收入占比为 4.2%，总体呈上升趋势；西部地区农户财产性收入占比为 2.6%，近年来比重持续提高；中部地区农户财产性收入占比最低，仅有 1.5%。从增速来看，中西部地区农户财产性收入增长最快，年均名义增速分别达到 17.4%和 17.8%，东部地区年均名义增速为 18.9%，东北地区年均名义增速最低，为 13.8%。分年度看，各地区农民财产性收入增速均有较大波动。其中东北地区波动幅度最大，增速振幅达到 74.9%，2010 年农民财产性收入增速达到 66.7%，是所有地区各年份中最高的，但 2006 年和 2008 年财产性收入增速均为负。东部地区农民财产性收入增速振幅相对最小，为 22.2%。比较来看，除中部地区增速最快年份

出现在 2007 年，其余地区均是在 2010 年农民财产性收入增速达到最高值（表 6）。

表 6　各地区农民财产性收入占比及增速

单位：%

	东部地区		中部地区		西部地区		东北地区	
	占比	名义增速	占比	名义增速	占比	名义增速	占比	名义增速
2005 年	3.4	—	1.2	—	2.1	—	5.0	—
2006 年	3.6	18.0	1.3	17.7	2.2	15.5	4.2	−8.2
2007 年	4.0	22.9	1.7	50.6	2.3	22.0	5.0	38.0
2008 年	4.2	19.1	1.7	15.3	2.3	15.0	4.2	−1.3
2009 年	4.3	10.9	1.9	20.4	2.4	12.8	4.5	14.6
2010 年	4.2	33.1	1.7	22.5	2.6	51.9	5.2	66.7
2012 年	4.2	5.3	1.5	1.1	2.6	6.2	4.8	1.7
年均增速	—	16.0	—	17.4	—	17.8	—	13.8

注：因统计年鉴中未查到 2011 年农民财产性收入的相关数据，故以 2012 年收入/2010 年收入求开方以替代 2011—2012 年度的名义增速。

（3）不同地区农民财产性收入的来源有所差异，东部地区农民有财产性收入的比重最高。分地区看，东部地区农民财产性收入在各渠道来源间分布相对均衡，来源最集中的三个渠道分别是租赁收入占 23.8%，征地补偿占 15.2%，集体分红占 14.4%，占比最高的租赁收入比占比最低的利息股息收入仅高出不到 10 个百分点；中西部地区农民财产性收入均主要来自土地流转和征地补偿，只是比重互有高低，这两项收入分别占中西部地区农民财产性收入的 71.6%和 61.2%，中部地区农民财产性收入中占比最低的是集体分红，仅为 2.3%，西部地区农民财产性收入占比最低的是利息股息收入，仅为 5.0%（表 7）。

表 7　分地区有财产性收入的农户比重

单位：%

	土地流转	租赁收入	集体分红	利息股息	征地补偿	其他
东部地区	13.8	23.8	14.4	13.5	15.2	19.3
中部地区	39.8	6.3	2.3	11.7	31.8	8.2
西部地区	18.7	11.3	12.9	5.0	42.5	9.6

东部地区农民有财产性收入的比重最高，达到55.3%，中部次之，为37.7%，西部最少，仅有33.8%。分渠道看，东部地区农户在所有渠道中有财产性收入的比重都是最高的，其中有利息股息收入的农户比重在所有渠道中又是最高的，为21.8%；有征地补偿的农民占比最低，为5.4%。中部地区农户中，有土地流转收益的农民比重最高，为15.4%；其次是有利息股息收入的，为12.3%；有租赁收入的比重最低，仅有1.6%。西部地区农户中，同样有土地流转收益的比重最高，为16.4%，其次是有集体分红的，比重为6.8%，比重最低的是有租赁收入的，为3.4%（表8）。

表8 不同地域有财产性收入的农户比重

单位：%

	有财产性收入	土地流转	租赁收入	集体分红	利息股息	征地补偿
东部地区	55.3	18.1	7.8	12.3	21.8	5.4
中部地区	37.7	15.4	1.6	2.3	12.3	4.4
西部地区	33.8	16.4	3.4	6.8	4.6	4.2

2. 不同收入组农户财产性收入分配差异

为了分析财产性收入在不同纯收入组别农户中的分配情况，我们按照农户纯收入水平从低到高依次进行五等分分组。

(1) 不同收入组农户财产性收入差异显著。从绝对数来看，高收入组农户的财产性收入显著高于其他组别，2012年高收入组农户的财产性收入达到885.3元，是低收入组的16.8倍，远高于高低收入组8.2∶1的纯收入差距。并且近年来一直保持在10倍以上的差距，2004年高收入组人均财产性收入达到低收入组的24.4倍。除去高收入组，其他四组的财产性收入之比近似为1∶2∶3∶4，与各组别农民的人均纯收入之比基本相当。因此，财产性收入在不同收入组别农户中的分配差异主要表现为高收入组农户与其他四组农户的差异（表9）。

表9 分收入组农民财产性收入情况

单位：元

	低收入组	中低收入组	中等收入组	中高收入组	高收入组	高收入组/低收入组
2003年	14.7	22.5	34.5	54.3	245.9	16.8
2005年	21.9	32.3	46.4	80.9	304.0	13.9
2006年	19.9	32.6	51.8	91.1	359.4	18.1
2007年	29.9	47.7	65.9	115.9	451.5	15.1
2008年	30.8	46.0	81.5	132.9	534.3	17.4
2009年	25.8	49.6	86.3	144.1	629.7	24.4
2010年	44.1	73.3	120.8	185.8	702.1	15.9
2012年	52.7	84.8	143.2	236.7	885.3	16.8

（2）高收入组农户财产性收入占比最高，低收入组农户财产性收入增速波动剧烈。总体来看，高收入组农户财产性收入占农民纯收入的比重最高，2012年为4.7%，近年来基本保持在4%以上，增速也相对稳定，2007年最高达到25.6%，2005年最低为11.2%，高收入组农户财产性收入占比和增速的相对稳定，表明他们已经积累了一定的财产，并能通过让渡财产使用权持续获取相对稳定的财产性收入。除了高收入组外，其他收入组农户财产性收入占比基本在2%左右，不同组别、年度之间略有差异，总体上呈缓慢上涨的发展趋势。但从年度的增速看，低收入组和中低收入组农户财产性收入增速的波动较大，并且均有年份财产性收入为负增长，其中低收入组农户2006年财产性收入下降了9.2%，2007年直接上涨了50.2%，之后又连续下降至2.9%和−16.1%，2010年又再度暴增至70.9%，中低收入组农户财产性收入的波动虽然比低收入组要小一些，但仍显著区别于其他收入组。低收入组和中低收入组农户的财产性收入波动大，一定程度上表明这个组别的农户并没有实现财产的持续积累，也不排除因为其他原因变卖财产进而导致财产性收入下降的可能，因而不同年度间财产性收入会有较大幅度的波动。但总体来看，各组别农户的财产性收入均呈上涨趋势，其中中高收入组增幅最快，年均名义增速达到17.8%，中等收入组次之，年均名义增速达到17.1%，低收入组和高收入组增速最慢，年均名义增

速均为15.3%（表10）。

表10 分收入组农民财产性收入占比及增速

单位：%

	低收入组		中低收入组		中等收入组		中高收入组		高收入组	
	占比	增速	占比	增速	占比	增速	占比	增速	占比	增速
2003年	1.7		1.4		1.5		1.7		3.9	
2005年	2.1	22.3	1.6	20.0	1.6	15.9	2.0	22.1	3.9	11.2
2006年	1.7	−9.2	1.5	0.9	1.6	11.6	2.0	12.6	4.2	18.2
2007年	2.2	50.2	1.8	46.0	1.8	27.2	2.3	27.2	4.6	25.6
2008年	2.1	2.9	1.6	−3.6	1.9	23.8	2.2	14.7	4.7	18.3
2009年	1.7	−16.1	1.6	7.9	1.9	5.8	2.2	8.4	5.1	17.9
2010年	2.4	70.9	2.0	47.8	2.3	40.1	2.5	28.9	5.0	11.5
2012年	2.3	9.3	1.8	7.6	2.0	8.9	2.3	12.9	4.7	12.3

（3）中高收入组以下农户来自土地流转的收入占比最高，收入组别越高有财产性收入的农民比重也越高。除高收入组外，其他收入组农民财产性收入中所占比重最大的均为土地流转收益，其中，在中低收入组和中等收入组中占比最高，分别达到48.9%和47.5%，这就表明这两个组别的农户近一半的财产性收入来自土地流转。高收入组农户的财产性收入中占比最高的是征地补偿，占到33.5%，一个可能的解释是由于当前农村征地补偿数额一般较大，因此有征地补偿的农户当年纯收入水平也会大幅提高，也就相应提高了所在组别农户来自征地补偿的收入。从来源看，租赁收入在高收入组中所占比重也是显著高于其他组别，这与我国城镇居民财产性收入构成中来自房屋出租的比重较高类似，这就意味着随着居民收入水平的显著提高，通过投资不动产等保值性资产获取固定的租金收益已经成为高收入群体获取财产性收入的重要途径（表11）。

表11 分收入组农民财产性收入构成

单位：%

	土地流转	租赁收入	集体分红	利息股息	征地补偿	其他
低收入组	37.3	6.1	4.3	9.9	5.6	36.8
中低收入组	48.9	5.8	6.2	8.0	10.5	20.6

（续）

	土地流转	租赁收入	集体分红	利息股息	征地补偿	其他
中等收入组	47.5	6.5	10.4	9.0	12.3	14.2
中高收入组	37.6	9.4	10.0	11.6	17.8	13.6
高收入组	15.2	18.3	10.2	11.5	33.5	11.3

随着收入组别的提高，有财产性收入的农户比重逐步提高，也就是说收入越高的农户，其获取财产性收入的能力越强、渠道越广。低收入组中，有财产性收入的比重为30.3%，高收入组中这一比重为56.0%，比低收入组别高出25.7个百分点。所有收入组别中，有土地流转收益和利息股息收入的农户比重均是最高的，也就是说这两项财产性收入是农户最容易获取的。分组来看看，低收入组农户有租赁收入和征地补偿的比例最低，分别只有1.4%和1.7%。高收入组农户中，有租赁收入和征地补偿的分别为9.7%和9.4%，均显著高于其他组别（表12）。

表12　分收入组农户有财产性收入的比重

单位：%

	有财产性收入	土地流转	租赁收入	集体分红	利息股息	征地补偿
低收入组	30.3	10.9	1.4	3.2	6.1	1.7
中低收入组	37.2	17.2	1.8	4.6	9.1	2.3
中等收入组	41.0	16.4	2.9	5.5	14.0	4.3
中高收入组	45.6	17.7	3.9	8.1	16.5	5.5
高收入组	56.0	20.2	9.7	11.2	20.2	9.4

（三）农户财产性收入分配的差异分析

基尼系数是目前较为通用的考量居民内部收入分配差异的一个重要指标，根据国家统计局公布的数据，2013年我国居民收入的基尼系数达到0.473，尽管近年来呈现下降的趋势，但已经长期高于0.4的警戒线，形势不容乐观。对我国居民收入分配差异进行分解后，其中既有城乡居民收入差距带来的影响，也有城镇居民和农村居民内部收入分配产生的影响，本文将考察农民财产性收入对农民收入分配差异的影响，并对财产性收入进行分解，考察各渠道来源对财产性收入分配差异的贡献情况。以下分析所用数据来自全国农村固定观察点2009—2013年农户调查数据，这个数据最大的优点就是农户的连续性，便于构建面板数据进行持续分析。为了确保数据的准确性，本文剔除了收入两端1%的数据，并只保留了2009—2013年没有收入数据缺失的农户，数据清理后共有14 700户。

1. 农户财产性收入分配差异

总的来看，样本农户人均纯收入的基尼系数呈下降趋势，由2009年的0.366降至2013年的0.342，只是在2012年突增至0.412。可以说农户间的收入分配差异正在好转。但看农户财产性收入的基尼系数，我们会发现其值远高于纯收入的基尼系数，2013年达到0.874，虽然总体来看也呈下降趋势，但农民的财产性收入分配已经长期处于分配极不平等的阶段，并且分配不均等的程度非常高。但是如果我们综合农户五年的收入情况看，即把农户5年来的收入求和再来估算基尼系数，我们发现农民纯收入的基尼系数和财产性收入的基尼系数都有所下降，农民纯收入的基尼系数降至0.303，财产性收入的基尼系数降至0.840。从纯收入基尼系数分解来看，财产性收入对基尼系数的贡献在7.4%～10.8%，虽然总体呈下降趋势，但高于财产性收入在纯收入中的比重贡献。如果合计五年收入来看，财产性收入对农户纯收入基尼系数的贡献为10.0%（表3）。

表13　2009—2013年农民财产性收入分配情况

	农民纯收入基尼系数	财产性收入基尼系数	各项收入对基尼系数贡献	
			财产性收入	非财产性收入
2009年	0.366	0.922	10.8%	89.2%
2010年	0.356	0.920	12.7%	87.3%
2011年	0.352	0.907	10.0%	90.0%
2012年	0.412	0.894	7.4%	92.6%
2013年	0.342	0.874	9.6%	90.5%
2009—2013年	0.303	0.840	10.0%	90.0%

2. 农户财产性收入分配的来源分解

根据观察点农户财产性收入的来源，我们可以分为土地流转收益、资产租赁收益、村组集体（合作社）分红、利息股息收入、征地补偿收入以及其他项。综合来看，历年来农民各财产性收入来源分配的基尼系数都极高，均在0.9以上，属于分配极度不均等。造成这一现象的根本原因是在各项财产性收入中，有收入的农户比重较低，大多数农户没有财产性收入，因而收入分配的洛伦兹曲线向右下方偏移较大，从而导致了极高的基尼系数。从变化趋势上看，除了土地流转收益与利息股息收入的基尼系数表现出缓慢下降趋势外，其他几项收入的分配形势未见好转。综合2009—2013年的收入来看，利息股息收入的基尼系数为0.84，是所有财产性收入来源中最低的，其他来源的基尼系数均在0.9以上（表14）。

表14　历年农民财产性收入各来源的分配差异

	土地流转	租赁收入	集体分红	利息股息	征地补偿	其他
2009年	0.960	0.984	0.980	0.974	0.988	0.994
2010年	0.953	0.985	0.976	0.970	0.985	0.991
2011年	0.950	0.984	0.972	0.966	0.983	0.983
2012年	0.947	0.985	0.982	0.960	0.984	0.968
2013年	0.939	0.984	0.974	0.957	0.983	0.969
2009—2013	0.921	0.975	0.963	0.840	0.955	0.962

从各收入来源对基尼系数的贡献看，征地补偿对基尼系数的贡献度最高，在26.0%～44.0%。土地流转收益对基尼系数的贡献度呈逐年上升趋势，集体分红对基尼系数的贡献度呈下降趋势，租赁收入和利息股息收入没有表现出明显的随时间波动的趋势。综合五年收入来看，征地补偿贡献了基尼系数的35.4%，是造成农户财产性收入分配不均等最重要的因素，其次是土地流转收益贡献了16.7%，租赁收入贡献了15.8%，集体分红贡献了12.8%，利息股息贡献了9.6%（表15）。

表 15　历年农民财产性收入各来源对分配差异的贡献

单位：%

	土地流转	租赁收入	集体分红	利息股息	征地补偿	其他
2009 年	13.3	16.9	26.7	9.8	26.0	7.2
2010 年	14.3	14.6	11.4	8.8	44.0	6.9
2011 年	15.9	15.5	10.0	9.4	39.7	9.5
2012 年	17.3	14.3	9.3	11.1	36.9	11.2
2013 年	22.8	15.6	9.8	10.0	29.2	12.6
2009—2013	16.7	15.8	12.8	9.6	35.4	9.7

三、国内促进农民财产性收入增长的经验及启示

财产性收入作为反映居民富裕程度的重要指标，与居民所在地的经济发展程度密切相关。从国内来看，以苏州市为代表的东部沿海地区作为我国经济最发达、农民收入水平最高的地区，在促进农民财产性收入持续增长上采取了许多措施，也进行了不少有益的尝试与探索，取得了积极的经验。

（一）苏州市促进农民财产性收入持续增长的措施

1. 鼓励土地承包经营权流转，提高农民土地流转收入

苏州民营积极发达，当地农民维持一家一户农业经营的意愿不强烈。吴中区、常熟市抓住这一有利机遇，鼓励农民把土地流转出去。从实践来看，当地土地流转一般有三种方式：一是组建土地股份合作社。农民以土地入股成立合作社，合作社负责统一经营或对外流转。如吴中区横泾街道上林村把全村 3 094 亩土地全部集中入股，由本村合作社统一规划、统一经营，给农民保底收益加年底分红。二是由农民委托村集体流转。村集体作为中介，帮助流转入土地的经营主体与流转出土地的农户达成流转意向。三是农民把土地流转给村集体，再由集体流转给规模经营主体，当地称为“二次流转”。其中第一次是指农户把土地流转给村集体经济组织，为了保障农户的权益，常熟市把土地第一次流转的

租金定为275千克稻谷的现价，实现了一次流转收益与二次流转价格脱钩。第二次流转实行公开竞拍，如果二次流转价格低于一次流转价格，差价由常熟市财政资金补齐；如果二次流转价格高于一次流转价格，则对多出的收益实现再分配，对农民的权益实现双重保障。截至2014年，常熟市共组建农地股份合作社147个，入股土地面积29万亩，入社农户8.8万户。全市累计流转土地面积44.9万亩，土地规模经营比重达到90.2%。既实现了农业的规模经营，又提高了农民的财产性收入。

2. 实施农村集体资产股份合作改革，增加农民分红收入

2001年起，苏州市吴中区在全省率先开展农村集体资产股份合作改革，将村级集体经营性资产折股量化给全体村民。通过“社员代表大会、董事会、监事会”三会民主化管理，实行企业化运作，年年实现股份分红。如横泾街道上林村把集体资产5 700万元折成3 789股量化给全村3 984名村民，覆盖率达到100%。到2011年末，全区128个村全部完成了集体资产股份合作改革，实现了农民人人有股份、年年有分红。2013年，全区村（社区）资产股份合作社实现分红总额超2亿元，户均分红1 650元，比2012年增长18.7%。

3. 壮大村级集体财力，夯实农村集体经济组织发展基础

实施村集体资产股份合作改革只是增加农民集体分红收入的第一步，壮大村集体财力，夯实集体经济组织发展基础才是集体分红可持续发展的关键。常熟市以“强村”为着力点，陆续出台了多项政策措施扶持壮大村集体财力。一是加大财政转移支付力度。从2008年起，全市土地有偿出让收入的1%作为壮大村集体的专项扶持资金。对于当年可用财力不足150万的村，其村集体出租土地、房屋等资产性租金收入代征税费的地方留成部分100%予以返还。二是实施村企挂钩促进薄弱村发展。从全市选出20个经济实力较强且有意愿的企业与经济基础薄弱、农业资源丰富的村挂钩，带动村集体经济的发展。2009年以来，全市18个挂钩企业累计投入资金2 500多万元，与薄弱村共同建设现代农业。三是整合村级存量资源。鼓励通过土地增减挂钩等政策，将村级存量集体建设用地复垦复耕后置换到本镇合适的建设区域开发建设。四是组织实施村集体经济组织“一村二楼宇”建设。按照“五统一”的要求，以镇为单位组建辖区内村村出资的联合体，股权适度向经济薄弱村倾斜，实施以增加集体经济组织财产性收入的经营性物业为主体的“一村二楼宇”建设。对排名末5位的村，市财政每平方米补助300元，所在镇按不少于1∶1的比例配套补助。2008年以来，村集体共新增物业用房面积151万平方米，物业年租金收入突破6.9亿元。

4. 盘活农民闲散资金，提高农民投资收益

随着农民收入水平的提高，农民手中都有了闲散资金。为了提高农民闲散资金的使用效率和收益率，同时解决集体经济组织发展需要的资金问题，2006年起，吴中区开始试点由村集体经济组织牵头、农民闲散资金参股的投资性股份（物业）合作社，通过建设有稳定回报的标准厂房、三产用房等，实现农民闲散资金收益的最大化。到2013年末，全区已建投资性合作社75家，入社农户3.2万户，农户个人股金总额18亿元，占到总股金的90.5%。入股农户的年均资金收益率稳定在10%～12%，远高于银行储蓄的水平。

5. 发展房东经济，提高农民租赁收入

房屋是农民最重要的固定资产，当地发展房东经济主要是两种途径：一是城乡结合部地区农户出租部分自有住房给外来务工人员，随着当地交通便利程度的提高，出租房屋的地域范围已逐渐向非城乡结合部地域扩展，更多的农民可以享受到房产的租赁收入；二是拆迁农户把部分拆迁公寓出租出去获得租金收入，在推进“三集中”过程中，当地农户通过原有宅基地房屋均可置换2～3套公寓房，多数农户都有一套房屋可供出租，获得稳定的租金收入。

6. 盘活农民闲置农房，拓宽资产收入渠道

随着城镇化的加速推进，部分农民已经在城镇实现定居，其留在农村的老宅已空置多年。吴中区结合农村环境整治和美丽村庄建设，充分挖掘利用沿太湖区域的农村闲置农房，组建农房合作社，利用外部资源，打造精品旅游民宿产业。如上林村与北京某地产公司合作，把村内部分闲置房屋整合起来，发展养老旅游产业，每栋农房年租金可达2.5万元，拓宽了村民的收入来源。

（二）促进农民财产性收入增长的地方经验及启示

从调研来看，苏州市各级政府采取了多项措施，有力地促进了农民财产性收入的增长，这些措施对于建立促进农民财产性收入增长的长效机制具有重要的借鉴意义。

1. 赋予农民更多财产权利是基础

农民要获得财产性收入，除了要有相应的财产积累外，更要享有获取财产收益的权利。当前，农民区别于城镇居民的最主要的财产权利是农村土地承包经营权、农村宅基地的使用权以及农村集体资产收益分配权。从苏州的实践来看，当地政府充分保障了农民享有的土地承包经营权权益，通过多种方式促进了土地承包经营权的流转，实现了农民由获取家庭经营收入向财产性收入的转变。吴中区将集体经营性资产股份确权到每个集体经济组织成员，充分保障了农民依法享有集体资产经营收益的分红权，促进了农民财产性收入的增长。党的十八届三中全会提出要赋予农民更多财产权利，就是要保障农民依法享有平等的财产权利，为农民获取财产性收入打下坚实的制度基础。

2. 促进农民收入持续快速增长是关键

财产性收入作为反映一国居民富裕程度的重要指标，与居民收入水平息息相关。只有收入水平提高了，农民才能将更多的可支配收入转变为财产，才有可能获得更多的财产性收入。苏州市把促进农民增收作为一项重要工作来抓，农民纯收入水平不断提高，2013 年吴中区农民纯收入达到 2.3 万元，比全国平均水平高一倍以上，其财产性收入达到 2 035元，比全国平均水平高 4 倍以上。因此，提高农民的财产性收入，关键就是要促进农民收入水平的持续提高。

3. 村集体经济组织持续健康发展是保障

农民作为村集体经济组织的成员是其区别于城镇居民的重要特征之一。从苏州市的经验看，随着地区经济的持续发展，农民与村集体经济组织的联系愈来愈紧密。一方面，村集体经济组织做大做强有助于农民分红收入的增长。以吴中区为例，2013 年全区村集体分配股息红利收入占到农民财产性收入的 25.1%，是农民财产性收入的第二大来源，仅次于农民的租金收入。另一方面，农民从生产到生活越来越依赖于村集体经济组织，如常熟市多个村集体实行的土地“二次流转”以及物业股份合作社的建立，都是由村集体牵头实施的。村集体的持续健康发展对于为农民提供公共服务、社会保障以及带领农民增收致富都发挥了不可替代的作用。因此，要促进农民财产性收入的持续增长，村集体经济组织的持续健康发展是重要保障。

四、促进农民财产性收入增长的形势分析

当前，我国进入工业化、信息化、城镇化与农业现代化同步发展时期，“四化”同步发展有助于促进农民收入持续增长，提升农民的信息化程度，随着我国农村经济体制改革进程的不断深入，农民被赋予了更多财产权利，这都为促进农民财产性收入的持续增长创造了条件。总体来看，当前促进我国农民财产性收入的持续增长既面临着许多有利的形势，又存在着一些制约因素。

（一）促进农民财产性收入持续增长的有利形势

1. 国民经济持续健康发展，农民财富积累进入快速发展期

财产性收入是衡量国民富裕程度的重要指标，它的直接来源是国民的财富积累，而财富积累的增长则是源于国民收入水平的不断提高，因此国民经济的持续健康发展对于促进居民收入水平的提高，进而提高居民的财产性收入至关重要。21 世纪以来，我国国民经济持续健康发展，2013 年我国人均 GDP 达到 6 700 美元，达到世界中等国家水平。城乡居民收入增长一直保持较高的水平，农民人均纯收入更是实现了增长的“九连快”。2013 年农村居民恩格尔系数为 37.7%，城镇居民恩格尔系数为 35.0%，总体上均呈逐年下降趋势，已逐步接近中等发达国家的平均水平。居民收入水平的持续提高与恩格尔系数的趋势性下降，意味着居民有更多的钱可以用于财富积累，居民的财富增长速度也正在进入一个快速发展阶段，对于促进农民财产性收入的持续增长奠定了良好的基础。

2. 国家赋予农民更多财产权利有助于农民财产性收入的增长

与城镇居民的财产性收入主要来源于个人财富积累不同，农民的财产性收入既有个人财富积累的部分，也有农民作为集体经济组织成员分享集体财产收益的部分。从当前看，农民的土地承包经营权、宅基地使用权以及集体收益分配权是农民财产性收入区别于城镇居民财产性收入的最大特点，也是农民财产性收入最重要的增长点。党的十八届三中全会提出赋予农民更多的财产权利，就是要保障农民依法享有平等的财产权利。赋予农民对集体资产股份占有、收益、有偿退出及抵押、担保、继承权，使农民依法获得集体资产股份分红收益；充实农民土地使用权权能，赋予农民对承包地占有、使用、收益、流转及承包经营权抵押、担保权能，使农民通过承包经营权流转或入股等方式获得土地流转收益或土地股权投资收益；通过试点推进农民住房财产权抵押、担保、转让，使农民依法获得宅基地和房产转让收益；允许农村集体经营性建设用地出让、租赁、入股，实行与国有土地同等入市、同权同价，合理提高个人收益，使农民公平分享土地增值收益。

3. 城镇化的快速推进有助于农民财产性收入的提高

当前，我国已进入城镇化快速发展阶段，在城乡统筹发展的大背景下，城镇化的快速推进有助于农民财产性收入的提高。一是城镇化有助于吸纳更多的农村劳动力向城镇和非农行业转移，农村劳动力的转移又必然带来土地流转规模的扩大，通过建立农村土地流转市场、发展适度规模经营，就可以有更多的农民享有土地流转的收益。截至2013年末，我国土地流转比率已达到26%，如果不考虑土地分配的人均差异，这就意味着有1/4的农户已经可以享有土地流转收益了。二是城镇化可以让农民更多的分享土地资源升值的红利，随着国家赋予农民更多的土地权利，农民在土地征用补偿、农村集体建设用地入市等方面的权利将得到极大的保障，有助于农民征地补偿收入和集体分红收入的大幅增长。三是城镇化的发展使得城郊农民的房屋、宅基地等土地资源的区位优势不断凸显，通过发展房东经济，可以让更多的农民享受到房屋租赁的收益。

4. 互联网的发展有助于更好地满足农民的金融服务需求

当前，我国已进入工业化、信息化、城镇化和农业现代化同步发展的新阶段，信息化正在通过信息技术的普及改变人们的工作和生活方式。传统金融服务模式下，农户必须到附近的金融网点方能享受到金融服务，而金融信息化的发展尤其是近年来互联网金融的迅猛发展将在很大程度上改变这一传统的金融服务模式，通过互联网的接入，实现农户与金融机构的零距离对接，有助于克服传统金融服务中所面临的金融机构网点不足、金融机构远离农户等劣势，让农民足不出户就可以得到想要的金融理财等相关服务。根据全国农村固定观察点的调查，截至2013年末，已有21.0%的农户在家中可以实现与互联网的连接。可以说，互联网的发展为农村金融服务模式创新、更好地满足农民的金融需求开创了良好的局面。

（二）当前农民财产性收入持续增长面临的制约因素

1. 村集体经济薄弱，农民难以分享集体经营收益

从苏州调研的经验看，农民财产性收入相对较高的村，村集体经济组织普遍发展的较好。但从全国来看，农民从集体经济组织获得的可分配收益在农民人均纯收入中几乎可以忽略。全国农村固定观察点的调查数据显示，可以得到村集体经济组织分红收益的农户只占不到10%，90%以上的农户没有享受到村集体的分红。原因有两方面，一是农民享有集体收益的分配权落实不到位，因为成员资格不清、财务管理不健全等因素导致村集体的经营收益难以让农户分享。目前，国家已经初步审议通过了《农村集体资产股份权能改革的试点方案》，这将有助于从制度上规范和约束农村集体资产收益的分配。二是农村集体经济组织薄弱，缺乏财力。根据农业部的调查，2010年在全国农经统计的59.3万个村中，无收益和收益5万元以下的村比例高达81.4%，其中有53%的村无经营收益。没有经营收益就意味着农民无法获得集体收益分配。

2. 征地补偿标准过低，制约了农民分享城镇化成果

随着我国城镇化的发展，部分农民的土地被征用，征地补偿成为农

民分享城镇化成果的重要途径之一。但我国部分地区目前还存在征地范围过大、征收补偿标准过低的问题。根据现行补偿标准，按照我国耕地年平均产值估算，农用地补偿费不会超过每公顷50万元，而广东佛山市国有土地拍卖价格高达每公顷1 800万元（刘春雨，2011）。廖洪乐（2007）的调查也显示，农民得到的征地补偿收益只占土地价格的5%～10%。土地征用补偿标准过低，制约了农民享有平等的土地财产权利，不利于农民分享城镇化的成果。

3. 农村金融市场发育不足，制约农民理财收入的提高

我国农村金融发展相对滞后，银行、证券等金融服务机构基本是立足城市开展服务，开拓农村市场动力不足。商业银行出于提高效益的考虑，更是对经济欠发达地区的县级支行及其经营网点进行撤消、降格和合并，尤其是中西部地区的农村，乡镇一级金融服务不断退化萎缩，只剩下农村信用社独自支撑。因此，可供农民选择的金融理财服务基本没有，除了传统的存款业务外，他们难以获得更有效的投资渠道。同时，农民整体素质不高，也相对缺乏理财意识。在这种情况下，农民不但难以通过投资理财获得较高收益，还要被迫接受通货膨胀高企导致实际负利率所带来的资金缩水，更是制约了农民理财收入的增长。

4. 低收入群体缺乏财产积累，财产性收入难有来源

财产性收入作为财富积累的收入表现，与居民的长期收入水平密切相关。虽然我国总体上正处于农民财富的快速积累期，但受农民内部收入分配差距的影响，还有相当一部分的农民缺乏财产积累，也没有财产性收入。根据全国农村固定观察点的统计，2013年仍有50%以上的农户没有财产性收入，这些农户绝大多数都属中低收入群体，缺乏有效的财产积累，以务农为主，难以享有土地流转及增值收益。从我们的研究也可以看出，财产性收入的基尼系数高达0.8以上，远高于农民人均纯收入其他三项构成的分配差异，这种财产性收入分配的不均衡极容易带来收入分配差距的扩大，进而进一步拉大财产性收入分配差距，不利于调节农民的收入分配以及全面建设小康社会目标的实现。

五、构建农民财产性收入的长效增长机制

当前，我国进入城镇化加速发展与全面建设小康社会的关键时期，根据现阶段农民财产性收入的现状特点，充分发挥促进农民财产性收入增长的有利条件，积极应对制约财产性收入增长的不利因素，借鉴国内发达地区的先进做法与经验，基于我国国情构建促进农民财产性收入增长的长效机制。

（一）目标任务

随着我国经济发展进入新常态，经济增长速度放缓必然会导致农民收入的增速放缓，建立农民财产性收入长效增长机制就是要为农民持续增收找到新的增长点。综合考虑过去 10 年我国农民财产性收入的变化特点、来源构成以及面临的形势，今后 7～10 年内促进农民财产性收入增长目标是，保持农民财产性收入增速快于农民人均纯收入的增速，到 2020 年农民财产性收入在农民人均纯收入中所占比重达到 4.5%。

（二）基本思路

围绕这一目标，促进财产性收入持续增长的总体思路是：加快农民财富积累速度，提高农民财富的盈利能力，缩小财产性收入分配差异。具体来说，就是要多渠道增加农民收入，赋予农民更多财产权利，大力发展农村集体经济，拓宽财产性收入来源，通过增加农民的财产数量实现财产性收入的长效增长；要积极发育农村金融市场，加快金融创新和金融信息化发展，降低农户金融服务成本，通过提高农民财产的获利能力实现财产性收入的长效增长；要完善产权交易平台，让更多农户享有财产性收入来源，适时推出税收调节机制，通过缩小财产性收入分配差异实现财产性收入的长效增长。

（三）政策措施

1. 多渠道增加农民收入，加快农民财富积累

当前我国经济发展进入新常态，经济增速放缓，在这一背景下促进

农民增收更需要多措并举、广拓渠道。一是大力发展第三产业，提高城镇化对农村劳动力的吸纳能力，促使更多的农村劳动力向城镇和非农行业转移，推动农民工资性收入的增长。二是健全农业社会化服务体系，鼓励家庭农场、合作社等新型经营主体发展适度规模经营，确保农业家庭经营收入的稳定增长。三是完善农村社会保障体系，提高农村社会保障水平。提高农村养老保险的补助标准，降低养老金的领取门槛，提高新农合的补助与报销比例。

2. 进一步推进农村土地制度改革，赋予农民更完备的财产权利

一是提高土地征用补偿的法定标准，让失地农民享有更多的土地增值收益。大幅提高现有的公益性建设用地补偿标准；以法律方式明确集体建设用地与国有土地“同地同价”，提高村集体和农民在土地增值收益中的分成比例。二是放开宅基地使用权主体限制，激活农村宅基地市场。改革现有的宅基地使用权限制，允许宅基地使用权在农村集体成员间进行流转，有条件的地区可以试点宅基地使用权流转给城镇居民。建立农村宅基地使用权流转市场。三是扩大集体建设用地土地权能。破除集体建设用地入市的制度障碍，在符合规划和用途管制前提下，允许集体建设用地在一级市场出让、租赁、入股，在二级市场租赁、转让和抵押。

3. 做大做强农村集体经济，拓宽财产性收入来源渠道

一是健全集体资产管理机制，实行制度规范、管理民主、财务公开、监督机制健全的资产管理机制。二是努力化解村级债务，各级政府抓紧制定化解村级债务的政策措施，为农村集体经济组织的发展扫清障碍。三是给予适度的政策扶持，研究制定针对集体经济组织的财税、金融、土地支持，鼓励集体经济组织之间开展业务合作，联合发展。

4. 加快农村金融市场发展，增加农村金融服务供给

随着农民收入水平的不断提升，金融资产将成为未来农民财产性收入重要的增长点。加快农村金融市场发展，一是要强化传统金融机构的支农服务，建立激励机制，引导基层金融机构面向农村开展金融服务，开发符合农村金融市场需求的金融产品与金融服务模式。二是要大力培育新型农村金融服务机构。鼓励村镇银行、小贷公司面向“三农”开展业务，拓宽农民的金融服务渠道；大力发展农村资金互助社，发挥其内生优势，通过自我金融服务，满足农民各方的金融需求。三是要大力发展农村保险市场。鼓励保险机构到农村开展保险业务，开发与农村发展阶段相适应的、差异化的保险产品。

5. 推动互联网金融发展，提升农民理财意识

从城市来看，互联网金融已经在一定程度上改变了市民的金融服务需求。而对于地处偏僻、金融网点布局不足的农村而言，互联网金融必将有更为广阔的市场。推动互联网金融的发展，一是国家应大力推动互联网进村入户，实现互联网村村通，降低互联网使用门槛和资费。二是鼓励金融机构创新金融服务，提供更多基于互联网的金融产品，弥补农村金融网点匮乏、产品供给不足的短板。三是开展金融理财相关知识的培训，提升农民的理财意识。加强宣传，让更多的农民认识到互联网金融对提升农村金融服务的重要作用。

6. 健全产权交易（流转）平台，让更多农户享有财产性收入

要让更多农民享有财产性收入，在赋予他们财产权利的基础上，还要通过建立产权交易（流转）平台，让财产权利流动起来，以实现财产权利价值的最大化。以县、镇为单位建立产权交易平台，以服务“三农”为主要目的，以广大农村和农民为主要服务对象。把农业生产土地承包经营权的转让、农村宅基地的租赁、农村集体用地租赁拍卖、农村集体经济组织股权转让等交易纳入平台管理，确保农民的公平交易权利。

7. 合理调节财产性收入分配，缩小收入分配差距

研究显示，我国农民财产性收入的分配差异显著高于农户其他收入来源，且马太效应明显，富裕农户的财产性收入保持稳定增长，而低收入农户仍然缺乏财产性收入来源。这种财产性收入分配的巨大差距不仅不利于让更多群众拥有财产性收入，而且会拉大收入分配的差距。调节财产性收入分配，一是确保集体收益分配公开公平公正。明晰产权归属，健全收益分配机制，确保所有成员公平享有集体收益。二是引入税收调节机制。通过税收制度，适当缩小财产性收入分配差距，防止收入差距扩大化趋势。

【参考文献】

陈晓枫．2010．中国城乡居民财产性收入的六大特点．福建论坛・人文社会科学版（1）．

程国栋．2005．我国农民财产性收入问题研究．博士论文（4）．

国家发展改革委规划司，等．2011．财产确权是增加农民财产性收入的基石．中国经济导报（11）．

康书生，李灵丽．2010．增加居民财产性收入的金融支持．河北大学学报（2）．

李保奎．2012．农民财产性收入增长的土地制度障碍与创新路径．内蒙古农业大学学报（4）．

李实，魏众，丁赛．2005．中国居民财产分布不均等及其原因的经验分析．经济研究（6）．

李伟毅，赵佳．2011．增加农民财产性收入，障碍因素与制度创新．新视野（7）．

李子联，黄瑞玲．2011．财产性收入的影响因素：基于江苏的数据．上海立信会计学院学报（2）．

廖洪乐．2007．我国农村土地集体所有制的稳定与完善．管理世界（11）．

刘江会，唐东波．2010．财产性收入差距、市场化程度与经济增长的关系——基于城乡间的比较分析．数量经济技术经济研究（4）．

刘扬，王绍辉．2009．扩大居民财产性收入共享经济增长成果．经济学动态（6）．

刘兆征．2009．我国居民财产性收入分析及增加对策．经济问题探索（7）．

孙文凯，路江涌，白重恩．2007．中国农村收入流动分析．经济研究（8）．

王志平．2010．中美居民财产性收入比较及启示．上海市经济管理干部学院学报（4）．

夏宁，夏锋．2008．农民土地财产性收入的制度障碍与改革路径．农业经济问题（11）．

夏荣静．2010．增加我国居民财产性收入的研究综述．经济研究参考（66）．

肖红华，刘吉良．2008．提高农民财产性收入的途径．湖南农业大学学报（4）．

徐汉明，刘春伟．2012．农民财产性收入影响因素实证研究．商业研究（3）．

姚永明．2011．农村居民财产性收入增加路径研究．农村经济（5）．

曾为群．2008．分配、金融制度与居民财产性收入增长．湖南社会科学（2）．